U0276339

❋ 内容丰富　讲解深入　生活必需　居家必备 ❋

中国家庭的理想藏书

本书涵盖各类食材 30 个门类，832 种，每种食材包括诗词吟咏、物种基源、生物成分、食材性能（性味归经、医学经典、中医辨证、现代研究）、食用注意和传说故事等 6 个部分。关注食材，关注健康。为了您的健康长寿，愿天下所有的人都来关注自己的饮食科学。

中华食材

下

陈寿宏

编著

合肥工业大学出版社

第二十一章　河鱼类

鲥　鱼

五月鲥鱼已至燕，荔枝卢桔未应先。

赐鲜遍及中珰第，荐熟谁开寝庙筵。

白日风尘驰驿骑，炎天冰雪护江船。

银鳞细骨堪怜汝，玉箸金盘敢望传。

——《鲥鱼》·明·何景明

物种基源

鲥鱼（Macrura reevesii）为鱼纲鲱科动物鲥鱼的肉或全体，又名鲥、时鱼、三来、三黎、瘟鱼等，以体表光泽度良好，鳞片完整，不宜脱落，眼球饱满凸出，角膜透明，肌肉坚实者佳。在我国，鲥鱼产地相对较多，南北凡入海大河均有产出，如长江、珠江、钱塘江、富春江等水系，特别盛产于长江一带的江苏、安徽、江西、湖北、湖南等省。立夏至端午为盛产，以长江下游江阴、镇江、南京为最多。鲥鱼非常惜鳞，鱼身触网则不动，离水则难活。

生物成分

据测定，每 100 克可食鲥鱼含热能 209.5 千卡，水分 65.2 克，蛋白质 16.9 克，脂肪 16.9 克，碳水化合物 0.2 克，胆固醇 188 毫克，含维生素 A、B_1、B_2、B_6、B_{12}、C、E 及钙、锌、铁、镁、锰、铜、磷、钠、钾、硒等微量元素，还有 15 种氨基酸、胡萝卜素、尼克酸、烟酸、视黄醇等营养物质。

食材性能

1. 性味归经

鲥鱼，性微温，味甘；入脾、肺经。

2. 医学经典

《日用本草》："鲥鱼甘温，开胃醒脾、清热解毒、润脏补虚。"

3. 中医辨证

鲥鱼补虚劳，益脾胃，既能补益虚劳、温脾补肺，又有消肿、消炎、解毒等功效，适宜体质虚弱、营养不良者以及小儿、产妇食用。

4. 现代研究

鲥鱼，鳞的药用价值很高，将芝麻油与鳞熬成油膏或鳞焙干为粉，是疗疔毒、烫伤、火烧伤、腿疮下坠及下疳、血痣流血不止的特效药。

食用注意

（1）凡患有瘙痒性皮肤病者忌食鲥鱼。

（2）患有痛风症、红斑性狼疮、淋巴结核、支气管哮喘、肾炎、痈疔、痔疮等疾病之人忌食。

传说故事

一、鲥鱼嘴唇上红点的由来

相传，有一次，东海龙王来到大江入海口十八滩，在储潭建立水晶宫，先看到十八滩滩底多石，水清见底，是天然的淡水渔场，适合鲥鱼和一些淡水鱼类产卵和生存。如果能把它们赶到这里来产卵生子，不仅产卵多、繁殖快，而且体质好。

有一天，龙王找鲥鱼谈话，命令他当淡水鱼群司令，带领一些淡水鱼苗来十八滩产卵生子，繁衍后代。鲥鱼感到十分荣耀，但路途遥远十分艰难，且龙王的命令又不得违抗，于是游到中途就返回大海，向龙王谎报真情说到了十八滩。龙王明明知道它们没有到十八滩，但又没什么证据。

一天晚上，龙王来到储潭艄公庙，看见鲤鱼精，突然想出一条妙计：每年端午节汛期到来之前，要鲥鱼带领一些鱼苗来储潭艄公庙向鲤鱼精报到，鲥鱼产卵后要鲤鱼精做上记号。鲤鱼精遵照龙王旨意进行督促检查，给到了储潭的鲥鱼一一造册登记、给产了卵的鲥鱼嘴唇上盖上一个红印，定期向龙王汇报。这就是鲥鱼嘴唇上有个红点子的由来。

后来，鲥鱼和淡水鱼类在十八滩生活惯了，觉得这里山清水秀，环境优美，适合繁衍后代，抚育子孙，反而不愿回大海了。这就是十八滩盛产鲥鱼，成为天然渔场的原因。

二、妙法蒸鲥鱼

从前，在浙江富阳一个靠近富春江边的村子里，有一户姓张的乡绅人家，这家老夫妻俩有三个儿子。这对夫妻生平爱吃鲥鱼，因此在长子、次子择婚时，总要预先打听好哪家姑娘是蒸调鲥鱼的好手，方才上门求亲。所以，两个媳妇烧鲥鱼的手艺，确实一个胜过一个。

过了几年，三儿子也成了亲，娶的媳妇是位渔家之女。婚后，小夫妻十分恩爱。到了三朝，按照风俗旧例，新媳妇在这一天要"三朝入厨下，洗手作羹汤"，烧一样拿手好菜孝敬公婆。

当时，一般人家作羹汤都用鱼，所谓"吃剩有鱼"，"鱼"和"余"谐音，讨一个吉利的口彩。张家当然也是老规矩，早买好一条大鲥鱼，要试试新媳妇的手艺。

大媳妇和二媳妇早已听说新弟媳烧鲥鱼是巧手，但心里总不大相信，一个渔家之女，能烧出什么高明的鱼菜来。为了探出个究竟，俩人藏在暗处偷看。只见新媳妇一到厨房，将一块绣花围裙往腰上一系，麻利地取过鲥鱼，用水冲洗干净，取过菜刀，"嚓！嚓！嚓！"三下五除二，把鲥鱼身上的鳞片刮了个干干净净。大媳妇、二媳妇看到这里，忍不住用手捂住嘴，幸灾乐祸地走了。

原来，鲥鱼与别种鱼不同，它的油质都依附在鳞上面，若是将鳞刮去，那烧出来的鱼肉就会粗糙，不肥嫩。所以，两位嫂嫂一见新弟媳把鱼鳞刮去，都感到好笑，各自回房等着看笑话了。

过了不到半个时辰，一阵扑鼻的鱼香从厨房里飘出，闻得两位嫂嫂馋出了口水。两人快步走出房门一看，只见新弟媳手托一只红漆木盘，盘里端端正正地放着一只青瓷海碗，碗里盛着一尾热气腾腾的鲥鱼。乳白色的鱼汤上，浮着一层淡黄色的鱼油；鱼背上均匀地撒着殷红的火腿丁、紫色的嫩姜芽、碧绿的香葱，衬着那雪白肥嫩的鱼身，不要说吃，就是看一眼，闻一闻，也够美的了。三媳妇把蒸好的鲥鱼端到堂前，公婆一尝果然好吃，赞不绝口地说道："从来没有吃过这么又嫩、又香、又肥、又鲜的鲥鱼。"说得两个嫂嫂直纳闷儿。

事后，妯娌们在闲谈中，问到那次烧鱼的诀窍。三媳妇抿嘴笑道："也没什么诀窍，我在娘家时，父母也喜欢吃鲥鱼，只是年岁大了，嫌鳞碍口。我细细寻思，得了一法，缝就纱囊一个，剖鲥鱼时先将鳞刮下，漂一漂装入纱囊扎牢，在蒸笼盖顶上钉一个钩钉，把纱囊挂在钉上，盖笼盖时，对准下面放的鱼碗，再用文火蒸透。这样，鱼鳞中的油汁滴进鱼碗里，鱼肉也就更肥嫩可口了。"两位嫂嫂听罢，心中不由得暗暗钦佩。

三、康熙与鲥鱼

鲥鱼一度曾为敬奉皇帝的"御膳"珍肴。公元 1683 年，清朝康熙皇帝为了品尝扬子江的鲥鱼，要各地安设塘坎，日则悬旌，夜则悬灯，备马三千余匹，役使数千人，从镇江到北京沿途三省，每县各官督率人伕运土修桥，铲石修路，昼夜奔忙，唯恐一时马蹶，致干重谴。清代著名诗人吴嘉纪曾写道："打鲥鱼，供上用，船头密网犹未下，官长已备驿马送。樱桃入市笋味好，今岁鲥鱼偏不早。观者倏忽颜色欢，玉鳞跃出江中澜。天边举匕久相迟，冰镇箬护付飞骑。君不见金台铁瓮路三千，却限时辰二十二。"

刀鲚鱼

肩耸乍惊雷，腮红新出水。
辅以姜桂椒，未熟香浮鼻。

——《烹刀鱼》·宋·刘宰

物种基源

刀鲚（长颌鲚）（C. ectenes）为鲱行目鳀科动物鲚鱼的肉，又名鮤、鱴鱼、鱳鱼、鮆鱼、刀鱼、望鱼、蟛鱼、江鲚、麻鲚、子鱼、凤尾鱼、毛花鱼，以鳞片紧贴鱼体，有光泽，鳃丝呈枯黄色并清晰明亮，无异味者佳。我国长江中下游地区河流及湖泊均有分布。

生物成分

据测定，每 100 克刀鲚鱼含蛋白质 13.2 克，脂肪 5.5 克，碳水化合物 0.8 克，还含有视黄素、维生素 B_2、尼克酸、维生素 E 及微量元素钙、磷、铁、钾、钠、镁、锌、硒、铜、锰等营养物质。

食材性能

1. 性味归经

刀鲚鱼，味甘，性微温，归脾经。

2. 医学经典

《食鉴本草》："补气活血，健脾开胃。"

3. 中医辨证

刀鲚鱼，补中益气，活血，有益于脾胃虚寒、中气不足所致瘦弱无力、食欲不振、呃逆喘促等症的康复。

4. 现代研究

刀鲚鱼有补气活血、泻火解毒之作用，对慢性胃肠功能紊乱、消化不良者有一定疗效。刀鲚鱼含蛋白质、脂肪及微量元素锌、硒等，有利于儿童的脑发育。药理研究还发现，刀鲚鱼所含之锌，能使血液中抗感染淋巴细胞增加，临床也证实刀鲚鱼有益于增强人体对化疗的耐受力。

食用注意

（1）凡湿热内盛或患有疥疮瘙痒之人忌食。
（2）患有急慢性肾炎病人忌食。

传说故事

越军食鲚鱼灭吴国的传说

传说春秋末年，越王勾践经过"卧薪尝胆"，积蓄了力量，对吴国发起决战，报仇雪耻。当时的吴王夫差由于得了西施，终日宴饮作乐，荒淫无度，残害忠良。百姓怨声载道，不愿替他卖命打仗。开始，越军节节胜利，后来受阻于太湖水面，无法攻克吴国都城，战争相持不下。越军军粮快要吃光，正欲撤退之际，忽然在越军的战船四周，浮游起成群结队的小鱼，这种小鱼就是刀鲚，据说是由吴王夫差吃剩后倒进太湖里的鲙鱼残肉、残骨变的。越军捕捞而食之，士气重振，很快攻进了吴国都城（今苏州），灭了吴国。关于这段传说，晋代张华著的《博物志》中曾有所记载。

鲩 鱼

瘳寐闲思畴昔事，来往于怀日凡几。
伯鸾不可无孟光，岂为青眉并玉齿。
阿咸今与我不同，蛮蛮得草鱼得水。
流苏帐暖双杯行，春近梅妆香更清。
试唱刘郎竹枝曲，道是无晴还有晴。
长夜老夫方独坐，手把楞伽对灯火。
——《秀叔和章自言及再娶之事用元韵戏答之》·宋·王炎

物种基源

鲩鱼（Ctenpharyngodon idel-lus）为鱼纲鲤科动物草鱼的肉，又名草鱼、黑鲩、混子，以鲜活为好，特别是在夏秋季，为我国主要淡水养殖鱼类之一，分布于我国各大水系。

生物成分

据测定，每100克鲩鱼含能量110千卡，蛋白质16.6克，脂肪5.2克，碳水化合物0.7克及维生素 B_1、B_2、A、E、胡萝卜素、视黄醇当量、胆固醇、尼克酸；还含微量元素钙、镁、铁、锰、锌、铜、钾、磷、钠、硒等。

食材性能

1. 性味归经

鲩鱼，味甘，性温；入脾、胃经。

2. 医学经典

《医林纂要》："平肝祛风，温中和胃，消食化滞。"

3. 中医辨证

鲩鱼有温暖中焦、滋补脾胃作用，可平肝、祛风、治痹、截疟，对虚劳、风虚、头痛等辅助食疗效果极佳。鱼胆可明目、降压，但降压的用量与中毒量基本相当，要注意。

4. 现代研究

鲩鱼具有防治高血压、动脉硬化的作用。鲩鱼含有丰富的不饱和脂肪酸对血液循环有利，因此可以通过改善血液循环、清除人体内过多的自由基，而起到防治高血压、动脉硬化等心血管疾病的作用，可作为心血管病人的保健食材。对身体瘦弱、食欲不振的人来说，鲩鱼肉嫩而不腻，可以开胃、滋补。

食用注意

（1）用于降血压的鱼胆用量要控制得恰到好处，因鱼胆有毒。
（2）不宜久食，长期食用易导致疥疮。
（3）有体癣、股癣、银屑病患者忌用。

传说故事

凭鱼味寻嫂

相传，古时有宋姓兄弟两人，满腹文章，很有学问，隐居西湖，以打鱼为生。当地恶棍赵大官人有一次游湖，路遇一个在湖边浣纱的妇女，见其美艳动人，就想霸占。派人一打听，原来这个妇女是宋兄之妻，就施用阴谋手段，害死了宋兄。恶势力的侵害，使宋家叔嫂非常激愤，两人一起上官府告状，企求伸张正义，使恶棍受到惩罚。他们哪知道，当时的官府是同恶势力一个鼻孔出气的，不但没受理他们的控诉，反而被一顿棒打，把他们赶出了官府。回家后，宋嫂要宋弟赶快收拾行囊外逃，以免恶棍跟踪前来报复。临行前，嫂嫂烧了一条草鱼，加糖加醋，烧法奇特。宋弟问嫂嫂：今天鱼怎烧得这个样子？嫂嫂说："鱼有甜有酸，我是想让你这次外出，千万不要忘记你哥哥是怎么死的，你的生活若甜，不要忘记宋家受欺凌的辛酸，不要忘记你嫂嫂饮恨的辛酸。"弟弟听了很是激动，吃了鱼，牢记嫂嫂的心意而去，后来，宋弟取得了功名回到杭州，把那个恶棍给惩办了，报了杀兄之仇。可这时宋嫂已经离乡而去，一直查找不到下落。有一次，宋弟出去赴宴，在宴上吃到一道鱼菜，味道就是他离家时嫂嫂烧的那样，连忙询问是谁烧的，才知道正是他嫂嫂的杰作。原来，从他走后，嫂嫂为了避免恶棍来纠缠，隐姓埋名，躲入官家做厨工。宋弟找到了嫂嫂很是高兴，就辞了官职，把嫂嫂接回家，重新过起捕鱼为生的渔家生活。

鲮 鱼

八骏茫茫去不回，白云歌曲使人哀。

鲮鱼风起鲸鲵涌，青鸟何由海上来。

——《漫成》·明·刘基

物种基源

鲮鱼（Cirrhina molitorella）为鱼纲鲤科动物鲮鱼的肉，又名土鲮鱼、石鲮鱼、土鲮、鲮公，以鲜活，鳞片紧贴鱼身，鱼体坚挺，有光泽者为佳，分布于我国华南及西南各水系中。

生物成分

鲮鱼，每100克可食部分含热能111千卡，水分81.1克，蛋白质17.1克，脂肪1.5克，灰分0.9克及维生素A、B_1、B_2、E，还含视黄醇当量、硫胺素、尼克酸和微量元素钾、钠、钙、镁、铁、锰、锌、磷、硒等。

食材性能

1. 性味归经

鲮鱼，味甘，性平；入肝、肾、脾、胃经。

2. 医学经典

《本草拾遗》："健筋骨，活血行气，逐水利湿。"

3. 中医辨证

鲮鱼适宜体质虚弱、气血不足、营养不良之人食用，也适宜膀胱热结、小便不利、肝硬化腹水、营养不良性水肿之人食用。

4. 现代研究

鲮鱼的营养特点是营养素全面、脂肪少，含有丰富的蛋白质、多种维生素、微量元素及人体所必需的氨基酸，所以吃起来既鲜嫩又不肥腻，还有点甜丝丝的感觉。常吃鲮鱼不仅能健身，还能减少肥胖，有助于降血压和降血脂，使人延年益寿。鲮鱼肉还能防治动脉硬化、高血压和冠心病，并有降低胆固醇的作用，对中老年人和肥胖人群也特别适宜。

食用注意

凡患有瘙痒性皮肤病者忌食。

传说故事

"绉纱鱼腐"的传说

相传，清乾隆年间，广东罗定双龙村的龙哥、龙妹兄妹俩相依为命，勤耕苦种，艰难维持生活。穷归穷，他俩人缘好，村里谁家需要帮忙，他俩都二话不说就去帮忙了。好不容易又到了腊月廿八，快过年了。兄妹俩为过年的事发愁。缺钱、缺粮、缺肉，怎么过年？其间还要招待亲戚，怎么办？一天夜里，龙哥梦见济公在山崖上煮鱼，只见济公像玩把戏似的，把鱼捏在手里，眨眼间，小鱼丸就不断地从他的手中飞出，飞落锅里，袅袅炊烟夹带着阵阵清香。龙哥正想看个究竟，一阵狗吠把好梦惊醒。第二天一大早，龙哥把这个梦告诉了龙妹，天赋聪慧的龙妹如此这般地与龙哥做出了决定——去捕鱼。龙哥没有小船，他游到江中凸起的岩石上，看准有鱼儿的地方撒开渔网，来不及逃走的鱼儿被网住了。如此反复，屡有收获，且多是鲮鱼，装鱼的桶也逐渐满了。龙哥兴冲冲地回到家里。龙妹见到活蹦带跳的鲮鱼，甚为高兴。龙妹洗鱼，龙哥把鲜鲮鱼起肉，去骨剥皮，取净肉，再剁成肉茸，加鸡蛋清、粉心、食盐等调味料，反复搅拌成有一定弹性的鱼胶，然后像济公那样，把鱼胶捏在掌中，从虎口处挤出小丸，再用汤匙别落在油锅里，用慢火炸至金黄色后捞起。这半透明的鱼丸，薄如轻纱，形如金球，香气四溢，入口甘香酥脆，松软而略带韧性。邻里闻香而动，纷纷来到龙哥龙妹家探个究竟。当大家品尝后，都异口同声地说了三个字："好味道。"此时，龙哥龙妹把金黄色的鱼丸用清水煮片刻，再配以青菜，味道更佳，甘香嫩滑，妙不可言。龙哥龙妹为这种鱼丸起名"绉纱鱼腐"。几年之后，"绉纱鱼腐"就成了当地宴客必备的传统菜式之一，并名扬天下。

鲫　　鱼

天池鲫鱼长一尺，鳞光鬣动杨枝磔。
西城隐吏江东客，昼日驰来夺炎赫。
——《对酬高员外鲫鱼》·宋·梅尧臣

物种基源

鲫鱼〔Carassius auratus〕为鱼纲鲤科，古称"鲋"，又称鲋鱼，又名河鲫、喜鱼、喜头、鲫拐子、童子鲫、头鱼、河鲫鱼、月鲫仔、土鱼、鲫壳子、刀子鱼、朝鱼等。体侧扁、宽而高、腹部圆，背大圆鳞。体银色，背部较深，鳍呈灰红色。长 15～20 厘米，重 0.25～0.5 千克。广泛分布于我国各地淡水中，为我国各地普遍食用的上等鱼类。

另有一种银鲫，为鲫鱼的一个亚种，盛产于黑龙江流域和新疆额尔齐斯河，体宽大，可重达 3 千克，为优良养殖鱼种。

生物成分

据测定，每 100 克可食鲫鱼含热能 112 千卡，水分 75.4 克，蛋白质 19.5 克，碳水化合物 0.1 克，脂肪 3.4 克，此外还含有钙、磷、铁、锌、铜、硒多种微量元素和维生素 A、B_1、B_2、B_{12} 与烟酸、视黄醇当量、甘碳五烯酸等营养物质。

鲫鱼肉质细嫩，肉味甘美，吃起来既新鲜又不肥腻，自古就是产妇催乳的最佳补品。

食材性能

1. 性味归经

鲫鱼，味甘、性平、微温；入脾、胃、大肠经。

2. 医学经典

《名医别录》："补脾健胃，除湿消肿，通血脉。"

3. 中医辨证

鲫鱼有健脾利湿、和中开胃、活血通络、养肺止咳、益气止血、温中下气的功效，对脾胃虚弱、水肿、溃疡、气管炎、哮喘、消渴有很好的滋补作用，对风寒咳嗽尤宜汤食。

4. 现代研究

鲫鱼对食欲不振、风寒久咳、痢疾、便血、呕吐、水肿、乳少、淋病、痈肿、溃疡、糖尿病的营养与康复有一定的辅助疗效。

食用注意

（1）烧时不宜放姜过早，烧鱼时应在放油后鱼被加热，蛋白质凝固后再放姜，生姜便能充分发挥去腥作用。若将生姜和鱼同时放入油锅，鱼体被加热后，其浸出液的蛋白质将会阻碍生姜的去腥作用，影响口味。

（2）不应和鹿肉、芥菜、猪肝同时食用，若同时食用，容易加重过敏体质者的过敏反应，故不宜同时食用。

（3）服中药厚朴时不宜食用。《本草逢原》说："鲫鱼，有厚朴之戒，以厚朴泄胃气，鲫鱼益胃气"，故服中药厚朴时不宜食鲫鱼。

（4）不宜与鸡肉同时食用，易生痈疽。

（5）不宜与砂糖同时食用，易疳虫（机制有待探讨）。

（6）不宜与天冬、麦冬同时食用。

（7）服异烟肼时不宜食用。异烟肼有使鲫鱼被食入后所产生的组胺蓄积的作用，服异烟肼食用鲫鱼，容易导致组胺中毒，出现心悸、头晕、头痛、面部麻胀等症状。

（8）不应食用死后放久的鲫鱼。鱼的鳃和内脏里藏有很多细菌，鱼一旦死亡，这些部位的细菌迅速繁殖，并穿透鳃和脊柱边上的大血管，沿血管很快伸向肌肉组织。

传说故事

一、张仲景与鲫鱼汤

相传，在张仲景时期，有家渔民每天靠辛勤地捕鱼、卖鱼为生，即使是这样，所挣的钱也刚刚维持贫困的生活。渔夫有一女，因为家境贫寒，身体一直不好。有一天，女儿一下子病倒了，渔夫的家境更是雪上加霜，老两口焦急万分，毕竟只有一个女儿，自己的后半生还指望有人养老送终啊。老两口请了大夫，并按大夫的处方抓药，可女儿的病并没有好转的迹象，经济上的拮据更不用说了。

有一天，他们请来了当时很有名的大夫张仲景，张仲景看其面色苍白，气息奄奄，认真地诊过脉后，认为姑娘的身体已经极其虚弱了，一般的药物也不能发挥什么功效，贵重的药物渔夫又承担不起，怎么办呢？张仲景看着眼前的渔船，眼睛一亮说："我可以治姑娘的病，也不收费，只要你每天给我一尾鲫鱼。"于是张每天都将药汤送到渔夫家中，临走时带走鲫鱼一尾。慢慢地，姑娘的气色好多了，精神也慢慢地恢复了许多。渔夫很感谢张仲景，夸赞他的医技精湛。张仲景说："其实我并没用什么药，每天的药汤只是用你给我的鲫鱼煮的汤啊！"

二、柳叶神鱼

在柳叶湖边，有一尊奇石，它高约2米，长约4米，这就是传说中的柳叶神鲫石。它有头有尾，有背有嘴，下面水纹清晰可见，浑然天成。

传说这个柳叶鲫是洞庭龙王三太子所变，三太子风流倜傥，才华横溢，深得龙王喜爱，是龙王指定的龙宫嫡传人。三太子原本住在洞庭龙宫，但听洞庭的千年龟神说，在洞庭阳山脚下有一绝色女子名叫嫦娥，在月亮山上的月亮台刻苦修炼，祈求成仙降甘露而造福人间。

于是三太子就变成一条鲫鱼从洞庭湖来到月亮山脚下的柳叶湖。他不见则已，一见钟情，再也离不开她，于是便天天在此守候。龙王三太子为了打动嫦娥，每天在柳叶湖上跳七七四十九个舞，唱九九八十一首情歌。天长日久，嫦娥终于被其感动，两人生死相恋，天天相守在月亮山脚下。但嫦娥毕竟是奇异的女子，她无意中误食了后羿炼的一颗仙丹，嫦娥吃下这仙丹，加之修炼已久，便立即成仙飘逝到了月宫。就在嫦娥成仙飘然之际，这痴情的龙王三太子，发了疯一样，拼尽全身力量，沿泉水逆流而上，大声呼唤嫦娥的名字，一心想拉住嫦娥。然而，这一切都无济于事，嫦娥飞去，永远入住了广寒宫。嫦娥看着心爱的人离自己越来越远，伤心得泪如雨下，泪水化成一湾清泉，与人间甘露汇入柳叶湖水，滋润着人间万物。

想到在月亮山下再也看不见嫦娥，痴情的龙王三太子也无意再活了，他力气殆尽就永远变成了一尊化石，与柳叶湖清波日夜相伴，永不分离。这段美好的爱情故事，也一直在湖湘一带广为流传。同时还流传着：摸摸鲫鱼石的头，平平安安无忧愁；摸摸鲫鱼石的嘴，爱你终身都不悔；摸摸鲫鱼石的眼，财源滚滚跟您赶。

三、李时珍与鲫鱼

一天，李时珍在雨湖对岸的乡间行医，要经过一条小河。可是，河床的木板桥却被山水冲垮了。李时珍正担心过不了河的时候，有个五大三粗的年轻人走了过来，说："你不是李大夫吗？来来来，我背你过河。"

过河后，李时珍对年轻人说："太感谢你了，不过，在你背我过河的时候，我给你切了一下手脉，发现你筋骨有疾。现在给你一张药方，只要照方抓药，连服三剂，保你无事。"这年轻人听了，嘴里说："有劳李郎中，后生一定遵嘱照办。"心中却暗想：我的身子健得像头犟水牯，一点点筋骨痛值得什么大惊小怪的，等李时珍一走，他就把药方丢了。

半个月后，李时珍行医又来到这里，见河边附近的村里有人在哭泣，就上前去打听。原来，有家穷人的大板锄病倒在床。全家老的老，小的小，生活没着落，成天总是哭。李时珍钻进屋去一看，不禁大吃一惊：床上病倒的正是背他过河的那个年轻人啊！经过询问，才知道这年轻人没照他河边说的办，小病不治，才酿成大病。望、闻、问、切之后，他对年轻人说："你这是筋骨病。水边的人，常年风里来，雨里去，干一脚，湿一脚，十有八九的人轻重不同地患有这种病，严重了就会瘫痪，幸好你的病还可以诊治……"

一听说还可以治，左邻右舍的人就议论纷纷。有的说："李大夫，你就费心尽力给他诊吧！"有的说："有用得着我们帮忙的地方你尽量说，穷不帮穷谁照应呢？"李时珍见大家如此热心肠，心里暖烘烘的，说："这雨湖鲫鱼就是一味好药。它背脊草青，鳃边金黄，尾鳍比一般鲫鱼还要多两根刺，有温中补虚的功效。用它煮金荞麦，然后吃鱼喝汤，保准不出三天，病人就能起床。"

雨湖鲫鱼好办，大家用卡子钓几尾就是了。可当时谁也不认识什么是金荞麦呀！李时珍又带人上山，挖回金荞麦，并教他们辨认。这法子果真灵验，那个年轻人的病很快就好了。"金荞麦煮鲫鱼，能治筋骨痛"，就这样代代相传下来了。

四、济公与鲫鱼

济公和尚路过江苏武进与丹阳交界的南观庙附近，见农夫在田内插秧，济公便与农夫打赌说："你们今日从早插到晚，此秧插不到头。"农夫不信。济公趁其不备时，将脚上的两只蒲草鞋放入稻田，蒲草鞋下水即刻变成两条鲫鱼，穿游不息。农夫见鱼，一齐围拢捉鱼，直到傍晚尚未捉到。此时，济公再回南观庙时，见农夫还在捉鱼，留下一截秧没有栽到头，即对农夫说："我说你们到晚秧栽不到头，你们还不信。"农夫答："田里有两条鲫鱼，捉了一天仍未捉获。"济公曰："哪来鲫鱼？"然后将脚伸入田里，两条鲫鱼先后变成两只蒲草鞋，济公穿上后，便扬长而去。自此，"摸蒲鞋"一语，在本地广为流传。

鲫鱼趣

一、中国捕到的最大鲫鱼

鲫鱼，一般重3两（150克），大的有1斤（500克）。1斤以上的鲫鱼就比较少见了。

最大的鲫鱼叫"银鲫"，一条就有3.3千克重。2012年6月7日，在新疆额尔齐斯河捕到的。

银鲫全身银灰色，生活在湖泊、河湾和池塘等流动缓慢的水中，吃水生植物和螺、蚌、水生昆虫和虾蟹之类。

我国的银鲫产于黑龙江流域、呼伦湖和新疆额尔齐斯河流域。

二、中国试管鲫鱼

生物研究所的科学家培育的世界上第一尾无性杂交"试管鲫鱼"，于1980年4月29日获得成功。

这项技术非常复杂、困难。如果不是这样，世界各国早就搞成功了。

简单地说，先把一条鱼卵中的细胞核去掉，再把另一条正在发情的鱼的胚胎细胞的细胞核取出来，放进前一条鱼的细胞里，然后加以培育，结果就长出这样一条无性繁殖的试管鲫鱼了。

中国科学院武汉水生生物研究所的科学家曾经做过多次试验。有一次，他们用189个细胞核移植到卵里面，大都失败了，只有两个活到"鱼苗期"。后来，科学家把草鱼的细胞核同泥鳅的细胞质结合起来，但后来还是死于发育畸形。

这次的试管鲫鱼一直生活正常，到4个月的时候，已长到10厘米多，后来长大成鱼。在它一周岁的时候，上海《文汇报》（1981年6月17日）作了报道，还登了这条鱼的照片。

鲈 鱼

江上往来人，但爱鲈鱼美。
君看一叶舟，出没风波里。

——《江上渔者》·宋·范仲淹

物种基源

鲈鱼［Lateolabrax japonicus］为鱼纲鲐科动物鲈鱼的肉或全体，又名花鲈、鲈子鱼、鲈板、花寨、四鳃鲈等。体延长，侧扁口大、斜裂，下颌突出，吻尖。体被小栉鳞，侧线完全。体背侧银灰色，腹部银白色，体侧及背鳍上散布小黑斑。长25～60厘米，重1.5～5千克，大的可达15～25千克，食肉鱼类，性凶猛，摄食鱼、虾，喜栖息于江河咸淡水交汇处，亦进入淡水，可作港养对象。我国各江、河入海口均有产出，我国上海松江四鳃鲈驰名中外，与长江鲥鱼、黄河大鲤鱼、太湖银鱼，为我国"四大名鱼"之一。

生物成分

经测定，每 100 克鲈鱼，含热能 129 千卡，含水分 76.5 克，蛋白质 19.8 克，脂肪 5.1 克，碳水化合物 0.4 克，维生素 A、B_1、B_2、B_6、B_{12}、C、D、E 及烟酸、叶酸，还含有钾、钠、钙、镁、锌、铜、锰、硒、铁微量元素与 DHA（被称为"脑黄金"）等营养物质。

食材性能

1. 性味归经

鲈鱼，味甘，性平；归肝、脾、胃经。

鲈鱼鳃，味甘，性平；归肺经，可用于止咳化痰。

2. 医学经典

《本草衍义》，"鲈鱼，益筋骨。"

3. 中医辨证

鲈鱼具有补肝肾，益脾胃，化痰止咳之功效，对肝肾不足的人具有很好的补益作用，还可以辅助治疗胎动不安、乳汁分泌少等症。鲈鱼鳃有止咳化痰的功效，可治小儿百日咳和老年慢性气管炎。

4. 现代研究

鲈鱼中有较多的铜元素，能维持神经系统的正常功能，并具有促进物质代谢的关键元素——酶。

食用注意

（1）凡是有皮肤病、疮疡之人忌食。

（2）鲈鱼不可与牛、羊油、奶酪同食。

（3）鲈鱼不可与中药荆芥同食。

（4）鲈鱼是食肉性鱼类，鲈鱼肝不宜食用。

传说故事

一、吕洞宾与松江鲈鱼

相传，八仙之一吕洞宾，看世间碌碌、人事匆匆，心想世上人为自己的儿女呕心沥血，做牛做马，含辛茹苦，百般呵护，真是可怜天下父母心。而对父母的孝敬能有多深呢？这天他化装成一位卖汤圆的，肩挑担子，来到了松江，歇下担子，敲响梆子，嘴上大声叫道："卖汤圆，卖汤圆，小二哥的汤圆圆又圆，大汤圆三个二铜钱，小汤圆二个三铜钱，要买趁热吃汤圆。"

附近一位大哥听了，以为他喊错了，好奇地问："卖汤圆的这位老板，你是不是错了，小汤圆怎么比大汤圆卖得贵呀？是不是馅子不同呀？"

吕洞宾说："这位大哥，我没有说错，馅子是一样的，我只想把价钱卖得特别一点，姜太公钓鱼——愿者上钩。"

这时一位中年汉子拿了个大碗来买汤圆，吕洞宾问："要大的还是要小的？"

中年人说："馅子一样吗？"

"一样。""哦！大的便宜我当然要大的，给你四个铜钱要六个汤圆。"

"大哥，你买汤圆给谁吃呀？"

"给我儿子吃。"

过了会，来了个年轻的，拿两个大碗，给了八个铜钱，要买十二个大汤圆。

"小伙子，买那么多，给谁吃呀？"

"跟我老婆一人六个。"

吕洞宾一直卖到中午，没有碰到一位是给老人买的，正想收摊子，这时来了位拿小碗的中年人，交上六个铜钱，说要买四个小汤圆。

吕洞宾问："大哥喂，你的六个铜钱可以买九个大汤圆，你只买四个小的，这不是明摆着吃亏了？"

中年人说："不瞒你老板，我妈有病在床，听到你梆子响，想吃以前最爱吃的汤圆，我就给她买几个，让她尝尝。"

"那你买大汤圆合算呀。"

"老板你有所不知，我妈年纪大了，我怕她年老喉咙会噎着，又怕这糯米粉太黏，会'顿肚'，所以多花点钱买小点儿的。"

"那你只买四个，你自己吃什么呀？"

"实话告诉你老板，咱家贫穷，没有余钱买这种好东西吃，妈要吃，做儿子的应该孝顺她老人家，我自己随便弄点野菜杂粮对付一下就行，咱不能亏待妈妈呀！她还有几年福可享呀。"

吕洞宾竖起大拇指："对呀！是应该孝敬老人，孝敬老人的人是会有好报的。"

"谢谢这位老板，这是我们小辈应该回报老人的事。"

到了第四天，吕洞宾卖汤圆卖了四天，就这么一位是买给老人吃的，正唏嘘间，忽然见那位买小汤圆的中年人，挽着一位白发苍苍的老婆婆健步而来，老婆婆向吕洞宾道个万福："谢谢这位老板，你的汤圆治好了老身的病，现在是百病全消了，可老身就是想不通，自从吃了你的汤圆，三天来我一直不想吃饭了，我又不想当神仙，这样下去怎么得了。"

"婆婆呀！你不要谢我，应该谢你有一个孝顺儿子，你看看桥下有什么。"

老婆婆往桥下一看，只见有四条鲈鱼在水中嬉游，吕洞宾轻轻拍了下老婆婆的背，只见老婆婆"哇"的一声，四个汤圆从口中飞奔而出，四条鲈鱼一条一个把汤圆吞入口中，只因汤圆在老婆婆肚中待了三天，又硬又韧，鲈鱼吞不下肚，用力一挤，便把两个腮挤成了四腮。

这就是松江四腮鲈鱼的来历！

而那老婆婆从此之后百病全无，过了百岁后才去世，儿子也因孝顺母亲，勤劳致富，儿孙满堂。

二、左慈戏曹操

相传，有一年冬天，曹操在许昌大宴群臣，忽然来了一个不速之客，名叫左慈。他看见席上只有一道鱼，就说："吃鱼一定要吃松江鲈鱼。"曹操说："这里哪来的松江鲈鱼？"左慈说："我能钓来。"说着，拿起钓鱼竿，跑到盛鱼的池子边，一会儿就钓上了很多条鲈鱼。曹操说："那池里的鱼还要你来钓么？"左慈说："天下鲈鱼只有两鳃，唯独松江鲈鱼有四鳃，不信请看。"大家一看，果然是四鳃，引得大家哄堂大笑。

三、思鲈弃官

《晋书》记载了这样一个故事：晋代人张翰，老家吴郡（今苏州）。他在洛阳做官时，忽见西风起，想念家乡的莼菜、莼羹、鲈鱼脍，竟弃官而回故乡。成语"莼鲈之思"已经成为人们思乡的比喻了。

四、隋炀帝赞鲈鱼

古书中记载了这样一件事：隋炀帝游江南时，吴郡献上松江鲈脍。隋炀帝称赞说："这是金韭玉脍，东南佳味。"所谓金韭玉脍，说的是韭黄脍鲈鱼丝。因为韭黄黄似金，鲈丝洁如玉，这样的佳肴可以说色香味俱全啦。

五、乾隆蟹对鲈鱼

相传，乾隆最后一次下江南时，微服察访松江，正巧碰上松江府过 40 岁生日。前来祝寿者人山人海。乾隆早有耳闻松江府为官霸道，鱼肉百姓，今天正好去看个真假。于是乾隆拿上五枚铜钱，递到管收寿礼的师爷手上，师爷见来者寿礼太薄，忙转告松江府，松江府问："来者何许人也？"师爷回道："比较略逊的布衣老头。"松江府说："先怠着，明日再说。"可到开席时，乾隆毫不客气坐到松江府陪至亲与同僚的首桌首席，施礼支席者叫他走开，乾隆就是不离开。松江府一看十二分的不快活，但又不便当众发作，忍气吞声勉强开席，准备在席上当众羞辱这貌不惊人又不知趣的穷老头。菜上到螃蟹与鲈鱼，松江府发话："今天是本府老爷我四十荣庆大寿，喝闷酒不热闹，何不来吟诗作对热闹热闹，我先出上联，诸位续下联，从首席开始，对不上的灌酒三十盅"。众人赞同。松江府："四鳃鲈鱼独霸松江一方。"上联一出，众声附和，拍手喊好，并催促乾隆："该首席的了。"乾隆不慌不忙续出下联："八足螃蟹横行天下九州。"

下联一出，一片鸦静，众人呆若木鸡。一个个朝松江府脸上看，这时松江府脸像血布，恼羞成怒，命家人撤去乾隆的席位，赶出宴厅，乾隆见此，慢条斯理掏出腰间的随身玉玺，常人一看犹然可，松江府与同僚一看，齐刷刷跪到乾隆脚下。高呼："吾皇万岁！万岁！万万岁！"这时御林军保镖也进来了，拿了松江府，为松江百姓除了一害。

鲢　鱼

短棹轻舟南水湖，青山渐隐有还无。

薄云才散出新月，旋舞青鲢吐翠珠。

——《过南水湖》·现代·竹林琴

物种基源

鲢鱼（Hypophthaimichthys molitrix）为鱼纲鲤科动物鲢鱼的肉，又名白叶鲢、洋胖子、花鲢、白鲢、白脚鲢，以鲜活度好，鱼眼球饱满，角膜清亮，有弹性，鳞片贴附紧密，肌肉切面有光泽为佳。我国四大家鱼之一。我国海南还产一种叫大鳞白鲢，俗称"鳙鱼"。鲢鱼分布于我国各大水系，但以养殖为主。

生物成分

据测定，每 100 克可食鲢鱼肉含热能 118 千卡，水分 77.4 克，蛋白质 17.8 克，脂肪 3.6 克及维生素 A、B_1、B_2、E、尼克酸、硫胺素、视黄醇当量，还含微量元素铜、硒、钠、铁、锰、钙、镁、锌、钾、磷等。

食材性能

1. 性味归经

鲢鱼，味甘，性温；归脾、胃经。

2. 医学经典

《本草纲目》："温中，益气，泽肤。"

3. 中医辨证

鲢鱼暖胃、补气，对脾胃虚寒、食少腹痛、胃纳减少、皮肤粗糙无光泽等症有食疗作用。

4. 现代研究

鲢鱼富含蛋白质及氨基酸，还含有脂肪、糖类、灰分、钙、磷、铁、维生素 B_1、B_2、尼克酸等营养成分，均可为机体所利用，其营养价值与青鱼相近。可用于脾胃虚弱、水肿、咳嗽、气喘等病的治疗，尤其适用于胃寒疼痛或由消化不良引起的慢性胃炎。

食用注意

鲢鱼最好不与甘草同食。

传说故事

一、拆烩鲢鱼头的来历

清末，镇江有个财主，雇了工匠建造新屋和私家花园。这个财主有天请客，见管家买了好几条大鲢鱼，就叫厨师用鱼肉烧菜待客，而将鱼头烧熟后给木匠、泥水匠吃。财主十分精明，怕鲢鱼头骨多，吃起来费事，会耽误工时，就叮嘱厨师把鱼头拆骨后再烧煮。厨师见财主对待工匠如此刻薄，嘴上应着，等财主一转身，就气愤地把案板上用来宴客的鸡肉、火腿、海参和各种鲜味佐料都顺手抓了一大把，放入锅中，同鱼头皮肉一起烧煮。这天中午，泥水木工们津津有味地吃完了这道"什锦菜"，连声称赞，说厨师的手艺不同凡响。数年之后，这位厨师自己开了一家小饭馆，经常烧制"拆烩鲢鱼头"招待过往商客。由于滋味鲜美，因此，这道菜很快闻名遐迩，这家小饭馆生意也越来越兴旺。其他饭店菜馆也争着效仿，并又有新的发展。久而久之，"拆烩鲢鱼头"就成了淮扬传统名菜之一。

二、成都名肴——大蒜烧鲢鱼

20 世纪 80 年代初，成都西安路北的三洞桥，四周还是大片农田，与不远处的永陵（王建墓）遥遥相望。三洞桥的出名是因为这里有一家餐馆叫"带江草堂"，一般人直呼为"邹鲢鱼"。抗日战争前，这里有靠城墙土路，竹篱茅屋，环境极为雅致，"邹鲢鱼"烹饪的鲢鱼，极为有名。徐悲鸿、张大千等品尝后曾题画留字。新中国成立后，郭沫若亦曾题诗相赠，"大蒜烧鲢鱼"后成为川菜中的名品。

一位编辑年轻时常在这一段河道游泳，上岸便一脚跨进河边的茶铺喝茶解渴。一次，有一位同事结婚，宴客就选在"邹鲢鱼"。而大厨师听说来了一拨文人，其中还有流沙河先生，便亲自下厨，烹制了餐馆的当家菜——"大蒜烧鲢鱼"，做毕，亲自端上来，与流沙河相谈甚欢，引为知音。这餐馆有了这些"掌故"，常为成都人所津津乐道。若是外地的客人来了，服务员杯盘侍奉后，会问一句："先生要几斤重的鱼？我好下河去逮。"这不免叫食客糊涂，怎么，这鱼还要现逮？原来是河中放了三只大笆篓，用绳系在岸边柳树上，篓里则养着大大小小的鲢鱼。用流动的河水圈养，实在是既科学、新鲜又奇特。

鲤 鱼

傍晚相邀共泛舟，轻风戏水鲤鱼游。
顽童堤岸风筝逗，鸳鸯依偎云彩收。

——《愉悦》·现代·富贵梦

物种基源

鲤鱼（Cyprinus carpio），为鱼纲鲤科动物鲤鱼的肉或全体，又名鲤拐子、黄鲤、白鲤、桃花青、河鲤、赤鲤鱼、花鱼、黄河鲤鱼，以体表光泽，鳞片完整，不易脱落，鳃色鲜红，鳃丝清晰，眼球饱满，角膜透明，肌肉坚实，肛门紧缩为优，分布于除西藏外，全国各水系均有分布，以黄河鲤鱼最为著名。

生物成分

据测定，每 100 克可食鲤鱼，含热能 119 千卡，水分 73.8 克，蛋白质 18.6 克，脂肪 4.9 克及维生素 A、B_1、B_2、C、E 及尼克酸、视黄醇当量，还含微量元素钙、磷、钾、镁、铁、锌、硒、铜、锰、碘和多种氨基酸。

食材性能

1. 性味归经

鲤鱼，味甘，性平；归脾、肾经。

2. 医学经典

《神农本草经》："补脾、健胃、通乳汁、利水消肿。"

3. 中医辨证

鲤鱼肉能开胃健脾、消水肿、去冷气、下乳汁，对咳嗽气喘、产后乳汁不足、妇女血崩、怀孕身肿、胎气不安、月经不调、全身浮肿、营养不良性水肿、胸前胀痛、慢性肾病等症有食疗辅助效果。

4. 现代研究

鲤鱼对肝硬化腹水或浮肿、慢性肾炎水肿均有利水消肿的效果，适宜肾炎水肿、黄疸肝炎、肝硬化腹水、心脏性水肿、营养不良性水肿、脚气浮肿、咳喘之人食用；还适宜妇女妊娠水肿、胎动不安、产后乳汁缺少之人食用。

食用注意

服天门冬、朱砂时不可食。鲤鱼忌与绿豆、葵菜、狗肉一同食用。凡患有恶性肿瘤、淋巴结核、红斑性狼疮、支气管哮喘、小儿疳腮、血栓、闭塞性脉管炎、痈疽疮疖、荨麻疹、皮肤湿疹等疾病之人均忌食。

传说故事

一、王祥卧冰求鲤

晋朝的王祥，早年丧母，继母朱氏对王祥并不慈爱，常在其父面前数落王祥的是非，使其失去父亲的疼爱。继母朱氏时常想吃鲤鱼，但因天寒河水冰冻，无法捕捉，王祥便赤身卧于冰上祷告。忽然间冰裂，从裂缝处跃出两尾鲤鱼，王祥喜极，持归供奉继母。他的举动，在十里乡村传为佳话。人们都称赞王祥是人间少有的孝子。有诗传颂曰："继母人间有，王祥天下无。至今河水上，留得卧冰鱼。"

二、鲤鱼跃龙门的传说

很早以前，龙门还未凿开，伊水流到这里被子龙门山挡住了，就在山南积聚了一个大湖。居住在黄河里的鲤鱼听说龙门风光好，都想去观光。它们从河南孟津的黄河里出发，通过洛河，又顺伊河来到龙门水溅口的地方，但龙门山上无水路，上不去，它们只好聚在龙门的北山脚下。"我有个主意，咱们跳过这龙门山怎样？"一条美丽刚劲的大红鲤鱼对大家说。"那么高，怎么跳啊？""跳不好会摔死的！"伙伴们七嘴八舌拿不定主意。大红鲤鱼便自告奋勇地说："我先跳，试一试。"只见它从半里外就使出全身力量，像离弦的箭，纵身一跃，一下子跳到半天云里，带动着空中的云和雨往前走。一团火从身后追来，烧着了它的尾巴。它忍着疼痛，继续朝前飞跃，终于越过龙门山，落到山南的湖水中。山北的鲤鱼们见大红鲤鱼尾巴被天火烧红，一个个被吓得缩在一块，不敢再去冒这个险了。这时，忽见天上降下一条巨龙说："不要怕，我就是你们的伙伴大红鲤鱼，因为我跳过了龙门，就变成了龙，你们也要勇敢地跳呀！"鲤鱼们听了这些话，受到鼓舞，开始一个个挨着跳龙门山。可是除了个别的跳过去化为龙以外，大多数都过不去。凡是跳不过去，从空中摔下来的，额头上就落一个黑疤。直到今天，这个黑疤还长在黄河鲤鱼的额头上呢。

后来，唐朝大诗人李白专门为这件事写了一首诗："黄河三尺鲤，本在孟津居。点额不成龙，归来伴凡鱼。"

三、金理姑娘变"金鲤"的传说

鲤鱼闽南叫"代"仔鱼。传说很久以前，漳州湖内有个姓金名理的姑娘，父母双亡，从小跟伯父母在一起生活。这个村有一口井，井下有个琥珀泉，女孩子长期饮用这口井水，长大特别聪明美丽。金理家住在这口井附近，自小饮用这口井水长大，所以到18岁时，别提多漂亮啦！有倾国倾城之貌，心灵手巧，粗活细活都会，更有一手绝技，描出的鱼仿佛放入水中会游，左邻右舍，谁有困难她就帮助谁；日子一久，人们都对她很亲切，年老的叫她"代"孙女，年轻一点的叫她"代"侄女，小一辈的叫她"代"妹、"代"姐，再小的称她"代"姑姑、"代"姨。却说在本地有个柳财主，有万贯家产，在湖岸购置了不少田地。有一次他去收租，看到金理美貌无比，就垂涎三尺，决心把姑娘弄到手。先是找王婆提亲，不成。便定下毒计，把姑娘骗到他家，趁金理不注意，双手搂住金理欲使强暴，金理拼命挣扎，急中生智，抓起剪刀刺中财主手臂，金理趁势逃脱。财主包扎伤口后，领着一群奴仆紧紧追赶过来，天黑路难走，金理不觉逃到九龙江边，她见来人已从三面包抄过来，眼看逃不脱，只好跳入江中。柳财主在江边待了一会，料定金理必死无疑，才招呼奴仆回去。说来奇怪，金理投身江中后，多日并不见尸体，江中却出现了一种金色的鱼，人们说这种鱼是金理变的，就叫"金鲤"鱼吧，又叫"代"鱼。金理变成鲤鱼后，仍保持代人做好事的优良本性，用它的身体入药救人。药味性甘、平，能治水肿、腹胀、气喘。民间每遇重症水肿或腹水病人，用鲤鱼和赤小豆煮汤治疗，均获显效。

小记

（一）通体透明的鲤鱼

万安玻璃鲤是江西省近年来在万安县新发现和推广的鲤鱼品种。这种鱼在未长大时，全身透明；骨骼、内脏皆清晰可见。成鱼的鳃盖部和脑颅背部，也为透明状，可透视到下面的鳃和脑，因此，取名玻璃鲤。万安玻璃鲤抗病能力强，生长速度快。一年即可长 1.5~2 千克重。该鱼肉质细嫩，味道鲜美，营养丰富。据测定，玻璃鲤比一般鲤鱼的含肉率要高出 7.5%，蛋白质高 4%，是一种颇有食用价值和观赏价值的鱼。

（二）鲤鱼"胡须"多少而名异

民间根据所捕到鲤鱼，看其嘴巴上的"胡须"有无与多少，鱼名叫法而不同，"无须"鲤鱼称"花鱼"；两根"胡须"称龙鱼；四根"胡须"称"鲤鱼"。

鳜鱼

春深水暖鳜鱼肥，腰笙山童采蕨归。
一路蜜蜂声不断，刺花开遍野蔷薇。

——《溪村即事二首》·宋·王镃

物种基源

鳜鱼 [Siniperca chuatsi] 为鱼纲鮨科动物桂鱼的肉，又名季花鱼、鳜肠、水豚、石桂鱼、锦鳞鱼、鳌花鱼、母猪壳、翘嘴鳜鱼、胖鳜、老虎鱼、刺婆鱼、花鲫鱼、花板刀，其品种有斑桂、翘嘴桂、波纹桂和大眼桂，以眼球饱满、角膜透明、鱼体坚挺而不呆板、有光泽、切剖肉质致密、弹性好者佳，分布于我国各大水系的所属江河、湖泊中。

生物成分

据测定，每 100 克鳜鱼肉含热能 133 千卡，水分 77.6 克，蛋白质 18.6，脂肪 3.7 克，碳水化合物 1.1 克及维生素 A、B_1、B_2、C、E、视黄醇当量、胆固醇、尼克酸、胡萝卜素，还含微量元素钙、铁、磷、镁、锌、铜、硒、钾、钠等。

食材性能

1. 性味归经

鳜鱼，味甘；归脾、胃经。

2. 医学经典

《开宝本草》："补虚劳、健脾胃、益力气。"

3. 中医辨证

鳜鱼，益脾、健胃、杀痨虫、消恶水、运饮食，对贫血、肺结核、胃胀痛、胃出血、虚劳、肠风泻血等有辅助食疗功效。

4. 现代研究

鳜鱼富含各种营养成分，肉质细嫩，极易消化，可用于治疗虚劳羸瘦，气血不足，脾胃虚弱，肠风便血等症。对儿童、老人及体弱、脾胃消化功能不佳的人来说，吃鳜鱼既能补虚，又不必担心消化困难，吃鳜鱼有杀"痨虫"的作用，也就是说有利于肺结核病人的康复。鳜鱼肉的热量不高，而且富含抗氧化成分，对贪恋美味、想美容又怕肥胖的女士是极佳的选择。

食用注意

（1）对肝昏迷、肾功能衰竭、疮疡疥癣及痛风患者不宜食用。
（2）不宜与鞣酸较多的水果同时食用。

传说故事

乾隆与"松鼠鳜鱼"

传说乾隆下江南时，在古城苏州微服私访，忽然觉得饥饿难忍，便进了一家名为"松鹤楼"的饭店，看见店家的水牌上写着一道菜，名为"松鼠鳜鱼"，就信口点了这道菜。菜端上餐桌，乾隆因半天未吃饭实在有点饿，再者这道菜确实做得外焦里嫩，甜酸适口，使吃惯了宫廷御膳的皇帝大饱口福。吃完饭以后，不知钱为何物的乾隆皇帝，吃完饭不知道要付钱，迈开腿就往外走。松鹤楼的堂管怎知他是万岁爷，挡在门口不让走，这一走一挡就吵起架来，引来众人围观。此时正好苏州知府带领三班衙役巡街，看见了这可笑的一幕，忙派班头给松鹤楼店主送去白银一锭，方才平息了吃饭不给钱的事。因为乾隆皇帝喜欢吃松鼠鳜鱼，这道名菜立即传遍大江南北，从此也成了宫中的御膳之一。

鳊 鱼

吟鞭遥指鹿门归，水色山光件件诗。
缩项鳊鱼元自好，当年应悔识王维。
——《蒋实斋出示孟浩然画像因赋二绝》·宋·陈鉴之

物种基源

鳊鱼（Parabramis pekinensis）为鱼纲鲤科动物武昌鱼的肉，又名团头鲂、鲂鱼、缩项鳊、鳊鲷鱼、平胸鳊、法罗鱼、鲏、方鱼、草鳊，以鳞片紧贴鱼身，鱼体坚挺、光泽，鳃丝紫红或红色清晰明亮，眼球饱满、角膜透明、肉质致密、弹性好者佳，是团头鲂（武昌鱼）、长身鳊（长春鳊、北京鳊）、三角鲂的总称，分布于我国南北各地淡水江河、湖泊中。

生物成分

经测定，100 克可食鳊鱼肉含能量 131 千卡，水分 71.5 克，蛋白质 18.3 克，脂肪 6.3 克，碳水化合物 1.2 克及维生素 A、B_1、B_2、C、E、胡萝卜素、胆固醇、尼克酸，还含微量元素钙、镁、铁、锌、铜、钾、磷、锰、钠、硒等。

生物性能

1. 性味归经

鳊鱼，味甘，性平；归脾、胃经。

2. 医学经典

《药用动物》："调胃健脾，利水降压。"

3. 中医辨证

鳊鱼可调胃气，利五脏，对消谷不化者食疗有益。

4. 现代研究

鳊鱼含有丰富的蛋白质和氨基酸，长期食用可强身健体，适用于气血虚弱及各种原因引起的贫血、白细胞减少症。由于其含有丰富的蛋白质、氨基酸及各种矿物质和微量元素，所以具有促进婴幼儿生长发育的作用。食物中蛋白质营养价值的优劣，首先是取决于组成该食物蛋白质的氨基酸的种类和数量，但更重要的是取决于各种氨基酸之间的比例。实验结果表明，鳊鱼氨基酸成分齐全，其中含量最高的是谷氨酸，最低的是色氨酸。专家认为多食鳊鱼可预防高血压、动脉硬化、贫血、低血糖等症。

食用注意

皮肤病患者慎食。

传说故事

一、武昌鱼名字的由来

相传，三国时，武昌樊口是吴国造船的地方。有一天，为了庆贺大船下水，孙权命人摆设酒宴，老百姓纷纷送来各色各样的鲜鱼。樊口的鳊鱼更是酒席中的上等菜。只见厨师将鳊鱼清蒸后，端上桌来，孙权尝过后，极感兴趣，便连要了3盘，都吃得干干净净，因此，也多喝了许多酒。

孙权吃着"清蒸武昌鱼"，就问："这鱼出自何处？"旁边一位大臣答道："这是一位老渔翁为谢大人恩德送来的，不知出自哪里。"孙权听了非常高兴，遂命人将这位老翁找来。

老渔翁进了宴会厅，孙权命人赏他一碗酒，要他说说这鱼出自哪里。老渔翁一口喝干了酒说："这种鱼叫鳊鱼，出自百里外的架子湖。每当涨水季节，它游经99里长港、绕过99道湾，穿过99层网来到长港的出水口，这出水口名叫樊口，这里一边是港水清冽，一边是江水浑黄。鳊鱼喝口浑水吐一口清水，喝一口清水吐一口浑水，经过7天7夜，使原来的黑鳞变成银白色，原来的黑草肠换成肥满满的白油肠，所以吃起来格外味美。"

孙权听得入了神，又命人再赏他一碗酒。老渔翁也不客气，接过酒又喝干了。接着，他又说："这种鱼，油也多，鱼刺丢进水中，可以冒出三个油花。"孙权不信，便亲自一试，果然，别的鱼刺只冒出一个油花，只有鳊鱼刺在水中翻出三个油花来。孙权一看，十分感兴趣，便亲自起身，端起一碗酒赏给老渔翁。老渔翁双手接过酒，又说："用这种鱼刺冲汤可以解酒，喝多了也醉不了。"孙权听了半信半疑，上前一把抓住老翁的手说："如果真能解酒，我愿领罚三大碗。"说罢，遂命人用开水将鱼刺冲成汤，孙权喝了一口，顿感神志清醒，大臣们喝后，也个个拍手称赞。随之，孙权兴起，端起酒碗，面对众臣道："想不到我东吴有这样好的武昌鱼。"说完，一连喝了三大碗，还要让人继续加菜添酒。众大臣连忙上前劝阻，孙权听了哈哈大笑。

从此，鳊鱼改称武昌鱼，至今，凡到武昌者，莫不以吃到清蒸武昌鱼为快，活蒸武昌鱼遂成为"楚天第一菜"。

樊口所产的"鳊鱼"以团头鲂为主。此鱼肉嫩脂多，尤为肥美，故古时有"鳊鱼产樊口者甲天下"的说法，到了武昌的人也必一品武昌鱼的滋味。武昌鱼是历代诗人的赞颂对象，有"南游莫望武昌鱼"、"九州横驰鲂有家"等佳句传世。1700多年前的三国末期，吴主孙皓想建都武昌，百姓苦于逆流朝奉，朝内部分大臣纷纷阻止其迁都，左丞相为劝阻吴主迁都而编了一首民谣："宁饮建业水，不食武昌鱼。宁还建业死，不止武昌居……"从此，武昌鱼的称谓便流传下来。

二、解缙与鳊鱼

永乐皇帝想到江西吉安一带游玩，要吉州知府筑路修桥接驾。解缙怕加重百姓负担，连夜写了奏折，次日面奏皇上。皇上一见奏文，勃然大怒："解缙，天子出游，乃施恩泽于民间，你因何阻挠？真乃狗胆包天！"解缙不慌不忙地说："皇上息怒，解缙上书实为龙体之安，吉州自古有'吉水急水'之称，那里山高无路，唯有从水路走，水急浪大，岂不惊了圣驾？"皇上说："我命吉州府打造巨舟，岂有镇不住'急水'之理！"解缙笑道："纵然有巨舟，却难过峡江县，江西俗话'峡江峡江，压断手掌'，那里江面窄，暗礁多，莫说巨舟，就是竹排也很难通过。"说着，解缙招了招手，下官捧来一条鳊鱼，解缙呈上，说："皇上请看，此鱼产于峡江，由于江窄，久而久之，连鱼身子也压扁了。"皇上一看信以为真，便取消了游吉州的打算。

三、鳊鱼与神鞋的传说

相传，出产武昌鱼的梁子湖历史上本为高唐县。隋炀帝时，县民刘满江告别妻儿，进京赶考。不料他走后不久，高唐县突然下沉，变成一片汪洋，这就是后来的梁子湖。在这次天翻地覆的自然变故中，高唐的县民大都罹难，唯独刘满江之妻孟玉红曾割股疗亲，孝感天地，天遣一老道人事先送给她母子两双布鞋，并授以应变逃生之秘诀。孟玉红及其子刘洞湖借助这两双布鞋之神力，竟幸免于难。后来，这两双救命的布鞋不慎掉入湖中，遂变化成鱼，这就是今日人们津津乐道的武昌鱼。这个传说当然是荒诞不经的。因为按照这个传说，武昌鱼是隋炀帝时代才出现的，而这显然与三国时期即有武昌鱼的史实不符。但是，梁子湖地区的人们对这种传说笃信不疑。在梁子湖中心的梁子岛上，至今仍保存有当年纪念刘满江高中状元的建筑"魁星楼"，以及为纪念孟玉红而保存下来的"玉红阁"。"神鞋变鱼"的故事至今仍然在梁子湖地区渔民中口耳相传。

四、苏东坡与鳊鱼

苏东坡喜食鳊鱼，曾有诗赞其味美。诗曰："晓日照江水，游鱼似玉瓶。谁言解缩项（鳊鱼亦名缩项鲂），贪饵每遭烹。杜老当年意，临流忆孟生。吾今又悲子，辍筋涕纵横。"他一到黄州，就对这里的鳊鱼产生了兴趣，常与潘生（大临）等垂钓江上，钓鳊野炊。当时如何烹制，现已无法知道，按现今黄州的传统做法，用这种鳊鱼红烧、清蒸、油焖都可以，且都味道鲜美。

乌 鱼

刀伤君肋体更张，形似黑龙波里藏。

云雾无缘酬壮志，九霄空令羡天狼。

——《咏乌鳢》·现代·张生

物种基源

乌鱼（Ophicephalus argus）为鱼纲鳢科动物乌鳢的肉或全体，又名鳢鱼、鲖鱼、蝶、鲥、场、黑鳢鱼、玄鳢、文鱼、黑鱼、生鱼、黑鲤鱼、黑火柴头鱼、蛇皮鱼、乌棒、活头、斑鱼，以色泽光鲜、体表有透明黏液、鳞片有光泽与鱼体贴附紧密、腹部不膨胀、肌肉坚实有弹性、切面有光泽者佳，分布于我国各大水系、江河、湖沼中。

生物成分

据测定，100 克可食乌鱼肉含热量 107 千卡，水分 76 克，蛋白质 21.9 克，脂肪 1.2 克及维生素 A、B_1、B_2、胡萝卜素、视黄醇当量、胆固醇、尼克酸，还含微量元素磷、硒、锌、锰、钙、钴、镁、钾、铁、钠等。

食材性能

1. 性味归经

乌鱼，味甘，性微寒；归肺、脾、胃、大肠经。

2. 医学经典

《医林集要》："健脾利水、养肝益肾、除湿消肿、去瘀生新、止痔血。"

3. 中医辨证

乌鱼肉有消肿、清热、祛风的功效，对浮肿、下肢肿、尿少、腰痛、小便不畅、月经不行、产妇乳汁少、口眼歪斜、沙眼及手术后伤口愈合辅助食疗效果佳。

4. 现代研究

乌鱼营养丰富，富含蛋白质、铁，于病后、产后以及手术后食用有滋补调养、生肌补血、加速伤口愈合的作用，可用于治疗水肿、湿痹、脚气、痔疮、疥癣等症，也可通乳汁、利黄疸、改善咳嗽。

食用注意

忌与茄子同食，否则有损肠胃。

附

（一）乌鱼血

为鳢科动物乌鱼的血，性平、味甘；归肝、肾经。补益肝肾，主治肝肾阴虚所致的腰痛等症。

（二）乌鱼肠

为鳢科动物乌鱼的肠，性平，味甘，微涩；归大肠经。生肌敛疮，主治痔疮、瘘管、肛瘘等病症。外用，贴敷患处。

传说故事

一、乌鱼是"孝鱼"的传说

有关乌鱼的传说不少。其中，广为流传的就是它是孝鱼。据说，乌鱼妈妈生出乌鱼后，眼睛就失明了。它刚刚出生的子女们围在妈妈身边，争先恐后地往妈妈嘴里钻，心甘情愿地给妈妈作食物。日子一天天过去，孩子越来越少，有一天，乌鱼妈妈的眼睛一下子睁开了，看见了自己所剩不多的孩子，她感动了。于是，又重新恢复了原先的生育能力。但是再次经历着眼瞎，孩子们争先恐后给妈妈作食的过程。大约是它们的行为比较合乎道义，所以，乌鱼们不仅没变成濒临灭绝的动物，反而生生不息。

二、"黑鱼泡子"的传说

相传，在辽源火车站南边、东辽河的北岸，有一块很大的水面，水呈墨绿色，水有多深，谁也不知道，连生活在水中的鱼都是黑色的，所以当地人们都叫它黑鱼泡子。传说这个泡子，是黑鱼王主管。那时，在每月十五的夜晚，鱼王就浮出水面，变成人形，饮酒作乐。时间一长，就被猎人发现了。又是一个十五的夜晚，天空一片漆黑，随着湖心水面开始波动，紧接着从水中升出来一个老家奴。他伸着脖子，侧耳听听，又看看四周，没什么动静，就进入水中。过了一会儿，又从水中浮出一个女家奴，她在湖面上摆好桌子，放上酒席，等鱼王赴筵。不一会儿，鱼王出来了，筵席上灯火通明。鱼王正在饮酒时，隐藏在附近的猎人突然用火铳射击，一声巨响，顿时席散光灭。翌日，水面上漂着一条死黑鱼。据说，这条黑鱼是昨晚出来观察动静的老家奴，因他失职，才出了事，老鱼王发怒把他处死了。之后，在一次洪水泛滥时，河湖连成一片，老鱼王携带家眷远遁他乡。

三、干不死的乌鱼

乌鱼是水族中的强者，它平时喜欢栖息于水草茂盛或混浊的水底，当小鱼、小虾等游近时，它便发起突袭将这些小动物吞掉，一条0.5千克的乌鱼能一口吞下一条二三两重的草鱼或鲤鱼。乌鱼的生命力很强，在淡水鱼类中居首位。有人做过实验，把乌鱼放在潮湿阴凉的陆地，可活半月之久。因为一般鱼类只能吸进溶解在水中的氧，而乌鱼还能直接吸收空气中的氧，它凭借这一"特异功能"，即使遭遇久旱无雨，或湖水即将干枯时，它都能像某些动物冬眠一样，呈蛰伏状态。这时它尾部朝下把身体坐进泥里，只留嘴巴露在泥面以上，俗称乌鱼"坐橛"或"坐遁"，这就是乌鱼的"旱眠"。这时它处于麻木状态，可持续数周，等再次来水时，它就会恢复常态，正常生活。

乌鱼小趣：民间有鳢首有七星，形体圆，头尾相等，如谁能一口气说出："乌首上七星辰，口念七遍是善人。"

罗 非 鱼

欢钓罗非鱼，红浪若弹丝。
鹅石疏同影，芦根密共诗。
莲开先自赏，荇败复谁知？
濠上千年趣，津津乐道时。

——《钓罗非鱼》·现代·庄成

物种基源

罗非鱼（Tilapia mossamvica）为鱼纲鲴鱼科罗非鱼属动物非洲鲫鱼的肉或全体，又名吴郭鱼、越南鱼，以鲜活度好，没有某些淡水鱼特有的泥腥味者质优。我国内地各水系的河、塘、沟、渠、沼泽均有养殖。

生物成分

据测定，每100克罗非鱼肉，含热量119千卡，水分71.3克，蛋白质20.5克，脂肪6.9克及维生素B_1、B_2、E、尼克酸，还含微量元素钙、磷、铁、锰、镁、锌、硒等。

食材性能

1. 性味归经

罗非鱼，味甘、淡，性微寒；归脾、胃、大肠经。

2. 医学经典

《药用鱼类》："健脾胃，补气血。"

3. 中医辨证

罗非鱼，味甘、淡，微寒，腥，有清热、利水之功效，对胃寒不适、气血不足者有辅助食疗效果。

4. 现代研究

罗非鱼含多种微量元素及蛋白质、氨基酸，对脾胃虚弱、气血不足者有补益食疗之效。

食用注意

患有皮肤疾患及痛风者少食或慎食。

传说故事

钓具与罗非鱼

有个人和几个朋友去湖区旅行，行程中有钓鱼这项安排，于是几个朋友一起去购买钓具。商场里，这个人坚持要买一根重型的钓鱼竿和线轴。朋友们开玩笑说道："你是打算钓一条鲸鱼吧？"

他笑一笑，并不理会这些打击他信心的玩笑。

他们来到了湖区，一个朋友的渔线被挣断了，那人抱怨自己没有准备重一些的钓具。很快的，这个人的线被拉紧了，是一条大罗非鱼！半小时后，他把战利品拖上了游船，一条 3 镑重的大罗非鱼。

人们都肃然起敬，因为他向大家演示了一个道理：如果你想钓一条大鱼，那你要先准备好钓大鱼的工具。

小记

罗非鱼的引种养殖

罗非鱼肉味鲜美，肉质细嫩，最早于 1946 年由吴振辉、郭启鄣从新加坡引进到台湾地区，为纪念这两个人，先称"吴郭鱼"。1957 年，从越南引进到我国内地，又名"越南鱼"。因其原产于非洲，形似本地鲫鱼，故又有人叫它"非洲鲫鱼"。

白　鱼

淮白须将淮水煮，江南水煮正相违。
霜吹柳叶落都尽，鱼吃雪花方解肥。
醉卧糟丘名不恶，下来盐豉味全非。
饕人且莫供羊酪，更买银刀三尺围。

——《初食淮白》·宋·杨万里

物种基源

白鱼 ［Erythroculter lishaefor-mis (Bleeker)］ 为鱼纲鲤科（鲌亚科）鲌属动物翘嘴红鲌的肉或全体，又名翘嘴鲹子鱼、白鲦鱼、白料鱼、鲌鱼、白鳊头鲹、白扁鱼、抗浪鱼、白扁花鱼。白鱼肉质坚挺，体形美而不鼓者佳。每年开春的白鱼最肥美，民间有"三月桃花淮河水，白鱼出水肥且鲜"之说，分布于我国淮河、黑龙江、黄河、辽河、长江等干支流及附属湖泊，尤以淮河白鱼"淮白"的肉质细嫩鲜美。

生物成分

据测定，每 100 克可食白鱼含热能 118 千卡，水分 77 克，蛋白质 18.6 克，脂肪 4.2 克及维生素 B_2、尼克酸，还含微量元素钙、镁、锌、磷、硒等。

食材性能

1. 性味归经

白鱼，味甘，性平；归脾、胃、肝经。

2. 医学经典

《开宝本草》："主胃气，开胃，去水气，令人健肥。"

3. 中医辨证

白鱼助脾气，能消食，理十二经络，补肝明目，对脾胃虚不思食、小便不畅、下肢水肿有较好的食疗效果。

4. 现代研究

白鱼含多种氨基酸及微量元素，还含有丰富的蛋白质，对脾胃虚弱、营养不良、消瘦浮肿、糖尿病等患者有一定的食疗促康复的效果。

食用注意

（1）白鱼是一种发物食品，支气管哮喘、癌症、红斑性狼疮、荨麻疹、淋巴结核以及疮疖诸病患者忌食；不宜和大枣同食；其"多食泥人心，久食令人心腹诸病"（唐·孟诜），"多食发疥，动气，生痰"（清·王士雄），因此，食用白鱼应适度、适量。

（2）因白鱼刺多而细，故小儿慎食。

传说故事

康熙与清蒸白鱼

传说，此菜为清代吉林乌拉将军巴海的家厨创制。康熙二十一年（1682年），康熙皇帝亲赴吉林视察武备。有一次，他行至拉鸡陵（今乌拉街）驻在那里的将军署内，巴海将军设宴为康熙接驾洗尘，特令家厨烹制松花江鱼肴。此时正值阳春三月，是北方江开鱼肥的时节。家厨选用肉质洁白细嫩、口味鲜美的松花江白鱼，并用清澈甘甜的江水烹制了一道清蒸白鱼。康熙食后大加赞赏，并兴致勃勃地挥毫写下"水寒冰冻味益佳，远笑江南夸鲂鲫。遍令颁赐扈从臣，幕下传薪递享炙"的诗句。此后，清蒸白鱼便名噪全城，白鱼也列为贡品。至乾隆十五年（1750年），乾隆皇帝到了吉林，此菜再次上了圣宴，又博得乾隆皇帝的恩宠，赐此菜为"关东佳味"。从此，清蒸白鱼流传更加广泛，并不断改进，一直流传至今，成为人们熟悉和喜爱的佳肴。

青　鱼

冬夜伤离在五溪，青鱼雪落鲙橙荠。
武冈前路看斜月，片片舟中云向西。

——《送程六》·唐·王昌龄

物种基源

青鱼（Mylopharyngodon pi-ceus）为鱼纲鲤科动物乌鳍鱼的肉或全体，又名乌鲲、乌青、乌鲭、青浑、溪鱼、黑鲩、青皮鱼、螺蛳青，以色泽光鲜，体表有透明黏液，鳞片有光泽，与鱼体贴附紧密不脱落，腹部正常不膨胀，肌肉坚实无异味者佳。为我国主要淡水鱼类养殖优质食肉鱼种之一，分布于各大水系及附属支流，所属湖泊、沟河，但华北较少。

生物成分

据测定，每100克可食青鱼肉，含热能158千卡，水分70.7克，蛋白质21.2克，脂肪5.8克及维生素A、B_1、B_2、E，还含胆固醇、尼克酸、视黄醇当量、硫胺素和微量元素钙、锌、镁、铁、铜、锰、磷、硒等成分。

食材性能

1. 性味归经

青鱼，味甘，性平；归脾、胃、肝经。

2. 医学经典

《开宝本草》："补气养胃，化湿祛风。"

3. 中医辨证

青鱼，益气化湿，对病后体虚、头晕乏力、食欲不佳者有辅助食疗效果，特别适宜脚气病患者食用。

4. 现代研究

青鱼含丰富的蛋白质和多量的维生素 B_1，能益气化湿。硒元素有预防化学致癌物诱发肿瘤的功能，青鱼含丰富的硒、碘等微量元素，能够抗衰老、抗癌。此外，鱼肉中富含核酸，这是人体细胞所必需的物质。据认为：核酸食品可使人年轻，还可医治许多种疾病。研究发现，青鱼肉中还含有一种聚合的非饱和脂肪酸，它能阻止乳腺肿瘤的生长，起到预防乳腺癌的效果。

食用注意

忌用牛油、羊油煎炸；不可与荆芥、白术、苍术同食。

传说故事

一、名菜"五侯鲭"与青鱼

"五侯鲭"是我国汉代的名菜。五侯指汉成帝母舅王潭、王根、王玄、王商、王逢等人，因他五人同日封侯，故泛称"五侯"，"鲭"即青鱼也。据《西京杂记》载：王氏五人，同日封侯，他们之间各有矛盾，宾客不得往来。后有一个叫娄护的官吏，备了丰盛的酒菜，依次在五侯之间传食，进行调解。因而博得"五侯"的欢心，并置备佳肴美馔回赠娄护。娄护品尝了佳肴，经过融会贯通，集五家之长，烹制出一道美味珍肴，世称"五侯鲭"。"五侯鲭"主要用料为青鱼。杨慎有诗为证："江有青鱼，其色正青。沺以为酢，曰五侯鲭。""酢"即醋的意思，由此可知，这道"名菜"其实就是今天的"糖醋青鱼"而已。

二、名菜"红烧瓦块鱼"的传说

湖北天门人称之为"红烧木琴鱼"。相传，此佳肴的创制与明朝文学家谭元春有关。他是"竟陵学派"创始人之一。谭元春（1586—1673），字友夏，湖广竟陵（今湖北天门）人。谭元春不仅喜好诗文，还酷爱丝竹之音，对岭南木片琴尤为钟爱。一日，他突然发现去掉头尾的青鱼段酷似木片琴。于是命人顺着鱼肋制出花纹后红烧佐酒。眼观佳肴，如闻木片琴的叮咚雅韵而心旷神怡。此菜后来传至民间，因形似屋瓦，故称"红烧瓦块鱼"。

油　鱼

客从都下来，远移东华鲊。

荷香开新包，玉脔识旧把。

色洁已可珍，味佳宁独舍。

莫问鱼与龙，予非博物者。

——《玉版鲊》·宋·梅尧臣

物种基源

油鱼（Semilabeo prochilus）为鱼纲鲤科泉水鱼属泉水鱼的肉或全体，又名泉水鱼、线鱼、风岩鱼、异华鲮、直口鲮，以油鱼鳞片有光泽，与鱼体贴附紧，腹部不膨胀，肌肉有弹性，指压后凹陷立即消失，无异味，肌肉切面有光泽者佳，主要分布在长江上游及岷江、西江中上游。

生物成分

据测定，100 克可食油鱼肉含热量 119 千卡，水分 71.1 克，蛋白质 17.9，脂肪 8.2 克，碳水化合物 0.5 克及维生素 A、B_1、B_2、E，还含胆固醇、尼克酸、胡萝卜素和微量元素钾、钠、钙、镁、磷、硒等。

食材性能

1. 性味归经

油鱼，味甘，性平；归脾、肾经。

2. 医学经典

《中国药用鱼类》："补元气，益脏腑。"

3. 中医辨证

油鱼补益元气和养脏腑，对吐血、咯血、久痢不愈者有食疗效果。

4. 现代研究

油鱼有抗衰、消炎的功效，对肠炎腹泻、泻痢长久不愈，吐血、便血、女子崩漏等症，辅助食疗效果佳。

食用注意

皮肤病患者忌食。

传说故事

白族渔潭会与油鱼

传说油鱼是鱼精的子孙。很久以前，渔潭洞口常停栖一头老鱼，它内吞五行之精，外感阴阳之气，百年后便成了鱼精。它时常酣睡，在酣睡中产出油鱼。每年八月十五日是它苏醒的日子，它一醒来，就把嘴伸出水面，把坡上的行人吸进肚里，不少人葬身鱼腹。为了阻止鱼精吃人，白族人民每年从八月十五日开始在渔潭坡上搭起帐篷，举行盛会。白天人声鼎沸，夜晚灯火辉煌。鱼精就不敢再出来了。从此，渔潭会就在每年八月十五日举行，会期 7～10 天。

小记

油鱼，顾名思义，入锅不放油，文火煎到一定时候，自行出油，也不粘锅，有"一家煎油鱼，十家闻鱼香"的说法。吃起来，油溢于唇而不腻，鲜嫩甘美、鳞皮醇和、味道醇香、鱼骨细如丝，不需吐骨。油鱼为四川、广西、云南常见的食用鱼类。

鳑鲏鱼

欲言谁与共，冉冉日还斜。

绕郭多春树，隔江生暮霞。

满堤吹柳絮，一舸泛桃花。

唯爱鳑鲏美，垂缗傍古槎。

——《咏鳑鲏》·现代·江涛

物种基源

鳑鲏鱼（Rhodeus ocel-latus）为鱼纲鲤科动物中华鳑鲏鱼的肉或全体，又名婢聂、青衣鱼、鳑鲫，常见有大鳍刺鳑鲏、兴海刺鳑鲏、点纹鳑鲏三种，体长 4～15 厘米，银灰色，雌鱼产卵管内，插入蚌的体内产卵孵化小鱼，以鳞片紧贴鱼身、鱼体坚挺、眼球饱满、肉质致密、手触弹性好、雌者体大、肉厚、雄者体小、肉薄者为佳。我国黑龙江、长江、珠江及各淡水湖水系均产。

生物成分

据测定：每 100 克鳑鲏鱼可食肉含热能 395 千卡，水分 27 克，蛋白质 30.7 克，脂肪 26.9 克，碳水化合物 8.5 克及维生素 A、B_1、B_2、D，还含胆固醇、尼克酸和微量元素锰、钙、磷、镁、铁、锌、硒、铜等成分。

食材性能

1. 性味归经

鳑鲏鱼，味甘，性温；归肺、肾经。

2. 医学经典

《中华药用鱼类》："补益脾胃，解毒。"

3. 中医辨证

鳑鲏鱼，暖胃益脾，对脾胃虚寒、消化不良、食少无味、腹痛腹胀等症有辅助食疗之效。

4. 现代研究

鳑鲏鱼含有丰富的蛋白质、脂肪、碳水化合物和氨基酸，长期食用可强身健体，适用于气血虚弱及各种原因引起的贫血、白细胞减少症。由于其含有丰富的蛋白质、氨基酸及各种矿物质和微量元素，所以具有促进婴幼儿生长发育的作用。鳑鲏鱼含动物蛋白、钙、磷及维生素 A、D、B_1、B_2等物质，比猪肉、鸡肉等动物肉类都高，且易为人体消化吸收，其吸收率高达 96％。由于鳑鲏鱼肉肌纤维较细，有多量可溶性成胶物质，结构柔软，这些就更适合病人、中老年人和儿童食用。鳑鲏鱼还含有多种不饱和脂肪酸，能降低胆固醇和甘油三酯，防止血液凝固，对冠心病和脑溢血病的防治有很好的作用。

食用注意

凡患有瘙痒性皮肤病者忌食。

传说故事

鳑鲏鱼找妈妈

鳑鲏鱼是从蚌壳里出生的。它第一眼看到的是河蚌，出于本能，自然就认河蚌为妈妈了。河蚌说："孩子，你虽说是从我怀里出来的，可我并不是你的妈妈，我是河蚌，你妈妈叫鳑鲏。"鳑鲏鱼不相信，以为河蚌妈妈抛弃它，难过得哭了："妈妈，妈妈，你就是我亲妈妈。"河蚌叹口气："孩子，你好好看，你像我吗？等你长大了，就知道怎么一回事了。"鳑鲏鱼渐渐长大，常常把自己与河蚌做个比较，越看越不像，也就知道自己的妈妈不是河蚌了。它心里又想，难道是亲生妈妈狠心把我扔了？正巧，一条鳊鱼从身旁游过，鳑鲏鱼忽然觉得很熟悉，很亲切，看看鳊鱼，看看自己，不由自主地喊道："妈妈，妈妈。"鳊鱼看了看鳑鲏，理也不理，尾鳍划了个弧线，一个潇洒的滑行，径自游走了。

鳑鲏鱼难过极了，妈妈真的不要我了。但它不死心，只要遇上鳊鱼，它还是叫妈妈。鳊鱼也恼了，顺口说道："你看看你那小样，怎会是我的孩子呢？"无数次的碰壁后，鳑鲏鱼暗下决心，我一定要努力长成鳊鱼。等我长成了你，你还不认我吗？几年过去了，鳑鲏鱼还是那么一丁点大。它急了，这是咋回事呢。于是，它又去找河蚌诉说。河蚌说："孩子，你是鳑鲏，它是鳊鱼。你们虽说相像，可天赋不同啊。这不是努力不努力的问题。鳑鲏永远不会长成鳊鱼的，就像那些蚬子永远也长不成我们河蚌一样，要不这世界这水族就乱了套了。可笑的还有人类，说什么只要努力，丑小鸭也会变成白天鹅的，这简直是痴人说梦。认命吧，孩子。"

鳑鲏鱼似有所悟，沮丧地点了点头。

鲃 鱼

厨船进食簇时新，侍宴无非列近臣。
日午殿头宣索鲙，隔江催唤打鱼人。

——《宫词》·前蜀·花蕊夫人

物种基源

鲃鱼（Spinibarbus caldwelli）为鱼纲（硬骨纲）鲤科动物锯倒刺鲃的肉，又名鱼八、条纹光唇鱼、黑脊倒刺鱼、东方墨头鱼、斑鱼，以肥壮体大，鲜活者为佳，主要分布于我国的华南和西南。

生物成分

据测定，每100克鲃鱼肉含热量149.9千卡，蛋白质19.8克，脂肪1.4克及维生素A、B_1、B_2、E，还含微量元素硒、锌等和多种氨基酸。

食材性能

1. 性味归经

鲃鱼，味甘，性热，有小毒；归脾、肾经。

2. 医学经典

《随园食单·江鲜单》："壮肾壮阳，和胃，温中补虚。"

3. 中医辨证

鲃鱼，温脾和胃，润肺养颜，对脾肾阳虚、脾胃虚寒、脘腹冷痛、大便溏泄者有食疗辅助功效。

4. 现代研究

鲃鱼含有钙、磷、铁等多种营养物质，营养丰富，且肉质细嫩洁白、爽口，有弹性，味道鲜美。若烹调得法，其鲜美的程度比河豚有过之而无不及，享有"鱼中之王"和"菜肴皇冠"之美誉。鲃鱼蛋白质含量极高、脂肪含量极低，还含维生素 B_1、B_2 及硒、锌等多种微量元素，具有壮阳和胃温中补虚之功效。

食用注意

热症，阴虚火旺者忌食。

传说故事

鲁班与鲃鱼的传说

古时候，武昌的黄鹤楼正在兴建，楼已进入建筑最上面的两层了。谁知，竟遇上了百日大旱，发生了饥荒，人们饿着肚子，哪来的力气干活呢？

一天，从外地来了一个挺精神的老头，他来到工地上，看见石匠、木匠一个个都是懒洋洋的，老人沉思片刻，围着黄鹤楼转了两圈，回身拿了斧头和刨子，选了一根杉木。很快爬上了楼的顶层，东瞅瞅西望望，就在一面临江的大窗前，摆好了那根大杉木，熟练地抡起斧头砍了起来。只见一片片木屑，轻飘飘地飞入长江中，老人砍了一会儿，又抡起刨子，摆开弓箭步的架势，刨起木头来，那飞舞的木屑与刨花，在阳光的照射下，纷纷向江中落去。

突然，一个小伙子指着江中惊叫起来："你们看！"大伙一齐向江中看去，只见从窗口飞出的木屑和刨花一起落入江里，变成了欢游嬉闹的鱼群。

楼上来了个神仙，木屑和刨花变成了鱼的消息很快在工匠中传开了。大家都争先恐后地跑到江边去看，果然，从楼上窗口飞下来的木屑、刨花，落到江中就成了活鱼。工匠们连忙找来篓筐捞起鱼来。

他们看到木屑变成头厚、尾薄的窄条状鱼，就取名叫"杉木屑鱼"；刨花变成宽而扁平的鱼，就取名叫"刨花鱼"，又叫鲃鱼。

当人们赶忙上楼道谢"神仙老人"时，那老人早已不见了。只见一条木工凳上摆着一捆木楔，下面压着一张用木炭写着的字条：

> 木楔一百零八块，精心收藏待安排。
> 刨花木屑成鲃鱼，可度饥荒筑楼台。
> ——鲁班

大家见此字条，方知是祖师鲁班来解大难，无不感激之至，有杉木屑和刨花变的鱼充饥，工地上的建筑又忙碌起来，工程的进度也加快了。黄鹤楼就要竣工了，谁知，做好的梁架不是歪的，就是装不紧，摆来摆去就是弄不好，大家正在着急，主建工匠突然记起了祖师鲁班留下的一百零八块木楔，忙找了出来，他们见歪的、松的榫头，就垫一块木楔，说来也巧，鲁班一百零八块木楔不多也不少，不大也不小，刚好楔好歪斜的每个部位，没过两天，一座美观雄伟的黄鹤楼四平八稳地屹立在长江边上。"鲃鱼"也流传至今。

鲦　鱼

阴崖古木挂藤萝，下有神龙阅世多。

荇带水衣闲自舞，鲦鱼石蟹戏相过。

岂知霖雨为何事，自喜红尘不到他。

落叶满林送去路，牧童相引到山阿。

——《上泉》·宋·项安世

物种基源

鲦鱼（Hemiculter leucisculus）为鱼纲鲤科动物白鲦鱼的肉或全体，又名白料、白参、参鱼、白肉条鱼，以鳞片完整、不易脱落、鳃色鲜红、鳃丝清晰，具有本来腥味、眼球饱满凸出、角膜透明、肌肉坚实者为质优，分布于我国内河各大水系。

生物成分

据测定，每100克可食鲦鱼肉含热量132千卡，蛋白质16.6克，脂肪3.3克及维生素A、胡萝卜素、视黄醇当量、胆固醇，还含微量元素钾、钠、钙、磷、镁、铁、锌、硒等。

食材性能

1. 性味归经

鲦鱼，味甘，性温；归肠、胃、心经。

2. 医学经典

《本草纲目》："煮食解忧、暖胃、止冷泻。"

3. 中医辨证

鲦鱼，温中散寒、暖胃、补虚止泻，对阳气虚弱、畏寒、疲倦、四肢乏力、便溏等症辅助食疗效果佳。

4. 现代研究

鲦鱼含有丰富的蛋白质以及维生素、钙、镁等多种营养成分和多种微量元素，有散寒、温中补虚、止泻等功效，对于阳虚体虚胃弱者有良好的食疗作用，对久病初愈者也有很好的滋补强身功效。

食用注意

根据前人经验，皮肤感染及痈疖疔毒等皮肤病患者忌食。

传说故事

鲦鱼的传说

现在的鲦鱼尾前有一根硬刺，这根硬"刺"的来历，有则趣味的传说。

在宋朝，有表弟兄两个，到京城去赶考，这两个人呢，一个叫宋文中，一个叫刘文龙。当时这个刘文龙啊，寻得了一个老婆，这个老婆长得非常漂亮。结婚时间不长，比较恩爱。

到了京城开考之年，表弟兄两个要去赶考，刘文龙不得不辞别爱妻啦。当时这个宋文中，从心眼里头对这个刘文龙的老婆就有不轨之心。正巧刘文龙在进京赶考途中陡添大病。此后这个宋文中就起了不良之意，他想谋杀刘文龙，于是夜里头把他推到山沟里，以为他死了，还模仿了他的笔迹写了一封信，说这个刘文龙生了重病，没得好了，叫他家女的就改嫁吧，嫁给他家表弟。

后来，宋文中回家来了，到家就把这个信交把刘文龙妻子，妻子一看就有怀疑：他在生病期间为什么要我改嫁？生病之前就晓得他这个病不得好吗？所以她就是不肯，说要等她守孝三年后再说。

一晃三年过去了，可是这个刘文龙啊，当时被推到山沟里并没有死，过了一夜，又被人家轿夫给救起了。第二年，他又去考，一考就考中个武状元，三年后就回来了。

到家时一看，妻子还没有改嫁，但愁眉不展，便问："我这么多年才回来，你怎么愁眉不展呢？"

妻子说："你在京中求官，得中了，反写个休书，要我改嫁你家表弟，我一直没听从你的这个休书，你起这个不良之心！"

刘文龙一听说："哪有此言，没有这回事。"

妻子说："你不相信，你的书信在这里。"

他说："你把信拿给我看！"

一看，果然不错，是模仿他的笔迹写的，他说："这个不是我写的。"说完勃然大怒，去找宋文中算账！

宋文中听说表兄回家来了，总是躲躲闪闪的，今天去还就凑巧，宋文中正在家中，没得话说了，刘文龙看见他的时候，就要杀他！他吓得撒腿就跑。往哪里跑呢？就向这个东海边入海口旷野里跑，刘文龙没有赶得上他，就看住他，当他溜到沙滩边时，这时刘文龙就搭起一箭，一箭往他这个屁股上头上一谷（即"戳"），宋文中就一头栽进河里死了。

照民间传说呢，这个鳈鱼就是宋文中变的，屁股后头一根箭，就是刘文龙射上去的。据说取鱼的人，被箭戳到，如果碰到姓刘的，就比较难好。

鳈　鱼

松江蟹舍主人欢，菰饭莼羹亦共餐。

枫叶落，荻花干，醉宿渔舟不觉寒。

——《渔父歌》·唐·张志和

物种基源

鳈鱼［Luciobrama macroce-phalus］为鱼纲鲤科动物鳈鱼的肉，又名尖头鱤，以鳞片紧贴鱼身、鱼体坚挺、有光泽、眼球饱满、角膜透明、肉质致密、手触弹性好者佳，分布于我国长江、珠江及其支流和闽江流域，也常进入湖泊。

生物成分

据测定，每100克鳈鱼肉含热能131千卡，水分71.2克，蛋白质18.3克，脂肪4.6克及维生素A、B_1、B_2、E、胡萝卜素、视黄醇当量、胆固醇、尼克酸，还含微量元素钙、镁、铁、锰、锌、铜、钾、磷、钠、硒等。

生物性能

1. 性味归经

鳈鱼，味甘，性平；归脾、胃、肾经。

2. 医学经典

《食疗本草》："益筋骨，和脾胃。"

3. 中医辨证

鳈鱼，补五脏，益精补肾，有益于腰膝酸软、脾胃虚弱、食欲不振的辅助食疗。

4. 现代研究

鳈鱼具有预防高血压、动脉硬化的作用。鳈鱼含有丰富的不饱和脂肪酸，对血液循环有利，因此可以通过改善血液循环，消除人体内过多的氧自由基而起到防治高血压、动脉硬化等心血管疾病的作用，可作为心血管病人的保健食物。对于身体瘦弱、食欲不振的人来说，鳈鱼肉嫩而不腻，可以开胃、滋补。鳈鱼含有丰富的硒元素，经常食用有抗衰老、养颜的功效，而且对肿瘤细胞也有一定的抑制作用。

食用注意

痛风患者、皮肤病患者慎用。

传说故事

乾隆与"游龙绣金钱"

乾隆首次下江南私访民情时，曾经流传过这样一个故事。

一天，已是日落西山时分，乾隆皇帝来到一个临江依山的小村落，便让随行侍从找个落脚的处所。这时，见一家门前有位老妇人，正坐在青石板上缝补衣裳。乾隆上前拱手问道："请问老妈妈，这是什么地方？"

"这是温竹岗。"老妇人边缝衣服边顺口答道。

乾隆听了老太太的回答，脱口赞云："好一个温竹岗！"侍从刘计见乾隆称道此地，就上前轻声说："万岁，不，老爷，天色已晚，您看今日就在此地下榻如何？"乾隆轻轻点头，表示欣然。

刘计转而向老妇人道："老人家家中几口人呢？"那老妇人并不抬头，只将左手略扬起，伸出两个指头。刘计见这村妇如此无礼，心中好不气恼，但又不好发作，便耐住性子问道："老妈妈，我们主人想在府上借住一宿，您看能否行个方便？"老妇人只顾穿针引线并不回答。这时乾隆走近跟前，接过老妇人手中针线，竟给他一穿而入，递给老妇人。那位老妇这才抬起头打量了一下眼前站立的主、仆二人，并转而微露笑容，说道："我家只有两口人，客官借宿并无妨碍……"说话间，老妇人手指路上："那一口子回来了。"只见一银须老汉身背鱼篓，红黑的脸膛上挂着汗珠。

老头见门口立着两位文质彬彬的客人，便问道："是过路的行人吧？若不嫌弃茅舍狭小，就请进来坐。"

乾隆进得屋来，仔细打量，但见屋舍虽不宽敞，倒也拾掇得干净。主人让过座，沏好茶之后，乾隆和气地询问老人家贵姓，老汉回说姓赵，并揣摩着对方的心思，接着便说："已到掌灯时分，再往前已无村店，如不嫌弃，就请屈尊在寒舍歇息吧。"这正中了乾隆下怀，于是满口答应。

好客的老头吩咐老伴赶紧为客人备下晚饭。当酒菜端上来，诱人的香气惹得乾隆与那侍从肚子咕咕直叫，也顾不上过分谦让，便大口地吃喝起来。待稳住了肠鸣肚叫之后，才容出空闲称赞好菜，并连连道谢不迭。对于其中一道两色两味、酥脆鲜嫩的菜肴，若不是碍于身份，乾隆真想把盘底残余一扫而光。

吃罢之后，乾隆问那老妪："老妈妈，这道两色的菜唤作何名?"老婆只管做菜，哪里想到什么名称，现见问及，为取吉利，便信口诌了个"游龙绣金钱（黄鳝鲸鱼片）"。这更给乾隆留下了深刻的记忆。

乾隆回宫以后，终不能忘那道从未尝过的美味，后来派人专程来学，带回宫中，从此，"游龙绣金钱"这一佳肴，经御厨加工加料，味益珍美，并保留下来，传至民间，成为江南的一道传统名菜。

鳟 鱼

> 海鱼沙玉皮，翦脍金齑酽。
> 远持享佳宾，岂用饰宝剑。
> 予贫食几稀，君爱则已泛。
> 终当饭葵藿，此味不为欠。
>
> ——《沙玉皮脍》·宋·梅尧臣

物种基源

鳟鱼（Squaliobarbus curricu-lus）为鱼纲鲤科动物赤眼鳟的肉，又名红目鳟、赤眼鱼，以鳞片紧贴鱼身，鱼体坚挺光泽，鳃丝紫红或红色清晰明亮，眼球饱满，角膜透明，肉质致密，弹性好的为佳。栖息水的中下层，食性杂。我国南北各地淡水中均产。

生物成分

据测定：每100克鳟鱼肉，含能量103千卡，水分71.2克，蛋白质18.6克，碳水化合物0.2克，脂肪2.6克及维生素A、B_1、B_6、B_{12}、D、胆固醇、视黄醇当量、胡萝卜素，还含微量元素钙、锌、镁、锰、铜、磷、钾、钠、硒等。此外，尚含其他鱼类很少的EPA（20碳5烯酸）和DHA（22碳6烯酸）。

食材性能

1. 性味归经

鳟鱼，味甘、性温；归胃经。

2. 医学经典

《本草纲目》："暖中和胃。"

3. 中医辨证

鳟鱼，温中、和脾胃，对反胃吐食、脾胃虚寒、泄泻等症食疗辅助效果佳。

4. 现代研究

鳟鱼不仅有很高的营养价值，而且由于含有很高的DHA和EPA，使它具有如下独特的食疗作用：

（1）降低血液中的胆固醇浓度，预防由动脉硬化引起的心血管疾病。

（2）使血液不容易凝固。

（3）减轻炎症。

（4）抑制癌细胞扩散速度。

（5）提高大脑的功能，增强记忆力，防止大脑衰老。

食用注意

皮肤病、痛风患者忌用。

传说故事

慈禧太后与"抓炒鳟鱼片"

慈禧太后吃饭是以讲究排场和挑剔著称的。这自然跟她的骄奢淫逸有关，但天天是老一套的山珍海味、七碟八碗，也确实令人胃口难开，大有单调乏味之感，因而使她时常对罗陈于前的珍馐美馔大发脾气。

话说有一次慈禧用晚膳，传膳太监一声呼喊，从御膳房鱼贯式地走出一群宫女，捧着菜肴摆上席来。慈禧一见就摇头摆手，不曾尝一口就一股脑地叫撤下。这可急坏了膳房的御厨们，因为当晚安排这些菜肴，已费了厨师们的不少心思，结果仍讨不来太后的欢心，倘若迟迟上不去新鲜玩意儿，众人都要倒霉的。

正当御厨们面面相觑、无可奈何之际，平日里只知烧火的一个姓王的伙夫操起了勺把。只见他将用剩下的鳟鱼排去刺切成片，抓了些放在碗里，又倒入一些蛋清和湿淀粉，胡乱地抓了一阵子，便投入锅内烹调起来……

待菜肴盛入盘内，御厨们看了皆不敢表示恭维，并议论，此等杂乱无章的菜，怎能登大雅之堂？其中一位深知慈禧饮食怪癖的老御厨，倒是主张不妨进上去试试，于是由走菜的太监献上。慈禧此时正有微饿之感，忽然一阵异香扑鼻，只见端到面前的这道菜，色泽金黄，油亮滑润，荤素杂陈，不落俗套，早已食欲大开，便举箸一尝，不禁叫好，随口问道："这是一道什么菜呀？怎么从前不曾做来？"

上菜的太监以为老佛爷怪罪下来，慌忙跪下回禀。常言道"急中生智"，那太监在下跪刹那，脑中忽然浮现刚才伙夫做菜时胡乱抓了又炒的情景，便信口诌道："回老佛爷，此菜名叫'抓炒鳟鱼片'，是膳房一个伙夫为老佛爷烹制的，故而不在膳房食谱之列。"

慈禧听了小太监的一席话，对这道别出心裁的抓炒菜有更产生了兴趣，便传旨要伙夫来见。

御厨们听说老佛爷传见伙夫，都为他捏了一把冷汗。不料慈禧对伙夫的手艺大加夸奖，并赏他白银和尾翎。因其姓王，又即兴封他为"抓炒王"，由伙夫提为御厨，专为太后烹调抓炒菜。

从此，抓炒里脊闻名宫廷，并逐渐形成了宫廷的四大抓炒。"抓炒鱼片"即是其中之一，并成为北京地方风味中的独特名菜。

鳡　　鱼

小男供饵妇搓丝，溢榼香醪倒接䍦。

日出两竿鱼正食，一家欢笑在南池。

——《南池》·宋·李郢

物种基源

鳡鱼（Elopichthys bambusa）为鱼纲鲤科鳡属动物鳡鱼的全体，又名黄钻、黄颊鱼、竿鱼、水老虎，以鳞片紧贴鱼身，鱼体坚挺，有光泽，鳃丝红色清晰，眼球饱满，角膜透明，肉质致密，手触弹性好者佳。分布于我国各大江河中。

生物成分

经测定，每100克鳡鱼肉含热量117千卡，水分71.3克，蛋白质17.5克，脂肪4.3克，碳水化合物1.2克及维生素A、B_1、B_2、E、胆固醇、视黄醇当量，还含微量元素钙、磷、钾、钠、镁、铁、锌、硒、铜。

食材性能

1. 性味归经

鳡鱼，味甘，性温；归肺、胃经。

2. 医学经典

《本草纲目》："暖中、益胃、止呕。"

3. 中医辨证

鳡鱼，温中暖脾，对脾胃虚弱、胃脘冷痛、慢性支气管哮喘咳嗽、呕吐等症有辅助食疗之效果。

4. 现代研究

鳡鱼具有防治高血压、动脉硬化的作用。鳡鱼含有丰富的不饱和脂肪酸，对血液循环有利，因此可以通过改善血液循环，清除人体内过多的氧自由基而起到防治高血压、动脉硬化等心血管疾病的作用，可作为心血管病人的保健食材。对身体瘦弱、食欲不振的人来说，鳡鱼肉嫩而不腻，可以开胃、滋补。鳡鱼含有丰富的硒元素，经常食用有抗衰老、养颜的功效。

应用注意

痛风患者慎食鳡鱼。

传说故事

狮子潭中鳡鱼精的传说

狮子潭，深不见底，原叫黑水潭。过去，这里怪石嶙峋，犬牙交错。水面上阴风怒号，黑浪滔滔。水底下的青石岩中，有一个中空的大石洞，洞里住着一条一丈七八长的大鳡鱼。鳡鱼，又叫黄钻，是一种粗圆长大，青蓝带黄黑，尖嘴叉尾专吃鱼类的凶猛淡水鱼，经常在阴雨天气中兴风作浪，乘机吃人，造孽多端，使江谷河两岸百姓祸害连绵，骨肉离散，受尽灾难。

在离黑水潭不远的山里，有一个百花村。村里有一个青年猎手，名叫阿狮。他生得身材高大，黑实威猛，力气过人，十八般武艺，无所不精；爬山潜水，样样皆能。方圆百里的精灵妖怪，豺狼虎豹，闻声无不胆寒，避之则吉。阴风阵阵，细雨连绵，阿狮正在山上打猎。忽听得，黑水潭方向传来阵阵女子凄厉的呼救声。不好，有人掉进黑水潭了，不会又是鳡鱼精作恶吧？阿狮想到这里，便紧握猎叉，飞奔下山。果然，黑水潭里浊水滚滚，黑浪滔天。一个十八九岁的姑娘，正在水中挣扎，一条凶悍滚圆的鳡鱼出没在黑浪浊水中。"孽畜，休要作恶！"随着阿狮一声大吼，一杆钢叉便箭也似的飞向鳡鱼，正中鱼尾。鳡鱼精"哎呀"一声惨叫，丢下姑娘，忍着伤痛，潜入潭底逃生去了。

原来，这姑娘叫瑞莲，家住山外江谷河边，离黑水潭不远。她十八年华，长得俊俏，亭亭玉立。这日上山砍柴割草，被鳡鱼精暗算了。自从瑞莲被阿狮救出后，相互间再也不愿离开了。

且说那鳡鱼精，自从负伤逃亡以后，销声匿迹，不知去向。阿狮痛定思痛，发誓要为民除害。他手握猎叉，日夜巡逻在黑水潭边。后来，他干脆蹲在水边，怒视水面，等候鳡鱼精出现。日久天长，功夫不负有心人，从此鳡鱼精再也不能作恶了……

听老一辈人说，过去黑水潭每逢清明节前后，有时都会听到远处传来的隐隐约约的八音啪哒声，那是鳡鱼精又想娶亲了。但总是过不了阿狮那一关！不过，现在黑水潭已经被人们叫作"狮子潭"，也许是为了纪念阿狮和瑞莲的爱情故事吧。狮子潭边有一座狮子山，形状酷似一头坐伏在水边的雄狮，十分威武。人人都说，狮子山是阿狮变的。狮子潭里有很多水獭，它们最爱吃鱼，尤其爱吃鳡鱼。据说这水獭是瑞莲变的。

鲑　鱼

自云危楼开破牖，尽见山屏群玉倚。

远从台馆听笙箫，更煮鲑鱼倾浊醴。

——《简虞子建》·宋·张镃

物种基源

鲑鱼（Salmo fario）为鱼纲鲑科形目属动物三文鱼的肉，又名大马哈鱼、鲑鳟鱼、赤眼鳟、三文鱼刺身、大西洋鲑。鲑鱼肉一般呈橘红色、半透明、富含脂肪，口感细腻爽滑者为佳，主产我国黑龙江流域。

生物成分

经测定，每100克鲑鱼肉，含热能133千卡，水分74.1克，蛋白质17.2克，脂肪7.8克及维生素 A、B_2、E、视黄醇当量、尼克酸，还含微量元素铜、硒、钠、铁、钙、锰、镁、锌、钾、磷等。

食材性能

1. 性味归经

鲑鱼，味甘，性温；归脾、胃、肾经。

2. 医学经典

《本草纲目拾遗》："暖胃健脾。"

3. 中医辨证

鲑鱼，可补中、行气、活血、除湿、利水、壮阳，对风湿痹痛、脾胃虚弱、食欲不振、小便不利、腰膝酸软等症有食疗辅助康复之效。

4. 现代研究

鲑鱼具有增强脑功能、防治老年痴呆和预防视力减退的功效，能有效地预防诸如糖尿病等慢性疾病的发生、发展，具有很高的营养价值，享有"水中珍品"的美誉，对于神经系统及视网膜生长极为有利、对小孩的脑部和眼睛发育有极大的帮助。鲑鱼的肉质鲜美，含有多种维生素，经常食用可降低血管内的脂肪，缓和人的情绪，降低患上风湿性关节炎和哮喘病的机会。

食用注意

胃热患者慎食、少食。

传说故事

大马哈鱼的传说

相传，清朝乾隆年间，黑龙江和乌苏里江是中国的两条内河，两岸都是中国领土，生活着汉、满、赫哲等民族，或以渔猎为生，或种植庄稼，由于自然资源丰富，又远离政治、交通中心，这里的百姓生活相对富足而平静。可这时，离这里很远的沙皇俄国派兵打了过来，并占领了这里，枪杀中国百姓，抢夺财物，驱赶中国人。乾隆皇帝得知后，立即派白马大将军前来征讨，几万大军冲过乌苏里江，横扫沙皇军队，把他们撵得没了踪影。

可这时，几万大军的粮草接济不上了，那时乌苏里江江东人烟稀少，山高岭大，到处是荒野森林，交通不便，内地粮草运不上来，几万大军，连人带马吃什么呀，把白马大将军愁得夜夜睡不着觉，天天派人到江边看运粮草的车或船有没有影。

初秋的一天，已经断顿了，三军连人带马几万张嘴嗷嗷待哺，而俄罗斯沙皇军队又要卷土重来，情形万分危急。这个危急情况被龙王爷知道了，紧急下令海中各种大鱼全都进乌苏里江解白马将军之围。各种大鱼得令，作队为伍奔赴乌苏里江，白马将军正一筹莫展之际，忽听乌苏里江水声哗哗，翻波涌浪。只见江中全是摇头摆尾的大鱼，立即命令士兵下江捕捞。捕出的鱼堆成了山，士兵们吃了，不但解除了饥饿，而且有了劲头。但战马对吃鱼很有选择，它们只吃一种鱼，哪里有这种鱼战马就奔哪里去，高兴得直叫唤，像人哈哈大笑一样。因此，后来人们就管这种鱼叫大马哈鱼。战马吃了大马哈鱼，驮着白马大将军和他的几万将士们，很快击退了沙皇军队的进攻，并把他们打到库页岛以北。连续多年都没敢再进犯清朝边界，大马哈鱼也名扬天下。从此，大马哈鱼解白马大将军之围的故事一代一代地传下来。渔民就管这种鱼叫大马哈鱼了。

胖 头 鱼

问道中庸第一家，有缘吞吐是年华。
温驯刻意留斑点，迟缓天成待线虾。
滤食相传情已久，溯游虽变景无差。
若寻滋味何时好，秋后胖头豆腐加。

——《鳙鱼》·现代·费凡

物种基源

胖头鱼 [Aristichthys nobilis（Richardson）] 为鱼纲鲤科动物鳙头鲢的肉或全体，又名鳙鱼、皂鲢、花鲢、麻鲢、肥头鲢、黑头鲢，与白鲢鱼的区别在于有一像鲻鱼一样的肉质肫。一般当年生当年成熟，但活到第二年、第三年者，则蒜瓣肉稍老，不像一年生胖头鱼鲜嫩，故在民间有一年称胖头，二年称铜头，三年称铁头，以一年生为佳，四年生者很少见，我国各大水系均有生存。

生物成分

每 100 克可食胖头鱼肉含能量 125 千卡，水分 70.7 克，蛋白质 19.1 克，脂肪 2.2 克及维生素 A、B_1、B_2、C、E、胡萝卜素、视黄醇当量、尼克酸，还含微量元素钙、镁、铁、锰、锌、铜、钾、磷、钠、硒等。

食材性能

1. 性味归经

胖头鱼，味甘，性温；归脾、胃经。

2. 医学经典

《中国药用鱼》："温中健脾，壮筋骨。"

3. 中医辨证

胖头鱼有暖胃、去头眩、益脑髓的功效，对头晕、神经衰弱、妇女更年期血压波动、产后头晕目眩、老年多痰有食疗辅助效果。

4. 现代研究

胖头鱼含丰富的蛋白质和多种人体必需的氨基酸，儿童常吃胖头鱼可促进机体发育，补充发育过程中所需的各种营养。胖头鱼是众多鱼头中的上品，含有比任何其他食物丰富得多的不饱和脂肪酸，对脑的发育极为重要，可增进大脑细胞活跃，使判断力极大增强。因此，常吃胖头鱼对改善老年痴呆症和促进儿童的大脑智力发育极为有益。

食用注意

长期食用可致疥疮，痛风、皮肤病病人慎用。

传说故事

一、胖头鱼折寿的传说

很早以前，东海龙王的三女儿刚满 18 岁，上门求婚的人就排成队。龙王、龙母合计了半天，也不知该把女儿嫁给谁。想当年，大女儿嫁了文臣，二女儿嫁了武将，可这文武二将都是小矮个儿。想到这里，便拿定了主意，给三公主找个大个儿的。选驸马的皇榜贴出去了，条件写得明白，一年之内谁长得最快就选谁。转眼一年过去了，胖头鱼独占鳌头，一年长了一尺多，成了当然的龙婿。

胖头鱼什么本事也没有，自从当了驸马爷，一天到晚耀武扬威，好像谁也不如它。它还口出狂言说："我一年长一尺，三十年超过龙王。"龙王震怒，想把它赶走，又怕它趁机捣乱，不敢轻举妄动。鳖丞相看出了龙王的意思，就说："别看它口出狂言，其实是个大笨蛋。"又贴在龙王的耳朵嘀咕了几句，龙王高兴了。

这天，龙王忽然击鼓升帐，说把守南海口的飞蟹将军反叛，要派兵前去平定。胖头鱼在宫内呆得难受，就不假思索，第一个讨令出征。鳖丞相故意激它说："驸马年轻，恐不是敌手吧！"胖头鱼不服气："你们不信就立下军令状，如果我得胜而归就得为我封官晋爵，如果我败……"胖头鱼一合计，我败了怎么办？转念一想，我是驸马，龙王不能把我怎么样，就随口说："我败了，听从发落。"龙王当场应允。

胖头鱼领命来到阵前，不到一个回合，就被飞蟹将军拿住，五花大绑，押回了龙宫。龙王升帐，当堂由飞蟹将军宣读了圣旨："胖头鱼狂妄自大，存有谋反之心，犯有欺君之罪，从即日起，逐出龙宫，贬它当年生当年死，一年生长不得超过一尺。"胖头鱼一听，这才明白过来，后悔已经晚了。龙王金口玉牙，哪里抗拒得了。从那以后，胖头鱼就折了寿，当年生，当年死，子子孙孙没长寿。

二、乾隆与"胖头鱼头烧豆腐"

古人云："胖头之美在于头"，民间也有"胖头鱼头，肉馒头"一说，是历来被美食家所推崇的鱼头之一。清乾隆年间，乾隆皇帝曾多次巡行江南。一次在杭州吴山微服游玩时，忽然天降大雨，势如倾盆。时近中午，乾隆又饿又冷，只好跑到山中一户人家避雨。这户人家的主人王小二热情招待了乾隆，只是家中贫困，又无准备，就把家里仅有的一个胖头鱼头和一块豆腐做了个鱼头豆腐菜。菜上桌后，乾隆尝了一口，鲜美异常，为宫中所不见。饭后，雨过天晴，乾隆问过主人姓名，告别而去。乾隆回到京城后，曾多次让御膳房做这道菜，可是，不管御厨怎么下功夫，没有一次能赶上王小二做得那么好吃。后来，乾隆又来杭州，想起上次遇雨一事，记起了王小二一饭之馈，便派人找来王小二，并赏了他很多银两。受到乾隆重赏之后的王小二开了一家后来誉满杭州城的"王润兴饭馆"，并在鱼头豆腐这个起家菜上狠下功夫，其他菜馆一见，也争相学习烹制鱼头豆腐。于是，此菜越做越精，最后成了一道杭州名菜。

桃 花 鱼

昭君出塞省亲还，桃花鱼戏桃花潭。
琵琶弦断歌声歇，泪洒彝陵离长安。

——《桃花鱼》·清·朱洪

物种基源

桃花鱼（Common minnow；Zacco pla-typus）为鱼纲鲤科动物鱲鱼的肉，又名双尾鱼、石鮈鱼，以鲜活、头短、唇厚、体壮者为佳，分布在我国黑龙江、长江、珠江等流域及台湾内河。每当桃花盛开，尤以荆州桃花鱼最肥。

生物成分

经测定，桃花鱼含热能 102 千卡，水分 75.1，蛋白质 15.9 克，脂肪 1.1 克，碳水化合物 0.2 克及维生素 A、B_1、B_2、B_6、E、胡萝卜素、尼克酸、微量胆固醇，钙与磷比值好，钙：磷 ＝1：1.3，另含微量元素锌、镁、铁、硒、钾、钠、锰等。

食材性能

1. 性味归经

桃花鱼，味甘，性温；归脾、胃、肺经。

2. 医学经典

《药用动物》："温中补脾，滋补强身。"

3. 中医辨证

桃花鱼补虚劳，快胃气，对虚劳咳嗽、气血不足、体弱多病、胃虚厌食有食疗助康复之效。

4. 现代研究

桃花鱼有降低血液中胆固醇含量，软化血管，预防和治疗心脑血管等疾病的功效，对预防和治疗血栓病、动脉硬化、高血压、血液黏稠都有明显的食疗作用，对脾胃虚弱、营养不良、产后体虚者疗效颇佳。

食用注意

皮肤病及痛风患者不宜食桃花鱼。

传说故事

王昭君与桃花鱼的传说

据《荆州府物产考·桃花鱼记》载："桃花鱼出彝陵，生于水，非鱼也。以桃花为生死，东湖之异虫也……惟一溪有之，溪在松隐庵后，距城三里许。"

桃花鱼随着桃花的开谢而生灭，自有一段优美动人的传说。

相传汉朝以前，此处并无桃花鱼。汉元帝时，昭君出塞之前，回家看望父老乡亲，时值桃花现蕾，杨柳抽条时节，她对故乡的山水无限依恋。桃花待谢时，省亲的期限到，昭君收拾行装，踏上返回长安的归程。昭君的父母、妹妹及众乡亲，都依依难舍地前来送别。行至桃林，满园桃花纷纷落下，撒在昭君的头上，飘到河边和昭君乘坐的龙头雕花船上。

昭君婉言劝住了相送的父老乡亲，含泪踏上木船，众乡亲随船相送。忽然，满地桃花飞舞，飘洒到香溪河里，汇集在昭君乘坐的龙头雕花船旁。木船顺流而下，桃花随船而漂，群山挡住了昭君回望家乡的视线。她含泪弹起了琵琶，琴声如泣如诉，幽怨动人，直弹得船夫落泪，桃花黯然。昭君的泪水伴着深情的琴声，洒在满河的桃花瓣上，那被泪水浸湿的花瓣，顿时变成美丽的桃花鱼，淡红的、乳白的、洁白的，如同一朵朵桃花，浮游在昭君乘坐的木船周围。

船至彝陵峡口，弦断音歇，桃花鱼也就此上游，沉入了桃花潭。从此，每逢春暖桃花盛开之时，桃花鱼就在峡口恭候昭君归来。桃花谢落，正是昭君离长安的时候，过了桃花期，桃花鱼就无影无踪了。

梭　鱼

迢迢牵牛星，皎皎河汉女。
纤纤擢素手，札札弄机杼。
终日不成章，泣涕零如雨。
河汉清且浅，相去复几许？
盈盈一水间，脉脉不得语。

——《古诗十九首》

物种基源

梭鱼（Mullet；Liza haematoch-ila）为鱼纲鲻科动物梭鱼的肉或全体，又名赤目梭鲻、梭子鱼，以鲜活体壮、鳃色鲜红、眼上缘红色明快者佳，为我国华北主要港养鱼类，沿海各水系江河口亦有分布。

生物成分

经测定，每100克梭鱼肉中含热量103千卡，水分73.1克，蛋白质16.3克，脂肪2.7克，碳水化合物0.3克及维生素A、B_1、B_2、D、E、胡萝卜素、尼克酸、视黄醇当量、微量胆固醇，还含微量元素锌、镁、铁、铜、钙、钾、磷、钠、硒等，此外尚含有多种氨基酸。

食材性能

1. 性味归经

梭鱼，味甘，性平；归胃、脾、肺经。

2. 医学经典

《食疗本草》："止咳、消食、健胃。"

3. 中医辨证

梭鱼，益脾胃，治水气，对脾虚泄泻、小儿疳积、消化不良、肺虚咳嗽、风痹、消瘦、水肿等症有辅助食疗效果。

4. 现代研究

梭鱼含有多种氨基酸及微量元素，对体弱气虚、消化不良、肺虚之症的辅助康复效果甚佳。

食用注意

凡患有瘙痒性皮肤疾病及痛症者慎食。

传说故事

梭鱼来历的传说

传说，天上有一颗织女星，还有一颗牵牛星。织女和牵牛情投意合，心心相印，私订终身。可是，在天庭的天条律令中不允许男欢女爱，私自相恋的。王母娘娘知道后，又急又怒，把牵牛星贬下凡尘，而令织女星每天采集西天彩霞、九天云纱、东海龙珠和灵山翡翠，为天帝和王母娘娘织"天衣"。但到夜间，织女星每天非常思念牵牛星。转眼又到农历的七月初七，这天，天上的仙女们都要到昆仑山碧莲池剖肚净身，织女决定带着神梭混在众仙女下凡的群体中，下凡为牵牛星织冬衣。当众仙净身后回到天庭，织女星未归。王母娘娘发现机房不响，命千里眼查看，发现织女在凡间为牵牛星织衣，急命天兵天将下界捉拿织女回天庭。霎时，乌云密布，大批天兵天将冲进牵牛星家将织女强行拉着上天，织女无法反抗，行至半空，织女将手中的天梭扔进了洛水河，后来变成梭鱼，在人间产仔繁衍后代。这便是现在的人间美味——梭鱼。

鳜　鱼

鳜鱼生就洛水河，二曹争妃结苦果。

封神未将贵迹去，留却美肴香满厨。

——《咏鳜鱼》·民间·江瑶

物种基源

鱵鱼为鱼纲鱵科动物乔氏吻鱵（Rhyn-chorhamphus georgii）、问下鱵（Hy-porhamphus intermedius）或斑鱵（Hemirhamphus far）的全体，又名甄鱼、针鱼、单针鱼、针工鱼、箴鱼、穿针鱼、针扎鱼、针量鱼、姜公鱼、铜吮鱼，以新鲜、鳞不脱落者佳。我国各大水系内陆相连的江、河、湖泊均有产出。

生物成分

经测定，每100克鱵鱼含热能180千卡，蛋白质20.2克，脂肪10.4克，碳水化合物1.4克及维生素A、B_1、B_2、E、硫胺素，还含微量元素钙、铁、磷、硒及多种氨基酸。

食材性能

1. 性味归经

鱵鱼，味甘，性平；归脾、胃、肾经。

2. 医学经典

《医林纂要》："滋阴补气，穿溃痈毒。"

3. 中医辨证

鱵鱼，滋阴、健脾、和中、清热、解毒，对阴虚内热、五心烦热、盗汗、疮疡久溃有食疗助康复效果。

4. 现代研究

鱵鱼为高蛋白、高脂肪鱼类，并含多种维生素及微量元素氨基酸，特别是硒元素，有预防心血管疾病和延缓衰老作用，脂肪酸不但可以降低胆固醇水平，还能促进大脑发育，糖类可被人体直接吸收，有助于加强脏腑功能。

食用注意

鱵鱼勿与羊肉同食，亦不可用动物油煎炸。

传说故事

魏文帝皇后与鱵鱼

相传，鱵鱼是魏文帝甄皇后被赐死后所变。甄皇后本是曹丕为太子时的爱妃，因为生有后代，在曹丕登基后，就被册封为甄皇后。据传，甄皇后私下和曹丕的弟弟曹植有私情往来，曹丕将甄妃赐死，其死法是用金针戳在鼻梁正中央，直穿下颌后投洛水而死，死后就变成带针的鱵鱼生存于洛水。因甄后原是天上玉皇大帝的表妹下凡投胎于人世，玉帝念其死得冤屈，封为洛水之神，封神后，鱵鱼身未隐。后来，由于甄妃与曹植情缘未了，曾在洛水会面，洛神赠曹植耳环，曹植赠洛神玉佩。曹植曾为此次相会挥笔写下《感甄赋》。魏明帝继位后，见赋里全是皇叔和皇娘的瓜葛，有损皇家声誉，就把赋的名字改成《洛神赋》以作掩饰。

第二十二章　无鳞类

海　马

成群缠绕共嬉戏，谷雨过后繁殖期。

传种接代娘不管，全靠雄马末尾鳍。

——《海马》·沿海民谣

物种基源

海马（Hippocampus kelloggi Jordanet Snvder）为海龙科，动物克氏海马、刺海马、大海马、斑海马或日本海马去除内脏的全体，又名水马、鰕姑、龙落子、马头鱼，以条大、色白、头尾整齐者佳，分布于我国东海和南海。

生物成分

据测定，100 克海马含热能 85 千卡，蛋白质 15.6 克，脂肪 0.15 克，碳水化合物 2.2 克及维生素 B_1、E、尼克酸、胆固醇及多种氨基酸。皮肤黄色素为 γ-胡萝卜素；红色素为虾青素、蝲蛄素；黑色素为黑素，尚含乙酰胆碱脂酶、胆碱酯酶、蛋白酶和微量元素钙、磷、铁、镁、锌、锰、硒等。

食材性能

1. 性味归经

海马，味甘，性温；归肝、肾经。

2. 医学经典

《本草纲目拾遗》："补肾、壮阳、散结消肿。"

3. 中医辨证

海马有补肾壮阳、止咳平喘、镇静安神、舒筋活络、调气活血之功效，对妇女宫寒不孕、经多、难产、乳腺硬块，男子阳痿、早泄、哮喘、年老体弱、跌打损伤、淋巴结核、腹痛等有辅助疗效。

4. 现代研究

除传统中医所言功效外，海马提取物还有雄性激素样作用。

食用注意

(1) 海马性温助阳，阴虚火旺者忌食；
(2) 男子性欲过旺、性功能亢进之人忌食；
(3) 海马能温通任脉，又有活血作用，故怀孕妇女忌食。

传说故事

海马变药材的传说

从前有一个叫海生的渔夫出海打鱼，忽见一鳗鱼正追捕一只漂亮的大红虾。海生不忍红虾遭难，拿起橹向鳗鱼劈去，正中鱼身而死。大红虾感恩不尽，竟开口说话。原来她是东海龙王的公主，外出游玩，遭到鳗鱼的追逐，死里逃生。公主愿送海生贵重礼物都被谢绝。最后公主只好说："既然给礼不收，那么以后有什么事需要找我，在此处叫三声就行了。"后来海生的妻子难产，无法可医，就想到了公主的话，并将妻子难产之事告诉了公主。公主急忙到宫中拿出了最好的催生药，让巡海夜叉骑上海马去送药，并再三叮咛："这是答谢恩人的药，不得有误，违者决不轻饶。"由于事急，忙中有错，夜叉忘了给海马喂料。跑了一会，海马又饥又渴，四脚发软，正饿得慌时，闻到一阵异香，原来是宝药发出的香气。海马转过头趁夜叉没注意，连袋带药全吞到肚子里，顿觉全身增力，不一会就到了海生家。可药不见了，却闻到海马嘴里喷出药物异香之气，断定药被海马偷吃。夜叉就用鞭子抽打海马，打得海马遍体鳞伤，海马忍不住就拼命逃跑，一不留神，被一礁石裂缝卡住，进退两难；夜叉抓住海马尾巴硬往外拉，尾巴被拉得细如蛇尾，好不容易才出来，可是海马身子被卡扁，四腿跟身子挤压在一块，只是装药的宝袋却长在海马身上，还发出清香药味。海马知道理亏，跟着夜叉去海生家向夫妻俩认罪，海马一进门，草屋顿时清香四溢，正在难产的妻子身子一轻，孩子生了下来。由于海马偷吃了宝药，自己也变成了药材。海生向公主请求让海马生在浅海区，自生自长，以便随时救急，造福渔家，公主应允了。从那时起，海马在浅海区繁衍，成了一味贵重的药材。每逢渔妇难产，就煎几只海马服下去，孩子就顺利地生了，还有补肾作用。

小记

海马其实是一种鱼，它在分类学上属于硬骨鱼纲。因其头部酷似马头而得名。海马的头与躯干部呈直角，腹部明显突出，尾较长渐细并向腹部卷曲，体表没有鳞片，完全由骨环所包被。海马性情温和、行动缓慢，做直立状游动，休息时将尾部缠绕在海藻或其他漂浮物上，有时成群缠绕在一起共同嬉戏。

最有趣的是，海马的"怀孕"和"分娩"都是由雄海马来完成的。雄海马尾鳍末端有两层皮膜折叠的孵卵袋，袋壁中充满血管，为小海马提供营养。每年谷雨过后，海马进入繁殖期，体色由淡褐色变为黄色。雌雄海马将尾缠在一起，时而直立游动，时而水平游动，时而旋转。此刻，雌海马将突出的输卵管插入雄海马的育儿袋中，将一粒粒的卵子排入，直至盛满为止。与此同时，雄海马也排出精子以使卵子在育儿袋中受精，数周后，便会孵化成小海马。

海马是我国的名贵药材之一，其药用价值可与人参相媲美，故有"北有人参王，南有海马宝"之说。

鲟 鱼

家在桃源里，龙溪是假名。

蕉衫溪女窄，木屐市郎轻。

生酒鲟鱼脍，边炉蚬子羹。

行窝堪处处，只少邵先生。

——《南归寄乡书（七首）》·明·陈宪章

物种基源

鲟鱼（Acipenser dabryanus）为鱼纲（硬骨纲），鲟形目，鲟科动物，又名东北鲟（史氏鲟）、长江鲟（达氏鲟）、中华鲟（一级保护动物，捕而不放触法），以肌肉坚实有弹性，肌肉切面有光泽者佳，产于沿海各地及南北各大水域。

生物成分

据测定，每100克可食鲟鱼肉含热能169千卡，水分58.7克，粗蛋白24.7克，脂肪0.7克，糖类0.6克及多种维生素、氨基酸，还含微量元素钙、铁、铜、锌、磷、硒等成分。

食材性能

1. 性味归经

鲟鱼，味甘，性平；归脾、胃、肺、肝经。

2. 医学经典

《本草纲目拾遗》："益气补虚，令人肥健。"

3. 中医辨证

鲟鱼肉，益气补虚，活血通淋，适宜于身体虚弱、癣疥恶疮以及淋巴结核，长期食用有增强大脑功能、预防老年痴呆症的功效。

4. 现代研究

据中国科学院海洋所检测：鲟鱼肉含有10多种人体必需的氨基酸，脂肪含有12.5％的"DHA"和"EPA"（亦称脑黄金），对软化心脑血管，促进大脑发育，提高智商，预防老年性痴呆具有良好的功效，软骨和骨髓（俗称"龙筋"）有抗癌因子，可直接食用。

食用注意

除痛风患者少食鲟鱼肉外，别无所忌。

传说故事

鲟鱼石与赤渡头

据说很早以前，深沪湾曾游来一条大鲟鱼，它经常在海湾兴风作浪，也不知卷翻了多少船只，残害了多少渔民生命，扰得人心惶惶，渔民们再也不敢轻易出海，只好涌向"崇真殿"，祈求玄天上帝显灵除害。

一天，大鲟鱼又在深沪湾大耍淫威，只见从崇真殿飞出两道金光，直射向海面。原来是玄天上帝派出的龟、蛇二将来降伏鲟鱼。但鲟鱼是条千年修炼成的鱼精，哪把龟、蛇放在眼里？几个回合交战，龟、蛇二将敌不过它，只好回殿复旨。玄天上帝怒火中烧，挥起手中宝剑，霎时寒光闪闪，手起剑落，只见一股殷红的血柱冲天而起，鲟鱼头飞向永宁山头，鱼尾喷到深沪东山村路口，鱼身漂到宫仔崎下，后来身分异地的鲟鱼都变为花岗岩。

再说波涛滚滚的深沪湾海面，经此一回血战，变成一片血海。一天，忽然刮起一阵紧似一阵的东北风，汹涌的海浪直奔深沪对面的一片黄土埔，一时黄土埔被染成一片血红，经久不褪，后来人们称它为赤渡头。

鳇　鱼

有目鳞而小，无鳞巨且修。
鼻如矜翕戟，头似戴兜鍪。
一雀安能唶，半豚底用投。
伯牙鼓琴处，出听集澄流。

——《咏鳣鳇鱼》·清·乾隆

物种基源

鳇鱼（Huso sturgeon；Huso dauric-us）古称"鳣"，鱼纲，鲟科动物，又名鳣鱼、鲟鳇鱼，以体大而壮，青黄色，腹白色者佳，与鲟鱼体型极为相似，唯左右鳃膜相连。体长、体重也比鲟鱼长、重，最长者可达5米，重达1000千克，非行家，特别是在10千克以前与鲟鱼难以区别，鳇鱼有黑龙江"鱼中王中王"之称。肉鲜美，卵尤为名贵，鳍可制鱼翅，鳔和脊索可制名贵的鱼胶，主要分布于黑龙江流域。

生物成分

据测定，每100克鳇鱼肉含热量186千卡，蛋白质21.9克，脂肪5.6克，肝含油52%，胆汁含胆酸，肉还含油酸，少量的二十五碳酸及二十二碳六烯酸、醛缩酶。血含清蛋白、α-球蛋白、β-球蛋白、皮质甾类。卵含β-胡萝卜素、虾青素酯、叶黄素、玉米黄质、异玉米黄质、虾青素。脑含谷氨酸、天门冬氨酸、γ-氨基丁酸。鳇鱼肝、血、鳃、皮、肉均含铁、铜、锰、锌、钴、镍、镁、铝、钒、硒等微量元素。

食材性能

1. 性味归经

鳇鱼，味甘，性微温；归心、肺、脾、肝经。

2. 医学经典

《本草纲目拾遗》："益气补虚，活血通淋。"

3. 中医辨证

鳇鱼主血淋、利五脏、肥美人，对肺气虚自汗、心悸怔忡、气短、脉结代等症有食疗效果，还对血淋刺痛、恶血疥癣有辅助食疗效果。

4. 现代研究

鳇鱼含有蛋白、清蛋白、球蛋白及多种氨基酸、微量元素，具有抗免疫、抗菌、镇静、抗过敏等功能，对提高人体免疫力、消炎、杀菌等有辅助食疗功效。

食用注意

痛风及有严重皮肤疾病患者应慎食。

传说故事

一、清王朝与"鳇鱼圈"

黑龙江、松花江盛产鳇鱼。鳇鱼是鱼中之皇，宝上之宝。民间传说，世上一切活物，不外胎、卵、湿、化而生。胎生的上眼皮往下眨，卵生的下眼皮往上眨，湿生的没眼皮。鳇鱼类属化生，不眨眼。普通鱼类两三年即咬汛甩子，鳇鱼得二三十年才咬汛甩子，幼鱼几十年才能长成上千斤的成鱼。鳇鱼浑身是宝，精囊（即鱼子）更是价值连城。清高宗乾隆皇帝第一次得到松花江边渔民进献的鳇鱼，就视为珍宝，钦定为朝廷贡品，作为每岁大年初一皇室祭祀上天和祖先的祭品，命各地务必于年终岁末将鳇鱼贡奉朝廷，不得有误。朝廷于黑龙江、松花江流域设立"务户里达"，专管捕鳇、养鳇、进贡事宜。务户里达在沿江一带建鳇鱼圈，专门放养鳇鱼。圈旁盖有房屋，派养生丁轮流看守、照料。

当时皇上有令，无论圈内圈外，整个松花江、黑龙江中，如有捕鳇鱼食用或出卖者一律杀头。这条禁令一出，可苦了世世代代在黑、松江边以捕鱼为生的百姓了。"鳇鱼圈"在江边有入水口，设有栅栏。"鳇鱼圈"旁盖有房屋，派人专门把守照料。入冬时破冰取鱼，将鳇鱼慢慢冻死，抬到平板牛车上，先送到关道衙门，然后按指定时间、地点送到京城。运鳇鱼的车子插上一面黄色绣花旗，表示是送给皇帝的。沿途官员迎送，车辆一律给鳇鱼车让道，任何人不可碰掉一块鳞片。除夕之前送到皇宫，不能误了皇帝正月初一的祭祀。只有鳇鱼安全送到，才算完成了一年的鳇鱼差事。一直到清政府垮台，哈尔滨网场的贡鱼才终止。

二、智脱捕鳇罪

传说，当时松花江边有个叫李小龙的孩子，十六七岁，与 80 岁的老奶奶相依度日。这一天，老奶奶一病不起，想吃鳇鱼。哪去淘弄鳇鱼呀？只有上江里去打。这天一大早，李小龙便约好几个伙伴儿，抬着约有草垛那么大，以十八股线编就的特制大网，到江边上了船。不一会儿，就捕到一条百余斤重的鳇鱼，到了家刚要把鳇鱼分成段下锅，官兵就知道了信儿，七八个人进了院子。李小龙连人带鱼，被官兵带到吉林将军府。一听说有人私捕、滥杀贡品，将军当时就沉下脸来，问："是你杀的鳇鱼？"李小龙早就想好了对策，便没事儿似地说"小人不敢。"将军气得一拍桌子："大胆，被你杀的鳇鱼就摆在这儿，你还敢抵赖？"李小龙说："这条鱼是我杀的不假，可它不是鳇鱼。""那是什么鱼？""其鳖鲋子！"将军本想杀了李小龙，将这条鳇鱼进贡，会因护鳇、进贡有功而受到皇上重赏。可他这一听，身上打了冷战，心想，要真把其鳖鲋子当鳇鱼进贡给皇上，那不犯欺君之罪而被杀头吗？想到这便问李小龙："你说说看，啥叫鳇鱼，啥叫其鳖鲋子，你若说对了，我就饶了你。"其实，说得对与不对，将军也不懂啊。于是，李小龙解释说，那鳇鱼头像大象头，嘴长而且尖，一条鳇鱼体重有两千多斤，两三丈长，浑身焦黄，抓一把溜滑，鱼脊梁部有九根刺，右边、左边又各有九根刺，一共三九二十七根刺。人让这刺给扎上就得中毒，很不好治。大鳇鱼平时不爱活动，也不主动追捕食物，闲着没事，总喜欢卧在江底等食，待小鱼游过嘴边便一口吞下。吃饱后，爱用尾巴抽打江底石头或江上漂浮物取乐。捕捉大鳇鱼，有特殊的方法：一是把成排的大钩子沉入江底，鳇鱼看到铁钩上的漂浮物，就用尾巴抽打玩耍，三抽两抽，尾巴就被钩住了。一旦被钩住就疼痛难忍，越疼痛就越乱翻乱滚，结果身上也挂满了铁钩，于是被捕捉；二是用特大网捕捞，十八个人扔网，一网打下去就是七八里地，只要鳇鱼一上网，船上的人就一齐用挠钩往上搭……李小龙继续解释说，其鳖鲥子是黄色头顶，身上没有刺，捕捞时，一不用大网，二不用挠钩。

将军到府门外一看，被杀的鱼果真是黑黄色头，身上没有刺，便认为是"其鳖鲥子"，于是放了李小龙。岂不知，其鳖鲥子不过是鳇鱼崽，因为尚未长成，所以才是黑黄色头顶，也没有长出刺来。从此，鳇鱼圈附近的百姓可以私捕鳇鱼了。这事被当作一段佳话，一传传了几百年。

三、清炖鳇鱼

鳇鱼，常称鲟鳇鱼。它产于沿海各地，尤其集中在黑龙江水域，鱼体长达3米，青黄色，腹白色，肉质鲜美，被誉为黑龙江里的"鱼王"。这种鱼全身是宝，鱼肉含有丰富的蛋白质和脂肪，多种氨基酸，卵磷质较高，其营养成分高于牛肉、猪肉，而且肉质细嫩，味道鲜美，确实是鱼中珍品。

鲟鱼是一亿四千万年以前延续下来的一种珍贵鱼种。宋朝皇帝品尝之后，听说该鱼是鱼中之王，故封它为"鳇鱼"。在东北地区历来作为珍贵鱼类，制作席上珍馐。据清代《随园食单》记载，清代文华殿大学士、历任江苏巡抚，江南及云、贵、广等地总督等职的尹文端公（即尹继善，旗人），曾多次吃过鲟鳇鱼，并经常自己制作。据传，"尹文端公自夸治鲟鳇最佳……"历代都把鲟鱼作为名菜，现在东北仍保持这些传统名菜，经常供应的有"清蒸鳇鱼""熘鳇鱼片"等多种。

塘虱鱼

清江绕槛白鸥飞，坐看潮痕上钓矶。
松菊未荒元亮径，芰荷先制屈平衣。
窗前枫叶晓初落，亭下塘虱秋正肥。
安得从君理蓑笠，棹歌自趁入烟霏。

——《瞿庵》·宋·沈谋

物种基源

塘虱鱼（Clarias fuscus）为鱼纲胡鲶子科胡子鲶属动物，又名胡子鲶、黏鱼、过山鳅、生仔鱼、塘虱、塘角鱼、土虱，以鲜活度良好、眼球饱满突出、表面有透明的黏液，肌肉坚实有弹性，腹部正常不膨胀者为佳。我国各省均有养殖。

生物成分

经测定，每100克塘虱鱼含热量108千卡，水分72.6克，蛋白质14.5克，碳水化合物3.2克，脂肪8克及视黄醇、尼克酸、维生素A、B_1、B_2、E；还含微量元素钠、锌、钾、磷、镁、硒等，尚含胆固醇。

食材性能

1. 性味归经

塘虱鱼，味甘，性平；入脾、胃经。

2. 医学经典

《药用动物》:"补血、滋肾、调中、养阴。"

3. 中医辨证

中医认为:塘虱鱼有补虚、除疳积、养血等功效,对小儿疳积、中老年人哮喘、体虚、鼻出血等疾病有辅助疗效。

4. 现代研究

现代医学药理研究结果表明:塘虱鱼营养价值较高,含有的蛋白质和脂肪较多,具有滋补、敛肌、活血作用,对体弱虚损、营养不良之人有较好的食疗作用。塘虱鱼是催乳的佳品,并有滋阴养血、补中气、开胃、利尿的作用,是妇女产后滋补、食疗的最佳食物。

食用注意

塘虱鱼与牛、羊油和牛肝、鹿肉同食,或与中药荆芥同食,有可能对健康不利。痼疾疮疡者要慎食,最好不吃。

传说故事

水牛与塘虱鱼

古老的年代,不单人会说话,传说牛和塘虱鱼也会说话哩。

水牛每天都替主人辛勤地在田间劳动,翻泥耙田。在泥水里的塘虱鱼,时时跟在水牛的后面捕吃地老虎、土狗、蚯蚓等幼虫。它往往是边捕捉食物,边快乐地唱歌:"咯咯……"日子相处久了,水牛和塘虱鱼结下了深厚的友情。

有一次,水牛请塘虱鱼作客,塘虱鱼对水牛说:"我本想去你家里玩一趟,但路途遥远,多是走陆地,太困难了。"

"请不要怕,如果你是真心诚意去的话,我有办法,包你既方便又容易。"

"好,那就去一趟吧!"

于是塘虱鱼跟着水牛赶起路来,行过一段水路后,转走陆路,水牛照样走在前面,它为使塘虱鱼行动方便,一边走路,一边屙着尿水,让塘虱鱼摆动着身子跟尿水一路前进。行呀行,天气越来越炎热,这时水牛的尿水也屙完了。塘虱鱼困难地行至沙滩,灼热的泥沙把它烫得要命,滚来滚去,好不容易才翻滚至水里。

这时,它发觉肚皮被烫伤,还起了一个个的小水泡,后来脱了一层皮,肚皮就由黑色变成了白色。

有一天,水牛路过自己耕种的田,庄稼长得很结实,一片金黄。这时它心中想:我太老实了,一年辛苦得来的果实,自己却没份享受。于是便张口吃了一口稻谷,很香甜,接着又连续吃了几口。就在这时,蹲在田角的塘虱鱼忽然叫喊起来:"牛吃禾,牛吃禾!"牛却不理它,越吃越觉得稻谷可口,吃饱了一肚,才慢慢地离开。

主人经过田头,发现田里的稻谷损失了一大片,便骂了起来。塘虱鱼对主人说:"是你家的水牛吃的呀!"主人这才看到田间留下的一个个牛脚印,便急急地回家去。

晚上,主人把牛叫来盘问,牛也老实地承认,是因为肚饿而吃的。主人牵住牛鼻子骂道:"你敢私自偷吃,非要严厉惩罚不可。"于是他便点一把火向着牛下巴烧。这一烧,水牛的声音沙哑了,再也讲不出话来,从此便成了哑巴,下巴也就留下了伤疤。

又有一日,水牛内心十分痛苦地在田间劳动,塘虱鱼又跟在水牛后边捕捉幼虫,还"咯咯……"地唱着歌，假惺惺地上前讨好水牛。水牛怒火中烧，立即举脚狠狠地照塘虱鱼的头部踩去，只听"吱"的一声，塘虱鱼的头顿时扁了，头部留下个牛脚印。从此，塘虱鱼也成了哑巴，不会唱歌了。

鮠　鱼

粉红石首仍无骨，雪白河豚不药人。

寄语天公与河伯，何妨乞与水精鳞。

——《戏作鮰鱼一绝》·宋·苏轼

物种基源

鮠鱼（Leiocassis longirostris）为鱼纲鱼科（鮠科）动物，又名鮰鱼、江团、白吉、鳠鱼、鮰鱼、白戟鱼、阔口，以鲜活、鳃红不变紫色，有光泽者佳，主产于我国长江流域。

生物成分

经测定，每 100 克可食鮠鱼肉，含热量 109 千卡，水分 72.4，蛋白质 17.3 克，脂肪 1.4克，碳水化合物 0.3 克及胡萝卜素、尼克酸、维生素 A、B_1、B_2、C、E，还含微量元素锌、硒、镁、铁、铜、锰、磷、钾、钠和多种氨基酸。

食材性能

1. 性味归经

鮠鱼，味甘，性平；归脾、胃、膀胱经。

2. 医学经典

《本经逢原》："鮰口鱼，能开胃进食，下膀胱水气，病人食之无发毒之虑。"

3. 中医辨证

鮠鱼补中益气、开胃、利水，对哮喘、咳嗽、胃胀、不思饮食、小便不畅有辅助食疗促康复效果。

4. 现代研究

鮠鱼含有多种维生素和氨基酸及不饱和脂肪酸，能有效地防治慢性感染疾病、糖尿病等，常食鮠鱼对人体健康极为有益，并有抗衰老的作用。

食用注意

痛风病患者少食或者不食。

传说故事

苏东坡与鮠鱼（鮰鱼）

传说鮰鱼原是天上监管鱼族的神灵，因同情神鱼私自下凡，被玉皇大帝压在武昌黄鹤楼下的长江中，以巨石镇之，以化石为食。

不知过了多少年，有一天，黄鹤翩翩戏掠江面，听得江中有呼救之声，黄鹤循声潜至江底，见到鮰鱼。鮰鱼悲惨地向它哭诉了自己犯下天条受罚的经过，并请求黄鹤转奏天帝把它解救出来，为人造福。黄鹤听后十分同情，便飞向天宫奏准玉帝，免去鮰鱼的苦役，在长江流域生存。

到了宋代，文学家苏东坡谪居湖北黄州时曾吃过鮰鱼，品尝了它的美味之后不禁挥毫写了《戏作鮰鱼》。诗中无限感慨地为鮰鱼祈求，望天帝和河神能将这晶莹鲜嫩、无刺无鳞、胜似河豚而不害人的鱼种，赐封为水域的神明。当然呼吁祈求是不能成为现实的，但鮰鱼的美味却长期留在人们的唇边。

湟 鱼

南人登鱼作腰腊，清潭数里奔舟楫。
层冰始解川气和，百尺分明见鬐鬣。
大网如云遮要津，须臾牵网回水滨。
地高势蹙渐逼窄，忽复逸出黄金鳞……

——《观打鱼》·宋·刘敞

物种基源

湟鱼（Gymnocypris przewal skii）为鱼纲鲤科动物，又名高原裸鲤、花斑裸鲤，为亚洲高原地区的特产无鳞鱼类，亦是青海湖唯一的捕捞对象，年产数千吨，主产于青海湖、黄河上游、西藏南部高原湖泊内及柴达木盆地奈齐河水系。

生物成分

据测定，每 100 克可食湟鱼肉，含热能 111 千卡，水分 71.8 克，蛋白质 17.3 克，脂肪 4.6克，碳水化合物 1.1 克及维生素 A、B_1、B_2、C、D、E、视黄醇当量、胆固醇，还含微量元素锰、钙、磷、钾、钠、镁、锌、铁、硒、铜等。

食材性能

1. 性味归经

湟鱼，味甘，性微温；归胃、肺经。

2. 医学经典

《中国药用鱼类》："开胃，利水，益气。"

3. 中医辨证

湟鱼，滋阴养肺，益脾和中。

4. 现代研究

湟鱼含有丰富的不饱和脂肪酸，对血液循环有利，对高血压、动脉硬化食疗有防治作用，对身体瘦弱、食欲不振、咳嗽等疾症食疗效果亦佳，含有硒元素，经常食用有养颜的效果。

食用注意

皮肤病及痛风患者少食或慎食。

传说故事

炸枯鱼的传说

枯鱼又名酥鱼。此菜来源于西汉后期，距今已有 1700 多年。

传说一贤臣深恶当朝腐败，于是弃官超俗，隐居伊水，以垂钓逍遥余生。一日垂钓时，有两个蛮横少年走向他身边，说："你自命不凡为官清正，却为何扰乱我们家族，看来你也不是清白之人。"言毕，狂风大作，天昏地暗，飞沙走石。在这危急之时，又一少年道："不可对弱者相欺！"话音一落，狂风即止，天空放晴，只见河中两条游鱼，向渔者点头示意。渔者自忖，天地阴阳，世态炎凉，生死之争历来如此，微微生灵，竟也扬恶，如施恻隐，后患不及，遂以酒和食洒向河中，将鱼精醉死，捞出剁块，拌味炸熟投入水面以示警诫。

鱼群得知同类不自量力，自我惩罚。遂唱出了"枯鱼过河泣"的悲哀歌声，用以刺政和自勉。而枯鱼也由原来的炸食佐酒逐渐炸蒸结合，成为经久不衰的佳肴。

银　　鱼

洞庭金柑三寸黄，笠泽银鱼一尺长。

东南佳味人知少，玉食无由进尚方。

——《苏台竹枝词十首》·明·兰英、蕙英

物种基源

银鱼（Neosalanx taihuensis）为鱼纲银鱼科动物，又名太湖新银鱼、小银鱼、太湖短吻银鱼、寡齿短吻银鱼、银条鱼、面条鱼、面杖鱼，为已陆封淡水鱼类，以新鲜黄瓜的清香而无异味者佳，分布于我国长江中下游附近的湖泊，如太湖、巢湖、鄱阳湖等。

生物成分

据测定，每 100 克鲜湖银鱼含热能 42 千卡，水分 76.5 克，蛋白质 10.75 克，脂肪 1.37 克，碳水化合物 0.4 克及维生素 A、B_1、B_2、E、硫胺素、胆固醇及多种氨基酸，还含微量元素钙、磷、锌、镁、钾、锰、钠、硒等成分。湖银鱼干含蛋白质 76.76%，脂肪 9.75%。

食材性能

1. 性味归经

银鱼，味甘，性平；归肺、脾、胃经。

2. 医学经典

《食鉴》："补虚，益肺，利水。"

3. 中医辨证

银鱼，色白入肺，有补肺之功，对营养不良、运化失常、小儿疳积、腹胀水肿、咳嗽等食疗效果好。

4. 现代研究

常食用银鱼有助于补虚利水、滋阴润肺，适用于体虚水肿、消化不良及小儿疳积，也是肺结核患者的食疗佳品。

食用注意

银鱼忌用牛油、羊油煎炸。

传说故事

秦始皇与银鱼的传说

银鱼，俗称面杖鱼。因它全体晶亮，色白如银，所以叫作银鱼。相传，银鱼是孟姜女变化而来。孟姜女万里寻夫，哭倒长城，秦始皇勃然大怒，把孟姜女捉来问罪。秦始皇是个荒淫无道的昏君，见孟姜女生得细皮白肉，美貌非凡，顿生邪念，要孟姜女做他的妃子，这样才可免去她哭倒长城之罪，包她荣华富贵。孟姜女气得哭笑不得，这昏君，真是想昏了头。又一想不能硬来，心生一计。对秦始皇说：要把我接进宫里并不难，只要皇帝亲临我江南家乡，在我丈夫坟前御驾亲祭，百官吊奠，了却我与丈夫万喜良的夫妻之情，才能答应。秦始皇满口答应。到了御祭这一天，站满了文武百官，秦始皇亲自点烛焚香，执壶献酒，进行御祭。孟姜女素衣素裙，浑身雪白如银，在坟前哭得死去活来，眼泪哭干了，便流出了血，直到血也哭尽了，她才慢慢立起身来，两只眼睛睁得又大又红，指着秦始皇大骂，并纵身跳进了坟前的一条大江。等人们猛醒过来，为时已晚。秦始皇知道中了孟姜女的计，便命人把孟姜女的尸体捞上来，叫人扎了一铁丝扫帚，在孟姜女尸体上横捅直扫。可怜孟姜女一身细皮白肉，连皮带肉，一丝一丝地被扫了下来，掉进江水中。过了六六三十六天，孟姜女身上的肉得到江水的滋养，化成了银鱼。银鱼全身雪白像孟姜女的素衣素裙，通体晶亮，象征孟姜女心地洁净，一双眼睛睁得大大的，略带一点血丝，象征孟姜女一直在仇恨着无道的昏君。

海 银 鱼

冰尽溪浪缘，银鱼上急湍。
鲜浮白玉盘，未须探内穴。

——《咏银鱼》·明·王叔承

物种基源

海银鱼（Prolosalanx hylocranius）为鱼纲银鱼科海生动物大银鱼的全体，又名大银鱼、王鱼、鲙残鱼，以全身透明、洁白如银，形似玉簪者佳，产于我国东海、黄海及长江口。海银鱼干有三种，有粉条、燕干和瓜鱼。长江口产称粉条，质地最好；燕干产于东海及以东海域，质量次之；瓜鱼为南黄海产出，鱼干不太透明。

生物成分

每 100 克鲜海银鱼含热能 41 千卡，水分 75.1 克，蛋白质 8.2 克，脂肪 0.3 克，碳水化合物 0.4 克，以及维生素 B_1、B_2、尼克酸等多种营养成分，其中微量元素钾、钠比湖银鱼高近 20 倍。

食材性能

1. 性味归经

海银鱼，味甘，微咸，性平；归脾、胃、肺经。

2. 医学经典

《食疗本草》："利水肿、润燥、补虚。"

3. 中医辨证

海银鱼能健胃、补虚劳、利湿，对胃口不舒、不思饮食、水肿不消者有辅助康复效果。

4. 现代研究

海银鱼，营养丰富，肉质细腻，洁白鲜嫩，无鳞无刺，无骨无肠，无腥味，含较高蛋白质，丰富的钙、磷、铁和多种维生素等营养成分。特别是经干制后的银鱼含钙量最高，超过其他一般鱼类的含量，为群鱼之冠。近年已有资料证实，食用富钙食品能有效地预防大肠癌的发生。冰鲜银鱼大部分出口，远销海外，人称"鱼参"。

食用注意

（1）有瘙痒皮肤病及痛风患者慎食海银鱼。
（2）海银鱼勿与甘草同时食用。

传说故事

一、海银鱼一年生的传说

传说，从前水晶宫龙王身边有一对童男童女，男的叫银果，女的叫银花。一日，龙王派他俩到人间查看生物生长情况。在人间，他俩看到人们过着美满幸福的生活，十分羡慕。以后，他俩的感情日益深厚，于是结为夫妻，过着男耕女织、相敬相爱的自由生活，再也不愿回水晶宫了。后来，龙王知道了，认为银果、银花违犯令条，罪不能容，便派水兵水将，将他俩捉拿回龙宫问罪，并传旨将银果、银花打出水晶宫，永为全身透明的小鱼。从此，银果、银花只能在浅水处游动。他俩感情深厚，银花在人间有身孕了，肚子日渐大起来，游动也很缓慢。银果随着银花，总不远游，并为银花寻找食物。不料这又被龙王知道了，龙王顿时大怒，即刻传旨，不许银花生子。银果、银花一听，悲痛万分，相互流泪不止。银果说："这不是让我们断子绝孙吗？"银花接着说："我们已是夫妻，怎能没有儿女，我决意破肚而死。这样能保全后代繁衍下去。"说罢，银花便游向碎石，破腹产卵而死。银果一见银花死去，它安置好卵子，也很快死去了。这是一段神话故事，不足为信。但银鱼的生命只有一年，确为事实。渔民们捕获的银鱼，不论大小都是当年的鱼。

二、海银鱼赶激浪式的交配

每年3～8月，是小银鱼产卵繁殖时期。高潮的激浪带着它们冲向海滩。雌小银鱼不断地左旋右转，将尾巴钻进沙里产卵。雄鱼赶忙使卵受精，然后等待另一次海浪冲来，把它们带回太平洋中。这种赶浪潮式的交配行动，起了保护后代的作用，使鱼卵在下次高潮到来前能在沙里顺利孵化。

小银鱼卵孵化出来了，长得跟"妈妈"一个模样儿：细长身躯，小黑眼睛。两星期后，又一次高潮袭来，搅动泥沙，闪闪发光的小银鱼凭着自己的本能，灵活地游来游去，随着海浪回到大海里去。

小银鱼的后代，也总是按照他们祖先的老传统，极其正确地在每年最高潮的周期里，到海滩去产卵，再经过半个月不到的周期，复归大海。这显然也是动物的"生物钟"和潮汐的节律在起作用。

河 鳗 鲡

食鱼何必食河鲂，自有诗人比兴长。

淮浦霜鳞更腴美，谁怜按酒敌疱羊。

——《食鱼》·宋·梅尧臣

物种基源

河鳗鲡（Anguilla japonica）为鱼纲鳗鲡科淡水生动物鳗鲡鱼的全体，又名毛鱼、白鳝、白鳗、青鳝、凤鳗。优质鳗鲡眼球饱满，角膜清亮，有弹性，有光泽，体表一薄层透明黏液，肌肉切面有光泽，无异臭味，鲜活度良好。分布于我国各江河流域水系，河川、湖沼、池塘均产。

生物成分

1. 性味归经

河鳗鲡，味甘，性平；归肺、脾、肾经。

2. 医学经典

《日用本草》："滋补、强壮、杀诸虫。"

3. 中医辨证

河鳗鲡，补虚益血，杀虫祛风湿，对骨蒸潮热、消瘦体倦、小儿疳积、风湿痹痛、脚气肿痛、痔瘘便血、瘰疬溃烂有食疗助康复的效果。

4. 现代研究

鳗鲡鱼含有丰富的蛋白质，人体必需的各种氨基酸和维生素、矿物质等，因此，常吃鳗鲡鱼，可提高人体免疫力，从而提高抗结核的能力，改善结核病人的阴虚症状。加之肺结核是消耗性疾病，病人营养状况又普遍不太好，因此鳗鲡鱼可起到增加营养、强健肌体的作用。

食用注意

（1）痰多泄泻者慎服。

（2）慢性疾病、水产品过敏者、痛风病患者及皮肤病患者忌用。

传说故事

一、河鳗鲡的来历

相传，薛仁贵跨海东征，来到海边小坝洼里（地名）。他的马缰绳上头有个牛样（铁钎子），走到哪里，他就把马上头上的牛样往泥肚里一刨，马就扣在那上头。

之后，盖苏文到了，他拔桩时把马缰绳拉断了，桩就不曾拔得出来，丢在了泥肚里。以后啊，这个马桩就变成了一条鳗鲡鱼精。成了精以后又幻化了许多小鳗鲡鱼。所以现在海边鳗鲡鱼很多，而且鳗鲡鱼总喜欢头钻在泥肚里，就是因为它是那个桩变的。

二、河鳗鲡治肺痨的传说

从前，在一座小山脚下，有一个五十多户人家的村子。村东头住着一个樵夫，平日上山砍柴到市镇上卖，妻子在家里养猪喂鸡。他们有三个女儿，个个长得十分好看，一家人过得十分舒适。没想到这一年，妻子咳嗽起来，人越咳越瘦，不久就死了。接着樵夫和三个女儿一个接一个的咳，樵夫与老大、老二两个女儿也先后咳死。村上咳的人也多了起来，不少人都咳死了。有人说这咳病是樵夫的妻子引起来的，她死后，成为勾魂鬼，要把这个村子里的人的灵魂都勾走才罢休，只有把她家的三姐投到河里淹死，让她家人死绝，村里才会不再继续死人。于是就在当天夜里，他们把老三投到河里去了。三姐在河里拼命挣扎，突然抓住一大蓬厚厚的草，忙爬上去，随着水草半沉半浮顺水漂去。恰巧被一个捕捞鱼虾的人救起。这捞鱼虾的家里很穷，什么都没有，就把捞来的鳗鲡放在锅里煮给她喝。没有想到竟把三姐救活了。以后，三姐仍然天天喝鳗鲡汤，吃鳗鲡肉，竟把咳病也治好了。捕捞鱼虾的一个穷光棍，凭空得了一个如花似玉的女子，把远近的人都轰动了，说是仙女下凡。有一位郎中也来了，一问情况，捕捞鱼虾的夫妻俩把经过一说，郎中道："咳是肺痨，会传染，不过鳗鲡能治肺痨，是没有人知道的。多谢你们做了好事，为后人留下了一剂良方。"

海 鳗 鲡

孰云北海鱼，乃与东溟异。
适闻达头乾，偶得书尾寄。
枯鳞冒轻雪，登俎为厚味。
向来味昧名，渔官疑窃位。
有如臧文仲，不与柳下惠。
从兹入杯盘，应莫惭鲍肆。

——《海鱼》·宋·梅尧臣

物种基源

海鳗鲡［Muraenesox cinereus（Forskal）］为鱼纲海鳗科动物海鳗鲡的全体，又名慈鳗鲡、门蚰、狼牙鳝、卿勾，晒成干称鳗鲞，以新鲜，肌肉切面有光泽，鳃色鲜红，体表有一层薄薄透明液，有弹性者佳。我国沿海均产出。

生物成分

每100克可食海鳗鲡肉含热能247千卡、水分64.3克、蛋白质16.6克、脂肪17.6克、碳水化合物5.5克、灰分1.4克，还含少量钙、磷、铁；鳗鲡脑、卵巢及脊髓中含脑磷脂、磷脂、神经磷脂及胆固醇。其中肉内含钾量是河鳗鲡的20倍，钠是河鳗鲡的2倍多。

食材性能

1. 性味归经

海鳗鲡，味甘，微咸，性平；归脾、肺、胃经。

2. 医学经典

《日华本草》："滋补虚损，祛风明目，活血通络，解毒。"

3. 中医辨证

海鳗鲡，补虚羸、通经络、祛风湿、活血，对于面部神经麻痹导致的口眼歪斜、产后痈疮肿毒、急性结膜炎、关节肿痛、气管炎、遗精、肝硬化、神经衰弱、贫血等症有辅助食疗康复效果。

4. 现代研究

海鳗鲡含有丰富的蛋白质、人体所必需的氨基酸和维生素、矿物质等。因此，经常食用可提高人体的免疫力，对冠心病、慢性胃炎、支气管炎，特别是对风湿性及类风湿关节炎有较好的辅助治疗作用。由于类风湿关节炎是一个自身免疫系统混乱的疾病，鳗鲡鱼对其有效，究其原因，可能与鳗鲡鱼有调整机体免疫能力有关。

食用注意

水产品过敏者、痛风及皮肤病患者慎食海鳗鱼。

传说故事

一、鳗鲡鱼为什么要下海的传说

鳗鲡鱼是西湖里的神，它们的主子姓耿，叫耿吉公。耿吉公掌管整个西湖。东海的神就是龙王，姓敖，叫敖广。西湖的水是甜的，东海的水是咸的。东海为大。

先前，东海里没有鳗鲡鱼，龙王敖广手下有若干的虾兵蟹将。这年正好缺少赏物，就令西湖的耿吉公向东海敬贡。耿吉公就赶了手下若干的鳗鲡鱼下海，送给海龙王手下的将官吃，就算是吃的一顿面条。鳗鲡鱼游到海里，都是一大团一大团的。为什么呢？因为龙王手下的将官吃鱼只吃一口，这鳗鲡鱼小啊，一条一条的吃，吃不饱。而鳗鲡鱼游了团起来，吃一口就能当一饱。

以后，每年秋天，耿吉公都要敬贡一大批鳗鲡鱼，赶到东海里，犒劳龙王手下的将士。

二、海鳗鲡与狗鱼

海边渔村的许多渔民都以捕捞鳗鲡鱼为生。然而这种珍贵鳗鲡鱼的生命却特别脆弱，它一旦离开深海便容易死去，为此渔民们捕回的鳗鲡鱼往往都是死的。

在村子里，却有一位老渔民天天出海捕鳗鲡，返回岸边后他的鳗鲡鱼总是活蹦乱跳，几无死者。而与之一起出海的其他渔户纵是使尽招数，回岸依旧是一船死鳗鲡鱼。因为鳗鲡鱼活的少，自然就奇货可居起来，活鳗鲡鱼的价格也是死鳗鲡鱼的几倍。于是同样的几年工夫，老渔民成了当地有名的富翁，其他的渔民却只能维持简单的温饱。

时间长了，渔村甚至开始传言老渔民有某种魔力，让鳗鲡鱼保持生命。

就在老渔民临终前，他决定把秘诀公之于世。其实老渔民并没什么魔力，他使鳗鲡鱼不死的方法非常简单，就是在捕捞上的鳗鲡鱼中，再加入几条叫狗鱼的杂鱼。狗鱼非但不是鳗鲡鱼的同类，而且是鳗鲡鱼的"死对头"。几条势单力薄的狗鱼在面对众多的"对手"时，便惊慌失措地在鳗鲡鱼堆里四处乱窜，由此却勾起了鳗鱼们旺盛的斗志，一舱死气沉沉的鳗鲡鱼就这样给激活了。

黄 颡 鱼

水沸黄颡蹿，咂舌食客怜。
鲜香生爱意，复喊上三盘。

——《食黄颡》·现代·陈德生

物种基源

黄颡鱼（Pseudobagrus fulvidraco Richardson）为鱼纲鲿科（鮠科）黄颡鱼属鮠鲇鱼的全体，又名黄牯鱼、黄腊丁、黄鳍鱼、黄刺鱼，以鲜活度良好，眼球饱满，角膜清亮，鳃丝清晰呈鲜红色，黏液透明，腹部不膨胀者为优。有瓦氏黄颡鱼和光泽黄颡鱼两种，全国各大淡水水系均产。

生物成分

经测定，每100克可食黄颡鱼肉，含热量123千卡，水分71.1克，蛋白质17.8克，脂肪2.7克，碳水化合物7.1克及维生素E、A、B_2、尼克酸、硫胺素，还含有多种氨基酸和微量元素钙、磷、铁、镁、锌、硒、钾、锰、钠等。

食材性能

1. 性味归经

黄颡鱼，味甘，性平，微毒；归肺、肾经。

2. 医学经典

《食疗本草》："祛风、解毒、利水。"

3. 中医辨证

黄颡鱼，消水肿、利小便、祛风，对水肿、小便不利、脾胃不和、小儿痘疹有辅助的食疗促康复效果。

4. 现代研究

黄颡鱼肉质嫩、细刺少、脂肪多，含人体必需的多种氨基酸，尤以谷氨酸、赖氨酸含量较高，营养丰富，药用价值高，具有消炎、镇痛等疗效，适宜肝硬化、腹水、肾炎水肿、脚气水肿、营养不良性水肿以及小儿痘疹初期食用。

食用注意

根据前人经验，黄颡鱼为"发物"食品。故有痼疾病之人，诸如支气管哮喘、淋巴结核、癌肿、红斑性狼疮以及顽固瘙痒性皮肤病患者忌食或谨慎食用，忌与中药荆芥同食。

传说故事

乾隆与黄颡鱼煮米饭

相传，乾隆皇帝并非姓爱新觉罗氏，他是浙江宁波陈家的后代。一天，他在回陈家省亲之余，来到海边渔村，时值近午，肚中觉得饥饿，想找点东西填填肚子，信步走到一渔舍，见一白发渔翁在切黄颡鱼，乾隆上前打招呼，白发渔翁只会打哑语，不会讲话。只见哑渔翁将切好的黄颡鱼洗净沥干后，放在预先准备好的姜、葱、酱油的瓦盆内，腌了半个时辰，把杉木锅盖翻过来，再把一条条腌好的黄颡鱼的硬脊鳍戳在锅盖上，在锅中放好米和水，再轻轻将锅盖与黄颡鱼盖好。哑渔翁升火煮饭，一顿饭工夫，饭熟鱼香，渔舍内外，香气扑鼻。乾隆这时咽喉里如踏碓，口里不住地往肚子里咽谗唾。他在皇城数十载，从未闻过这种鱼饭混合香。等哑渔翁揭开锅盖，好家伙，黄颡鱼的硬脊鳍边骨完整地钉在木锅盖上，黄颡鱼的蒜瓣肉一块块地落在米饭上，色、香俱佳。哑渔翁装了一粗瓷碗先递给乾隆，乾隆一尝，美味可口，出世以来从未吃过如此无汤无菜之午餐，一粗瓷碗吃完后，又向哑渔翁要了半碗，吃个精光。饭毕，乾隆身无分文，解下玉扇坠送给哑渔翁，哑渔翁非但不要，连拖带拉将乾隆赶出渔舍。

回京后，乾隆命御膳房买回黄颡鱼，想如法炮制，却怎么也做不出哑渔翁那黄颡鱼煮米饭的色、香、味来。连撤换数十名厨师和数名御膳房主管，还是如此，不禁感慨地写下了："世俗难事千千万，似难非难作笑谈。上天入地犹然可，最难黄颡煮米饭。"

中华马鲛鱼

> 海浪波涛峰连峰，恩爱有佳宿难同。
> 马鲛双双生大海，妒恨世俗海相逢。
> ——《马鲛传说有感》·民国初年·罗刚

物种基源

中华马鲛鱼（Scombero-morus niphonius）为鱼纲鲅科动物中华马鲛鱼的肉或全体，又名鲅、鲅、马鲛、巴鱼、燕鲅鱼，以鲜活度好，眼球饱满，退化的鳞片外有透明的黏膜，肌肉坚实有弹性者佳。近缘品种有斑点马鲛、康氏马鲛、兰点马鲛。我国的东海、黄海、渤海均有分布，并且是我国北方海区的重要经济鱼类。

生物成分

据测定，每100克马鲛鱼的肉含热能127千卡，水分71.5克，蛋白质19.8克，脂肪5.5克，碳水化合物2.1克及维生素B_2、E、尼克酸、硫胺素，还含多种氨基酸和微量元素钙、铁、磷、硒等成分。

食材性能

1. 性味归经

中华马鲛鱼，味甘、咸，性平；归肺、胃、脾经。

2. 医学经典

《海上方》："补五脏，防衰，提神。"

3. 中医辨证

中华马鲛鱼有养脾、健胃、补五脏之功，对胃不纳谷、病后体虚、产后虚弱、营养不良、疲乏无力、咳喘等病症有辅助食疗促康复效果。

4. 现代研究

中华马鲛鱼含丰富的蛋白质、不饱和脂肪酸及多种氨基酸、微量元素，对慢性肠胃功能紊乱、消化不良及有利于小儿的智力发育等疾病辅助康复效果佳。

食用注意

痛风及患有疥疮瘙痒等皮肤病的人慎食。

传说故事

一、中华马鲛鱼的传说

从前，连云港的海州有个马家庄，庄上住着墙靠墙的两户姓马的人家，一家叫马祖石，一家叫马阳朝。马祖石是从山东德州迁居而来的，马阳朝祖籍海南琼州，两家迁居海州已五代有余，故同姓不同宗。一年，两家同年同月同日同时各生一婴儿，马祖石家生的是男婴，取名马乔；马阳朝家生的是女婴，取名马娇。马乔和马娇自幼青梅竹马，两小无猜。转眼长大成人，到了男婚女嫁之时，前来两家说媒的踏断门槛都未果，其内情是：马乔非马娇不娶，而马娇又非马乔不嫁。但因世俗偏见，同姓不能相恋成婚、生儿育女，否则有辱门风。两家父母决意棒打鸳鸯，马乔被指婚庄东邵家，马娇被指嫁庄西任家。马乔、马娇宁死不从，就在二人当婚与嫁出的前一夜里，用红绿喜带自捆自缚，双双捆扎在一起，跳进波涛汹涌的大海中，变成了一对形影相随的鱼，当地渔民称它为马鲛鱼。

二、于右任与鲅肺汤

相传，1929 年中秋佳节，国民党元老于右任先生和社会知名人士李根源先生在游览太湖赏桂花的归途中，特意到石家饭店就餐，专门品尝鲅肺汤。食后，大家赞不绝口。于右任还即兴赋诗一首：

老桂花开天下香，看花走遍太湖旁。

归舟本读尤堪记，多谢石家鲅肺汤。

李根源也挥毫为石家饭店写了"鲅肺汤馆"的匾额。据说，前些年，于右任先生在台湾海峡彼岸，还惦念着他五十多年前在木渎石家饭店吃过的"鲅肺汤"哩！

泥　鳅

枕流方采北山薇，驿骑交迎市道儿。

雾豹只忧无石室，泥鳅唯要有洿池。

不羞莽卓黄金印，却笑羲皇白接离。

莫负美名书信史，清风扫地更无遗。

——《余卧疾深村闻一二郎官今称继使闽越笑余迂古因成此篇》·唐·韩偓

物种基源

泥鳅（Misgurnus anguillicaudatus）为鱼纲鳅科泥鳅属动物泥鳅的全体，又名鳅、鳅鱼、蝤鱼、河鳅，以体肥、生猛者佳，除西部高原外，我国各淡水水系均有分布。

生物成分

经测定，每 100 克可食泥鳅肉含热能 98 千卡，水分 70.9 克，蛋白质 17.9 克，脂肪 2 克，碳水化合物 1.7 克及维生素 A、B_1、B_2、E，视黄醇当量，尼克酸、硫胺素，还含有多种氨基酸及微量元素钙、钾、磷、钠、硒、铜、镁、铁、锰等成分。此外，泥鳅还含有西河洛克蛋白质，此蛋白质对强精有显著效果。

生物性能

1. 性味归经

泥鳅，味甘，性平；归脾经。

2. 医学经典

《频湖集简》："治痨伤、阳事不起、添精益髓、壮筋骨。"

3. 中医辨证

泥鳅，补中益气、解渴醒酒、祛湿解毒，对消渴、黄疸、阳痿、痔疮、疥癣、皮肤瘙痒等病辅助康复效果好。

4. 现代研究

泥鳅有效降低转氨酶，故对防治肝炎有效，可用于治疗传染性肝炎等疾病，能使肝炎患者乏力、厌食油腻、恶心等症状消失，肝脾肿大消退，肝功能恢复正常，疗效明显优于一般保肝药。特别是对急性肝炎患者疗效更为显著，可以促使黄疸迅速消退，转氨酶下降，对慢性肝炎的肝功能恢复同样有较好的改善作用。

食用注意

泥鳅为含钾量高的食物，因此服用螺内酯、氨苯喋啶及补钾药等可使血钾升高的药物时，不宜食用本品，以免引起高钾血症。

传说故事

一、泥鳅钻豆腐的传说

传说在清朝咸丰年间，浙北归安县练溪镇上，有一个贫苦的篾竹匠叫林二毛，与双目失明的老母亲一起艰难度日。由于篾竹活是蹲着干的，久而久之，得了严重的痔疾。每当痔发，他坐立不安，痛苦不堪，因无钱治疗，只得忍着。林二毛的邻居黄文山是个渔民，捕鱼时经常捉到一些泥鳅，大的卖掉，小的自己吃，有时也送一些给林二毛家。有一天，黄文山又送来小泥鳅，恰好放在一盆豆腐边上，小泥鳅跳到了豆腐盆子里，林二毛的盲眼母亲不知道，一股脑儿倒入锅里煮了。待煮熟揭开锅，一股鱼香扑鼻，林二毛一看，小泥鳅都钻进豆腐里去了，只有尾巴留在外边，一尝味道，十分鲜美。从此，只要邻居黄文山送来小泥鳅，林二毛都要母亲把它们与豆腐同煮。更奇妙的是，一段时间后，林二毛的痔疾竟大大好转。后来，这道菜很快在当地民间传开，称之为"泥鳅钻豆腐"。

"泥鳅钻豆腐"原名"汉宫藏娇"，是江西名菜，以豆腐形容貂蝉之纯，以泥鳅比作董卓奸猾。

二、曹雪芹用泥鳅治黄疸的传说

泥鳅对治疗黄疸有较好的效果。相传有一天，曹雪芹正在湖边垂钓，忽见一小伙纵身跳入水中，欲自寻短见，便急忙撑船过去，将他救上岸来。小伙子苏醒后，一询问方知他不幸染上了黄疸，因无钱医治，才走上了这条绝路。曹雪芹听后说："小小黄疸有何可怕？你若信得过我，就每天早晨到我这里来服药，分文不取，管保你不出三月，就会跟好人一模一样。"从此，小伙子如约而来，果然不出半月，身黄、眼黄等症逐渐消退，原本十分虚弱的身体也日渐强壮。于是他问曹雪芹："您的药真管用，到底是什么灵丹妙药啊？"曹雪芹笑而不答，从身后端出一盆大大小小的泥鳅来。原来小伙子每天服食的就是泥鳅。此后，小伙子便天天坚持食泥鳅，不到一个半月，便红光满面、强壮如初了。曹雪芹也因此与他结为忘年之交，并把他写进了《红楼梦》中。这便是《红楼梦》中与尤三姐情投意合、侠肝义胆的柳相公。

三、泥鳅能"预报"天气

动物对天气的变化反应十分敏感。据观察，全世界约有六百种动物可以被授予"天气预报员"的称号。泥鳅喜栖息于静水底层，常出没于湖泊、池塘、沟渠和水田的淤泥表层，除用鳃呼吸外，还能借助肺呼吸。泥鳅确实能"预报"天气阴晴的变化。如果它在水中上下游动，不时浮到水面上来，甚至跃出水面，就预示快要下雨了。泥鳅在雷雨到来前，常常焦躁不安。原来，当天气正常时，泥鳅就伏在水底，养精蓄锐；遇到晴转阴或要下雨时，泥鳅则在水中骚动不安，有时蹿露水面，扇动着嘴上的小须，像是在呼吸，又像是在喘气。当天气闷热、即将下雨之前，泥鳅很难受，此时水中严重缺氧，迫使它一个劲儿地上下乱窜，犹如在表演水中舞蹈，这正是大雨降临的预兆，西欧人为此称泥鳅是"气候鱼"。特别是黄梅天，它更是焦躁地直立水中，像是提醒人们马上就要雷雨大作了。

鳝 鱼

有鱼无鱼皆音善，是鱼未必都有鳞。
慈心何须朝南海，敲碎木鱼也枉然。
——《戏说鳝鱼》打油诗·现代·陈德生

物种基源

鳝鱼［Monopterus albus（Zuiew）］为鱼纲合鳃科动物黄鳝肉或全体，又名无鳞公子、淮鱼、土龙、单长幅、护子鱼、游龙、田鳗、罗鳝。鳝鱼是以鲜活为贵，面市以"活"为佳，是我国最普通的淡水食用鱼类，除西部高原外，各地淡水水系均有产出。

生物成分

据测定，每100克可食鳝鱼肉含热量96千卡，水分78.5克，蛋白质18克，脂肪1.4克，碳水化合物1.2克及维生素A、B_1、B_2、E、尼克酸、胆固醇，还含有多种氨基酸和微量元素钙、镁、铁、锌、铜、钾、磷、锰、硒等。

物种基源

1. 性味归经

鳝鱼，味甘，性平；归肺、脾、肾经。

2. 医学经典

《名医别录》："补虚损，祛风湿，强筋骨。"

3. 中医辨证

鳝鱼，补五脏，通血脉，祛湿气，利筋骨，对风寒湿痹、妇女产后腹泻、神经性阳痿、风湿、类风湿性关节疼痛等症有辅助食疗康复效果。

4. 现代研究

鳝鱼肉中含有人体所需的多种氨基酸，特别是组氨酸的含量较高，于是有浓郁的鲜美味道。经常食用鳝鱼，可有效预防和治疗口角炎、唇炎、舌炎、阴囊炎和脂溢性皮炎，有助于贫血、消瘦、食欲不振、营养不良的患者病体的康复。鳝鱼的脂肪含量很低，适合高血压、冠心病等患者食用。从鳝鱼中提取的黄鳝素，不但可以降血糖，还能使患者恢复正常调节血糖的生理功能，血糖高的可以降低，血糖低的可以升高。

食用注意

（1）痰多泄泻者慎食。
（2）死黄鳝不可食。

传说故事

一、黄鳝没有雄的传说

有两个去朝南海的修行女人，跑了多日，遇到一个杀猪匠。杀猪匠上前问道："你们上哪去？"

"我们去朝南海。"

"能不能带我去？"

"你是杀猪的，我们怎么能带你去呢？"

"你们只要肯带就好办了，我把心掏出来让你们带去。"

"这么说，一个人能把心掏出来？"

"不费事"。杀猪匠说着，拿出杀猪尖刀把自己的心挖了出来，让两人带走了。

两人带上杀猪匠的心上路了，走了多日。一天，来到一个稻草盖的茅舍前，两人口干，走了进去，只见一个老奶奶在烧锅。老奶奶问："你们两人到哪儿去？"

"我们去朝南海。"

"啊，朝南海，朝南海就在这里了。"

"在哪里啊？"

老奶奶指指正烧得滚开的油锅说："朝南海，就是下这个油锅，你们往里面跳呀。"

两个女人心想：我们朝南海是想得到好处的，往油锅里一跳，人就没了，但又想，我们既然是去朝南海，也不能怕，我们何不用杀猪匠的心来试试？于是就把杀猪匠的心往油锅里一丢，只见一股清烟一冒，那杀猪匠站在云头上喊："谢谢你们了。"两人一看杀猪匠真的成仙了，也连忙往锅里一跳，却变成了两条母鳝鱼。

所以，至今鳝鱼没有公的。

二、济公与黄鳝精

济公出生的时候，也是个白白胖胖、漂漂亮亮的孩子，可后来怎变成这副邋遢相呢？

相传，江南水乡有个白洋湖，湖边居住着许多农户，他们不但以白洋湖中的水灌溉稻田，洗涮饮用，而且在湖中还放养了一群群的大白鹅和鸭子。可是，后来农家经常发现丢失鸭子，早晨放到湖面上去的七八十只鸭子，到晚上归窝时总是要缺少几只，弄得邻居间相互猜疑，经常吵架，发展到后来不但缺鹅少鸭，连人也渐渐少了。到了夏天，一些孩子下水游泳洗澡，常常下去就浮不上来了，弄得人心惶惶，妇女不敢到湖边去洗衣服，男人不敢到湖里去洗澡，说是这湖里有了湖死鬼。

这一消息被一位过路的道士知道，这个道士自称能擒妖捉怪，说只要给他二十两银子就能把这个湖死鬼捉出来，从此就能太平无事。村民们虽然穷，但为了求得平安，大家都愿意出钱，你一钱，我一两，终于凑定了二十两银子交给道士。道士命村民在白洋湖上搭起高台，点起香烛，说他第一道符下去水面会冒起水泡，第二道符下去湖死鬼的头就冒出水面，第三道符下去他就用斩妖剑把湖死鬼砍死。道士口里念念有词，把第一道符咒点燃，往水中抛去，水面上涌起一股水泡。道士又把第二道符咒点燃向河中抛去，果然水面上冒出一个人不像人，鬼不像鬼的斗大的头来。道士赶紧点燃第三道符咒，往那怪物头上抛去，正要取剑去砍时，谁知那怪物翻江倒海滚动起来，道士不但没把它砍死，他那用来作法的高台反被它振得摇摇晃晃，差点儿没把道士摔到湖里去。道士吓得面如土色，赶紧逃上岸来，灰溜溜地走了。

这时正好济公游四方，经过白洋湖，他见河边人声喧嚷，慌慌张张逃奔，就过去问他们出了什么事，村民向济公诉说了事情的经过，济公说：你们不必惊慌，让我来收拾这个怪物吧。济公登上降妖台，用的也是三道符：第一道符点燃朝湖中抛去，湖面上泛起一阵白色泡沫；第二道符抛下去那妖怪伸出斗大的头来；济公将第三道符抛下去随即口里念念有词："唵嘛呢叭咪吽！"一伸手就掐住了妖怪的脖子，将它提到岸上大家一看，原来是一条大如斗粗的黄鳝精，是它躲在湖底吞吃下水的孩子与鹅鸭。

济公非常高兴，他说这么大的黄鳝，人吃了能补身体。他把这条大黄鳝倒挂起来，割开它的脖子，将黄鳝的热血滴进老酒内，又将黄鳝肉烧熟下酒，吃得津津有味。可是吃完之后，济公觉得浑身发热汗流满面，村民见济公热坏了，忙拿了把芭蕉扇给他，济公拿起芭蕉扇，觉得越扇越有劲，很想腾空飞翔，于是他就拿芭蕉扇边跑边扇，不知跑了多少路，把他鞋子的后跟也跑掉了，身上的衣服也被风和树枝划破了，那把芭蕉扇也破得一条一条的了。于是就成了这个破破烂烂的样子。济公原来是长得白白胖胖的，由于喝了黄鳝血冲的酒，他的脸也变黑了。到现在绍兴人还有这种习俗，若人虚弱无力，就去买条大黄鳝来，把它的血冲入热老酒里，说喝着这样的酒，人就有力气了。

鲶 鱼

鲶鱼沟为北疆徽，渠引琼浆黑粟围。
九曲水湄蒲苇荡，无边极浦鹭鸥飞。
陌旁良苑牛羊壮，楚岸仙槎虾蟹肥。
世外桃溪携客觅，游人留恋不知归。

——《鲶鱼沟》·现代·郑勇

物种基源

鲶鱼（Silurus asotus），为鱼纲鲶科动物河鲶的肉或全体，又名鲇鱼、河鲶、四须鲶、年鱼、鲶金姨、鲶拐子、胡子鲶、鲶巴朗、黏鱼、生仔鱼，以鲜活度好为佳，广布于黑龙江、辽河、海河、黄河、长江、珠江等水域，以长江、钱塘江、淮河流域为多。

生物成分

据测定，每 100 克可食鲶鱼肉，含热能 100 千卡，水分 64 克，蛋白质 14.4 克，脂肪 3.7 克及维生素 B_1、胆固醇，还含有人体所必需的 8 种氨基酸、糖类和微量元素钙、磷、锌、铁等成分。

食材性能

1. 性味归经

鲶鱼，味甘，性平；入脾、胃、肺经。

2. 医学经典

《名医别录》："补脾，益血，催乳，利尿。"

3. 中医辨证

鲶鱼，养血、补虚、滋肾、调中、养胃、催乳、利尿、助阳，对脾胃不和、产后缺乳、腰膝酸痛、鼻衄水止、久疟体虚、小儿疳积、黄疸、浮肿以及伤口愈合等病症有食疗助康复效果。

4. 现代研究

鲶鱼含有多种氨基酸、微量元素及蛋白质，对产后气血不足、乳汁稀少、脾虚水肿、滋阴养血、小便不利、泻痢不止等疾病有食疗辅助康复效果，还可安神补胎、坚骨强体、清热解毒。

食用注意

（1）鲶鱼卵有毒，不宜食用。
（2）不宜与牛肝同食，忌用牛油、羊油煎炸。
（3）不可与荆芥同用。

传说故事

一、鲶鱼墩的传说

很久很久以前，在吴楚交界之地，有一个美丽的地方，叫磁湖古镇，因镇中有一个美丽的湖泊——磁湖而得名。

在磁湖中，有一座小岛，叫鲶鱼墩，岛上住着一些村民。有一户以打鱼为生的三口之家，他们家很穷，一对夫妻年纪很大了才生了一个儿子。他们给这个得来不易的儿子取名叫张浩渺，希望他能像眼前烟波浩渺的磁湖一样心胸开阔，心灵澄澈、善良，所以取名浩渺。

张浩渺长大以后，练就了一身了得的捕鱼本领，而且十分孝敬父母。一家人就这样日出而作，日落而息，日子倒也过得其乐融融。

转眼小伙子到了该娶妻生子的年龄，但是一家人只能混个温饱，附近村里的姑娘没人愿意嫁给这个贫穷的小伙子。小伙子每天仍乐呵呵的，可老两口却十分着急，怨自己拖了儿子的后腿，害得儿子没办法娶老婆。老婆婆每日坐在湖边唉声叹气，老爹爹每夜望月兴叹。

话说这磁湖里有一条鲶鱼已修炼成精，听到两位老人的哀叹，又为了感谢小伙子当年的不杀之恩，变成一位年轻美丽的少女嫁给了小伙子。

后来，张浩渺听妻子的教导不再打鱼，耕种着屋外的几亩薄田。也许有了鲶鱼精的帮助，他家的收成总比别人家好，日子过得衣食无忧。

这年端午节，老爹爹照例买回了艾草和雄黄酒，哪想这鲶鱼精误饮雄黄酒现了原形，把个老爹爹吓死了。村里人听说了这件事，都拿着家伙来到小伙子家，要把那鲶鱼精打死。鲶鱼精自知此地已不能容下自己，赶紧溜回了磁湖。

小伙子家里的光景从此一落千丈。老婆婆哀伤过度哭瞎了双眼，村里人总觉得张浩渺娶过妖精为妻，也是个不祥之人，所以对他日渐疏远。

这年中秋，本是阖家团圆的日子，张浩渺家中却冷冷清清。

小伙子为了安慰瞎眼的老娘，在院子里摆设烛案，祭奠死去的父亲。

老婆婆问儿子：“儿啊，你怪不怪那鲶鱼精？”

儿子说：“娘，那鲶鱼精也是慈悲心肠，想报我当年的不杀之恩才来到我家，爹的死也不是她的本意，况且从小你们就教育我要与人为善，心胸开阔，而且人死不能复生，我还怪她有何用？”

那鲶鱼精与这家人生活了一段时间，也有了感情，其实还经常回来看看。这日正在门外，把小伙子的话听得一清二楚。

这年中秋之夜，小伙子家发生了一件奇怪的事。他家连房子带地一起像坐在船上一样，飘啊飘，飘到了湖中心。小伙子一觉醒来，发现自己的家飘到湖中心，妻子又回到了家中，心里便明白了几分。

从此，张浩渺夫妇在那鲶鱼墩上男耕女织，老婆婆颐养天年，一家人过着幸福的生活。

二、鲶鱼效应

鲶鱼效应来源于这样一个故事：挪威人爱吃沙丁鱼，不少渔民都以捕捞沙丁鱼为生。由于沙丁鱼只有活鱼才鲜嫩可口，所以渔民出海捕捞到的沙丁鱼，如果抵港时仍活着，卖价要比死鱼高出许多倍。但由于沙丁鱼不爱动，捕上来不一会儿就会死去。怎么办呢？一次偶然的机会，一个渔民误将一条鲶鱼摔进了装沙丁鱼的鱼舱里。当他回到岸边打开船舱时，惊奇地发现以前都会死的沙丁鱼竟然都活蹦乱跳地活着。渔夫马上发现，这是先前掉进去的鲶鱼的功劳。原来鲶鱼进入鱼舱后，由于环境陌生，自然会四处游动，到处挑起摩擦。而沙丁鱼呢，则因发现异己分子而自然紧张，四处逃窜，把整舱鱼扰得上下浮动，也使水面不断波动，从而氧气充分，如此这般，就保证了沙丁鱼被活蹦乱跳地运进了渔港。后来，渔夫受到启发，每次都会在沙丁鱼的鱼舱中放几条鲶鱼，这样每次都能把鱼鲜活地运回海岸。渔夫的这种做法后来被管理者们总结成了“鲶鱼效应”，并将其作为一种竞争机制而引入了人力资源管理中。

三、鲶鱼宝偷鲶鱼的传说

有一次，邻居家刮沟，刮了不少鱼。有个十来岁的小孩，光着身子，蹦蹦跳跳地把条大鲶鱼偷回来。妈妈问他：“你一件衣服都没穿，这条鱼这么大，你怎么偷得家来的呢？”这小孩得意扬扬地说：“我身子一转，乘人家不注意，用嘴咬着鱼嘴下巴，挂在胸前，两手空空地跳跳蹦蹦地回来，人家哪里知道我偷他鱼呀！”

“不错，好乖乖，真有本事！”

后来人家都晓得这事了，就这样叫他"鲶鱼宝"了。

再后来，他长大了，偷的钱物也多了，最后因盗窃犯罪，坐大牢了，又查出几条人命案，被判为死刑。

临死的那一天，他要求见妈妈一面，监斩官准了他的要求，把他妈妈带来了。妈妈见到儿子，抱头痛哭一场。鲶鱼宝说："妈妈，爹爹去世早，都是你领我成人，现在我要死了，你再喂口奶我喝一下，死后也好不忘妈妈啊！"妈妈见儿子都快要死了，就解开胸脯，把奶头让儿子吸。鲶鱼宝哪里是想喝奶，上去一口咬下了妈妈的奶头！人家问他为何临死还要咬掉妈妈的奶头，他说："我从小偷人家东西，她不管教，还纵容我，使我胆子越来越大，罪越犯越重，假使她从小对我严点，我也不会落到今天死罪！"一番话把妈妈说得无地自容，才知道，养儿不教父母过啊！

鲳 鱼

东海波微飘银鲳，神交聚会杜康香。
木奴鱼婢何足录，晚食由来肉未忘。

——《观聚会》·清·江洮

物种基源

鲳鱼（Pampus sinensis）为鱼纲鲳科动物银鲳的肉或全体，又名昌侯鱼、昌鼠、狗瞌睡鱼、镜鱼、平鱼、白鲳、鲳鳊、叉片鱼。鲳与昌同音，昌，美也，以味美故名。又有一说，鲳鱼游于水，群鱼随之，食其涎沫，有类于娼，故名，以鲜度良好，角膜透明清亮，表面有透明黏液，有光泽且鱼体紧密，肌肉坚实有弹性，腹部不膨胀者为佳。我国沿海均产，近缘品种燕尾鲳、灰鲳和中国鲳，则产于南海和东海。

生物成分

经测定，每100克可食鲳鱼肉含热能144千卡，蛋白质18.5克，脂肪7.3克，维生素A、B_1、B_2、E、尼克酸、胆固醇、视黄醇当量、胡萝卜素及微量元素镁、铁、锰、锌、钾、铜、钠、磷、钙、硒等，还含尼克酸和多种人体必需的氨基酸。

食材性能

1. 性味归经

鲳鱼，味甘，性平；归脾、胃经。

2. 医学经典

《本草纲目拾遗》："补胃、益气、养血、柔筋。"

3. 中医辨证

鲳鱼，补脾、益胃、益气，对消化不良、脾虚泄泻、筋骨酸痛、四肢麻木有食疗辅助康复的效果。

4. 现代研究

鲳鱼含有丰富的蛋白质和10余种氨基酸，是为人体提供优质蛋白质的理想食品，常食可强身健体，适用于气血虚弱及多种原因引起的贫血、白细胞减少症。

食用注意

鲳鱼子慎食，凡患有瘙痒性皮肤病者忌食。

传说故事

鲳鱼身扁无鳞的传说

据说早年间，鲳鱼并不像现在这样扁扁的，浑身无鳞无甲。那时，它的身体圆溜溜的如黄花鱼，还有一个只进不退的性格。相传，有一天，鲳鱼和黄花鱼一起到东海鹿西湖游玩，不料黄花鱼被渔网钩住，鲳鱼一看，慌了手脚，费了好大力气，才使黄花鱼脱险，但是黄花鱼已昏迷不醒。鲳鱼知道只有离此不远的一块海底礁上的"万能草"能救黄花鱼，只是要想到礁石上，必须通过一条长长的狭道。鲳鱼为救黄花鱼，就不顾自己的安危，死劲向里钻，用力摆动尾巴，一点一点挤进缝里，头钻尖了，身挤扁了，鱼鳞全部都挤掉了。终于到了礁石中，采到了"万能草"，治好了黄花鱼。可是鲳鱼却血痕斑斑，变了模样。从此，鲳鱼的头颅就变得尖尖的，身体变得扁扁的，浑身没有鱼鳞，背部却长出了一层青白色的薄皮，像一面平镜。为了表彰鲳鱼舍己救友的品德，龙王就把鹿西湖的一块岩礁改造成鲳鱼形象。人们传称鲳鱼礁，每年到三五月间，就有一群群鲳鱼陆续经过洞头洋，游向鹿西湖的鲳鱼礁，怀念老祖宗，后来人们又叫它"鲳鳊"或"镜鱼"。

带 鱼

截玉凝膏腻白，点酥粘粟轻红。
千里来从何处？想看舶浪帆风。
——《黄岩鱼鲊》·宋·范成大

物种基源

带鱼（Trichiurus lepturus）为鱼纲带鱼科动物带鱼的肉，又名海刀鱼、裙带鱼、鞭鱼、带柳、牙带、白带，以体形完整、无破肚或断头、眼球饱满、角膜透明、用手触摸富有弹性者佳，有近缘种小带鱼和沙带鱼。主产东海、黄海、渤海。

生物成分

经测定，每100克可食带鱼肉含热能134千卡，水分73.1克，蛋白质17.7克，脂肪4.9克，糖类3.4克及维生素A、B$_1$、B$_2$、C、E、视黄醇当量，硫胺素、胆固醇、尼克酸，还含有多种氨基酸和微量元素钙、磷、铁、镁、铁、铜、硒等成分。白色退化磷除含油脂外尚含鸟嘌呤。

食材性能

1. 性味归经
带鱼，味甘，性微温；归肝、胃经。
2. 医学经典
《本草从新》："补脾益气，补血补虚。"

3. 中医辨证

带鱼，滋补壮体，和中开胃，补虚泽肤，营养不良、毛发枯黄或产后乳汁减少等症食疗可辅助康复。

4. 现代研究

带鱼营养丰富，其蛋白质含量约为 18.1%，高于大黄鱼和鲥鱼，且为优质蛋白；脂肪含量比一般鱼类都高，但它含不饱和脂肪酸较多，不饱和脂肪酸具有降低胆固醇作用。带鱼含有丰富的镁元素，对心血管系统有很好的保护作用，有利于预防高血压、心肌梗死等心血管疾病，还含有人体所必需的微量元素钙、磷、铁、碘及多种维生素，实为老人、儿童、孕产妇的理想滋补食品。另由上海东海制药厂从带鱼的白色退化鳞中提取的 6-硫代鸟嘌呤（6-TG），对急性白血病有较好的辅助康复效果。

食用注意

带鱼属发物，有触发宿疾疮毒之弊，所以，有顽固疾病患者应谨慎食用，否则易诱发或加重病情，此外服异烟肼时也不宜食用。

传说故事

一、名肴"西施玩月"的传说

相传，在春秋战国时代，越国美女西施被越国进贡送往吴国后，深得吴王夫差的宠爱。但她仍整日闷闷不乐，日夜思念故乡的亲人。吴王夫差费尽心机也不能博得西施一笑。临近中秋的一个晚上，夫差见西施扶着窗栏对着月光不停地叹息，便赶紧召集谋臣智囊想办法。经过谋臣出主意，最后决定为西施在风景胜地——灵岩山建造一个避暑宫，还开凿了两座池子，大的叫"玩花池"，小的叫"玩月池"。西施常于明月之夜陪吴王赏月。西施借倒影与水中的明月嬉戏，她手遮住半边月影，并戏言"水中捞月"，人们便称之为"西施玩月"。此事惊动了宫中的厨师们。一个中秋之夜，吴王为了让西施忘却忧愁，便在"玩月池"设宴，让西施边赏月，边品尝佳肴。厨师们借用"西施玩月"这一美妙名称，费尽心机为她做了一道美味菜肴，即以洁白带鱼肉、色泽光洁、肉质细嫩比喻西施，用鱼鸡茸制作成丸子比作明月，盛器象征"玩月池"，西施吃了这道菜极为高兴，吴王夫差自然也高兴不已。此菜后流传至民间，人们每逢中秋之夜，合家围坐，迎着明月，边赏月，边品尝这道佳肴，好不痛快。

二、咬尾巴带鱼的传说

带鱼和鲐鲅鱼住在同一个海域里，带鱼性格鲁莽，鲐鲅鱼生来滑头，在交往中，带鱼常常吃亏。

带鱼原先是东海龙宫的佩剑武士，整天身佩银剑，威风凛凛。有一天，带鱼不小心把佩剑丢了。佩剑是镇海之宝，要是让龙王知道了那还了得！带鱼心里好慌，连忙出去到处寻找。

带鱼找呀找呀，来到一座礁盘边。那里有个鲐鲅鱼，张着畚箕般的大口，正在网罗鱼虾，鲐鲅鱼嘴巴真大呢！它吸一口气，小鱼小虾带海水一起吸进去，足足有一小水桶哩。这时，带鱼忽然瞥见有个银剑般的东西在鲐鲅鱼嘴边跳动，便"呼"的一下窜过去，但迟了一步，那东西已被鲐鲅鱼吞进肚里去了。带鱼一见火呵，便露出狼牙，要和鲐鲅鱼拼命。鲐鲅鱼说："别忙，别忙！我吞进去的是条银灰色的车子鱼，不是你的佩剑。"

带鱼说："车子鱼没有这么亮！佩剑一定在你的肚子里。"鲐鲅鱼虽善于辞令，但现在碰到不讲理的带鱼，就是有三张嘴巴也说不清了。鲐鲅鱼没有办法，只好翻肠倒肚，把肚子里的东西倒出来给带鱼看，带鱼见没有佩剑，才相信了。

鲐鲅鱼哭丧着脸说："老兄呀，你也不想想，我肚子虽大，可容不下一枚银针，何况一把利剑呢！"

带鱼自知理亏，不作声了。过了一会自言自语地说："那我的佩剑谁偷去了呢？……"

鲐鲅鱼想，这家伙莽莽撞撞的，专门给我添麻烦，我不如骗骗它，以后可以走远点。于是打个哈哈说："我看谁也不是！你不知道，佩剑是龙宫之宝，它自己要来就来，要去就去，要上就上，要下就下。黑夜它藏在海底，无法找到，只有白天，它才浮出海面，与浪花嬉耍。"

带鱼说："海面这样大，怎样才能找得到呢？"

鲐鲅鱼说："真是死脑筋，一条鱼去找当然找不到，千万条鱼去找难道还找不到么？"

带鱼一听，对呀，急忙回去召集全族，叫大家向水面上寻找。

带鱼们在开阔的洋面上，找呀找呀，从春天找到夏天，从秋天找到冬天。它们顶着寒流，果然在碧波翠浪之间，见到一把扁平的银剑在闪光。有条带鱼越看越像，便不管三七二十一，猛地向上一蹿，紧紧咬住，死也不放。接着，又有一条带鱼也蹿上去死命咬住。就这样，一而二，二而三，咬上去许多。其实，它们紧紧咬住的哪里是银剑，只不过是被渔翁钓上去的另一条带鱼在海面挣扎的尾巴而已！带鱼就这样受了鲐鲅鱼的骗。

但是，直到今天，带鱼还未醒悟，它们一直还在寻找"银剑"，所以，当渔人只要钓着一条带鱼时，它们便会一条咬着一条，鱼头咬着鱼尾，鱼尾连着鱼头，长长一串地被钓了上来。这就是"咬尾巴带鱼"的由来。

带鱼之趣

带鱼有一个奇怪的习性，当人们在海上垂钓时，不是一条鱼来上钩，往往是四五条一连串被钓上来。这是怎么回事呢？原来，这是带鱼凶猛贪食的习性造成的。当第一尾带鱼上钩了，同伴也乘机来咬上一口，第二尾带鱼咬在第一尾带鱼的尾巴上，第三尾带鱼又咬在第二尾带鱼尾巴上……就这样一尾接着一尾被垂钓者拖上船来。

比 目 鱼

湘竹巫山云，银汉喜鹊桥，双蝶镜中花，
倾城倾国貌，如雪似月，到头来化作尘土，
一场秋，一场冬，一场空。
琴瑟望夫石，大江比目鱼，数重水中月，
飞燕玉环颜，似露如玉，回头看一路青烟，
一霎风，一霎雨，一霎梦。

——《似梦非梦》·宋·石孝友

物种基源

比目鱼（Puffer fish；Fugu spp），为鱼纲鲆科动物牙鲆鱼的肉或全体，又名扁口鱼、偏口鱼、大地鱼、地鱼、鞋底鱼、左口、牙偏、牙鲆、沙地、多宝鱼，以秦皇岛和北戴河产质最佳。我国沿海均有产出，但黄海、渤海产出较多。

生物成分

据测定，每 100 克可食比目鱼肉含热能 112 千卡，水分 69.9 克，蛋白质 21.1 克，脂肪 2.3 克，碳水化合物 0.5 克及维生素 A、B_1、B_2、E、胡萝卜素、视黄醇当量、胆固醇、尼克酸，还含微量元素钙、镁、铁、锰、锌、钾、磷、钠、硒等。此外，尚含多种氨基酸。

食材性能

1. 性味归经

比目鱼，味甘，性微温；归脾、胃经。

2. 医学经典

《杏林春满集》：“消食、健脾、养胃、益气、补虚。”

3. 中医辨证

比目鱼，补虚益气、和中止痢，对脾虚久痢、五谷不纳、胃胀气等症有食疗辅助康复效果。

4. 现代研究

比目鱼富含不饱和脂肪酸，其蛋白质含量也很高，还含有钙、磷、铁等微量元素及维生素 B_1、B_5、尼克酸等，可用于急性胃肠炎、痢疾泄泻、高胆固醇血症、体虚多病等症。

食用注意

体胖有痰火者不可多食，烹制时不宜加入过多食用油。

传说故事

一、比目鱼与永不满足的人

从前，有一个渔夫和他的老婆住在一个窝棚里。有一天渔夫打鱼的时候打到了一条比目鱼，比目鱼说：我是一位王子，请你放了我吧，我会让你实现你的愿望。渔夫就放了比目鱼，回到家里告诉老婆。

老婆骂他说：“你怎么不让他给我们一座石头大房子呢？”渔夫就到海边找比目鱼，比目鱼对他说：“你回去吧，你老婆在大房子里了。”渔夫回家一看，真的有一座石头大房子。可是他老婆对他说：“你去跟比目鱼讲，说我想当皇帝。”渔夫去找比目鱼，比目鱼说：“你回去吧，她已经是皇帝了。”渔夫回家一看，哇，多么豪华的宫殿啊，他老婆真的成了皇帝，有很多仆人在周围。可是过一段时间他老婆又不高兴了，跟渔夫说：“去，跟比目鱼讲我不想当皇帝，我要当教皇。”渔夫说：“教皇只有一个啊，你就当你的皇帝呗。”可是他没办法，只好去找比目鱼。比目鱼想了想说：“好的，她已经是教皇了。”渔夫回去一看，他老婆真的成了教皇，许多国王和王后正在亲吻她的鞋子。可她还是不满足，过一段时间对渔夫说：“去，跟比目鱼说我要当上帝。”渔夫只好去找比目鱼，比目鱼说：“回去吧，她已经在她的破窝棚里了。”

二、自己做剩下的半个皇帝

在市场买了一条比目鱼，只有一半的肉。听说比目鱼是皇帝吃了一半丢到海里的，台湾人叫它“皇帝鱼”。

煎比目鱼的时候，我突然为难起来。因为我要请一位外国朋友吃饭，如果把无肉的一面朝上，他会以为我请他吃鱼骨头；如果把有肉的一面朝上，等到翻鱼身时，他会以为我事先吃了一半；如果我告诉他皇帝的故事，他是绝对不会相信的。

最后我把比目鱼留着自己吃，自己做剩下的半个皇帝。

鮟　鱇　鱼

大圣闹龙宫，踩扁虎头虫。
更名鮟鱇鱼，从此不称雄。

——《鮟鱇鱼》·海滨渔民谣

物种基源

鮟鱇（Lophius litulon）为鱼纲鮟鱇科动物蛤蟆鱼的肉或全体，又名枇杷鱼、老头鱼、结巴鱼，以鲜活体软者佳。我国沿海均有产出，还有近缘种黄鮟鱇鱼。

生物成分

据测定，每100克可食鮟鱇鱼肉含热能87千卡，蛋白质18.7克，脂肪0.8克及维生素 A、B_1、B_2、C、E、硫胺素、尼克酸，还含有钙、铁、磷、镁、铜、锌、锰、硒和多种氨基酸。

食材性能

1. 性味归经

鮟鱇鱼，味甘，性微温；归脾、胃经。

2. 医学经典

《本草纲目拾遗》："和中健脾，消食健胃。"

3. 中医辨证

鮟鱇鱼，健脾胃，补五脏，对胃吐酸、食少欲吐、腹胀、腹痛有食疗辅助效果。

4. 现代研究

鮟鱇鱼，助消化能力极强，对胃炎、胃酸过多有很好的食疗效果。鮟鱇鱼胆汁可用来提取牛黄素，胰脏可以提取胰岛素。鮟鱇鱼骨对牙肿、疮疖有助康复功能。

食用注意

痛风及皮肤病、皮肤瘙痒患者慎食鮟鱇鱼。

传说故事

一、鮟鱇鱼原是虎头虫的传说

相传，孙悟空去东海龙宫向东海龙王敖广借宝，龙王哪把毛猴放在眼里，板着脸不借。于是孙大圣大闹龙宫，正和乌鱼精大战三百余合，难分难解之时，负责打扫龙宫的虎头虫用扫帚柄往大圣腿当中一插，大圣一个趔趄，差点跌倒。大圣见插扫帚柄的是只虎头虫，上前一脚，将原来人模狗样、圆圆滚滚的虎头虫踩成蝙蝠形，连肚肠也被踩冒出好长一段。但还算好，没被孙大圣踩死，真算是造化。从此，虎头虫在龙宫养伤游玩，拖着根被踩冒出的肚肠作为钓鱼的鱼竿和鱼饵，使不少不知情的鱼类上当。龟丞相曾叫虾婆婆去做它的工作，让它再回原位在龙宫打扫，它称肠还拖着呢！这就是我们今天吃到的会钓鱼的鮟鱇鱼。

二、鮟鱇鱼之趣

鮟鱇鱼的头部伸着一根又长、又软、又能活动的背鳍骨线，尖端长着一个发光的穗子，活像一根钓鱼竿。

鮟鱇鱼常把身躯藏在泥沙里，把线伸出外面，模样儿真像一个提着钓竿的"老渔翁"。

这个奇异的"钓鱼者"，任凭风浪起，却稳坐钓鱼石，那条"钓竿"在不停地摆动。贪馋的鱼儿一发现，就立即靠近它，谁知它反成钓鱼者的美餐。接着，钓鱼者收起鱼竿，纵放于身后，诱饵缩成一团，就休息啦！

海 胆 黄

借马未成见兵戎，话不投机烧龙宫。
狼牙杖头变海胆，乌鱼精败逃陆封。

——《海胆》·沿海渔民谣

物种基源

海胆（Echinoidea），海胆黄为球海胆科，动物马粪海胆、光棘球海胆或刻肋海胆科动物北方刻肋海胆的生殖腺，又名海刺猬、刺锅子、海刺球，以肥美、质地饱满、颜色橙黄为上品，在我国各大海域都有产出。

生物成分

经测定，100 克海胆黄，含热能 81 千卡，水分 11.7 克，蛋白质 16.5 克，脂肪 0.2 克，碳水化合物 2.5 克及维生素 B_1、B_2、E、胆固醇、尼克酸，还含微量元素钙、磷、钾、钠、镁、铁、锌、硒、铜、锰等，此外，尚含多种氨基酸和动物性腺所特有的结构蛋白。

食材性能

1. 性味归经

海胆黄，味咸，性平；入肺、肾经。

2. 医学经典

《药用动物》："滋阴补肾，养颜护肤。"

3. 中医辨证

海胆黄，滋补强身、提神解乏、增强精力，对腰膝酸软、四肢乏力、早泄、阳痿有较好的辅助食疗作用。

4. 现代研究

海胆黄含有大量的蛋白质、氨基酸、高度不饱和脂肪酸、糖类和其他生理活性物质，能增强机体的耐氧能力，并能安神补血，提高机体的免疫力。海胆黄有轻度雄性激素样作用，能强精壮阳，明显地促进性功能；此外，海胆黄还可以降低人体内甘油三酯和胆固醇含量，又能抗凝血、阻止血栓形成，对心血管疾病有较好的防治效果。

食用注意

海胆黄为海胆的生殖腺，有轻度雄性激素样作用，儿童不宜食用。

传说故事

一、火烧龙宫生海胆的传说

相传，唐朝大臣魏征的第九子，人称九郎官，文武双全，本领非凡，是天庭武曲星下凡。一日，他嫌大唐所有战马都不合他，突发奇想，到东海龙宫去借龙马。当时的龙王是前东海龙王敖广的大儿子敖蛟袭位。因当年前老龙王敖广在长安与文曲星买卦打赌，把应下在黄淮下五州县的雨水偷下到山东泰安六府，有违玉皇大帝的旨意。尽管老龙王哭诉天台，什么"夏天行风雨，周身热得汗淋漓。冬天行风雨，浑身冻得紫又青……"最终还是被魏征梦斩敖广，将老龙头挂在长安街上示众。从此，敖蛟与魏家结下杀父之仇。这次九郎官龙宫借马，两家仇人后代相见，分外眼红。敖蛟哪里肯借龙马，答话未有三句，敖蛟调动虾兵蟹将，命手持狼牙头球杖利器的乌鱼精为元帅，与九郎官血战。九郎官去借马，未带兵器，在龙宫后花园拔起一棵珊瑚树，打得满海鱼虾东逃西窜。敖蛟眼见欲败，就放海水淹九郎官，九郎官取下随身所摄水瓶，将五湖四海三江水吸尽，瓶没装满，乌鱼精不自量力，准备和九郎官决战到底，这时九郎官口吐三昧真火，放火烧了龙宫。乌鱼精弃狼牙球杖而逃，杖柄被火烧毁，狼牙杖杖头滚入海泥中，长成了满身是刺的海胆。现在人们见到的乌鱼浑身乌黑，就是当年九郎官火烧龙宫时被烟熏的遗迹。

二、海胆的又一传说

相传，北宋绍兴年间，女真族金太祖阿骨打命第四子金兀术手持丈八狼牙棒，九次横行中原，致使中原生灵涂炭，百姓遭殃。绍兴八年，岳飞上表宋高宗："金人不可信，和好不可持。"在以岳飞为首的主战派据理力争下，宋高宗才勉强命岳飞于绍兴十年率兵与金兀术大战黄河滩。在河南郾城一战，大败金兀术统率的金兵主力，收复颍昌、郑州、洛阳等重镇。就在郾城城外黄河边一战，岳飞一枪直取金兀术咽喉，金兀术忙用狼牙棒一挡，不偏不斜将灌满金砂的狼牙棒棒头刺断，掉落到滔滔东流的黄河水中，金兀术一吓，率残部夺路逃命，掉入黄河的狼牙棒头，从此随黄河水流滚入东洋大海。后来生成了满身棘刺的龙宫刺猬——海胆。现在，人们将海胆剖开，一粒粒的金黄色的海胆黄犹如金砂历历在目。

海 狗 肾

《本草图经》腽肭兽，秋末春初海洄游。
海狗献肾《聊斋》语，功在男科解忧愁。

——《戏咏海狗》·现代·陈中

物种基源

海狗肾〔Callorhinus ursinus（L.）〕为哺乳纲海狗科动物〔Callorhinus ursinus（L.）〕或

海豹科动物海豹［Phaca vitulina（L.）］的雄性外生殖器即"海狗肾"或称"腽肭脐"。海狗又名腽肭兽、海熊、豹兽，以体壮、肥大者佳，在我国产于黄海和东海，但数量有限。

生物成分

海狗肾，含雄性激素、蛋白质、脂肪、多种氨基酸和维生素。

食材性能

1. 性味归经

海狗肾，味咸，性热；归肾经。

2. 医学经典

《开宝附》："暖肾壮阳，益精补髓。"

3. 中医辨证

动物内脏为药，其形象感、滋补之功与人体相对应，其体肥壮而性热，大抵与苁蓉、锁阳之功相近，具暖肾壮阳、益精补髓之功，治虚损劳伤，阳痿精衰，腰膝痿弱。

4. 现代研究

海狗肾可以抑制单胺氧化活性，增加心脏搏出量，改善肾亏性贫血，补肾阳、益精血，对肾虚、腰膝酸痛、耳鸣等食疗辅助康复效果佳。另外，海狗肉的提取物有耐缺氧、抑制癌细胞生长的功效，对淋巴结核、肾功能衰竭、升高白细胞、跌打损伤、不孕等疾病有辅助食疗效果。

食用注意

（1）阳事易举者忌用。
（2）因含有雄性激素，故小孩不宜服用。

传说故事

海狗献肾的传说

相传，很早以前，东南沿海的一座小岛上，有个心地善良、行船捕鱼本领高超的船老大，13 岁时就跟阿爸下海捕鱼，顶风踏浪 50 多年，对海路礁石、山形岛屿、潮汐风势了如指掌。因此，人们都喜欢请他当老大，尊他为"老舵公"。他有个怪脾气，不论在哪当老大，如果捕到了海龟、鲎、海猪等稀奇的水族，总是让水手把它们放了，说这是海龙王亲养在宫里的神将。老船公一年又一年，风里来雨里去，终因劳累过度，患了腰痛病，到了 60 多岁上，连走路都得弯着身子。人们还是让他躺在船舱里指点海路。有一天，海况很不好，到天黑也没有捕到多少鱼，大家准备拉最后一网就回家，可最后一网什么鱼也没有，只见有一堆黑黄色的东西。倒出来一看，是个从来没见过的海鱼，这东西头像狗，身像鹿，身上还长着四肢鳍，大家觉得稀奇，就想照老舵公的吩咐放生，免得惹老舵公生气。这时，只听怪物开口说话了，你们老舵公心肠好，多次放回龙宫里的大将，龙王知道老舵公患了腰痛病，特令我前来献肾，为他治病。老舵公从船舱里出来，一看，原来是龙王殿前的海狗。老舵公哪里肯，我这年纪怎能拿你的死来换自己的生。海狗说："我不会死，你割了我的肾，只要把我的身子放回大海，龙王会有办法使我还魂复活的。"老舵公执意不肯。海狗一狠心，咬下了自己的肾，昏死过去。老舵公含泪把海狗放下了海。人们将海狗肾烧了汤让老舵公喝，他怎么也不肯，经多次劝说，不要辜负龙王和海狗的一片真心。老舵公这才喝了，几天后果然好了，腰也直了起来，又亲自撑起了舵。到了70岁，老船公还红光满面，走路"当当"有声。他逢人就夸是海狗肾治好了他的腰痛病。从那以后，渔民捕到海狗，都割下它的肾，然后叠一只纸船，同海狗尸体一起放回海去，意思是送海狗回宫去还魂。

海狗之趣

陆地上四只脚的动物多得很，海洋里有四只脚的动物吗？有，海狗就是。海狗是生活在海洋里的四脚兽。因为长期生活在水里，海狗的四脚变成了鳍状，但海狗仍然离不开陆地，在生殖、换毛、休息时，它都要到陆地上来。

每年生殖季节到来，雄海狗陆续上岸，先经过一场剧烈的生殖地盘的争夺战，胜利者各据一方，划定自己的势力范围，等待雌兽上岸。大批雌兽进入雄兽占领区，构成一个个"一夫多妻"的家庭。这种群居现象在动物学上称为"多雌群"。一头雄海狗可以占有十至二十头雌海狗，最多可拥有一百多头雌兽。

雌兽进入雄兽的领地不久，便把去年怀孕的小海狗生下来。雌兽产仔不久，雄兽就可交配。整个生殖季节，雄兽不吃不喝，每天忙于交配，主要依靠体内积存的脂肪来维持巨大消耗。小海狗在母兽的哺育下，一天天长大，母兽就率领它们下水。昼夜守着领地的雄海狗，这时已累得瘦弱不堪，也不下海觅食。算来它们从五月初上岸，到八月份才下水，已有约三个月的光景滴水不进了。

中国鲎鱼

忽有瓶罂至，卷将江海来。
玄霜冻龟壳，红雾染珠胎。
鱼鲊兼虾鲊，奴才更婢才。
平章堪一饭，断送更三杯。

——《鲎酱》·宋·杨万里

物种基源

中国鲎（Tachpleus tridentatus）为肢口纲，剑尾目，鲎科动物中国鲎鱼的肉，又名东方鲎、王蟹、马蹄蟹。远在四亿年前的古生代泥盆纪就出现中国鲎鱼，至今没有在外形上有何改变，以鲜活、健壮者为佳。我国浙江以南的浅海常见。

生物成分

据测定，每100克可食鲎鱼肉，含热能63千卡，水分77.5克，蛋白质12.6克，脂肪1.5克，碳水化合物2.1克及维生素A、B、E、尼克酸、视黄醇当量、硫胺素，还含微量元素钾、钙、镁、铁、锰、锌、铜、磷、硒和多种氨基酸。此外，鲎鱼还含有果糖二磷酸缩醛酶、甘油醛—3—磷酸、脱氢酶、甘氨酸、龙虾肌碱、葫芦巴碱、胆碱、三甲胺、腺嘌呤及硫酸软骨素等有机化合物。

食材性能

1. 性味归经

中国鲎鱼肉，味咸、辛，性平；归肝、脾经。

2. 医学经典

《本草纲目拾遗》:"清热、解毒、明目。"

3. 中医辨证

鲨鱼肉,味辛、咸,性平,有清热解毒、明目之功效,可治脓包疮、白内障、青光眼。尾,味咸、性温,有止血之功效,可用于治疗肺结核咯血、疮疖。鱼壳,味咸,性平,有活血祛瘀、解毒之功效,可主治跌打损伤、创伤出血、烫火伤、带状疱疹等;胆,可主治大风癞疾、杀虫,鱼目可用于咽喉肿痛。

4. 现代研究

中国鲨,具有补肝肾、益脾胃、化痰止咳之功效,能补五脏、益筋骨、和肠胃,适用于贫血头晕、脓疱疮、白内障、痔疮的康复。

近代科学家发现鲨鱼的血细胞,一接触细菌的内毒素就有立即凝固的特点,提取蓝色鲨鱼血为试剂,可快速准确检测一切食品是否被细菌感染,是病人尿液、血液、脑脊液等病理检查的理想试剂。

食用注意

鲨鱼的血液独特,呈蓝色,含 0.28% 的铜,因此鲨鱼肉虽然食用时味道鲜美无比,但食用过量容易中毒发喇及疮癣。

传说故事

"一夹鲨"的传说

鲎的背上有一块像钢盔一样的甲壳,肚下长有两副像钢丝钳一样的脚足,后面有一支像锉一样的尖利尾巴,真是全副武装,威风凛凛。海龙王非常宠爱它,封它为铁甲大将军。鲎将军就仗着这些武器装备,慢慢骄傲自满起来,整天不干实事,守着爱妻,过着享乐的生活。

有一次,海龙王派它把守潼关,鲎将军领旨只得离开心爱的妻子去潼关。可是,到了潼关不久,就擅离职守,连夜赶回家。不料,敌人乘机进攻,打进了潼关。海龙王闻讯大怒,一面派兵打退敌人的进攻,一面派螯虾将军追查鲎将军的下落,并立即斩首。螯虾将军领旨出发,一直找到鲎将军的住处,果然鲎将军夫妻双双在家里。螯虾将军见此情景,火冒三丈,举起大刀就砍过去,鲎将军见势不妙,把头一缩,被砍去了一块甲。至今雄鲎头上还留着残疾,甲壳前边缺了一角。鲎将军夫妻俩忙跪下,苦苦哀求,刀下留情。螯虾将军也心慈手软,但这是龙王的圣旨,不能违抗,于是螯虾将军就张开大钳,钳去了鲎将军的嘴脸,急忙转身向龙王交差。

从此,鲎将军就没有嘴脸了,无法出头露面,夫妻俩形影不离,过着小家庭的生活,俗称"一夹鲨"。

河 鲀

竹外桃花三两枝,春江水暖鸭先知。

蒌蒿满地芦芽短,正是河豚欲上时。

——《河豚》·宋·苏东坡

物种基源

河鲀〔Fugu ocellatus（Osbeck）〕为鲀形目鲀科动物，弓斑东方鲀〔Fugu ocellatus（Linnaeus）〕、星点东方鲀〔Fugu niphobles（Jordan et Snyder）〕、菊黄东方鲀（Fugu flavidus Li. Wang et Wang）、黄鳍东方鲀（条纹东方鲀）〔Fugu xanthopterus（Temminck et Schlegel）〕、铅点东方鲀〔Fugu ocellatus（Linnaeus）〕、暗纹东方鲀（暗色东方鲀）〔Fugu obscurus（Abe）〕等15种东方鲀常见品种类的肉，又名鲀鱼、河豚鱼、街鱼、乖鱼、龟鱼、艇巴、蜡头、气泡鱼、气鼓鱼、吹肚鱼、鸡抱钱、辣头鱼、小玉鱼、夹鱼、赤鲑等。河鲀，体内大都含有不同量的有毒成分，河鲀肉非持证烹调师烹调加工，不得擅食。河鲀主要分布在我国沿海及珠江、长江、辽河等水系内，虫纹东方豚分布于我国沿海，暗色东方鲀分布于我国东海和黄海。

生物成分

据测定，每100克可食河鲀肉，含水分79.8克，粗蛋白18.7克，脂肪0.26克，灰分1.2克，还含维生素 B_1、B_2 及多种氨基酸。其肝、皮、卵及卵巢、肠、血均含有河鲀毒素及河鲀酸等毒性物质，故严禁常人随意烹食。

食材性能

1. 性味归经

河鲀，味甘，性温，有毒；归肝、脾、肾经。

2. 医学经典

《本草纲目拾遗》："河鲀的肝及鱼子有大毒，入口烂舌，入腹烂肠，取橄榄木及鱼茗子可解之。"

3. 中医辨证

河鲀有滋补脾、强筋骨功效，肝、卵巢剧毒，有清热解毒、杀虫之功效。河鲀肉能治腰酸、腿软；卵巢、肝外治疮疖及无名肿毒。卵还可治外癣疥、虫疮、乳痈。血外用治颈老鼠疮（淋巴结核）；肝油外用主治慢性皮肤诸多溃疡，但外用也得注意用量不宜过大。

4. 现代研究

河鲀虽然有剧毒，但其肌肉却无毒或含微毒，即使具有猛毒的河鲀，其肉中所含毒素亦甚少，只要处理得当，即可做成席上珍馐，味道十分鲜美。故我国、日本和韩国民间都将其奉为"百鱼之首"，日本人尤其嗜食河鲀，当称世界之最。

此外，与蛇毒、蜂毒和其他毒素一样，河鲀毒素也有其有益的一面，从河鲀肝脏中分离的提取物对多种肿瘤有抑制作用。人们已经将河鲀肝脏蒸馏液制成河鲀酸注射液，用于癌症临床及外科手术镇痛。而河鲀毒素"TTX"具有很高的药用价值，是临床上的高级镇痛剂，还有恢复精力之功效，价格十分昂贵。

河鲀富含非常丰富的胶原蛋白，是皮肤增白、滋容养颜的名品；河鲀的精巢（西施乳）含有独特的天然生物活性物质——鱼精蛋白，对人体内肿瘤有很好的抑制作用；河鲀鳍酒与中国传统的"虎骨酒"有异曲同工之妙，是壮阳补肾的佳品，能补虚、去湿、舒胃、祛痔，对关节炎和肩周炎也有特殊的疗效。

附注

（一）河鲀目

为鲀科动物弓斑东方鲀、虫纹东方鲀、暗色东方鲀的眼睛。性温，味甘，有大毒；入肝经。

功能解毒疗疮，主治鸡眼等病症。外用拌轻粉，化水，涂患部。

（二）河鲀子

为鲀科动物弓斑东方鲀、虫纹东方鲀、暗色东方鲀的卵子。性温，味甘，有大毒；入心经。功擅杀虫，主治疥癞虫疮等病症。外用烧研存性，涂擦患处。

（三）河鲀鱼肝油

为鲀科动物弓斑东方鲀、虫纹东方鲀、暗色东方鲀的肝脏熬出的油（将肝脏放锅内加热到90～120℃，见有油出即不停搅拌，随后将油装入玻璃瓶，静置48小时取上油，制成油纱条，经高压灭菌后备用），有大毒，具有抗炎作用，主治淋巴结核、慢性皮肤溃疡等病症。外用涂患处。

食用注意

（1）如要食河鲀肉，非专业持证上岗厨师烹饪莫食，因有剧毒。

（2）忌与荆芥、菊花、桔梗、甘草、附子、乌头配伍食用。

（3）忌与橄榄、甘蔗、芦根同食，因其相畏。

（4）患疮、疥、痛风、脚气者忌食。

（5）河鲀是一种味道鲜美但毒性很强的动物，其主要毒性成分河鲀毒素是一种神经毒素，毒性比氰化钾高近千倍，进入人体中主要作用于周围神经及脑干中枢，致神经呈麻痹状态。人食入鲀毒0.5～3毫克就能致死。河鲀的肝、脾、肾、卵巢、睾丸、眼球、皮肤及血液均有毒，尤以卵、卵巢和肝脏的毒性最强。河鲀素耐热，100℃加热8小时不能被破坏，120℃加热1小时才能破坏，精盐腌、日晒亦不能破坏毒素。

（6）中河鲀毒时，潜伏期短，为10分钟至3小时。早期症状是口唇、舌、指尖发麻，眼睑下垂；不久即可出现消化道不适症状，主要有胃部不适、恶心呕吐、腹痛腹泻、口渴、便血；进而出现唇、舌尖及肢端麻木、四肢无力或肌肉麻痹、共济失调等神经系统症状。重症者出现瘫痪、言语不清、声嘶、紫绀、呼吸困难、神志不清、休克，最后因呼吸循环衰竭而死亡。

（7）发现有人误食河鲀后，首要的方法是催吐，可用手指、筷子刺激咽后壁，诱导催吐或灌入肥皂水及芝麻油催吐，反复洗胃，然后口服硫酸钠或硫酸镁20ml导泻，以此促进毒素的排泄，减少人体对毒素的吸收。服用中草药如橄榄粉或鲜芦根、鲜橄榄各200g洗净捣汁冲服，可以解毒，还要多喝温开水或冷茶水以增加排泄。对症处理可让休克患者平卧，头稍低，注意保暖。对昏迷、呼吸困难者应及时清除口腔异物，保持呼吸道畅通，并立即送往医院救治。

（8）每年春季是河鲀的产卵季节，这时鱼的毒性最强，因此，春天是食河鲀中毒的高发季节。我国《水产品卫生管理办法》明确规定："河鲀有剧毒，不得流入市场。捕获的有毒鱼类，如河鲀应拣出装箱，专门固定存放。"所以，如无专职河鲀烹调师掌勺春季还是不食河鲀为好。

传说故事

一、"长江三鲜"的传说

关于"长江三鲜"，有个传说。鲥鱼、刀鱼、河鲀三个是好朋友，约好进行一次马拉松式的比赛，从海里向长江里游，看谁先到目的地。于是三个一起出发，刀鱼身体细长，游得最快，游在最前面。鲥鱼一看，依靠其身强体壮奋勇直追，紧跟其后。河鲀身体圆而短，拿出十二分的力气，还是落在后面。刀鱼正在洋洋得意的时候，突然撞到了渔网上，刀鱼一看，前面有危险，赶紧撤退，无奈网丝牢牢地卡在鳃上，就是下不来。鲥鱼紧跟其后，刹车不及，也撞上了网，但自认为身强体壮，小小网儿奈何不了自己，奋勇向前，怎奈头小体宽，就是过不了网，网卡在身上越来越紧。河鲀在后面看得清楚，看了两个的动作，越看越生气，气得哇哇大叫："那两个蠢东西，该冲的不冲，该退的不退。"（刀鱼头大身体小，只要稍一向前，就能过网，鲥鱼头小身体大，只要一退，就能离网。）眼睁睁看着两个被渔民在网上提了去。河鲀越想越气，肚子气得跟皮球似的，一不小心，把身体挂到了渔民的鱼钩子上，也被渔民提了去。而实际上，在长江里，春季一到，刀鱼首先上市，其次是鲥鱼上市，再后来是河鲀上市，此所谓"春刀夏鲥"。清明前的刀鱼最佳，夏至前的鲥鱼最佳。因河鲀剧毒，不经过专业厨师烹饪的河鲀是绝对不能食用的。

二、吴王河鲀比"西施"

相传，战国时代，吴越之地盛产河鲀，吴王成就霸王地位之后，奢侈淫乐，歌舞升平。当此之时，河鲀被推崇为极品美食，吴王更将其与美女西施相比，河鲀肝被称为"西施肝"，雄河鲀精巢被称为"西施乳"。

第二十三章 虾蟹类

对 虾

自生江海涯，大小形拳曲。
宫帘织以须，水母凭为目。
贵将蔽其私，贱用资不足。
于物岂无助，况能参鼎肉。

——《虾》·宋·梅尧臣

物种基源

对虾（Penaeus orientalis）为节肢动物门，甲壳纲，十足目，对虾科，对虾属，又名明虾、东方对虾、中国对虾、斑节是、蛏虾，以鲜活、虾体晶莹剔透之感为佳，主产渤海、黄海及长江口以北各海区，现市售以人工养殖对虾为多。

生物成分

经测定，每100克对虾肉含热能96千卡，蛋白质19.8克，脂肪1.2克，碳水化合物1.6克及维生素 A、B_1、B_2、E、尼克酸，还含微量元素钙、磷、铁、硒和硫胺素，体肌尚含原肌球蛋白、副肌球蛋白。

食材性能

1. 性味归经

对虾，味甘、咸，性温；归肝、肾经。

2. 医学经典

《本草纲目》："补肾壮阳、滋阴、健胃、化痰、镇静。"

3. 中医辨证

对虾补肾壮阳、通乳排毒、开胃化痰，对肾虚、腰膝酸软、早泄、遗精、阳痿、女子肾虚血少、性欲淡漠、食欲不振等症有辅助康复效果。

4. 现代研究

对虾含有丰富的蛋白质，营养价值很高，其肉和鱼一样松软，易于消化。对虾含有钙、磷、铁等矿物质，还富含碘和镁，镁对心脏活动具有重要的调节作用，能减少血液中胆固醇含量，防止动脉硬化，同时还能扩张冠状动脉，有利于预防高血压及心肌梗死，对身体健康极有裨益。虾的通乳作用较强，并且富含磷、钙，对小儿、孕妇尤有补益功效。

食用注意

患有过敏性疾病的人不宜食用，如过敏性皮炎、支气管哮喘、过敏性腹泻等患者，约有20％的病人可因食用虾引起旧疾发作。

吃虾后不宜服用维生素 C。研究人员发现，虾等贝壳类食物中含有一种浓度较高的"五价砷化合物"。该物质吃下去本身对人体无毒害作用，但服用维生素 C 片剂后，可使原来无毒的"五价砷"转变为有毒物质——砒霜，能危及人的生命。

传说故事

红娘自配

红娘自配又称"对虾"，是一道广为流传的美食，以大对虾和猪里脊肉为主料制作。

相传，清代西太后当政时期，伺候西太后的宫女有很多，而且每三年就要更换一次。那些宫女进宫时只有十七八岁，到 20 多岁，最迟不得超过 25 岁，就得放她们出宫，各自回到自己的家乡出嫁成家。那时，西太后有个随身的宫女，名叫梁红萍，十分机灵，善于察言观色，颇受西太后的赏识和喜欢。她在西太后身边已干了三年多，西太后不肯放她出宫，又留了三年，还是不肯放她。这时梁姑娘已是 20 多岁的人了，再不出嫁就成老姑娘了。

梁红萍有个叔叔名叫梁会亭，是清宫御膳房的名厨，在宫中专给太后做菜。为了使侄女早日出宫，他想了个绝妙的办法。

有一天，他特意为太后做了道美味菜：一对大虾。两只大虾头对尾，尾对头地用虾枪插到一块，装在盘子里，端给太后。太后一看，十分喜爱，就问梁会亭："此菜叫什么名字？"梁会亭说："这道菜叫'红娘自配'。"西太后瞅了瞅厨师，又瞅了瞅那道菜，想了半天，终于明白过来了。她知道厨师是梁红萍的叔叔，今日送来"红娘自配"这道菜，分明是为他的侄女说情，好早日放她出宫"自配"。于是，太后将梁红萍叫来，说："从明日开始，你出宫'自配'去吧！"梁红萍和她的叔叔赶忙跪下，谢恩不尽。后来，"红娘自配"这个故事和这道菜流传甚广，成了人们十分喜爱的菜肴。

小记

对虾怕强光而喜弱光，常群居于海底以猎食为生。小型的甲壳动物、贝类和环节动物都是它的珍馐美味。对虾猎食时异常谨慎，总是先用钳足去试探一下，倏地后退；再试再退，直到确认没有危险了才放心就餐。

沼　虾

姑熟多紫虾，独有湖阳优。
出产在四时，极美宜于秋。
双箝鼓繁须，当顶抽长矛。
鞠躬见汤王，封为朱衣侯。
……

——《虾》·唐·唐彦谦

物种基源

沼虾（freshwater shrimps）为甲壳纲长臂虾科动物，又名青虾、湖虾、虾公、河虾、澡郎虾、淡水虾，以鲜活、壳体青绿色透明、不掉头者为佳。头部较粗大，额剑上下缘有锯齿，前两对步足呈钳状，雄性第二对很大，超过身长的近两倍。广布于我国南北各地湖、沼、河、川中。

生物成分

经测定，每 100 克虾肉含热能 90 千卡，蛋白质 16.4 克，脂肪 1.3 克，碳水化合物 0.1 克及维生素 A、B_1、B_2、尼克酸，还含微量元素钙、镁、磷、铁、锌、硒等。

食材性能

1. 性味归经

沼虾，味甘，性温；归脾、胃、肝、肾经。

2. 医学经典

《本草纲目》："壮阳、吐风痰、下乳汁、补胃气、拓痘疮、消鳖瘕、敷丹毒。"

3. 中医辨证

沼虾，可治鳖瘕、拓痘疮、下乳汁、壮阳道，对肾虚阳痿、乳汁不下、丹毒、痈疽、臁疮等有食疗促康复之效，另外，虾肉可暖胃。

4. 现代研究

沼虾被称为含钙之王，对小儿、妇女缺钙、老年骨质疏松有益。虾中含有丰富的镁，可减少血液中胆固醇含量，防止动脉硬化，同时还能扩张冠状动脉，有利于预防高血压及心肌梗死，并有通乳抗病毒之功效。雄虾的头左右各有一条乳白色的东西，即为精巢，其中皆含有丰富的蛋白质和荷尔蒙，食用后对生殖机能具有促进作用。

食用注意

（1）食用虾时，不宜搭配含维生素 C 高的生果炒食，因虾中含有五价砷化合物。否则，会令砷化合物转化成三价砷，是剧毒物。

（2）皮肤病、哮喘患者不宜食用。

传说故事

乾隆与"龙井虾仁"

传说，清代乾隆皇帝有一次到杭州龙井微服私访。中午时分，乾隆已走得口干舌燥，见前方绿树丛中，杏黄色酒旗在风中飘拂。这是一家小酒店。乾隆入座后，从袖管中取出茶叶，招呼店小二泡茶。店小二应声过来，忽见来客露出龙袍一角，借泡茶之机，奔入厨房。店主正在掌勺炒虾仁，听说皇上驾到，大惊失色，慌忙中把店小二带入厨房的新茶，当作葱花撒入锅中。店小二又在错乱中，将"茶叶炒虾仁"端到乾隆面前。乾隆见此菜肴非同凡响。虾仁色白如玉，茶叶碧绿似翠，气味清香，入口鲜嫩，赞不绝口。

从此，这道菜就以"龙井虾仁"之称名扬天下，经过杭州历代名厨的不断改进，"龙井虾仁"越来越受中外宾客的欢迎。

白　虾

硬手硬脚硬脑壳，头戴剑帽到处戳。

生在水里多自在，一到陆地失知觉。

——《虾》·民间灯谜

物种基源

白虾（Palaemon carinicauda）为甲壳纲长臂虾科动物，又名脊尾白虾、白条虾，因煮熟后仍呈白色而得名"白虾"，以新鲜、体色透明、微带蓝色或红色小点，无异味，不掉头者佳。分布极广，我国沿海各海域均产，黄海和渤海最多。肉质细嫩，除鲜食外，还可制成虾米。卵可干制成"虾子"。

生物成分

经测定，每100克白虾肉含热能81千卡，蛋白质16.5克，脂肪0.9克，碳水化合物1.7克及维生素 A、B_1、B_2、E，还含有尼克酸、多种氨基酸和微量元素钙、铁、磷、硒。此外，还含有原肌球蛋白、副肌球蛋白、叶黄素、玉蜀黍黄素等成分。

食材性能

1. 性味归经

白虾，味甘，微咸，性温；归胃、肝、肾经。

2. 医学经典

《泉州本草》："补肾兴阳，化痰开胃。"

3. 中医辨证

白虾，温补肾虚，温中和胃，对阳痿、筋骨痛、手足搐搦、通乳及乳痈等症有食后促进康复之效。

4. 现代研究

白虾，虽是两高一低，营养丰富，味道鲜美，但由于胆固醇含量高，往往使食者望而却步。其实，虾中氨基酸中的牛磺酸是鲜味之一，有抑制血中胆固醇上升的作用。科学实验表明，用高胆固醇喂养白老鼠，食用牛磺酸后可抑制血中胆固醇上升，并且增加有益的胆固醇（HDL）含量，所以也含有降低胆固醇的作用。

食用注意

（1）阴虚火旺者忌食。

（2）皮肤病、哮喘患者忌食。

（3）过敏性鼻炎患者忌食。

传说故事

刘邦与"红棉虾团"

传说，公元前202年，刘邦打败了西楚霸王项羽得了天下。他在登基时，想为吕皇后绣件红衫，于是便下了道圣旨，要求各地官员为他寻找红棉花，有谁能找到红棉花，便赏银万两。有个整天到处跑的商人，路过江南某村庄，看见一户人家的菜园里开满了红棉花。他兴高采烈，走进这户人家，用300两银子买下这家的全部红棉花。他又到这个村子的别处转悠了一阵，发现别的一些人家园子里也种有红棉花。于是，商人将所有的红棉花都买下，献给了刘邦。刘邦喜出望外，对商人给予重奖，同时将种红棉的红花村改名为红锦村。第二年，刘邦宴请吕后时，令御厨们制作形似红棉桃的菜肴。御厨们精心设计，精心配料，制作了一道名叫"红棉虾团"的菜端上宴席，深受刘邦和贵妃们的赞赏。从此，"红棉虾团"这道菜也就出了名，并从皇宫走向平常百姓家。

米 虾

生着青衣会游，热穿红袍不跳。
水草丛中觅食，活捉跳跳拉倒。
——《虾》·民间灯谜

物种基源

米虾（Neocaridinadenticulata sinensis）为甲壳纲，是指虾科动物中华米虾的全体，体小，只有1.5~3毫米，又名草虾、塘水虾、风虾，与米虾亲缘虾类，有"河麻虾"、"海麻虾"，鲜食或制成"麻虾酱"，以新鲜不发红，青色有光泽，无异味者佳。河米虾广布我国湖、江、河、泊、沼。海米虾广布我国各沿海浅海。

生物成分

每100克米虾可食部分占57%，含热能96千卡，水分74克，蛋白质21.2克，脂肪1.2克，灰分3.6克及维生素 A、B$_1$、B$_2$、E 和视黄醇当量、硫胺素、尼克酸，还含微量元素钙、磷、铜、铁、锌、镁、钾、钠和多种氨基酸等成分。

食材性能

1. 性味归经

米虾，味甘，性温；归肝、脾、肾经。

2. 医学经典

《食物本草》："开胃、化痰、温中、补肾。"

3. 中医辨证

米虾有开胃、健脾、补肾壮阳之功效，有益于食欲不振、精液稀少、精量少及偶感风寒咳嗽等症有促进康复的效用。

4. 现代研究

米虾含有丰富的蛋白质和维生素及多种氨基酸、微量元素，对肾虚多汗、腰膝软酸、佝偻病及脾虚少食、肺虚咳嗽者有辅助食疗之效。

食用注意

易过敏，有过敏性皮肤病、哮喘病者慎食。

传说故事

雪梅伴黄葵

雪梅伴黄葵是用米虾虾腐与鸡蛋猪肉制作的名菜。相传，东汉年间，江南某地有两户有钱人家，一家姓雪，一家姓黄。两家十分要好。有一年，雪家生得一女，取名雪梅。黄家得了一子，取名黄葵。孩子们出世不久，两家的父母便为他们定下了终身。后来，黄葵的父母相继离开人世，留下他一人孤苦伶仃，艰难度日。但黄葵少年立志，刻苦攻读。一次，他到未来的岳丈家借点钱去京城赶考。哪料到，雪梅的父母不仅不借给他钱，反而撕毁了婚约。雪梅听说后十分生气，埋怨父母不讲情义。后来，雪梅与丫鬟一起女扮男装，以梅伴葵的名字陪伴黄葵进京赶考，一路上大力资助黄葵，使他一举考中状元。黄葵便按梅伴葵留下的地址，来到雪家，这时他才得知陪伴自己、帮助自己的正是从小与他定下终身大事的雪梅。他高兴万分，感激不尽。雪梅的父母得知真相后，更是喜出望外，同时也羞愧不已。雪家很快为女儿和新科状元办了喜事。在他家张灯结彩的喜庆日子里，一名厨师制作了一道好菜：菜名是“雪梅伴黄葵”，即“梅伴葵”。

龙　虾

封玉德公季遐（虾魁），纯洁内含，爽妙外济。沧浪头可灵渊国上相无比，白中隐可含珍大元帅、丰甘上柱国兼脆尹，淡然子可天味大将军，季遐可清绡内相、颉羹郡王。

——《水族加恩簿》·唐·毛胜

物种基源

龙虾（Palinuridae）是节肢动物门甲壳纲，十足目龙虾科 4 个属 19 种龙虾的通称。我国海产龙虾有 8 种以上，产量最多的有中国龙虾，其次锦绣龙虾、伊势虾、蜜毛龙虾、杂色龙虾等，以个体完整，虾壳坚硬，外壳清晰、鲜明，肌肉致密，尾节伸屈性强，体表洁净，有干燥感的虾为好。龙虾主产浙江、福建、海南等省沿海地区。

生物成分

经测定，每 100 克龙虾肉含热能 109 千卡，蛋白质 18.9 克，脂肪 1.1 克，碳水化合物 1.0 克及维生素 A、B_1、B_2、C、E，还含有尼克酸、6-羟基嘌呤、精氨酸、组氨酸、赖氨酸、甜菜碱、丙氨酸、脯氨酸。此外，尚含胆甾醇与 β-胡萝卜素等多种有机化合物和微量元素钙、铁、磷、钾、钠、锌、硒等。

食材性能

1. 性味归经

龙虾，味甘、咸，性温；归手足太阴、少阴、厥阴经。

2. 医学经典

《本草纲目拾遗》：“滋阴补肾、健胃、化痰。”

3. 中医辨证

龙虾，壮阳、镇静，对脾胃虚弱、肾虚、筋骨不畅、咳嗽等症有食疗加速康复之效果。

4. 现代研究

龙虾富含蛋白质和多种氨基酸、微量元素，阳痿、腰痛、腿软、手足颤动、贫血、便秘等症食用有加速康复的功能。

食用注意

（1）不应食用未熟透的虾，虾是肺吸虫的中间宿主，常被肺吸虫污染，故应烧熟透后食用。
（2）不宜与含维生素 C 较多的食物如番茄同食。

传说故事

齐白石与张大千

齐白石与张大千是两位杰出的中国画大师。两人相识于北平画坛，时间大致是 20 世纪 30 年代。不过，他们虽有交往，却不太深，齐白石还曾二"刺"张大千。

一日，齐白石在家作画，女佣送上一张名片。齐白石见过之后，说："你只说我不在家。"当时，一旁的弟子见名片的主人是张大千，便插言："此公是学大涤子石涛的名手，老师何不出去谈谈？"齐白石一边调色一边说："这种造假人，我不喜欢！"就这样，张大千初访齐白石便吃闭门羹。

抗战胜利后的一天，同在北京的齐白石、张大千受徐悲鸿邀请一起吃饭。徐悲鸿的夫人廖静文亲自下厨，饭菜很可口，几人觥筹交错，言谈甚欢。饭后，齐白石乘兴挥毫，用墨画了三朵荷叶，又用红色画了两朵荷花，送给廖静文，以示答谢。张大千应廖静文之请，在画上再添几只小虾，在水中嬉戏。张大千画得入神，手舞笔飞，全然不在乎虾子节数，不是多画了就是少画了。这时，齐白石暗暗拉了他的衣袖，悄声说道："大千先生，不论大虾小虾，身子只有六节，可不能多画、少画！"张大千听了，既惭愧又感激，便在画上又画了水纹和水草，把节数不准的虾身一一遮掩了。张大千后来还结合自己与齐白石的艺术交往教育学生：艺术创作务必"了解物理，观察神态，体会物情"。

淡 水 龙 虾

小小一条龙，须发硬似鬃。
生前没有血，死后满身红。
————《大头虾》·民间谜语

物种基源

淡水龙虾（Cambarus clarkii）为甲壳纲喇咕科动物克氏螯虾，又名喇蛄、大头虾、小龙虾、河龙虾、湖龙虾，原产北美洲，20 世纪中叶由日本引进我国，对水质条件不敏感，要求不严。遗传亲缘关系与龙虾很相近，只是比龙虾体形小得多，故有"小淡水龙虾"之名，在江苏繁殖最快最多，江苏盱眙"十三香龙虾"在海内外小有名气。

生物成分

经测定，每 100 克淡水龙虾肉含热能 77 千卡，蛋白质 16.1 克，脂肪 1.6 克及维生素 A、

B_1、B_2、E 及微量元素钙、磷、铁、锌、硒，还含尼克酸、硫胺素。此外，淡水龙虾的卵中尚含有 5-羟色胺、5-羟色胺脱羧酶和多种氨基酸。

食材性能

1. 性味归经

淡水龙虾，味甘、微咸、性温、有小毒；归胃、肾、肝经。

2. 医学经典

《药用动物》："补肾、填精、温胃、益脾。"

3. 中医辨证

淡水龙虾有壮阳、通乳、透疹之功，对肾虚阳痿、乳汁不通、乳痈、麻疹有食疗促康复之效。

4. 现代研究

犬静脉注射淡水龙虾肉提取物，可使淋巴中蛋白浓度升高，凝固性下降，胸导管淋巴流量显著增进，血浆中有磷酸腺苷类（ATP）出现而组织胺的增加不显著。

食用注意

（1）淡水龙虾购买时如体有涂泥或青苔附体，不是养殖淡水龙虾，而是捕捉的污水沟中的淡水龙虾。

（2）淡水龙虾烹食一定要煮熟透，一次食完，如回锅则虾肉膨松，影响滋味与口感。

（3）虾背上的虾线，是淡水龙虾未排泄完的废物，吃到嘴里不但有泥腥味，影响食欲，且不卫生，所以食时要去掉。

（4）患有过敏性疾病如过敏性皮炎、支气管炎、过敏性哮喘、过敏性腹泻患者慎食淡水龙虾。

（5）吃淡水龙虾后，不宜服用维生素 C 片。

传说故事

雪 月 桃 花

说起"雪月桃花"的渊源，来头还真不小呢。传说盛唐时期，太宗治理朝政，国泰民安，历史上有"贞观之治"之誉。太宗李世民去世之后，由他的儿子李治继承王位（高宗皇帝）。李治也想有一番作为，只是身体不佳，难于处理朝中大事。皇后武则天便乘虚而入，尽将大权揽了过去。高宗看在眼里，急在心上，整日饮食不思、精神恍惚。这一日午后，他要则天皇后扶起身来，硬撑着下了龙床，走到窗前，向外观望。但见严寒刚过，含羞的桃花正争相开放，好一派明媚春色！高宗顿觉身上轻松了许多。也许是有了好心情，武则天多陪丈夫消磨了大半天时光。在亲热之中，不觉天色转暗，雪花轻轻地飘了起来，高宗正想休息，却听皇后喊了一声："看，刚才还在雪花飞舞，现在又是皓月当空了。"高宗向外观望，也觉奇妙，兴致又上来了。平时一向不想吃东西的他，反倒觉得胃口大开，有了食欲。他想进食，真让则天皇后高兴，于是马上令人传御厨，速献美食。

过了不多时候，御厨送来 12 只大虾烹制成的花卉造型菜肴。高宗立即吃了起来，边吃还边赞："味道不错，味道不错！"等到快吃完时，才问身边的则天皇后，"此菜何名？"皇后笑而不答，只用手指着盘中剩下三两只花卉造型。高宗再仔细观望，动了动脑筋，自己也笑了起来："你是想让我给它起个名字？"皇后说："皇上有如此雅兴，自然肯赐它一个美妙的名称吧。"高宗将脸转向窗外，略加思索后说："外面好一幅雪月桃花似的图画，就赐它'雪月桃花'吧。"于是"雪月桃花"的名称就这样流传下来了。

虾 米

剪头去尾剥掉皮，传统制作技不移。
一晒再晒成干品，煮炖焖煨总相宜。
——《食虾米》·现代·程岚

物种基源

虾米（Dried peeled shrimp）为虾类的一种盐干制品，由海产的白虾、红虾等中小型虾类制成的，又称"海米"；由淡水的沼虾制成的，又称"湖米"；由对虾制成的，又称"甜子米"。海米在辽宁、河北、山东、江苏、浙江、福建、广东等沿海均产；湖米以江苏洪泽湖、安徽巢湖为主要产区；甜子米多产于渤海湾沿岸。体成弯钩形，前粗后细，肉质丰满、坚硬、表面光滑洁净、无残壳，呈淡黄、浅红或粉白色，有光泽者佳。

生物成分

经测定，每 100 克虾米（一级）含热能 275 千卡，水分 20.7 克，蛋白质 58.1 克，脂肪 2.1 克，碳水化合物 4.6 克，灰分 14.5 克及维生素 B_1、B_2，还含微量元素钙、磷、铁、镁、锌、铜、锰、硒等。

食材性能

1. 性味归经

虾米，味甘、咸，性温；归肝、肾、胃经。

2. 医学经典

《中药大辞典》："补肾壮阳，开胃化痰。"

3. 中医辨证

虾米有健脾益肾、开胃消食的功效，有益于肾虚、食欲不振、消化不良、肺虚咳嗽等症的食疗助康复。

4. 现代研究

虾米中除含有丰富的蛋白质、脂肪、碳水化合物和微量元素外，还有一种不饱和脂肪酸是健脑物质，对大脑神经生长和传导有明显的促进作用，适用于食欲不振、营养不良、营养性水肿、腰酸腿软、早泄、遗精、小儿疳积等病症，从事脑力劳动者常食有利于脑力的恢复和健康。

食用注意

（1）对虾有过敏症，如过敏性支气管炎、过敏性哮喘、过敏性鼻炎者慎食虾米。

（2）购买时如发现虾米红得异样、无光泽或闻之有碱性味，那是不法商贩制假加进色素或用烧碱水拌过。

传说故事

乾 隆 与 虾

虾仁锅巴又名"平地一声惊雷"、"天下第一菜",用虾仁和锅巴为主料制作而成,是江南苏锡常地区的传统名菜。

据传,此菜始于清乾隆年间。乾隆皇帝三下江南时,在无锡某地一家小饭店就餐,店家用家常锅巴,经油炸酥后再用虾仁、熟鸡丝和鸡汤熬制成浓汁,送上餐桌时将卤汁浇在预先准备好的锅巴上,顿时发出吱吱的响声,阵阵香味扑鼻而来,乾隆皇帝仔细品尝,顿觉此菜又香又酥,美味异常。他当即称赞这道菜说:"此菜如此美味,可称天下第一!"

早在我国唐宋时期,一些地区就有用锅巴制作菜肴的习俗。民间一般用糖汁、肉末制汁浇拌锅巴,那时只不过是民间小菜,并无美名。自乾隆品尝之后,此菜名声大振,身价百倍,被誉为"天下第一菜",又因将汤汁倒在锅巴时的独特声音而被称为"平地一声惊雷"。此菜后经不断改进,有特制好现成的锅巴出售和使用,制作起来很方便,在全国各地大小餐馆都有出售。

虾 籽

小夏爱画虾,小花爱画花。
小夏用画虾,换小花画花。
——《虾与花》·儿童绕口令

物种基源

虾籽干(Dried Shrimp roe)为由白虾、红虾等海虾的卵干制成,以呈橘红色,表面光亮、干燥、无杂质者佳。

制法:以红虾、白虾的籽为原料,在清水中用竹耙刺破卵囊,使籽沉入桶底,移入 $24-25Be'$ 盐水中,使泥沙下沉而籽上浮,移入布袋漂洗,沥干后倒入烧热的锅中,用猛火加热,炒至变红时改为文火,焙至表面干燥,再曝晒至自然出油,凉透后装袋,密封于石灰缸中。

生物成分

经测定,每 100 克虾籽含水分 17 克,蛋白质 44.9 克,脂肪 2 克,碳水化合物 24.2 克,钙 244 毫克,磷 801 毫克,铁 69.8 毫克,还含有卵磷脂等物质。

食材性能

1. 性味归经

虾籽,味甘,性平;归心、脾、肾经。

2. 医学经典

《海生动物药用会典》:"助阳事,通血脉。"

3. 中医辨证

虾籽有补肾壮阳、清热爽胃的效果,对腰膝酸软、骨质疏松、食欲不振等症有食疗加速康复的功能。

4. 现代研究

虾籽，营养中蛋白质、脂肪、碳水化合物、微量元素多种及卵磷脂配合均衡，有壮元阳、补气血、益精髓、强筋骨的功效，对肾阳虚的阳痿、滑精或冷痛、怕冷及下肢冷、夜尿多而清长、性欲减退等症的康复有益。

食用注意

（1）虾籽中胆固醇含量较高，患有高血脂、冠心病、动脉粥样硬化等症者不宜多食。

（2）高热、腹泻患者慎食。

传说故事

一、乾隆与虾籽酱油汤

相传，乾隆第五次下江南，来到浙江舟山渔村微服私访，体察民情。时值中午，乾隆饥肠辘辘想吃东西，信步来到一家渔舍，见舍内的渔姑在用刀切面，手起刀落，刀刀相应切得又细又匀。乾隆走进渔舍对渔姑说："能不能也替我带一碗？"渔姑见来者斯文，便随口答道："无所谓，只是没菜，要不等我父亲回来看能否打到鱼？"乾隆说："你家吃什么我就吃什么。"话还未了，老渔翁背着空鱼篓回来了，叹了口气对女儿说："今天应了民间的'割草刀刀有，取鱼网网空'的谚语了，一条小鱼都没有捕到。"说话中见有位斯文客人在场，便叫女儿升火煮面，家中实在无菜可做，便顺手抓了一把平时拣虾时落下来收集起来晒干的虾籽，又到门口酱缸中撇了半勺酱油，配以姜葱熬成虾籽酱油汤，往煮熟的面碗上一浇，先端给乾隆。乾隆见这汤面色、香、味俱佳，吃完后便问渔翁："颜色我知是酱油，可这一粒粒像菜籽的叫什么？""是虾籽。"渔翁答道。"只是今天实在对不起客官，一样菜都没有。"乾隆听后高兴地说出一首打油诗借以回应老渔翁父女："虾子酱油鲜味浓，手切刀面见真功。割草自古刀刀有，取鱼不再网网空。"果真如此，皇帝到底是金口玉言，下午去捕鱼，不但鱼篓满满的，还包了一裤子，回到家中，乾隆早就走得无影无踪了。

二、赶庙会虾籽鲞得名

苏州虾籽鲞鱼，香味扑鼻，鲜美可口，是夏令佐餐佳品。它一不上菜市场、水产柜经销，二不在熟食店出售，而专在苏式茶食店供应，由此可知这种食品的名贵。

旧时，苏州上塘街是腌腊咸鱼店集中的地方。有家兴隆咸鱼店，由于底子薄，生意做不过大店，年年蚀本。老板王小毛垂头丧气，经常到皮市街鲞王庙去烧香拜佛，祈求菩萨保佑，图个利市。虽说他香火钱花了不少，但生意总是不活络。隔了两年，眼看鱼店快要倒闭，老板又气又急，病倒在床。

这天，有个亲戚来探望他，送他两瓶虾籽酱油，对他说："这是我用伏油加虾籽熬制的，味道鲜美，送给你开开胃。"王小毛心想：伏油是酱油中的上品，虾籽的美味更不必说了，两样东西合在一起，自然能生津开胃。他打开瓶子尝了尝，啧啧称好，连连赞叹客人在制作这种调味品上动的好脑筋。这时，客人就劝他说："你卖的咸鱼，年年总是老样子，难怪不受顾客欢迎。我看你呀，求神不如求己，何不动动脑筋，翻翻花样，做活生意？"王小毛叹口气说："唉，这个我也想过，不过，你用虾籽熬酱油，可我总不能用虾籽熬鲞鱼呀！"客人说："怎么不可以？虾籽酱油味道鲜，虾籽鲞鱼一定不会差。如果你高兴试试，我愿帮你出把力。"于是，两人就商量起合做虾籽鲞鱼的生意来。

王小毛病好后，拣上好的鲞鱼，用姜、糖、伏油熬制，又在表面上涂上黄灿灿的虾籽，果然咸淡适口，别有风味。可是一上柜台，顾客寥寥，生意仍无起色。

王小毛心里直纳闷，捉摸不透到底是啥原因。他想：莫非由于这是新产品，顾客还不知道？要死货活做，只有广为招揽。他忽然想起，鲞王菩萨生日快到了，苏州人都喜欢到鲞王庙赶集聚会，何不趁此机会，想个办法做活生意呢？

主意打定，如此这般，只要能赚钱，何乐而不为呢？等到鲞王菩萨生日那天，王小毛就精心烹制了不少虾籽鲞鱼，盛在一只大木盘里，叠成一座"鲞山"，上面挂着一张大红纸条，写的是："上塘街兴隆咸鱼店精制虾籽鲞鱼，敬献鲞王老爷"。这盘虾籽鲞鱼的鲜香超过了庙里的檀香味，一上供桌，立即吸引了很多香客。人们议论纷纷，垂涎三尺。

第二天，王小毛的咸鱼店一开门，立即挤满了顾客，争着要买虾籽鲞鱼，你一斤，我一斤，很快就把一些陈货卖个精光。从此，王小毛的咸鱼店的名儿，也就像春风那样吹开了。慕名而来尝鲜的人越来越多。鱼店的生意越做越兴隆，不但很快还清了债务，还赚了一大笔钱。

王小毛死后，他店里的一个师傅被前街茶食店的老板聘了去。从此，这种美味鲞鱼就开始转移到茶食糖果店供应了。经过不断改进技艺，虾籽鲞鱼越做越好，曾多次在土特产赛会上获奖，成为苏州一种独特的传统食品。

毛　虾

长须翁卧瓮头春，醉不胜扶绝可人。
琥珀色浓红透肉，珊瑚钩嫩冷生津。
欲酬野句不当价，粘出侯家总是珍。
此法纵传无此料，石桥雪水玉粼粼。

——《府公徽猷饷酒虾》·宋·方岳

物种基源

毛虾（Acetes）为甲壳纲樱虾科动物中国毛虾的全体，又名小白虾、水虾，干制品称为虾皮，以新鲜无杂质、无异味为佳，虾皮以白略带淡红，透明皮壳中看到干的虾肉为好。我国南北沿海均产，渤海最多。

生物成分

经测定，每100克毛虾（虾皮）含热能136千卡，水分43克，蛋白质24.5克，脂肪2.1克，碳水化合物6克，灰分24.4克及维生素A、B、E、烟酸，还含微量元素钙、磷、锌、铁等。

食材性能

1. 性味归经

毛虾，味甘、咸，性温；归肝、脾、肾经。

2. 医学经典

《药用动物》："壮阳道，托痘疮，下乳汁。"

3. 中医辨证

毛虾，有温中、补虚、散寒、除烦、消宿食的功效，对胃口不开、消化不良、脾胃虚弱、食后腹胀、多梦遗精、烦躁难耐、手足酸软等症有食疗促康复的效果。

4. 现代研究

毛虾的干制品——虾皮含钙最多（100 克虾皮含 1760 毫克），对小儿软骨病、佝偻症、老年骨质疏松症、烦躁不安、骨质增生等症有食疗促康复之功能。

食用注意

吃海虾皮后 1 小时内不要食用冷饮，也不宜与葡萄、石榴、山楂、柿子等食品同食。因为虾含有比较丰富的蛋白质和钙等营养物质，如果与含有鞣酸的水果等同食，不仅会降低蛋白质的营养价值，而且鞣酸和钙盐结合形成鞣酸钙后会刺激肠胃，引起人体不适，出现呕吐、头晕、恶心和腹痛腹泻等症状。海鲜与这类水果同吃，至少应间隔 2 小时。

传说故事

一、虾原没有眼睛的传说

历代传说，海洋里的虾子原来没有眼睛，后来它要到南海里敬香，没有眼睛不好走路。它同蚯蚓是好朋友，就跟蚯蚓协商说："我上南海去敬香，没有眼睛，行动不便，我想跟哥哥借一双眼睛带去。"蚯蚓说："我眼睛借给你可以，什么时候还我？"

虾子说："我上南海去敬香，临到刮风下雨时就把眼睛还给你。"蚯蚓说："好吧，这个时间不长，等到刮风下雨，你就把眼睛还给我。"蚯蚓的意思是：自己平时就蹲在泥里不动，不需要用眼睛，临到刮风下雨时要外出活动，才需要眼睛，所以就把眼睛借给虾子了。

虾子借到眼睛，高兴得在水中穿跳蹦踵，十分灵便，特别是其他的鱼类看到它头上有个箭，飞飞地就让开。虾子想：到底有眼睛好啊！其他动物都不敢靠近我。所以，虾子敬完香以后，就不想把眼睛还给蚯蚓了。刮风也好，下雨也好，蚯蚓都等不到虾子来还眼睛了。没有眼睛蚯蚓真难过呀，所以，每到快要下雨时，它就喊："跟虾哥哥要眼睛，要眼睛！"

二、臭虾酱

一个农人挑粪从街上走过，送粪下乡，有个近视眼喊道："卖虾酱的，过来！"农人不知道喊的是他，仍然挑着担子急急往前走。近视眼追上去，用手在粪桶里一捞，凑到鼻子上闻了闻，说道："这虾酱已经臭了，又不是什么奇货，还摆大架子不肯卖！"

虾 虎

驼背分母公，胡须毛烘烘。
热锅洗个澡，袍青变袍红。

——《虾蛄》·民间灯谜

物种基源

虾虎 [Oratosquilla oratoria (Squilla oratoria)] 为甲壳纲虾蛄科动物，又名螳螂虾、虾公、虾婆子，以鲜活、体健、隆脊发达、肢足不缺者为佳。我国沿海各地都产。

生物成分

虾虎，可食部分占 32％。经测定，每 100 克可食虾虎肉含热能 81 千卡，水分 80.6 克，蛋白质 11.6 克，脂肪 1.7 克，碳水化合物 4.8 克，灰分 1.8 克及维生素 A、B_1、B_2、E，还含视黄醇当量，硫胺素、尼克酸和微量元素钾、钠、钙、镁、铁、锰、锌、铜、磷、硒等。

食材性能

1. 性味归经

虾虎，味甘、咸，性温；归肝、肾经。

2. 医学经典

《中国海洋药用动物》："通督壮阳，温中和脾。"

3. 中医辨证

虾虎，壮阳益肾、固精补气、暖脾胃，对阳痿腰痛、乏力、食欲不振、消化不畅、寒性脓肿久不收口、痈疽肿毒等症有食疗促进康复之功效。

4. 现代研究

虾虎含多种维生素、微量元素，有保护心脑血管系统，预防疾病的功能。虾虎中含有丰富的镁、硒，可减少血液中胆固醇的含量，防止动脉硬化，同时还能扩张冠状动脉，有利于防止高血压及心肌梗死。虾虎含钙量多，对小孩、妇女缺钙，中老年骨质疏松有益。另外，虾虎还有镇静作用，对神经衰弱、自主神经、功能紊乱诸症有好处。

食用注意

痛风及过敏性疾病患者慎食虾虎。

传说故事

对虾与海龙偷情生虾虎的传说

"大旱，生灵难生存，东海水族乱纷纷。对虾雄亡，雌难熬，偷情海龙虾虎生。"这首海滨民谣说的是很久很久以前，全球大旱，东海水族得不到天水补给，对虾这样的动物由于雄体单薄，经不住大旱折腾，大多雄对虾纷纷死亡，而雌虾寂寞难耐，无雄虾交配，便偷情于海龙，后生下来既不像对虾，又不像海龙，人们称这种两不像的海生动物为"虾虎"，又称虾蛄。

螃　蟹

桂霭桐阴坐举觞，长安涎口盼重阳。
眼前道路无经纬，皮里春秋空黑黄。
酒未敌腥还用菊，性防积冷定须姜。
于今落釜成何益，月浦空余禾黍香。

——《咏蟹诗》·清·曹雪芹

物种基源

螃蟹（Brachyura）为甲壳纲方蟹科动物，又名无肠公子、横行介士、毛蟹、稻蟹、方蟹、郭索、蜕、蛴、蛴蛴、拼钳等，以手捏蟹的大腿，捏不动，鲜活跃跃欲试螯者，则为质好的螃蟹。螃蟹肉质细嫩，味道鲜美，营养丰富，2500 年前就是餐桌上的佳肴。

生物成分

据测定，每 100 克螃蟹含水分 75.8 克，蛋白质 17.5 克，脂肪 2.6 克，碳水化合物 2.3 克，胆固醇 267 毫克，维生素 A 389 微克，维生素 E 及钙、镁、铁、锰、锌、铜、磷、钾、钠、硒等微量元素，还含有十多种氨基酸、尼克酸、烟酸、胡萝卜素、视黄醇当量等营养物质。

食材性能

1. 性味归经

螃蟹，味咸，性寒；归肝、胃经，有小毒。

2. 医学经典

《神农本草经》："续筋接骨，活血行瘀，利湿退黄，解漆毒。"

3. 医学辩证

螃蟹有活血散结、消食、益气养精、利关节，解热之功，可治胃气不畅、解漆疮，蘸醋食用去五脏烦闷；和酒食，治产后瘀血腹痛、难产、胎衣不下，生捣微炒，外敷，治伤筋断骨。

4. 现代研究

螃蟹有抗结核作用，对结核病的康复大有裨益，从蟹心脏和围心器分离的龙虾肌碱，能提高离体心脏的搏动速率。

食用注意

（1）不宜食用死螃蟹。螃蟹喜食动物尸体等腐烂性食物，胃肠里常携带病菌和有毒的成分，螃蟹还含有较多的组氨酸。螃蟹死后，病菌大量繁殖，组氨酸很快分解成类组氨物质，人食死螃蟹将会导致疾病或中毒，故死螃蟹不宜食用。

（2）不宜食用螃蟹的鳃及胃、心、肠等脏器。蟹体内的两侧蟹鳃是螃蟹的呼吸器官，螃蟹胃含有大量病菌的污物及位于蟹脐中间呈条状的蟹肠也含有污物，蟹心有异味，故均不宜食用。

（3）不宜食用生蟹。人食用生蟹容易感染肺部吸虫病。因为肺吸虫卵在水中发育成毛蚴进入螺体发育成尾蚴，尾蚴常侵入螃蟹体内，并在螃蟹体内生成白色囊蚴，生蟹囊蚴未被杀死，人食后在体内发育成虫，便会患肺吸虫病。煮熟后囊蚴被杀死，一般无致病作用，故生螃蟹不宜食用。但也不宜蒸煮时间过长，以熟透为度，过长则肉质疏松，影响口感同时营养会流失与分解。

（4）不宜食用隔夜的剩蟹。螃蟹为含组胺酸较多的食物，且常食其他尸体及腐败物，故蛋白变性较快，容易被病源生物污染，组胺酸在某些微生物的作用下，还可以分解为类组胺酸。食用隔夜的剩蟹，既容易导致疾病，又容易导致类组氨酸中毒，加热虽可杀灭病原微生物，却不能破坏组氨酸，故不宜食用隔夜的剩蟹。

（5）不宜与柿子同食。螃蟹中含蛋白质较多，吃螃蟹后再吃柿子，蛋白质与柿子中的鞣酸相遇，可在人胃中发生凝固，变成不易消化吸收的团块，出现腹痛、呕吐、腹泻等症状，故柿子与螃蟹不宜同时食用。

（6）服用东莨碱药物时不宜食用。螃蟹能解东莨菪碱类药物的毒性，也可减轻东莨菪碱类药物的治疗作用，故服用东莨菪碱类药物不宜食用螃蟹。

（7）寒凝血瘀病患者不宜食用。螃蟹咸寒，有活血化瘀的作用，适应于热邪灼伤血脉所导致的瘀血患者食用。寒凝血瘀病所导致的疾病则不适宜，食用后将会加重病情。

（8）服用中药荆芥时不宜食用。《本草纲目》说："螃蟹不可与荆芥食，发霍乱，动风"，故服用中药荆芥时不可食用螃蟹。

（9）不宜与梨同时食用，易伤肠胃，致呕吐、腹泻、腹痛等中毒症状。

（10）不宜与花生仁同食，易致腹泻。

（11）不宜与泥鳅同时食用，二者药性功能相反。

（12）不宜与香瓜同时食用，易致腹泻。

（13）不宜与冰水、冰棒、冰淇淋同时食用，易致腹泻。

传说故事

一、解漆疮的传说

相传，有个油漆师傅，心灵手巧、技艺超人，不但漆的家具又均匀又亮，还能描龙画凤，只是脸孔像喝醉酒一样，后来全身皮肤发痒，多搔几下就起泡，流疮水，很难受，多处求医无效。后来有人说洗海水澡能治此病，他每天一洗，月余虽然不像原先那样发痒，但漆疮仍不见好转。

一天，他喝过酒后下海洗澡，忽然腿抽筋了，一口气没换过来，沉到了海底，落到龙宫。龙王非要他为新盖的一座宫殿刻画油漆，并答应为其治好漆疮。油漆师傅只好答应。他使出全身本领，不分昼夜油漆宫殿，把宫殿装饰得金光闪闪，亮亮堂堂。龙王十分高兴，重金赏赐，可他什么都不要，恳求龙王送他治疗漆毒的良药。龙王就把装有良药的宝瓶送给他，嘱咐他千万要小心，不要失落。虾兵将他送出海面，来到一道小溪边休息，他摸出宝瓶，越看越喜欢。心想，这小瓶，竟能治好漆疮。出于好奇，他没按龙王交给他的方法做，而是倒转瓶子一拍，忽然一群小蟹倒出来，小蟹刚落到溪边，见水就变大，纷纷向溪边石头缝里爬。油漆师傅急了，丢下瓶子连忙去抓蟹。忙了半天，只捉到两只，其他都跑得没有踪影。再回头找瓶子，那瓶子也不见了。他只好把捉回的两只蟹带回家，试试看怎么样，他把蟹捣烂，给患漆疮的地方敷上，没两天竟然治愈了。于是就把这味药传了出来。螃蟹本是生长在海里的，只因油漆师傅翻倒了宝瓶，把蟹拍到了河溪石缝里，才开始有了淡水蟹。

二、蟹壳上的马蹄印

相传，当年唐王李世民御驾跨海东征，车马行至海边的三岔河口，只见波涛汹涌，无桥无渡，百万大军望河兴叹。唐王心急如焚，命先锋薛仁贵在三日之内务必找到渡河之策，否则问斩。薛仁贵苦思无计，昏睡在帐。梦见河神进帐说："明日辰时，河中有桥渡大军过河。"并叮嘱过桥后切不可回头看，说完踪影不见。薛仁贵惊醒，急令挥马察看，果然有桥现于岔河水面。唐王闻讯大喜，令马急渡，薛仁贵断后。大军抵达彼岸，薛仁贵回头一看，原来这桥竟是由螃蟹堆聚而成！顷刻间，一声巨响，蟹桥陷落。后人传说，螃蟹盖上的马蹄印是唐王大军马蹄所踏。

附：蟹趣

一、丢足保命

蟹也有一种非凡的本领。螃蟹头胸部有一对螯及四对步足，第一对螯端呈钳状，叫螯足。

横行的时候，动作很灵活。当它的步足被抓住了，就会弃足而逃，足虽然丢掉了，却挽救了自己的生命。旧的足失去了，它还会重新长出一只新的足来。

原来，它们的螯足或步足的基部有一个折点，当它遇到危险或剧烈的刺激时，这个折点部分会自动折断，叫作"自切"，后来在这折点上又会长出新的螯肢来。

二、蟹语言

不同的蟹各有自己的"语言"。草蟹发出"轧轧轧"的声音，五角毛蟹发出"噼啪噼啪"声，勘察蟹发出类似人的磨牙声，有些蟹在找到食物吃的时候，会发出"咯一吱一吱"的声音，邀请伙伴同去品尝。蟹同蟹之间也会争吵，发出"咯咯"、"呷呷"声，先是恫吓，接着互不相让时，就会发生一场争斗。

三、蟹吐沫

我们买蟹，都要选择甲壳坚硬、吐出很多白沫的活蟹。这是什么道理呢？这是因为螃蟹是生活在水里的甲壳类动物，它和鱼类一样，也用鳃呼吸。只是螃蟹的鳃和鱼鳃不同，并不生在头部的两侧，而是由很多像海绵一样松柔的鳃片组成，生在蟹体里面的两侧，表面由坚硬的甲壳覆盖着。螃蟹生活在水里的时候，从螯足和步足基部吸进新鲜清水（水里溶解的氧就进入鳃的毛细血管的血液里），从鳃流过后由口器的两边吐出。

螃蟹虽然经常生活在水里，但它却和鱼类不同，时常爬到陆地上寻找食物，而且离开水后也不会干死。这是由于螃蟹的鳃片里储存很多水分，离开了水，仍然和水里一样，也能不停地呼吸，吸进大量空气，由口器两边吐出来。因为它吸进的空气过多，鳃和空气接触的面积较大，鳃里含有的水分和空气一起吐出，形成了无数气泡，越堆越多，在嘴的前面堆成很多白色泡沫，所以有"活螃蟹吐沫"的说法。

四、腌蟹歌诀

在元明之际《居家必用事类全集》中收有腌蟹谣：

三十团脐不用尖（水洗，控干，布拭，最好不用雄蟹），

槽盐十二五斤鲜（蟹五斤，盐十二两）；

好醋半升并半酒（醋、酒各半斤拌匀槽内），

可餐七日到明年（七日熟，可吃到明年）。

寥寥28个字，加简短的说明，槽腌之蟹的制法和特点就被介绍得一清二楚了。

注：《腌蟹歌诀》中的"斤、两"为"十六两制"。

梭 子 蟹

江湖磊落任横行，杯酒寻常送此生。

到死还能拥戈甲，中原无事莫谈兵。

——《食蟹》·清·魏瀚

物种基源

梭子蟹（Portunus trituberculatus）为甲壳纲獬蚂科动物，又名三疣梭子蟹、枪蟹、菱形

蟹、两头尖蟹，以新鲜蟹螯、蟹腿完整、蟹壳青灰色、两端壳尖无损缺、腿关节有弹性者佳，分布在我国南北沿海，是我国产量最大的海蟹之一。

生物成分

梭子蟹，可食部分53％，经测定，每100克梭子蟹含热能117千卡，水分79.4克，蛋白质16.3克，脂肪3.7克，碳水化合物4.5克，灰分1.1克及维生素B_1、B_2，还含尼克酸和微量元素钾、钠、钙、镁、铁、锰、锌、铜、磷、硒等。

食材性能

1. 性味归经

梭子蟹，味咸、微甘，性寒；归肝、胃经。

2. 医学经典

《泉州本草》："解热散血，续断筋骨。"

3. 中医辨证

梭子蟹能攻毒、散风、消积、破血，对跌打损伤、妇人枕痛、血崩、腹痛、胸肋结痛而不浮肿、蓄血发黄等症有食之促进康复之效。

4. 现代研究

从梭子蟹的心脏和围心器分离的龙虾肌碱，能提高离体灌注心脏的搏动速率。

食用注意

（1）患有脾胃病类的人应不吃或少吃蟹肉，因易诱发腹痛或腹泻。

（2）原患有胃炎、十二指肠溃疡、胆石症、胆囊炎、肝炎的人，食之易引起旧病复发，故不宜食用。

传说故事

一、梭子蟹与狐狸

有一只梭子蟹，厌烦了大海中的生活，一直想爬上海岸，感受下陆地上的生活。有一天，它告别自己的同伴，悄悄离开大海，独自来到海岸边居住。搬完家的第二天，梭子蟹一大早就起来散步，它悠闲地爬在细软的沙滩上，欣赏着蔚蓝的天空、洁白的云朵、辽阔的大海，享受着和煦的阳光、徐徐的微风，感到舒服极了。就在这时，不知道从哪里来了一只饥肠辘辘的狐狸，它一见到梭子蟹，就飞快地朝它跑过去。梭子蟹在沙滩上行走十分缓慢，一下就被狐狸捉住了。

可怜的梭子蟹在丧命之前，自言自语地说道："哎，我真是活该！我原本就应该生活在海水里，为什么偏偏要跑到陆地上来生活呢？"

二、吕四"蟹子豆腐"的传说

端午前后，吕四渔场大梭子蟹潮涌而至，膏肥肉美，捕不胜捕。渔民专取蟹子，除焙干后大量供应市场外，鲜蟹子大多用做"蟹子豆腐"。"蟹子豆腐"并非是蟹子烩豆腐，而是用鲜蟹子磨成浆汁加热，使之凝固成蜂窝状豆腐。"蟹子豆腐"是吕四一带传统菜肴，亦是吕四渔场有名的特产。

关于"蟹子豆腐",民间流传这样一个传说。明洪武二十三年(1390年),吕四盐场海啸。一夕之间,波涛汹涌,山崩地裂,洪水肆虐,搅海翻天,百家倾倒,生灵与草木同毁,千户沉没,牛羊与鱼鳖偕游。万名盐丁都成水中冤鬼。潮灾过后,民无半粟,人们四散流离,骨肉不保。更有甚者,易子而食,苟延偷生。目睹盐民灾难,通州官府非但不开仓赈济,遍救难民,反而强令吕四场朝贡豆腐海鲜菜。吕四场官淫凶狠毒,狐假虎威,趁机发布告示,手持虎头牌"叫嚣乎东西,隳突乎南北"敲诈勒索,鱼肉乡里。天灾人祸,盐民蓬头垢面,悲愤呼号。吕四一带天昏惨惨,哀声遍野似猿啼;云暗迷迷,哭声连天如鹤唳。

恰巧,这天吕洞宾云游蓬莱,闻听下界传来阵阵哭声。立身云端,拨开云雾,俯视凡间,眼见尸体飘海,耳闻哭声冲天。屈指一算,得知罹难之地,乃是东疆滨海之邑"鹤城"也。水灾之后,满目疮痍,病疫丛生。瘟官昏庸,狼贪鼠窃,祸国殃民。吕仙喟然叹曰:"造孽!真乃造孽也!"吕仙决意施展神通,运用仙法,拯救苦难苍生,酬其仙怀慈愿。他悄悄潜入一渔郎家中,二次托梦于渔郎,教渔郎用梭子蟹的蟹子磨碎过滤后,放入锅内烧煮,再放入容器凝固成"蟹子豆腐"。其"蟹子豆腐"澄色橙红,配以翠绿菠菜,艳丽悦目,嫩若凝脂,腴香糯滑,品上一口,百菜乏味。民间将这道上贡菜称作"金攘黄玉版,红嘴绿鹦哥","麦黄吃梭蟹,冬至食蛎牙"。一到春夏汛后期,吕四一些渔户就洗净石磨,刷净箩筛,准备几只坛坛罐罐。等壳红、螯壮的梭子蟹上市,就从市场上或者直接从渔船上购来离水海鲜梭子蟹,去了脐盖,石磨磨碎,再把磨好的蟹子用箩筛筛去杂质,放在锅里煮沸后,倒入容器冷却做成"蟹子豆腐"(感念吕仙,吕四民间曾有"仙子豆腐"之说)。不少渔户往往一做多罐,或自家享用,或馈赠亲友,或拿到集镇上出售。

三、梭子蟹是织女的梭子变的

相传,梭子蟹是天上织女织锦用的梭子变的,织女不小心,梭子从手中滑落,恰好落在东海里,由于带有仙气,就变成了梭子蟹。

青　蟹

量才不数制鱼额,四海神交顾建康。
但见横行疑是躁,不知公子实无肠。
——《咏蟹》·宋·陈与义

物种基源

青蟹(Seylla serrata)为甲壳纲蝤蛑科动物,又名蝤蛑,以青绿色而得名"青蟹",以鲜活、螯足齐全、体健者佳,分布于我国浙江以南沿海,为重要的食用海蟹之一。

生物成分

据分析,每100克青蟹肉含蛋白质19克,脂肪8克,碳水化合物0.2克,灰分1.9克及维生素A、B等。中秋至初冬,雌雄交配,卵块、脂膏、肌肉更为丰满结实,味道特别甜美。

食材性能

1. 性味归经

青蟹,味咸,性寒;归肝、胃经。

2. 医学经典

《随息居饮食谱》："补骨髓，滋肝阴，充胃液。"

3. 中医辨证

青蟹，有消谷、治五脏、补不足、利大小肠的功效，对胸中邪气、热结作痛、面部浮肿、跌打损伤、血热瘀滞等病症有食用辅助促康复的效果。民间还用来治疗水肿。

4. 现代研究

青蟹含有丰富的蛋白质、微量元素等营养物质，对身体有很好的滋补作用。现代科学证明，蟹壳中含有12％的甲壳质，12％的蛋白质和75％的碳酸钙。经过氢氧化钠的处理，甲壳质可生成酮酸，甲壳质和酮酸可降低食用色素的毒性，又有抑制机体吸收胆固醇的功能。

食用注意

（1）患有湿疹、皮炎、疤毒、癣症等皮肤病人，吃蟹后易引起病情恶化。

（2）患有冠心病、高血脂的人，应不吃或少吃，因每100克蟹黄含有胆固醇高达460毫克。

传说故事

知县买青蟹

从前，宁海有个新来的县官，第一天来县城上任时，见到大街上许多鲜活青蟹，他打心眼里高兴：青蟹是我最喜爱吃的东西啊！

第二天大清早，知县就带了几个衙役去大街买青蟹。他看看这些又大又肥的活蟹，高兴极了，随即伸手到蟹篓里去挑选，结果被一只大青蟹钳住了手指。知县边叫边骂，痛得直跺脚。幸亏卖蟹人急中生智，一把摘掉了大蟹钳，才摆脱了疼痛。

当天下午，大街上贴出了一张县衙的告示："凡是上街出售青蟹，均用草缚住蟹钳，否则，不准上市。"这张告示一贴，蟹贩子看了眉开眼笑。心里想，生意经来了。从此以后，卖青蟹的花头越来越多。开始只用几根稻草缚青蟹，缚草与青蟹同价，后来缚青蟹的草就越来越粗了。不仅用草绳、麻绳缚蟹，而且还要在绳子里嵌海涂泥。因为知县要吃大青蟹，所以青蟹越大，绳子也就越粗，缚青蟹绳的分量超过了青蟹的重量。宁海有句俗谚："三两蟳蚱，四两缚。""青蟹咬知县，小贩赚大钱。"这句话至今也还在宁海流传着。

紫　　蟹

蟹螯即金液，糟丘是蓬莱。
且须饮美酒，乘月醉高台。

——《月下独酌》·唐·李白

物种基源

紫蟹（Char ybdis）为甲壳纲蟳蚱科动物，又名蟳拔掉子、蟳蝶，以鲜活、体健、壳紫、螯足不缺者佳。我国南北沿海均有分布，是重要的食用海蟹之一。

生物成分

紫蟹，可食部分占48%，经测定，每100克可食紫蟹肉含热能121千卡，水分70克，蛋白质14克，脂肪2.9克，碳水化合物12克，灰分2.1克及维生素A、B，还含钙、磷、铁等微量元素。

食材性能

1. 性味归经

紫蟹，味咸，性寒；归肝、胃经。

2. 医学经典

《本草纲目拾遗》："蟹脚、脑、壳中黄，破血、通经、通乳。"

3. 中医辨证

紫蟹能续断绝筋骨，养筋活血，通经络，利肢节，对瘀血肿痛、产后血瘀、胎死腹中、胎盘残留、宿食、奶乳不足及宫缩无力、胎儿迟迟不下等病症有食疗助康复效果。

4. 现代研究

紫蟹有抗结核作用，对结核病的康复大有裨益，外用对疥疮、疥癣等可助康复。

食用注意

（1）发热、胃痛及腹泻患者忌食。
（2）患有高血压、高血糖、高血脂患者少食或慎食。
（3）死蟹不可食。

传说故事

老法海败藏蟹胃中

据传说，《白蛇传》中的白素贞为救许仙，与老法海在金山寺展开大战。白素贞在南极仙翁的帮助下，打得法海狼狈不堪，最后法海变作小虫躲入蟹胃内，逆江而上逃到黄州赤壁山脚的石洞中。白素贞追到后，识破法海妖术，祭起身披法衣，将法海化身罩死在蟹胃内，化作苦汁溶于胃囊。至此，法海再也不能恢复原形。后世人们赞颂白素贞为维护爱情与法海斗法取胜这一故事，并用"鸡蛋炖蟹"这道菜形象地以蟹比拟法海，以白蛋糊比作白素贞法衣，创制此菜留传下来。

如今，当人们吃蟹的时候，仍要把蟹的胃去掉，就是因为法海的魂魄作怪，稍不注意，吃了会害人的。

蝤 蛑 蟹

秋水江南紫蟹生，寄来千里佐吴羹。
楚人欲使衷留甲，齐客何妨死愿烹。
下箸未休资快嚼，持螯有味散朝酲。
定知不作蝤蛑悮，曾厕西都博士名。

——《吴中友人惠蟹》·宋·宋祁

物种基源

蟛蜞（Sesarma）为甲壳纲方蟹科动物，又名相手蟹（毛骚公蜞）、无齿相手蟹（沙蟹）和中型相手蟹等，以鲜活、壳青、不缺螯足者佳，分布于山东、江苏、浙江、福建、台湾、广东、海南沿海海域。

生物成分

蟛蜞蟹，可食部分占 39%，经测定，每 100 克可食蟛蜞肉含热能 80 千卡，水分 79.8 克，蛋白质 14.6 克，脂肪 1.6 克，碳水化合物 1.7 克，灰分 2.3 克及维生素 A、B、E，还含视黄醇当量，微量的硫胺素和微量元素钾、钠、钙、镁、磷、铁、锰、锌、铜、硒等。

食材性能

1. 性味归经

蟛蜞蟹，味咸，性寒；归肝、胃经。

2. 医学经典

《日华诸家本草》："清热散血，解毒消肿。"

3. 中医辨证

蟛蜞蟹，有活血散结、消食、益气养筋、利关节、解热之功，可以治胃气不畅、漆疮。蘸醋食，去五脏烦闷；和酒食用，治产后瘀血腹痛；去壳同黄生捣、微炒，外敷治骨伤筋断；前夹与白及末同捣外涂，治小儿囟门不合。

4. 现代研究

蟹肉中的蛋白质与柿子鞣质会沉淀，凝固成不易消化的物质。鞣质因具有收敛作用，还能抑制消化液的分泌，使凝固物质长时期滞留在肠道内发酵，使食者出现呕吐、腹痛与腹泻等食物中毒现象。

食用注意

患有伤风、发热、胃痛、腹泻的人，吃蟹后易加重病情。

传说故事

绍兴师爷除蟹患

相传，很久以前，绍兴有一年蟹成灾，人们想了很多办法都没解决，后来有个师爷教给大家一个办法，让人们弄个破缸半埋在土中，后让缸里注上盐水，等着蟹往里面爬，让盐水把蟹淹死，最后蟹全被杀死了，当人们没办法处理这些盐腌过的蟹时，又是那个师爷首先站出来，当着大家的面，大吃腌蟹，然后夸蟹味道好。就这样绍兴师爷成了"第一个吃腌蟹的人"，而绍兴师爷也由此名声大噪。

第二十四章 软体类

海 参

一日复一日，眨眼过半夏。

兴化老无知，钵盂安柄欐。

引得四海参玄人，三三两两聚头商量这个话。

阿呵呵……

六月卖松风，人间恐无价。

——《偈颂七十六首》·宋·释子益

物种基源

海参（Stichopus japonicus）为海参纲、刺参科动物梅花参或刺参、乌参、黑乳参等海参的全体，又名海鼠、光参、沙噀，以体肥实满、个大体重、肉刺挺拔粗壮、体表无残痕、肉质紧厚为质优。我国沿海从辽宁到广东均有分布。

生物成分

据测定，每100克可食干海参含热能282千卡，水分5克，蛋白质76.5克，脂肪3.1克，碳水化合物8.6克及维生素 A、B$_1$、B$_2$、尼克酸，还含微量元素钙、铁、碳、磷、硒、碘等成分。

食材性能

1. 性味归经

海参，味咸，性温；归心、肝、肾经。

2. 医学经典

《本草从新》："补肾益精、除湿壮阳、养血润燥、通便利尿。"

3. 中医辨证

海参味咸、性温，入肾经。历代医家都认为有补肾益精、壮阳疗痿、消痰涎、摄小便、滋阴、补血、润燥、调经、养胎、利产等作用。

4. 现代研究

近代科学研究海参的应用功能不断扩大，经生化药理试验发现，海参有一种毒素，是一种抗霉剂，具有能抑制多种霉菌的作用，如黄癣菌、隐球菌等，能影响神经系统，可阻断神经的传导。海参中提取的海参素，对动物细胞的分裂、抑制蛋白质的合成，对红细胞溶血、阻断神经肌接头冲动的传递，都具有细胞的生化作用。

食用注意

（1）关节炎及痛风患者不宜多食。因为海参蛋白质含量极高，在代谢过程中可产生较多的尿酸，这些尿酸得不到及时排泄，被人体吸收后可在关节中形成尿酸盐结晶，加重患者的病情。

（2）为了避免过多的蛋白质加重肾脏负担，老年人也不宜多食海参。

（3）不宜与葡萄、柿子、山楂、石榴、青果等水果同食。因葡萄等酸涩水果中含有较多的鞣酸，会与海参中的蛋白质结合，不仅会导致蛋白质凝固，难以消化吸收，还会出现腹痛、恶心、呕吐等症状。

小记

海参的"分身术"

海参在6亿多年前的前寒武纪就开始存在了，比原始鱼类的出现还早。它生来没有眼睛，体表长满肉刺似的东西，人们形象地称它叫"海黄瓜"。其柔软的身体没有强有力的自卫武器，也没有快速游泳的本领，只有用管足和肌肉的伸缩在海底蠕动爬行，爬行速度相当缓慢，1小时走不了3米路程。在海洋这个弱肉强食的世界里，海参有保护自己的妙法。当海参遇到敌害进攻无法脱身时，便会耍弄一下"分身术"，通过身体的急剧收缩，将内脏器官迅速地从肛门抛向敌人，转移对方视线，自己趁机逃走。有许多海参能从肛门释放出毒素回敬挑衅者，敌手往往因此受到伤害，无奈离去。

失去内脏后的海参，经过几个星期的休养生息，体内会重新长出内脏。若把海参切成两段放回海中，经过几个月后，头尾两部分都能长成一个新的海参。海参有了这种"弃卒保车"的高超本领，就能逃避敌害，保护自己。

海参对海水温度变化非常敏感，它们一般生活在冷水中。夏天若水温超过20℃，就会向更深的海中迁移，隐伏在岩石间不吃不动，进入夏眠状态，仲秋天凉水温下降后，始渐苏醒爬向浅水。

传说故事

一、秦始皇未吃过海参

有一个美丽的传说，说的是公元前219年，秦始皇曾坐着船环绕山东半岛。在那里，他一直流连了三个月，他听说在渤海湾里有三座仙山，叫蓬莱、方丈、瀛洲。在三座仙山上居住着三个仙人，手中有长生不老药。告诉秦始皇这个神奇故事的人叫徐福，他是当地的一个方士，听说他曾经亲眼看到过这三座仙山。秦始皇听后非常高兴，于是就派徐福带领千名童男童女入海寻找长生不老药。徐福奉秦始皇之命，率"童男童女三千人"和"百工"，携带"五谷子种"，乘船泛海东渡，寻找长生不老药。但他在海上漂流了好长时间也没有找到他所说的仙山，更不用说仙人和长生不老药了。

秦始皇是个暴君，徐福没有完成任务，回去后依秦始皇的作风一定会被杀头，徐福不敢返航，粮食又都食尽，迫不得已只得以打鱼为生，于是他就带着这千名童男童女顺水漂流到了一个小岛，落脚生存，在那里徐福发现了一种奇丑无比的海洋生物，就是我们现在所说的海参。徐福向来有种冒险精神，所以决定要尝尝此"怪物"是何滋味，于是命属下下厨蒸煮，一股清香飘来，徐福不禁食欲大开，吃之，爽滑可口，徐福连连叫好，之后，每天让属下捕来食用，数日，感觉气运通畅，浑身充满活力，于是徐福便长期坚持食用。就这样，徐福在岛上生活了50多年，年且九十，依然面如童颜，须发俱黑，百病皆无。徐福大悟，原来"长生不老药"在此！因参如土色，故称之泥肉、土肉。徐福派人送至始皇，然始皇此时早已命归黄泉。徐福叹息曰："早知土肉（海参）如此，尔岂会崩命焉！"

二、海参的由来传说

据说在很早以前，开天辟地之祖太上老君为玉皇大帝炼仙丹时睡着了，拉风箱的童子便偷了仙丹下凡到人间，发现后被李天王追捕，于是童子一边跑一边把仙丹撒下去，第一把仙丹撒在了云南，变成了田七，也称"田七参"；第二把仙丹从渤海一直撒到长白山一带，撒到渤海里的变成了海参，撒到长白山一带的变成了人参。仔细观察，田七参和人参形状很像，药理也有相通的地方，人参有"长生不老"的效果，海参也被传如此，可见三者是有关联的。

三、铁拐李吃海参成仙的传说

烟台蓬莱八仙之一的"铁拐李"在成仙之前，曾经是一个穷困潦倒的书生，屡次谋取功名，却都名落孙山。不但没有考取功名，而且，积劳成疾，身患重病，于是，他就动了轻生的念头。

有一天，他来到蓬莱海边，想溺死在海里，以求解脱。就在他正要投入海中之时，有一股鲜美的香气扑鼻而来。他顺着香味找去，看到一位老人在海边支着一口锅，在煮着东西。这香气正是从那口锅中飘出来的。只见那位老人老态龙钟，超凡脱俗，于是，"铁拐李"便问老人："老人家，您这锅中所煮何物？"老人回答道："此乃金刺海参，乃海中珍品，食之可强身健体。年轻人，人生不得意之事十有八九，但为此枉断性命，就太不值了，人世间还有多少美好的事情在等着你去体验呀，你若刚才投了海，恐怕今天就享用不到这等美食了。"一语惊醒梦中人，就在"铁拐李"还在体味老人的话时，老人幻化作一股仙云，随风而去，只留下这锅里的"金刺海参"。他随即吃掉了锅里的东西。四十天后，便觉得神清气爽，脑清目明。八十天后，他参透禅机。第八十一天，得道升天。后经菩萨点化，抛弃肉身，得成"八仙"之首，此后，便造福于人间。

海 蜇

复如缁笠绝雨缨，混沌七窍俱未形。
块然背负群虾行，嗟其巧以怪自呈。

——《咏海蜇》·宋·沈与求

物种基源

海蜇（Rhopilema esculenta）为腔肠动物门，钵水母纲，海蜇科动物海蜇的全体，又名水母、海蛇、石镜，以肉质厚、水分含量多、手感软绵为佳，一般新鲜未经精盐、矾处理不可直接食用。加工后，以鹅黄透亮、脆而有韧性者为佳。广布我国南北各海，浙江沿海最多。市场上出售的海蜇皮，是用海蜇的伞盖加工成的；蜇头是用其触角部分加工成的，其色米黄或棕黄色。

根据产地的不同，我国海蜇分为南、北、东三种：南蜇——产于福建、江苏、浙江一带，其品片大，水分少，色泽浅黄，质脆嫩；北蜇——产于天津北塘一带，色白片小，质稍差；东蜇——山东烟台一带的产品。北蜇又有沙蜇、绵蜇之分。沙蜇肉内含泥沙较多，绵蜇肉厚，但不脆嫩。

生物成分

1. 海蜇头（三矾）

据测定，每100克海蜇头含热能59千卡，蛋白质2.5克，脂肪0.5克，碳水化合物12.1克及维生素B、E，还含有微量元素钙、铁、磷、硒、碘，此外尚含尼克酸、胆碱等。

2. 海蜇皮（三矾）

据测定，每100克海蜇皮，含热能148千卡，蛋白质5.1克，脂肪0.5克，碳水化合物30.8克及核黄酸、维生素E、胆固醇、硫胺素、胡萝卜素，还含微量元素钙、锰、硒、钾、磷、镁、锌、铁等。

食材性能

1. 性味归经

海蜇，味咸，性平；归肝、肾经。

2. 医学经典

《食物本草会纂》："清热、化痰、消积、润肠。"

3. 中医辨证

海蜇，具有清热解毒、化痰软坚、祛风除湿、消积润肠的功效，能治哮喘、咳嗽、口燥咽干、阴虚发热、淋巴结结核、矽肺，亦可外用于丹毒、烫伤。

4. 现代研究

海蜇脂肪含量极低，蛋白质和无机盐类含量丰富，能够提供人体所需的营养物质。它具有乙酰胆碱的作用，能够扩张血管，可防止血液凝结，有利于防治高血压，含有丰富的甘露多糖等胶质，对防治动脉硬化也有一定的功效。

食用注意

（1）不宜食用未经处理的海蜇。海蜇为腔肠动物的水母生物，含水量高达96%，还含有5-羟色胺、组胺等各种毒胺及毒肽蛋白。因此，鲜海蜇必须经盐、白矾反复浸渍处理，使之脱水和毒性黏蛋白后方可食用。若食用未经处理的海蜇，将会引起呕吐、腹痛等中毒症状，故不宜食用未经处理的海蜇。

（2）不宜和含果酸较多的食品同时食用。海蜇含有较丰富的蛋白质，若和含果酸较多的食品或水果同时食用，不利于蛋白质的消化吸收，还会引起腹胀等胃肠道不适症状。

海蜇之趣

海蜇的种类很多，形形色色。海蜇的囊体，有的像银币，就叫银海蜇；有的像和尚帽子，就叫僧帽海蜇；有的仿佛船上的帆，叫它帆海蜇；有的宛如雨伞，叫它雨伞海蜇；有的闪耀着彩霞的光芒，叫它霞海蜇。

普通海蜇的伞状体不是很大，只有20～30厘米长。可是霞海蜇的巨伞直径有2米，下垂的触手长20～30米。1865年，在美国马萨诸塞州海岸，有的霞海蜇被海浪冲上了岸，它的伞部直径2.28米，触手长36米，把这个水母的触手拉开，从一条触手尖端到另一条触手的尖端，共有72米长。这样，可以说霞海蜇是世界上最长的动物了。

海蜇靠着巨伞在海面上漂游，它蓝中透红，还闪耀着微弱的淡绿色的光芒。细长的触手向四周伸展开来，跟着一起漂动，色彩和游泳姿态美丽极了。

海蜇虽然没有耳朵和眼睛，但是水母虾和玉鲳鱼都自愿当它的"耳目"。每当敌害接近时，生活在海蜇口腕周围的小鱼小虾，立刻有所察觉，迅速躲进海蜇"家"里去，海蜇感觉到这些小动物的行动，立即收缩伞部，沉下海去。海蜇庇护了小鱼小虾，小鱼小虾也甘愿为它"站岗放哨"。这就是陈藏器说的"以虾为目"。这种彼此亲密的互助现象，在动物学上称为"共生现象。"

海蜇有特殊的本领，每当海上风暴到来之前，它能预报。原来海蜇能把远方空气与波浪摩擦而产生的次声波（频率为 8～10 赫兹）转为电脉冲引起感觉。每当它接到信号后，就及早潜入深处，免得被浪涛冲上岩礁，弄个粉身碎骨。科学家解开了海蜇预知风暴的谜，受到启发，设计出一种灵敏的风暴警报仪——水母耳，用以准确地预报海上风暴的降临，常在海上作业的人们也根据海蜇的行踪来预测风暴。

海蜇身体柔软，游得又慢，但却有一套独特的取食本领。每当鱼虾游近海蜇身边，它便从刺丝中放出毒液，麻痹鱼虾，使它们失去知觉而被捕获。夏天，海蜇有时被卷到浅水里或搁浅在沙滩上，请不要随便触动它，以免被蜇伤，应当先打碎它，再去搬动。有一种被称为海黄蜂的海蜇，毒性更大，可以蜇死人的。

传说故事

一、鲨审海蜇

鲨被海龙王封为海湾区判官，平时总是标榜自己是个包公，要理不要礼。

一天，海蜇姑娘哭哭啼啼来到海湾区衙门，击鼓告状：铁甲大将青蟹，仗势欺人，占了海蜇姑娘便宜。

鲨对清白世家海蜇族早看不惯，便大声训斥道："按理说，你们一点道理也没有，谁叫你们那么爱打扮，活像妖精，搅乱我的清白世界？"

海蜇姑娘哭得像个泪人儿，诺诺地反问："难道青蟹他为非作歹还有道理？"

"当然有理。"鲨耸了耸头顶上铜盔样的甲壳，眨眨眼睛，叫虾兵扛出一堆山珍海味，放在海蜇姑娘面前，得意扬扬地说："哈哈！看，铁甲大将有理在先，你还有什么话可说？"

"呸！原来你也是贪官污吏。"海蜇姑娘气得甩散头发辫子，手指鲨鼻，破口大骂。

"住口！"鲨怒发冲冠，大发雷霆："好大胆，你无礼来公堂，无理闹公堂，又诬告大将无赖，罪该万死，来呀，给我捆打三十大板，丢进冷监狱去！"

铁甲大将青蟹张开两只大钳，挖掉海蜇姑娘的眼睛，又抢起八条毛腿，往海蜇姑娘头上打，打得她血肉模糊。

这起公案引起水族界的公愤，大家忍无可忍，联合向海龙王控告。龙王在短短几天中收到黄鱼、扁跳、昌鱼、白扁、力鱼等兄弟姐妹的几百封控告信，感到不惩办，不足以平民愤。于是，立即下了一道圣旨：一、释放海蜇姑娘，派一对白虾给海蜇姑娘当眼睛，允许其在海上自由游动；二、将铁甲大将青蟹充军到海涂；三、鲨"要礼不要脸"，命青蟹用两只大钳将鲨的脸拉下来。从此，鲨只剩下铜盔似的头盖骨，海蜇随潮在海面上自由漂泊，青蟹规规矩矩在海涂浅滩上挖洞定居。

二、海蜇行走虾当眼

据说，有一对小白虾在一个夜里举行婚礼，各种各样的鱼都来庆贺，黄鱼敲鼓，螃蟹敲锣，带鱼、鲍鱼吹箫，箬鳎弹琵琶，新郎新娘手拉手跳着舞，海蜇姑娘是婚礼主持人，高兴地跑前跑后招待客人。正当大家玩得很热闹的时候，乱得一地的蚯蚓慌慌张张跑进来喊："勿好啦，勿好啦，乌贼来抢亲啦！"

大家一听惊呆啦，胆小的鱼虾统统吓得幽到角落里，因为乌贼仗着头上有一根毒刺，毒刺比其他动物的身体还要长出两倍，还有一肚子毒墨汁在海中无法无天，欺负弱小，所以大家都怕它。

这时乌贼挺着个圆滚滚的大肚子，瞪着眼睛东看西看，海蜇姑娘一边护着吓坏了的新郎、新娘，一边大声责问："你来做啥？"乌贼用长须去摸新娘，讲："新娘应给我做老婆。"海蜇姑娘大声喝道："你凭啥欺负人？"乌贼恶狠狠地说："你少管闲事。"嚓，一下把头上的毒刺猛向海蜇姑娘刺去，海蜇姑娘狠命用牙把毒刺咬住，一个要拔出来，一个勿肯放。乌贼看海蜇姑娘不肯松让，嘘，一下朝海蜇姑娘的眼睛喷出毒墨汁，海蜇姑娘的眼睛痛不过，但还忍着痛，死死咬住毒刺不放。啪塔！一声，把乌贼的毒刺咬断啦，乌贼痛得抱着头逃走啦。

海蜇姑娘赶跑了乌贼，可她自己的牙齿统统咬落了，眼睛也要瞎啦。海蜇姑娘十分伤心，幽在一个黑暗的角落里偷偷哭。这时，新郎、新娘来到其旁边讲："海蜇姑娘，你别难过，你为了保护我们才没了眼睛和牙齿，我们永远不会把你忘记的。今后永远不离开你，让我的子子孙孙永远来当你的眼睛吧。"

从此以后，海蜇的头上总叮着几只小虾为海蜇行走当眼睛，"海蜇行走，虾当眼"，这句俗话也就流传开了。

鱿　鱼

想则想岭南幽静乡，赏则赏鹅城秀色装。
爱则爱西湖奇景美，惊则惊荃湾海浪狂。
最难忘对海高腔，举杯欢唱，恰似那赤蟹鱿鱼味道长。

——《后庭花》·现代·仙吕

物种基源

鱿鱼（Loligo chinensis Gray）为头足纲枪乌贼科动物枪乌贼的肉，又名柔鱼、枪乌贼。鱿鱼以肉色接近透明、躯体直挺且无异味的为佳，不新鲜鱿鱼带有腥臭味，触摸时肉质发黏，表皮易于剥落。我国南北海域均有分布。与乌贼鱼的形状区别：鱿鱼为长菱形，体稍长，乌贼鱼体呈袋形，体略小，头发达，眼大。

生物成分

1. 鱿鱼干

经测定，每100克鱿鱼干可食部分含热能318千卡，水分21.6克，蛋白质57克，脂肪5.9克，碳水化合物9.3克，灰分6.2克及维生素A、E、胆固醇、视黄醇当量，还含微量元素钙、磷、铁、硒、锰、锌。

2. 鱿鱼

经测定，每100克鱿鱼可食部分含热能97千卡，水分76.8克，蛋白质17.7克，脂肪1.7克，碳水化合物0.7克，灰分1.2克及维生素A、硫胺素、尼克酸、胆固醇、视黄醇当量，还含微量元素钙、铁、磷、锰、锌、硒等。

食材性能

1. 性味归经

鱿鱼，味咸，性平；归胃经。

2. 医学经典

《嘉祐本草》："滋阴养胃，补虚润肤。"

3. 中医辨证

鱿鱼有收敛、止血的功能，对吐血、衄血、便血、血崩、带下、闭经、目翳、遗精、胃痛、呕酸等症有辅助康复的效果；外用对湿疹、溃疡不收口有促进康复的作用。

4. 现代研究

鱿鱼中含有丰富的钙、磷、铁元素，对骨骼发育和造血十分有益，可预防贫血。鱿鱼除了富含蛋白质及人体所需的氨基酸外，还是一种含有大量牛磺酸的低热量食品，可缓解疲劳、恢复视力、改善肝脏功能。其所含的多肽和硒等微量元素有抗病毒、抗辐射作用。

食用注意

（1）鱿鱼虽然美味，但并不是人人都适合吃。每100克鱿鱼的胆固醇含量最高达615毫克，是肥肉胆固醇含量的40倍、猪瘦肉的7倍、豆制品的615倍。也就是说，吃1口鱿鱼相当于吃40口肥肉。所以，高血脂、高胆固醇血症、动脉硬化等患者不宜食用。另外，鱿鱼性寒凉，脾胃虚寒的人也应少吃。鱿鱼也是发物，患有湿疹、荨麻疹等疾病的人也应忌食。

（2）鱿鱼须煮熟透后再食，因鲜鱿鱼中含有一种多肽成分，如未煮透就食用，会导致肠运动失调，出现腹痛、腹泻等症状。

（3）痛风及糖尿病患者慎食鱿鱼。

传说故事

北海鱿鱼丝的传说

传说很久很久以前，在北海边上住着一个打鱼为生的小伙子。这个人很善良，常常将自己吃不完的海鲜送给邻里街坊，这样的日子过了好久。有一天，小伙子一条鱼也没捕捉到，甚至连小小的海贝也没有，眼看着天越来越黑了，小伙子就拎着一张空空的渔网回家了。回家后，小伙子就拿着自己以前腌制的一些鱼干，草草地吃完就睡下了。第二天，情况还如前一天一般，什么收获也没有，好在小伙子也不甚在意，觉得有时候捕捞不到鱼也是正常的，天又暗了，小伙子也收拾东西回家了。这样的情况一直持续了好多天，终于就连小伙子这般好说话的人也感觉烦躁了。这小伙子拿起渔网，心想，要还是没有鱼，今晚就先回家好了。于是乎，小伙子三下两下地就撒好了网，正坐在船上想着呢，"最近这几天这么回事呢？怎么一条鱼都捕捉不到了，是不是得罪了海神，正开罪我呢？"小伙子心里正嘀咕着。四处看了看，哟！这一看不得了，海面漂着那是什么东西？不会真是海神要惩罚于我吧？小伙子心里尽管很害怕，但还是哆嗦着划船过去。眼看着船越来越近了，看的东西也越清晰了，怎么越看越像个姑娘？好不容易船靠近了，哎呀，真是个大姑娘啊，也不知道落水多久了。于是，这憨厚的小伙子就七手八脚的将那落水姑娘给拉上船。一探这姑娘的呼吸，哟，还有气呢，敢情是刚落水没多久，不过挨呛了点水晕过去了。小伙子是热心肠的人，这不，连网都没收呢，就赶紧将船往回划了。回到家之后，小伙子去叫了隔壁家的王大婶来照顾下这姑娘。不多久，这姑娘就醒了，可这姑娘一醒就号啕大哭。一问才知，原来这姑娘是随家人出海玩，可经过一片海域时，出现了一帮海盗，那帮人二话不说，拿起东西就抢，好在姑娘的父母及时推了她一把，她因此落到了海里，而姑娘的家人却不幸全部遇难了。这姑娘说到伤心之处，又是泪下。最后，这姑娘也就在小伙子家里住下了。不过，说也奇怪了，自从那姑娘住下之后，小伙子每天打鱼都是丰富异常。于是，姑娘在家就将那吃不完的鱼虾，摸索着进行腌制，随着腌制的鱼虾越来越多，姑娘慢慢掌握了诀窍，做出来的腌制品也越来越好吃，特别是鱿鱼丝，由于姑娘自己也相当喜欢吃，特地在鱿鱼丝上加大了功夫，所以姑娘腌制的鱿鱼丝特别好吃。就这样，一传十，十传百，不知不觉间，姑娘腌制鱿鱼丝的名气越来越大。而此时，经过一段漫长日子的相处，小伙子与姑娘都有了深厚的感情，两人最后成亲。邻居们都亲切地称姑娘为"鱿鱼娘子"。而"鱿鱼娘子"所做的鱿鱼丝更是好多人心中一道想要时刻品尝的美味食品。就这样，北海边的人们也开始自己制作鱿鱼丝，而北海鱿鱼丝的制作工艺也一直流传至今。

乌 贼 鱼

墨鱼黑覆形，火萤明照身。
拙于用显晦，踪迹徒自陈。

——《演雅十章》·宋·张至龙

物种基源

乌贼鱼为头足纲，乌贼科动物金乌贼（Sepia esculenta Hoyle）、针乌贼（S. andreana Steenstrup）或曼氏无针乌贼（Sepiella maindroni de Rochebrune）的肉，又名乌鲗、墨鱼、乌子、乌鱼、墨斗鱼、缆鱼。质量好的鲜品有透明的黏液，体表无污秽物和杂质等，色泽光鲜，肌肉坚实有弹性，肌肉切面有光泽，无腥臭等异味，乌贼的干制品称"墨鱼干"，无针乌贼干制品称"螟哺鲞"，两者雄性生死腺干制品称"墨鱼穗"。雌性产卵腺干制品称"墨鱼蛋"，分布于我国北部沿海。

生物成分

1. 乌贼鱼干（曼氏无针乌贼）

经测定，每100克可食乌贼鱼干，含热能287千卡，水分24.8克，蛋白质65.3克，脂肪1.9克，碳水化合物2.1克，灰分5.9克及维生素A、B_1、B_2、E、视黄醇当量、硫胺素、尼克酸、胡萝卜素，还含微量元素镁、铁、锰、锌、钾、铜、钠、磷、钙、硒等。

2. 鲜乌贼鱼（曼氏无针乌贼）

经测定，每100克可食鲜乌贼鱼，含热能89千卡，水分76.6克，蛋白质16.0克，脂肪0.3克，碳水化合物0.6克，灰分1.5克及多种微量元素、维生素、氨基酸。

食材性能

1. 性味归经

乌贼鱼，味甘，性平；归肝、肾经。

2. 医学经典

《神农本草经》："养血滋阴，补益肝肾。"

3. 中医辨证

乌贼，专功收敛，有止血、止带、固精作用，善治妇女肝肾不足、冲任不固之崩漏、带下，为妇科崩带之要药，并为治疗男子遗精、滑精之辅助药，对于肺胃出血、便血及外伤出血亦有疗效。本品既有收敛止血之效，又有制酸止痛之功，并能收涩生肌，用治胃及十二指肠溃疡病而见胃痛、泛吐酸水，或溃出血以及外治皮肤湿疹，慢性溃疡久不愈合等症，效亦显著。但性偏温燥，能伤阴助热，故阴虚有热者不宜用。

4. 现代研究

乌贼鱼，由于有良好的补血作用，常吃对妇女血虚性月经失调，如月经过多或月经提前等，有止血调经及减少经量的作用，对妇女带下清稀、腰痛、尿频等也有好处。

食用注意

乌贼鱼肉属于发物食品，哮喘、淋巴结核、糖尿病、红斑性狼疮、慢性肾炎、癌症、皮肤瘙痒性疾病等患者，以勿食为宜。

附注

（一）海螵蛸

水品为乌贼科动物无针乌贼或金乌贼的干燥内壳，又名乌贼鱼骨、墨鱼盖。性温，味咸、涩；归脾、肾经。有收敛止血、涩精止带、制酸、敛疮的功效，用于胃痛吞酸、吐血衄血、崩漏便血、遗精滑精、赤白带下、溃疡病等病症，外治损伤出血、疮多脓汁。

（二）乌贼鱼腹中墨

为乌贼科动物无针乌贼或金乌贼墨囊中的墨液。性平，味苦；归肝经。祛瘀止痛，主治刺心痛、崩漏等病症。

传说故事

一、秦始皇与乌贼的传说

关于乌贼鱼的来历，还有一个特别的传说。相传，秦始皇巡游到东海边上，眺望碧波万顷的大海，鱼跃虾跳、海鸥低翔、渔帆点点、网撒浪丛，一派升平景象。秦始皇一时兴起，将随身携带用作盛装墨、砚的袋抛入海中。没想到墨砚袋入海后竟化成了墨鱼，成为东海鱼类和海生动物大家族中一员，墨砚袋化作了墨鱼，其形未变，仍呈袋状，两根长须，为墨砚袋之绳带；未全松开其袋内之墨未丢，变为墨鱼腹中之宝，每遇敌手侵害，即放囊中之墨，把水搅浑，乘机逃生。古籍《西阳杂俎》中记载："乌贼，旧说河名伯度事小吏（管钱物的官）。海人言昔秦王东游，弃墨砚袋于海，化为此鱼，形如袋，两带极长。"说的即是这个故事。

二、苏东坡与墨鱼

四川乐山的"东坡墨鱼"又名"糖醋东坡墨鱼",用新鲜墨鱼为主料制作而成,是名扬中外的传统名菜。相传,此菜始于宋代,与苏东坡有关。四川乐山大佛寺陵云岩下的岷江之中所产的墨鱼,这种鱼嘴小、身长、肉质肥厚细腻,当地用它制作菜肴,但并无名气。传说在很早的时候,这种鱼并非全身都是黑色,而只有头部是黑色,叫作"墨头鱼"。后因宋代诗人苏东坡在此读书,常去陵云岩下江中洗砚涮笔,这种鱼常游近陵云岩,并吞下了水中的墨汁,久而久之,鱼皮也变成墨色,于是便有了墨鱼之称。后来,人们又将用墨鱼制作的菜肴称之为"东坡墨鱼",皮酥肉嫩、酥甜香辣、色泽红亮。到四川乐山的中外游客都以品尝此鱼肴为快事。

章 鱼

人道章鱼料事高,头足纲中领风骚。
八触道尽天下事,红螺壳中命常消。

——《戏说章鱼》·现代·石斋

物种基源

章鱼(Octopus vulgaris)为头足纲蛸科(章鱼科)动物真蛸的肉,又名八带鱼、望潮、小八梢鱼、蛸。我国常见的有短蛸(O. ochellatus)、长腕蛸(石拒)(O. variabilis)和真蛸(O. vul-garis)等。渔民利用它在螺壳中产卵的习性,以绳穿红螺壳沉入海底,按时提取,即可捕得,以体形完全、色泽鲜明、肥大爪粗、体色柿红带粉白、有香味者为优,分布于我国从南到北各海域。

生物成分

经测定,每100克可食章鱼肉含热能52千卡,水分86.4克,蛋白质10.6克,脂肪0.4克,碳水化合物1.4克,灰分1.2克和维生素A、B_1、B_2、E、视黄醇当量、尼克酸、硫胺素,微量元素钾、钙、镁、铁、锰、锌、铜、磷、硒等成分。此外,尚含有牛磺酸。

食材性能

1. 性味归经

章鱼肉,味甘、咸,性寒;归胃经。

2. 医学经典

《药用海洋动物》:"降胃湿热,养颜润肤。"

3. 中医辨证

章鱼,养血益气,收敛生机,对气虚血虚、肾虚腿软无力、产妇乳少、肠胃有湿热、痈疽毒肿等症有食后促康复之效。

4. 现代研究

章鱼含有牛磺酸,可防止胆固醇的沉着,防止动脉硬化;还含有维生素B_{12},可保护血红蛋白,防止血红蛋白与一氧化碳的结合,从而减少烟草对肌体的毒害作用。

食用注意

章鱼属动风海味食品，故有慢性顽固湿疹等皮肤病者忌食。

章鱼之趣

章鱼并不是鱼类，它属于软体动物。与众不同的是，它有8条感觉灵敏的触腕，生在头顶上，每条触腕上约有300多个吸盘，每个吸盘的拉力为100克，无论谁被它的触腕缠住，都是难以脱身的。有趣的是，章鱼的触腕和人的手一样，有着高度的灵敏性，用以探察外界的动向。每当章鱼休息的时候，总有一两条触腕在"值班"，"值班"的触腕在不停地向四周移动着，高度警惕着有无"敌情"。如果外界真的有什么东西轻轻地触动了它的触腕，它就会立刻跳起来，同时把浓黑的墨汁喷射出来，以掩藏自己，趁此机会观察周围情况，准备进攻或撤退。章鱼可以连续6次往外喷射墨汁，过半小时后，又能积蓄很多墨汁，章鱼的墨汁对人不起毒害作用。章鱼有十分惊人的变色能力，可以随时变换皮肤的颜色，使之和周围的环境协调一致。原来在它的皮肤下面隐藏着许多色素细胞，里面装有不同颜色的液体，在每个色素细胞里还有几个扩张器，可以使色素细胞扩大或缩小。章鱼在恐慌、激动、兴奋等情绪变化时，皮肤都会改变颜色。章鱼的再生能力很强。每当章鱼遇到敌害，有时它的触腕被对方牢牢地抓住了，这时候它就会自动抛掉触腕，自己往后退一步，让断触腕的蠕动来迷惑敌人，趁机赶快溜走。每当触腕断后，伤口处的血管就会极力地收缩，使伤口迅速愈合，所以伤口是不会流血的，第二天就能长好，不久又长出新的触腕。章鱼没有脊椎，它们的身体非常柔软，柔软到几乎可以将自己塞进任何它想去的地方，甚至可以穿过一枚硬币大小的洞。它最喜欢做的事情就是：将自己的身体塞进海螺壳里躲起来，等到鱼虾走近时，就咬破它们的头部，注入毒液，使其麻痹致死，然后美餐一顿。渔民利用章鱼喜欢钻入其他物体的习性，用绳子将小瓶或红螺壳串在一起沉入海底，章鱼见到了小瓶子会争先恐后地往里钻，而不管瓶子有多么小、多么窄，结果成了瓶子里的囚徒。

传说故事

九月九，章鱼吃脚手

章鱼和鱿鱼、墨鱼是要好的朋友，它们都住在浅海里，每年秋去春来，要搬两次家。可是，章鱼对搬家这件事很不愿意。

这年，冬天快到了，鱿鱼和墨鱼来找章鱼，准备结伴搬家到南方去。章鱼不耐烦地说："搬家搬家，拖儿带女的，真讨厌，反正明年春天还要回来，何必多此一举呢。"鱿鱼和墨鱼劝道："不要怕麻烦，南边暖和，吃得好住得好，等过了冬天再回来。我们一同去，一同回，路上好照应。"

章鱼却很固执地说："不，不，反正今年我是不搬了，要搬你们搬吧。"鱿鱼和墨鱼见章鱼一点也听不进去，不好勉强，只好撇下章鱼走了。

过了重阳，北风一吹，海水变冷。章鱼身上光秃秃的，没穿一件衣服，寒气阵阵袭来，它开始后悔了：要是听鱿鱼和墨鱼的劝告，与它们一起到南方去多好啊……它一边后悔，一边慢慢地爬上泥涂。这时，潮水返了，太阳把泥涂晒得暖烘烘的。于是，它伸了伸长长的手脚，躺在泥涂上，全身感到舒服极了。章鱼得意地想：我这样不是很好吗？亏得没有走，否则，来回一趟，得花多大的精力啊！

章鱼躺在软软的泥涂上，越想越有趣，便迷迷糊糊地睡着了。也不知睡了多久，突然，一阵北风把它吹醒，耳边还响着哗哗的声音，连忙睁开眼来一看，潮水涨了，太阳落山了，阵阵海浪打过来，冻得它全身瑟瑟发抖。正想找个地方躲一躲，却见几只小沙蟹往泥洞里钻。心想，这个办法不错，泥洞里一定比水里暖和。于是，也挖了一个深深的泥洞，钻了进去。

天气越来越冷，章鱼的身子冻得缩成一团，已没有力气出去觅食。后来，连爬出泥洞晒晒太阳的勇气都没有了。肚子实在饿不过，它便糊里糊涂咬起自己的手和脚来。饿了，咬几口，饿了，又咬几口，就这样度过了一个长长的冬天。

冬去春来，大地转暖。鱿鱼和墨鱼高高兴兴地从南方回来。它们想起分别一个冬天的章鱼，便向鲳鱼打听它的下落。鲳鱼摇摇头，说没看见过。它们又去找鳓鱼打听消息。鳓鱼摇摇头，说不知道它在哪里。鱿鱼和墨鱼急了，从深水找到浅海，从浅海找到泥涂边。突然，有一个圆滚滚的东西，随着潮水漂来，它们迎上去一看，原来是章鱼。但是，章鱼的那副又长又美丽的脚手不见了，只留下短短的一截，于是惊异地问道："章鱼呀，你为啥变成这样了呢？"章鱼羞愧地说："只怪我没听你们的话，不肯搬家。天一冷，我就躲在泥洞里出不来，只得把这手脚吃了。"鱿鱼和墨鱼见它这副可怜相，便安慰它不要难过，到下次搬家的时候，别再偷懒就是了。可是章鱼并没有接受这个教训，到了冬天，又赖着不搬家。结果，把新长出来的脚手又吃掉了，这样年年如此，所以沿海一带流传着一句话叫"九月九，章鱼吃脚手"。

鲍　鱼

年年游览不曾停，天下山川欲遍经。

堪笑沙丘才过处，銮舆风过鲍鱼腥。

——《咏史诗·沙丘》·唐·胡曾

物种基源

鲍鱼（Haliotis diversicolor）为腹足纲鲍科动物单壳贝类鲍鱼的肉，又名镜面鱼、九孔螺、明目鱼、将军帽、半贝螺、石决明肉、鳆鱼、海耳，有"土生鲍"与"养殖鲍"之分，鲍鱼越大越好，以形体完整者为佳，咖啡色，底部宽阔，在灯光下看，中央通红略显透明的质量较好。物种以辽宁大连的质优，广东、福建、台湾量大。常见品种有两种：一是九孔鲍鱼肉；二是盘大鲍鱼肉。

生物成分

1. 鲍鱼干

经测定，每100克鲍鱼干，含热能322千卡，水分18.6克，蛋白质53.9克，脂肪5.7克，碳水化合物13.8克，灰分8.2克及维生素A、B_2、E、尼克酸、视黄醇当量，还有微量元素铜、硒、钠、铁、钙、锰、镁、锌、钾、磷、碘，此外尚含有鲍鱼所特有的鲍灵素。

2. 鲜鲍鱼肉

经测定，每100克鲜鲍鱼肉，含热能130千卡，水分74.1克，蛋白质18.6克，脂肪0.9克，碳水化合物0.8克，灰分2.5克及维生素A、E、B_1、B_2、尼克酸，还含微量元素钾、钙、镁、铁、磷、硒、碘。此外，尚有20多种氨基酸和肉，黏液中能分离出不被蛋白酶分解的3种粘蛋白：鲍灵素Ⅰ、鲍灵素Ⅱ、鲍灵素Ⅲ等物质。

食材性能

1. 性味归经

鲍鱼，味甘、咸，性平；归肝、肺经。

2. 医学经典

《名医别录》："平肝潜阳，解热明目，止渴通淋。"

3. 中医辨证

鲍鱼具有滋阴补阳、止渴通淋的功效，是一种补而不燥的海产品，吃后没有牙痛、流鼻血等副作用。鲍鱼："入肝通瘀，入肠涤垢，不伤元气，壮阳，生百脉。主治肝热上逆、头晕目眩、骨蒸劳热、青盲内障、高血压、眼底出血等症"。鲍鱼的壳，中药称石决明，因其有明目退翳之功效，古书又称之为"千里光"。石决明还有清热平肝、滋阴壮阳的作用，可用于医治头晕眼花、高血压及其他类症。

4. 现代研究

鲍鱼肉中能提取一种被称作鲍灵素的生物活性物质Ⅲ。实验表明，它能够提高免疫力，破坏癌细胞代谢过程，提高抑瘤率，却不损害正常细胞，有保护免疫系统的作用。鲍鱼能养阴、平肝、固肾，可调整肾上腺分泌、调节血压、润燥利肠、治月经不调、大便秘结等疾患。鲍鱼肉和其黏液中能分离出不被蛋白酶分解的3种黏蛋白：鲍灵素Ⅰ、鲍灵素Ⅱ、鲍灵素Ⅲ。药理研究证实，对癌细胞有较强的抑制作用，对链球菌、葡萄球菌、流感病毒、疱疹病毒、脊髓灰质炎病毒均有抑制作用。经常炖食鲍鱼或与黑白木耳、黄花菜煮食，可以增强体质，预防肿瘤的发生。

食用注意

（1）痛风患者及尿酸高者不宜吃鲍鱼肉，只宜少量喝汤；虽然人人都爱吃鲍鱼，但感冒发烧或阴虚喉痛的人不宜食用；素有顽癣痼疾之人忌食。

（2）鲍鱼忌与鱼肉、野猪肉、生肝同食。

（3）幼儿不宜多吃。幼儿脾胃功能较弱，像鲍鱼、海参等富含蛋白质的食材，幼儿摄入过多不仅无法及时消化，还会加重肠胃负担。

传说故事

雍正情牵"明珠鲍鱼"

雍正当皇帝前，极爱拈花惹草。一次，竟迷恋上河南民间的一位渔家姑娘冯艳珠。后来雍正回宫当了皇帝后全身心投入皇室内部纷争，把艳珠姑娘冷落于一旁。半年后，艳珠生下了龙凤胎，男孩取名包玉，女孩取名明珠。情人的一点儿信息也没有，她只能靠辛苦劳动来养育儿女。过了几年，冯艳珠见孩子已经长大，便毅然变卖了家产，携带儿女走上千里迢迢的进京之路。冯艳珠怀里揣着雍正留给她的信物，来到京城。她千方百计打听，才知道自己要找的丈夫正是当朝的万岁爷。

这真是让她又惊喜又悲愤。惊喜的是自己心爱的人终成正果，说明没有看错人；悲愤的是心上人已自食诺言，根本没把她和儿女当一回事，全抛九霄云外去了。冯艳珠知道晋见皇上绝非易事，还得慢慢地寻找一个权宜之计才成。于是，她恳求同情自己遭遇的客栈老板，帮她和御膳房厨师见上一面。

幸好御厨心地善良，答应助冯艳珠一臂之力。这一天，雍正皇帝用餐时，看到御厨送上一道从未品尝过的美馔。他品尝后十分满意，便把御厨叫到跟前，仔细询问此馔的由来。御厨说此馔名为"掌上明珠鲍鱼"。当雍正听到"明珠鲍鱼"这个菜名时，猛然想起当年给冯艳珠留下的话语："日后生子名包玉，生女叫明珠"，心中若有所思。

御厨见皇上心动了，便不失时机地将冯艳珠携子女进京寻夫的事情原原本本讲了出来。雍正皇帝到底也是有血有肉的人，他岂能没有一丝人情味儿？于是应允召见冯艳珠进宫团聚。一道珍馐美馔成就了分离多年的情人。"明珠鲍鱼"（又叫"红梅珠香"）这道豫菜由此流传了下来。

淡 菜

河转曙萧萧，鸦飞睥睨高。

帆长摽越甸，壁冷挂吴刀。

淡菜生寒日，鲥鱼渍白涛。

水花沾抹额，旗鼓夜迎潮。

——《画角东城》·唐·李贺

物种基源

淡菜（Mytilus edulis）为瓣鳃纲贻贝科动物厚壳贻贝或翡翠贻贝肉的干制品，又名海红、壳菜、红蛤、珠菜、水菜、东海夫人、海蚝。又因其味美而淡，故名"淡菜"。淡菜名还有两种说法：一是由于蜑户常食，遂讹为"淡"（《茶余客话》）；二是本品干制时去壳不放盐（《玉环志》），以体大肉肥，色泽棕红，富有光泽，大小均匀，质地干燥，口味鲜淡，没有破碎和杂质的为上品。我国近海有30多种近亲缘贻贝科动物，而有经济价值的只有10多种。少数种类生活在内陆湖泊中，现浙江枸杞岛有数个万亩贻贝养殖基地。

生物成分

1. 鲜淡菜

经测定，每100克可食鲜贻贝肉含热能47千卡，水分87.1克，蛋白质4.6克，脂肪1.0克，碳水化合物5克，灰分2.3克及维生素A、B_2、尼克酸、烟酸、肝糖原，此外，还含有微量元素钙、磷、铁、锰、锌、钴、碘等。

2. 干淡菜

经测定，每100克可食干淡菜含热能358千卡，水分17克，蛋白质59.1克，脂肪7.6克，碳水化合物13克及多种维生素、微量元素、尼克酸、肝糖原、烟酸等。

食材性能

1. 性味归经

淡菜，味甘，性温；归肝、肾经。

2. 医学经典

《食疗本草》："补五脏、理腰痛、治脚气、益阳事。"

3. 中医辨证

淡菜，补肾、填精、益血，对遗、带、崩、淋、房痨、产怯、吐血、久痢、腰痛、疝癖、症瘕、脏寒腹弱、阳痿、阴冷、消渴等有食疗促康复之效。

4. 现代研究

淡菜含丰富的蛋白质、脂肪、碳水化合物及钙、磷、铁、少量的维生素 B_2、尼克酸及碘等物质。药理实验证实，它有一定的营养滋补作用，并可降压、降脂，可作为治疗高血压、动脉硬化的辅助药物。

食用注意

（1）急性肝炎、小儿痴呆症等疾病患者忌食。
（2）淡菜能补肾、填精，但久食、过食又会引起脱发、阳痿。

传说故事

东海夫人的传说

李时珍在《本草纲目》中曰："淡菜，东海夫人。"《定海厅志》亦云："淡菜，形如珠母，甚益人。"在东海的众多贝类中，唯有淡菜被称为夫人，这是什么缘故呢？

据传，有一年，东海龙母生下个小龙女。诞生之日，满海红光，灿如朝霞，水族列队而朝贺，南海的合浦皇后也送来一颗五彩珠母作为小龙女的贺礼，东海龙王视为掌上明珠，取名海红。斗转星移，小龙女已长到十八岁，只见她艳若桃花，亭亭玉立，天性活泼，纯洁善良，如天仙一般。俗话说："二月二，龙抬头。"这一天是龙宫开禁的日子，小龙女与黄螺使女一起游春来了。这可是东海仙子第一次出海，人间的一切对她来说都很新奇。正当她欣赏人间美景时，黄螺突然惊呼道："公主快躲起来，有人来了！"小龙女慌忙中没了主意。她想起胸前挂着的那件宝贝是合浦皇后所赠，于是变成了一颗无壳的珠母，黏附在礁壁上。来人是一个渔家后生，姓贝叫贝郎，近日，海岛上流行一种怪病，患者大口吐血并腹泻不止。前不久，他的老母也染上此疾，病日渐沉重。为让病中老母吃些海鲜，趁初二大潮前来礁上采贝。想不到与出海游春的小龙女相遇了。

贝郎看见礁壁上有个从未见过的海贝在那里闪光。嫩黄色的肉芯，水汪汪的珠泪，还有那晶莹透亮的乳白色胴体，美艳可爱极了！他赶快上前把她采了下来，放在一只小瓦罐里。黄螺使女见状大惊，她只得趁贝郎不注意时，悄悄地遁入海中去向龙王报信。

贝郎回到家中，把那些香螺、佛手煮了供病中老母食用。他见珠母幼小可爱，不忍伤害，就把她养在门外的一只海水缸里。夜里，东海仙子正筹谋脱身之计，忽闻室内传来痛苦的呻吟声。她深感惊异，出于好奇，化身一妙龄少女，透过门缝朝内观看。只见室内微弱的灯光下，有个老妪半卧于床上，侧身向外大口地吐血，贝郎一边为老母搓胸揉背，一边喃喃自语不停地祈祷，脸上布满惊恐状。见此情景，顿使小龙女萌生悯爱之心。她略作思索，就上前敲门。贝郎开门一看，见到个陌生女子，浑身湿漉漉的，好像落水的人刚上岸一般。贝郎深感意外，忙问："不知姑娘所为何事？"小龙女临时编了一套身世说道：自己本是闽南名医之女，名为淡菜。一月前随父乘船到姑苏会师行医。谁知船到此处，触礁落海，父亲生死不明，而她却靠着一块船板，侥幸地死里逃生来到小岛。因深夜上岸，故前来敲门借宿。贝郎见她可怜，只是陋室一间难以安置，便说："淡菜姑娘，老母病重，你我又是孤男寡女，实难收留。"

小龙女趁机问道："不知伯母所患何疾？能否医治？"贝郎就把老母的病情细说了一番。小龙女道："无妨。我有珠母灵丹，能治此疾。"说罢，就把挂在胸前的珠母放入锅中，和些清水煮沸后以珠母汤喂其母喝下，贝母顿感心胸舒畅，吐出一摊瘀血，病情似乎好了一半。贝郎见此，疑是天上仙子下凡，喜悦和感激之情难以言表。

那晚小龙女就留宿在贝家。因贝母之病需长期调养，小龙女又无亲可投，也就当作亲人一般住了下来。何况，左邻右舍闻讯求医者，络绎不绝，更使小龙女乐此不疲，难以脱身。村里的病者都渐渐痊愈，淡菜仙子的美名也因此传扬开来。

日月如梭，转眼间三年过去了。在共同的生活中，小龙女与贝郎相敬相爱，产生了感情，在第三个龙抬头的日子里，他们成亲了。东海仙子从此变成了东海夫人。

俗话说："龙宫一日，人间一年。"小龙女在人间三年，在龙宫即为三天。当黄螺使女回宫报信之时，龙王大为震惊。小龙女居然被贝郎当作贝类采去，凶多吉少。龙王发出十万火急令牌，命龟相蟹将以及众水族四处打听，当打听到贝郎居住的小岛，就命黄螺使女送信给小龙女，叫她到龙牙礁相见。

此时，小龙女深知大难临头了。但她怕父命难违，更怕龙王加害贝郎与乡亲。为此，小龙女留下一张条子给出海的丈夫，最后署名东海夫人，匆匆赶往龙牙礁。一见面，父女俩抱头痛哭一番，互诉别后思念之苦。继而，东海夫人告知别后一切。龙王听了，脸色铁青。当他得知小龙女与异类贝郎成亲并暗结珠胎，不禁龙须飞喷，暴跳如雷。龙王大怒："你你你……你好大胆。你可知龙宫禁规，龙女若与异类成亲，该当何罪？"龙女道："剥去龙鳞，逐出龙宫。罚为最下贱的贝类，永遭水冲浪打，日晒雨淋！"

"好！"龙王横下一条心："你既然明知故犯，本王只好成全你。为了整肃龙纲，就让你永远与礁石为伴，珠母为身吧！"说罢，残忍的龙王一挥手，在晴天霹雳的雷电声中，龙女现了真身并被剥去龙鳞，化作一颗裸身而灿烂的珠母，遗留在礁石缝中。

这时贝郎飞舟来救，但为时已晚。为了龙女三年深情，贝郎坠海而亡，化为一个黝黑色的贝壳，紧紧地把小龙女的珠母包裹起来，使之不再日晒雨淋，免去水冲浪打之苦。从此，人们将淡菜又名"东海夫人"。

牡　蛎

出郭断虹雨，倚楼新雁天。
三杯古榕下，一笑菊花前。
入市子鱼贵，堆盘牡蛎鲜。
出僧惯蔬食，清坐莫流涎。

——《邀出城买蛎而饮一僧同行》·宋·戴复古

物种基源

牡蛎（Ostree gigas Thunberg）为瓣鳃纲牡蛎科动物长牡蛎的肉，又名蚝、牡蛤、海蛎子、蛎蛤、虫豪、蛎黄、蚝白、古贲，以个大、匀整、新鲜、清洁、无异味者佳。近缘物种有大连湾牡蛎、近江牡蛎等20种，我国养殖牡蛎历史悠久，宋代就有"插竹养蚝"的记载。现福建、广东、台湾养殖较多，自渤海、黄海至南沙群岛均产。

生物成分

1. 牡蛎肉

经测定，每100克牡蛎肉含热能80千卡，水分80.6克，蛋白质5.4克，脂肪1.6克，碳水化合物 10.3 克及维生素 A、B₁、B₂、E、视黄醇当量、胆固醇，还含微量元素钙、铁、磷、钾、钠、镁、锌、硒。此外，据分析，牡蛎肉还含糖元 63.5%，牛磺酸 1.3%，10 种人体必需的氨基酸 1.3%，无机盐 17.6% 及古胱甘肽等多种有机化合物。

2. 生蚝

经测定，每 100 克生蚝含热能 57 千卡，水分 87.1 克，蛋白质 10.9 克，脂肪 1.5 克，灰分 0.5 克及维生素 A、B₁、B₂、E、尼克酸，还含微量元素钙、铁、磷、硒等。

3. 牡蛎壳

经测定，牡蛎壳由矿物质组成，另含少量有机物。矿物质以钙为主，含 80%～95% 的碳酸钙、磷酸钙及硫酸钙，还含钠、钡、镁、锰、锌、锶、铜等多种元素，此外还含少量蛋白质和色素。

食材性能

1. 性味归经

牡蛎，味咸，性微寒；归肝、胆、肾经。

2. 医学经典

《神农本草经》：“重镇安神，潜阳补阴，软坚散结，收敛固涩。”

3. 中医辨证

牡蛎性寒质重，有重镇安神、益阴潜阳之功效，能治阴虚阳亢、心神不安之症；味咸、涩，又有软坚散结、收敛固涩之效，善治痰火郁结之瘰疬结核、肝脾肿大以及体虚滑脱等症，若作制酸剂用，对于胃痛泛酸或溃疡病等均有较好的疗效。潜阳、软坚宜生用；收敛、制酸宜煅用。

4. 现代研究

（1）牡蛎所含的钙盐能致密毛细血管，以降低血管的渗透性。牡蛎入胃后，与胃酸作用，形成可溶性钙盐而被吸收入体内，起到调节体内电解质平衡，抑制神经、肌肉兴奋的作用。牡蛎所制成的药品已被临床上用于免疫力低下性疾病、肝病、高脂血症、动脉硬化、糖尿病、肾脏病、肿瘤等慢性疾病的治疗。

（2）牡蛎肉可治虚损，调理脾胃，补妇人血气，因其有滋阴补血之功，可使面容红润、皮肤细嫩。

食用注意

（1）牡蛎性微寒，病虚而有寒者不宜服用。《本草经集注》：“贝母为之使；得甘草、牛膝、远志、蛇床良、恶麻黄、茱萸、辛夷。”

（2）牡蛎含酶和水分较多，故在产、销及加工过程中很容易受到嗜盐菌的污染，食用时应清洗干净。沿海地区有些人喜欢将牡蛎肉拌酱料生食，或用沸水一烫就吃，这种吃法不符合卫生要求，应当戒除。

传说故事

一、 牡蛎精的传说

大连市北部有个轴承之都——瓦房店市。早先叫复县，古时叫复州。瓦房店城西三十千米有座古城，叫复州城。古时候，它是复州州治的所在地。城西八千米有座三百多米高的骆驼山。

红沿河（清朝称红崖河）就发源于骆驼山的前坡，流向西南方，经驼山乡、红沿河镇的 18 个村庄，注入大海，全长十千米。龙河发源于骆驼山的北坡，流向西北方，也是十公里长。我是喝红沿河的水长大的，对其有很深的情感。目前，东岗镇已经易名为"红沿河镇"。关于红沿河的传说，版本不止一种，我所了解的传说是这样的：

古时候，复州这一带，有海有岛有陆地。那时，骆驼山不过是个大礁石，上边住着一个颇有正义感的牡蛎精。那时辽东半岛上有两条龙治水，一条红龙，一条青龙。红龙的心眼好，青龙则凶恶狠毒，他俩因治水方略不同而常常干架。这不是嘛，这一天，红龙见天下大旱，口含龙珠，准备去下雨。青龙知道不让了，说："下雨可以！老百姓得向咱们贡献两对童男童女，否则没门！"于是两条龙，先是争吵，后来动手打起来了。那仗打得昏天暗地，乌云翻滚。红龙与青龙在天空中交替显现。龙珠都掉了下来。但见红龙满身是血，龙角都撞歪了。青龙在天上开始倒退，看来是准备撞龙头了。眼看红龙要吃大亏了，牡蛎精再也看不过了，于是牡蛎精使出全身的法术，来个旱地拔葱。牡蛎精身带礁石，直冲云霄，正中青龙的龙头。青龙被打死了，龙头飞向西北，落在海里，龙头变成老古岛，龙身变成龙河。再说红龙吧。红龙的龙头落在西南方的海里，龙头变成温坨子。核电站的核心装备核锅炉，就建在温坨子上。红龙的身子满身血迹，落在岩石上，染红了这一带的岩石，变成了一条小河。人们为了纪念红龙，将这条小河命名为红沿河。

由于牡蛎精使出了平生所有法力，虽说将青龙打败，但它自己也因法力耗尽而牺牲了，变成了骆驼山，再也变不回去了。如果你想看看牡蛎精的家，上骆驼山顶，还能看到岩石上牡蛎壳呢。

红龙的龙珠掉在骆驼山的北坡，入地，化作一个泉眼，日夜不停，哗哗流淌，仿佛向人讲述古老美丽的传说。

二、牡蛎换高官

牡蛎肉为海鲜美味之珍品，因此，在俄国还有一段牡蛎给信使带来官爵的故事。18 世纪，俄国作家拉吉舍夫的名著《从彼得堡到莫斯科旅行记》中记载：斯巴斯卡雅总督非常爱好吃牡蛎肉，一个信使便借传递信件之便，经常从彼得堡为总督买回牡蛎，送给总督，因而赢得总督的信任和奖赏，最终当了总督手下的一名高官。牡蛎肉不但好吃，而且营养丰富，甚益人。

干　贝

未识凉风宝殿西，宁惊海角有遗黎。
玉筝无日尝瑶柱，金马何人赏木樨。

——《尝瑶柱》·宋·晁说之

物种基源

干贝（Pinna pectinata L.）为瓣鳃纲江瑶科动物栉江瑶的后闭壳肌加工而成的干制品，又名江珧柱、瑶柱、干瑶柱、马甲柱、角带子、玉珧、元贝，以色泽淡黄有光泽、呈金黄色、身干、颗粒完整、大小均匀、肉质细嫩、坚实饱满、无碎片者为佳，主要分布在热带和亚热带沿海，我国以广东、福建沿海产量最多。

生物成分

每 100 克干贝含热能 237 千卡，蛋白质 49.7 克，脂肪 1 克，碳水化合物 7.9 克，灰分 10.5

克及核黄素、维生素 A、E 等，此外尚含微量元素磷、钙、硒、锌、铁、钠及胆固醇、尼克酸等。

食材性能

1. 性味归经

干贝，味甘、咸，性温；归脾、肾经。

2. 医学经典

《药用动物》："滋阴补肾，健脾和胃，平肝明目，解毒生机。"

3. 中医辨证

干贝，具有补肝肾、下气调中、利五脏、治消渴、消腹中宿食、治肾虚腰痛、梦中遗泄等功效。

4. 现代研究

干贝是味道鲜美的高级食品，但也有人认为其胆固醇含量高，不利于心血管的保健，故多不敢问津。实际上，近代科学家发现，干贝含有胆固醇之说实为含有类固醇之误，与胆固醇本来是两个问题，尤其所含营养氨基酸、矿物质等较为均衡，类似鱼类，含脂肪平均只有 2%～3%，实是低热能、高蛋白，可防治老年慢性疾病的理想食品。

干贝还含有牛磺酸成分，不仅能去除胆固醇，更具有增强性功能及防治贫血病的优异功能，是制造强精补肾的药材原料。据近代科学研究分析发现，干贝还含有抗癌成分，只是其在人体必需的 8 种氨基酸中含有 7 种，缺一种亮氨酸。恰好动物的肝脏也含有必需氨基酸的 7 种，缺一种苏氨酸，因此若和干贝合食则必需氨基酸齐全了，同时维生素及矿物质，可相互补充，营养成分几乎全面。

食用注意

（1）忌过量食用，过量食用会影响胃肠运动及消化功能，而致食物积滞，对干贝过敏者忌用。
（2）泡发干贝应用冷水或温水，忌用开水或热水。

小记

鲜贝对生活环境十分挑剔，它栖身海区的水温年变化在 0～28℃之间，而以 5～20℃最为适宜。这种滤食性贝类一般栖息在低潮线以下到水深 10～20 米，急流水清的海域，以摄食浮游生物、藻类孢子和有机物碎屑为生。一旦选中了地点，它即以右壳在下、左壳在上的姿势，舒适地卧于海底，以足丝附着于岩礁或砾石之上，张开两壳，守株待兔，让适口的食物自动入口。扇贝性惰，不肯轻易迁居。但当它感到环境不适时，也能毫不迟疑地将足丝连根弃去，靠贝壳的连续开闭并借助外套腔喷水的反作用力前移。遇到合适的地方再伸出足部，分生新的足丝附着在礁石上安家。

传说故事

江珧和老鼠

渔夫在海上辛苦了一整天，捕到了许多的鱼、虾和贝类。渔夫把它们统统装进篓里，带回了海边的家。回到家，鱼、虾及贝类全都被扔在地上进行分类。

一只江珧看见自己周围的鱼、虾全部都躺在地上喘着粗气，一副奄奄一息的样子，知道自己的命运也好不到哪里去，开始着急起来："怎么办？到了这里真的只有死路一条了吗？"

正绝望的时候，一只老鼠悄悄地溜了过来，江珧顿时看到了希望，忙叫道："老鼠大哥，见到您真是太高兴了。我知道你是个好心人，不会见死不救的，今天求您帮帮忙，把我拖回海里去吧！"

老鼠听了，心想："哼，我有那么好吗？不过我可以将计就计，想办法吃一回海鲜，那壳里的肉肯定鲜美无比。"想着想着，口水都快流出来了。

主意已定，老鼠答道："好是好，可我怎么拖你呢？你得把壳张开一点儿，这样我才能衔住你。"

江珧心想："哼，叫我张开壳，不就是想吃我的肉吗？没那么容易！可为了活命，我得冒点儿风险，我先打开一点儿试试看。"

于是江珧答道："好，我听你的。"

江珧小心地张开了一半的壳，老鼠立即伸嘴去咬，江珧迅速关上了壳，狠狠地夹住了老鼠的嘴唇。老鼠痛得"吱吱"地叫，一只猫听见了老鼠的叫声，飞快冲过去捉住了老鼠。

蛏　蛏

麦叶蛏肥客可餐，楝花鲚熟子盈盘。

家家芃磨声初发，四月江村有薄寒。

——《萧皋别业竹枝词十首》·明·沈明臣

物种基源

蛏蛏（Sinonovacula constricat canarck）为瓣鳃纲竹蛏科动物蛏蛏的肉，又名缢蛏、海指甲、元贝、女儿蛏。若张开壳的蛏子一碰到异物就立刻闭上，并从两个水管中喷出少许水来就表示蛏子是鲜活的。我国从辽宁到广东沿海都有分布，现江苏、浙江、福建等地有饲养。

生物成分

1. 蛏蛏干

据测定，每100克蛏蛏干含热能380千卡，水分18.3克，蛋白质55.5克，脂肪4.9克，碳水化合物27.4克及维生素A、B_1、B_2、C、E、尼克酸、视黄醇当量、类胆固醇，还含微量元素碘、钾、钠、钙、镁、磷、锰、铁、锌、硒等。

2. 鲜蛏蛏

据测定，每100克可食鲜蛏蛏含热能47千卡，水分80.1克，蛋白质8.1克，脂肪0.4克，碳水化合物2.7克及维生素B、C、E，还含食多种微量元素及氨基酸等。

食材性能

1. 性味归经

蛏蛏，味甘、咸，性凉；归肝、膀胱经。

2. 医学经典

《食疗本草》："补虚、止痢。"

3. 中医辨证

蛏蛏有滋阴、清热、除烦的功能，对烦热口渴、湿热水肿、痢疾有食疗辅助康复之效，对妇人产后乳汁亦有益。

4. 现代研究

蛏蛏含有蛋白质、脂肪、碳水化合物、多种微量元素及氨基酸，有抗炎作用，可防治泌尿系统感染，肠胃炎，并可防治心血管疾病，还能祛暑热。

食用注意

蛏蛏肉性寒凉，胃寒的人不宜多吃。

小记

蛏子两片长指形的薄壳，自壳顶腹缘，有一道斜行的凹沟，故名蛏蛏。蛏子在近海的软泥滩上挖穴生活，其潜伏的深度随季节而不同。夏季温暖，潜伏较浅；冬季寒冷，潜伏较深。平时潜伏的深度大约为体长的五六倍，最深可以达到 40 厘米。如果在海滩上看到相距不远有两个小孔，用长钩触动一下能喷出少许海水来，那么底下一定有蛏子。蛏子在软泥滩上的这两个小孔就是蛏子两个水管伸出的地方。蛏子的两个水管很发达，它完全靠这两个水管与滩面上的海水保持联系，从入水管吸进食物和新鲜海水，从排水管排出废物和污水，蛏子的大小可以从两个小孔之间的距离推算出来，其体长约为两孔距离的 2.5～3 倍。

传说故事

海神仙与长街蛏

很早以前，长街一带一片汪洋大海，靠海边的渔民对海里的渔业知识什么都不懂，只是一天到晚以捕捞为生，生活过得不怎么好。相传，有一位海神仙路过长街，渔民非常热情好客，感动了这位海神仙。于是，海神仙就在长街住下来，天长日久，海神仙深感这里的渔民勤劳俭朴、善良殷实。海神仙就恩施于长街渔民，对他们说，当我死后，用席子把我裹起来，抛到海涂里去。长街渔民老实照办。第二天潮水退了，海涂上排满了许许多多如似的"席卷筒"，外面包着薄薄的月牙子壳，里面一身白肉，壳子的一头露出两根管子，真像两条腿；另一头露出像一个舌头。渔民见到后，很奇怪，是否是海神仙变的呀！于是就把这东西叫作"圣"，圣因生在海里，后来，人们又在左边注上虫字，才成为现在的蛏子。

竹　蛏

海户求鲜食，填筐管族繁。

枕泥深诣窟，缘壳暗寻门。

擷玉客生摘，凝酥怯过燔。

著姜相打合，渍酒与温存。

角耸蛮娃髻，胪缠拙妇魂。

味号人口腹，菑累尔儿孙。

比类怜吹响，含津忆吐吞。

庭霜委故蜕，沙雨没虚痕。

荐爽山杯后，休将蛎蛤论。

——《食蛏》·明·沈周

物种基源

竹蛏（Solen）为瓣鳃纲竹蛏科动物长竹蛏的肉，又名马刀、狗肾蛏。长竹蛏（S. gouldii），贝壳质脆薄，呈长方形，长可达 11 厘米，好像两枚破竹片。壳面黄色，有铜色斑纹，肉黄白色，出水管和入水管常伸出壳外者佳。分布于我国沿海各海域沙滩，现在沿海各海滩已开始人工养殖。

生物成分

1. 竹蛏干

据测定，每 100 克竹蛏干含热能 340 千卡，水分 19.8 克，蛋白质 46.6 克，脂肪 4.3 克，碳水化合物 26.8 克，灰分 8.3 克及维生素 A、E，视黄醇当量、硫胺素、核黄素、抗坏血酸，还有微量元素钾、钠、钙、镁、磷、铁、锌、锰、铜、硒等。

2. 鲜竹蛏肉

据测定，每 100 克鲜竹蛏肉含热能 52 千卡，水分 81.3 克，蛋白质 6.1 克，脂肪 2.2 克，碳水化合物 2 克及尼克酸、维生素 E，还有微量元素钙、铁、磷、硒等。

食材性能

1. 性味归经

竹蛏，味甘、咸，性凉；归肝、脾、膀胱经。

2. 医学经典

《海洋药用动物》："滋阴泄热，除烦利湿。"

3. 中医辨证

竹蛏，补阴，祛烦热，利水，对妇人虚损、胸中烦热、湿热水肿不消等疾病有食疗促康复之效。

4. 现代研究

竹蛏，营养搭配合理、均衡，低脂肪，对胃炎、咽喉发炎、尿路感染有辅助康复效果。

食用注意

若生食，性大寒，能致腹泻，故脾胃素冷者食后必有动气泄泻之虞。

传说故事

"白玉蛏"的故事

"白玉蛏"实名白吓憨，莆田铁灶村人氏。在远古"帝皇"时代，官府百税压得民不聊生，特别是沿海缺地少田的人家更是痛苦难言。

"白玉蛏"是个老实憨厚的孩子，家境贫寒，母子俩靠出卖劳力，肩挑海产卖蛏为生。每年夏季海产鲜蛏收成，气候炎热，因清蛏性质清凉，买蛏的人较多，"白玉蛏"就向殖蛏户买蛏，肩挑至内地各乡或城镇叫卖，赚点钱谋生。

年复一年，母亲年岁大了，身体变差了，两个人生计全落在"白玉蛏"肩上。有一年暑夏，人们听说吃蛏会腹泻，买蛏的人逐渐少了，肩挑卖蛏生意不好做了。为了讨买蛏人喜欢，他每天都把蛏用海水冲洗干净，成了白色鲜蛏，然后挑到各地去卖，肩挑口喊："白玉蛏呀，蛏洁白，质量鲜。"白玉蛏的名字从此传开了，人们就称呼他为白玉蛏，生意果然好做了。可是不幸的事情也随之降临了。那年，正好京都公主年龄大、未婚嫁，父皇（皇帝）和母后（皇后）为公主操心，而商议招驸马事宜，这时公主正在门外窃听而进室曰："女儿近期连续夜梦，天上圣母赐婚，有一白玉蛏宜招为驸马。"父皇、母后听了半信半疑，即问："为官者谁是白玉蛏？是何许人氏？能传旨何处？"公主羞答答地逃离了。皇后强求皇帝下旨寻招白玉蛏为驸马，皇帝一道圣旨从京都传到各州各府，从福州到莆田，有许多图谋加官晋爵的贪官谋财之辈，尽力为皇上效劳。几天后，省府差役下县府巡礼，忽然，听见有人在叫唤白玉蛏而追上捕之，随而告其原因。可是老实憨厚的白玉蛏听后诚恳地说："我名字叫吓憨，白玉蛏是这洁白海蛏的名字。"差役们不由分辩，强行换装，护送他上京，皇帝看他相貌堂堂，眉目清秀，就不问缘由，下旨招驸马举行婚礼。吓憨当即成为堂堂正正的驸马爷。母后满意，公主得意，心想是自己胡编夜梦白玉蛏，为的骗父皇，世间真的也有白玉蛏。

爱乡孝母的吓憨，身在皇宫心在家乡，日日夜夜思乡念母，想念母亲的生活起居怎么办。由于内心不乐，讨厌皇宫的一切，而想方设法引公主出宫。于是，一个下午，当他陪公主在花园游玩时，公主大言夸耀花园风光美丽，皇宫建筑华丽，吓憨立刻反辩曰："这皇宫虽大，没有我家乡大；花园虽美，没有民间花园美。"娇惯成性、幼稚无知的公主就问："你家乡有多大多美呢？"吓憨脸不变色地开口自夸："我家乡有百亩花园，万顷鱼池。还有金的墩、铁的灶，日晒鸭蛋厅，雨洒划溪船。"公主听后高兴极了，心想定要跟驸马回乡观光。她急速请示双亲，因双亲疼爱她，一向有求必应，就准旨让其出宫，但宫规不可违，公主出宫就不能再度入宫。公主好奇心切，就满口答应，遵守宫规跟着吓憨回到家乡，母子相见，喜出望外。乡亲们围上去问长问短，喜气洋洋。但是，公主所见不是吓憨所说的景象，只有两间破烂不堪的屋子和衣裳不雅的民众，就大发娇气，哭闹不停，吓憨急忙哄劝："金墩、铁灶是故乡名字，有百亩田园万顷海洋是生活水源；两间古屋破旧，晴天，阳光从破瓦隙间照射室内一圈圈形似鸭蛋；下雨天，雨水从屋瓦破隙流进室内，水涨，木盆、水桶浮游像溪船。"公主听后气急败坏而撞壁自尽。随驾回乡的奴仆、差役急忙回宫禀报，皇帝得知公主身亡，心疼难言，不问青红皂白，大发雷霆，下旨官差砍下驸马的头。吓憨这老实巴交的孝子无辜死于非命，头被宝剑砍下，碧血洒人间。老母见儿、媳双亡，哭得死去活来，乡亲们为吓憨的不幸哭啼不止。官差带着驸马头颅上京汇报实况，皇帝知情后悔不及，为表疼惜，安慰民心，而下旨塑金头一只，派遣官差送金头厚葬驸马于故乡。

蛤 蜊

倾来百颗恰盈奁，剥作杯羹未属厌。

莫遗下盐伤正味，不曾著蜜若为甜。

雪楷玉质全身莹，金缘冰钿半缕纤。

更浙香粳轻糁却，发挥风韵十分添。

——《食蛤蜊米脯羹》·宋·杨万里

物种基源

蛤蜊（Meretrix meretrix）为瓣鳃纲蛤蜊科动物紫蛤蜊的肉，又名马珂、青蛤蜊、沙蜊、青蛤，以品质新鲜、色泽正常、蛤肉柔软清洁有弹性，允许薄膜破裂但不脱落，不漏内脏、大小均匀、无沙及外来杂质的为佳。我国沿海分布有十种之多，但以四角蛤蜊、青、紫蛤蜊为常见。

生物成分

经测定，每 100 克可食蛤蜊肉含能量 89 千卡，水分 76.4 克，蛋白质 15.6 克，脂肪 0.7 克，碳水化合物 5.0 克，灰分 2.3 克及维生素 B_2、C、E、胡萝卜素，还含硫胺素、尼克酸及微量元素硒、钾、钠、磷、镁、锌、钙、铁、锰、铜等。

食材性能

1. 性味归经

蛤蜊，味咸，性寒；归脾、胃、肺、肾经。

2. 医学经典

《本草经集注》："滋阴利水，化痰软坚。"

3. 中医辨证

蛤蜊有清热利湿、化痰散结的功能，对气喘咳嗽、胸胁满痛、痰多不利、咯血、崩漏带下、水气浮肿、小便不利、肿毒等症有食疗加速康复之效。此外，外用可治水火烫伤。

4. 现代研究

蛤蜊中有一种叫蛤素的物质，对白鼠肉瘤-180 和克雷布斯-2 腹水癌有效，在试管中对人的 Hele 型细胞含的抗癌效应。

附：蛤蜊壳粉

蛤蜊壳制成粉和蛤蜊肉的药用价值也很高，应注意的是，一般江河湖泊的蛤、蚌、螺壳等粉功能与海蛤蜊粉是不可比的。海蛤蜊粉味咸，性寒，实具清热湿、化痰、软坚，能治痰饮咳喘、水气浮肿、胃痛呕逆、白浊、崩中、带下、瘰瘤、烫伤等病。

食用注意

(1) 脾胃虚寒、痰湿内盛者不宜服用，有宿疾者应慎食。
(2) 女子月经来潮期间及妇人产后忌食。
(3) 不要食用未熟透的蛤蜊，以免感染肝炎等疾病。

传说故事

观 音 蛤 蜊

相传很久以前，观音菩萨经常到处云游，巡视民情。一天，她来到浙江海域上空，见天空聚一团浓浓的怨气。菩萨心想，凡有怨气的地方，百姓必有冤苦。观音立即动了慈悲之心，化作一个游方僧人，到民间察访。

观音菩萨来到一个临海小乡村，突然，瞧见一穷凶极恶的差役在痛打一位年老渔夫，直打得老夫叫苦不迭。街头远近渔民闻声都来观望，但都是面带愁容，没人敢上前阻拦。观音就问一渔民，渔民向她说了事情缘由。原来这是因为上贡蛤蜊，差役勒索渔夫。当时皇上唐文宗最喜欢吃蛤蜊，爱之如命，每日必吃，不吃就像犯了大病一般。为此，官府差役天天要给皇上准备蛤蜊。这样，浙江沿海一带的渔民就遭了殃，特别是宁波渔村更是首当其冲，因蛤蜊要数宁波最好，又大又肥又香。问题不在皇上喜欢吃蛤蜊，这宁波盛产蛤蜊，足够皇上食用，皇帝要吃多少也能供应得上，因皇帝吃得再多又能吃多少？问题就出在一帮贪婪的官吏差役上。他们借皇帝旨意，把蛤蜊作为贡品，巧立名目盘剥渔民，不但数量层层加码，越来越多，而且挑肥拣瘦。每户渔民按官府规定，必须按期限上交一定数量才算交差；差役收蛤蜊时过了秤，拿了收据才算了事。不然，交不上就要遭殃挨打。由于官役借机从中渔利，渔民交蛤蜊如果不贿赂官役，暗地塞几贯钱，官役就不会给你过秤，给你开票，他们肆意刁难，无事生非。蛤蜊这东西甚是娇贵，保存不了多长时间，不及时食用，就会腐烂变质。官役挑别，说你交的不合格，不收，好不容易捕到的蛤蜊就全坏了，还得再去抓，而交蛤蜊有期限，不按时交，还会给你加上违抗圣旨的罪名，更是让渔民吃不消。渔民为了顺利上交蛤蜊，就得塞钱。但渔民哪来这许多钱？又哪能满足得了这无底洞似的没完没了的勒索？这样一来，宁波地区的渔民日子越来越难过，不少渔户被弄得卖妻鬻子，家破人亡。今日，这差役所鞭打的老渔民，就是因为没有给官役塞钱，差役说老渔民误期抗旨而鞭打老人。

观音菩萨了解情况后，知道这小小蛤蜊竟给百姓带来这么深重的灾难，不禁动了恻隐之心。她想，如果再这样下去，这一带渔民都不得安宁，都会弄得家破人亡，九死一生，我必须想办法拯救这地区的渔民。眼前这可恶的差役，得先治治他。这时，观音走到了差役面前，说："请问差役大哥，这老伯犯了什么罪，你这么毒打他？"

差役见眼前是位游方僧人，不耐烦地说："你出家人管什么闲事？这老刁民总不按期交贡品，二天前就让他交，他今天才来，交的蛤蜊全不好，大多数是死的，怎么能上交皇上？他违期抗旨，还不该打？"

老渔民连连喊冤说："差役大哥，你说话要凭良心！两天前我就交了，只因这次未给大哥孝敬银两，大哥不肯过秤，才使得蛤蜊坏成这样，我一时又不能再捕得这么多蛤蜊，我有什么办法？大哥，冤枉呀！"

差役生气地说："你违期不交，还敢狡辩？看打。"差役又举起鞭子要打。观音上前用手挡住了，笑着说："差役大哥，你别生气。老伯这一筐蛤蜊不是好好的吗？你是不是没有看清楚？这蛤蜊个个活生生，都是上好的蛤蜊，你就收下，过秤吧。"

差役说："这不可能。"

观音说："不信，你把这蛤蜊抛入潮头，保证个个张壳迎潮而来。差役大哥，要是这筐蛤蜊都鲜活的，你能不能收下，过秤，饶过老伯这一关？"差役不信，顺手抓起一把蛤蜊抛入潮头，观音菩萨暗施神力，说个"变"字，只见死蛤蜊个个复活，顺潮而来，看得差役目瞪口呆，感到好不奇怪。

观音说："怎么样？我看你积点德，做做好事，老伯这么大年纪，你就饶他这一回吧。"

差役被眼前怪事弄得不知所措，这时围上来看热闹的人越来越多，一些人也帮着央求，差役看看眼前这年轻僧人，一股凛凛正气，无形中使他受到震慑，再一听人们央求，不知怎的，也就勉强地收了老渔民的蛤蜊，放了老渔民。

救了老渔民后，观音漫步在海滩上，想来想去还是心存不安。她想，救了这个老渔民又有何用？要从根本上解决问题，还得治本。这蛤蜊给百姓带来的灾祸，归根结底，起因在皇上唐文宗爱吃蛤蜊，所以要解救渔民之苦，不在治治几个官差，首要的在于点化唐文宗。只要唐文宗不再吃蛤蜊，渔民不再进贡蛤蜊，官差们鱼肉百姓的事也就没有了。听说唐文宗还算得上是个能听纳谏言的明主，又信佛法，何不把他点化？想到这儿，观音菩萨立即想出了一个主意。

事隔不久，就出了一件奇事。在御厨中，厨师在渔民上贡给唐文宗的蛤蜊中看到了一个特大的蛤蜊壳上有好多莲花花纹，色泽艳如彩霞，分外引人注目。御厨中天天进来好多蛤蜊，但从没有见过有这样美丽的奇蛤。这样的奇异之物出现，御厨官吏不敢不上奏，他们立即上奏唐文宗。文宗皇帝闻奏，亲自来到御厨观看，还带来一批大臣。

皇上和大臣看到那特大蛤蜊，都感到惊奇。大臣们都纷纷说这是吉祥嘉瑞。

唐文宗命令厨师打开蛤蜊。

一个开蛤的好手上来开蛤。往常，打开一个蛤蜊轻而易举，迎刃而开。谁知这个大蛤蜊却坚如金心，怎么也打不开，换了好几个人也不行。

唐文宗觉得奇怪，亲自上前，用手敲了敲蛤蜊壳，想看看究竟。只听轰然一声，大蛤蜊应声而开。随着蛤蜊壳的打开，人们看到道道金光四射，彩霞缤纷，在蛤壳中，有一座端端正正、庄严肃穆的观音菩萨像，这菩萨像似玉非玉，似珠非珠，晶莹透彻，光彩夺目。

这端庄的菩萨宝像的突然出现，惊得唐文宗和人们都愣住了，感到惊诧。唐文宗更是百思不得其解，为什么观音菩萨会出现在蛤蜊中呢？这究竟是不是祥瑞？

他立即传令召见恒正禅师，恒正禅师来到，看了蛤蜊中出现的观音，想到这事肯定和文宗皇帝爱吃蛤蜊，官役借机鱼肉百姓有关，观音菩萨显化，是为了告诫唐文宗。恒正禅师不禁对观音菩萨的良苦用心十分敬佩。于是，恒正禅师就把自己平日所见所闻有关皇上爱吃蛤蜊，官差借机盘剥渔民的事启奏唐文宗，说："依老衲所见，这是观音菩萨就蛤蜊伤民这件事现身说法，要陛下体察民情，爱护百姓。依我看，观音大师用心良苦，这次在蛤蜊中显化，就是要给皇上看，让皇上警觉。我看陛下从此把食蛤蜊的嗜好戒了罢。这是利国利民的大事，不然，就是对观音菩萨的不敬。"

文宗皇帝听了以后，想到自己吃蛤之事竟然造成这伤民的严重后果，竟然引得观音菩萨显化，感到震惊。文宗皇帝本是明主，又是佛教徒，听了恒正禅师一番规劝，也就幡然觉悟，立即发誓永不食蛤，并下旨罢贡蛤蜊，惩治贪官。同时，颁旨各地建观音寺，供奉观音菩萨。宁波一带渔民从此免遭上贡蛤蜊之苦。起初，他们对不再上贡蛤蜊和看到县里惩治贪官，都感到又高兴又惊奇，但不知缘由，后来，京都皇厨把蛤蜊观音的奇事传到了宁波，渔民知道原来是观音菩萨慈悲，都感激涕零，于是，家家渔民都供起观音，早晚叩拜。这"蛤蜊观音"的故事在浙江沿海渔村流传至今。

河　蚌

雪似琼花铺地，月如宝鉴当空。
光辉上下两相通，千古谁窥妙用。
若悟珠生蚌腹，方知非异非同。
阴阳相感有无中，恍惚已萌真种。
————《西江月》·宋·张抡

物种基源

河蚌（Anodonta woodiana）为瓣鳃纲、蚌科，无齿蚌亚科动物河蚌的肉，近缘物种有背角无齿蚌、三角帆蚌、褶纹冠蚌等，又名河歪、河蚌、菜蚌、仰歪、喜嬉歪，蚌贝壳清晰，色泽光亮，呈青褐色，质量好。我国各地淡水的湖泊、河川及各地池塘均产。

生物成分

据测定，每100克河蚌肉可食部分含热能71千卡，水分80克，蛋白质15克，脂肪0.9克，碳水化合物0.8克及维生素A、B_1、B_2、E、硫胺素、视黄醇当量、尼克酸，还含微量元素钾、钠、钙、镁、铁、锰、锌、铜、磷、硒等。

食材性能

1. 性味归经

河蚌，味甘、咸，性寒；归肝、肾经。

2. 医学经典

《食疗本草》："清热，滋阴，明目，解毒。"

3. 中医辨证

河蚌有软坚散结，清热化痰之功效，对症瘕咳嗽气喘、胸胁满痛、咯血、崩漏等症有食疗加速康复之功效。

4. 现代研究

河蚌肉含蛋白质、核酸、锌、钙等营养素，蚌肉的锌，有参与黑色素合成，维护皮肤的弹性、光泽、光滑等作用。蚌肉中的核酸，有消除老年斑，使皮肤变得丰润、光滑和消除皮肤皱纹等作用，青春期面部长粉刺或脸部有感染者常吃蚌肉，有较显著的美容效果。

食用注意

（1）河蚌肉在烹煮前，首先要摘除灰黄色的鳃和背后的泥，要用木棒或斧把足敲松，敲得摸不着硬块才好，洗涤时要用精盐揉搓，把黏液洗净，就可以烹煮了。

（2）河蚌肉性寒利，利尿力强，有伤津劫液损阴之弊，多食易发风动冷气，引起体寒、怕冷、腰酸冷痛，故阴虚津枯之人或小便清长者忌食之，便溏者亦不宜食。

传说故事

一、河蚌石的传说

在潜山县天柱山的飞来峰下，有一块高大且被分成两半的石头，名曰河蚌石，据传是一个蚌壳精的化身。

传说远古时代潜山为大海时，一个蚌壳精在此兴风作浪；而潜山逐步变成陆地时，它钻进泥巴，仍蠢蠢欲动，为祸人间。东汉时期有一个道家高人叫张道陵，自称张天师。一日，张天师见潜山上空妖雾四起，断定有妖怪作祟，遂决定为民除害。他命小徒弟沿河察访，调查详情。小徒弟雇了一个小竹排，逆流而上。临近中午时分，小徒弟饥饿难耐，于是便让排工靠岸。岸边丛林中掩映着一个小客店，店主竟是一位美貌妖艳的女子，该女子看到他们二人后立即上前迎接。期间，该女子百般卖弄风情，但小徒弟却不动声色，视而不见。

"小师傅神情严肃，是不是有什么事情啊？"该女子狡黠地问道。老实巴交的小徒弟一时说漏了嘴，将此行任务告诉了她。"这太平盛世的，哪有什么妖怪啊？"女子说罢，转身端出两碗热腾腾的面条来。小师傅和排工此时早已饥肠辘辘，便狼吞虎咽地吃完面条，之后继续赶路。不一会儿，他们突然觉得肚子疼痛难忍，最后昏倒在了竹排上。张天师久等徒弟不归，心中产生了不祥的预感。他举目望潜河，果然发现了徒弟和排工的身影。张天师急忙赶到，施法将二人救醒。听完徒弟的诉说后，张天师料定那女子便是蚌壳精，于是驾起祥云来到小店。妖艳女子见张天师仙风道骨，知道对方法力高深，便打算溜之大吉。张天师眼疾手快，用云帚划了一道符咒，女子立即现出原形。他又用云帚一挥，把蚌壳精扫到了天柱山上，将其化作河蚌石，任凭风吹雨淋以示惩戒。

二、鸳鸯蚌的传说

通天寨山下，有一南坑水库，南坑水库东山脚下，有一对栩栩如生的大石蚌，人称鸳鸯蚌，这里有一个传说故事。在很早以前，山下住着一户姓欧阳的人家，家境贫寒，父母年迈，有一子名叫欧阳山，自幼聪颖过人，在学馆里他一直是名列前茅的成绩，因此，人家都叫他穷书生。穷书生连考几年的秀才都不中，心中觉得蹊跷，后听一个考中的秀才暗言，他父亲送主考官白银一千两，方中秀才。顿时，欧阳山愤愤不平，要去县衙告他。但父母知道后，对他说："儿啊，世道是这样，只有官官相护，哪里能告倒主考官？我们是注定命穷命苦的，安心种田吧！"

欧阳山听了父母的劝说后，觉得在理，心想，如果要送礼，那我是永远也考不到秀才了，何谈大的功名？思来想去，心痛不已，于是就自尽在家中。

穷书生死后，阴魂不散，冤屈难消，直奔城隍老爷那里诉说死因，因为他知道城隍老爷是日到天庭夜走阴间之神。城隍老爷听完缘由，愤愤不平，速上天庭奏与玉帝，玉帝听后更是又气又惜，气的是主考官贪财枉法，惜的是死错人才。于是，他速派太白金星下凡惩治主考官。经过审讯，查出主考官在十几年中贪得文银十万两，他们夫妇二人贪心不足，合谋收受钱财、断人仕途，罪恶累累。因此，太白金星就将他夫妇都捉拿归案，以待发落。

太白金星在石邑游玩数日，看到千佛山通天寨真如蓬莱仙境，有山有水，但美中不足的是，少了水中之物。他让上心来，就把主考官夫妇俩变为一对石蚌，放于通天寨脚下南坑水库中，以惩罚他贪赃之罪行，让他俩在清澈的水中静修思过。太白金星不经意间又增添了通天寨一道游客观赏的景点。此后，南坑水库有了一对"鸳鸯蚌"。

三、鹬蚌相争

战国时期，赵、燕二国是实力相对较弱的国家，强大的秦国对它们觊觎已久。

一次，赵国国君赵惠文王打算出兵攻打燕国。为了避免两个弱国的战争，燕国的苏代前来游说赵惠文王。

苏代对赵惠文王说："请大王先别谈攻打之事，先听我讲个故事。有一天，天气很晴朗，阳光普照，河岸十分暖和。一只很久没上岸的河蚌爬到了岸上，张开蚌壳，很舒适地晒着太阳；不一会儿，河蚌就打起了瞌睡。这时，一只鹬鸟飞了过来，它见河蚌正在睡觉，就悄悄地落在河蚌的身边，趁机用它那长长的尖嘴啄河蚌的肉。河蚌猛然惊醒，迅速地把蚌壳一合，将鹬鸟的尖嘴紧紧地夹住了，鹬鸟死死地拉着河蚌肉，河蚌无法回到河里；河蚌紧紧地夹着鹬鸟的嘴，鹬鸟想飞也飞不走。它们就这么互不相让，干耗着。鹬鸟说：'我看你能在岸上待多久！如果今天不下雨，明天也不下雨，你就会被干死、晒死，到时候，这岸上就会有一只死蚌了。'说完得意地大笑起来。河蚌也毫不示弱地说：'我看你能饿多久！我今天不松开你的嘴，明天也不松开你的嘴，你就会被饿死在这里，到时候这岸上就会有一只死鹬了。'这时来了一位渔人，他没费什么力气就把蚌和鹬都捉住了。"听完苏代的故事，赵惠文王幡然醒悟说："是啊，如果我们小国自相残杀，让秦国从中得利，那我们跟这故事里的鹬和蚌有何区别呢？"赵惠文王由此取消了攻打燕国的计划。

为此成语，宋代诗人史浩曾有一首《好事近》词现录于下，与读者共同欣赏：

> 欹枕不成眠，得句十分清绝。
> 一夜酸风阁花，酝江天飞雪。
>
> 晓来的皪看枝头，老蚌剖明月。
> 帝所待调金鼎，莫教人轻折。

魁 蚶

既然使尔住涂田，福祸随他且作缘。

泥底何人知素洁，筵间有客捧红嫣。

纵教皓魄汤中散，不改芳名天下鲜。

如此一身谁得似，内涵柔美外贞坚。

——《蚶》·现代·吴毓馨

物种基源

魁蚶（Arca inflata）为瓣鳃纲蚶科动物魁蚶的肉，又名瓦楞、毛蚶、毛贝、瓦棱子、血甘、瓦屋子，以新鲜、肥大、肉柱紫赤色者佳，分布于我国南北、中海滩沙滩涂。

生物成分

据分析，每100克可食魁蚶肉含热能44千卡，水分71克，蛋白质8.1克，脂肪0.4克，碳水化合物2克，还含有丰富的维生素A、B_1、B_2、C，烟酸，多种矿物质，微量元素和15种氨基酸等。

食材性能

1. 性味归经

魁蚶，味甘，性温；归肺、肝、脾经。

2. 医学经典

《本草纲目拾遗》："润五脏，治消渴，利关节。"

3. 中医辨证

魁蚶，益气补中，温脾健胃，养血活血，对血虚、胃痛、消化不良、痢疾、阳痿、大便溏泻、食少乏力、肢体麻木等症有食疗助康复之效。

4. 现代研究

魁蚶的提取物对葡萄球菌、大肠杆菌有抑制作用。

食用注意

凡是患有传染性疾病，如肝炎、伤寒、痢疾以及发热病人忌食。

传说故事

"国姓蚶"的传说

一天，郑成功到白沙招军处视察，正巧碰上海霸的两个管家又抓来一个小女孩。因为这女孩的母亲去年染病身亡，父亲体弱多病，三位弟妹年幼无知，交不起税下不了海，家中已断炊，只好偷着到海滩上挖小海蚶度日。人们看到女孩被抓都很同情，有的说："骑在渔民头上拉屎拉尿的渔霸都治不了，还投军干什么？"也有的说："再坏也是族亲，一笔写不出两个郑字来。"郑成功见状，十分气愤，当下抓来郑占，命令他取消下海纳税的规定，让五马江畔诸乡的渔家船民自由下海捕鱼削蚝，还把女孩半小篓海蚶撒向海滩，然后，令军士给小女孩一些钱和粮食，并当众宣布："国姓兵驻扎在此处，各位父老、兄弟姐妹尽可放心，想下海干什么就干什么，谁也不敢再阻拦你们啦！"渔民乡亲见郑成功办事大公无私，纷纷把亲人送到招军处。后来，渔民们发现郑成功撒在海滩上的小海蚶生长很快，年复一年地繁殖，遍布海滩，并成为沿海的美味海鲜。渔民们说这是郑成功所赐，为纪念郑成功就叫它"国姓蚶"吧！从此，"国姓蚶"传开了，这故事一直流传到今天。

梅　蛤

一夜潮回葭船舷，梅蛤白蟹不论钱。

祀过周七娘娘庙，满塘青虾带雨鲜。

——《海港竹枝词》·清·石宏

物种基源

梅蛤（Moerella iridescens）为瓣鳃纲樱蛤科动物海瓜子的肉，又名虹彩明樱蛤、扁蛤、海瓜片、小花蛤，身有小花纹而得名"梅蛤"，以新鲜、大小整齐、外壳明快、无杂质、无异味者佳。贝壳长卵形，长只有2厘米左右，分布于江苏、浙江沿海。

生物成分

据测定，每100克可食梅蛤肉含热能56千卡，水分86.6克，蛋白质8.9克，脂肪1.9克，碳水化合物0.8克，灰分1.8克及维生素A、B_1、B_2、E，硫胺素、尼克酸，还含有多种氨基酸及微量元素，特别是微量元素硒的含量高出其他软体动物。

食材性能

1. 性味归经

梅蛤，味甘，微咸，性微寒；归脾、肾经。

2. 医学经典

《嘉祐本草》："补肾，健脾，和胃。"

3. 中医辨证

梅蛤平肝潜阳，补肾益精，对腰膝酸软、头目眩晕、吐酸、心悸、耳鸣、吐血、衄血等症有食疗促康复的功能。

4. 现代研究

梅蛤中含一些特殊的化学物质，可抑制胆固醇在肝脏内的合成，加速胆固醇的排泄，从而使人体内胆固醇下降，其功效比谷固醇（常见的降胆固醇药物）更强。

食用注意

（1）痛风患者慎食。

（2）脾虚寒泻者勿食。

传说故事

小花蛤学飞

早先，花蛤和蛏子是兄弟，它长长个子细细的身，盖着两片薄壳儿，与蛏子同一长相。兄弟俩居住在浅海，吃的是海涂泥，喝的是海涂水，晒着暖和的太阳，舒服极了。谁知那年飞来一群水鸟，老是三三四四来啄它们当点心吃。花蛤和蛏子安静的环境被破坏了，每天提心吊胆地过日子。

眼看家族一天天地衰下来，花蛤发愁了。它对蛏子说："哥呀，这班恶东西看来不走了，我们要想想办法呢！学学弹涂鱼它们，打个洞，躲在里面，就不会被它们啄到了。"

蛏子说："好是好，不过自古以来没听说我们这一族能打洞的。弹涂鱼头硬尾巴尖，我们凭什么？"

花蛤说："就凭我们两片壳！试试吧。"

蛏子无奈，只得跟花蛤一起学打洞，才打了一阵，蛏子就叫起痛来。

花蛤说："我也痛，熬一熬就过去了。"于是，它们又继续打洞。潮水涨上来了，泥洞打了一半，潮水退下去了，泥洞又打了一半。一天一夜，他俩终于打了两个一尺来深的泥洞。蛏子躲到泥洞里，长长地松了一口气。

它们在洞里待了三天三夜，没吃没喝，又见不到阳光，全身软疲疲的，难受极了。探头向洞外看看，有只水鸟在上面飞过，又慌忙躲回洞里去了。花蛤说："哥呀，光会打洞还不够，要想个更可靠的办法才行。"

蛏子身上的伤痛未消失，一听花蛤又要出新花样，心里老大不高兴，转过头不回答。花蛤接着又说："哥呀，我想学飞。要是我们也像水鸟那样能飞，就不怕了。"

蛏子苦笑着说："你昏头了！我们没有翅膀，怎么飞呢？别胡思乱想了。这次我无论如何不能依你。"

花蛤劝不动蛏子，就独个儿学了起来。当然，学飞谈何容易！它先练跳跃，从高处向低处跳，从低坡向高坡跃。学了没几天，摔得全身青一块紫一块的，满是伤痕。

花蛤正学着，蛏子来了。它一见花蛤摔得这个样子，大吃一惊，便劝它快点停下来。花蛤却说："要学学到底，我不能半途而废！"蛏子说不过花蛤，摇摇头，转身又钻进泥洞里去了。

花蛤的决心可强呢！太阳出来了，它晒着太阳学，太阳落山了，它伴着月光学。风里学，雨里学，起早落夜，从不间断。慢慢地，花蛤的身子变得短小了，两片壳变得厚墩墩的，全身精血充足，韧带又韧又粗，富有弹性，终于被它突破了难关。花蛤高兴极了，它一飞一歇、一歇一飞地去找蛏子。蛏子一见很羡慕。但蛏子缺少勇气，没法学会花蛤的本领。

直到现在，蛏子只能打洞，因为它害怕水鸟，老是躲在深深的涂泥里。涂泥里见不到日光，所以它浑身青白，没有一点血色，软软的肉，薄薄的壳，经不起敌人袭击。花蛤就不同了：它血气旺盛，精力充沛，既能打洞又能飞。它经过长期练出来的"一飞一歇"的本领，能对付水鸟，在宽阔的海涂下自在生活。

白 蛤 仔

七里涌头子蛤仔，太阳一出口俱开。

平生肝胆虽然露，狡鹬何曾逐臭来。

——《颂古十九首》·宋·释法全

物种基源

白蛤仔（Ruditapes philippina-rum）为瓣鳃纲帘蛤科动物白蛤的肉，又名泥蛤、泥蚶、珠蛤。由于壳内外白色，在 3～5 月间最肥时才呈青紫斑，呈现于贝壳的至高点，过了这个时期，外壳又一片白色，以新鲜、外壳光洁、无泥质、大小均匀、无异味者佳。生于浅海沙滩中，分布于渤海、黄海至广东雷州半岛，辽宁庄河、山东胶州湾、江苏全海岸浅滩及福建的连江是我国的四大高产区。

生物成分

经测定，每 100 克白蛤仔可食肉含热能 67 千卡，水分 80.2 克，蛋白质 12.8 克，脂肪 0.8 克，碳水化合物 2.6 克，灰分 2.0 克及维生素 A、B_1、B_2、C、尼克酸，还含有微量元素钙、磷、铁、硒、碘等。

食材性能

1. 性味归经

白蛤仔，味甘，微咸，性微寒；归胃经。

2. 医学经典

《本草经集注》："补血，温中，健胃。"

3. 中医辨证

白蛤仔，益气而补中，则五脏安，胃气健，对食欲不振、贫血、燥热咳嗽、肺结核等症有食疗促康复之效果。

4. 现代研究

白蛤仔肉，有滋阴、明目和软坚、化痰之功效，还有益精润脏的作用。高胆固醇、高血脂体质的人以及患有甲状腺肿大、支气管炎的人尤为适宜食用。

食用注意

（1）脾胃虚寒者慎食白蛤仔。
（2）如用其汤，不要放盐和味精，以免鲜味丧失。

传说故事

蛤仙岛和五虎石的传说

从前，哈仙岛树木丛生，一户人家也没有。岛前面的海湾里，白蛤一层又一层，挖也挖不尽。人们都叫它蛤子湾，说湾里住着一个修炼千年的蛤子仙。

蛤子仙原来是东海龙宫的宫女，因为长得苗条秀气，就惹下了麻烦，鱼鳖虾蟹总缠着她，要娶她做媳妇。它们之间还经常争风吃醋，大动干戈，互相打得一塌糊涂。蛤仙姑娘看不惯它们的德行，就在一个天低云暗的夜晚逃出了龙宫，来到这个海湾藏起来，专心修炼。

后来，从山东来了一户姓张的人家在岛上落了户。这家人父母双亡，弟兄六个日子没法过，就驾一只船漂流到岛上来。弟兄六个都长得虎背熊腰、力大无比，名字都取了"虎"字，叫大虎、二虎、三虎……直到六虎。他们靠种地打鱼为生，天天都要来蛤子湾挖筐蛤子回家下饭。

那鲜嫩可口的蛤子肉，给弟兄六个添了美味，长了力气。

谁知好景不长，一年以后，这里来了虮蛸精，它见蛤子的肉鲜嫩可口，就赖在这里不走了。几天后住在海边的张家兄弟发现了一桩怪事：昨天还平平展展的海滩，一宿就堆起了一大堆蛤子壳，越堆越多，不到半年，就堆起了一座蛤壳山。

一天，大虎和三虎划着小船到蛤子湾打鱼挖蛤子。小船划出不远，海面就起了大雾，那雾黑沉沉的、腥刺刺，对面不见人。弟兄俩见情况不妙，急忙转橹往回划。正在这时，忽听水面"唰啦"一声响，周围竖起八根盆口粗的大柱，从四面把小船紧紧地箍在中间。三虎伸手一摸，吓得"妈呀"一声惊叫，钻到船底躲起来了。原来那大柱子是虮蛸精的腿，腿上那肉碗子（吸盘）像个小饭盒，摸一下肉乎乎，吓死人，弟兄俩没了主意只好躲在舱底听动静。

过了一个时辰，雾散了，天晴了，弟兄俩爬出来一看，虮蛸精不见了，小船已经漂到了岸上。打那以后，这六兄弟再也不敢到湾里打鱼挖蛤子。好端端的一个蛤子湾，被虮蛸精独占了。半年以后，海湾里的白蛤吃光了，这精灵又向岛上伸爪子。一天，二虎在山上耕地，休息时把牛放在山坡上吃草，忽听牛叫，抬头一看，海里伸出一条又粗又长的虮蛸腿，在半空打了个旋儿，朝着半山坡上甩过去，把一头九百多斤重的大犍牛卷起来，拖到海里不见了。

当天夜里，海上起了雾，蛤子湾里传来阵阵女人的哭声。天刚亮，弟兄六个都做了同样的梦，梦见一个仙女般的姑娘，泪流满面地来到窗前说："张家哥哥，快来救救我，我是东海龙宫的蛤仙女，为了逃婚，来这里安家，一心修炼，谁知来了虮蛸精，把南大湾的蛤子吃了个精光，又把你们家的犍牛拖进水下吃。虮蛸精看俺长得好，天天缠着俺，要俺做它的压寨夫人，定于明天正晌午时在蛤子湾拜堂成亲。俺如果不从，就要杀俺。俺只好应承，决定明天正午趁它不备，拼个死活。你们兄弟六个若肯帮我一把，这事就成了。求大哥一定帮忙，你们的大恩永世不忘……"

弟兄六个一觉醒来，都说了自己梦中的情景。大虎思前想后，对五个弟弟说："怪不得呢，原来是虮蛸精兴妖作怪，不除掉这个孽种，咱们就没有好日子过。"他和五个弟弟备了刀矛鱼叉，吃饱喝足，准备血战一场。

正晌午到了。张家六兄弟藏在松林里，往蛤子湾一看，只见水平如镜，不大功夫，湾里冒出一股水泡，转眼从水下钻出两个使女，抬着一张八仙桌往水面一放，又出来六个使女，在桌上摆下了供品和香纸蜡烛，随着一阵鼓乐声，一个红脸大汉扯着一个天仙般的姑娘漂出水面。正要鞠躬向南朝拜，姑娘抽出一个尖尖的东西，朝红脸大汉的右眼扎了下去。只听大汉"啊"一声惨叫，立刻现形，原来是一个奇大无比的虮蛸精。只见它张开八条大腿，一下子把姑娘抓起来，搂在怀里，张开血盆大口，刚要吞下肚去，忽然金光一闪，那姑娘也现了原形，是一个碾盘大的白蛤子。在这千钧一发之际，张家六兄弟呼哨一声，纵身跳下水去，从四面八方把虮蛸精紧紧围在当中。虮蛸精猝不及防，急忙松开了蛤子仙，朝六个兄弟扑过来。大虎眼疾手快，举起钢刀"咔嚓"一声，砍掉了一条虮蛸腿。虮蛸精一声怪叫，向大虎扑来，不料，二虎、三虎从背后动了刀子，四虎五虎从斜刺里下了攥子，把虮蛸精浑身上下扎成窟窿，痛得它发疯似的一阵怪叫，抢起剩下的七条大腿，在水里一划拉，把弟兄五个卷到水里，摆三下，然后"噢"的一声甩到了岸上。六虎趁这个机会从水下钻出来，手挺渔叉，一叉刺中了虮蛸精的左眼，一股黑色的血水哗哗地喷向水面，痛得它一甩身，吐出一口口黑水，把澄清的海湾染得漆黑一团，钻进水下溜走了。

六虎刺下那一渔叉后，只觉得脑袋上好像被抽了一鞭子，就人事不省了。等他苏醒过来，发现自己躺在炕上，一个天仙般的姑娘跪在身边，正流着眼泪给他喂水。他抬了抬头说："大姐，你是谁？这不是在梦里吧……"姑娘羞答答地说："六虎哥，不是梦，你到底醒过来了。多谢你们兄弟搭救了我，我就是那个蛤仙姑娘啊！"六虎一听，急忙爬起来问："我那五个哥哥呢？"姑娘一听，扑簌簌地流下两行热泪说："他们不回来了，在蛤子湾为咱守海呢！"

六虎不明其意，拉起姑娘就往海边跑。到了滩头一看，五个哥哥齐刷刷地站在岸上，怒冲冲地盯着海面，一动也不动。六虎跑上去一摸，放声大哭。原来五个哥哥都变成了石头，再也醒不过来。六虎边哭边诉说："天哪，我没有亲人了，从今往后我可怎么过啊！……"

姑娘闻听，扑通一声跪在地下，流着眼泪说："六虎哥，我就是你的亲人啊！你若不嫌弃，我愿陪你一辈子。"六虎听了，抬起泪眼看着面前这个天仙般的姑娘，像在梦里。

当天晚上，一对有情人就在海边土屋里拜了天地，成了恩爱夫妻。从此，两个人男耕女织，打鱼摸虾，繁衍后代，成了这个岛上的先祖。后人为了纪念他们，给这个无名小岛取了个名字叫蛤仙岛，叫来叫去，叫走了字儿，叫成了哈仙岛。直到如今，岛上的渔民，姓张的占了大多数，可见，他们的祖先是蛤仙和张家六虎无疑了。

人们为了纪念张家五兄弟，给海边那五个人形石取名叫五虎石。传说自从海边有了五虎石，小岛年年太平无事，不管是海盗胡子，还是海怪水妖，一看到他们就胆战心惊，逃之夭夭。

文　蛤

车螯肉甚美，由美得烹燔。
壳以无味弃，弃之能久存。
予尝怜其肉，柔弱甘咀吞。
又尝怪其壳，有功不见论。
醉客快一噉，散投墙壁根。
宁能为收拾，持用讯医门。

——《车螯二首》·北宋·王安石

物种基源

文蛤（Meretrix meretrix）为瓣鳃纲帘蛤科动物车螯的肉，又名黄蛤、大花蛤、圆蛤、花利壳、白利壳、车螯、海蛤、泥泥歪、歪歪油壳。乾隆曾封其为"天下第一鲜"，以贝壳表面膨胀光滑、光泽如漆、波纹状褐色、花纹清晰、新鲜无异味者佳。分布于渤海、黄海、东海及南海，以渤海湾及江苏沿海产量最大。

生物成分

据测定，每100克可食文蛤肉，含热能89千卡，水分76.4克，蛋白质12.8克，碳水化合物4.7克，脂肪0.7克，灰分1.5克及维生素A、B_2、视黄醇当量、硫胺素、尼克酸及多种氨基酸、琥珀酸等复合物，此外还含钙、磷、铁、硒等微量元素。

食材性能

1. 性味归经

文蛤，味咸，性寒；归胃经。

2. 医学经典

《神农本草经》："清热化痰，软坚散结，止酸止痛。"

3. 中医辨证

文蛤，具有清热、利湿、化痰、软坚的功效，对口渴烦热、咳逆胸痹、瘰疬、痰核、崩漏等症有食疗促进康复之效。

4. 现代研究

文蛤所含营养物质较全且合理，文蛤的提取液对葡萄球菌有较大的抑制作用，对肺结核、淋巴结核、糖尿病、软骨病、双眼视物不清、夜盲症等疾病有辅助食疗效果。

食用注意

（1）脾、胃虚实者不宜食文蛤。

（2）痰湿内盛及有宿疾患者慎食文蛤。

（3）女子月经来潮少食或不食文蛤。

（4）不宜生食文蛤，防止感染肝炎。

传说故事

明朝正德皇帝与文蛤

相传，正德皇帝每年喜爱到江南游春赏花。这年他乘船驶进黄海，突遭暴风，漂流了三昼夜，直泊到吕泗附近的秦潭村，又饥又渴的他便独自上岸觅食。

时值夜深，家家关门闭户，只有一扇窗口透出灯火。正德皇帝便叫门进屋，说明来意，正在织网的渔家女子秦娥便以一大碗大麦粝饭，一碗文蛤菠菜汤，予以款待。一见热气腾腾、喷香扑鼻的渔家饭菜，皇帝竟狼吞虎咽起来，特别是又鲜又美的文蛤菠菜汤，不但喝个精光，还连声赞道："好鲜，好鲜，真是天下第一鲜。"

返回京城后，皇帝又过上山珍海味的生活，可总不忘那顿渔家饭菜，并怒斥宫中御厨不会做菜。吓得御厨们忙踏上吕泗岛，挨家挨户，寻找秦娥姑娘。秦娥来到京城，教厨师做了几道文蛤菜，皇帝吃得津津有味，又赐金银绢帛，又欲挽留。秦娥谢恩后道出家有老父，需尽孝，皇帝十分感动，亲自加封秦女，并派官员护送回乡。从此，"吕泗文蛤"名扬天下。

蜗　牛

游宦京都二十春，贫中无处可安贫。
长羡蜗牛犹有舍，不如硕鼠解藏身。
且求容立锥头地，免似漂流木偶人。
但道吾庐心便足，敢辞湫隘与嚣尘。

——《卜居》·唐·白居易

物种基源

蜗牛（Fruticicola）为腹足纲肺螺亚纲蜗牛科动物褐云玛瑙螺的肉，又名法国蜗牛、非洲蜗牛、葡萄蜗牛、小灰色蜗牛等，以个大、体健、鲜活者佳，分布于广东、广西、福建、台湾、江苏等省。

生物成分

经测定，每100克可食蜗牛肉含热能59千卡，水分80.1克，蛋白质11.6克，脂肪0.6克，碳水化合物4.3克，灰分3.6克及硫胺素、维生素B族、尼克酸、维生素E，还含微量元素钙、钾、镁、钠、锌、铁、锰、铜、硒和人体必需的氨基酸、蜗牛素等物质。

食材性能

1. 性味归经

蜗牛，味甘，性微温；入胃、大、小肠经。

2. 医学经典

《中国药用动物》："清热明目，利水通淋。"

3. 中医辨证

蜗牛，有祛痰、清热、利水之功，对咽炎、腮腺炎、痔疮、小便不畅、脱肛等症有食疗助康复之效。

4. 现代研究

蜗牛含蛋白质、脂肪、维生素 A、B_1、B_2、D 及蜗牛素，对酒疸诸黄、小便不利、热淋、糖尿病等疾病有食疗促康复之效果。

食用注意

（1）服用左旋多巴时慎食蜗牛。
（2）不要和猪肉同食。

传说故事

一、只有靠自己

小蜗牛问妈妈：为什么我们从生下来，就要背负这个又硬又重的壳呢？妈妈：因为我们的身体没有骨骼的支撑，只能爬，又爬不快，所以要这个壳的保护！小蜗牛：毛虫姊姊没有骨头，也爬不快，为什么她却不用背这个又硬又重的壳呢？妈妈：因为毛虫姊姊能变成蝴蝶，天空会保护她啊。小蜗牛：可是蚯蚓弟弟也没骨头爬不快，也不会变成蝴蝶，他什么不背这个又硬又重的壳呢？妈妈：因为蚯蚓弟弟会钻土，大地会保护他啊。小蜗牛哭了起来：我们好可怜，天空不保护，大地也不保护。蜗牛妈妈安慰他：所以我们有壳啊，我们不靠天，也不靠地，我们靠自己。

二、蜗牛搬家

蜗牛住在水池边的石缝里，每天都饱受风吹日晒之苦。

一天，蜻蜓和蚂蚁来看蜗牛。蜻蜓说："前边小土冈子上是个好地方，那儿有密密的树林，有鲜花，还有野果，林中还有一条清澈的小河……可好了！"

蚂蚁说："我们和蜜蜂、蝴蝶、青蛙、蚯蚓它们都住在那里，蜜蜂采蜜，蚯蚓翻松泥土，蝴蝶传播花粉，大家生活又紧张又快活。"蜗牛送走了蜻蜓和蚂蚁，心里很兴奋。蜗牛打定主意，也想搬到小土冈上去住，并且决心要做出一番事业。过了两天，蜜蜂来帮蜗牛搬家，蜗牛看头上的太阳，马上犹豫了。

它说："今天我不能搬家，不然强烈的日光会把我晒死的。"又过了两天，蝴蝶又来帮蜗牛搬家，蜗牛看天上正刮着大风，就对蝴蝶说："今天我不能搬家，我这细皮嫩肉的，经不起风沙吹打！"又过了两天，青蛙也来帮蜗牛搬家。这天下着蒙蒙小雨，蜗牛又说："今天我也不能搬家，天潮地滑，那小土冈的斜坡无论如何我也是爬不上去的！"从此以后，再也没人来帮蜗牛搬家了。

河 蚬

蚬鲜各所嗜，烹椒何需问。
水漂两片壳，荒年渡饥身。

——《蚬》·清·武志刚

物种基源

河蚬（Corbicuminea）为瓣鳃纲蚬科动物河蚬的肉，又名蚬子、蚬、小歪歪，以新鲜、无异味者佳，产于淡水河流与湖泊及咸淡水河口。我国南北各地都有分布。

生物成分

据测定，每100克河蚬肉含热能102千卡，水分77.3克，蛋白质15克，脂肪3.0克，碳水化合物3.7克，灰分1.0克及维生素 A、B_1、B_2、B_{12}、E、胆固醇，还含微量元素硒、锌、钾、磷、钙、铜等。

食材性能

1. 性味归经

河蚬，味甘，微咸，性大寒；归脾、肾经。

2. 医学经典

《嘉祐本草》："祛热痰，除温湿。"

3. 中医辨证

河蚬，化痰、祛湿，对于反胃吐食、胃痛吞酸、热痰咳嗽、湿疮、溃疡有辅助食疗促康复之效。

4. 现代研究

河蚬，一直被视为对黄疸、肝脏有益的食品，含有丰富的维生素 B_{12}，以及可促进脂肪分解的肌醇，肌醇与 B_{12} 的搭配可强化肝脏。素称红色维生素的 B_{12}，可增加血红蛋白，对贫血者有益。它所含维生素、铁、矿物质等营养成分含量比较平衡，可促进胆汁的分泌。牛磺酸含量也较高，可降低人体胆固醇。另外，蚬内所含蛋白质与人体必需氨基酸的营养价值可与鸡蛋相媲美。

食用注意

（1）河蚬不易消化，不宜多食。
（2）脾胃虚寒者慎食河蚬。

传说故事

河蚬精的传说

一只美丽的大河蚬成了精。她向往人间的鸟语花香，喜爱人间勤劳善良的人们。于是在一个晚上，趁同伴们不注意，变成了一位俊俏漂亮的妙龄少女，下凡来到人间。

却说书生孔玉帆，自幼失去父母，终日与纸墨为伴，埋头在书房读书。这天早晨，孔玉帆刚起床，猛觉彩光一闪，一位天仙般的少女轻飘飘端来了洗脸水，然后嫣然一笑，转身走了出去。不一会儿，又端来美味佳肴，甜甜地对孔玉帆说："相公请用饭！"孔玉帆惊愕得不知说什么才好。一连几天，少女总是按时把饭菜送到。孔玉帆实在忍不住了，就向姑娘询问起身世来，姑娘对答如流。孔玉帆见她温柔善良，顿时产生了爱慕之情。在一个风和日丽的早晨，他们拜堂成了亲。

一天，嫂嫂趁他们双双出去赏花之机，进了孔玉帆的书房，她在孔玉帆的书房门后发现了一对贝壳，心想：弟媳一定是个河蚬精。她打开柜子，把贝壳搁进去锁了起来。

孔玉帆和妻子恩爱相处，男的习文攻书，女的描龙织布，生活十分美满。后来，他们又添了一个小男孩，生活的乐趣更浓了。然而，就在他们欢欢喜喜庆祝孩子周岁生日的那天晚上，嫂嫂接过孩子，然后让孩子站在自己手上说："棱棱棱，棱棱棱，你娘是个河蚬精"。河蚬精一听自己的身世败露了，若让水族娘娘知道，定斩不容，于是慌忙问道："那河蚬精是什么样？"嫂嫂把孩子递给孔玉帆，转身跑进屋里，打开柜子，取出那对大贝壳说："你们看这是啥？"河蚬精伸手抢过贝壳，转眼间钻了进去，消失在茫茫的月色之中。孔玉帆抱着哇哇啼哭的孩子，茫然若失地呆望着黑沉沉的夜空。

泥　　螺

曾忆童真自由时，夏水习习绿池波。

菱荇漂萍共云闲，蒹瑕薄草俨泽国。

芦枝呼摇戏蜻蜓，浅渚踏探捉泥螺。

凭任沧桑叹无句，旧趣只堪梦里说。

——《童趣》·民国初年·欧阳招财

物种基源

泥螺 [Bullacta exarata (Philippi)] 为腹足纲泊螺科动物黄泥螺的肉，又名油油儿、吐铁、土铁、麦螺、土螺。质量好的贝壳清晰，色泽光亮，呈青褐色；腹足呈乳灰色，结实且脆，螺体深入卤中，卤液深黄或淡黄色、洁净无泡沫者佳，分布于我国各沿海有潮汐涨落的沙滩。

生物成分

据测定，每 100 克可食泥螺肉含热能 105 千卡，水分 66.1 克，蛋白质 19.8 克，脂肪 1.0 克，碳水化合物 4.5 克，灰分 4 克，胆固醇、视黄醇当量、维生素 B_1、B_2、E、尼克酸及多种氨基酸、微量元素钙、磷、钾、钠、镁、铁、锌、硒、铜、锰等。

食材性能

1. 性味归经

泥螺，味甘、咸，性寒；归脾、肾经。

2. 医学经典

《中国海洋药用动物》："补益肝肾，益精髓，明目，生津润燥。"

3. 中医辨证

泥螺肉入药，处方名吐铁，有补肝肾、益精增髓、润肺生津、明目的功效，对咽喉炎、长期口腔溃疡反复发作、舌痛、咽喉干痛、腰酸腿软有食疗促康复之效。

4. 现代研究

泥螺含人体必需的氨基酸，其壳中黏液对人体黏膜有保护作用，可用于咽喉炎、口腔溃疡、眼睛干涩等病症。它富含蛋白质、碳水化合物、脂肪、多种维生素和矿物质，尤其是富含人体必需的氨基酸，占氨基酸总量的54.17％，接近联合国粮农组织制定的最优质蛋白质最高标准。其蛋白质中有较高含量的谷氨酸，并且还具有补肝肾、益精髓、明耳目和生津液等食疗功效，是一种保健食品。

食用注意

（1）脾胃虚寒者慎食泥螺。

（2）重症肝病患者慎食或不食泥螺。

（3）春节应少食或不食泥螺。

（4）需要注意的是，泥螺体表黏液及内脏中含有一种毒素，经腌熟后毒素可以消除。个别人吃了未经腌熟的泥螺会产生面部浮肿、足趾僵硬的症状，宁波人称为"发泥螺胖"，几天后，症状会消失，所以食时最好用醋蘸食。

传说故事

一、泥螺山的传说

每当桃花泥螺和桂花泥螺上市，浙东老百姓都抢着吃这两种泥螺。此事震动了天庭。"千里眼"报告给玉皇大帝和王母娘娘说："浙江沿海成千上万人都在吃一种小小东西，味道好极了。"王母娘娘觉得好奇，天底下难道还有比天上更好吃的东西吗？于是马上召开天庭大会，问众神仙："你们有谁知道浙东老百姓吃的一种东西，能否给本宫去搞一些尝一尝？"太白金星呈奏说："这事有何难呢？微臣愿去东海，定让娘娘满意。"

太白金星奉旨到了东海海面，用乾坤圈一指，万道金光射向瀣浦海面。海下泥螺王正在修行，发现有一道金光射来，他猜测一定是神仙来临，顷刻跃出海面，朝拜太白金星，"神仙有何指点？""你这里有什么好吃东西？请呈上来！"太白金星下了命令。泥螺王立即手捧一盆桃花泥螺和一盆桂花泥螺给太白金星。太白金星看了看微笑着说："原来是这个玩意儿。"

王母娘娘当时正生着病，胃口不好，饭也吃不下，当她看到这两盆异香扑鼻又红又黄的泥螺，就吃了起来。吃着吃着突然感到病好了许多，饭一下子吃了两碗，忙对众神仙说："好吃得很。"并发给每位神仙一粒，大臣们也觉稀奇，跪拜在地，齐声祝娘娘万寿，王母娘娘本来胃口不好，吃了泥螺，饭量大增，病也痊愈了。从此，她每年要叫太白金星去泥螺王处拿。

一年一年过去，天庭所需泥螺数量越来越大，有一次王母娘娘竟派弥罗（勒）佛用"乾坤袋"去装。泥螺王觉得此事不对，若天庭长期来要，我的子孙必定绝迹。只有我圆寂之后，才能解决这个问题。一次太白金星又来向泥螺王要泥螺，当太白金星发现泥螺王已长逝，只好空手回天庭向王母娘娘汇报。

王母娘娘获知是自己太贪吃泥螺之故，从此，就再也不吃泥螺了。为报答泥螺王向天庭朝贡泥螺的功绩，她一道圣旨发给太白金星，在瀣浦海上造一座山，把泥螺王安葬在山里，此山就名"泥螺山"，远看真的像一只大泥螺伏在海中，使泥螺王永远永远保护着他的子子孙孙……

二、长街泥螺

胡进士曾在某地教书。那东家待先生很是热情，每餐菜肴满桌，并且总有一碗泥螺。胡进士却也识量，每餐只吃泥螺等小菜，鱼肉之类很少去吃。一次，他听到东家和客人私下谈论："这位先生教书如何？""教书倒确实好，就是菜肴配不起。""……"胡进士听了很是诧异。他留心一打听，原来这泥螺是从长街买来的，价钱很贵，不是论斤两来称，而是用线串起来多少钱一尺来量的。东家以为这样高级的长街泥螺，长街人一定爱吃，因而不管价钱怎样昂贵，还是天天去买，餐餐供应。而胡进士却认为泥螺是最次等的菜肴，为东家节省，因而餐餐吃泥螺。胡进士知道详情后，就向东家告假几天，回到大湖，他邀了乡邻，捉了一潮泥螺，用船运到教书的地方，分送给东家及东家的乡邻。东家及其乡邻如获山珍海味，纷纷用稻谷酬谢，一小船的泥螺竟换来了一满船的稻谷。胡进士又把稻谷运回家，叫来那些原先帮助捉泥螺的乡邻帮忙挑谷。这些乡邻们有的凭自己的力气挑，有的偷懒一些，只挑浅浅半担，一船稻谷刚好一次挑完。胡进士叫大家挑到船埠头等齐，然后对大家说："这谷子就作为捉泥螺的劳动报酬，大家各自挑回家去吧！"这么一说，那些偷懒的人后悔莫及了。

从此，"长街泥螺"远近闻名。

注：胡进士名献来，字子良，号觉非，长街大湖人，出身贫寒（父亲是晒盐的）。明末崇祯元年（1628年），他考中进士，曾任松江二守、兵部郎、岳州兵备兼沅阳兵备、南昌副使等职。后来恳辞了云南参议之职、乞骸回乡。任职期间，为民兴利除弊，殚厥劳瘁。他为人诚朴耿介，正色端颜，不妄交一人，因而屡忤上司，几遭暗算，对贫苦乡邻颇能解衣推食，毫无吝情。

三、罗贯中醉螺破陋习

张士诚刚打下山东泰安，派罗贯中去安抚民心。一天，泰安的绅士、名流，办了一桌酒席为罗贯中接风洗尘。

筵席开始，厨房当差给入桌的每人送上一个大白面馒头，正好罗贯中有点饿了，他拿起来吃了几口，再看看别人时，都在用馒头揩筷子擦碟子，用过后又放在桌上擦汤水。罗贯中这才意识到，原来馒头是用来当抹布用的，心想我吃了馒头，个人失礼是件小事，但这方富豪如此摆阔气，糟蹋粮食，天理难容，我倒要调教调教他们。

第二天，罗贯中也办了一桌酒席，借以答谢泰安的绅士、名流，席间上了一道盐城伍佑的凉菜——醉泥螺。罗贯中介绍说："这是张吴王家乡的名产，请诸公品尝品尝。"在座的人怎么也不知道醉螺的吃法。罗贯中先用筷子挟了一只，往嘴里一送，轻轻一抿嘴，螺壳、螺沙、螺屎全部退了出来，大家也跟着学，可由于吃得不得法，螺壳是退出来了，但螺沙及螺屎却一起咽下去了。尽管不好吃，但罗贯中一再盛情送菜，乡绅、名流们只好硬着头皮，皱着眉头往肚里吞。

一会儿，醉螺吃过，罗贯中叫人去扫螺壳，只见众人面前退下的螺壳全是空的。罗贯中故意装作惊讶的样子说："哎呀！全怪在下不周，没讲明白，醉螺只吃小小螺舌，壳内的沙是不能吃的呀！"众人知道这是罗贯中的报复，心里这么想，却都不敢说出来。

接着吃饭了，厨房当差给每位送上一只大白面馒头，罗贯中说："在下有一言，不知诸公可愿闻？"

众人齐说："请赐教。"

罗贯中一本正经开口道："天生万物皆有用，像刚才这小小醉螺，尽管只有一点螺舌可食，人皆食之，不可废弃。白面大馒头，乃粮食也。昔人诗曰："锄禾日当午，汗滴禾下土。谁知盘中餐，粒粒皆辛苦。"诸公虽是粮田万顷，金银满库，如不爱惜粮食，只怕上天也要怪罪呢！"说完，自己先拿起馒头吃了起来。

众人迟疑了一下，也跟着拿起馒头吃了。罗贯中一番话，破了泰安富人的一个陋俗。从此以后，泰安没有人再用白面馒头当抹布了。至今泰安人提起这件事，还不住地称赞罗贯中呢！

中国圆田螺

老饕饥腹未成雷，何事搜穷及互狸。
器洁壳鲜明错落，针铦肉细出萦回。
周官曾用供王祀，离象还能作我膜。
纵元鱼羹心亦足，敢求香甲共鹦杯。

——《食赢》·明·许有壬

物种基源

中国圆田螺〔Cipangopaludina chinensis（Gray）〕为腹足纲田螺科动物中国圆田螺的肉，又名桂圆螺、田中螺、黄球螺、黄螺，以活螺为佳，若无法辨别死螺或活螺，则可从气味辨别，味带新鲜的泥土气味为佳，味腥浊甚至带臭者不能食用。我国各大水系所属湖泊、池塘、水田和缓流的小溪中均产。

生物成分

据测定，每100克可食中国圆田螺肉含热能60千卡，水分80.1克，蛋白质11.1克，脂肪0.2克，碳水化合物3.4克，灰分3.2克及维生素E、B_1、B_2、尼克酸，还含微量元素铁、锰、锌、钾、铜、钙、钠、磷、镁、硒等。

食材性能

1. 性味归经

中国圆田螺，味甘，微咸，性寒；归肝、肾经。

2. 医学经典

《药性歌括四百味》："田螺性寒，利大小便，消食除热，醒酒立见。"

3. 中医辨证

中国圆田螺有清热止渴、利尿通淋、明目的功效，对尿赤热痛、尿闭、痔疮、肝炎、黄疸、小儿腹胀等症有食疗促康复之效。

4. 现代研究

中国圆田螺可治疗细菌性痢疾、风湿性关节炎、肾炎水肿、疔疮肿痛、中耳炎、佝偻病、脱肛、狐臭、胃痛、胃酸、小儿湿疹、妊娠水肿、妇女子宫下垂等多种疾病。

食用注意

中国圆田螺肉为性寒之品，故脾胃虚寒者、风寒感冒期间、女子行经期间及妇人产后忌食。若用油盐姜蒜炒熟食之，则性稍平缓；若煮汤食用则性寒利，有利尿清热解毒之功，不宜多食，多食令人腹痛腹泻。

传说故事

一、唐伯虎与中国圆田螺

相传一日，祝允明宴请唐伯虎，正在饮酒时，忽闻小孩哭声。唐伯虎问："小儿为何啼哭？"祝允明答："实不相瞒。三日前小儿腹胀如鼓、小便不利，请了几位郎中诊治，均未见效。不知唐兄可有妙法？"唐伯虎说："可试试看。"唐伯虎为小儿诊视了病情后，挥笔在纸上写下"圆顶宝塔五六层，和尚出门慢步行，一把团扇半遮面，听见人来就关门（打一物）"。写罢，唐伯虎说："将此谜底选大的备三个，与一枚薤白头共捣碎，敷于小儿腹部，一日后病就会好。"祝允明拿起那张纸，略一思索，点点头，提笔在上面写了"田螺"两个字，就叫家人按方抓药去了。在杭州，也流传有南宋名医熊彦诚以田螺和精盐捣碎敷脐下治愈自身大小便闭结、腹胀如鼓病症的传说。

蜗　　螺

鳌山临水一青螺，避寇曾传玉趾过。
牡蛎滩回春后雨，飞龙蠹映夕阳多。
此时万乘唯航海，何日三军更渡河。
野寺仙题诗句在，侍臣谁赋式微歌。

——《金鳌山集》·清·齐召南

物种基源

蜗螺［Bellamya quadrata（Benson）］为腹足纲田螺科动物方形环棱螺的肉，又名白螺蛳、寿螺子、蛳螺、蜗蠃、方田螺、蜗篱，与其近缘品种一致，新鲜、体健、无异味者佳。主产于长江流域、华北、东北、云南、广东等地河溪、池塘、湖泊和水田、水沟中。

生物成分

1. 性味归经

蜗螺，味甘，微咸，性寒；归肝、脾、肾经。

2. 医学经典

《本草汇言》："清热、利水、明目。"

3. 中医辨证

蜗螺能解酒毒、消黄疸、清火眼、利大小肠，对黄疸、水肿、淋浊、消渴、痢疾、止赤翳障、肿毒等有食疗促康复之效。

4. 现代研究

蜗螺，含有蛋白质、脂肪、无机盐、维生素等，对黄疸、高血压、菌痢、湿疹、湿热、目赤痛、中耳炎、糖尿病型消渴有食之促康复的功能。

食用注意

（1）服用左旋多巴时不宜食用，蜗螺为高蛋白食物，在肠道内可产生大量阻碍左旋多巴吸收的氨基酸，使药效明显下降。

（2）不宜和石榴、葡萄、青果、柿子等水果一起食用。此类水果含较多的鞣酸，蜗螺含有较多的蛋白质和钙。若二者同食，鞣酸和钙及蛋白质结合将会影响食物的消化吸收，导致胃部不适。

（3）不宜与猪肉同时食用，同食易伤肠胃。

（4）不宜与木耳同时食用，同食不易消化。

（5）不宜与蛤同时食用，不宜多食、配食。

（6）不宜与香瓜同时食用，同食易损伤脾胃。

（7）不宜与冰同时食用，同食易致消化不良及腹泻。

传说故事

螺蛳壳堆埋忠骨

公元 1142 年，奸臣秦桧以"莫须有"的罪名把抗金名将岳飞父子和岳飞的女婿张宪在风波亭杀害了，狱卒隗顺，因同情忠臣一心为国反而无辜蒙冤而死，便打算早点掩埋岳飞等人的遗体，但埋在什么地方呢？思来想去，忽然心里一亮：为什么不把他们埋在螺蛳壳堆里呢？

原来，在钱塘门外，有不少穷人靠卖螺蛳为生，他们在小河边支起锅，将螺蛳倒入沸水中煮熟，然后用弯针挑出螺蛳肉，晒干出卖，日积月累，废弃的螺蛳壳在河边越积越厚，有的地方竟有两三尺厚。

当晚，隗顺便悄悄地将岳飞等人的遗体背出城外，扒开螺蛳壳，把他们掩埋了，然后又把螺蛳壳盖在上面。这一切做得人不知，鬼不觉，毫无破绽。尽管朝廷命人四处搜查，但因隗顺埋得巧妙，所以没被发现。此后，每到清明节，隗顺都要到那里祭拜一番。

一晃过了 20 年，宋孝宗即位后，任用主战派张浚，发动抗金战争。张浚等人上书，请求为岳飞昭雪，宋孝宗为收买人心，便以重金寻访岳飞等人的遗骨。这时，隗顺已经去世。隗顺的儿子看到告示，便悄悄地在告示旁贴了一张条，上面写着这样一句话："欲觅忠臣骨，螺蛳壳里寻。"

宋孝宗得知后，立刻派人到螺蛳壳堆里去寻找。果然在那里找到了岳飞等人的遗骨，于是，朝廷选择了黄道吉日，把他们的遗骨迁葬在栖霞岭。为了超度亡灵，又请了 120 个和尚到原葬地做全堂水陆道场。

临安的百姓痛恨奸贼，敬仰忠臣，听说为岳飞等人做道场，便成群结队到原葬地祭拜。途中，人们相互询问："今天究竟在哪儿做道场？知道的人便说："螺蛳壳里做道场。"于是，这句话便传开了。"螺蛳壳里做道场"流传到今天，大多是用来形容活动场地狭小之意。

红　螺

> 万里承平尧舜风，使君尺素本空空。
> 庭中无事吏归早，野外有歌民意丰。
> 石鼎斗茶浮乳白，海螺行酒滟波红。
> 宴堂未尽嘉宾兴，移下秋光月色中。
>
> ——《酬李光化见寄二首》·宋·范仲淹

物种基源

红螺（Rapana hezoar）为腹足纲骨螺科动物红螺的肉，又名假猪螺、顶头螺、海窝窝、海蜗螺、海螺，以个大、新鲜、壳口大、口内杏红色、有珍珠光泽者佳，主产于黄海和渤海浅海。

生物成分

据测定，每100克可食红螺肉含热能119千卡，水分68.7克，蛋白质20.2克，脂肪0.9克，碳水化合物7.6克，灰分2.6克及维生素A、视黄醇当量、微量的硫胺素、维生素B_2、E、尼克酸，还含微量元素钙、磷、铁、硒等。

食材性能

1. 性味归经

红螺，味甘、咸，性冷；归脾、肝、肾经。

2. 医学经典

《本草求原》："清热、明目。"

3. 中医辨证

红螺，除湿、利水、解毒，对于胃热炽盛、呕吐酸水引起的胃痛、烦渴、咽喉肿痛、眼睛红肿、水火烫伤有食疗促康复之效。

4. 现代研究

红螺，含有丰富的蛋白质、脂肪、多种矿物质、维生素，对体弱羸瘦、营养不良、高血压患者有辅助食疗促康复的功效，对提高免疫力、防止中老年骨质疏松亦有一定的辅助作用。

食用注意

脾胃虚寒者忌食红螺。

传说故事

七十二仙螺

很久以前，洞庭湖里住着七十二个仙螺姑娘，她们修炼了九千九百九十九年，个个都变得比月宫里头的嫦娥还漂亮。每天早晨，她们喜欢披着浪花织成的白纱，在碧绿的湖水里嬉戏、跳舞；每天傍晚，她们喜欢扯几片彤红彤红的彩云，在金色的湖水里洗澡、理妆；而到了夜间，她们又嬉笑着游到用珊瑚、翡翠、珍珠做成的仙螺宫里去了。

谁也记不清是哪一年了，正当稻谷金黄、丰收在望的时候，突然下了三天三夜的瓢泼大雨，八百里洞庭湖水涨三丈。一天，从南边大江游来了九条恶龙，它们领着许多妖怪，在洞庭湖里兴风作浪。那九条恶龙真是厉害，它们把眼一瞪，半天云里顿时电闪雷鸣；它们打个哈欠，洞庭湖上就浓雾滚滚、日月无光；它们把尾巴摇几下，湖里就掀起九丈高的浪涛；要是它们打几个滚滚，那洪水就像万匹野马，冲溃堤坎，淹没房屋，把所有的男女老少及那马、牛、鸡、狗全都冲到湖水里去了。于是，湖边的人有的被淹死，有的抱着块木板在湖里乱漂，还有的爬在树梢上，哭的哭，叫的叫，真是惨极了。

七十二位仙螺姑娘，怎么能忍心得下呢？她们决心和九条恶龙拼个死活。但等她们游上水面时，九条恶龙已窜到别的地方去了，只听见满湖呼救声。有个叫翠螺的姑娘对众姐妹说："现在救人要紧呀，我们快把螺壳脱下来，把它变成七十二条大船吧。"说起这螺壳，可真是她们的命根子啦，要把壳脱下来，比剥皮还要痛苦千倍万倍，要是一天回不到壳里去，这七十二位仙螺姑娘就是再修炼个九千九百九十九年，也回不得仙螺宫了。

但是，望着正在湖水里挣扎、呼救的老百姓，七十二位仙螺姑娘哪还顾得上自己呢？她们咬紧牙关，忍住挖心掏肝般的疼痛，把螺壳脱了下来，一齐喊了一声："变！"顷刻间，湖面上浮现七十二条很大很大的船，七十二位天仙般的姑娘扯起风帆，在湖里奋力抢救灾民。

她们打捞了七天七夜，救上九千九百九十九个人。最后，终于因为疲劳过度，她们全都昏倒在船上。

等到她们醒来的时候，洪水退了，风也静了，浪也平了。七十二条大船连在一块，一同搁浅在湖中一个暗滩上。救上船的灾民，又被饿得有气无力了。

七十二位仙螺姑娘，又对着大船一齐喊了声："变！"顷刻之间，湖面上突然出现一座蓬莱仙岛似的山，上面有七十二个山峰，各不相同。七十二位仙螺姑娘一齐把自己青丝般的头发拔了下来，撒在七十二个山峰上，变成了青松、翠竹、麦苗、瓜果……她们又把自己身上那比彩云还美丽的衣裙撕碎，抛在七十二个山峰上，变成了牡丹、金桂、杜鹃、紫藤、芙蓉……她们的汗水滴在山上，聚在一起，流呀、流呀，变成一条条晶莹发亮的小溪，在岩石上、青草间，弯弯曲曲地穿行着。一个小小湖岛被她们打扮得多么美丽呀！那些被救的灾民从此就在这座美丽的湖岛上耕耘、生活了。

不晓得哪个朝代，人们才给洞庭湖里的这座小山取名叫"熊耳山"，后来又叫"洞庭山"、"君山"。而这七十二个山峰，一直保留下"翠螺峰""碧螺峰""黛螺峰"等美丽的名字。

据说，自那以后，每当洪水泛滥的时候，人们还常常从君山七十二峰的云雾深处，隐约看到七十二位仙螺姑娘在惊涛骇浪中抢救灾民的身影；每当五谷丰登时，在那月白风清的夜里，人们还能隐约听到她们欢乐、清脆的歌声。

海 粉

> 大海作锅地当灶，海兔妈妈做面条。
> 里里外外一把手，不烦他人作代劳。
>
> ——《海挂面》·沿海童谣

物种基源

海粉（Sea hare cva）为腹足纲海兔科动物蓝斑背肛海兔的卵群带，又名雨虎粉、海挂面、海索面、红海粉。质量好的孵群带呈青绿色，细索状如挂面，扭曲呈不规则的变形为佳，分布于我国福建、广东等地，广东养殖的是黑斑海兔，厦门养殖的是蓝斑背肛海兔，据报道我国沿海海兔有17种。

生物成分

据测定，每100克海粉含热能189千卡，水分19.1克，蛋白质31.6克，脂肪9.2克，灰分33.7克及维生素A、B_1、B_2、E、硫胺素、尼克酸及多种氨基酸和微量元素。

食材性能

1. 性味归经

海粉，味甘、咸，性寒；归肺、肝经。

2. 医学经典

《本草纲目拾遗》:"润燥止咳,软坚散结。"

3. 中医辨证

海粉,有清热、消肿、平喘、止咳、软坚的功效,对发烧咳嗽、痞积火眼、咽肿、疮肿等有食疗保健促康复之效。

4. 现代研究

海粉有清凉、解热和消炎的作用,用它治疗肺燥咳喘、瘰疬、鼻血和火眼有显著作用。它还是医治锅炉高温作业者职业红眼病的良药。我国南方沿海的居民还用它制作清凉饮料,是酷暑季节人们"药、膳、饮"三用的天然食品。

食用注意

(1) 海粉,性寒、滑,脾虚者勿食。
(2) 肺炎痰湿盛者忌食。

小记

海兔头上长着两对触角,外形像兔子,只是没有毛,也不会跳跃,而是在海底的泥沙像蜗牛那样慢慢爬行。海兔是雌雄同体的,即每只海兔身上有雌雄两种性器官,它们虽然雌雄同体,但必须异体受精。海兔生殖能力很强,交配一天后就能产卵。每只海兔能产卵几十万粒。它们通常把卵粒产在海藻水草或礁石的隐蔽处。海兔产出的卵与卵之间胶结成粗绳状的卵带子,也称卵群,外表看上去如粉丝,所以也被称为"海粉丝"。晒干后就是东南沿海人们俗称的"海粉"或"海挂面",是一种珍贵的海味。

传说故事

武则天与海兔的传说

据《武则天外传》记载:武则天一生酷爱兔子,无论是在家做姑娘,还是入宫当才人、尼姑,直至九五之尊,总是对兔宠爱有加。

但武则天爱陆上的白兔,怎么又和海洋中的海兔扯上了呢?这有一段鲜为人知的传说。武媚娘十四岁未进宫当才人前,就和自己的嫡侄儿武三思有性关系,由于是近亲,曾生下一个人不像人,兔不像兔的丑八怪,武媚娘见是个小怪物,就包包扎扎叫武三思赶紧外送,并关照送得越远越好,更不得声张。于是武三思就派心腹武连儿连夜骑马抛入黄河。一抛不要紧,小怪物顺着黄河浪涛滚入浩渺的大海,被龙宫巡海夜叉捡得,解开一看,见是个四不像的怪物,就随手一甩,又抛入海中,日经月华,慢慢长成一只有对细长嗅觉器官,很像兔子的两只耳朵,雌雄同体的海兔。

玉　螺

铜锅子,铁锅盖。

锅内藏着好荤菜。

——《螺》·民间灯谜

物种基源

玉螺（Lunatica gilva）为腹足纲玉螺科动物微黄玉螺或斑玉螺的肉，又名陀螺、球螺、耳螺、海螺头，以个大均匀、新鲜、无异味者佳。我国沿海约有 30 种近缘物种，分布我国各大近海浅滩。

生物成分

据测定，每 100 克可食玉螺肉含热能 106 千卡，水分 70.7 克，蛋白质 19.8 克，脂肪 1.0 克，碳水化合物 4.5 克，灰分 4 克及维生素 A、B_1、B_2、E，还含钙、磷、铁、硒等微量元素。

食材性能

1. 性味归经

玉螺，味甘、咸，性冷；归脾、肝经。

2. 医学经典

《本草纲目拾遗》："清热、化痰、散结、生肌。"

3. 中医辨证

玉螺有清热、祛湿、软坚、制酸、止痛的功效，对小便赤涩、痔疮、浮肿、便血、目赤、肿痛等症有食疗促康复之功效。

4. 现代研究

玉螺，含有蛋白质、脂肪、碳水化合物及矿物质和氨基酸，对心腹热痛、目疾、疔疮肿毒等辅助康复效果不错。

食用注意

玉螺性寒，不易消化，过食令人腹痛腹泻。

传说故事

玉螺仙子的传说

从前，有个孤苦伶仃的青年农民，靠给地主种田为生，每天日出耕作，日落回家，辛勤劳动。一天，他在田里捡到一只特别大的玉螺，心里很惊奇，也很高兴，把它带回家，放在水缸里，精心用水养着。

有一天，那个农民和往常一样去地里劳动，回家却见到灶上有香喷喷的米饭，厨房里有美味可口的鱼肉蔬菜，茶壶里有烧开的热水。第二天回来还是这样。两天、三天……天天如此，那个农民决定要把事情弄清楚，第二天鸡叫头遍，他像以往一样，扛着锄头下田去劳动，天一亮他就匆匆赶回家，想看一看是哪一位好心人。他大老远就看到自家屋顶的烟囱已炊烟袅袅，他加快脚步，要亲眼看一下究竟是谁在烧火煮饭。可是当他蹑手蹑脚，贴近门缝往里看时，家里毫无动静，走进门，只见桌上饭菜飘香，灶中火仍在烧着，水在锅里沸腾，还没来得及舀起，只是热心的烧饭人不见了。

一天又过去了，那个农民又起了个大早，鸡叫下地，天没亮就往家里赶。家里的炊烟还未升起，他悄悄靠近篱笆，躲在暗处，全神贯注地看着自己屋里的一切。不一会儿，他终于看到一个年轻美丽的姑娘从水缸里缓缓地走出，身上的衣裳并没有因水而有稍微的湿润。这姑娘移步到了灶前，就开始烧火做菜煮饭。

年轻人看得真真切切，连忙飞快地跑进门，走到水缸边，一看，自己捡回的大田螺只剩下个空壳。他惊奇地拿着空壳看了又看，然后走到灶前，向正在烧火煮饭的年轻姑娘说："请问这位姑娘，您从什么地方来？为什么要帮我烧饭？"姑娘没想到他会在这个时候出现，大吃一惊，又听他盘问自己的来历，便不知如何是好。年轻姑娘想回到水缸中，却被挡住了去路。青年农民一再追问，年轻姑娘没办法，只得把实情告诉了他，她就是玉螺仙子。

青年非常喜欢玉螺姑娘，后来他们就结了婚。

蚂蟥精喜欢玉螺仙子，看到玉螺仙子和农民这么好，很妒忌，决定抢走玉螺姑娘。于是假扮算命先生从她瞎眼婆婆那里骗去玉螺壳，有了玉螺壳，玉螺姑娘就被蚂蟥精收到他的洞内出不来了，农民和他们伙伴为救玉螺仙子去蚂蟥精的洞中却被蚂蟥精打败。后来他们想了个办法，用盐撒在蚂蟥精身上，蚂蟥精最怕就是盐了，终于痛苦地死去。

玉螺姑娘和农民过着幸福的日子，一年后生了一个胖小子，转眼五六岁，在河边玩水嬉戏，后被同伴的小朋友骂是玉螺精的孩子，"垛、垛、垛，哪阿母有玉螺壳，叮叮叮，哪阿母是玉螺精"。他儿子听了人家的话，把他母亲的壳藏起来了，玉螺仙子就再也变不回玉螺了。

香 螺

要知滁上兴如何，养拙偷安幸亦多。

小郡既无衣袂使，丰年兼有袴襦歌。

公余处处携山屐，官酝时时泛海螺。

病眼白头唯醉睡，朝廷好事不闻他。

——《戏题二章述滁州官况寄翰林旧同院》·宋·王禹偁

物种基源

香螺（Neptunea cumingi）为腹足纲蛾螺科动物香螺的肉，因其肉肥大、鲜香而得名，以新鲜、肥大、体健、无异味者佳，主要分布在黄海、渤海的北部近海稍深的岩石间，是我国所特有的海螺品种，浙江沿海把玉螺科的微黄玉螺称为"香螺"。

生物成分

据测定，每100克可食香螺含热能163千卡，水分61.6克，蛋白质22.7克，脂肪3.5克，碳水化合物10.1克，灰分2.1克及微量的维生素A、B_2、尼克酸，还含微量元素钙、磷、铁、镁、锌、锰、铜、硒等，此外尚含多种氨基酸等。

食材性能

1. 性味归经

香螺，味甘、咸，性寒；归肝、胃经。

2. 医学经典

《本草纲目》："清热消痰，利膈益胃。"

3. 中医辨证

香螺肉，清肺热、胃热、利尿益气，对肺热咳嗽、肺痨、消渴、胃胀、胃痛、胃热、嘈杂、油腻过多引起的饱胀、多年眼痛等病症有食疗促康复的功效。

4. 现代研究

香螺肉含丰富的蛋白质、维生素、氨基酸，可养胃、健脾、生津益血，对肺虚咳嗽、热毒肿痛、食欲不振、消化不良、小便不畅等症有辅助食疗作用。

食用注意

脾胃虚寒者及寒痢者忌食香螺。

传说故事

吕纯阳与"无尾螺蛳"

八仙中有个吕纯阳，一天到晚酒杯不离手。有一回，吕纯阳在太湖边一家小酒店里喝得酩酊大醉，糊里糊涂在凳子上睡了一觉，等到酒醒，已是头更天了。他想起今夜正是八月十五，按常年旧规，八仙在这一夜会聚在一起，吹吹唱唱，喝喝玩玩，乘着核桃船在太湖里畅游一番。于是急急忙忙赶到湖岸滩上，打算乘船去寻找。偏偏船漏碰到顶头风，不如意的事情竟凑合在一起：挂在腰里的神仙葫芦和背上的七星宝剑，不知丢到哪里去了！仙人没有法宝帮忙，也没法变只船，急得吕纯阳满头大汗，两眼望着看，好啊！只见芦苇丛中摇出来只小船，一个十七八岁的姑娘，模样儿长得标致，悠悠闲闲地扭动着橹绷绳，小船正慢慢地靠近岸来。吕纯阳高兴极了，赶忙招呼摇船姑娘，央求她帮个忙，摇到他湖心去找核桃船。姑娘很爽快，点了点头"嗯"了一声。船停妥，等这位仙人在舱里坐定，姑娘立即篙一点，调过船头，扯起布帆，船像飞一样地驶向湖心。还没半个时辰，就听到了韩湘子吹和箫曲和张果老唱的道情，一艘灯烛辉煌、龙头凤尾的核桃船已在眼前了。

吕纯阳在换船前，特地到船艄头向姑娘一谢再谢，掏出一把小钱给她作船钱。谁知姑娘对吕纯阳笑笑，说："我是太湖里的小螺蛳，小船就是螺蛳壳。今夜为神仙摇了一段水路，哪敢向您老人家要什么船钱，只求祖师爷日后多关心一点我们姐妹就感恩不尽了。"

吕纯阳平日最喜欢吃螺蛳肉，听这位螺蛳姑娘一说，脸上火辣辣的，真感到不好意思，只好自打圆场自落篷，满口答应了她："不知者不罪，不知者不罪，我再也不吃半个螺蛳了。"就这样，吕纯阳同太湖里的螺蛳订下了个口头约定。

中秋节八仙聚会过后，八月十六，吕纯阳又跑到湖边小酒店喝酒去了。一壶陈酒拿到台子上，店老板照例给他端上一碗清炖螺蛳。这位平时老是以螺蛳下酒的酒店主顾，突然站起身来，急得双手乱摇，随即把店老板推到临湖窗口，连珠炮似的说："快些把碗里的螺蛳倒进湖里放生！"吕纯阳的话，险些把店堂里许多酒客的牙齿都笑掉，店老板更是笑得直不起腰，回话说："你今朝没喝酒就醉了！老客人，别开玩笑，哪听说剪掉了屁股又炖熟的螺蛳还能放生。"

吕纯阳见店老板赖着不动，便把青花碗从他手里夺了过来，手伸到窗外，一满碗螺蛳全都倒在湖里。满酒店的人挤来窗口看热闹，肩挨着肩，伸长头颈，看呀、看呀……啊！晒干的鲤鱼跳龙门，这碗倒在水里的无尾螺蛳全都活啦！只见有些螺蛳正裂开脐盖，沿着水草爬向湖底，有些螺蛳正探头来，聚在一起游向湖心。

吕纯阳在酒店挤挤挨挨，趁人们看得出神的当儿，偷偷溜走了，从此他再也不来这家酒店喝酒，连湖边一带也见不到他的影子了。据说那碗无尾螺蛳，现在还一粒不少地都活在太湖里，只是不太容易找到。

要是能找到一粒的话，把它放在清水盆里养上三年，三个年头过后的八月半夜里，别给人瞧见，轻轻地对清水盆喊三声"吕纯阳来了"，就会看到螺蛳壳里钻出一个漂亮姑娘来。

法 螺

真医曾活水中龙，三卷奇书玉笈中。

酒熟定应登杰阁，与龙对酌海螺红。

——《寄题用之太丞真意阁》·宋·李石

物种基源

法螺（Charonia tritonis）为腹足纲嵌线螺科动物法螺的肉，又名号螺、响螺。因人们将其顶壳磨穿，吹起发出响声而得名响螺。古代曾作为佛事的乐器，故称为法螺，以个大、新鲜、体健、活体无异味者佳，我国台湾、海南诸岛均产。

生物成分

据测定，每 100 克法螺肉含热能 91 千卡，水分 75.2 克，蛋白质 12.8 克，脂肪 0.7 克，碳水化合物 8.2 克、灰分 3.1 克及硫胺素、维生素 B_2、尼克酸，还含微量元素钙、钾、磷、钠、锌、铁、锰、铜、硒、碘和多种氨基酸等。

食材性能

1. 性味归经

法螺，味甘，性寒；归胃、肝经。

2. 医学经典

《中国海洋药用动物》："滋阴润肺，清热明目。"

3. 中医辨证

法螺肉，益胃气，悦神、化痰，适用于虚劳羸瘦、肢体乏力、营养不良、眼睛视物不清、双目红肿的食疗促康复。

4. 现代研究

法螺，含有蛋白质、脂肪、多种维生素、氨基酸及矿物质，对心腹热痛、小便频数、下肢浮肿等症有食疗效果，最近研究还发现，常食法螺肉对降血压、稳定血压有较好的效果。

食用注意

（1）法螺不宜多食，特别是儿童，因不易消化。
（2）胃肠虚寒者忌食法螺。

传说故事

海螺仙子

很久很久以前，南戴河一户单姓渔民在海里捕捞到一个很大的海螺，回家后把海螺放入盆中，只见盆中海水映得五颜六色，就像开了一朵奇异的花，让人心旷神怡。一天，夜暗星稀，细雨蒙蒙，渔民父子俩因操劳体累，都昏昏睡去。

盆里的仙螺彩光频闪,随彩光升起一个亭亭玉立的女子,眉清目秀、黛发油亮,十分靓丽。螺女常常幻化成人形,为苦难的渔民治病、送粮,还冒着风雨搭救遇险的落水者。后来,渔民的儿子海娃和螺女在简陋的房子里结成了夫妻。此后,海娃早出晚归下海捕鱼,勤劳不辍,螺女持家奉母,十分勤快。渤海龙王发现仙螺不在身边,命海龟丞相到处寻找,发现了海螺仙子的踪迹,回龙宫禀报了龙王。龙王大怒,立即招来蟹将,下令捉拿仙螺回宫。众虾兵来到海螺仙子家一拥而上,抓了螺女便走。海娃闻听,操起鱼叉,直奔蟹将所去的方向追赶。海娃抢起鱼叉大战蟹将,你来我往,叉叉相碰,叮当作响,直打得昏天黑地。这时,宫门大开,龟丞相告诉海娃,仙螺已经被压在了"仙螺岛"。南戴河的父老乡亲,为铭记螺女的恩德,在"仙螺岛"上修了一座"海螺仙子"汉白玉雕像,让螺女站在"仙螺岛"上,深情地望着南戴河,直到现在。

鹦 鹉 螺

大哉沧海何茫茫,天地百宝皆中藏。
牙须甲角争光铓,腥风怪雨洒幽荒。
珊瑚玲珑巧缀装,珠宫贝阙烂煌煌。
泥居壳屋细莫详,红螺行沙夜生光。
负材自累遭刳肠,匹夫怀璧古所伤。
浓沙剥蚀隐文章,磨以玉粉缘金黄。
清樽旨酒列华堂,陇鸟回头思故乡。
美人清歌蛾眉扬,一酹凛冽回春阳。
物虽微远用则彰,一螺千金价谁量,
岂若泥下追含浆。

——《鹦鹉螺》·宋·欧阳修

物种基源

鹦鹉螺(Nautilus pompilius)为头足纲鹦鹉螺科的肉,又名鹦鹉嘴螺,因古人曾用鹦鹉螺制酒杯,故名"杯螺",以个大、鲜活、体壮无异味者佳,主产我国西沙群岛、南沙诸岛及台湾海峡。

生物成分

据测定,每100克鹦鹉螺的肉含热能91千卡,水分75.6克,蛋白质12.6克,脂肪0.9克,碳水化合物8.2克,灰分3.1克及硫胺素、核黄素、尼克酸、维生素E,还含微量元素钾、钠、钙、磷、镁、锌、铁、锰、铜、硒等。全体还含NADH'——苹果酸脱氢酶等。

食材性能

1. 性味归经

鹦鹉螺,味甘、咸,性冷;归胃、肝经。

2. 医学经典

《海药》:"镇静安神,解毒。"

3. 中医辨证

鹦鹉螺,清热解毒、清心安神、清肝明目、利尿消肿,对热痢、惊悸心烦、头晕头痛、热毒目翳、鼻渊头痛、小便不利者有食疗促康复之效。

4. 现代研究

鹦鹉螺，含有多种维生素、氨基酸及微量元素，对肝脏有益，可以降低人体内甘油三酯和胆固醇的含量，并能安神补血，提高人体的免疫力，又能抗凝血，阻止血栓形成，对心血管疾病有较好的防治效果。

食用注意

（1）鹦鹉螺肉性寒凉，脾胃虚寒者慎食。
（2）鹦鹉螺不宜多食，多食不易消化，特别是老年和儿童食之适可而止。

传说故事

海底天文学家

鹦鹉螺和乌贼、章鱼都属于头足类（它们的脚都生长在头上），但身体的构造不同。乌贼和章鱼属于自由游动的动物，因为少背着个沉重的壳不会妨碍快速游动，所以它们的外壳早已退化，变成包在体内的轻飘飘的小片，而鹦鹉螺却背着一个美丽闪光的硬壳，这是因为它是在海底过着底栖生活。古老的头足类都像鹦鹉螺一样背着壳，可是它们的绝大多数都已灭绝，只有鹦鹉螺幸运地生存了下来。

鹦鹉螺的壳，在灰白色的衬底上，缀着橙红、浅褐的花纹。壳内分隔成许多小室，最末的一个房间是它居住的地方，称为"住室"，其余的小室可贮存空气，叫作"气室"。鹦鹉螺在慢慢地成长着，小室的数目不断增加。每个新的小室筑成后，鹦鹉螺就抽出海水充入空气。它通过调节室内的水分使身体浮沉在海里。

当人们研究现今生活在海底的鹦鹉螺时，发现在小室的壁上有一条条清晰的环纹，这就是它的生长线。每个壁上都有30条生长线。但是当人们研究埋藏在地下的鹦鹉螺化石时，发现在同一地质年代地层里的鹦鹉螺，它们的生长线数目是一样的，随着地质年代推向远古，鹦鹉螺上的生长线越来越少。例如，距今6950万年前的鹦鹉螺腔内有22条生长线，3.26亿万年前的鹦鹉螺化石则只有15条生长线。以鹦鹉螺生长线来计算，6900万年前，月亮绕地球一周只需要15天。现在生活在海中的鹦鹉螺每月制造30条生长线，恰好记录着月亮绕地球一周的日数。

生物学家的研究和天文学家的推算，证明了鹦鹉螺在海底默默地承担着天文学家的任务，记录着月亮在亿万年漫长的岁月里的变化，说明月亮原来离地球是近的，那时月亮绕地球一周需15天，后来越转越远了，绕地球一周需22天，现在月亮绕地球一周约需30天，将来还会远下去的。鹦鹉螺们却一直忠实地记录着这缓慢的变化。请计算一下，3.26亿万年以后，它们的室壁上将增加到多少条生长线呢？

棒　锥　螺

杖藜无事历危坡，一片清寒镜面磨。
极目尽时知水阔，置身高处见秋多。
此时不著登山屐，到处还成测海螺。
遥想高人闲物外，故应不与世同波。

——《己巳登玉峰亭二首》·宋·杜范

物种基源

棒锥螺（Turitella bacillum）为腹足纲锥螺科动物麻螺的肉，又名锥子螺、麻螺，以螺顶顶尖完整、新鲜、无异味者佳。棒锥螺螺肉墨绿色，以葱、姜、料酒、盐、酱油炒熟，食用时用铜钱孔套入螺尾尖扳断后吸食，作为休闲食品。我国各沿海浅滩均有产出。

生物成分

据测定，每100克棒锥螺的肉含热能59千卡，水分82.9克，蛋白质9.6克，脂肪0.6克，碳水化合物3.3克及维生素A、B_1、B_2、E、尼克酸、硫胺素等，还含多种氨基酸和微量元素钾、钠、钙、镁、铁、锰、锌、硒、磷、铜、碘等。

食材性能

1. 性味归经

棒锥螺，味甘，微咸，性微寒；归肝、胃、膀胱经。

2. 中医辨证

《唐本草》："平肝、安神、明目。"

3. 中医辨证

棒锥螺，能滋补、正元气、利尿，对热毒目翳、小儿斑疹入目、惊惕不安、咳嗽等食疗促康复效果佳。

4. 现代研究

棒锥螺可作为休闲食品，所含人体必需的养分，均衡且较为齐全，食用对人体有保肝、护肝作用，对头晕头疼、目赤而痛、尿频而黄者及失眠多梦者有食疗促进康复之效。

食用注意

脾胃虚寒者慎食棒锥螺。

传说故事

小吃"炒棒螺"破命案

清代光绪年间，南海县新来了一位北方籍的县官，有一天他微服私巡，偶然尝到休闲小吃炒棒螺，美味非常，就问店主是什么东西？店主前一晚赌钱输了，负气地说："是光光菜！"

县官问了炮制方法。回衙后，两个官差去买"光光菜"，两人不知"光光菜"是何物，只好胡乱拉个光头和尚。然后按县官说的"光光菜"的炮制方法，烧红油锅，下些蒜头、豆豉、紫苏，抬起和尚要往锅里放，吓得和尚大叫救命。县官听到叫声，才发现原来官差误把和尚当光光菜了。他怕此事传开，对名声不好，就想一个人总有些过错，只要吓他一吓，待他说出过错，就有台阶下了。一拍惊堂木道："刁僧，本官如无真凭实据在手，怎会抓你？"

和尚大惊失色，于是一五一十招供。县官听着听着，不禁惊呆了……且讲广州西关有间海味店，店主财叔一心要把女儿阿娟嫁给有钱人，谁知她却爱上对面菜摊的卖菜仔阿佳。财叔知道后，大骂女儿是"贱骨头"。阿娟伤心极了，但被父亲看得紧，苦无机会和情郎见面。有一天财叔叫阿娟搬几箩鲍鱼出店门晒。阿娟趁父亲不在身边，立即招呼阿佳"今晚我在窗口吊条绳下来，你爬上我房中，再商量我们的事。"他们的话被街上一个化缘和尚偷听到。待到天黑，和尚假冒阿佳捷足先登，抱着阿娟就要亲。黑暗中阿娟觉得不对，惊起来，和尚恐惊动四邻，就用双手捏着阿娟咽喉，谁料阿娟气绝身亡！和尚见搞出人命，马上逃走了！

阿佳刚巧后脚就到，点灯一看，啊！只见阿娟七窍流血而死。楼下睡觉的财叔闻声而起，见此情况不由分说就把阿佳绑到县衙，告他奸杀了自己的女儿。审问时，阿佳想，如照实讲是阿娟约我到她房间的，岂不影响她的名声？就承认是自己所为。

当县官到现场勘查时，发现很多疑点，但在真凶未抓到之前，只好将阿佳收监。直到这位北方县官接任时，此案作为悬案交给他。想不到这位新任县官因要吃"光光菜"，竟然抓住了真凶。真相大白，阿佳无罪释放，和尚受到应有的惩罚。这件"光光菜"奇闻一直流传至今。

瓜　螺

圆圆房屋，弯弯门楼。

姑娘出门，扇子遮头。

——《螺》·民间灯谜

物种基源

瓜螺（Cymbium melo）为腹足纲涡螺科动物瓜螺的肉，又名锤螺，以鲜活、体螺层膨大，螺旋部极小，足肥大，壳面光滑而薄壳皮，无异味者佳，主产广东、福建、台湾沿海。

生物成分

据测定，每100克可食瓜螺含热能88千卡，水分77.2克，蛋白质12.6克，脂肪0.6克，碳水化合物6.6克，灰分3.2克及维生素A、B_1、B_2、E、硫胺素、尼克酸，还含微量元素锌、铜、钾、磷、镁、铁、锰、硒、碘等。

食材性能

1. 性味归经

瓜螺，味甘、咸，性寒；归肝、胃经。

2. 医学经典

《别录》："清热利尿，消积止痛。"

3. 中医辨证

瓜螺利湿热、治黄疸、祛丹毒，对腹中积热、眼泡黄肿、脚气上冲、小腹拘急、小便短赤等有食疗助康复之效。

4. 现代研究

瓜螺，富含人体必需的氨基酸，占氨基酸总量的52.91%，接近联合国粮农组织制定的最优质蛋白质最高标准。其蛋白质中有较高的谷氨酸，并且还具有补肝、益肾、明耳和生津的食疗效果。

食用注意

（1）脾胃虚，外感风寒者不宜食瓜螺。

（2）瓜螺不易消化，切勿过食。

传说故事

狗 和 海 螺

有一只狗，经常偷吃主人家的鸡蛋。为了不留下偷盗的痕迹，它偷吃鸡蛋的时候，常常一口将鸡蛋连壳吞进肚子里。有一天，一只海螺从主人家的厨房里爬出来，掉在地板上。小狗看见了海螺，以为也是鸡蛋，于是张开大嘴，一口把它吞进了肚子里。过了一会儿，小狗的肚子就剧烈地疼痛起来，十分难受。它这才想起来，刚才吞下的东西只是跟鸡蛋长得有些相似，并不完全一样。小狗痛苦地蜷缩在地上，呜呜地叫唤着，后悔地说："我真是活该，不仔细看清楚，把所有圆的东西当成了鸡蛋。"

骨 螺

骨贝多长棘，纺锤角质厣。
生性多含饕，味美物种稀。
——《骨贝》·民国初年·钱春高

物种基源

骨螺（Murex）为腹足纲骨螺科动物骨螺的肉，又名骨贝，以鲜活螺为佳。若无法辨别死螺或活螺，则可从气味辨别，味腥带新鲜的泥土气味为佳，味腥浊甚至带臭者不可食用。分布于我国东海和南海，近缘品种共有 5 个，我们常食的为浅缝骨螺。

生物成分

据测定，每 100 克可食骨螺肉含热能 69 千卡，水分 79.9 克，蛋白质 11.2 克，脂肪 0.6 克，碳水化合物 4.0 克，灰分 3.5 克及硫胺素、尼克酸、维生素 A、B_1、B_2、E，还含微量元素钙、铁、磷、镁、锌、铜、锰、钠、硒等。

食材性能

1. 性味归经

骨螺，味甘、寒；归肝、胃经。

2. 医学经典

《中国海洋药用动物》："清热、明目、解毒、利水。"

3. 中医辨证

骨螺肉可解热、解烦、利湿、利水，对眼睛红肿、两眼昏花、肺热咳嗽、心腹热痛、胃口痛等症有良好的食疗促进康复之效。

4. 现代研究

骨螺肉，清热消渴、利尿通淋、抗菌，对细菌性痢疾、风湿性关节炎、水肿、疔疮肿痛、风热肺炎咳嗽有辅助康复的效果。

食用注意

（1）脾胃虚寒者，风寒感冒者不宜食骨螺。

（2）妇女在行经期间及产后忌食骨螺。

（3）不宜多食骨螺，多食令人腹痛腹泻。

传说故事

维纳斯的梳子

　　维纳斯，罗马神话里爱和美的女神。在希腊神话里，她被称为阿佛洛狄忒（Aphrodite）。这位美丽的女神主管人类的爱情、婚姻、生育及一切动植物的生长繁茂。从人类的角度来看，她的权力实在比诸神之神——宙斯还大，如果没有她，地球就变得像月亮一样的寂寞了。传说，维纳斯生在海洋里，乘坐着贝壳做的车子，披着长长的秀发。维纳斯的情人阿多尼斯是个美貌的青年，可惜在打猎时受伤死去了，维纳斯非常悲痛。诸神深被这一悲惨的事件所感动，准许阿多尼斯每年复活六个月，和爱神团聚。当他们团聚时，春回大地，一切生物都呈现着欣欣向荣的景象。这个美丽的神话说明人们多么热爱美好的生活，多么向往真挚的爱情，多么希望人间美满幸福。

　　自然，这样一位美丽和爱情象征的女神，她的一切包括她所使用的物品都应当是美的。当人们看到奇异的骨螺时，被它浅黄、浅赭、深褐红的条纹和那些排列整齐宛如梳齿的棘刺所陶醉，不禁想起了美神维纳斯，于是便把骨螺称为"维纳斯的梳子"。的确，也只有维纳斯的秀发才配用这样奇妙的天然梳子。

第二十五章 爬行类

鳖 肉

夏爱阴凉水底居，冬眠入土隐身躯。

性残贪食常撕咬，肉美同餐忌兔猪。

黄石库中藏老鳖，洞庭湖畔育新鱼。

软坚散结消症痞，腰痛难伸可展舒。

——《甲鱼》·现代·王焕华

物种基源

鳖肉（Amyda sinensis）为鳖科动物中华鳖的肉，又名甲鱼、王八、元鱼、团鱼、水鱼、脚鱼，以腹部乳白色，背部呈橄榄色，上有黑斑的活者为佳，主产湖南、湖北、江苏、安徽、浙江、四川、云南、山东，凡淡水江、湖、河、沼泽地均有产出。

生物成分

据测定，每 100 克甲鱼肉含蛋白质 13.6 克，脂肪 4.3 克，糖类 4.4 克，维生素 B_1 0.06 克，维生素 B_2 0.2 毫克，维生素 PP3.3 毫克，维生素 E1.75 毫克，钙 133 毫克，铁 2 毫克，磷 14 毫克，硒 15.19 毫克，鳖甲含动物胶、角蛋白、碘、维生素 D 等。

食材性能

1. 性味归经

鳖肉，味甘，性平；归肝、肾经。

2. 医学经典

《名医别录》："滋补肝肾、凉血。"

3. 中医辨证

鳖肉，有补肝益肾，镇静、散结作用。有益于肝肾两阴虚，劳热骨蒸或虚劳咳嗽，冲任虚损，崩漏失血，久疟不止等疾病的康复。

4. 现代研究

鳖有提高人体免疫功能、增强机体抵抗力、延缓衰老、抗皮肤老化及抵制癌细胞等作用。其作用主要得益于所含的活性营养成分。首先，蛋白质含量极高，鳖肉中共含 18 种氨基酸，包括了 8 种人体必需氨基酸和 10 种人体半必需氨基酸，这充分说明鳖营养价值是很高的。其次，不饱和脂肪酸的含量高。不饱和脂肪酸的种类很多，鳖类都含有 20 -碳 - 5 -烯酸（EPA）和 22 -

碳-6-烯酸（DHA）为主的脂肪酸。最近的研究表明，在饮食中加入高浓度的 DHA 和 EPA，有抑制肿瘤发生或转移的作用，DHA 和 EPA 在鳖油中含量远比海产鱼、贝类含量高。另外，鳖肉中还含有特殊的维生素 B_{17}（裙边中特别多），维生素 B_{17} 是一种抗癌物质。鳖含动物胶、角质蛋白、核酸、磷脂、维生素 A、维生素 B_2、维生素 B_1、尼克酸、维生素 D、锌、铁、钙、磷、碘等营养成分。其中，维生素 A、磷脂、维生素 B_2、尼克酸、核酸等都是皮肤细胞的营养素，有护肤作用，而锌则有增强皮肤光洁度的作用，动物胶有使皮肤变得柔软、毛发光润等作用。吃鳖还可以较快消除疲劳。

食用注意

（1）不应食用已死的鳖肉，鳖死后体内的组氨酶大量分解出组胺，胃肠里边的细菌也大量繁殖，人食后会导致中毒，故已死的甲鱼不宜食用。

（2）不宜与鸡蛋同时食用，《本草备要》载：甲鱼"忌苋菜、鸡子"，故不可同时食用。

（3）小儿不宜多食，甲鱼性滞腻不易消化，容易生痰雍气。小儿形体未充，脏腑功能薄弱，多食可以诱发恶心、腹满厌食、腹泻等症状。

（4）不宜与橘子同时食用，橘子等含果酸较多的水果与含蛋白质较多的食物同食时，水果中的果酸可使蛋白质凝固，影响蛋白质的消化吸收。

（5）不宜与苋菜同时食用，易致肝脾大。机制待探讨。

（6）不宜与猪肉、兔肉、鸭肉同时食用，药性功能不合。

（7）不宜与鸭卵同时食用，药性功能不合，身体虚寒者忌合食。

（8）不宜与芥末同时食用，药效功能相反。

（9）不宜与紫苏、薄荷同时食用。

传说故事

一、"瓮中捉鳖"的由来

鳖是一种野生的爬行动物，因为它全身披甲，故又名甲鱼，此外还有脚鱼的别名。"瓮中捉鳖"这句成语，来源于民间的一种捕鳖方法。它是比喻要捕捉的对象已在掌握之中，再也无法逃脱的意思。瓮即"水瓮"，是一种腹部较大的盛水坛子。

捉鳖的方法很多，"瓮中捉鳖"只是其中之一。有经验的渔民常在夏季，选择鳖藏量较多的河段，在岸边河滩上挖坑，埋设几只大坛子或缸，缸口与地面平齐，利用鳖喜欢在夏夜上岸觅食的习性进行捕捉，由于鳖的视力较差，再加上是夜间，因而它们在爬行觅食时往往会突然"扑通"一声，掉入坛内。由于坛壁既陡又滑，无法逃遁，结果真的成了"瓮中之鳖"。有的渔民采用这种方法，一夜的工夫，居然能轻而易举地捉到十多只呢！

二、郑板桥与"黄焖甲鱼"

相传乾隆年间，"扬州八怪"之一的大画家郑板桥在山东潍坊出任知县。当时县里有一陈姓乡绅，为了滋补身体，延年益寿，他取用甲鱼与鸡炖煮成菜，其味异常鲜美。有一次，乡绅邀郑板桥到家中做客，席上山珍海味、水陆杂陈。郑板桥食后，唯独对"甲鱼炖鸡"最为满意，称赞此菜味属上品，并欲打听此菜的做法。乡绅毫不保留地告知："先把甲鱼和肥母鸡分别宰杀洗净，下锅加水加葱姜丝和八角等调料，用旺火烧沸后，改用小火煨熟捞出。然后把鸡拆肉剔骨，将肉切成长条，再把炒锅烧热，下花椒油、葱姜丝炒成黄色时，放入酱油，下煮甲鱼和鸡的原汤，放绍酒、调料，再把甲鱼和鸡条一起放入锅内，焖烧片刻，用湿淀粉勾芡，淋上麻油，将鸡条放入盘底，甲鱼置其上，此菜就做好了。"郑板桥听得津津有味，后来，他还将此菜告诉一酒肆好友。这位好友在原来制作的基础上，增加了海参、鱼肚、口蘑等原料，先煨后焖，使之更为鲜美，"黄焖甲鱼"就此得名。

三、"霸王别姬"名菜由来

传说，四面楚歌之中，美人虞姬为项王消忧解愁，用甲鱼和雏鸡烹制了这道美菜，项羽食后很高兴，精神振作。此事及此菜制法后来流传至民间。历史上的楚汉相争，曾导致虞姬与项羽"刿别"。之后，有关的演义层出不穷，安徽厨师们为纪念这个悲壮的历史故事，以这个典故创制成此菜。"小母鸡一只，甲鱼一只，鸡清汤，姜，葱，八角，桂皮，黑胡椒，黄酒，熟猪油若干，把鸡、甲鱼同时投入锅内，加入佐料烧开后，移至小火上，炖焖2小时左右至肉酥烂后取出，装入盘中即成。

四、先知先觉报洪水

传说这是渔民积数十年之经验，实施观察，验证所得，完全可以相信。

鳖在河边产卵，幼鳖爬入河中，这是自然现象，奇怪的是，鳖如爬到河边高地产卵，那么，当年的洪水一定发得很大。反之，鳖如在河岸附近产卵，那么，当年的洪水必定不会太大。人们从鳖产卵的位置，可以看出洪水的水位。其实，早在洪水来到之前，鳖便能确切了解洪水水位的高低，对生活在河岸两边的人来说无疑是一种简便、可靠的预测洪水的方法。说来有趣，鳖还能知道洪水到来的日期。据观察，洪水到达时间往往是鳖产卵后18天左右，这对防洪抢险的人来说，事先掌握洪水到达的时间，是夺取抗洪胜利最有利的条件。

鳖产卵的位置、时间和洪水的水位、到达时间究竟有什么必然的联系，目前还不十分清楚，但实践告诉我们，鳖产卵后20天左右孵成幼鳖，如洪水水位低，或洪水来得迟，而卵却产在离河流很远处，那么初孵出来的幼鳖在爬向河时，会在中途干死，无法进入水中，相反的是，如洪水很大，或卵还没有孵化洪水就来了，鳖的产卵处如离河岸很近，那么鳖卵势必要被洪水冲走，不可能孵成幼鳖。总之，鳖产卵的时间、地点与洪水来到的日期、位置必须配合得正好，幼鳖才能平安进入河中，鳖方能顺利地繁衍后代，否则它就要绝种。关于鳖与自然的这一奥秘还有待于科学家去探索。

鳖　甲

春天发水走上滩，
夏日炎炎柳阴潜。
秋天凉了入土洞，
冬天寒冷钻深潭。

——《常见药用动物》

物种基源

鳖甲（Amyda sinensis）为鳖科两栖动物鳖的背甲（亦称上甲），又名团鱼甲、水鱼壳、团鱼壳、鳖盖子、脚鱼壳、上甲、鳖壳、王八盖子，以块大、无残肉、无腥臭味者为佳，主产于安徽、江苏、江西、湖南、山西等淡水江、湖、河、泊及沼泽地里。

生物成分

鳖甲含精氨酸等17种氨基酸，钙、磷、锌、铁等11种微量元素，以及动物胶、骨胶原、碳酸钙、磷酸钙、角蛋白、碘、维生素 D 等。

食材性能

1. 性味归经

鳖甲，味寒，性寒；归肝、脾、肾经。

2. 医学经典

《神农本草经》："滋阴潜阳，软坚散结，退热除蒸。"

3. 中医辨证

鳖甲滋阴补肾，散结消瘀。有益于阴虚发热、劳热骨蒸、虚风内动、经闭、老疟、疟母等疾病的康复与辅疗。

4. 现代研究

鳖甲能抵制结缔组织增生，故对肝硬化、脾肿大有治疗作用，并能提升血浆白蛋白含量，故适用于肝炎合并贫血的蛋白倒置患者。

食用注意

（1）凡腹泻者，不宜用鳖甲，因鳖甲有致泻作用。
（2）易导致消化不良、胃口不佳。因鳖甲含胶质，不易消化。
（3）阳虚者不宜用鳖甲，尤其阳痿，鳖甲抑阴而制肾火，能降低性欲。
（4）孕妇忌用鳖甲，因鳖甲能动胎。

传说故事

一、光绪皇帝与鳖甲

相传，清朝光绪皇帝自幼羸弱多病。一天清晨，青年光绪忽觉腰椎中间疼痛，俯仰皆痛，不能自已，其后竟一日甚于一日。宫中太医绞尽脑汁为其治病，药吃了不少却未见一丝起色。光绪皇帝斥责太医道："屡服汤剂，寸效全无，名医伎俩，不过如此，亦可叹矣。"之后诏谕天下，征集贤士。民间医家听说了皇帝的病情，声称能够治光绪帝的病。他号脉之后，开出了一张药方。只见药方上画了一只鳖，其旁写道：将此背甲与知母、青蒿水煎服，连服一月。光绪帝半信半疑，便试服之，不想一个月后，他的病情果然有所好转。

二、鳖叫"王八"的由来

老鳖俗称甲鱼、水鱼、团鱼和王八等，是一种药用价值极高的动物。鳖的全身均可入药，如鳖头可治脱肛、子宫下垂等；鳖甲养阴清热、平肝息风，可治痛、泻痢等；鳖肉可治虚劳潮热、口眼㖞斜等；鳖卵可补阴虚，可谓浑身是宝。关于老鳖的由来，其中还有一段故事。传说微山湖上有两个人合伙以打鱼为生，一个叫李四，一个叫王八。李四醇厚善良，王八奸诈贪婪。

一天，两人打上一条鱼精，鱼精打上来后就眼泪汪汪。李四看到心软了，对王八说，看这条鱼多么可怜，把它放了吧。王八说，我们可怜它，谁可怜我们啊？好不容易打上来的鱼怎么能放了？无论李四如何劝说，王八就是不愿放鱼。李四没法，就对王八说把鱼精放了，我三天打的鱼全归你。王八这才同意把鱼精放生。

当晚，李四梦到一位白胡子老头，他告诉李四，某处有个山洞，一个老魔王把收敛来的金银财宝都放到那个山洞里，魔王每天下午四点到四点半都会出去喝酒，让李四可以利用那半个小时的时间进去，取点财宝，这样便吃喝不愁了。李四听了白胡老头的话，就跑到山洞里，果然看到很多财宝，也就拿了两个金块回来。原来白胡子老头就是李四放生的鱼精化身，来报答李四救命之恩。

王八得知李四发了财，就问他是怎么得到金块的，李四就把山洞里有宝藏的事告诉了王八。王八听了李四的描述，再也坐不住了，他看天色已到了四点，就背上两条大口袋进了山洞。见了财宝，王八红了眼，忘了只有半个小时的时间，一个口袋还没装满，魔王就回来了。魔王见有人装他的财宝，举起棒子照王八的头上砸去，一下把王八的头砸到肚子里。魔王以为王八死了，就把他扔到湖里。后来王八被鱼精点化成了老鳖，微山湖里就有了老鳖，人们从此把老鳖叫作"王八"。

三、话说古人爱"鳖裙"

鳖的真滋味，不在肉，而在它的四周下垂的柔软部分，即"鳖裙"。五代时有名高僧，法名谦光，他说："饮酒食鳖，但愿鹅生四掌，鳖留两裙。"这位大师着实不愧为食鳖的专家，佛门弟子中，嗜食鳖裙的，颇不乏人。《江邻几杂志》："客有投缙云寺中宿者，僧为具馔馐，鳖甚美，但诧其无裙耳。"烧火的和尚师父，别的不动，就只吃鳖裙部分，并且吃个精光。"味知居"中如果排座次，头把交椅，非此公莫属。然而，当时的和尚，很多只吃鳖裙部分，别的不吃，不知是否还有其他意思。

《江陵县志》也记载：北宋时期，仁宗召见江陵张景时问道："卿在江陵有何贵？"张说："两岸绿扬遮虎渡，一湾芳草护龙洲。"仁宗又问："所食何物？"张说："新粟米炊鱼子饮，嫩冬瓜煮鳖裙羹。"由此可见"冬瓜鳖裙羹"，早在北宋时已成为脍炙人口名菜了。如今荆州著名的"聚珍园"馆仍按传统方法烹制此菜，颇有特色。一些到荆州古城品尝此菜的人称赞说："荆州处处鱼米香，佳肴要数鳖裙羹"。由此可见古人对"鳖裙"情有独钟。

四、济公与"石烧老鳖"

相传，济公食鳖，手艺独特，味道鲜美。一次，济公得到一只老鳖，用片石搭成"门"字状，用"门梁"的两片方石夹着老鳖，再用青藤绑扎，"门"里点着干草，慢慢烘烤。不一会儿，老鳖壳内温度上升，大有五内俱焚之势，老鳖急忙把头脚伸出壳外，但烟火又很快把头脚燎烧回去，就这样头脚伸出缩回，缩回又伸出，济公手中的火把一会儿抽出，一会儿续进，老鳖为降温，痛苦地将腹内的污物全部吐出或排泄，这时济公将火煽熄，扇子一煽，招来一钵佐料汤，放到被烤得严重脱水的老鳖面前，求生的欲望使老鳖完全顾不上什么佐料汤汁，心急如焚地伸长脖子，一会儿把佐料汤喝得一干二净。老鳖被烤热后，咽下去的佐料汤在很短的时间内便渗遍全身，只见济公扇子一煽，火势大燎，将鳖不断翻动。又过了一会济公将火煽灭，躺在河岸美美地享用石烧老鳖。

海　龟

神龟虽寿，犹有竟时。

螣蛇乘雾，终为土灰。

老骥伏枥，志在千里。

烈士暮年，壮心不已。

盈缩之期，不但在天。

养怡之福，可得永年。

幸甚至哉，歌以咏志。

——《龟虽寿》·三国·曹操

物种基源

海龟（Chelonia mydas）为爬行纲，海龟科两栖动物海龟的肉，又名海乌龟、海团鱼、绿蠵龟，以背面褐色或暗绿色、有黄斑、腹面黄色者为佳，分布于我国山东、江苏、福建、浙江、台湾、广东等地沿海。据考证，海龟步履艰难地爬越了两亿多年，顽强地生活着、繁衍着，真可算是名副其实的"珍禽异兽"了。

生物成分

海龟肉，含有丰富的蛋白质、胶质、动物胶、脂肪、糖类、维生素 B_1、维生素 B_2、维生素PP、维生素 E 及微量元素钙、铁、磷等。骨胶原中含有苏氨酸、蛋氨酸、精氨酸等多种氨基酸，还含碘和维生素 D，在爬行动物中是首屈一指的。

食材性能

1. 性味归经

海龟肉，味甘、微酸、性温；归肾、肝、心经。

2. 医学经典

《中华诸家本草》："海龟肉，益气调中，补肝肾，祛寒热。"

3. 中医辨证

海龟肉，补肝益肾，疏肝解郁，祛风解痛。对阳痿、肝硬化、风湿性关节炎、水火烫伤的康复有益。

4. 现代研究

海龟肉能抑制结缔组织增生，有消结块作用，可增加血浆蛋白，缓解肝病引起的贫血。

食用注意

因海龟肉滑腻，难以消化吸收，故消化不良、孕妇、产后泄泻、失眠者不宜食用。

传说故事

一、"归墟"海龟被钓的传说

传说在古渤海东面，几亿里的地方，有一座大壑，名叫"归墟"。这里面有五座仙山，仙山上住着许多仙人，每天忙碌的飞来飞去。这五座仙山都漂浮在海面上，每当大风大浪吹来，山与山之间的位置距离就完全错乱，令居住在这里的神仙们头疼不已。天帝知道情况后命风神禺强把海上的仙山固定下来。

风神禺强调遣来十五只大海龟，三班倒换，轮流驮着五座仙山。就这样，平安无事过了若干年。不料，有一年却出了事。原来，在昆仑山以北有一个龙伯国，这个国家的人都生得十分高大，其中有个巨人，闲着无聊，就拿起一根钓鱼竿，到了"归墟"五座仙山的地方，钓走了六只大海龟，导致两座仙山漂流到了北极，沉没到海里。

天帝知道后十分震怒，他把龙伯国的国土变得越来越小，把龙伯国的巨人变得越来越矮。

"归墟"里的五座仙山只剩下蓬莱、方丈、瀛洲三座仙山。

二、丘吉尔与吃海龟肉

20世纪50年代初，温斯顿·丘吉尔同海龟保护者发生过矛盾。海龟汤是他的偏爱，每天晚上睡觉前都要喝一碗。结果，"加勒比海自然资源保护委员会"要求他改变这个习惯，在国际上树立保护海龟的榜样。

三、达尔文的"物种起源"先考察龟岛

在南美洲西部的太平洋海域内，有一组岛屿，称之为加拉帕戈斯群岛，它的意思是龟岛。世界著名科学家达尔文，曾把他在龟岛上的见闻，看作是他的"一切观点的起源"。

1835年9月，达尔文来到龟岛考察，他在日记中写道："这些岛屿好像是全体爬行动物的乐园，除了有3种海龟外，陆龟也有很多。因此，在这里曾经有一只船的船员们在短时间里捕捉到了500～800只大龟。"达尔文经过考察，发现在这个群岛上，龟至少有两三个变种。不仅仅龟曾变种，鸟也如此。生物的多种多样性，证明了生物不可能是上帝造的。从此，物种不变的传统观念，在达尔文的心中失去了地位。他的"物种起源"的学说，就是从这个龟岛开始的。

四、渔夫和海龟

一个捕鱼的人，在大海里捕到一只海龟，他把它抱回了家。

他把它放在了自己的床上，对它说些温情脉脉的话。晚上，他给它盖上崭新的被子，让它享受自己给予的温情，他还把最香甜的美味食物端到它面前，让它品尝。然而，海龟不吃不喝不动，只是泪流满面。

"你为什么哭呢？你知道，我是多么爱你呀！"渔夫说。

"可是我的心在大海里，那有我的家，有我的孩子，我的快乐在那里，你放我回去吧！"海龟说。

渔夫舍不得放弃它，因为他爱它。过了许久许久，看着心爱的海龟日渐消瘦。渔夫决定放它回到大海。"你这个冷酷的海龟，我几乎把我整个心都交给了你，却得不到一丝一毫的爱。现在，我成全你，你走吧。"

海龟慢慢爬走了。

一年后的一天，渔夫正在午睡，忽然听见门外有动静。他出门一看，是一年前放走的那只海龟。

"你回来做什么？"

"来看看你。"

"你已经得到了你的幸福，何必再来看我呢？"渔夫说。

"我的幸福是你给的，我忘不了你。"海龟说。

"唉，你去吧。只要你能幸福就行了，以后不必再来看我了。"渔夫伤感地说。

海龟依依不舍地走了。

然而，一个月以后，海龟又来了。

"你又来干吗？"

"我忘不了你。"

"这是怎么一回事呢？当我企图永远占有你时，丝毫无法打动你，当我放弃你时，却拥有了你。"渔夫说。

五、"二龟听海"的传说

西天磐陀石附近山坡上，有两块石头状似海龟，人称"二龟听法石"。

传说很早以前，普陀山还没有僧侣寺院，观音在此修道，每天夜里端坐磐陀石上念经说法，山上飞禽走兽，海里鱼虾蟹鳖，每当观音念经，纷纷前来听经。

两只海龟奉龙王之命去偷听观音念经。起初，他们只在莲花洋探头探脑地默默记诵，后来越听越有味道，便渐渐靠近观音洞，到了第81夜，他们竟偷偷爬到磐陀石附近的山坡上。经念得越来越悦耳，越来越动听。两只海龟听得入了迷，走了神，敲四更没听到，敲五更不动身，直到东方透红，观音离开磐陀石，他们还在那里一动不动地听着。原来它们已经误了回龙宫的时辰。从此，两只海龟，一只伸着脖子，一只昂着头，再也不能动弹了。

六、海龟之歌

世界上有许多海岛因盛产海龟而称为"龟岛"，其中著名的有龟岛群岛、开曼群岛、圣赫勒拿岛、阿森松岛、留尼汪岛、塞浦路斯岛和我国的西沙群岛等。

最近发现，在孟加拉湾的一个荒凉小岛上，每年夏季风从印度洋吹来的时候，就有许多稀有的大海龟云集到这个岛上，在海滩产蛋。

澳大利亚昆士兰州东北部的雷恩岛珊瑚礁上，每年有大约15万只海龟爬上海岸来产蛋，密密麻麻，仿佛一支雄伟浩荡的大军，说得上是自然界的一种奇观。

大西洋中的阿森松岛，是个面积只有88平方千米的小岛。这个小岛长期以来一直是海龟的故乡。

每年3月，成群的海龟从巴西东部沿海，沿着北赤道递流，回到自己的故乡，整个行程长达2000多千米。它们在黑夜里爬上"故乡岛"，用头和前肢在泥沙上挖坑，匍匐在上面产蛋，每次80～150只，有小橘子大小，然后用泥沙埋好。海龟还在周围乱跑乱挖，布下一个"迷魂阵"，把"孩子们"伪装起来。

阿森松岛上，阳光强烈，泥沙受热后，龟蛋自然孵化了。小海龟从里面破壳出来，很快地就会在海滩上爬行了。

到了6月，海龟妈妈带领幼龟从岛上潜进大海，向巴西东部沿海进发。它们旅行的道路是另一条路线。沿着南赤道洋流，乘风破浪横渡波涛汹涌的大西洋。第二年，海龟照样重返故乡产蛋育儿，再回归巴西东部沿海，长途远航，年年往返。

科学家为了研究海龟的迁徙路线和定位辨向的本领，在海龟身上装上发报机和天线，利用遥测技术来研究海龟的游踪。人们认为：海龟是利用星空导航来识别回归故乡的道路的。当接近故乡岛屿的海域时，附近海水的化学信号是种"指南针"。

海龟为什么总是能按时回到原地产蛋呢？过去，人们一直认为它是根据海水温度来确定时间的。最近，动物学家欧文思进行过一个实验，每晚用强光照射海龟，发现经光照后的海龟体内有一种叫"麦拉多宁"的激素，含量急剧减少，而这就影响了海龟的行为。由此他提出，海龟是根据昼长来准确地知道时间的，昼长随季节而变化，光线能"启动"或"关闭"海龟的内分泌器官。当它启动时，分泌出的激素"告诉"海龟回归故乡产蛋的时间到啦。

龟 肉

雨雪落纷纷，檐头水滴滴。

良哉观世音，草里跳不出。

跳不出，也大屈，

水里乌龟钻铁壁。

——《偈颂二十二首》·宋·释道生

物种基源

龟肉（Chinemys reevesii）为龟科动物乌龟的肉，又名泥龟、金龟、金头龟、金线龟、山龟、草龟、秦龟，以体型肥壮、健康、无溃烂、无寄生虫者佳，分布于河北、河南、江苏、安徽、浙江、福建、广东、广西、湖北等地淡水湖泊皆有产出。

生物成分

乌龟肉含蛋白质、胶质、动物胶、脂肪、糖、钙、磷、铁、烟酸及维生素 B_1、维生素 B_2 等。龟甲含骨胶原、脂肪和钙盐等。骨胶原中有苏氨酸、蛋氨酸等多种氨基酸。

食材性能

1. 性味归经

龟肉，味甘，酸、性温；归肝、肾、心经。

2. 医学经典

《本草经集注》："滋阴、补血、止血。"

3. 中医辨证

龟肉，纯阴味厚，入肾经以滋肾阴。龟生活能力很强，数月断食，可以不死，其滋补之功可知。味咸而甘，故有滋阴、潜阳、补肾、健骨之功。能益心智，治肾阴不足、骨蒸劳热、吐衄、久咳、遗精、崩漏、带下、腰痛、骨痿、阴虚风动、久痢、久疟、痔疮等。

4. 现代研究

乌龟的肉、板、胶，均有很好的抗疲痨功效，适用于肺结核、淋巴结核和骨结核；也可用于慢性肾炎、慢性肝炎、肝硬化、神经衰弱等症。研究发现龟板可增强人体免疫功能，龟蛋白有抗癌作用。龟板对治疗癌症有一定价值。

食用注意

（1）不宜和橘子、苋菜、紫苏、薄荷同时食用。

（2）死龟不可食用，食用后会导致中毒。

（3）小儿不宜多食龟肉，多食可诱发恶心、腹泻、厌食等症状。

传说故事

一、龟背上"十三块"的由来

传说，乌龟背部从前是光光滑滑的，现在则花花溜溜的，你知道它是怎么形成的吗？乌龟和梅花鹿原来是一对挺要好的朋友，它们发誓：不为同生，但求同死，永不分离。一天，它俩结伴去海底的水晶宫游玩。乌龟背着梅花鹿慢慢向海底游去，海底世界真是美妙极了！到了水晶宫门前，见鱼呀、虾呀围成一团，闹闹嚷嚷不知在说什么，挤到前面一看，原来大伙儿是在看一张告示，上面写着："海龙王得了一种头痛的怪病，经多方医治，也不见好转，谁要是能治好龙王的病，就封他当大官，并赏黄金一万两。"乌龟一边看着告示，心里一边打着鬼主意，稍后它对梅花鹿说："你稍等一下，我去去就来。"乌龟扔下梅花鹿，急切地去见海龙王。乌龟对海龙王说："大王，我有办法治好您的病，您只要吃下梅花鹿的脑子，头痛就会马上好的。梅花鹿我已经给您带来了，就在门口候着呢。"龙王一听高兴极了，立刻派虾兵蟹将将梅花鹿带进宫来，并命令梅花鹿割下脑袋来孝敬它。梅花鹿一听就知道是乌龟出的坏主意，便不慌不忙地对海龙王说："大王有病，我自然应当效劳，可是不巧得很，今天跟乌龟下海，我认为带上脑子没有什么用，就把它搁在家里了，现在大王要用，我马上去取，请大王赶快派乌龟送我上岸吧！"乌龟只好驮着梅花鹿游出水面。一上岸，梅花鹿就把乌龟背在身上，飞速地朝深山峻岭奔去，一直跑到山顶才停下来。梅花鹿气愤地对乌龟说："你这个见利忘义的家伙，平时我对你像亲兄弟一样处处照顾你，事事保护你，可你倒好，为了升官发财，就背信弃义，出卖朋友，将来一定不会有好下场。"说着，梅花鹿用角使劲一顶，乌龟就从山顶上滚到了深沟里。这一下，乌龟虽然没有摔死，可背上的壳却摔成十三块，直到现在也没有完全长好，背壳上留下了好多深深的痕迹。后来梅花鹿告诉人们：乌龟的腹甲可以治疗好多疾病，从此乌龟就没过上几天安稳的日子。

二、刘邦与"龟汁狗肉"

传说汉高祖刘邦年轻时，常到以宰狗为产业的樊哙处"揩油"，樊哙赶之不去，甚为厌恶。一次樊哙忍无可忍，便拉起了吊桥，下了逐客令。谁知刘邦并不死心，骑上一只大乌龟泅水而过。樊哙一口恶气无法出，将大乌龟杀了，扔进狗肉锅里。没想到狗肉出锅后让人口涎大流。之后，江苏名菜"龟汁狗肉"便由此而来。

三、龟长寿的奥秘

龟是一种古老的动物，其起源可追溯到两亿年以前，经过如此漫长的优胜劣汰的进化，能顽强地生存到现在，成为少数比人类长寿的动物之一。乌龟寿命究竟有多长？有关资料显示："其自然生命一般为150年"。据有关考证，乌龟寿命也有300年以上的，甚至有的超过千年。乌龟长寿的奥秘是什么呢？科学家们发现，乌龟不仅新陈代谢缓慢，而且还能使自己的生理节奏放慢，进入假死状态。从细胞研究发现，动物的成纤维细胞繁殖代次数与动物寿命呈正比。乌龟的细胞分化缓慢，系列代的次数多，它的成纤维细胞体外培养可达到125代，而人类成纤维细胞只能达到50代。

再从生理学角度分析，龟之所以能长寿，一是龟的肺部特别发达，能纳多量空气及长期蛰伏；二是龟的体内组织有一个特殊的地方，就是泄殖腔两侧有两个大囊室，能贮藏大量清冽的水。水除了用以解渴外，还在产卵挖穴时湿润泥土，同时也能吸取溶在水中的氧气，以弥补呼吸的不足。

四、龟之趣闻

其一，许慎根据《列子》"纯雌其名大腰"的说法，说龟"外骨内肉""头与蛇同"。由于乌龟"广肩无雄"，而且"以蛇为雄"，所以，自元明时期，就有"雌龟偷蛇"的流言蜚语。其意思是说凡龟的父代都是蛇，龟是蛇的子孙，按此说法，那么，龟不成了"不贞"之物了吗？这纯属误解和无知。

其二，《抱朴子》云："千岁灵龟，五色俱焉，如玉如石，变化莫测，或大或小，变化无常，或游于莲叶之上，或伏于著丛之下。"《质龟论》还说："龟老则神，年至八百，反大如钱，夏则游于香荷，冬则藏于藕节。"

其三，我国汉代时期，部分地区民俗，每以龟衬老人床脚，一二十年后，人死龟犹存活。

其四，元人陶九成，在其题为"龟塔"的笔记中，叙述他在杭州时，曾经遇到一个驯兽的艺人，养着七只乌龟，一只比一只大，艺人把乌龟放在桌上，击鼓相催，最大的一只先爬到桌子中央伏定，第二只、第三只……，一只只依着大小次序跟着爬到前一只背上，第七只龟爬上第六只龟背后，就头朝下尾朝上地竖立起来，好像一座七级宝塔，称之为"乌龟叠塔"。由此可见龟之"灵性"。

其五，《文汇报》曾报道：文昌县重兴乡林明轩的父亲在清朝咸丰三年（公元1853年）放养了一只乌龟，它平时不在主人家栖息，但逢年过节或村里有红白喜事，总是定期回来。1960年，这只老龟带回一只小龟。事隔21年之后，老龟又带了五只龟仔返村"探亲"，真是天下奇闻。

其六，在闽南、台湾，均有崇龟习俗，千百年来，一直把龟视为吉祥物，如果抓获到活龟，习惯把它放生，有人甚至专门到市面上买来活龟，在龟背上刻上姓名，然后放生。在闽南还流传这么个故事：明清之际，"国姓爷"郑成功募兵在闽南沿海操练水师，准备收复台湾，但军队遇到吃水困难。忽然，郑成功发现一只爬行中的龟，就悄然跟踪至窝边，他从龟喜湿得到启示，就插剑于地，命士兵掘井，果然甘泉如涌，后人谓之"万军井"，或"国姓井"。于是闽南、台湾人对龟倍加宠爱。在闽南东山岛有个被台胞视为两岸文化渊源的祖庙——明朝关帝庙，庙中曾养着一头"赤米龟"，龟龄已过百年，每逢气候异变，龟背湿度、颜色皆不同平常，人称这只能预知天气的龟为"神龟"。逢年过节，闽南、台湾人习惯用糯米、豆沙等料制作"红龟"供品，至今"红龟"仍广泛作为祭祖、婚喜、吉庆的主角，同时也是一种节日馈赠佳品。每年的元宵节，台湾的寺庙大多供奉有米面蒸制的"寿龟"，节日期间，人们习惯到寺庙"乞庙"，祈求平安、长寿、发财、晋升等。古代用"龟"字做名字的很多，如唐代诗人陆龟蒙、歌唱家李龟年。在闽南、台湾人眼里，龟是长寿、生命力强的象征，不少家长也喜欢用龟给孩子起小名甚至正名。当地还有一种独特有趣的水族舞叫"海底反"，也是含有龟的文艺活动。当人们来到闽南、台湾地区，一定会使你体会到养龟、食龟、玩龟、崇龟的风俗，乐趣无穷。

五、龟史小考

中华民族崇敬龟延续数千年，一直将龟作为高尚的吉祥神物，可谓至荣至贵。《史记·龟策列传》说："龟者，天下之宝也。"从行龟卜，设龟官，掌龟印，佩龟袋，照龟镜，甚至戴龟帽，取龟名等等。大至一国国名、年号，小到一件图案饰物足以说明对龟的崇拜程度之深。如新疆古"丝绸之路"上，有一个称作"龟兹"（龟念"丘"音）的汉代西域国家；北魏孝明帝就是以

"神龟元年"为登基年号。宋真宗编纂了一部长达千卷记载历代史料的著作，书名就称作《册府元龟》。又据《史记》记载："虞夏之币为龟贝。"市场流通的龟贝即龟骨片与金玉等价；汉武帝时代钱币上也铸有龟图案。帝王将相金玉印章称为"龟印"，东汉卫宏著《汉旧仪》载："银印皆龟钮。"公元691年显赫的中国女皇武则天，下令三品以上的高官佩戴金龟"龟袋"，四品佩戴银龟"龟袋"，五品佩戴铜龟"龟袋"。"龟袋"是佩戴在朝服上衣上的饰物，凡享受此待遇的高官，死后才以石龟碑趺厚葬。当时调兵遣将用的铜质龟形令牌称作"龟符"。唐朝张鹭在《耳目记》中载："汉发兵用铜虎符……至伪周，武姓也，玄武，龟也，又以铜为龟符。"

　　古时以龟冠以名号，成为一种荣耀，十分盛行。周代有一种叫作"龟人"的官，职责就是掌管乌龟，"若有祭祀，则奉龟以往"。曾在江苏邳县刘村殷墟墓葬中发掘出用龟壳与人同葬，被考古学者称为"护龟人"。战国时候，大将的旗帜以龟为饰，是"前列先知"的意思，令中军也以龟为号。不少达官贵人、诗画书家和乐师直接以龟作为名号，如李龟年、陆龟蒙、杨龟山等。连受中华文化深远影响的日本、韩国也是如此，"龟田""龟山"是至今还在使用的日本大姓。古代把神圣的天宫以龟命名。如其中天宫的北宫叫"玄武宫"，而"玄武"就是神龟的名称；至今韩国的国旗上有"八卦"的图案，也称"玄武旗"。从大唐开始盛行一种由龟形座构成的行酒令的铜（或银）器，在龟背上有一个圆筒，里面装有八个称为酒筹的令牌，在每个酒筹上面刻着《论语》中的句子，抽到酒筹者必须据此作答，答不上者就要喝酒。当然，此时龟相当于见证信物，可见龟鳖形象已渗透到华夏文化的各个层面。当然，这种行酒令形式当时主要还是流行于文化人和官场，但其他种种行酒令形式却一直流传到今天。

六、乌龟是天上的仙女

　　关于龟长寿的由来，在民间还有这样一个神话故事：传说龟原为天上一名俊美的仙女，深受其父母疼爱，整天将她关在闺秀房中不给外出。在她年满十八岁的一天，独自闯出家门遨游仙境，一时走迷了路，被天皇大帝手下的两名大将抓了去，玉皇大帝一见其美貌非凡，硬要纳她为妾，她大哭大闹决意不从，玉皇大帝恼羞成怒，将她变为乌龟打入凡尘，给了一千年期限。她想，宁愿作一千年的乌龟，也不愿作玉皇大帝的玩偶。从此，乌龟便在凡间定居下来了。

七、郑板桥题《麻姑献寿图》

　　相传，郑板桥在山东潍坊做知县时，当朝宰相与他是同乡，是年贺六十岁生日。郑板桥出于同乡之情也到场祝贺，并受到同乡接待，但要郑为其画一幅《麻姑献寿图》，郑当然从命，将《麻姑献寿图》一挥而就，在场文武百官无不赞其妙笔神功，但到题款时，众官纷纷走开。原来，郑板桥写了"真老乌龟"四字后就去找茶喝，喝完茶，才将"真老乌龟"续成四言绝句："真正元老，老老宰相，乌纱展翅，龟寿万年。"至此，众人又聚拢欣赏《麻姑献寿图》。

龟　甲

千年龟小像围棋，其甲翠绿毛陪鳃。
置之盆水生涟漪，蚊蝇远避尘自离。

——《蕲龟诗》·明·陶允宜

物种基源

龟甲（Chinemys reevesii）为龟科两栖动物乌龟的腹甲（亦称下甲），又名神屋、龟壳、龟底板、败龟甲、败将、败龟板、龟筒、龟下甲、龟底甲、龟腹甲、元武板、坎板、拖泥板。

动物名：乌龟、龟、水龟、元绪、金龟，以块大无残肉、无腥臭者为佳，主产江苏、浙江、安徽，全国凡有江河、湖泊（淡水湖）者均有产出。所谓水龟者，不单指乌龟，包括花龟、黄喉水龟、眼斑水龟等。

生物成分

龟甲，含动物胶、角蛋白、脂肪、钙、磷、铁、锌等，还含骨原胶、18种氨基酸等。

食材性能

1. 性味归经

龟甲，味咸、甘，性微寒；归肝、肾、心经。

2. 医学经典

《神农本草经》："滋阴潜阳，益肾健骨，养血补心。"

3. 中医辨证

龟甲甘咸入肾，能滋阴益肾，质重能潜敛浮阳。故凡肾阴不足之骨蒸劳热、盗汗，阴虚阳亢之眩晕耳鸣，阴虚风动之手足瘛疭等症，皆为常用之品。益肾又能健骨，对肾阴亏虚之腰脚软弱，筋骨不健以及小儿囟门不合等症，尤为适用。此外，益肾阴而通任脉，性平而偏凉，所以又可用于阴虚血热之妇女崩漏、月经过多之症。

4. 现代研究

龟甲有降低甲状腺、肾上腺相关病症发生率，提高免疫力，抗突变、兴奋子宫、抗肿瘤、降血脂、抗动脉粥状硬化，耐缺氧、镇静、补血止血等功能和作用。有利于突发性精子减少症、神经衰弱、慢性疮疡、崩漏等多种疾病的康复。

附

龟板胶：由龟板煎熬而成，功效与龟板相同，但滋补的作用较强，且有止血之功。对肾阴虚所致的痿弱、崩漏之症，尤为适宜。宜烊化冲服。

食用注意

（1）孕妇忌用。
（2）胃有寒湿者忌用。
（3）阳虚及外感邪气未解者忌用。

传说故事

一、乌龟嚼舌

有个人养了只大乌龟，能说人话。当地的县令听说这件事，就命令他把乌龟带来观赏。主人将乌龟带到了县令面前，乌龟却突然沉默，半天也不说一句话，主人怎么敲打它也不吭声。

县官见了很生气，说："你竟敢撒谎骗人？"下令打了他十个大板。他垂头丧气地把乌龟带回家。妻子问："这只乌龟在县令面前说了什么呀？"丈夫骂骂咧咧地说："这只死乌龟见到县令后就突然一言不发，县令认为我骗了他，打了我五个大板呢！"

这时，乌龟却突然说话了："县令明明打了你十个大板，你现在怎么说是五个了呢？"主人十分恼火，骂道："你这个王八蛋，在外面就无语了，只知道在家里嚼舌头！"

二、乌龟老爹

从前，有个人很讨厌别人在他家屋外的墙脚处小便，便在墙上画了一只乌龟，并写在墙上骂道："你眼睛不瞎，也不看看！"撒尿的人慌忙答道："我没看见老人家您在这里！"

三、古"十朋之龟"的"身价"

在中国古代氏族社会时期，人们一直把龟鳖作为解危济困、吉祥赐福的天之骄子和神灵化身来崇拜。春秋左丘明所撰《国语·周语》曰："我姬氏出自天鼋。"即认为姬氏是龟的传人。晋朝郭璞所撰《尔雅龟赞》曰："天下神物，十朋之龟"，也把龟作为天之神灵。所谓"十朋之龟"，有说是指龟的"身价"，也有说是对龟的"分类"。当时的词书——《尔雅》释曰："一曰神龟，二曰灵龟，三曰摄龟，四曰宝龟，五曰文龟，六曰筮龟，七曰山龟，八曰泽龟，九曰水龟，十曰火龟。"《尔雅》又曰："龟，俯者灵。"古人认为那些行动时低头向下之龟具有灵性，多为灵龟。灵龟稀贵，故多用作贡品。

四、中国最早的生态资料源保护——放生龟

鳖与龟同样受到尊崇的历史可谓源远流长，三千多年前的西周就设有专职"鳖人"（注：不知是否与"龟人"同职），为帝王捕捉甲鱼。公元前460年，范蠡的《养鱼经》中就有"内鳖则鱼不复生"的话。两千多年前的孟轲、荀况和汉代末期的《礼记》中分别记述了鱼和鳖的重要性，并强调，不准捕捉幼甲鱼，以保护资源。秦汉三国时期的《神农本草经》等也都有鳖的记载。西晋陆机、潘尼为鳖写《鳖赋》，赋曰："弯脊连胁，玄甲四周"；"尾不副首，足不运身"；"缩头于壳内"；"盘跚而雅步"。活脱脱勾画出鳖的生动姿态气质。元朝王哲特赋《蕃公索神龟词》一首，称颂龟为"能服气，会吞霞""异光殊彩，进出真祥瑞""独上白莲蕊"的无所不能的神圣祥物。公元756—762年，唐肃宗立"放生池"81所，主要放生龟、鳖等水生动物，从某种意义上说明：我国是最早出现龟鳖资源保护的国家之一。当然此与唐朝盛行的佛教"行善事，勿杀生"的教义是分不开的。

五、葬龟墓

中国葬龟墓历史久远。南北朝时已经出现了神道碑同龟崇拜相结合的形式，如北魏延昌二年（513年）皇族怀王第四子跋元显隽的龟形墓。直到近代有的仁人志士钦佩龟的坚韧精神，且"龟"与"归"谐音，给后人留下具有中国文化特色的龟墓葬。被毛泽东赞颂为"华侨旗帜、民族光辉"的华侨领袖陈嘉庚先生的龟墓葬就是典型代表。在厦门集美南端有个"鳌园"，"鳌园"的不远处便是陈嘉庚先生的墓地。陈先生的墓是马蹄状龟形结构，用当地出产的八块岩石精工琢磨成壳、类似龟骨片砌边，以十三块青斗石雕成拱形龟背壳状镶嵌其中。龟的头部安置碑文，面向大海，有任重道远的昂扬之势。陈先生首先用一生积蓄，在厦门创办集美学校，1921年春，又创办厦门大学。陈先生一生粗茶淡饭，但把毕生所经营的全部收入献给了中华民族的教育事业。1945年毛泽东主席在延安题赠陈先生的条幅镌刻在墓旁两块青石上，这是对他一生无私奉献壮举的褒奖。陈先生系海外华侨，时刻想念祖国，有游子思归（龟）之意。站在墓前，孟郊

的《游子吟》诗句，犹在耳边，可谓语意绝妙双关。陈先生叶落归根，报效祖国，用龟形墓葬，寄托了中华游子神圣浓厚的民族感情。

六、建龟城

建龟城是真有其事的。在不久前被获准成为"世界人文建筑遗产"的山西古城的平遥城就是传说中的"龟城"之一。平遥称古陶地，传说是帝尧的封地。平遥古城原为夯土城垣，始建于西周宣王时期（公元前 827 年—公元前 782 年）。明洪武三年（1370 年），也因军事防御的需要，在原西周旧城埂的基础上扩建为今天的砖石城墙。迄今为止，这座城市的城墙、街道、民居、庙宇等建筑，仍然基本完好，原来的建筑格局与风貌特色大体未动。城内及近郊古建筑中的珍品，也大多保存完好，是研究中国文化、建筑艺术方面历史发展的活标本。平遥古城之所以称为龟城，是组成整座城池的城墙、大街、小巷，一起呈现龟背似的图案。若从高空俯瞰，活像一只趴在地上的乌龟。还有一座"龟城"，就是当今四川省府成都市。源自晋朝（265—420年）干定宝在《搜神记》卷十三中所撰的一篇神怪传说。即在秦惠王 27 年（公元前 311 年）派相张仪修成都城时，屡次倒塌，后一只大龟浮于城东南而毙，张询问巫后，巫曰："依龟筑之"。故四川成都亦称"龟化城"。

古人以龟建城，有吉祥、安康、坚强、永固的象征意义。

七、神龟的故事

据《庄子·外物》载：有一只神龟被一个打鱼人捉住了，它就托梦给宋国国王宋元君。夜间，宋元君梦见了一个披头散发的人在门口探头探脑地向里窥视，并说："我住在一个名叫宰路的深潭里。我在替清江水神出使何伯居所时，被一个叫余且的渔人捉住了。"

宋元君早上醒来，找人占梦。占卜人说："这是一只神龟给大王托的梦。"宋元君问左右的人说："有没有一个叫余且的渔人？"左右回答说："有。"于是，宋元君命令手下人找来余且。

余且来见宋元君。元君问他："你打鱼时捕捞到了什么？"余且说："我捕到了一只大白龟，龟的背围足足有五尺长。"宋元君命令余且将龟献上。余且不敢抗命，只得将捉到的白龟献了出来。

宋元君得到神龟后，不知该怎么处置，最后只好请占卜人来做决断。占卜的结果是：如果杀掉这只龟，用它来占卜，一定大吉。于是，宋元君命人将神龟杀死，剖空了它的肠肚，用龟壳占卜，结果一共卜了 72 次，竟然次次都灵验。

孔子对这件事深有感慨地说："这只神龟有托梦给宋元君的本事，却没有逃脱余且之网的本事；它的智慧能达到 72 次占卜灵验的境地，却不能避免自己被开肠剖肚的灾祸。"

蟾 蜍

食月蟾蜍即此流，瞠然两目怒无休。
蒹葭影里才多口，椒桂香中已出头。
今欲无声犹可禁，昔尝有尾最堪忧。
越人似信卢仝语，争与姮娥复旧仇。

——《食蟾蜍》·元·侯克中

物种基源

蟾蜍（Bufo bufo gargarizans）为脊椎动物门、两栖纲、无尾目，蟾蜍科中华大蟾蜍或黑眶蟾蜍的肉，又名癞蛤蟆、癞疙疱、癞宝、疥蛤蟆。主要是药用为主，可入药的有蟾酥（俗称癞宝浆）、干蟾、蟾衣、蟾头、蟾舌、蟾肝、蟾胆。主产江苏、浙江、山西、陕西、河南、四川、湖南、福建、广东、广西、云南等地区。

生物成分

据分析，蟾蜍肉含蛋白质、脂肪、碳水化合物、视黄醇胆固醇、尼克酸、维生素 A、维生素 B_1、维生素 B_2、维生素 E 及微量元素钙、磷、锌、镁、钾、钠、锰、硒；还含肾上腺素、胆甾醇、辛二酸、蟾蜍色胺、蟾蜍毒、华蟾蜍精及华蟾蜍他灵等成分。

食材性能

1. 性味归经

蟾蜍肉，味甘，辛，性温，有毒；归肺、心、肝、胃经。

2. 医学经典

《药性本草》："攻毒消肿，开窍止痛。"

3. 中医辨证

蟾蜍，为外科常用药，不论内服或外用都有较强的攻毒消肿和止痛作用。故凡痈肿疔毒以及咽喉肿痛等症，用之均有疗效。因其具有较好的辟秽通窍之功，对暑湿、秽恶所致的吐泻腹痛，神志昏迷之症，又有醒神回苏之效。

4. 现代研究

现代医学药理研究结果表明，蟾蜍具有：

（1）华蟾蜍毒素，对心脏肌肉有直接兴奋作用，并通过迷走神经中枢和末梢，而使心跳变慢，并可收缩血管而使血压上升。

（2）蟾酥可使黏膜感觉神经麻痹，有局部麻痹止痛效果，其作用强于可卡因和普鲁卡因。

（3）蟾酥含有肾上腺素，可使局部小血管收缩，对皮肤创伤出血有局部止血作用。

（4）对于放射性物质引起的白细胞减少症，有升高白细胞的作用。

现代研究还表明：蟾蜍去内脏的干燥尸体为干蟾皮，性寒，味苦，可用于治疗小儿疳积、慢性气管炎、咽喉肿痛、痈肿疔毒等症。近年来用于多种癌肿或配合化疗、放疗治癌，不仅能提高疗效，还能减轻副作用，改变血象。蟾衣是蟾蜍自然脱下的角质衣膜，对慢性肝病、多种癌症、慢性气管炎、腹水、疔毒疮等有较好的疗效。此外，蟾蜍的头、舌、肝、胆均可入药。

蟾衣是一种从民间新挖掘的动物类新药，已初步应用于临床。

食用注意

（1）蟾蜍有毒，不主张食用，而且是农作物害虫的天敌，应加以保护。

（2）体质虚弱、孕妇和血压过高者，患急性亢奋性患者忌服蟾酥。

（3）蟾酥剧毒，要在医生指导下服用。

传说故事

一、吕洞宾与蟾蜍

相传，农历六月十九日，是观音菩萨生日，八仙一起到南海普陀山朝拜大慈大悲的观音菩萨。因为大家都是腾云驾雾走的，铁拐李只好把拐杖一头搁在肩上扛着走。

吕洞宾看见了，故意慢慢走，退到他的身旁，跟他打趣。他先从自己那只药葫芦里抓出一只蟾蜍硬要铁拐李把一条腿吞下去，说这是一只三条腿的蟾蜍，吃下去保你治好那条瘸脚。铁拐李笑道："我在临平碰见一个老农，才知道生姜能解百毒，遭到人们嘲笑。那老农笑我：'人间自有灵丹药，不劳神仙下凡来。'我们神仙连凡人的病都治不好，何况我这条脚，你怎么能治得好。"吕洞宾却一本正经说："你错了，我记得这蟾蜍原来有四条腿，因为被你瘸脚媳妇吞过了一次，把她的脚治好了，可是这蟾蜍却因此少了一条腿。今天再把你这瘸脚治好，蟾蜍还有两条腿，跟你一样就能学人的样子会走路了。"铁拐李知是拿他开心，勃然大怒举起拐杖就把吕洞宾身上背的两只葫芦都砸掉了。那只小的酒葫芦一下跌落在浙江海宁县的北门外，跌成了一个水潭，人们叫它"葫芦潭"，潭里的水到今天还有点酒味。那只大的药葫芦却被打破。葫芦里的药都洒到建德边境的一座小山上，因而那座山上的药草特别多，疗效特别好。人们都喜欢到这采药，称呼这山为"百药山"。吕洞宾的那只蟾蜍就落到田里，成天吞蛾食虫，保护庄稼。而它身上却还能冒出白色的蟾酥，是一种名贵的中药，因为神仙吕洞宾用手拿过它，因此蟾蜍给人治病非常灵验。

二、刘海施计逼金蟾

一日，刘海打柴归来，见村口小石桥边的三角池内有一只金蟾，背黄腹白，样子长得很奇特。刘海便停下来看它，不料它见刘海过来却并不躲闪。刘海觉得很是稀奇，便走近了看它，只见它仅有三只脚，也不似一般的蟾蜍呱呱地叫，而是定定地看着他。已有些修为的刘海知它定有些造化，从此每次路过时，都会停下和它玩一阵。

转眼间，刘海长大了，到了该娶亲的年纪，但是因为家里穷，他迟迟没有找到媳妇。老母亲为他的亲事经常叹气，刘海倒不觉得怎样，每日依旧快快乐乐地生活着。

一天傍晚，刘海担柴下山时，一位年轻女子挡住了他的去路。那女子自我介绍说，她叫梅姑，就住在山里。因为从小看他在这儿打柴，是个勤俭诚实的好人。现在到了婚配的年龄，想要下山与他结为夫妻。刘海听她说完，心里直犯嘀咕，神情上便有些不愿意，无奈那梅姑苦苦恳求，竟要以死相逼，弄得刘海没有办法，只好答应她回家和母亲商量后再做答复。

回到家里，他将此事告诉母亲，没想到母亲听了此事，十分高兴，命他第二天将梅姑带回来。刘海是个孝顺的人，因此，尽管心里不是很愿意，他还是和梅姑成亲了。

想不到梅姑和刘海成亲后竟然十分孝敬刘海的母亲，家里家外操持得也很好，刘海渐渐地喜欢上了她。从此刘海每日上山砍柴，梅姑便在家里洗衣做饭，闲暇时还做些针线，并把活计拿到集市上去卖。她心灵手巧，刺绣功夫十分了得，竟也时常能赚些钱贴补家用。自此一家三口日子过得其乐融融。邻居们都很羡慕。

刘海万万没有想到自己竟会有这样的好日子，因此心里十分高兴。这一天打柴回家，突然想起这件好事还没有和金蟾分享，便急忙来到桥下找金蟾报喜。可是，他在桥四周找了好几遍也没有见到金蟾的影子，便悻悻地回家了。如此一连几日都没有见到金蟾。刘海心想，可能那金蟾已经离开这里了吧，便渐渐地不再想它了。

没过多久，刘海母亲得暴病去世了，刘海和梅姑安葬了老母亲后仍旧相亲相爱地过着日子。

一天傍晚，刘海担着柴回家，刚走到村口的桥上，就听见有人叫他的名字。刘海回头一看，只见一个跛足老道走到他面前，一脸神秘地对他说："刘海呀！人人都说你娶了个好媳妇，可我暗中观察她好些日子，发现她根本不是人，而是个狐狸精。你的老母亲就是她害死的啊。"

刘海根本不信，骂他胡说八道，老道便微微一笑说："你若不相信，一试便知。"便让刘海上前，如此这般嘱咐一番，然后又说："记得万不可说见过我。"说完就消失不见了。

刘海怀着忐忑不安的心情回到家里，放下柴担就嚷嚷着肚子疼。梅姑连忙问他怎么了。刘海说："我在山中误食了野果中毒了，现在肚子疼得难受，像是要死了一样。"

梅姑听他如此说，忙转过身从口中吐出一粒宝珠交到刘海手中，嘱咐他含在嘴里。刘海接过宝珠，也不喊疼了，将宝珠拿在手里左看右看，突然一张嘴就要把宝珠往肚子里吞。梅姑这时已发现了异常，一把将宝珠夺了回来。

她苦笑着问刘海："你我夫妻一场，为何这般骗我？发生了什么事，你竟不与我明说，却想出此法来，真是……"话没说完就哽咽着说不下去了。

刘海见状忙将路上碰到跛足老道、老道告诉他的话，以及老道又如何教他骗宝珠等事一一讲给梅姑听。梅姑听罢，长叹了一口气对刘海说："我的确是狐狸精的化身，但是从无害你之心啊，与你成婚也是一心想和你过日子的。那跛足老道，正是桥下的金蟾幻化而来。它也修炼了五百年，同样有一颗宝珠，这宝珠就是修炼的仙丹。只有仙丹满了千年才能成仙。多年来，它急欲成仙，多次夺我仙丹都没有成功。前几日竟然追到家里来了，当时我恰好不在，他便误伤了婆婆的性命，如今竟拿此事诬陷我，破坏你我婚姻，想不到你竟然信了他的话。"

刘海听完梅姑的话，又愧又怒，提起斧子，就要去找金蟾算账。梅姑连忙拦住他说："那金蟾是有道行的，你拿个斧子根本就对付不了它，要想将它制服，须得用计才行。"于是将自己的宝珠交给他，又嘱咐了几句，才让刘海去找金蟾。刘海拿着宝珠来到石桥边，照着梅姑的嘱咐，拿出宝珠逗引金蟾。金蟾一见宝珠张口就要吞，刘海却要它必须绕着自己左右各转十八圈才能将宝珠给它。金蟾听了，便绕着刘海转起来，不一会儿工夫就转得晕头转向，浑身哆嗦起来，刘海却在一旁不停地催促它加快速度。最后金蟾直转得心里作呕，一不小心竟连自己的仙丹也吐了出来。

刘海连忙上前将宝珠捡起，吞进了自己肚中。盗来了金蟾的仙丹，刘海急忙回到家里找梅姑，梅姑却只接过自己的仙丹，对刘海说："我本打算放弃修行，与你长相厮守，想不到仅因为金蟾的几句离间之语你就不再信我。如今我决定依旧回山中修行。"

刘海听了连忙赔礼，苦苦哀求梅姑留下，但是梅姑却执意不肯："你我夫妻一场，现你已得到了金蟾的仙丹，我便连那金蟾的秘密也一并告诉你。那金蟾可以聚财、吐财，你只要以仙丹要挟，便可以使它吐出钱来。"说完就走了。

刘海后悔莫及，从此也弃家从道了。失去仙丹的金蟾，只得依附于刘海。刘海走到哪里就让金蟾吐出金钱救济哪里的穷人。人们热爱刘海，感激他，都称他为"活财神"。刘海的故事也被编成戏曲，广为流传。如今，户县曲抱村西边还有刘海庙和金蟾吐丹的"吐丹桥""金蟾池"。

三、刘海与龙女变金蟾

相传，南海龙王有个女儿叫巧姑，这巧姑从小就和其他姐妹不大一样，她不喜欢每天待在龙宫里，而是经常向往过人间的生活。但是龙王怕她出意外，总是不准她踏入人间半步。一次，趁龙王外出的机会，巧姑便悄悄逃出龙宫到人间玩耍。为了方便起见，她将自己变作一只金色的蟾蜍。就在巧姑以小金蟾的身份在桃花溪中的白龙潭里玩得高兴的时候，根本没有注意到一条蛇悄悄向她游了过来。这一幕却被在桃花峰下砍柴的刘海看见了。

刘海见小金蟾通体明亮可爱，不忍它被大蛇伤害，就急忙上前赶走了大蛇。巧姑这才发现自己险些被大蛇偷袭，心里十分感激刘海，但是又怕自己贸然道谢吓到他，便呱呱叫了几声，跳入水中回龙宫去了。

想不到的是，自打被刘海相救之后，巧姑竟深深地爱上了刘海。在龙宫里，刘海的样子时常在她的脑海中出现。有一天，思念刘海心切的巧姑再也忍不住了，就再次悄悄地从龙宫里逃了出来。她又将自己变作金蟾，来到上次见到刘海的地方，盼望着能再次见到他。

或许是姻缘天注定。这时砍柴累了的刘海恰好来到潭边喝水。巧姑心里又惊又喜，一时不知道怎么办才好。于是，她悄悄躲在水里，弄了一串金钱放在他的身边，想引起他的注意。没想到那刘海发现金钱后，立即大声喊起来："谁丢了钱？谁丢了钱？"喊了半天也没人答应，刘海便自言自语道："虽然这里没有人，但这钱也不是我的，我不能拿别人的钱。"说完，转身扛起柴就要走。

谁知那串金钱竟然叮叮地响了起来。刘海心里纳闷儿极了，他哪里知道，这钱是巧姑放在他身边的。钱下面还穿着一根丝线，丝线的另一头就攥在巧姑的手里。刘海要走，巧姑便在水下牵动丝线，那串金钱也就叮叮地响了起来。

见金钱响个不停，刘海便放下柴聚精会神地研究起那串金钱来，没提防上次那条被他赶走的大蛇，正悄悄从背后向他扑来。巧姑在水下却看得一清二楚，她急得都没来得及变形，就从水中跃出，打刘海眼前跳到了他的背后。刘海被她引得转过身才发现大蛇已经快到自己面前了。刘海连忙抽出斧子，对着大蛇迎面一砍，把那条大蛇剁成了两段。

刘海见救自己的是一只小金蟾，心里十分感激，又见它身上有一根丝线和那串金钱连在一起，觉得它十分有趣，便弯下腰对它说："你要是一位姑娘该多好，这样我们就可以结为夫妻了。"说完，便轻轻地将那穿在金钱上的丝线解下来，牵着金蟾在溪边玩了起来。

刘海在前面走，小金蟾就在他身后轻快地跳跃着。忽然，刘海觉得手中的丝线一下子不动了，回头一看，小金蟾不见了，丝线那头居然是个漂亮姑娘。

刘海忙向那姑娘问道："你是什么人，怎么我牵的小金蟾不见了呢？"

"我就是那小金蟾，你不是说要和我结为夫妻吗？"姑娘笑着回答，并将自己的真实身份告诉了刘海。刘海听完，便牵起姑娘的手说："别说你是龙女，就算真是金蟾变的，我也娶你。"从此二人便结为夫妻，过起了幸福的日子。

四、刘海战蛤蟆精

很久以前，有一对母子住在大山脚下。每天天亮，儿子刘海就拿上扁担带上斧头到山上去砍柴，用卖柴的钱来维持生活。刘海的扁担和斧头是一位路过他家的道士送给他的，可用来驱除妖魔鬼怪。

一天，刘海与往常一样到山上去砍柴，当他来到山上一个叫黑谷的地方，看见一个貌如天仙的姑娘披头散发地昏倒在杂草丛中。刘海连忙把她背回家，经过精心照顾，姑娘很快就醒了。姑娘看到自己躺在一间屋子里，旁边坐着一位老妇人和一位英俊的小伙子，就连忙问道："我是怎样来到这儿的？"刘海一五一十地把事情的经过告诉她。"不知道姑娘为何到这深山里来？你叫什么名字？"刘海急切地问道。姑娘说："我叫黄兰香，从小就十分喜欢秀丽的山景，于是，我就偷偷拿了我爹的一颗大珍珠到山上玩。这颗珍珠闪闪发光，它发出的光不仅可以医好各种各样的病，而且还有使人起死回生之功效，它是我家祖传之宝。当我来到黑谷这个地方时，突然从谷里冒出一团黑烟，紧接着，黑烟变成了一个又黑又矮的和尚，脸上长满疙瘩，样子十分丑陋。我还没回过神来，那丑和尚就张开大嘴，从嘴里吐出很多铁圈，就是那些铁圈把我击昏的，那丑和尚就趁机把我的珍珠抢走了。"

刘海听了兰香的话就说："兰香，请你放心，明天我和你一起到山上把珍珠夺回来。"

第二天早上，刘海带上斧头和扁担同兰香一起到黑谷去。当他们来到黑谷的时候，只见那黑谷阴风阵阵，充满邪气。刘海拿着斧头大声吼道："丑和尚，快把珍珠交出来，不然的话我将你碎尸万段。"刘海的怒吼把正在沉睡的丑和尚吵醒，一团黑烟从谷中升起，丑和尚现身了，他阴笑着说："你这小子不是吃了豹子胆吧，竟敢和老子胡闹，看我怎样收拾你。"说完，就张开血盆大口，铁圈就从嘴里飞出来，去向刘海和兰香。刘海挥舞着锋利的斧头，把一个个飞过来的铁圈砍得粉碎。丑和尚看到情况不妙，就想逃跑，刘海把斧头对准丑和尚一掷，不偏不倚正砍中他的脑袋。只听见"哎哟"一声惨叫，丑和尚马上现出原形——原来是一只长满疙瘩的蛤蟆，但它还是没有把珍珠交出来。刘海口中念念有词，把扁担一摆，变成一条又大又长的蟒蛇。蟒蛇马上爬过去，把正在逃跑的蛤蟆缠得严严实实，还用嘴不断地咬它。癞蛤蟆受不了这皮肉之苦，痛得直喊"救命"，最后，不得不把珍珠从嘴里吐出来。刘海接过珍珠，把它交回给兰香。蛤蟆精的魔法被刘海废除了，只好无奈地溜走了。从此，蛤蟆就不能再化成人形，它只好常常躲在又黑又暗的角落里捕捉蚊子，赎回它的罪过。

田　鸡

青鸡胡为亦水族，形貌百丑谁尔怜。

天阴雨湿得快意，鸣声呷呷何嚣喧。

——《青鸡》·宋·郭印

物种基源

田鸡（Rana nigromaculata）为蛙科动物黑斑蛙或金钱蛙的全体，又名蛙、青蛙、青鸡、坐鱼、黑斑蛙、绿田鸡、花田鸡，体黑褐色至绿褐色，背部有成列之短棒状突起，另外在腹侧及前后肢密布黑褐色斑纹。如食用，宜用人工饲养的。我国大部分地区均有分布。

生物成分

田鸡，每100克田鸡肉含蛋白质20.5克，脂肪1.2克及维生素A、维生素B_1、维生素B_2、维生素B_{12}、维生素C、维生素E、视黄醇当量和微量元素钙、铜、钠、钾、磷、镁、锰、锌、硒、铁；还含尼克酸和胆固醇等，类似真鸡肉。

食用性能

1. 性味归经

田鸡，味甘，性凉；归膀胱、肾、胃经。

2. 医学经典

《日华子本草》："清热解毒、补虚、利水消肿。"

3. 中医辨证

田鸡，利水消肿，对心脏性或肾脏性水肿、蛤蟆瘟（面赤、项肿）、闭经、月经过多、咳嗽、喘急、麻疹、虚劳发热、痈疮如眼、毒痢禁口、噎膈反胃等症有食疗辅助康复效果。

4. 现代研究

田鸡营养丰富，富含蛋白质、钙、磷、锌等成分，适合于精力不足、低蛋白血症和各种阴虚症状。可用于小儿疳积消瘦、胃气虚弱、食欲不振、虚劳发热等症，对虚弱、水肿、神经衰弱也有良好效果。其中蛋白质、钙和磷等成分对青少年的生长发育和更年期骨质疏松十分有益；锌、硒、维生素 E 等成分又能延缓机体衰老，润泽肌肤，并有抗菌消炎的辅助功效。

食用注意

（1）田鸡肉多食生湿助热，孕妇不宜食用。

（2）不应食用未完全煮熟的田鸡肉，田鸡肉带有多种寄生虫，危害最大的寄生虫是"双槽蚴"，如进入人体皮下组织之中，使局部组织脓肿坏死。寄生于眼部组织可导致角膜溃疡，视力减退，眼球疼痛，畏光流泪，甚至失明。故不宜食用未完全煮熟的田鸡。

传说故事

一、青蛙想有自己的国王

世界上的其他动物都有了自己的国王，唯独池塘中的青蛙没有自己的国王。青蛙们很不甘心，它们也很希望能有个国王来引领和管理它们。

有一天，青蛙们聚在一起商量，最终决定派个代表去奥林匹斯山拜见宙斯，请求宙斯给予它们一个国王。宙斯知道青蛙没有什么思想，便将一块大木头抛到了池塘里。木头落到水里，激起了巨大的水声，把青蛙们吓了一大跳，它们一个个急忙潜到池底去了。一开始，青蛙们对自己的国王十分敬重，远远地躲着它，可是没过多久，它们发现那块木头只是静静地浮在水面，一点儿也不可怕，于是纷纷游出水面，在木头附近自由自在地游玩，有的还爬上那块木头，整天坐在上面嬉戏、玩耍。

渐渐地，青蛙们心中对这位国王感到很不满。它们心想：神派这样一个哑巴木头来管理我们，真是太小看我们了。于是，蛙群决定再派一个代表去见宙斯，请求给它们重新派一个国王，理由是第一个国王太迟钝了，根本管理不了它们。

宙斯听了，便派了一条鳗鱼去做它们的统治者。跟木头相比，鳗鱼好歹还算一个活物，它的个头看起来也不小，可是，鳗鱼天性懒散，性格也很温和，不大爱管闲事。青蛙们认为它没有什么威信，也管理不了它们。于是，它们第三次派使者请求宙斯再次为它们选派国王。

面对青蛙没完没了的要求，宙斯十分生气。既然蛙群想要一位严厉的、能震慑住它们的国王，宙斯便派了一条水蛇，命它去当蛙群的国王。当威武凶猛的水蛇降临池塘时，青蛙们一个个吓得心惊胆战，大气也不敢出，可它们心中却觉得十分满意，认为这下总算找到了一个能领导并管住它们的国王了。

然而，青蛙们高兴得太早了。它们不知道，水蛇是青蛙的天敌，它一降临水中，就在自己的国度里游来游去，四处寻找自己的臣民，然后把它们一口一个毫不客气地吞进肚子里。没过多久，满池塘的青蛙被水蛇国王吃得干干净净。

二、齐白石画中的"青蛙之谜"

在齐白石的一幅画作里，有十只青蛙，题跋写到"鲤鱼争变化"，十只青蛙与鲤鱼有什么关系呢？吴洪亮从齐白石的另外一幅画作中找到了可能的解释。那是齐白石应老舍的命题——"蛙声十里出山泉"所画，在山泉里，出来了一些蝌蚪。齐白石可能是要表达蝌蚪变成青蛙和鲤鱼跳龙门相比，哪个变化大呢？吴洪亮没说。

花 姬 蛙

此族如何族，生涯一废池。
似能矜喜怒，那复辩官私。
暑雨浮萍闹，秋风牡菊迟。
肯嫌同腊鼠，小嚼为纷披。

——《腌腊蛙》·宋·沈与求

物种基源

花姬蛙（Microhyla puichra），为姬蛙科犁头蛙的全体，又名犁头蚓、三角蚂蚓、三角犁头蛙、土地公、木纹蛙、三角犁拐、犁头拐，由于体色鲜艳，花纹美丽，故名"花姬蛙"，以体肥硕粗壮、腿短者佳。主要分布于我国福建、湖北、湖南、广东、海南、广西、贵州、云南等地区。

生物成分

花姬蛙，每100克花姬蛙肉，含蛋白质18.1克，脂肪2.2克，碳水化合物1.9克及维生素A、维生素B_1、维生素B_2、维生素B_{12}、维生素C、维生素E；还含视黄醇当量、尼克酸和微量元素钾、钠、钙、镁、磷、铁、锰、锌、铜、硒等成分。广西特产"犁头蛙酒"或"犁头蚓酒"就是用50°以上白酒浸泡而成，味道芳香。

食材性能

1. 性味归经

花姬蛙，味辛，微苦，性温；归肺、肝、脾、肾经。

2. 医学经典

《药用动物》："活血祛瘀，祛风除湿。"

3. 中医辨证

花姬蛙，通经活络，行血，对跌打损伤、风湿关节痛有辅助食疗效果。

4. 现代研究

花姬蛙含有多种微量元素和维生素，对风湿性、类风湿性关节炎、腰腿痛、筋骨风痛、肢体麻木及腰膝扭伤疼痛食疗效果好。

食用注意

花姬蛙不宜用辛辣油脂煎食。

传说故事

井中的花姬蛙

从前，有一只花姬蛙，常年生活在井底，从没跳出过井口。对这只花姬蛙来说，这口废井可是一个十分惬意的家园，它对自己生活的小天地感到满意极了，只要有谁从井边经过，花姬蛙就一定会抓住机会，不失时机地向它吹嘘一番。

有一天，一只大乌龟从这口废井边路过，想在井边歇一歇。花姬蛙见了，又忍不住呱呱叫起来："哎呀，龟大哥，你从哪里来啊？"龟说："我从遥远的东海来，走了很远很远的路，想在这里歇歇脚。"

花姬蛙听了，喜出望外，赶紧说道："啊！那太好了！既然你远道而来，就来我家看一看吧。参观了我的家，你一定会大开眼界的。我的家是多么完美，简直就跟天堂一样。你瞧，井底有水，有小虫，我饥渴的时候，一动不动就可以喝到甘洌的泉水，吃到无穷的美味。平时，要是高兴了，可以在井边跳跃游玩，也可以在井底的稀泥巴中悠闲自在地散步；如果累了，就跳进井水，在井里面舒舒服服地泡个澡，或者躺在凉爽的井壁石洞里小睡一会儿。我独自占据着整口废井，没有人打扰我，也不用担心会打扰到别人，能一个人在这里自由自在地生活，真是太幸福了！那些小虫、螃蟹、鱼虾，有谁能比我更自在呢？相信我吧，龟大哥，请来到井底瞧一瞧吧！"

龟听了青蛙的一番高谈阔论，就想进入井中看看。可是，井口太小了，它的左脚还没有完全伸进去，右脚就被井栏绊住了。大乌龟只好放弃了努力，它站在井口对花姬蛙说："姬蛙老弟，你生活的世界也许的确不错，可是跟大海相比，这又算得了什么呢？大海无边无际，一片苍茫，用千里都难以形容海的广大，用千丈也难以表明大海的深度。不管陆地上是连年水灾，还是连年旱灾，大海的水都不会因此变多或变少。生活在这么一个广阔无垠的世界里，才能算得上是真正的快乐啊！"

花姬蛙听了海龟的话，顿时目瞪口呆，愣住了。

中 国 林 蛙

娃挖蛙，娃挖瓦。

娃挖瓦挖蛙，挖蛙挖出瓦。

——《娃挖蛙》·民间绕口令

物种基源

中国林蛙（Rana temporaria chensinensis）为两栖纲，蛙科动物哈士蟆的全体，又名哈士蟆、金鸡蛤蟆、黄蛤蟆，以体健壮、腿短而粗为佳，分布于我国黑龙江、吉林、辽宁、内蒙古等地，以吉林为多。

生物成分

中国林蛙，每100克林蛙肉含蛋白质21.03克，脂肪2克，碳水化合物1.73克及维生素A、维生素B_1、维生素B_2、维生素B_{12}、维生素C、维生素E；还含视黄醇当量、尼克酸和微量元素锌、铁、铜、锰、钙、磷、镁、硒等；尚含有大量激素。肉味鲜美，有特殊的香味，殊少鲜食，一般整体干燥。雌蛙卵巢和输卵管的干制品称"哈士蟆油"，俗称"田鸡油"，放入水中后显著膨胀10～15倍，是制作美味甜羹的难得佳品。

食材性能

1. 性味归经

中国林蛙，味甘，性凉；归肾、肺、胃、膀胱经。

2. 医学经典

《本草图经》："补虚，益精，退热。"

3. 中医辨证

中国林蛙，为优良的强壮剂。对身体虚弱、精力不足、肺虚咳嗽、产后无乳有很好的食疗作用。

4. 现代研究

中国林蛙除含蛋白质、维生素和多种微量元素外，还含有可观的激素，对消耗性病人、体弱及神经衰弱等患者食疗效果极佳。

食用注意

体质虚寒和寒痢者慎食中国林蛙。

附：哈士蟆油

本品为蛙科动物中国林蛙或黑龙江林蛙等雌蛙的干燥输卵管，又称蛤蚂油、蛤蟆油、哈什蚂油等。性平、味甘、咸；归肺经、肾经。具有滋阴补肺、补肾益精、补虚退热、益肝肾和养肺之功能，对于治疗精亏劳损、神经衰弱、头目晕眩、周身乏力、肺虚、干咳、盗汗、低热不退、吐血咯血、病后体虚、肺虚咳嗽、产后虚弱等症均有显著疗效，也是养颜美容的珍贵天然食品，可用本品每次 3～5 克，温水浸泡 8～10 小时，用小碗加适量水蒸服；或加适量参片、冰糖、大枣等炖服。

传说故事

中国林蛙的邻居

从前有一只林蛙，把家安在一条大路的小水坑里。它觉得自己的家十分舒适，住在里面舍不得离开。在这条大路的远处，有一个很深的水池，这个水池里也生活着一只青蛙。一天，水池里的青蛙需要横穿过大路去远行，它找到那位住在大路中央的林蛙邻居，好心地劝道："这条大路上人来车往，太危险了。我家就在不远处，那儿有很多鱼虾和水草，环境优美，十分宜居。最重要的是，水池远离大路，不会遭受任何危险。你不妨搬过去跟我一起住吧？"

那只住在大路中央的林蛙说："谢谢你的好意。不过，我还是更愿意继续住在这里。这么长时间以来，虽然大路上人来车往，可我一直都很安全。而且，我已经习惯了这里的生活，不想搬来搬去。"

好心的邻居听了，摇摇头走开了。而那只执意住在大路中央的林蛙，最终没有逃过不幸的结局，有一天被一辆路过的大车碾得粉碎。

白 花 蛇

巴蛇千种毒，其最鼻塞蛇。
掉舌翻红焰，盘身慝白花。
喷人竖毛发，饮浪沸泥沙。
欲学叔敖瘗，其如多似麻。

——《巴蛇》·唐·元稹

物种基源

白花蛇（Agkistrodon acutus），为爬行纲蝰科动物尖吻蝮蛇的去脏全体，又名白花蛇、褰鼻蛇、五步龙、百步蛇、聋婆蛇、翻身蛇、翘鼻蛇、犁头匠，以健壮鲜活者为佳；干品则以头尖、干燥、头尾齐全、花纹斑块明显者为佳，主产于湖北、浙江、江西、福建等地。

生物性能

白花蛇，每 100 克肉含水分 81.2 克，蛋白质 19.6 克，脂肪 0.2 克，灰分 0.8 克及核黄素、硫胺素、尼克酸、维生素 C、维生素 E 和多种氨基酸；还含锌、铜、锰、铁、硒、钾、钠、钙、镁、磷等微量元素。

食材性能

1. 性味归经

白花蛇，味甘，咸，性温，有毒；入肝经。

2. 医学经典

《开宝本草》："搜风通络、定惊、止痉。"

3. 中医辨证

白花蛇性善走窜，外达皮肤，内通经络，无处不到，故凡人体内外，风毒壅结之症，非此不能除，而为搜风通络之要药。

4. 现代研究

白花蛇的提取物有镇静、镇痛作用，并能直接扩张血管而降血压。

蛇蜕又叫龙衣、蛇退、蛇壳，它不同于蛇皮，是在蛇的生长过程中自然脱下的体表角质层，含有骨胶原等成分，性平、味甘、无毒。有镇惊息风功能，常用于治疗止翳、口疮、瘰疬、疮疖、痄腮。烧末吹入眼内可治急性结膜炎；吹入咽喉部可治急性咽喉炎等。

食用注意

食白花蛇不宜与猪肉、香椿、黄瓜、南瓜同时食用。

传说故事

一、白花蛇泡酒治癞疮

据传，从前有一个人，得了一种病，遍身疮疹，毛发脱落，周身皮肤奇痒，抓之溃烂成疮，别人都非常讨厌他，将他赶到野外一个废弃的酒店作坊的草棚中去住。草棚中有半缸没有卖完的剩酒，他每天就饮缸中的酒喝，过了一段时间，他的癞疮竟然奇迹般地好了。后来人们发现在他饮酒的缸内有一条白花蛇，已经泡得皮肉腐烂。这时人们才明白，原来是这白花蛇酒治好了他的癞疮病。这事一传十，十传百，后来又有人得了同样的病，就用白花蛇泡酒饮，也同样得到了满意的结果。

二、李时珍与白花蛇

李时珍为了搞清白花蛇的形态，验证书本记载，来到了蕲州城北的龙峰山捕蛇（白花蛇为蕲州特产），只听到有人唱道："白花蛇，谁叫尔能辟风邪，上司索尔急如火，州中大夫只逼我，一时不得皮肉破。"随着歌谣而来的是几个肩背竹篓的捕蛇人，他们正朝着几棵石楠藤走去，据说白花蛇爱吃石楠藤的叶，所以石楠藤也就成了白花蛇的"家"，日夜盘缠在石楠藤上。捕蛇人发现白花蛇后，立即从地上捞起一把沙土，对准白花蛇撒去，说来也奇，白花蛇遇到沙土，真像面粉遇水一样，缩成了一团，捕蛇人立即上前用木叉往白花蛇的颈部叉去，另一手抓住蛇体的后部，这时白花蛇再也施不出威力来了。

　　李时珍上前去仔细观察了白花蛇的形态，只见蛇头大似三角形，嘴里长着 4 只长牙，背上有 24 块斜方格，腹部还有斑纹，与一般的蛇确实不一样。接着，捕蛇人将蛇挂在路旁的小树上，用刀剖其腹，去其内脏，盘曲后装进了竹篓筐。据说，将蛇烘干后，才能当药用。

三、白花蛇治麻风的传说

　　传说在明朝时期，有一对广西青年男女为了逃婚，到了湖北的蕲州。不久那位男青年就病倒了，他俩只好在附近找个客栈住下。女青年很快找来郎中，那郎中一见患的是麻风病，吓得连诊费也不收就走了。此事一时在客栈内传开了，客栈老板也要将他俩赶出店门。

　　女青年只好再三向客栈老板求情，老板才勉强同意，让他俩在客栈后的一间破瓦屋里住下。不到一个月，钱就花光了，为了糊口，女青年只好每天沿街乞讨。有一天，女青年讨饭很晚还没回来，男青年在破屋里等得又渴又饿，实在受不了，眼睛东瞧西望，想找到一点吃的或喝的东西。说也巧，他竟在一个角落里找到了半瓮酒。他用碗舀起来就喝，一连喝了几大碗，就醉醺醺地睡着了，醒来后竟感到周身舒服多了。以后，他无论是渴还是饿，每天都去舀瓮里的酒喝，喝了就睡。日子一长，身上的麻风病竟然好了，精神也大振起来。

　　一天他俩正商量要动身回老家，那客栈老板一瞧，病人竟痊愈了，忙问他俩是怎么医好的。男青年指着那酒瓮说："是喝你的酒治好的。"老板听后哪里相信，忙派人请来当地的名医，又叫人把那酒瓮抬到屋外亮处，仔细一看，发现酒瓮底处有一条白花蛇。那个医生说："是不是白花蛇在起作用呢？"于是，那个医生亲自捉了一些白花蛇，制成白花蛇酒，试治了一些麻风病人，也都很有效，从而证实了白花蛇泡酒能治疗麻风病症。

小记

蛇　趣

据生物学家统计，目前全世界蛇类近 3000 种，其中毒蛇约 600 种。

纵观古今中外，蛇作为一种古老的生物，原本属吉祥之象征。远古时代，许多原始氏族就取它作为本氏族的标志和神灵（古称图腾），万般崇拜。据摩尔根《古代社会》所谈，美洲古印第安人崇拜蛇的部落就有九个，澳洲的古华伦姆格人，许多原始部落也崇拜蛇图腾及蛇神。古希腊神话中蛇是智慧女神雅典娜的宠物，也是善良之神阿伽特迪门的象征之一。迄今，非洲土著盾牌的蛇画图依然盛行，北美土著埃斯尼博人的身上还风行蛇形纹身，印度人崇敬眼镜蛇，西部的希拉立每年 7 月还举行一次轰动全国的毒蛇节盛会，美国的民间舞蹈霍比舞，实为向蛇神祷求降雨之舞，阿尔及利亚不少家庭则供养着水蛇作保护神。在中国的古代文献记载的蛇趣更为丰富多彩。《列子》中有"疱牺氏、女娲氏、神农氏、夏后氏，蛇身人面，牛首虎鼻"的描述，《山海经》也有"共工氏蛇身朱发"之说，都把我们的先民描绘为蛇的化身，神的象征。古人认为：蛇在禽为翼火，在卦为巽风，在神为玄武，在物为毒虫。蛇的形状实属千奇百怪，诸如鸡冠蛇头上有冠，最毒，三角蛇头上有角。《西山经》云："太华山有蛇；六足四翼，名曰蜚蝝。"《山海经》云："柴桑多飞蛇。"《荀子》云："腾蛇无足而飞。"《大荒经》中说："肃慎国有琴蛇，兽首蛇身。"又据《江湖纪闻》载："岭表有人面蛇，能呼人姓名害人。"《北山经》又载："浑夕之山有蛇，一首两身，见则大旱。"在《管子》中也说过："涸川之精名曰蚼，状如蛇，一首两身，长八尺。"虽然"画蛇添足"的典故尽人皆知，但古书中也确实说到蛇有足。南北朝的陶弘景就说过："五月五日，烧地令热，以酒沃之，置蛇于上则足见。"唐代名医陈藏器亦云："蛇有足，见之不佳，惟桑薪火炙之则见。"所以，明代李时珍《本草纲目》也记载："炙以桑薪则足可立生。"这些奇谈怪论，纯属蛇之趣事，所谓"姑妄言之姑听之"，可也。

蝮 蛇

身体花绿，走路弯曲。
洞里进出，开口恶毒。
——《蛇》·民间流传谜语

物种基源

蝮蛇（Agkistyodon halys）为爬行纲，蝮蛇科（响尾蛇）动物毛地扁、地扁蛇的去内脏的全体，又名蚍、反鼻、土虺蛇、反鼻蛇、碧飞方胜板、土锦、灰地偪、草上飞、七寸子、土公蛇、狗屙蝮、烂肚蝮、土球子、麻七寸、士夫蛇、土里蛇、狗尿扑。

蝮蛇，每年5～10月份交配繁殖，雌雄经交配一次，多余的精子可在输卵管内保存数年之久，故能连续3～4年形成受精卵。卵袋留在输卵管内发育，8～10月份产仔蛇2～16条。刚产出来的小蛇（胎生）体外包有一层透明薄腹，退化了的卵壳，初生的仔蛇即能咬人，2～3年性成熟，北方寒冷地区要3～4年才能性成熟。分布广，在我国除青藏高原及北纬25度以南尚未发现蝮蛇外，其余各地皆有分布。我国大连近海小龙山岛，盛产此蛇，约有10万条之多，故名"蛇岛"。近来有生物学家考证，蛇岛蝮是一种新种，不属上述种群。

生物成分

蝮蛇，每100克含蛋白质16.9克，脂肪2.3克及维生素A、维生素B、维生素E族、牛磺酸、胆甾醇等。

食材性能

1. 性味归经

蝮蛇，味甘，咸，性温，大毒；归肝经。

2. 医学经典

《唐本草》："蝮蛇作地色，鼻反，口长，身短，头尾相似，大毒。"

3. 中医辨证

蛇行生风，其性温热而有毒，故具有祛风、攻毒之功，治麻风、癫疾、皮肤顽痹、瘰疬、痔疾。

4. 现代研究

蝮蛇，肉含多种氨基酸及蛋白质及微量矿物质，能增强脑细胞活力，解除人体疲劳，强壮神经等功效。蝮蛇的胆、骨、皮对疗疮肿、恶疮、骨髓炎、结核、肠炎出血等症有疗效。

民间认为饮蛇血能治病。但是专家提醒，蛇是一种凶猛的爬行动物，以鼠、蛙、鸟等为食，极易感染一些人兽共患的寄生虫，如人生饮了蛇血，寄生虫随即进入人体，造成寄生虫感染。

食用注意

（1）蛇为发物，有痼疾、疮伤未愈者勿食。

（2）蛇大补，大病、久病者病后少食或不食蛇肉为好。

传说故事

一、蝮蛇的报复

蝮蛇，报复之蛇。据报载：印度有一农民在稻田插秧，遇一蝮蛇，当场打死，悬于田边树上。谁知此蛇并未死，从树上下来，用特殊方法呼唤同类。田农正在劳动，忽听四面八方蛇蹿之声，抬头看时已被重重包围在田中。他拼命逃出包围，直奔一辆汽车，刚进汽车，蛇也追至，车子上下左右尽是蝮蛇。令开车逃离，可逃到哪里都被众多蝮蛇所包围，最后逃到一座房子内。警方知道后，赶去营救，可受印度宗教束缚，无法趋走。最后采用了中国人的法子，用烟草麻醉众蛇，将此人救走，又用火将此房点燃，众蛇醒后，见房屋被烧，一齐扑向大火，可什么也没得到，只好离散。

二、蛇迹亦毒

张华《博物志》云：蝮蛇秋月毒盛无所蜇，蜇啮草木以泄其气，草木即死。人采樵，设为草木所伤刺者，亦杀人。毒始于蝮啮，谓之蛇迹也。

三、蝮蛇和水蛇

一座山脚下，生活着一条蝮蛇和一条水蛇，它们一个老老实实地生活在乱石堆里，一个舒舒服服地生活在泉水叮咚的清水中，彼此井水不犯河水，过得十分舒适愉快。可是，有一天，蝮蛇发现山脚下有一股非常清澈的泉水后，常常跑去那儿饮水，这招来了水蛇的极大不满。

一天，水蛇找到蝮蛇，责备它说："你的领地明明在乱石堆那儿，为什么天天跑来我的领地饮水呢？"

蝮蛇回答说："谁说这儿就是你的领地了？这股泉水是从地底下涌出来的，我也有份。"于是，蝮蛇和水蛇吵得不可开交，谁也不肯失去这块地盘。为了解决谁有权力拥有这片水域的问题，蝮蛇和水蛇最终决定展开一场决斗。青蛙们听说了这件事情后，纷纷跑到蝮蛇那儿，信誓旦旦地说道："我们青蛙世代与水蛇为敌，一向与它不共戴天。这一次听说你要跟它决斗，我们都十分高兴。你不必怕它，我们都站在你这边，你一定会赢的！"蝮蛇听了之后十分高兴。

转眼到了决斗的日期。蝮蛇和水蛇各自摆好阵势，吐着芯子，向对方示威。过了一会儿，激烈的战斗开始了，蝮蛇勇猛地向水蛇发起了攻击，并和水蛇紧紧地扭打在一起。眼看两条蛇相互僵持着不分上下，青蛙们除了不停地呱呱大叫外，根本不过去帮忙。

最后，尽管蝮蛇取得了胜利，但它很生气，责怪青蛙道："你们不是答应决斗的时候会帮忙吗？为什么到了关键时刻却什么行动也没有？"

青蛙回答道："啊，朋友，难道你不知道，有的帮忙并不需要动手助战，只要用声音助威就可以了嘛？"

蟒 蛇

殿僻龙移蛇，松阴养鹤毛。

——《题云南剑川石钟寺》·赵藩

物种基源

蟒蛇（Python molurus bivittatus）为爬行纲，蟒科动物水蚺的去内脏的全体，又名南蛇、琴蛇、水蟒、蚺巴蛇，是蛇科动物中的最大的蛇种，最大达 11 米多长，近 12 米，以健壮、活力足者为佳。我国分布在广西、广东、云南、福建、台湾及贵州南部。

生物成分

蟒蛇，每 100 克可食鲜蛇肉，含热量 365 千卡，蛋白质 15.3 克，脂肪 0.6 克，灰分 1 克，碳水化合物 5.5 克及维生素 A、维生素 B、维生素 C、维生素 E 族；还含有黄醇、尼克酸和微量元素钙、磷、钾、钠、镁、铁、锌、硒、铜等；尚含肌酸、甲胍、腺嘌呤、肌肽、γ-丁酸甜菜碱、嘌呤碱、组氨酸、精氨酸、赖氨酸等成分。

食材性能

1. 性味归经

蟒蛇，味甘，微咸，有毒；归肝经。

2. 医学经典

《别录》："祛风、杀虫。"

3. 中医辨证

蟒蛇肉对风痹、瘫痪、疠风、疥癣有食疗效果。

4. 现代研究

蟒蛇肉具有高蛋白质、低胆固醇的优点。它含有增强脑细胞活力的谷氨酸，还有能够解除人体疲劳的天门冬氨酸等营养成分，是脑力劳动者的良好食材。蛇肉具有强壮神经、延年益寿之功效。其蛋白质中含人体必需的 8 种氨基酸，而胆固醇含量很低，对防治血管硬化有一定的作用，同时有滋肤养颜、调节人体新陈代谢的功能。蛇肉还是很好的壮阳食物。

附：蛇膏

将蛇肉与配伍中药用火煎熬可制成蛇膏。久炼蛇膏又可制成蛇丹，将蛇膏焙干再加赋形剂碾成粉末就是散剂蛇药，如百花蛇散。将蛇粉加水或加蜜还可制成丸剂，用于风毒、癫疾、漏疮。

食用注意

蛇是发物，有痼疾、疮疡者不宜食用。另外，蛇亦为大补食品，大病或久病后均不应食用。

传说故事

一、原来蛇头和蛇尾都有毒

传说在很久以前，蛇头和蛇尾都有毒液，为了谁带头先行，它俩还发生过争论。

造物主下令蛇头在尾巴前先行。长年累月，蛇尾越来越不满，于是向上帝诉求道："这么多年来，我一直跟在蛇头后面，受尽了委屈。蛇头老是嘲笑我是它的跟屁虫，难道这是我愿意的吗？我和蛇头原本就平起平坐，没有高低贵贱的分别，凭什么每次都是它洋洋得意地走在前面，仿佛是个高贵的小姐，而我却要像个丫鬟一样，紧紧地尾随在后呢？既然我俩都有毒液，我想蛇头能发挥的作用，我也能发挥。请您让我俩换一换位置吧，让我领着蛇头前行，我保证好好表现！"

上帝觉得蛇尾讲得不无道理，于是答应了这个荒谬的要求，让蛇尾带着蛇头前行。然而，领头远没有蛇尾想象得那么简单，它领着蛇头走在前面，却一会儿撞到大树，一会儿碰到尖石，最后，还不知好歹地溜到大象的脚掌下，被踩成了肉酱。

二、蛇的愿望

一条毒蛇不满它的生活，向天神朱庇特埋怨道："我实在无法忍受现在的生活了！遇到比我弱的动物，它们看见我就逃得远远的，遇到比我强的动物，我要是能侥幸逃脱就谢天谢地了！天神啊，请你赐予我夜莺般美妙的歌喉吧！这样，我就会像夜莺一样受到大家的欢迎。人们也乐意亲近我，成为我的好朋友。"

朱庇特满足了毒蛇的愿望，从此毒蛇原先令人恐怖的咝咝声变成婉转动听的啼叫声。毒蛇爬上树梢，像夜莺一样唱着美妙的歌曲。许多鸟儿闻声赶来聆听，但一看见毒蛇，又马上转身飞走了。毒蛇也由原先的惊喜变得沮丧："难道你们不喜欢我悦耳的歌声？为什么还是逃避我？""不是这样的。"一只麻雀说道："你的歌声与夜莺不相上下，我们十分喜欢，可是一看到你吐出的毒芯子，我们就害怕起来，本能告诉我们离你越远越好。"

三、蛇的劲敌

我国南部和东南亚地区亚热带、热带森林或林间空地，栖息着一种蛇雕，以喜欢吃蛇而得名。它是中型猛禽，上身棕褐色，下身色较淡，缀有白斑点。当它发怒的时候，羽冠耸立，十分威武，动作迅猛矫健，跗跖和趾粗壮有力，蛇一旦被抓住，就无法逃命了。

蛇雕在河湖边树上营巢，站在树头顶，或者飞翔在空中，随时窥视地面上的动静，发现蛇在爬行，就悄悄飞落地面，张开翅膀，用爪子抓住蛇身，将嘴钳住蛇头，蛇拼命挣扎，弯曲盘绕着蛇雕的翅膀或身躯。这时候，蛇雕狠抓蛇体不放松，不时拍打着翅膀，摆脱蛇的反扑，同时，猛啄蛇头，将蛇头咬碎，接着吞进嘴里，然后是蛇身，最后是蛇尾，全部"囫囵吞枣"。蛇雕饱餐一顿后，嗉囊被胀得鼓鼓的，因此它总是要憩息一会儿，做出一些古怪的动作：面向着太阳，抬头挺胸地凝视着前方。

蛇为什么遇到蛇雕就很难反击呢？人们认为，蛇雕的跗跖上长着坚硬的鳞片，鸟的身躯由丰满的羽毛保护着，因此，蛇就很难把它咬伤。且蛇雕所捕的蛇大多是无毒的小蛇，而对有毒的蛇是回避的。

四、蟒趣

古代传说中有"蛇吞象"的事。这谁都没有见过，可是蛇吞兔、蛇吞羊和鹿的事却时有发生。

在西双版纳的原始森林里，傣族人曾经发现一条6米长的蟒蛇从树上飞扑树下经过的水鹿，它用身躯将水鹿紧紧地缠住，用力一勒，水鹿的骨骼就被勒断，接着就张口吞食。水鹿进入大蟒的口腔和胃里，蛇身顿时胀得很大。大蟒只能横躺在林中草地上，不能动弹，人们毫不费力地用一驾马车把大蟒和它腹中的水鹿拉回村寨，一举两得。

1982年10月21日凌晨，香港新界地区有条蟒蛇闯进一个牛栏，把一头出生刚4天、重约12千克的牛犊吞下。大蟒的腹部鼓起一只小牛的形状，动弹不得，只有头部和尾部能够摆动，胃部也被牛腿撑破。警方发现了这条蟒蛇后，请去一名捉蛇专家，用冷水淋在蟒蛇身上，帮助它将小牛吐出。过了不久，大蟒便不断转动腹部，拼命张大口部，先是小牛的两只后蹄从蟒蛇口中伸出，然后是牛身和牛头。只是吐出的小牛已经死去，但身躯完整，沾有蟒蛇分泌的消化液。蟒蛇在香港是受保护的动物，这条大蟒被放生于水库区的丛林中。

不久前，报上曾报道在非洲原始森林中，一条大蟒吞食了一头非洲幼狮的新闻。

蛇为什么能够吞下比自己头部大几倍的动物呢？原来，蛇的头骨构造特别，尤其是下颌，是通过方骨间接连在颅骨上的，因此蛇能把嘴张开到130度左右。而下颌的两半在额部有韧带相连，所以嘴巴还能左右移动。当蛇房获猎物后，依靠钩状牙齿的帮助，将食物送进喉头。由于蛇没有胸骨，体壁能够自由扩张，加大了分泌出的唾液的润滑性，食物就很快被送进胃中。

乌 梢 蛇

酒浸蚺蛇醉骨香，曲生风味信非常。

捕难曾记宗元说，酿美应传白堕方。

万里缄题来桂岭，一尊分惠到茅堂。

感君仁惠扶衰病，有意相携入寿乡。

——《谢严克勉送蛇酒》·明·倪谦

物种基源

乌梢蛇（Zaocys dhumnades）为爬行纲，游蛇科动物乌风蛇的去内脏全体，又名乌鞘蛇、乌蛇、黑花蛇，以健壮、鲜活为佳，主产于我国长江以南各省。

生物成分

乌梢蛇，每100克可食蛇肉含水分79.9克，蛋白质20.1克，脂肪0.1克，灰分0.9克及维生素E、视黄醇当量、尼克酸、硫胺素、核黄素及微量元素钾、钠、钙、镁、铁、锰、锌、铜、磷、硒，还含17种氨基酸及果糖1，6-二磷酸酯酶，原肌球蛋白（TM）。

食材性能

1. 性味归经

乌梢蛇，味甘，微咸，性平；归肝经。

2. 医学经典

《开宝本草》："祛风除湿、通经络、定惊、解毒。"

3. 中医辨证

乌梢蛇有抗炎、镇痛、抗惊厥作用。对贫血、神经痛、燥麻风、面疮、破伤风、项颈紧硬、身体强直、干湿癣、紫白癜风有很好食疗辅助效果。

食用注意

（1）血虚生风者慎食慎用。

（2）忌犯铁器。

附：蛇胆

蛇胆是蛇体内贮存胆汁的胆囊。蛇胆的颜色大多以碧绿色为佳，一般将淡黄或橙黄的叫作"水胆"，通常不入药。金环蛇、眼镜蛇、眼镜王蛇、五步蛇、蝮蛇的胆，是入药的宝贵原料。

蛇胆具有清热解毒、祛风祛湿、明目清心的功效。对于急性风湿性关节炎、肺热咳嗽、胃热疼痛、肝热目赤、皮肤热毒等患者，疗效极为显著；用蛇胆治外痔，以芝麻油调和涂于患处，二三日即可见效；对于未溃烂的疮疡肿痛如腮腺炎、淋巴结肿大等，涂用蛇胆后，即可消炎止痛；对于疔疮、顽固皮癣、神经性皮炎等皮肤类疾病，用蛇胆外涂，也可收到很好的疗效。现代医学研究表明：蛇胆中含有丰富的微量元素铜、铁、钙、镁及维生素 C、维生素 E 等，它们在维护人体内激素和延缓肌体衰老等生命活动中，起着重要作用。

为了防止病从口入，又能达到祛病健体的目的，蛇胆必须蒸熟后服用，配制蛇胆酒也不可现配现饮，应用 65 度以上的纯粮白酒兑后泡一段时间再饮，才无大碍。

传说故事

一、诽谤者和毒蛇

地狱魔王举行丰盛的晚宴，在人间作恶多端的恶魔们纷纷到场，依次而坐。诽谤者和毒蛇因为争夺靠前的席位发生争执，两个恶魔互不相让，激烈地吵起来。

依据什么判定它们的席位高低呢？在地狱，当然是谁在人间作恶更多，谁就能坐在更高的席位上。诽谤者为了使毒蛇信服，伸出毒舌头来；毒蛇也毫不示弱，露出它的毒牙，发出咝咝的叫声。

这场争斗，一开始毒蛇占据了优势，眼看诽谤者就要落败，被迫居于次席，地狱魔王出面调解这场风波。它果断命令毒蛇居次席，诽谤者占据首席。对于这样的安排，毒蛇十分不服气，它要魔王给出一个合理的解释。

地狱魔王对不服气的毒蛇说道："你在人间毒害人的成绩斐然，大家有目共睹。在人间，你声名显赫，简直是恶毒的化身。谁如果不小心靠近你，你的毒牙可以立即要了他的命，人们对你闻之色变，一见到你更是吓得战战兢兢。可是，你只能伤害离你近的人，从来没听说你伤害过千里之外的人，你的攻击范围是那么狭小。跟诽谤者相比，你依然要略逊一筹。因为，即使人们跨山越海，也难逃诽谤者的攻击，他恶毒的舌头不知使多少人含冤而死。诽谤者的恶毒，与你相比，只能是有过之而无不及啊！这么一比，你难道还不应该排在诽谤者的后面吗？"

二、蛇的狡辩

一个小男孩正和一条宠物蛇逗着玩，他把蛇盘绕起来，捧在手心，对蛇说："可爱的小东西，现在我不用怕你了，因为你嘴里的毒牙已经被拔掉了。现在，你再也不能咬人了。哎，我听说你们蛇都是一些忘恩负义、狠毒的家伙，你说是吗？"

蛇开口说话了："眼见为实，耳听为虚。"

"我曾经读过一则寓言，说的就是蛇。"男孩继续说，"有一个农夫，看见路边有一条已经冻僵的蛇，农夫可怜它，于是把它捡起来放进自己温暖的怀里，可是，蛇暖和了，苏醒过来，却反咬了农夫一口，那条蛇恩将仇报把农夫给咬死了。农夫临死时，非常后悔，说自己不该去帮助罪恶的毒蛇。这个故事应该不假吧！"

蛇愤愤不平地大叫起来："这不过是寓言家胡编乱造的故事，你也信以为真，也太天真了吧！其实，把这个故事换个角度，由我们来写的话，就又不一样了。农夫看见路边有一条冻僵的蛇，想捉了回去，剥下美丽的蛇皮，然后把鲜美的蛇肉吃了。聪明的蛇醒来，决定先下手为强，把农夫咬死了。"

男孩也生气了："你才瞎说，忘恩负义的人总是会找理由，为自己的罪行找借口。"

"你说得太对了，儿子！"一直在一旁听他们争论的爸爸说话了，"不过，无论你听到多少奇怪的事情，首先，需要分析、调查，弄清事情的真相，再下结论。其实，真正忘恩负义的人毕竟很少，在别人遇到困难的时候，伸手帮别人是我们应该做的。但如果在别人有困难时，想乘人之危捞一把，那就活该要受到惩罚。"

三、獴和蛇相斗

我国的南方栖居着一种灵猫科小小的哺乳动物——獴，样子并不凶猛，却也是毒蛇的劲敌。

獴的身躯细长，长30~50厘米，四肢短小，很像鼬鼠，尾巴很长，全身长着蓬松而粗硬的毛，遇到敌害，硬毛就直立起来。獴嘴里长有尖利的牙齿，脚上长着钩爪。这些都是獴用来保卫自己和发动进攻的武器。獴碰到眼镜蛇，一场惊险而紧张的搏斗立即展开了：獴的双眼警惕地注视着眼镜蛇，硬毛竖起来了，身躯仿佛猛长了一倍，像显威风，又像用恐吓使敌手丧胆。而眼镜蛇呢，也不甘示弱，张着大口，上身竖起，头颅左右摆动，它们都在伺机进攻。眼镜蛇突然把獴的身躯缠住，想张嘴咬死獴。但獴有硬毛保护着皮肤，使眼镜蛇无懈可击。机警而凶猛的獴左右闪躲着，动作十分灵活，它看准蛇头，抓住机会，也来一个突然袭击，用尖锐的牙齿咬住了蛇头，拼死不放，牙齿深深地嵌进蛇的体内，眼镜蛇还想作垂死挣扎，可是无法反咬，又没法逃跑，最后逐渐变得无法动弹了。

獴吞吃了眼镜蛇后，不会丧命，这是什么原因呢？原来，獴的体内含有一种解毒物质，因此有抗毒的能力。

但是，一些动物学家经过考察研究后，认为獴蛇相斗，獴也不一定是"常胜将军"。

獴有蛇獴、蟹獴和赤颊獴等多种，在不同环境中生活的獴，习性也不完全相同，它们食蟹、蜥蜴、青蛙、小鸟和鼠类，有的还捕食小蛇和毒蛇。

獴和眼镜蛇相斗的镜头是惊心动魄的。眼镜蛇行动迟缓，毒牙短，口张得不大，因此杀伤力不大；而獴行动敏捷，爪牙锐利，抓住时机在毒蛇要害处猛烈撕咬，使眼镜蛇败北了。

獴同较大的眼镜蛇相斗，有时也会知难而止，退下阵来。斯里兰卡的动物学家利用一只大铁笼，将獴和眼镜蛇关在一起，观察它们相互搏斗的情景。双方面对面怒目而视，伺机扑击，爪牙相对，翻滚打转，足足斗了一个小时，结果彼此变得精疲力尽，退居一角。

还有人将獴和其他毒蛇相斗，结果获胜的往往是毒蛇，而不是獴。

眼 镜 蛇

蔑颏惊燕雀，窟回错龙蛇。
——题云南剑川石钟寺·杨慎

物种基源

眼镜蛇（Naja naja）为爬行纲，眼镜蛇科动物扁头风蛇的去内脏的全体，又名山万蛇、喷鸡蛇、膨颈蛇、乌肉蛇、犁头朴、饭匙倩、吹风蛇、蝙蝠蛇、饭铲头、琵琶蛇，以体壮、有活力者佳，主产广东、广西、福建、台湾、浙江、江西、湖南、安徽，云南南部和湖北、贵州亦有分布。

生物成分

眼镜蛇肉含蛋白质、脂肪、少量碳水化合物及维生素 A、维生素 B$_1$、维生素 B$_2$、维生素 E，还含硫胺素、尼克酸、多种氨基酸和微量元素钙、镁、铁、锰、锌、铜、磷、硒等。

它是"三蛇酒"（金环蛇、眼镜蛇、黄梢蛇）原料之一。

食材性能

1. 性味归经

眼镜蛇，味甘，微咸，性温，有毒；归肝经。

2. 医学经典

《广西药用动物》："祛风活血，通经络，强筋骨。"

3. 中医辨证

眼镜蛇，祛湿通络，强筋健体。对风湿疼痛、神经疼痛等病症食疗效果好。

4. 现代研究

眼镜蛇的提取液对骨髓炎、骨结核、肺结核及面部浮肿等有明显的辅助康复效果。

附：蛇毒

蛇毒是毒蛇的毒液，可制备抗蛇毒血清，还可制备镇痛剂和止血剂，其镇痛效果胜于吗啡、杜冷丁，且无成瘾性。蛇毒经加工后是治疗顽固炎症的良药，如治疗瘫痪、小儿麻痹症等。近年来蛇毒又被运用于癌症的治疗。因为蛇毒由 34 种蛋白质构成的化合物，其中有一种很重要且数量较多的毒素叫"溶细胞素"，它是一种专门破坏细胞和细胞膜的毒素。如把蛇毒中的"溶细胞素"分离出来，注入人体，随着循环扩散全身各处，专门杀死癌细胞，那么，攻克治疗癌症这道难关就大有希望了。

食用注意

血燥、外感发热、口干、苦者慎食用。

传说故事

一、养虺成蛇

北魏时，高道穆初入官场，担任御史之职。他能不畏强暴秉公执法，官声很好，后加官为太尉长史，领中书舍人。后来，元颢领兵攻打北魏，逼北魏庄帝所在地虎牢。群臣们惶惶不安，大多数人劝魏庄帝离开虎牢，赶赴关西。

魏庄帝犹豫不决，问道穆怎么办。道穆回答道："由于连年战乱，现在关中田园荒芜，满目断墙残垣，陛下怎么可以去得呢？臣以为元颢虽然声势很大，但是并没有什么可怕，之所以能长驱直入我境，主要原因是我们没有一个智勇双全的统帅。倘若陛下能带领各路人马御驾亲征，重金招募人才，重赏有功之人，加上臣等竭尽全力，我想打败元颢是毫无疑问的。"

道穆停了一下，见魏庄帝神色凝重。知道他怕危险，不想亲征，便接着说："陛下，如果您认为今天与元颢硬拼成败难测，不是万乘至尊必须冒险的时候，那么可以轻车北渡，征召大将军天穆、龙城侯尔朱荣两军合于荥阳，与虎牢形成犄角之势，不消十天半月，一定可以把元颢打败。陛下，臣以为所谓的万全之策，也不过如此了！"魏庄帝舒展眉头，当夜带着高道穆悄悄来到河内郡北，命道穆连夜秉烛写诏书几十份，四处张贴，让大家知道皇帝的去向。不久，尔朱荣和天穆都带兵前来见魏元帝，过了些日子，天气突然热起来了，尔朱荣想返师，等到秋天再说。

道穆对尔朱荣说："元颢凭借他有限的兵力，一下子占据了京洛，使陛下深受颠沛流离之苦，将军你拥有百万大军，完全可以分兵河畔，缚筏造船，然后直接渡河捉拿群贼，使陛下回到京都。"

尔朱荣连连点头，道穆又说："俗话说得好：'一日放纵敌人，可能会导致几代人的灾难。'现如果将军还师于晋阳，使元颢有了喘息的机会，征兵天下，铸造兵器，那么就等于养虺成蛇，将来连懊悔都来不及了！"

尔朱荣说："我应当改变我原来的决定，照高君的主意办！"

二、涸泽之蛇

有一年夏季，某个地方干旱缺水，地面都干裂了，很多池沼也都干涸了。原本生活在水沼中的一些虫、鱼、蟹等动物，都搬迁到别的地方寻找水源去了。只有两条花水蛇没走，可过了几天，眼看池沼边的杂草全部枯死了，再不走就没法活命了，它们也准备搬迁。临走之前，小蛇对大蛇说："你身强力壮走得快，如果你在前面走，目标太大，很容易被人们发现，那样人们一定会来捕杀我们，而你也一定先被捉到。所以，我想到了一个办法，你背着我走。因为人们从来没有见过哪种蛇长成这样，也没见过像我们这样行走的。所以他们会把我们当成一位神君，从而对我们敬而远之，这样我们就能蒙混过关，安全抵达目的地了。"

大蛇觉得小蛇的话很有道理，就背起小蛇穿过大路，扬长而去。见到上下重叠行走的蛇，人们都很害怕，谁都不敢靠近。此事一传十，十传百，知道此事的人都煞有介事地说："刚才我看见蛇神了。"

三、画蛇添足

有个楚国贵族，他在祭祀后，赏给诸门客一壶祭酒。酒只有一壶，可门客那么多，给谁喝呢？门客们想来想去，想到了一个好主意，那就是每人在地上画一条蛇，谁先画好了这壶酒就归谁。

门客们一人拿了一根小树枝，开始在地上画蛇。不一会儿，就有一个人画好了，他把酒壶拿了过来，正待喝酒，一见其他人还没画完，十分得意，就一边拿起小树枝，一边自言自语地说："你们画得太慢了，看我不仅画完了蛇，还能给它添上几只脚呢。"说着，他就在蛇身上又画起了脚。

不料，这个人的蛇脚还没画完，酒壶就被第二个画完蛇的人一把抢了去。第一个画完的人说："我是最先画完的，酒应当给我喝！"抢酒的人笑着说："你不是还在画吗？而我已经完成了，酒应该给我！"第一个画完的人忙争辩道："我早就画完了，只是见你们都没画完，我再给蛇添几只脚而已，你看，我现在画的是蛇脚。"抢酒的人哈哈大笑道："那酒就更不应该给你了，蛇是没有脚的，你添完脚就不是蛇了。"说着，举起酒壶喝起酒来。那个给蛇画脚的人眼巴巴地看着原本属于自己的酒被别人喝了，真是后悔不已。

鲵

出西山溪谷及雅江，状似鲵，四足，能缘木。其声如儿啼，蜀人食之。赞曰：有足若鲵，大首长尾。其啼如婴，缘木弗坠。

——《鲵鱼赞并序》·宋·宋祁

物种基源

鲵（Megalobatrachus davidianus）为两栖纲，隐鳃鲵科动物娃娃鱼的肉，又名鱼内、人鱼、啼鱼、娃娃鱼，以体质健壮而大者佳，分布于我国山西、陕西、河南、四川、浙江、湖南、福建、江西、青海、广东、广西、云南、贵州等地。

生物成分

鲵肉，含蛋白质、灰分、糖类、脂肪、维生素 A、维生素 B、维生素 C、维生素 E 族及微量元素钙、磷、锌、镁、铁、铜、锰、硒等，还含硫胺素、尼克酸和 18 种氨基酸。

食材性能

1. 性味归经

鲵，味甘，性平；入肺、胃经。

2. 医学经典

《本草纲目》："补气、截疟。"

3. 中医辨证

鲵，有补虚补气之功。对体虚眩晕、发热、头痛、痰喘、妇女头晕等都有不错的食疗效果。

4. 现代研究

鲵，含多种维生素和氨基酸，对虚劳咳嗽、气血两亏、体弱多病及痢疾、妇女血经不调、烫伤均有辅助康复效果。

食用注意

（1）鲵，属国家保护动物，除养殖可食外，不得捕食野生鲵。
（2）皮肤病、痛风患者忌食鲵。

传说故事

鲵是龙王三小姐私生子的传说

相传，秦始皇统一中国后，最放心不下的事，是国家的地势西高东低，影响国计民生。于是，他请天庭的大力神麻力大仙将西部山背移到东边将海填平，又是一片可观的地盘。麻力大仙哪有这个闲工夫和呆力气来替这个小小的暴君卖力，犯得着吗？于是就借给他一根赶山填海的赶山鞭。秦始皇拿到鞭子一试，果然灵验，只要一甩，就将原在喜马拉雅山山脚的一座小山赶移到现在的山东泰安，现在管它叫泰山。秦始皇赶海填海的消息被东海龙王教广得知，忙召集四海龙王共商阻止秦始皇的移山填海，问了南北海龙不开口，问了泾河龙王不作声。最后大家无计可施，眼看东海填平，危在旦夕，这时还是东海龙王的三小姐舍生取义，愿为父解愁。当东海龙王问有何良策，三小姐与其父王附耳，敖广只好在无奈中苦笑应承。于是三小姐连夜带着贴身丫鬟蚌精在秦始皇后宫找到嬴政，嬴政正赤身裸体和娘娘调情，三小姐摇身一变，变成娘娘，将秦始皇的真娘娘掩去，她代替娘娘继续调情，情到激处，难免布云施雨。这一来，致使三小姐怀了身孕。秦始皇心满意足，精疲力尽而眠，三小姐乘机将东海赶鱼虾的鞭调包拿走了赶山填海鞭，避免了东海一场劫难。而龙王三小姐怀孕后，生下了一个像龙不是龙，像人不是人，身段像龙，哭声像人的大鲵。

小记

早在 2000 多年前，《山海经》中就有大鲵的记述："决决之水，其中多人鱼，其状如鱼，四足，其音如婴儿。"《本草纲目》中说："鲵鱼在山溪中，似鲇，有四脚，长尾，能上树，声如小孩哭，故名鲵鱼，一名人鱼。"其实，大鲵不是鱼，而是一种两栖动物。

娃娃鱼是鱼类和爬行动物之间的过渡类型，它有四肢，用肺呼吸，但是由于发育不完善，还要借湿润的皮肤来辅助"呼吸"。这证明现代的陆生动物是由古代水生动物进化而来的。所以，娃娃鱼是在生物进化史中具有重要的科学研究价值。

远在两亿多年前，大陆还是连成一起的。娃娃鱼在北半球有广泛的分布，从发现的许多娃娃鱼化石就可证明。最古老的化石是在美国怀俄明州下始新世地层中发现的。后来，大陆逐渐分离，海水相隔，娃娃鱼在不同的自然环境里，经过自然选择，有的被淘汰了，有的保存了下来。

现在，世界上生活着的娃娃鱼，除了我国的大鲵外，还有日本的大山椒鱼和美国的隐鳃鲵。它们外貌很相似，虽然远隔重洋，却保持了"祖先"的亲缘关系。

我国娃娃鱼共有 120 余种，分布很广，遍及黄河流域以南各省。它长约 60～70 厘米，最大的一种长达 180 厘米。在湖南曾捕到一条体长 2.1 米、重 65 千克的大鲵。

娃娃鱼的生活习性很奇怪。它生活在山区清澈、湍急清凉的溪流中，栖息在岩洞或石缝间，洞内宽敞平坦，白天睡觉，晚上才出来活动，吃食鱼、虾、昆虫、蛇、蛙等。它的觅食方法与众不同，其他动物一般都要通过奔波、付出一定代价，才能捕到猎物充饥。而大鲵却常常以逸待劳，坐等食物送上门来。人们说"娃娃鱼坐滩口，喜吃自来食"。

娃娃鱼的牙齿不能咀嚼，它张开大口将食物囫囵吞下，然后在胃内慢慢消化。它很耐饥饿，几个月不吃东西，照常活得很好。冬天时，也像青蛙等那样要冬眠。

娃娃鱼的育儿也很奇怪。夏季雄娃娃鱼游到雌娃娃鱼附近。选择好洞穴，打扫干净，在水中排出一个精囊，里面布满精子，雌娃娃鱼进洞看到后，就将它放进自己的生殖孔里，排卵时好受精。雌大鲵一次能产卵几百枚。产卵完毕，妈妈就离开了，爸爸担任护卵工作，有的雄鲵也常把身体曲成半圆状，将卵围住，以免被流水冲走，或被敌害吞吃。有的雄鲵将卵带缠绕在身上加以保护。如果敌害来犯，雄鲵张开大嘴来恐吓退敌。直到小娃娃鱼孵出，并分散生活以后，雄鲵才离开产卵场所外出活动。

幼鲵生长很慢，3 年后才长到 20 厘米、100 克重。它的寿命在两栖类动物中是最长的，一般能活 50 年，人工饲养的大鲵寿命有 130 年的纪录。

娃娃鱼还是世界上最大的两栖动物，也是我国的珍贵动物。它可供观赏，经济价值也高。现被列入三类保护动物。

牛　蛙

郎是牛蛙我是塘，满塘莲藕绿旺旺。

牛蛙蹲在荷叶上，整天欢乐把歌唱。

郎是牛蛙我是塘，碧波塘中莲花香。

郎在塘内洗个澡，香现体舒都欢畅。

——《牛蛙谣》·江苏·苏南水乡

物种基源

牛蛙（Rana catesbiana）为两栖纲，蛙科动物喧蛙的去内脏后的全体，又名菜蛙、喧蛙、食用蛙，以体大体壮，鲜活为佳。因其鸣声洪亮，远闻似牛叫声，故名牛蛙。原产美洲，现我国各地均有人工养殖供食用。

生物成分

经测定，100克可食牛蛙肉，含热能93.5千卡，蛋白质20.3克，脂肪1.5克，碳水化合物3.3克及维生素A79.5毫克，尼克酸8.8毫克，维生素E0.56毫克和钙、磷、铁、锌、镁、钾、钠、硒等微量元素及氨基酸；还含维生素$B_1$105微克，维生素$B_2$66微克，维生素B_{12}0.55微克，维生素C2.5微克。

食材性能

1. 性味归经

牛蛙，味甘，微凉；归脾、胃、肠、膀胱经。

2. 医学经典

《药用动物》："清热、利水、补虚、消肿。"

3. 中医辨证

牛蛙，清热解毒，利水消肿，止咳。对水肿、喘息、黄疸、毒痢、麻疹等症患者有食疗效果。

4. 现代研究

牛蛙，能从皮、肉中分离3种肽，其中一种为缓激肽，可使离体子宫收缩，另两种肽都是与缓激肽化学上有关的肽类；还从皮肤和眼球分离得多种热稳定的荧光色素，称蛙色素。

食用注意

不要食用未煮透的牛蛙肉，防止寄生虫"双槽蚴"给人体带来的危害。

传说故事

一、牛蛙医术

从前，有一只长得十分丑陋的牛蛙，它身上的皮皱巴巴的，明明还很年轻，看起来却像一只上了年纪的老牛蛙。而且，这只牛蛙的腿一长一短，走起路来一瘸一拐，十分难看。这只长相平庸的牛蛙无处谋生，只好跟着邻居学了一点儿医术，出来招摇撞骗，靠打着"牛蛙医术"的幌子为生。

有一天，这只牛蛙厌倦了地里潮湿的生活，决定去森林里碰碰运气。于是，它蹦蹦跳跳地来到森林里，对着森林里的百兽大声宣布："我是来自洼地的牛蛙神医，我的医术十分高明。我博学多才，能治百病。生命垂危的，经过我的手就可以起死回生；相貌丑陋的，经过我的手就可以变得漂亮无比！"

这时，一只狐狸实在听不下去了，它冷笑了一声，问牛蛙："我只想问你，既然你的医术那么高明，为什么不先治好自己的跛足和皱皮呢？如果你连自己的病都治不好，又怎么让我们相信你呢？"

牛蛙被狐狸问得哑口无言，只好无趣地回洼地去了。

二、牛蛙与牛

从前，有一只倔强而又自高自大的牛蛙，总是喜欢和别人比高低，而且不轻易服输。有一天，牛蛙看见一头牯牛在附近的草地上吃草，它看见牯牛庞大的身躯，心中十分不舒服，一心想赛过牯牛。于是，牛蛙憋足劲儿鼓起了肚皮，把自己憋得圆鼓鼓的，然后问身旁的牛蛙："嘿，伙计，你看我和牯牛哪个大？"

"哈哈，你怎么能跟牯牛相比？牯牛那么高大，你这么矮小，差得太远了！"它的伙伴忍不住"扑哧"笑出来，真不知道牛蛙的心里在想些什么。

牛蛙可不愿意轻易服输，于是，它忍受着肚皮的胀痛，使出了更大的劲儿来憋气，那个圆鼓鼓的肚皮又略微大了一点儿。牛蛙再次问它的同伴："现在我是不是又大了一些？我和牯牛相比，哪个更大？"它的朋友摇摇头说："嗯，你是略微变大了一点儿，可是跟牯牛相比还是差很远啊！"

听了这样的话，牛蛙一点儿也没有泄气，这天，它狠了心要和牯牛一决雌雄。于是，牛蛙使出最大的力气来憋气，它的脑袋因此涨得通红，原来已经紧绷的肚皮像一个不能再大的气球，再一使劲儿，忽然"啪"的一声，肚皮胀破了。

三、牛蛙和蜜蜂

荷塘里住着一只牛蛙，夏天到了，荷塘里的荷花竞相开放。牛蛙发现，每当这个时候，成群结队的蜜蜂就会不请自来，它们嗡嗡地叮在荷花的花芯，繁忙地采着花蜜。牛蛙觉得十分不可思议，好奇地问："亲爱的朋友们，难道你们都住在附近吗？为什么荷花刚刚开放，你们就会及时赶到这里？可以告诉我你们的消息为什么这么灵通吗？"

蜜蜂答道："不，水中的朋友，我们住在很远的地方，不过，我们老远就能闻到荷花的香味，我们是循着香味来的。"

牛蛙更加觉得不可思议了，它十分不解地询问道："为什么你们离得那么远都可以闻到花香，而我住得这么近却从未闻到荷花香呢？能不能告诉我方法，让我也闻一闻荷花到底有多香呢？"

蜜蜂笑着说："这个不是方法的问题，这是由于你的鼻子天生就没有闻香的功能，当然就闻不到荷花的香味啦，而我们的鼻子天生有这种特殊的功能，你想学也学不到。"

金 环 蛇

长虫绕着砖堆转，
转完砖堆钻砖堆。

——《长虫和砖堆》·民间绕口令

物种基源

金环蛇（Bungarus fasciatus）为爬行纲，眼镜蛇科动物金环蛇去内脏后的全体，又名金色铁、金蛇、金报应、金脚带、手巾蛇、半箕甲、黄节蛇、金甲带，以体壮、体大、鲜活为佳。分布于我国云南、广东、广西、福建、江西等省。

生物成分

金环蛇，100 克可食用肉中，含蛋白质 21.3 克，脂肪 1.6 克及精胺蛇肉碱、S-羟基赖氨酸等多种氨基酸、硬脂酸、棕榈酸、胆甾醇等。

食材性能

1. 性味归经

金环蛇，味咸，性温，有毒；入肝经。

2. 医学经典

《中国药用动物》："通关透节，燥湿祛风。"

3. 中医辨证

金环蛇，祛风、通络、止痉，对风痹、疥癣、疠风、漏疮、癫疾有辅助康复效果。

4. 现代研究

金环蛇，含多种维生素、氨基酸、蛇肉碱，对于调节人体周身酸痛、中风半身不遂、关节疼痛、手足麻木的康复与缓解辅助疗效极佳。

食用注意

（1）血虚阴虚，周身发热者忌服食。
（2）孕妇慎服食。

传说故事

神 奇 的 蛇

从前，有一个名叫提莱西阿斯的人。一天，他拄着拐杖在城外散步，不知不觉走进了一片幽暗的森林。在这片森林中的一个三岔口，他看见两条蛇缠在一起，看起来很亲密的样子。提莱西阿斯举起拐杖，正想打散那两条蛇，谁知怪事发生了：他的拐杖刚刚碰到蛇，提莱西阿斯自己立刻变成了一个女人。提莱西阿斯后悔万分："都是我的错，我真不该去打散一对有情人，这是对我的惩罚啊！"

一晃九个月过去了，已经变成女人的提莱西阿斯，再次拄着拐杖来到那片森林，就在同一个三岔路口，又看见两条蛇，而这两条蛇很明显是在打架。提莱西阿斯这次又举起了他的拐杖，朝那两个势不两立的仇敌打去。令人惊讶的是，奇迹再次发生了，提莱阿斯的拐杖刚刚把两条蛇分开，提莱西阿斯立刻又变回来了，重新变成了男人。

穿 山 甲

专餐白蚁何需酒，山可穿透堤防漏。

形似龟鳖多其鳞，妇人服了乳长流。

——《穿山甲》·民谣

物种基源

穿山甲（鲮鲤）（Manis pentadactyla）为哺乳纲、鳞甲目、鲮鲤科动物穿山甲的肉及鳞，又名鲮鲤、鲮鲤甲、透石鸟、石鲮甲、龙鲤甲。因其形似鲤，穴陵而居，故名鲮鲤，以体质壮肥者佳。主产广东、广西、云南、贵州、浙江、福建，湖南亦有踪迹。在我国被列为三类保护动物，捕者以遵法为先。

生物成分

穿山甲，含蛋白质、肽类、氨基酸、脂肪、β-细胞肾上腺素、葡萄糖原、皮质醇、鳞含角蛋白和多种氨基酸。

食材性能

1. 性味归经

穿山甲，味咸，腥，性微寒，有小毒；入肝、胃经。

2. 医学经典

《别录》："活血通经下乳，攻坚消肿排脓。"

3. 中医辨证

穿山甲咸能软坚，性善走窜，功专行散，能透经络而直达病所，故具有通经下乳、攻坚散结、消肿排脓，以及通络祛风之功。凡瘀血阻滞、络脉不通之症，均可使用。如经闭、癥瘕、瘰疬、瘿瘤等症用之，取其活血通经、攻坚散结之效；痈肿初起或脓成不溃用之，脓未成者可消，脓已成者可溃，尤以脓成将溃的痈肿最为适宜，取其托毒排脓，促其穿溃，以利于毒邪外出，而为外科常用之要药。妇人乳脉不通，乳汁不下用之，取其走窜之性，以疏通脉络而使乳汁自下。风湿痹痛、筋骨拘挛用之，取其通经络、达病所，以活血除痹。

4. 现代研究

穿山甲，性寒，味咸，能散坚积、通经络、消痈肿、下乳汁外，还有升高白细胞的作用。

食用注意

行散之力颇强，故不宜过量使用。痈疽已溃，脓汁清稀，孕妇均应忌用。

传说故事

穿山甲祖先是龟的传说

据说，穿山甲的祖先是乌龟。相传很久以前，有条大河里住着两只乌龟，一只热爱劳动，一只好吃懒做。有一天，懒乌龟正躲在阴暗的角落里睡大觉，忽然被外面的叫声惊醒，它伸出头来一看，见到两只白鹤在蓝天飞翔，乌龟灵机一动，请求白鹤带它到天上去玩一趟。白鹤说："当然可以，但不知如何带法？"懒乌龟说："这很简单，用一根木棒，你们各叼一头，我咬在中间，不就上天了么？"两只白鹤回答："那是很危险的，万一咬不住，掉下去就完蛋了。"懒乌龟说："这个你放心，出了事我绝不怪你们。"听了这话，两只白鹤叼起木棒带乌龟上天了。懒乌龟看了蓝天、白云，觉得太美了，十分得意，竟哈哈大笑起来。这一笑，嘴巴一松，懒乌龟从天而降，恰好摔在石板上，"叭"的一声，把乌龟壳给摔碎了。懒乌龟看看自己破碎的龟壳，觉得一辈子没脸见自己的同伴，只好在干土堆里打了个洞，躲了起来，靠吃蚂蚁过日子，从此就变成了穿山甲。

小记

穿山甲属食蚁动物，原名鲮鲤甲，因其形似鲤，穴陵而居，故名鲮鲤，后俗称其穿山甲者，以其性喜穿山，每小时挖洞速度可达 2～3 米，"穿山之术"超过人类和其他动物，而且它身披鳞甲，全身有 600 多块覆瓦状的角质鳞，故称之为"穿山甲"，又称透石鸟、石鲮鱼、龙鲤甲等。穿山甲发现白蚁踪迹后，即会尾随追击，直捣巢穴，用尖吻插入其内，伸出黏腻的长舌迅速地舔食白蚁群。穿山甲不但善于强攻，而且还长于智取，有时它会躺下装死，伸出满是腥味黏液的舌头，待贪食的白蚁群爬满其上时，立即舌头一卷，全部成为它的美味佳肴。有时它将鳞片打开，引诱白蚁入内，当数量可观时，就关闭鳞片，步入水中，然后打开鳞片，白蚁漂浮于水面，即可一一收拾。穿山甲的胃口很大，一只成兽一天平均可消灭数万只白蚁，亦有说一次能食蚁一升余，照此算来，一只穿山甲能保护十三公顷以上的山林不受白蚁侵害，所以，人们称之为"森林卫士"不是没有道理的。

另据明初大臣刘基（1311—1375 年）曾在《多能鄙事》中这样说过："凡油笼渗漏，剥穿山甲里面肉腐，投入，自至漏处补住。"《永州记》亦云："穿山甲不可于堤岸上杀之，恐血入土，则堤岸渗漏。"古人认为穿山甲颇具穿透力，"山可使穿，堤可使漏，而又能至渗处，其性之走穿可知矣"。这种说法，似无科学依据。

海　蛇

来不入死关，去不出死关。
铁蛇钻入海，撞倒须弥山。

——《辞世》·宋·释原妙

物种基源

海蛇（Hydrophis cyanocinctus）为爬行纲，海蛇科动物青环海蛇及同科动物去内脏及皮的肉，又名青环海蛇、斑海蛇。世界上海蛇有 50 多种，我国沿海目前有记录的海蛇有 15 种，分布于我国山东、江苏、浙江、福建、广东、广西和台湾近海，以海南为最多。

生物成分

据测定，每 100 克海蛇肉含水分 79.1 克，蛋白质 19.9 克，脂肪 0.6 克，灰分 0.9 克及维生素 A、维生素 B_2、维生素 C、维生素 E、硫胺素、尼克酸；还含多种氨基酸和钙、钠、锌、铜、镁、磷、锰、硒等微量元素。

食材性能

1. 性味归经

海蛇肉，味甘，咸，性温；归肝经。

2. 医学经典

《中药大辞典》："滋补强壮，祛风止痛，舒筋活络，除湿止痒。"

3. 中医辨证

海蛇肉有祛风、活血、通经络、强筋骨的功能，对风湿症、半身不遂、面部浮肿、腰痛及风湿性关节炎有辅助康复的效果。

4. 现代研究

海蛇肉，毒、血、胆均可入药，海蛇毒含蛇毒 a、b；血含醛甾酮、皮质酮；肾上腺含 17 - 去氧皮质甾、胆甾醇、孕烯醇酮、去氧皮质酮，有镇痛、镇静、抗菌等效果。对风湿性关节疼痛、赤白毒痢、除湿清热、皮肤湿痒、疮疖等疾病有辅助加速康复之功效。

食用注意

海蛇虽然有毒，但肉味鲜美，只是在捕捉时要特别小心。

小记

海蛇喜欢大规模群集，常常成千上万地聚集在海面上。1932 年 5 月 4 日，在马六甲海峡曾出现过海蛇排成 3 米宽 60 千米长的"一字长蛇阵"的场面，那真令人惊心动魄啊！

传说故事

海蛇神的传说

这个故事是一个印第安人讲给我听的，在那个古老的部落里，蛇被当作图腾来崇拜，谁要是触犯了海蛇神，就会受到惩罚。

那么人蛇之间是否也会发生一段《白蛇传》似的动人故事呢？想体会原始神秘的印第安风情，就请听印第安人讲的世界民间故事吧。

雷电山下有个小村，它的印第安名字叫"卡鲁开米"，就是"鹰之家"的意思。小村里有一个大祭司，他的大女儿是全村最美的姑娘。这个姑娘有严重的洁癖，哪怕皮肤上有一丝灰尘，她也要去洗个澡。后来，姑娘的洁癖越来越厉害，甚至都不愿和家人生活在一起，于是独自搬到一座小房子里去住。她的房子建造在一块坡地上，下面有一条清亮的小溪，被称为"神泉"，那里是海蛇神考鲁维西的圣地，任何人不得侵犯。尽管如此，姑娘还是不顾父亲的劝阻，经常去神泉里洗澡或洗衣服。

后来，海蛇神终于发火了，他决定好好地惩罚这位姑娘。这天，姑娘又去神泉边洗澡，看见一个漂亮的小孩笑嘻嘻地坐在水里，一边用小手拨水玩，一边喃喃自语。姑娘感到很奇怪，四处看了看，想知道小孩的妈妈在哪里，但她把四周瞧了个遍，也没发现一个人影儿。"可怜的小东西，妈妈已经不要你了，你还不知道呢。来，跟我回家吧，我会照顾你的。"姑娘把小孩抱在怀里，急急忙忙地往家里跑。小孩好像也很喜欢她，"咿咿呀呀"地跟她说个没完，眉毛眼睛上都是笑，让姑娘欢喜得把什么都给忘了。

这时，姑娘的妹妹们早把饭菜做好了，却不见大姐来吃饭。

"真奇怪！"父亲对小女儿说："你快去喊她过来吃饭吧。"小妹妹走到神泉边，没有找到大姐。她又来到大姐的闺房，发现她正在屋里逗一个小孩玩。当她听说孩子是从神泉里捡到的，立刻去把这件事告诉了父亲。老人听后闷着头坐在屋里琢磨。他想，神泉是属于海蛇神的圣地，哪个女人敢把孩子丢在那里呢？

于是，当女儿们争着要去看可爱的小宝宝时，老人猛地大喝一声："谁也不许去！你们怎么一点儿脑子都没有？任何母亲都不会忍心把亲生骨肉丢在水里，这里头一定有古怪！"

过了一会儿，老人让二女儿喊大女儿，可她却舍不得离开小孩，不肯来吃饭。"你们瞧！"老人说："女人对别的小孩都这么依依不舍，又怎会扔掉自己的孩子呢？这个孩子一定有问题！"

后来，小孩有点儿困了。姑娘把他抱到床上，躺在他身边，不知不觉睡着了。姑娘一睡着，小孩马上恢复了本来面相，只见一条粗大无比的蛇在地板上来回盘旋，背鳞上闪烁着寒光，可怕极了。巨蛇把脑袋凑到姑娘身边，把她一圈圈缠住，直到尾巴尖挨到自己的嘴巴为止。

第二天早晨，妹妹们等了好久也不见大姐来吃早饭。一个妹妹等得不耐烦了，就跑到大姐门外喊了几声。可她听不到任何回答，而且也推不开房门，因为巨蛇盘满了整个房间，把大门挡得严严实实的。

妹妹开始害怕了，赶紧跑回家叫人。很快，除了父亲外，其他人都来了。大家一起使劲推门，终于把门推开了一条小缝。大伙儿一下子瞥见了巨蛇，都吓坏了，尖叫着跑回去告诉父亲。

老人是一个见多识广的祭司，他安慰女儿们："当我第一次听说这个孩子的事时，就怀疑他是海蛇神变的。不过，你们不要慌，我会想办法救你们的姐姐。"

老人一边往门外走，一边仔细盘算着对策，同时对大女儿的任性感到恼火。他来到姑娘的房门口，敲了敲门，大声对海蛇神祈祷起来："啊，伟大的考鲁维西！请听我的祈祷。啊，不朽的海蛇神！你的祭司在向你祷告，请让我的孩子再次回到我身边，我将让她向你赎罪。请你放开她，我们将会用丰盛的祭品向你赎罪。"老人祈祷完，巨蛇开始旋转起来，一点点地离开了姑娘的身体，他每向相反的方向转一圈，村里的每座房子便剧烈地摇晃一下，把村民们吓得浑身发抖。

终于，姑娘苏醒了过来，她战战兢兢地从巨蛇下面钻出去，拼命地跑出门，扑进母亲的怀里，就像一头受惊的小鹿。

祭司还在祈祷，他对海蛇神说："她是属于你的！"说完，老人走出房子，让两名勇士通知村里的其他祭司，说他打算为海蛇神举行一次隆重的献祭仪式，让他们准备好羽毛、权杖和珍贵的祭品。

四天后，准备工作都做好了。祭拜那天早上，老人告诉大女儿说，她必须亲手把所有祭品交给海蛇神。如果海蛇神想要比祭品更珍贵的东西，也就是她的身体，她必须把对亲人的思念永远藏在心底，跟着海蛇神一起走，即使走进深深的水底。

最后，老人又对大女儿说："也许，你一直都想嫁给海蛇神吧，不然你怎么会天天待在泉里呢？不管怎么说，你的确使用了神泉水，亵渎了海蛇神。我以前就警告过你，你却偏偏不听我的劝告。去吧，现在你必须随时做好离开我们的准备。"

玳　瑁

《今上实录》悠悠事，皇与妃差三十四。

太真本是瑁王妾，收认混血为养子。

——《读唐史》·现代·智东南

物种基源

玳瑁（Eretmochelys imbricata）为爬行纲，海龟科动物玳瑁的肉，又名瑇瑁，以背面鳞片光滑，具有褐色和淡黄色的花纹，健壮者佳，主产山东、江苏、浙江、福建、台湾、广东等沿海海域。

生物成分

玳瑁肉，含蛋白质、脂肪、琼胶、多种维生素和微量矿物质。玳瑁甲含角蛋白和胶质，角肮中含有赖氨酸、组氨酸等多种氨基酸。

食材性能

1. 性味归经

玳瑁，味甘，性寒；归肾、肝、心、肺经。

2. 医学经典

《宋开宝》："清热解毒，镇惊熄风。"

3. 中医辨证

玳瑁，清邪热，除胸膈间风痰，行气血，破症结，消痈毒，止惊痫，利大、小肠，除烦热。

4. 现代研究

玳瑁，有滋阴潜阳作用，对治疗疮、痔、阴毒等疾病效果显著，还有软坚化瘀的作用，所以是治疗肝硬化的常用之药。其肉有缓解和减轻纤维组织增生，及细胞外基质的无规则过量沉积，以致肺间质弥漫性纤维化的作用。

食用注意

（1）对脾虚胃寒、运化无力及时邪未尽者不宜食用。
（2）孕妇慎食玳瑁肉。
（3）消化不良者不宜食玳瑁肉。
（4）产后泄泻和失眠者最好不食玳瑁肉。
（5）玳瑁属国家二级保护动物，未经许可，不得猎杀。

传说故事

玳瑁名字的由来

玳瑁，原来叫"瑇瑁"，改叫"玳瑁"还有一段民间传说：

相传，东海龙王敖广的第九子敖顺大婚，大请宾客，上请天宫玉皇大帝，下请地府十殿阎王，中请人皇唐明皇。龙九太子大婚的前一天，敖广派避水兽分水开路，龟丞相持请柬去来人间，辋轴瑇瑁担任，负责将坐在龙车上的唐明皇驮进水晶宫，左右有虾兵蟹将护卫，一行浩浩荡荡来到长安。唐明皇接到请柬后一看，只请皇帝参加婚宴，也没请朝阳宫（正宫娘娘），而身为贵妃的杨玉环硬吵着要随行。按大唐礼仪，朝中只有三个半銮驾，即：太上皇（如太上皇不在世则由皇太后使用）、皇帝、皇后为三个全朝銮驾，东宫娘娘出行只有半个銮驾，其余嫔妃一概无銮驾。杨玉环属嫔妃之列，故唐明皇不让杨玉环随行，其理有两个：一是龙王未请皇后

（即正宫娘娘），故嫔妃一概不得随行；二即是随行，无銮驾相随，成何体统。杨玉环去东海龙宫不成，一气之下想：你皇上去龙宫赴宴，我找"养子"安禄山"解闷"。于是唐明皇刚出宫门，后脚就命人招安禄山进宫。而唐明皇刚上龙车，移离瑇瑁背正中还差一步之遥，龙车辁轳不转，坏了，忙命人招来工匠修理，就在这时，侍寝太监李成匆匆赶来，对唐明皇附耳。原来，李成见皇上出宫，来到寝宫准备收拾一下，只见寝宫的龙床帐幔未放，安禄山和杨玉环身无半根纱丝，赤身裸体……

而在平时，杨玉环又从不把服侍皇上的李成当回事。李成便趁机告了杨玉环与安禄山的御状。唐明皇一急，双脚直跳，嘴里嘀咕："当年不该用贵妃名义取代瑁王之妃，这顶绿帽戴上了，惹天下人耻笑……"唐明皇一跺脚不要紧，加上龙车的重量，瑇瑁从未经受过如此硬碰硬的重压，把背压得四分五裂，一块块裂伤痕迹至今还清晰可见，而瑇瑁本来就嫌自己的名字不雅，听人皇金口玉言中有"取代瑁妃"之语，何不将"瑇瑁"改成"代瑁"，后来文人又将"代瑁"写成"玳瑁"。

第二十六章 珍稀类

牛 黄

诸兽由来皆有黄，唯牛珍贵独称王。
医家赞誉尊神物，皇族争豪耀玉堂。
开窍豁痰功用著，镇惊利胆效能强。
合成培育新科技，赢得成功事业昌。

——《牛黄》·现代·王焕华

物种基源

牛黄（Bos taurus domesticus Gmelin）为牛科动物黄牛或水牛的胆囊、胆管或肝管的结石，又名各一旺、丑宝、天然牛黄、犀黄。牛黄取于胆囊者，形状较圆，称"胆黄"或"蛋黄"；取之于胆管或肝管者，形如管状，称"管黄"。我国大多省均产牛黄，以西北和东北产量较大，产于西北称"西牛黄"或"西黄"，产于东北者称"东黄"或"东牛黄"；产于津京者称"京黄"。牛黄除天然牛结石外，尚有两个来源：一是探讨牛之所以患胆石症的发病机理，采用给牛做胆囊置入异物（埋核）手术的方法，促使其增多分泌物，并有"核"的表面凝聚或牛黄（这是根据人工河蚌育珠原理而来）；二是根据牛黄的化学组成进行人工合成牛黄。此外从加拿大、阿根廷、乌拉圭、智利、玻利维亚等国进口牛黄。上述各种牛黄，还是国产天然牛黄质量好，但价格极贵。

食材性能

牛黄含胆红素、胆酸、胆固醇、麦角固醇、脂肪酸、卵磷脂、维生素 D 及微量元素钙、铁、铁、铜等。

食材性能

1. 性味归经

牛黄，味苦、性凉；归心、肝经。

2. 医学经典

《神农本草经》："清热解毒，开窍豁痰，熄风定惊。"

3. 中医辨证

牛黄，心属火，心热则火炎，肝属风，肝热则风生，风火相搏，痰气壅塞，而出现神昏谵语、惊风抽搐、中风痰迷等症。牛黄苦凉气香，主入心肝，故能清心开窍、豁痰、凉肝熄风、定惊，用治上述诸症均有良效。

4. 现代研究

（1）牛黄所含之胆酸对中枢神经兴奋药有拮抗作用，与中枢神经抑制药有协同作用，且有抗惊厥作用。

（2）牛黄小剂量有促进红细胞新生及增加血色素的作用，其主要成分为维生素 D；大剂量反而有破坏红细胞的作用。

（3）其所含胆酸对心脏有类似洋地黄的强心作用。

（4）有解热及利胆作用。

食用注意

热邪尚未入营，以及小儿脾胃虚寒者均不宜服用。

小记

鉴别牛黄真伪的简便方法：

由于牛黄价值较大，所以，古往今来，赝品殊多，或以白泥和胆汁炼合，制成圆球形，或破碎片，或以郁金、蒲黄等与胶液调和，凝结而成，骗取钱财，误人性命。那么怎样识别天然牛黄呢？牛黄多半是牛胆中的干燥结石（少数为管黄），多呈卵形、不规则的球形，或块状，表面金黄色或棕黄色，较细腻而稍有光泽，断面有排列整齐的环形层纹，重重相叠，体轻，易分层剥离。

（1）取牛黄粉末少许，清水湿润后，涂在指甲上能染黄色，经久不退，习称"透甲"或"挂甲"。

（2）用针烧红刺入，即分裂成明显层状，内中有白点及清香气。

（3）烧红的针，刺入拔出后，针上应不带黄色。

（4）投入静止水中，可吸收水分而潮湿，但不变形不溶解。

（5）味先微苦而后微甘，入口有清凉感，嚼之易碎不沾牙。

传说故事

一、牛黄药名的由来

相传一农夫，家养黄牛一头，入夜身放异光，眼红如血，时时吼鸣。家一娇子，闻而惊恐。随病，神昏谵语，高热不退。农夫六神无主，只怕黄牛害死娇儿，欲持棍打死，忽见牛又大吼，从口中喷出两团火苗，正入饮水之盆中。忙在盆中查看，见有几粒金黄色之物，疑为神牛吐药以救娇儿。便将此物煎药让其子服入，次日果效，不久而愈。传于乡邻，视为神物，取名"牛黄"。

二、诸兽皆有黄

明代大药学家李时珍曾说："诸兽皆有黄，人之病黄者亦然。"人能患胆结石病，动物也能患胆结石、肾结石、肠胃结石等，宋代名医寇宗奭还提到过"骆驼黄"，也属动物结石之类。

相传古代波斯国王一天收到一份珍贵的礼物，然而打开宝盒看，里面竟是一颗平平淡淡的小石子。国王大怒，以为这是愚弄自己，下令斩首来使。这时来使对国王说："陛下，既是让我死，那就请赐给一杯放着这块石子的砒霜毒酒吧。"他喝下了毒酒，竟安然无恙。这时，国王才知道这是一块"宝石"。原来，这小石子是无峰驼消化道中的结石——毛粪石，由于无峰驼常喜舔食自己的皮毛，皮毛分解后与食物中的矿物质结合，形成结石，其化学性质与砷酸盐（砒酸属亚砷酸盐）很相近，故能吸收、置换毒酒中的砷，使之失去毒性。再如狗的胃结石，也属珍贵良药，中医称之为"狗宝"，善治噎膈反胃，痈疽疔疮。马的胃肠中结石称为"马宝"，也有独特的镇惊、化痰、熄风作用，是治疗惊痫癫狂、痰热内盛、神志昏迷的特效药。猕猴的胃结石及肝胆结石，称之"猴枣"或"猴丹"。这些动物的结石，均是名贵中药。

三、扁鹊与牛黄

战国时期，扁鹊在渤海郑郡（今河北任丘）一带行医。一日，他正从药罐中取出煅制好的青礞石，准备研末为邻居阳文治疗中风偏瘫。这时，门外传来一阵喧闹声，扁鹊问其究竟，原来是阳文家中养的一头十几年的黄牛，不知何故，近两年来日见消瘦，以致不能耕作，故阳文的儿子阳宝，请了人把牛宰杀了。谁知，阳宝发现牛胆里面有块石头。扁鹊对此颇感兴趣，嘱阳宝把石头留下，以便进一步研究。阳宝笑了："先生莫非想用它做药？黄牛之病源于结石，这结石乃病根也，哪能治病？"扁鹊一时也回答不出，随手把结石和桌上的青礞石放在一起。

正在这时，阳文的病又发作起来，扁鹊赶到，只见阳文双眼上翻，喉中碌碌痰鸣，肢冷气促，十分危急。他一边扎针，一边叮嘱阳宝："快！去我家桌上把青礞石拿来！"阳宝气喘吁吁地拿来药，扁鹊也未细察，很快研为细末，取用五分给阳文灌下，不一会，病人停止了抽搐，气息平稳，神志清楚。扁鹊回到屋里，发现青礞石仍在桌上，而桌上的结石少了，忙问家人："何人动了结石？"回答是："刚才阳宝回来取药，说是您吩咐的呀！"这个偶然的差错，却给扁鹊带来了深思：难道牛的结石，也有豁痰定惊的作用？于是，他第二天有意识将阳文的中药里的青礞石改换为牛结石使用。三天后，阳文病势奇迹般地好转，不但止住了抽搐，而且偏瘫的肌体也能动弹几下，喜得阳文连声称谢。扁鹊说："不用谢我，还得谢谢你的公子呢！"于是将阳宝错拿结石代青礞石的经过讲了一遍，并说："此石久浸于胆汁之中，苦凉入心肝，能清心开窍，镇肝熄风。"阳文问道："这药叫什么名字呢？"扁鹊思索片刻："此结石生于牛身上，凝于肝胆而成黄，可称它为'牛黄'"，然后又进一步说："牛黄有如此神效，堪称一宝，牛属丑，再给它取个别名，叫'丑宝'吧。"

珍　珠

江浦茫茫月影孤，一舟才过一舟呼。
舟舟过去保舟得，采得珍珠泪已枯。

——《采珍珠》·清·冯敏昌

物种基源

珍珠（Pearl）为珍珠贝科动物，马氏珍珠贝〔Pteria martensii (Dunker)〕、蚌科动物、三角帆蚌〔Hyriopsis Cumingii (Lea)〕或褶纹冠蚌〔Cristaria plicata (Leach)〕等双壳类动物受刺激形成的珍珠，又名真朱、真珠、蚌珠、珠子。马氏珍珠贝主产广西、广东沿海，现已有人工养殖。三角帆蚌主产河北、安徽、江苏、浙江等地。褶纹冠蚌分布于全国各地。

生物成分

珍珠，主含碳酸钙，并含有角蛋白。壳角蛋白组成为：甘氨酸、丙氨酸、亮氨酸、苯丙氨酸、丝氨酸、缬氨酸、蛋氨酸、胱氨酸、精氨酸、组氨酸、酪氨酸、天门冬氨酸、谷氨酸及苏氨酸等 20 余种氨基酸。此外，尚含少量的铅、铜、铁、镁、锰、钠、锌、硅、锶、钾、锂等。

食材性能

1. 食材性能

珍珠，味咸，甘，性寒；入肝、心经。

2. 医学经典

《开宝本草》：“平肝潜阳，明目。”

3. 中医辨证

珍珠，安神定惊，明目消翳，解毒生肌，对于惊悸失眠、惊风癫痫、目生云翳、疮疡不敛有康复效果。

4. 现代研究

珍珠有抗组织胺作用，所含碳酸钙有中和胃酸的作用，对溃疡病的反酸、胃痛的康复效果明显。

食用注意

服用最好为超微粉或纳米粉。

传说故事

一、慈禧陪葬“珠”几何

据统计，西太后慈禧陪葬的锦绣丝褥共镶有 16000 多粒大珍珠，寿衣上共有珍珠 5920 粒，身上盖的织金陀罗经被镶珍珠 820 粒，口含特大珍珠 1 粒，棺中另放珍珠 3700 粒，共 23111 粒大珍珠。

二、珍珠最多的“舍利宝幢”

1987 年，苏州瑞光塔发现一幢真珠舍利宝幢，高 122.6 厘米，上用金银丝串联的珍珠近 4 万粒，制作之精细，设计之巧妙，是少有的工艺美术品，堪称稀世珍宝。

三、龙王千金公主与珍珠

传说晋代某皇帝酷爱珍珠，听说南海海面宝光四射，知是宝珠，便派太监坐镇广西合浦珍珠城，派兵强迫珠民下海采捕。发光之物乃龙王千金公主的心爱宝珠，为南海至宝，有两条恶鲨把守，珠民被咬死者甚多。捕不到珠，太监便严刑拷打，许多珠民被逼得家破人亡。当地珠民海生也在应征之列，为救珠民于水火之中，海生只身前往宝珠放光之地，与恶鲨相斗多时，身负重伤。碰巧的是，公主此时到峭石边玩耍，正好看到奄奄一息的海生。眼见海生命丧鲨鱼之口，公主急忙过来赶走鲨鱼，将海生放在峭石上。海生醒来，公主问他为何到此冒险。海生遂将珠民的境况细说一遍。公主感动异常，为救珠民，就将宝珠取出，送给海生。

太监得珠大喜，一边向皇上报捷，一边用红布将其严密包裹，锁入檀木盒内，派重兵押回京城。然而，太监一行走不过数十里，忽见一道银光划过檀木盒，太监大吃一惊，打开珠盒，发现宝珠已然不翼而飞。太监大惊失色，连夜赶回珠城，再逼海生等下海取珠。

海生不肯，太监便将其他珠民捆绑起来，扬言道，如果海生取不来宝珠，便将他们一一掷进大海。海生无奈，只得再赴深海，向公主求救。公主再次献珠，太监得珠，放掉珠民，但苦无将宝珠安全送走的办法。

一个老人献计让他"割股藏珠"，太监眼睛一亮，当即将大腿割开，塞入宝珠，待伤口痊愈后迅速启程。然而，太监仍然无法将宝珠带走，在第一次失珠的之地，又是一道白光划过，宝珠再返大海。太监惊恐万状，深知回去是死，只好再到珠城，却见珠民们已经纷纷逃走。太监长叹一声，面对大海吞金自杀。

四、珍珠投胎为西施

珍珠被人类利用已有数千年的历史，传说她是西施的化身。

西施本是月宫嫦娥的掌上明珠，她奉玉帝之命，下凡来拯救吴越两国黎民百姓脱离连年战乱之苦，珍珠便是她的化身。原来嫦娥仙子有一颗闪闪发光的大明珠，十分逗人喜爱，常常捧在掌中把玩，平时则命五彩金鸡日夜守护，唯恐丢失。而金鸡也久有把玩明珠的欲望，趁嫦娥不备，偷偷将明珠含在口中，躲到月宫的后面玩赏起来，将明珠抛上抛下，煞是好玩。但一不小心，明珠从月宫滚落下来，直飞人间。金鸡大惊失色，为逃避责罚，也随之向人间追去。

嫦娥得知此消息后，急命玉兔追赶金鸡。玉兔穿过九天云彩，直追至浙江诸暨浦阳江边上空。正在这一天，浦阳江边山下一施姓农家之妻正在浦阳江边浣纱，忽见水中有颗光彩耀眼的明珠，忙伸手去捞，明珠却像长了翅膀似的径直飞入她的口中，并钻进腹内。施妻从此似有了身孕。一晃16个月过去了，女子只觉得腹痛难忍，但就是不能分娩，急得她的丈夫跪地祷告上苍。忽一日只见五彩金鸡从天而降，停在屋顶，顿时屋内珠光万道。恰在这时，只听"哇"的一声，施妻生下一个光华美丽的女孩，取名为"西施"。故有"尝母浴帛于溪，明珠射体而孕"之说。

西施长大后，化解了吴越两国的仇怨之后，就化作珍珠留在人间，为黎民百姓的健康长寿、养颜美容继续做贡献。自此诸暨变成了世代养殖珍珠之乡而驰名中外，这一传说至今已有2500多年的历史。

五、世界上最大的珍珠

目前，世界上最大的珍珠是现存在美国旧金山保险柜中的一颗，重达6350克，直径为27.94厘米。30多年前在美国纽约展出时曾轰动全美国。但这一颗珍珠的获得，却有一段不寻常的经历。1934年，一群达雅无部落的人在菲律宾南部巴拉望岛附近潜水采海产。有一天，酋长的儿子和伙伴们一道去海湾游泳，突然听到酋长的儿子惨叫一声，便迅速沉入海底。当人们在海底找到他的尸体时，发现他的右手被一只重逾100千克的巨蚌紧紧地夹住。为了收回这个溺毙者的尸首，达雅无人费了很大的力气，才设法将巨蚌捞起并弄到岸上，当用铁棍把蚌体敲开后，竟发现蚌里有一颗形如人脑的巨珠，信奉回教的达雅无人称它为"真主之珠"。这颗大珍珠便归了那个地区最有权势的首长潘立玛皮西所有。珍珠发现时，美国考古学家考伯正在巴拉望岛从事挖掘工作。两年多后，考伯听说潘立玛皮西的另一个儿子患疟疾奄奄一息，便把当时新出的治疟疾特效药阿的平给孩子吃，疟疾很快痊愈。当潘立玛皮西问考伯要什么报酬时，考伯提出要那颗珍珠，潘立玛皮西只好恋恋不舍地给了考伯。如今巨珠为一位美国加州人所有，估计价值4000万美元。

琥　珀

曾为老茯神，本是寒松液。

蚊蚋落其中，千年犹可觌。

——《咏琥珀》·唐·韦应物

物种基源

琥珀（Amber），为古代松科植物的树脂埋在地下经久凝结而成的碳水化合物，又名育沛、虎珀、虎魄、江珠、琥魄、兽魄、顿牟。

琥珀以深红透明质松脆者为血珀，最佳。广西产者，色红明亮为西珀，亦佳。黄嫩者次之，金珀更次。厦门产者，色淡黄有松香气，为洋珀，更次。色黄而明莹者名蜡珀，色若松香红而且黄者名明珀，有香者名香珀，有蜂、蚁、松枝者尤好。

生物成分

琥珀，主要含树脂、挥发油。此外，含琥珀氧松香酸、琥珀银松酸、琥珀松香醇及琥珀酸等。

食材性能

1. 性味归经

琥珀，味甘，性平；入心、肝、膀胱经。

2. 医学经典

《本草纲目》："安五脏，定魂魄，消瘀血，通五淋。"

3. 中医辨证

琥珀，镇惊安神，散瘀止血，利尿通淋。用于惊风失眠、血淋血尿、小便不通、妇女经闭、产后瘀阻腹痛、痈疽疮毒、跌扑创伤。

4. 现代研究

琥珀有镇静、抗惊厥、降低体温、镇痛、活血散瘀、兴奋呼吸、升高血压等作用。有益于小儿惊风、产后恶露不下、心律失常、前列腺肥大、冠心病、心绞痛等疾病的康复。

食用注意

琥珀是昂贵的装饰品和名贵的中药材，需求量大，所以，一些不义之人用松香等脂制成伪琥珀，需要细心鉴别。

传说故事

一、琥珀可"嫩面"的传说

相传三国时期，东吴孙权的儿子孙和，不慎用刀误伤了心爱的邓夫人，面颊部伤口很大。医生就用琥珀末、朱砂及白獭的脊髓等中药配成外用药为其敷治。邓夫人面部的伤口被治愈后，不仅不留疤痕，反而显得白里透红，更加娇艳可爱。从此，琥珀又成为古代妇女"嫩面"的常用之药。

二、孙思邈与琥珀

传说唐代大医药家孙思邈远出行医，途经河南西峡，遇一产妇暴死。在埋葬时，他见棺缝中渗出鲜血来，断定此人可救，便叫死者家人急取琥珀粉灌服，又以红花烟熏死者鼻孔。片刻，死者复苏。众人皆称他为神医。孙思邈道："此乃神药琥珀之功也。"

三、琥珀"窝"之奇

1984年西峡县发现一窝药用琥珀，蕴藏量多达3000多千克，这窝琥珀经有关方面鉴定，是属上等特优药用琥珀。一般说来，大自然中单独产出的琥珀很少，它大都是采煤时的副产品，年产量也有限。

四、琥珀真伪的鉴别

如何来鉴别琥珀的真伪呢？一般可采用如下四种方法：

其一，燃烧法：真正的琥珀燃烧易溶，稍冒黑烟，刚熄灭时冒白烟，略有松香味；伪品燃烧冒浓黑烟，松香气味浓烈。

其二，水溶法：真琥珀在沸水中不溶化，不变软；假琥珀则不然。

其三，刀削法：真琥珀浅黄色；伪品刀削起碎块，不成粉。

其四，咀嚼法：真品有沙沙之声，无沙粒感；伪品有松香气味，久嚼发黏。

五、"虎魄"的传说

古代有一猎户，其子年幼，一日被狼逐而惊吓成疾，父认为狼惊吓，虎克之，食虎肉可医，于是入山打虎。数日，在一巨松下卧一猛虎，举枪就打，连发数枪，虎忽然不见，神之。近前视之，只有虎卧的印。掘土得如虎骨之物，疑虎化生而成，给其子煎汤服之果神效。日久，其气增、胆大、壮如虎，与父狩猎，空手与兽相搏。遇有人惊吓者，即献其药，并给起名叫"虎魄"，意即服此药后有虎助魄力。后人认为其透明如玉，就写成"琥珀"。

六、陶弘景首知琥珀成因

宋代黄休复《茅亭客话》载：太宗时，四川都江堰一带的居民常遭老虎的骚扰，大家请来了伏虎猎人李次口，这才除掉了祸患。一次黄休复在成都遇到李次口，并与他至万里桥边酒店喝酒，李次口神秘地说："老虎看物习性只用一只眼睛，另一只眼睛发光，一旦被打死，其魂魄便顺眼睛渗入地中，猎者须记住虎死时头部的位段，待月黑的夜晚，向地下挖三四尺，虎的魂魄——虎魄就可以到手。"事实上，早在南北朝时，名医陶弘景为了弄清琥珀的成因，他反复观察琢磨着手中的一个晶莹透明的琥珀球，里面还有一只蜜蜂，看上去栩栩如生，爬在一点树皮上似乎在寻找什么。看了一会，他放下手中的琥珀球，步出书房，向屋后的山坡上走去，山上有大片松树林，他突然发现一条松树杆上有一大滴松脂裹住一只蚂蚁，蚂蚁正在透明的松脂里作垂死挣扎。这一意外的发现，使陶弘景恍然大悟，马上联想到：这松脂干了不正是琥珀么！由于陶弘景的潜心探索，进一步认证了前人的"松脂沦入地，千年所化而成"的论断。

蛤　蚧

石岩树洞喜居栖，走壁爬檐日暮时。

听彼雌雄同爱唱，看它形影总相依。

壮阳补肺功多种，助跳迷人尾一支。

赖有朱翁加赞誉，仙蟾身价更神奇。

——《蛤蚧》·现代·王焕华

物种基源

蛤蚧（Gekko gecko L）为守宫科动物蛤蚧去除内脏的干燥品，又名蛤蚧蛇、蚧蛇、多格、仙蟾、德多、石牙、蛤蟹，以干燥、完整、干净，带有腥味者为佳，主产广东、广西、福建、台湾、云南等地。

生物成分

蛤蚧肉含肌肽、胆碱、肉毒碱、鸟嘌呤、蛋白质等。肝含甲基对硫酮、还原型谷胱甘肽-S-甲基转移酶、谷胱甘肽。蜕皮外层含β-角蛋白，内层含α-角蛋白。甲状腺含甲状腺素、碘酪氨酸。

食材性能

1. 性味归经

蛤蚧，味咸，性平；归肺、肾经。

2. 医学经典

《开宝本草》："补肾益脾，纳气定喘。"

3. 中医辨证

蛤蚧，补肺益肾，壮阳，益精血，有止喘咳的功效，有益于虚劳咳嗽、咯血、神经衰弱、阳痿早泄、小便频繁等疾病的康复，历代中医家把蛤蚧视为"房中要药"。

4. 现代研究

蛤蚧之提取物给雄小白鼠注射后，其前列腺、精囊、提肛肌之重量，均有所增加，而呈雄性激素样作用；雌小白鼠注射蛤蚧乙醇注射浸膏后，可使其交尾期再出现。这似乎与《本草纲目》所说"益精血，助阳道"以及《本草求真》所云"大助命门相火"不谋而合。若用蛤蚧浸出液给雌小白鼠注射后，可使交尾期延长，杀死后，看到卵巢、子宫肥大，与注射雌性激素相似，这也证实了《大明本草》所说"通月经"的功效。

食用注意

蛤蚧，若由于外邪所致咳喘者忌服食。

传说故事

一、虫类药专家朱良春与蛤蚧

我国当今著名的中医学者、虫类药专家朱良春，临床运用蛤蚧可谓"通神"。他总结蛤蚧有四大功用：一曰补肺滋肾；二曰定喘止咳；三曰益精助阳；四曰温壮下元。凡肺痨咯血、咳嗽喘促、久病体虚、面目浮肿、年老呃逆、消渴、经闭、阳痿、遗泄、腰痛折伤等均属于虚寒症者，均可用之。

朱良春发明了以下两种以蛤蚧为主的中成药：

（1）朱氏甲方参蛤散，以蛤蚧为君，人参为臣，北沙参为佐，紫沙参为使，配以麦冬化橘红共研细末而成。

（2）朱氏补肾丸：以蛤蚧为君，熟地为臣，菟子为佐，金樱子为使，配以巴戟天、淡苁蓉、紫河车共研细末而成。

二、蛤蚧之趣

蛤蚧是壁虎属中唯一野栖的种类，它喜欢鸣唱，雄性叫声似"蛤"，雌性叫声如"蚧"，人们便以声音为雄性定名"蛤"，为雌性定名"蚧"；又因蛤与蚧总是形影相依，故习惯连称为"蛤蚧"。

蛤蚧之鸣，尚有一说，据云："夜闻其鸣，一声曰蛤，一声曰蚧，能叫至十三声方止者乃佳，其物每年一声，十三声则年久而有力也。"由于蛤蚧为野栖物种，传言蛤蚧如栖于屋内，则该屋主人必能兴旺。泰国为佛教之国，视蛤蚧为神物，蛤蚧通常鸣叫七八声即止，泰国风俗认为，如能闻其连鸣十三声方止者，"为将来富冠全国之征兆"，这恐怕缺乏科学依据。

蛤蚧的尾巴奇妙无比，它能起着舵和助跳以及迷惑敌人的作用，因为蛤蚧没有能使敌人惧怕的自卫武器，往往是弃尾而逃。唐《开宝本草》中记载："蛤蚧最护惜其尾，或见人欲取之，多自啮断其尾，人即不取之。"这大概也算是其自我保护的方法吧。其尾易断，但再生能力亦强，而且再生尾比较粗，故无须为之担忧。蛤蚧还有一种多数爬行动物所不及的绝技，那就是爬檐走壁，因为其五只脚趾下由许多皮瓣构成的吸盘，当蛤蚧的脚趾贴附物体时，皮瓣间的空气被挤压出去，形成真空，产生很强的吸附力，就能在陡壁、倒壁上自由爬行而不会坠落，且喜欢头向下栖息。

鱼 唇

秋水寒鱼白锦鳞，姜花柁实献芳辛。

东坡玉糁真穷相，得似先生此味珍。

——《鱼唇羹》·宋·杨万里

物种基源

鱼唇（Dried fish lip）为鲨或鳐类鱼的唇部的淡干制品，一种名贵的海味珍品，以犁头鳐上唇制成者质量最佳。呈三角形片状，黄褐色，有光泽，对光时有较大的透明部分。制法：将上唇连眼、鳃割下，从唇中间用刀劈开，成相连的左右两片，剖出薄片状软骨两条，于水中浸24小时，清洗后晾干而成，主要产于福建、广东一带。

生物成分

鱼唇，经测定，含蛋白质62.1%，脂肪5.6%，糖2.6%，灰分0.3%及维生素A、硫胺素、核黄素、视黄醇当量、尼克酸、维生素E，还含微量元素钾、钠、钙、镁、铁、猛、锌、铜、磷、硒等成分。

食材性能

1. 性味归经

鱼唇，味甘，微咸，性平；入肾经。

2. 医学经典

《中国药用海洋生物》："入阴分，滋阴血。"

3. 中医辨证

鱼唇有滋阴补肾，补血气，对男子白浊膏淋、阴茎涩痛、无名疮肿、明目有特别的食疗效果。

4. 现代研究

鱼唇属特高级动物蛋白食材，有化结止痛、护肝明目效果，对肾阴不济、妇女乳腺炎、胃癌、食道癌有抑制和延缓功效。

食用注意

（1）有痛风患者，慎食鱼唇。

（2）患疮痒、有湿热的患者不宜食鱼唇。

传说故事

嘉庆与鱼唇羹

清嘉庆十年，有一名新科状元叫王得志，是嘉庆皇帝最得意的大臣，后来就任大学士、兵部尚书等职。此人很有才能，嘉庆经常把他留在宫内，陪伴自己吃饭。

有一天，嘉庆皇帝对王得志说："王爱卿，孤家最喜欢吃鱼，最近不想吃了，这些厨师都该杀了。"

王得志说："万岁，您把厨师都杀掉了，谁来给您做饭吃？""爱卿说得有理，不过……"王得志又说："万岁，依我看，您每日六餐，外吃零食，可能是吃得太多了，胃消化不了。您应该散步兜圈子，并将每天六餐改为三餐。"

嘉庆觉得王得志说得有道理，就照着做了。过了一段时间，嘉庆的食量真的比以前增加了，就在这时，王得志叫自己府内的厨师做了四个菜，其中有一个鱼唇羹，送进宫来请嘉庆品尝。嘉庆吃了，连连叫好，并把鱼唇羹赐名为王氏鱼唇羹。

鱼　皮

鳐魟制鱼皮，物稀则为奇；
味美饱口福，生态不可欺。

——《食鱼皮》现代·陈石斋

物种基源

鱼皮（Fish-skin，shark's skin）为鲨、鳐或魟的表皮干制品，以取自犁头鳐的质量最好。成品皮面有砂质鳞或骨鳞，呈黄褐、灰白、灰黑色等，视原料品种而异，主要产于海南、广东、福建、山东、辽宁一带。

生物成分

鱼皮，主含胶原蛋白，占 80% 以上，脂肪 1%，糖类 1.6% 及维生素 A、维生素 E、视黄醇当量、硫胺素、尼克酸及微量元素钙、磷、钾、钠、锌、铜、铁、镁、钴、硒等。

食材性能

1. 性味归经

鱼皮，味甘、咸、腥，性平；归肾、肺经。

2. 医学经典

《药用动物》："益肾，润肺，养筋，散瘀。"

3. 中医辨证

鱼皮，补肾固精，补脾气，对肾虚阳痿、腰膝酸软、妇人赤白带、疮疡、痈肿、久咳有良好的食疗康复效果。

4. 现代研究

鱼皮对肺结核、乳腺炎、胃痛等疾病及妇科滋养效果甚佳。

食用注意

凡痛风、疮疡、湿热病不宜食鱼皮。

传说故事

苏东坡吃鱼皮治白食客

宋朝大诗人苏东坡、秦少游，结识了一个颇有文才的和尚安庆。朋友相处少不了酒肉之类，但安庆和尚是个瓷公鸡，宁可瓷公鸡被打碎，每回都是一毛不拔。

一天，苏东坡、秦少游的一个朋友送来半斤鱼皮，这回他们打算避开安庆和尚，秦少游想了个办法，说到水上去吃，苏东坡拍掌叫绝。

安庆和尚得知苏、秦二人有鱼皮尝鲜，便来了神，在庄上东寻西找不见踪影，于是猜疑：岸上没有，莫不是躲到水上去了？

果然不错，跑到庄南头，发现河下游的一个河湾子里在冒烟："嘿，十有八九是两个鬼东西躲着我。"

安庆和尚回到庙里，叫几个小和尚把大焰口箱子抬出来，将里边的小菩萨拿出来，他朝里一坐，叫小和尚拿把大铜锁锁起来，抬到南河口放下水。

水箱顺风淌得蛮快的，一袋烟工夫就离船不远了。船上的主人把鱼皮烧熟后，出舱解小便，望见上游漂来一只大木箱子，欢喜然了，忙喊苏、秦二人来看。

乖乖隆咚，油光漆亮的大木箱，一半沉在水里，三人一齐用力往船上一拖，船主连忙拿来把菜刀来撬铜锁，苏东坡一看，见这木箱好面熟，只有寺庙才用，八成又是安庆和尚作祟吃白食，忙摇手道："不忙，还没到开的时候，等我们吃酒吟诗后再开箱子，高兴的事凑在一起，格外有趣。"秦少游会意点头称好。这一来不要紧，可把安庆和尚急坏了，他想：等酒后再开箱子，这顿美味鱼皮连汤都没了，我不白吃了这苦头？不行，得想想主意……

"吱，吱吱——"箱子里发出了老鼠的叫声。苏东坡侧耳一听，果然是安庆和尚在箱子里作怪，不动声色，二人继续对酌，等吃完后，叫船主泡来一壶茶，把壶嘴朝箱顶的漏缝处一倒，咕咕咕地往箱里灌茶，嘴里不住地说："热茶烫老鼠，胜过做知府。"可箱子里安庆和尚被烫得滚不起来，逃避不开去，只好求饶并自报家门是安庆。秦少游装腔作势说不是，一定是歹人，如真是老朋友安庆，就吟一首与场合切题的诗方知是真安庆。箱子里老和尚安庆这时是人到矮檐下，怎敢不低头？只好带着哭腔吟道：

鱼皮未曾吃得到，满头烫起瘤浆泡。

下次再把白食吃，雷劈火烧和尚庙。

苏、秦二人笑得直不起腰，才打手势叫船主放出安庆和尚。

鱼　肚

蜀酒浓无敌，江鱼美可求。

终思一酩酊，净扫雁池头。

——《戏题寄上汉中王三首》·唐·杜甫

物种基源

鱼肚（Gadus macrocephalus）为鱼纲鳕鱼科鳘鱼的鱼鳔，又名大头鳕肚、大头鱼肚，有荷包肚与金钱肚之分，前者质优，后者稍次。主产东海、南海，黄海亦产。

生物成分

鱼肚，每100克可食鱼肚中，含有80％左右的骨胶原，主要含蛋白胨氮、蛋白䏭氮、蛋白质氮、氨基酸氮，含脂肪3克，糖类1.2克及维生素A、D、E和视黄醇当量、硫胺素、尼克酸，还含微量元素钙、锌、镁、磷、硒等。

食材性能

1. 性味归经

鱼肚，味甘，微咸，性平；归脾、胃经。

2. 医学经典

《本草从新》："健脾消食，补五脏。"

3. 中医辨证

鱼肚，益气补虚，消肿散痈、消食。对五脏虚损、腰酸、背痛食疗康复有益。

4. 现代研究

鱼肚，补脾开胃，对脾胃虚弱、少食力乏、气血虚弱、乳汁减少等症有食疗辅助效果。

食用注意

（1）痛风患者少食。

（2）肥胖者应少食。

传说故事

鲁班与鱼肚

传说当年鲁班出游洞庭湖,路经石首县,赶上一家财主在建造楼房,工匠们因不满富人的吝啬和苛刻,有意将上梁柱头两边削薄些,不料被富人发觉,强行索要赔偿。正在为难之际,鲁班来到工匠之间,随手拣了些刨皮,在嘴边一抹,补贴到柱头上,一时把两头补得严严实实,然后,撕下自己的破衣服,垫在柱头的榫口处,安装得稳稳当当、扎扎实实,很快地完成了合龙工序。

富人觉得无话可说,便要留鲁班继续为他施工,并要他做监工和教儿子技术,随即端来了好饭菜款待鲁班。鲁班了解到富户平时的为人,便向饭上吐上一口唾沫,对富人道:"要想留我,你先把这饭吃下去,我便留下来并传授技术给你儿子。"富人哪里肯吃这碗饭,扬手将饭丢向江中。因此,后来的木匠师傅在榫口加木楔时,都习惯地在楔口处抹点唾液。财主丢到江中的饭,被沉在江底的鳖鱼吞吃了。从那以后,这里的鳖鱼鳔制成鱼肚既厚实又透明,既可食用,又可作工业原料。

鱼 翅

苍江渔子清晨集,设网提纲万鱼急。

能者操舟疾若风,撑突波涛挺叉入。

小鱼脱漏不可记,半死半生犹戢戢。

大鱼伤损皆垂头,倔强泥沙有时立。

东津观鱼已再来,主人罢鲙还倾杯。

——《又观打鱼》·唐·杜甫

物种基源

鱼翅(Shark's fin)为大、中型鲨鱼或鳐的背鳍、胸鳍或尾鳍的干制品,又名鲨鱼翅、鲛鱼翅、金丝菜。按原料种类及部位的不同,有数十种商品名称。如扁头哈那鲨的胸鳍干制品称"象耳翅",背鳍称"象耳刀翅",尾鳍称"象耳尾翅";三锋锥齿鲨的胸鳍称"象耳白翅";日本翅鲨的背鳍称"披刀翅",胞鳍称"青翅",尾鳍称"勾尖翅";姥鲨的背鳍称"猛鲨翅";皱唇鲨的胸鳍称"花鹿翅";尖齿锯鳐的背鳍称"黄肉翅";犁头鳐的背鳍称"群翅"等。又根据加工方法的不同,将去骨、去砂后的称"明翅";明翅的针状净筋称"翅针";由翅针弯成圆饼形者称"翅饼"。在背、胸、尾三类翅中,以背翅的质量最好。我国沿海均产,一般以产于菲律宾近浅海域的明翅质量最好,质厚针粗,色白透明。亦有用其他大型鱼的鳍条制成者,称"堆翅",质较差。制法:将割下的鳍在淡水中浸泡一天,以浸出基部血污,然后清洗、硫熏、晒干而成。一般均视为海味中的珍品,宴会上的名菜如"桂花鱼翅""芙蓉鱼翅"等。但本品既无鲜味,又无香味,需靠其他辅料助味。

生物成分

鱼翅,含蛋白质 83.5%～97.01%,脂肪 0.1%,糖类 0.2% 及微量的维生素 A、维生素 E 和视黄醇当量、硫胺素、尼克酸以及微量元素钙、磷、锌、镁、磷、硒等。

食材性能

1. 性味归经

鱼翅，味甘，淡，性平；归肺、肝、脾经。

2. 医学经典

《食疗药用动物》："健胃补气、消痛。"

3. 中医辨证

鱼翅，有健胃益脾、补五脏功效，对脾气虚弱、长腰力、消疮毒、消痰有效，烧灰可治小儿腹泻等。

4. 现代研究

鱼翅对夜盲症、干燥性眼炎、佝偻病、软骨病、营养不良、结核病有一定的食疗效果，亦可作小儿和产妇的滋养剂。

食用注意

有痛风患者慎食鱼翅。

小记

（1）制取鱼翅、鱼油、鱼皮、鱼唇的鱼有扁头哈那鲨、条纹斑竹鲨、鲸鲨、白斑星鲨、扁鲨、法氏角鲨、萨氏角鲨、双髻鲨、灰星鲨、润口真鲨、海鳐等。

（2）鱼翅：虽含 97％ 左右的蛋白质，但缺色氨酸，属不完全蛋白质，除具有特殊咀嚼快感外，在营养上并无特殊优点。

传说故事

组 庵 鱼 翅

"组庵鱼翅"又名"红煨鱼翅"，是湖南著名传统名菜。

据说清光绪年间进士谭延闿，其人字"组庵"，素喜吃"红煨鱼翅"。他的家厨曹敬臣，把用红汤煨制鱼翅的方法改用鸡肉、五花肉与鱼翅同煨法来烹调。由于原料中的营养成分在慢火煨制过程中，逐渐渗透到鱼翅中，这就避免了汤汁鲜美而鱼翅味差的缺点，从而使鱼翅更具有软糯、柔滑、醇香等独特风味。

谭延闿对家厨改制后的红煨鱼翅十分欣赏，特别喜爱，于是改名为"组庵鱼翅"。

民国初年谭延闿在湖南任职时，"组庵鱼翅"传到长沙，并成为高级宴会的佳肴。

鱼 划 水

潜鱼在渊安可及，垂饵投竿易如拾。

横江设网虽不仁，一瞬未移收百十。

——《和子瞻画渔歌》·宋·苏辙

物种基源

鱼划水为鱼类鳍（fin）的胸鳍、腹鳍和尾鳍，又名胸划水、腹划水和尾舵。鱼鳍分背鳍、臀鳍、尾鳍、胸鳍和腹鳍。其中前三种不成对，称为"奇鳍"，后两种与其他脊椎动物的前、后肢相当，是成对的，称为"偶鳍"。胸鳍、腹鳍和尾鳍的皮、肉、鳍三者结合处是鱼类最稀少而又美味的食材。

生物成分

鱼划水，每 100 克含能量 399 千卡，水分 28.8 克，蛋白质 32.6 克，脂肪 27.8 克，碳水化合物 8.9 克，灰分 0.7 克及维生素 A、维生素 B_1、维生素 B_2、维生素 E、视黄醇当量、硫胺素、尼克酸等，还含微量元素钾、钠、钙、镁、锌、铜、磷、硒和多种氨基酸。

食材性能

1. 性味归经

鱼划水，味甘，性微温；归肝、肾、脾经。

2. 医学经典

《常见药用动物学》："健筋骨，益气养血，逐水利湿。"

3. 中医辨证

鱼划水，舒筋利骨，益骨补脾，有利于体虚、软弱无力、黄疸、水腹胀、肌肉酸痛、通小便等症的辅助食疗效果极好。

4. 现代研究

鱼划水的营养特点是营养素全面，脂肪适中，含有丰富的蛋白质、多种维生素、微量元素及人体所必需的氨基酸，所以吃起来既鲜嫩又不肥腻，还有点甜丝丝的感觉。常吃鱼划水不仅能健身，还能增强人体抵抗力，减少疾病，有助于血压和血脂的调和，使人延年益寿。鱼划水肉还能防治动脉硬化、高血压和冠心病，并有降低胆固醇的作用，中老年人吃它也特别适宜。

食用注意

夏日已死的鱼不宜制作专烹鱼划水菜肴，味不鲜美。

传说故事

苏轼"扇面划水"叹仕途

北宋杰出的文学家苏东坡，被贬到湖北黄州为官时，结交了不少朋友，并常与渔民交往。他自己也常常披蓑垂钓，并取鱼的尾部，亲自烧制美肴，故有"美食郎"之称。

一次，他在烹制鱼肴时，联想到鱼尾活动时划破水面，游弋前进的姿态，便将自己用鱼尾烧好的菜肴叫"划水"，也叫"画水"，或叫"画鱼"。同时想到自己将要离开黄州到汝州去赴任，触景生情，因情烹制，感叹自己一生仕途坎坷，正像鱼在水里游动，只知随势摆动。

临别黄州时，渔民们请苏东坡赋诗留念，苏轼遂以挚厚的情感，挥笔写了"天寒水落鱼在泥，短钩画水如耕犁。渚蒲拔折藻荇乱，此意岂复惩鳅鲵……渔人养鱼如养雏，插竿冠笠惊鹈鹕。岂知白挺闹如雨，搅水觅鱼嗟已疏"。

苏东坡这种取鱼以上 15 厘米长的经常划水的活动肉，烹制成色泽金黄、肉质细嫩、味道鲜香、寓意美好的佳肴。如君有幸到湖北黄州一游，不品尝一下当年苏东坡留下烹饪"扇面划水"菜肴，将是终生遗憾，等于未到黄州。

鹿 茸

永与清溪别，蒙将玉馔俱。

无才逐仙隐，不敢恨庖厨。

乱世轻全物，微声及祸枢。

衣冠兼盗贼，饕餮用斯须。

——《麂》·唐·杜甫

物种基源

鹿茸为鹿科动物梅花鹿（Cervus nippon）、马鹿（Cervus elaphus）等尚未骨化的幼角，品种较多，又名鹿茸片、鹿茸血片。鹿茸生长在春秋两季，以春季的最好。其中梅花鹿鹿茸品质最优，饱满、体轻、毛色灰黑或灰黄、下部无棱线者为佳。梅花鹿鹿茸主产于吉林、辽宁、河北等省，马鹿茸主产于黑龙江、吉林、内蒙古、新疆、青海、云南、四川、甘肃等省（区）。

生物成分

鹿茸含有多种氨基酸、磷脂类、胆固醇类及酯类、多胺类、前列腺素和多糖类，还含激素（极少量的雌性卵泡激素）、胶质、蛋白质、灰分与微量元素钙、磷、镁等。

食材性能

1. 性味归经

鹿茸，味甘，咸，性温；入肝、肾经。

2. 医学经典

《神农本草经》："补肾阳，益精血，强筋骨。"

3. 中医辨证

鹿茸，壮肾阳、补精髓、强筋骨、调冲任、托疮毒，适用于肾虚、头晕、耳鸣、目暗、阳痿、滑精、宫冷不孕、羸瘦、神疲、畏寒、腰脊冷痛、筋骨痿软、崩漏带下、阴疽不敛及久病虚损等症的助康复。

4. 现代研究

现代医学药理研究结果表明，鹿茸具有如下功效：

（1）能促进生长发育，振奋肌体功能，能促进红细胞、血红蛋白及网状红细胞的生长，有激素样作用。

（2）能促进胃肠蠕动与分泌机能，故能促进食欲。

（3）能促进溃疡伤口的再生过程，加速其愈合（特别是化脓感染的创伤），并能促进骨折的愈合。

（4）中等剂量的鹿茸能引起心跳加强，心率加快，每分钟输出量增加，对已疲劳心脏的作用更明显。

食用注意

（1）感冒、喉咙疼痛者不宜服用；经常出鼻血者不宜服用；高血压、肝病、癌症患者须慎用；服用鹿茸期间最也不要喝浓茶、吃生萝卜，平时饮食以清淡为主。少食海鲜，尽量不要同时服用含有麦芽和山楂等的中药,因其会不同程度地削弱鹿茸的药力,阴虚阳亢及内热者均应忌用。

（2）鹿茸的鉴别

我们平常所看到的鹿茸往往分三种:血片、粉片和整枝鹿茸。由于鹿茸切片部位的不同,其性状和质量也有所差异。幼角的顶部外皮较厚,但很细嫩,因而呈棕黄色,有光亮,皮内为半透明黄白色,油润似蜡状。刨制成薄片,称为"血片",营养成分最高;角的中下部为黄色或洁白色称为"粉片",其形状较大,最末端的角已骨化,不能入药。

鹿茸和其他动物体补品一样,极易生虫、变色。不管先前怎么处理,一段时间后,动物体内特别在茸尖皮下层根容易生虫。这种虫以食鹿茸为生,严重时能蛀至内部组织疏松部位,继而蛀空鹿茸。尤其在黄梅季节期间,鹿茸受潮后,颜色会发黑,并且在表面出现霉斑。鹿茸的品种很多,按产地主要有花鹿茸、马鹿茸、关鹿茸、西鹿茸、嫩鹿茸、白居鹿茸（又名岩茸）、水鹿茸（又名春茸）、白鹿茸（又名草茸）等;按收采的时间又分为清明后 45～50 天采收之"头茬茸",与第二次在立秋前后采收的"二茬茸";按鹿茸形状,可分为大挺（俗称鹿茸的主干）、单门（俗称具有 1 个侧枝的马鹿茸）、初生茸（为圆柱形或圆锥形的无分岔的幼小鹿茸）、二杠茸（俗称具有 1 个侧枝的花鹿茸）、莲花茸（习称具有 2 个侧枝的马鹿茸）、三岔茸（俗称具有 2 个侧枝的花鹿茸和具有 3 个侧枝的马鹿茸）、四岔茸（俗称具有 4 个侧枝的马鹿茸）。以上均以粗壮饱满、质嫩油润者为佳。

在药店里,血片和粉片多为礼品装,价格相对比较昂贵,因此,经济条件一般的居民更容易接受整枝鹿茸。整枝鹿茸没有经过加工切片,鹿茸内依然含有血片和粉片的成分。不过市场上的整枝鹿茸往往是偏老型,末端骨化比较多,顶端药用成分较少,因此价格也相对便宜许多。

由于鹿茸价值昂贵,常有不法奸商以次充好或以假充真,可以通过以下几个方面来鉴别真假鹿茸:

① 望:真鹿茸通常有一或两个分枝,表面密生红黄或棕黄色细茸毛,皮茸紧贴,不易剥离,有油润光泽者为佳。鹿茸片呈圆形或椭圆形,外皮红棕色,带有一丝茸毛;假鹿茸多以其他动物的皮毛,包裹着动物的骨胶伪造而成,色泽和毛茸与真货有本质的区别,手感较差。

② 闻:真鹿茸体轻,质硬而脆,气微腥,味咸;假鹿茸体重而坚硬,不易折断,断面为棕紫色,无蜂窝样细孔,外皮里的毛皮可以剥离开,气腥而味淡。

③ 问:价格是真假鹿茸的明显区别,但同时也是让购买者上当的最大因素。真正的鹿茸非常稀少、珍贵,很少在街头小巷及一般的小药店出现,真的整枝鹿茸价格都在上千元,而假鹿茸的价格都在几百元不等,如果出现几十元的"鹿茸",那肯定是假的。

④ 切:真的鹿茸切片与假的颜色有本质区别,真的血片为棕红色,粉片有灰白色（放尽血）和棕色（放血未放尽）两种,粉片上能见到细小的气孔,浸泡入水中不会变样;假茸片往往有点发黑,放入水中后容易化掉。

传说故事

鹿茸功效赛鹿肉的传说

从前,有三兄弟,父母死了以后,他们就分了家。老大为人尖刻毒辣;老二为人吝啬狡诈;老三为人忠厚老实、勇敢勤劳,受到人们的称赞。

有一天,兄弟三人相约,一起去森林里打猎。老三勇敢地走在前面,老二胆小走在中间,老大怕死跟在后边。

走着走着,树林里发出了异样的响声。老大、老二都吓得躲在大树后面,蹲下来不敢动弹,只有老三无畏地向发出声音的地方走去。哦！原来是一只长着嫩角的鹿。老三不慌不忙，端起了猎枪，扣动扳机，"砰"的一声，马鹿被击中头部，倒在草丛里一动不动了。把鹿打死了，怎么分呢？"我看就这样分吧！大哥是一家之首，就应该分头；弟弟是一家之尾，应该分脚和尾巴。"狡猾的老二说，"我不上不下，不前不后，不头不尾，应该分身子。"尖刻的老大连连摆手说："不行不行，打猎还分什么我大你小！最合理的办法是，谁打着哪里就分哪里，打着什么分什么。"精明的老二就极力表示赞同。

忠厚的老三争不过他们只好提着一个没有肉的鹿头回家了。按照寨规，不管谁打的野味，都要分一部分给大家尝尝。老三难办极了，鹿头上一点肉也没有，怎么分给大家呢？他想出一个办法：去借了一口大锅来，满满两挑水倒进去，然后就把鹿头放到锅里煮，由于肉太少，鹿角也不像过去那样砍下来扔掉了，都放进去，熬成了一锅骨头汤，把汤给寨子里的每个乡亲都端去一碗。

怪事出来了，吃了很多鹿肉的老大老二没有把身子补好，而喝了鹿头汤的人，却个个觉得全身发热，手脚有了使不完的劲，人也强壮了。

"这到底是为什么？"有经验的老人想，以前吃鹿肉从没吃过鹿角在一起做的，所以就没起到什么作用，这次老三把一对嫩角都放进去煮了，所以效果截然不同。以后，人们反复试了几次，证明嫩鹿角确实有滋补身子的功效！因为嫩鹿角上长有很多茸毛，大家就把这种大补药叫作"鹿茸"了。

鹿　鞭

蛮舆秋狝猎南冈，鹿尾分甘赐尚方。
浓色殷殷红玉髓，微香馥馥紫琼浆。
韭花酷辣同葱薤，芥屑差辛类桂姜。
何似毡根蘸浓液，邀将诗客大家尝。

——《鹿尾》·元·耶律楚材

物种基源

鹿鞭，为鹿科动物梅花鹿（Cervus nippon）、马鹿（Cervus elaplus）雄性的外生殖器，又名鹿茎筋、鹿阴茎、鹿肾、鹿冲，以粗壮、条长、无残肉及油脂、无霉变虫蛀、不臭者佳。

花鹿鞭主产于吉林、辽宁、河北等省，马鹿鞭主产于黑龙江、吉林、内蒙古、新疆、青海、云南、四川、甘肃等省（区）。

生物成分

梅花鹿鞭中含水分 12.8%、总灰分 1.821%、酸不溶灰分 0.573%、50% 醇浸出物 14.492%，氨基酸含量分别为天冬氨酸 8.01%、苏氨酸 2.70%、丝氨酸 3.08%、谷氨酸 10.23%、脯氨酸 9.79%、甘氨酸 7.84%、丙氨酸 6.02%、缬氨酸 3.88%、蛋氨酸 1.09%、异亮氨酸 4.86%、亮氨酸 2.33%、酪氨酸 1.74%、苯丙氨酸 2.77%、赖氨酸 5.33%、组氨酸 1.32%、精氨酸 6.16%、色氨酸 0.91%，各类氨基酸含量比为中性氨基酸 47.01%、酸性氨基酸 18.24%、碱性氨基酸 12.81%、总氨基酸 78.06%。

食材性能

1. 性味归经

鹿鞭，味甘、咸，性温；归肝、肾经。

2. 医学经典

《名医别录》："补肾助阳、益精。"

3. 中医辨证

鹿鞭，补肾阳、益精血，用于劳损、腰膝酸痛、肾虚耳鸣、阳痿、宫寒不孕。

4. 现代研究

鹿鞭，具有促进正常人淋巴细胞转化和升高白细胞的作用。食用鹿鞭有补益正气、增强抵抗力的作用，有利于身体健康；另外，鹿鞭所含的多种生物活性物质磷脂、多肽、胺类化合物、甾体成分、皮质醇等还能促进发育生长，减轻疲劳，改善睡眠和食欲，提高机体的工作能力，改善蛋白质代谢障碍和改善能量代谢，增加肾脏利尿功能，具有抗衰老作用。主要用于虚劳羸瘦、精神倦乏、眩晕、耳聋、目暗、腰膝酸痛、阳痿、滑精、内分泌失调的不孕、妇女带下等病症。

食用注意

凡阴虚火旺致咽喉干痛、性功能亢进、便秘、心烦及外感实热者忌食。

附

（一）鹿筋

鹿筋为鹿科动物梅花鹿（Cervus nippon）、马鹿（Cervus elaphus）等鹿四肢的筋。其性温、味淡、微咸，具有祛风湿、壮筋骨功效，主要用于劳损、风湿关节痛、转筋、手足无力等病症。鹿筋可干用或鲜用，可炖或烧。常用的食疗菜肴如鹿筋炖花生，适宜慢性腰腿病、四肢麻痹、关节酸痛、腰膝冷痛患者食用；与干贝、海米、香菇、母鸡肉、火腿、猪肉、笋片等食物一同红烧，可为人体提供丰富的营养成分，具有强筋骨、祛风湿的功效，适用于腰膝酸软、四肢无力、风湿性关节炎疼痛病症；香菇鸡肉炖鹿筋，可作为气血虚亏、精血不足、食少乏力、头昏眼花，或足膝酸软、外伤性骨折、伤筋恢复期等病症患者的辅助食疗食品，常人食之可强身健体。

（二）鹿尾

鹿尾为鹿科动物梅花鹿（Cervus nippon）或马鹿（Cervus elaphus）等雄鹿的尾巴。鹿尾性温、味甘、咸。暖腰膝、益肾精，可治腰脊疼痛、不能屈伸、肾虚遗精、头昏耳鸣。阳盛有热者忌用。主要用于清炖，或配以中药炖煮加强功效。如清汤鹿尾是治疗腰痛及阳痿的良药；灵芝炖鹿尾功在补肺益肾。适用于倦怠乏力、阳痿、心悸、失眠，是强身健体、减少疾病的补身菜肴；人参陈皮炖鹿尾具有补元气、养肝肾、益精髓的功效，适用于元气虚弱、肝肾不足、腰膝酸冷、阳痿、遗精、早泄及女子宫寒不孕之患者食用。常人用之可增强人体免疫能力、强身益智、延年益寿；感冒之人忌用，亦不可与萝卜、山楂同食，以免降低食疗效果。

（三）鹿角胶

鹿角胶为鹿科动物梅花鹿（Cervus nippon）或马鹿（Cervus elaphus）等多种鹿的角煎熬而成的胶块。其性温，味甘、咸；归肝、肾经，具有补血益精的功效，用于治肾气不足、虚劳羸瘦、腰痛、阳痿、滑精、妇人冷宫、崩漏、带下等病症。鹿角胶含胶质、磷酸钙、碳酸钙及氮化物等成分，对各种出血性病症有明显疗效，还能提高人体免疫功能，对早衰者有强身益寿的功效。一般要先用开水溶化，再拌入牛奶、蜂蜜中，具补肾益精、润燥生津的功效，用于治疗虚劳、脾胃虚寒作泻、肾气不足、腰痛、阳痿等症；或拌入粥中成鹿角胶粥食用，有补血、益精、养脾胃的功效，适用于肾气不足、虚劳羸瘦、腰痛、阳痿、妇女不孕、功能性子宫出血等患者食用。

传说故事

"鹿回头"的传说（黎族）

黎家心中的歌，就像天上的星星一样多；黎家优美的故事，像五指山上的树叶一样多；九万九千支歌，最动听的是鹿回头的歌；九万九千个故事，最美丽的是鹿回头的传说。

——《鹿回头的传说》

在美丽的海南省三亚市南部，有一座山岭拔地而起，从东北向西南延伸，然后折向西北，雄伟峻峭，貌似一只美丽的金鹿站在海边回头观望，这就是黎族民间传说中的"鹿回头"。关于鹿回头的得名，有这样一个美丽的爱情传说。

很久很久以前，在气势磅礴、风光秀丽的五指山下，住着一户黎族人家，家中只有母亲和儿子相依为命。母亲年老体弱，只能依靠儿子打猎为生。她的儿子名叫阿榔，时年20岁，威武英俊，善良孝顺，是个人见人夸的好青年。母亲张罗着给阿榔找媳妇，阿榔却说不着急，五指山中的猛兽危害到了乡亲们的生命，他要多打点野兽，然后再考虑成亲的事情。

一天，母亲忽然牙痛得在床上打滚，阿榔焦急万分，四处问医采药，为母亲治病，可母亲老是不见好。母亲那痛苦的模样，让阿榔手足无措、心痛如绞。除了采药煎药，他几乎寸步不离地照顾着母亲，转眼十多天过去，他都没有上山去打猎。这天揭开米缸，发现家里的余粮已经不多了，阿榔只得含泪告别母亲，拿着弓箭上山打猎去了。

这天，天气晴朗，视野清晰，正是个打猎的好时机。可阿榔在五指山里转了一天，竟然一只野兽都没有看到。他惦记着牙痛的母亲，正想回家，忽然发现半山腰有一只美丽的花鹿。平时阿榔从不打花鹿、山羊、野兔这些弱小善良的动物。有一次，他在山里发现了一只受伤倒地的小花鹿，还用草药给它敷好伤口，帮助它回到山中。可是今天，家里就要断炊了，母亲又受着牙痛的煎熬，需要他回去伺候，他咬咬牙，心想就破一次例吧。于是，他慢慢地举起了弓箭。可是，看着那楚楚可怜的花鹿，善良的他就是下不去手，但是他又实在需要这只花鹿，心里矛盾极了。

他举着弓箭，穷追不舍，一直追了九天九夜，翻过了九十九座山，直追到三亚湾南边的珊瑚崖上，还是没有下定决心开弓。这时，花鹿被三亚湾清澈的天空、湛蓝的海水、洁白的沙滩吸引住了，而阿榔又被美丽的花鹿吸引住了，花鹿望着美丽的三亚湾发呆，阿榔望着美丽的花鹿发呆。突然，花鹿转回头来，深情地凝望着阿榔，眼里似乎还含着点点泪花。阿榔也忘情地望着它，四目相对间，迸发出了超越一切的爱情火花。花鹿瞬间变成一位美丽的姑娘，投入阿榔怀中，彼此互吐爱慕之情。那感天动地的爱情誓言，让土地爷也为之热泪盈眶。顿时，整个山岭震动起来，地形变成了酷似回头凝望的鹿，永远凝固住了这一美妙的时刻。

鹿　血

獐鹿同宗目与纲，生性温和非豺狼。

安石麟儿天聪惠，《梦溪笔谈》忆沈郎。

——《鹿与獐》·现代·石斋

物种基源

鹿血为鹿科动物梅花鹿（Cervus nippon）、马鹿（Cervus elaphus）或麋鹿（Elaphurus davidianus），亦称"四不像"的血液。宰鹿时盛取血液，风干成紫棕色片状用。以锯鹿茸中抽取的血液药用效果最好，其功效可媲美鹿茸。制成鹿血粉密封可保存较长时间。花鹿血主产于吉林、辽宁、河北等省；马鹿血主产于黑龙江、吉林、内蒙古、新疆、青海、云南、四川、甘肃等省（区）。麋鹿血主产于江苏省大丰海洋生态保护区。

生物成分

鹿血，含有品类齐全的氨基酸，每100克鹿血中含蛋白质95克，脂肪0.1克及维生素、脂类、多糖、激素及微量元素钾、钠、钙、镁、锌、磷等。

食材性能

1. 性味归经

鹿血，味甘、咸，性温；归肾经。

2. 医学经典

《神农本草经》："补益虚损，和血止血。"

3. 中医辨证

鹿血，有补肾潜阳功效，适用于肾阳不足、精血亏损、畏寒肢冷、阳痿遗精、白带以及虚寒崩漏等症的康复。

4. 现代研究

现代医学药理研究成果表明，鹿血具有如下功效：

（1）具有抗衰老、抗疲劳的作用。口服鹿血能促进性器官的生长，保护副性征，还能在多种氨基酸的参与下，促进蛋白质的沉积，有壮骨骼、防牙齿松动和脱落的功能。

（2）鹿血具有补血功能。经实验动物证实，口服鹿血对失血性贫血有明显的补血作用，并有明显的增加白细胞和血小板的作用，能激发骨髓造血功能。

（3）长期服用鹿血有激素样作用，能提高血清睾酮含量，提高机体性功能等。可以看出，现代研究与我国传统医学对鹿血治疗作用的认识不谋而合。

（4）可补充人体所必需的多种营养物质，并能促进新陈代谢、改善大脑功能、提高抗疲劳的能力。在鹿血中，因白蛋白和球蛋白含量较高，故服用后，不仅可激活网状内皮细胞的吞噬功能，还可增强免疫细胞的识别、清除功能，从而提高机体的免疫力。

食用注意

高压血、肾炎以及肝功能不正常者，不宜服用鹿血。

传说故事

獐 鹿 之 辩

北宋大学者王安石的儿子王雱，从小就聪明过人。

在王雱仅有几岁的时候，一个南方客人给他家送来了一头獐、一头鹿。王安石叫人把这两个动物关进同一个笼子里，放在客厅，以供观赏。王雱从未见过这两种动物，感到很新鲜，围着笼子看了很久。

客人见他对獐和鹿这么感兴趣，就开玩笑地说："听说你人虽小却十分聪明，我来考考你怎么样?"王雱说:"先生请讲。"

客人问:"你说这两个动物中,哪个是獐,哪个是鹿?"

王雱看了半天,虽然不懂,却振振有词地回答道:"这还不简单? 獐旁边的那只就是鹿,鹿旁边的那只就是獐。"

客人听了,为他的机智叫好。

燕　窝

变石身犹重,衔泥力尚微。
从来赴甲第,两起一双飞。

——《咏燕》·唐·张鷟

物种基源

燕窝为雨燕科动物金丝燕(Collocalia)及多种同属燕类用所吐胶状物叠积筑成的巢窝,又名燕菜、燕根、燕蔬菜,有白燕、毛燕、血燕之分,以白燕品质最佳,后两者因混有羽绒、血等原因,品质较次。我国福建、广东沿海有产。

药食营养

燕窝含蛋白质,其中主要为精氨酸、胱氨酸、赖氨酸及糖类、钙、磷、钾、硫等成分。其中每 100 克可食燕窝中,含水分 10.4 克,蛋白质 57.4 克,脂肪 0.1 克,还原糖 17.3 克,灰分 8.7 克,磷 0.03 克,硫 1.1 克。

食材性能

1. 性味归经

燕窝,味甘,性平;归脾、肺经。

2. 医学经典

《本经逢源》:"滋阴润肺,补脾益气。"

3. 中医辨证

燕窝,补肺养阴,补虚养胃,用于肺阴虚之哮喘、气促、久咳、痰中带血、咳血、咯血、出汗、低汗潮热、胃阴虚引起之反胃、干呕、肠鸣声、支气管炎的康复与食疗。

4. 现代研究

燕窝,富含蛋白质、多种氨基酸及有益微量元素,对阴虚肺燥、咳嗽痰喘,特别是对肺结核的咯血以及久痢、噎膈反胃的康复和食疗效果极好。另外,对孕妇、产妇食用燕窝有安胎、补胎、补虚之效。

食用注意

(1) 痰湿停滞及有表邪者慎食燕窝。

(2) 过敏体质者不宜食用燕窝,否则容易引起皮疹、哮喘等过敏症状。

(3) 服用红霉素及四环素族药物时禁食含钙多的食品。本品含钙丰富,服以上药物时食用,既破坏食物的营养成分,又降低药物的疗效,故服用红霉素及四环素族药物时禁食燕窝。

传说故事

郑和与燕窝

明朝初年，我国海之父郑和在航海途中经过中南群岛及南洋诸国。当时，他所率领的船队不幸遇到了暴风雨，最后被迫在一个荒无人烟的小岛上登陆。由于食物紧缺，所以大家经常处于饥肠辘辘的状态。最后，郑和在无意中发现了峭壁上的燕窝，于是采摘下来给船员们充饥。没想到的是，船员门吃了燕窝后个个脸色红润、精神抖擞。于是郑和采摘了一些，回国后进献给明成祖，明成祖也大为赞赏，从此燕窝便名声大噪。

其实在此之前，元代贾铭（1279—1368 年）的《饮食须知》一书中，就有"燕窝，味甘乎，黄黑霉烂者有毒，勿食"的记载。清康熙年的《调鼎集》记载的数十种"上席菜单"中，名列首位的就是燕窝。

小记

《神农本草经》中记载："燕窝，能使金水相生，肾气上滋于肺，而胃气亦得以安，食品中之最驯良者。惜乎本草不收，方书罕用，今人以之调补虚劳，咳吐红痰，每兼冰糖煮食，往往获效。然惟病势初浅者为宜，若阴火方盛，血逆上奔，虽用无济，以其幽柔无刚毅之力耳。"

熊 掌

熊蹯熊掌，舔舔痒痒。
越痒越舔，越舔越痒。

——东北儿歌

物种基源

熊掌为熊科动物黑熊（Selenarctos thibetanus）、棕熊（Ursus arctos）的脚掌，又名熊蹯，以宽大、厚实、质干、气腥而不臭者为佳。一般冬季的熊掌脂肪肥厚、味道好。熊掌应放置通风干燥处，防止变质，以东北、辽宁、吉林、黑龙江三省驯养，内蒙古亦有产出。

生物成分

熊掌，含有丰富的蛋白质，水解后产生天门冬氨酸、苯氨酸、亮氨酸、谷氨酸、醋氨酸等17 种氨基酸。其中干燥的熊掌含有脂肪 43.39％，粗蛋白 55.23％，总氮量 8.83％，无机盐0.99％。熊掌之所以味美营养，与所含多种氨基酸密切相关。

食材性能

1. 性味归经

熊掌，味甘，性温；归脾、胃经。

2. 医学经典

《药膳谱》："补气养血，祛风除湿，健脾胃，续筋骨。"

3. 中医辨证

熊掌具有滋阴补肾，补气养血之效，对病后体弱、脾胃虚弱、食欲不振、腰膝无力、风湿关节疼痛等疾病有康复和食疗效果。

4. 现代研究

熊掌，能大补人体气血，适用于气血虚弱者，对于贫血、营养不良、消化不良、慢性胃炎、慢性肠炎、慢性肝炎、神经衰弱、血小板减少症、心律失常、习惯性便秘、病后和老人体虚等均有疗效，还可用于风湿性关节炎、类风湿性关节炎、强直性脊柱炎等病症出现的风寒湿痹症候者，对于外伤所致的骨折筋伤，均能起到续筋健骨的作用。

食用注意

(1) 熊掌性温，舌苔滑腻、纳呆者慎用。

(2) 不宜与滋腻补品配用，以免滞脾气。

(3) 若用于出血病症，属脾虚不摄血者可食用，至于血热妄行引起的出血则不宜单用熊掌进补。

小记

市售熊掌多是连皮带毛的原始状态，前掌较小，后掌较长，前掌较宽，掌心均呈黑色，具有厚实干枯的肉垫，肉垫表面无毛。五趾各趾部都有弯曲的利爪，足趾间及掌的背面，密生黑色或棕褐色的细毛，有腥气。

传说故事

一、熊舔掌的故事

严冬时，黑熊、棕熊寻找地穴、树洞冬眠。东北民间把这种现象叫"蹲仓"。"蹲仓"时，它们习惯于舔掌，口腔分泌出的津液胶脂不时润浸掌心，是熊掌胶原脂丰富的原因之一。舔得最多的是前左掌，最为丰腴。掌花明显的熊掌是上品，关于熊"舔掌"还有一段有趣的传说：

自黑熊大仙在天庭违天规在九天玄女宫奸污了九天玄女娘娘，被王母娘娘贬下凡尘，在北方森林游荡，被北极真武大帝收为坐骑。一天，真武大帝骑着黑熊到天庭向玉皇大帝述职，扣黑熊的链锁未拴牢，黑熊熟门熟路地信步来到天庭仓库，见到盐囤没过去动，看到糖囤上前大抓一把，直往嘴里塞。此事被千里眼看到，告到灵霄宝殿张玉皇，玉皇大帝命真武大帝永不得将黑熊再带往天庭。从此，黑熊再没有上过天，而现在的熊"舔掌"，就是熊认为自己的掌上还粘着糖呢！

二、熊掌当小菜

《孟子》一书中记载孟子的话说："鱼是我想要的，熊掌也是我想要的，如果二者不能兼得，则舍鱼而取熊掌；生命是我想要的，道义也是我想要的，如果二者不能兼得，则应舍生而取义。"古时有个教书先生以这段话中的"熊掌亦我所欲也"为题，让学生作文。一个学生写道："早晨做饭，是此熊掌；晚上做饭，是此熊掌。"老师看了笑着说："连老夫都没得到熊掌尝个鲜，你却当成小菜吃。"

熊 胆

一个狗熊一个胆，两只眼睛四个蹯。
一对狗熊两个胆，四眼八蹯好美餐。
——东北儿歌

物种基源

熊胆为熊科动物黑熊（Selenarctos thibetanus）、棕熊（Ursus arctos）的胆囊，又名金胆、菜花胆、墨胆。干燥熊胆扁卵形，长10～20厘米，直径5～8厘米，色黑或棕绿，显光泽，囊皮薄，有皱褶，质坚硬，破开后断面纤维性，主产于东北辽宁、吉林、黑龙江、内蒙古等省（区）。

生物成分

熊胆中主要含有胆汁酸，还含有胆醇及胆汁色素。胆汁酸主要为牛黄熊去氧胆酸，水解则生成牛磺酸及去氧熊胆酸。其中，每100克熊胆汁含鹅去氧胆酸15.17克，胆红素0.4克，胆固醇0.57克，熊去氧胆酸18.17克。

食材性能

1. 性味归经

熊胆，味苦，性寒；归肝、胆、心经。

2. 医学经典

《中华药典》："清热，解毒，杀虫，明目。"

3. 中医辨证

熊胆味苦而性寒，入心、胆、肝三经，对治妇女产后恢复体力，治肠道炎、小儿疳积消瘦、心绞痛、肝部腹痛有独特之效。

4. 现代研究

熊胆含胆汁酸，水解则生成牛磺酸及去氧熊胆酸，去氧熊胆酸具有促使疲劳物质分解与排泄，增加维生素B_1及维生素B_2的吸收等作用。熊胆有健胃、镇静、镇痛、促进胆汁分泌等功效。中医常用熊胆治疗热黄、暑泻、小儿热盛惊风等症。外用可治痔疮、眼结膜炎等。

食用注意

体虚之人不宜食用熊胆。

小记

熊胆上部狭细，下部膨大，囊内藏有干燥的胆汁，呈块状、颗粒状或稠膏状，通常以颜色金黄明亮、味苦回甜者为佳。一般于冬季捕捉黑熊，捕获后剖腹取胆。割时先将胆口扎紧，割取后小心剥去胆囊外附着的油脂，用木板夹扁，悬挂于通风处阴干，或置石灰缸中干燥。不宜晒干或烘干，以防腐臭。现人工养殖的熊可直接抽取胆汁提取有用物质。

传说故事

一、卧薪尝胆

据《史记·越王勾践世家》记载：春秋时期，吴国与越国交战，越国失利，越王勾践被俘。吴王要勾践夫妇住在石屋里看守墓地，在野地里养马，勾践受尽了折磨和屈辱。三年以后，勾践得到赦免回到越国。他奋发图强，刻苦自励，睡在柴草堆上，还在自己经常坐卧的地方悬挂一个苦胆，每天吃饭和睡觉前都要舔舔它的苦味，表示不忘旧耻。经过长期准备，越国终于打败了吴国，越王勾践也成为春秋后期的一代霸主。

二、熊精偷看女人洗澡的传说

很久很久以前，山上住着一个黑熊，修炼成了熊精，这个熊精非常好色，那圆溜溜的眼睛，一看到美女就色眯眯的发光。熊精经常在傍晚时来到小镇上偷看女人洗澡。人们对它是恨之入骨，但是熊精毕竟有法力，普通人哪是它的对手，所以是敢怒不敢言，熊精也是更加肆无忌惮，竟然在光天化日之下强抢民女。如来佛祖知道后非常生气，便将熊精的法力印封在它的胆里。法力被印封了的熊精视力变得极差（由于黑熊的视力差，人们也称之为黑瞎子），再也不能够偷看女人洗澡了。同时，一些人为了得到法力，想方设法得到熊胆，甚至杀害黑熊。黑熊为躲避人们的捕猎，多在晚上出来活动，并且还常常依靠后腿站立模仿人类，以此蒙蔽众人。得到了熊胆的人，并没有如愿得到法力，却发现了熊胆具有很好的清热解毒、息风止痉、清肝明目功效，可用于治疗热极生风、热毒疮痈和目赤翳障等疾病，所以黑熊被捕猎的命运并未改变。

由于大量的捕杀，黑熊数量急剧减少，出于长远考虑，有人发明了活取熊胆汁术，直至今日，一些人仍在应用。

阿　胶

千秋万载百年堂，历史渊源岁月长。
黄帝嫡孙名挥氏，观星造弓始祖张。
春秋末年战乱起，后代张傅学岐黄。
悬壶济世一千年，名震北齐文宣王。
亲书御赐黄金匾，题名雍海睦宗堂。
大唐贞观张公艺，九代同居美名扬。
亲送阿胶慰唐军，太宗亲书百忍堂。
高宗赐封醉乡侯，则天皇后在身旁。
皇恩浩荡未敢忘，百忍堂改百年堂。
百年堂中阿胶王，历代皇家独珍藏。
贵妃暗服不外传，迷死当年唐明皇。
百年堂产阿胶王，黑皮黑蹄黑驴上。
一山一水一福地，九煮九熬九天忙。
百年堂内阿胶王，古井古法古配方。

一寸一金一圣药，补血补气补营养。

百年堂里阿胶王，每饼每块每透亮。

一年一月一日去，神草神药神农尝。

——《阿胶之乡的民谣》

物种基源

阿胶为马科动物驴（Equus asinus）的皮熬制成的胶块，又名陈阿胶、阿胶珠、蛤粉炒阿胶、蒲黄炒阿胶、傅致胶、盆覆胶、驴皮胶，以色匀、质脆、半透明、断面光亮、无腥气为佳，主产于山东省平阴县东阿镇。

生物成分

阿胶，主含骨胶质，与明胶相似，水解后产生多种氨基酸，其中赖氨酸10%，精氨酸7%，组氨酸2%，另含胱氨酸；含灰分0.75%～1.09%，钙0.079%～0.118%及钾、钠等20多种金属元素；尚含大分子环酮、胆甾醇、胆甾醇酯和少量蜡双酯。

食材性能

1. 性味归经

阿胶，味甘、性平；入肺、肝、肾经。

2. 医学经典

《神农本草经》："滋阴润燥，止血补血。"

3. 中医辨证

阿胶，甘平质黏，入肝补血，入肾滋阴，故有补肝血、滋肾阴、润肺燥之效。借其滋补黏腻之性，善能凝固血络，而有显著的止血之功。故凡血虚阴亏之虚烦失眠以及一切失血之症，皆为常用之品。因能润肺燥，对虚劳咯血尤为合适。

4. 现代研究

（1）能加速红细胞和血红蛋白生长的作用，故有补血作用。

（2）能改善体内钙的平衡，使血清钙含量增高，有促进血液凝固作用，故善止血。

（3）有升高血压的作用，还能对抗创伤性休克。

（4）还有预防进行性肌营养障碍的作用，其原理可能是能防止食物中维生素E的氧化。

食用注意

（1）阿胶，性质黏腻，如内有瘀滞者不宜早用，若过早使用，反有留瘀之弊。

（2）脾胃虚弱、消化不良者不宜服用。

（3）不宜与大黄同用。

（4）新阿胶不宜服用，最好要陈放，不受潮的三年以上者最好。

（5）因阿胶有升高血压的作用，故高血压患者慎服。

传说故事

一、阿胶的起源

唐朝时，阿城镇上住着一对年轻的夫妻，男的叫田铭，女的叫阿娇，两人靠贩驴过日子。

田铭和阿娇成亲五年后，阿娇有了身孕，不料，阿娇分娩后因气血损耗，身体很虚弱，整日卧病在床，吃了许多补气补血的良药，也不见好转。田铭听说驴肉能补，心想：让阿娇吃些驴肉也许她的身体会好起来。于是他叫伙计宰了一头毛驴，把肉放在锅里煮。谁知煮肉的伙计嘴馋，肉煮熟了便从锅里捞出来吃。其他伙计闻到肉香也围拢来尝尝，一锅驴肉不大会儿全进了伙计们的肚里。煮肉的伙计着了慌，拿什么给女主人吃？无奈，只好把剩下的驴皮切碎放进锅里，倒满水，熬了足有半天工夫才把皮熬化了。伙计把它从锅里舀出倒进盆里，却是一盆浓浓的驴皮汤。汤冷后凝固成黏糊糊的胶块，伙计把这驴皮胶块送给阿娇吃。阿娇平时喜吃素食，不曾吃过驴肉，尝了一口，只觉得喷香可口，竟然不几餐便把一瓦盆儿驴皮胶全吃光了。几日后奇迹就出现了，她食欲大增，气血充沛，脸色红润，有了精神。

自此以后，驴皮胶大补是产妇良药，便在百姓们中间传扬开了，田铭和阿娇开始雇伙计收购驴皮熬胶出卖，生意十分兴隆。有些庄户，见熬驴皮胶有利可图，也相继熬胶出售。可只有阿城当地的驴皮胶有滋补功能。县太爷带着郎中先生来到阿城调查，经过实地探测，发现阿城水井与其他地方水井不同，比一般水井深，水味甜，水的重量也沉重许多。

县太爷十分惊喜，才知道驴皮胶补气补血，除驴皮之外，还赖此得天独厚的井水，于是下令：只准阿城镇百姓熬胶，其他各地一律取缔。

二、阿胶姑娘的传说

据说在很久以前，山东流行着一种怪病，人若得上这种怪病，便会出血而死。当时山东阿邑有个名叫阿姣的姑娘，她为了治好这种顽疾，独自一人夜宿昼行，餐风饮露，踏荆棘，入陡涧，觅求药草。一天，在东岳泰山，遇见一位白发药翁。老人告诉阿姣，必须找到吃狮耳山草、喝狼溪河水长大的毛驴的驴皮，才能治好这种病。阿姣听后，心中大喜，家乡确有这么一头驴，可那是村里恶霸王员外家放养的呀！回乡后，阿姣再三请求王员外将此驴献出，以普济众人。王员外提出一个条件：必须由阿姣一人将驴处死才行。阿姣一听，为之一惊，她知道，此驴灵活，穿山越涧，如履平地，劲大，赛马胜骡，自己一个脆弱女子，如何处置的了它呢？但阿姣想起乡亲们被病折磨和惨死的情景，勇气顿生，便马上答应下来。乡亲们知道恶霸没安好心，含泪劝说阿姣，可阿姣决不动摇。经过奋力拼搏，阿姣胜利了，病人服用了驴皮熬得的药胶后，都奇迹般地康复了。阿姣这一举动触怒了恶霸王员外，他把阿姣暗暗地害死了。为了纪念阿姣姑娘的恩德，人们就把驴皮熬得的胶称为"阿胶"。当然，这只是个民间传说，但阿胶以始产山东省平阴县东阿镇一带而得名，则是千真万确的。

三、杨贵妃与阿胶

据说当年为了皮肤细嫩光滑，杨贵妃每天都吃一道膳，也是一个民间验方，叫阿胶羹。其主要原料是：阿胶250克，黄酒250克，核桃肉150克，黑芝麻150克，冰糖250克。黄酒本来就是在中国中医药传统里的药引子，用酒浸泡中药，有些成分就容易溶在酒里，加酒以后它起效更快，在优质产品中药的制作工艺——用醇提取，就是用酒精提取，有些有效物质就溶解在酒里，才能把它提取出来，这是一个传统。醇提阿胶有两个作用，一是去腥味，再一个就是它药效方面会更好，加核桃就是增加它的营养。阿胶是补血神药，另外，像这里边的核桃仁，还有黑芝麻都有润肤黑发延缓衰老的作用，这几样东西配置在一起，制作成的阿胶羹是一道非常好的美容药膳，它能够养血润肤、美容养颜、延缓衰老。

四、朱熹与阿胶

宋代理学大师朱熹，非常孝敬他的母亲，他曾修书一封奉劝其母。信上是这样说的："慈母年当高，以心平气和为上，少食勤餐，果蔬实体，阿胶党参之物，食以佐之，延更续寿，而知其焉。"

那么朱熹为什么要劝母亲吃阿胶呢？明代嘉靖的时候，名人何良俊的师生道出了缘由："万病皆由气血生，将相不和非敌攻，一盏阿胶常左右，扶元固本享太平。"就是说，长期服用它可以享受太平，就是预防保健的一个作用。

阿胶小考

阿胶的制作与药用已有2000多年的历史，远在2000多年前成书的《神农本草经》云："煮牛皮作之"。可见当时制作阿胶的原料不是驴皮而是牛皮；这种以牛皮为原料制作的阿胶，一直沿用了好几个世纪。到公元7世纪，在《食疗本草》中，始提出以牛皮制作的胶称为"黄明胶"，直到现在凡用牛皮煎煮制作的胶，仍称黄明胶，其历史根据可能源出于此。至于驴皮胶的名称，始载于8世纪。在《本草拾遗》中同时记述了阿胶、黄明胶和驴皮胶。《外台秘要》一书亦同时记载了阿胶和黄明胶，看来在唐朝，三种胶的名称是通用的，但主要原料仍以牛皮为主。到了11世纪的《博济方》中始见"真阿胶"一名。《图经本草》记载："阿胶以阿县城北的井水作煮者为真。"此处指明所谓真阿胶的"真"，似指必须用阿县城北的井水煮制而言。史载：阿井水乃济水之眼，其色绿且醇，趋下城内有狼溪河，其水为漯水之源，乃洪范九泉之水所会归，性属甘温，合此水制胶最善。由此可见，真阿胶是与东阿水质有密切关系。但对皮的原料未突出驴皮为佳。《图经本草》说："今时方家用黄明胶，多是牛皮，阿胶亦用牛皮，但今牛皮胶制作不甚精，只可胶物，不堪入药。"从文中可知，所谓真阿胶不仅要用阿井水和牛皮作原料，还必须要加工精细。明李时珍《本草纲目》记载："凡造诸胶，用挲牛水牛驴皮者为上，猪马骡驼皮者次之，其旧皮、鞋、履等物者为下。大抵古方所用多是牛皮，后世乃贵驴皮。真者不作皮臭，夏月亦不湿软。"

我国正宗地道阿胶产品——"福字牌"与"东阿镇牌"阿胶，在首届中国中医药文化博览会上双双荣获"神农杯"金奖，这是山东平阴阿胶厂第15次荣获国际国内大奖，这里生产阿胶已有2500多年的历史，历代都作为向皇帝进贡的贡品，故又称"贡胶"。东阿镇位于济南西南百余里，其西南三里许有狮耳山，草茂林丰，生长几百种中草药，驴食之则体壮膘肥，毛色乌亮，皮质特别适宜熬胶。狼溪河横贯镇中，水质比重硬度较小，用之泡皮、熬胶可减少原料污染，灰分易于控制，保存时间长。东阿镇拥有如此得天独厚的自然条件，阿胶生产世代相传，久盛不衰，故有"阿胶之乡"之称。作为贡品，其制作工艺是非常考究的。据云，每年春季，选择纯黑无病健驴，饲以狮耳山之草，饮以狼溪河之水，至冬宰杀取皮，浸狼溪河内四五日，刮毛涤垢，再浸漂数日，取阿井水，用桑柴火熬三昼夜，去滓滤清，再用银锅金铲，加参芪、归芎、橘桂、甘草等药汁，熬至成胶，其色光洁，味甘咸，气清香，此即真阿胶也，即真正之"贡胶"。据《东阿县志》云："昔有猛虎居西山，爪刨地得泉，饮之久，化为人，后遂将此泉为井，即'阿井'之由来。"史料还记载：唐代大将尉迟恭，曾身为钦差大臣至此，重修阿井，明代天顺七年（公元1463年）建亭，明万历及清康熙年间均重修过，现存的亭子为清光绪五年（1879年）重建，亭为六角石亭，左右石柱镌刻楹联："圣代即今多雨露，仙乡留此好泉源。"横联为："济人寿世。"亭中石碑篆刻"古阿井"三个大字。据北魏郦道元《水经注》云："阿井水系河南省济源县济河的一股潜流。"《本草备要》也有"阿井乃济水伏流"之说。井水中钙、钾、镁、钠等矿物质含量极为丰富，每担阿井水比普通河水或井水约重3斤。

由于历史原因，致使对阿胶传统产地众说纷纭。据考，东阿命县，始于秦。北齐时东阿镇属东阿县域。北宋开宝二年，河水为患，渐次于明洪武八年迁城东阿镇。随着政治中心的转移，加之东阿井水日涸，狼溪河成为唯一制胶供水地，东阿镇阿胶业遂更加兴旺，达到"妇幼皆通煎胶"的鼎盛时期。清代，南北多家中医慕名而来，诊病兼营阿胶。至新中国成立前夕，规模较大的制胶作坊有邓氏树德堂（"树德堂"系咸丰皇帝赐名）、涂氏怀德堂、于氏天德堂、王氏景德堂、庄氏太子衡老药店、陈氏东岳衡老药店等十余爿字号。其中邓氏业主苦心研制，总结出一整套工艺绝技。咸丰皇帝和慈禧太后先后钦赐朝服黄马褂、手折子，同治十年指派四品钦差监制"九天贡胶"，专为皇宫服用。涂氏祖籍江西南昌，道光八年阖家迁徙此，历经几辈筛选改进，提高了阿胶的功效，并著《涂氏耐冬轩医案》二册。邓、涂阿胶，民国后屡受政府授奖，两氏传人均献出了珍贵秘方。1943 年，服从战争需要，平阴县与东阿县合并为平阴县，1948 年又恢复两县建制，变更旧区划，以黄河定界，西北归东阿县，县城设铜城镇。作为原东阿县城的东阿镇，地处河道东南，归平阴县。1952 年，荟萃精华，集东阿镇配方和工艺于一体，建立起我国第一个国营阿胶企业——山东平阴阿胶厂，该厂沿袭饮誉中外的"福"字商标，独家专用。继"福"字牌后，现又创"东阿镇"牌。而今，先进的蒸汽制胶取代了 2000 多年来的直火熬胶，并建立了阿胶生产流水线，使阿胶产量、质量迅速上升，目前年生产阿胶已达 300 吨。

第二十七章　昆虫类

蜜蜂与蜂蜜

不论平地与山尖，无限风光尽被占。
采得百花成蜜后，为谁辛苦为谁甜。

——《蜂》·唐·罗隐

不穿绫罗不羡仙，千回百转志益坚。
采得百花酿成蜜，但留香甜在人间。

——《蜂蜜》·宋·顾素珍

蜜蜂（Apis cerana）为昆虫纲、膜翅目、蜜蜂科，人类饲养以供采蜜的蜂类。其主要有两种，即：采蜜蜂和印度蜂，由蜂王、工蜂和雄蜂组成。营大集团的群体生活，除能生产大量的蜂蜜外，还能产蜂胶、蜂王浆（蜂乳）、蜂花粉、蜂毒等，其所有产品作食品、滋补品、医疗和工业原料；还能为植物授粉，提高农作物的产量。

蜂蜜（honey），由工蜂采集的花蜜经酿制而成的甜味物质，淡黄至棕黄色黏稠液体，低温时可因葡萄糖的析出而有白色混浊或结晶。

生物成分

据测定，每 100 克蜂蜜，含热能 444 千卡，水分 17.4～20 克，脂肪 1.9 克，含糖总量 75～77 克（其中：葡萄糖 31％～37％，果糖 39％～43％，蔗糖 0.7％～3.6％）；其他还含有一些为数不太多的糖类达 19 种以上；另含粗蛋白 0.2％～0.6％，维生素 20 多种，有水溶性维生素、硫胺素（VB$_1$）、核黄素（VB$_2$）、泛酸（VB$_5$）、吡哆醇（VB$_6$）、叶酸（VBC）、烟酸（V99）、生物素（VH）、抗坏血酸（VC）、脂溶性维生素、凝血维生素（VK）、生育酚（VE）等，以及矿物元素钙、铁、磷、锌、硒等，测得出的近 30 种；还含有转化酶、淀粉酶等多种酶和有机酸、芳香物、胶体物、胆碱、抑菌素、色素（胡萝卜素、叶绿素）及其衍生物等。

食材性能

1. 性味归经

蜂蜜，味甘，性平；归肺、脾、大肠经。

2. 医学经典

《本草纲目》："其入药功能有五：清热也，补中也，解毒也，润燥也，止痛也。生则性凉，故能清热；熟则性温，故能补中；甘而和平，故能解毒；柔而濡泽，故能润燥；缓可去急，故止心腹、肌肉、疮疡之痛；和可致中，故能调和百药而与甘草同功。"

3. 中医辨证

蜂蜜，可调营卫、解诸毒、安五脏、和百药、止咳、止痢、通便秘、除烫伤、止心腹肌肉疮诸痛。

4. 现代研究

（1）有益肠道疾病，如便秘、胃炎、十二指肠溃疡等。

（2）可促进婴幼儿的生长发育。

（3）改善神经系统疾病，如各种神经痛、肌肉痛、舞蹈病、神经衰弱等。

（4）营养心肌与护肝。可营养心肌、改善心肌代谢过程，扩张冠状血管，缓解心绞痛。

（5）预防呼吸系统疾病。蜂蜜对链球菌、葡萄球菌等有高度的抗菌抑菌作用，故对感冒及呼吸系统炎症有良好的助康复作用。

食用注意

（1）食用时不宜用沸水冲饮。应用不超过 60℃ 的温开水冲饮，沸水冲服破坏蜂蜜中的营养，特别是维生素及酶类遭到破坏。

（2）不宜食用生蜂蜜（即从蜂箱中舀取、未经消毒的蜜），防止微生物中毒。

传说故事

趣说蜜蜂采蜜

蜜蜂是喜群体生活的，又叫社会性昆虫，是一个有趣的大家族。在蜜蜂大家族中，有一个蜂王，它领导数以万计的工蜂和交尾季节才有的雄蜂。

蜜蜂的体态轻盈，浑身长满分叉的绒毛，所以不会损伤花朵。在长期自然演变中，使得蜜蜂有根柔软细长、前端有舌瓣的长喙，能将微滴的花蜜吸干、刮净。蜜蜂还有一个收缩性很大的蜜囊，平时容积只有 14～18 微升，吸满花蜜后可以扩张到原来的 4～6 倍。蜜囊不仅装得多，它的后部还有一个紧缩的管道，能够用 4 个三角形唇瓣来控制开合。当唇瓣开启时，花蜜可流入中肠，唇瓣关合时，蜜囊收缩能把花蜜吐回口腔。

在采蜜的季节，蜜蜂每天要外出 10 次，每次拜访几十朵甚至几百朵花才能采回 200 毫克左右的花蜜。然而，由于蜜蜂的大家庭里，有几万只采集蜂，每天采回来的花蜜就十分可观了。蜜蜂采蜜时付出的劳动是惊人的。有人计算过，如果蜜蜂每次采集蜜要飞行 3 公里，那么酿制 1 千克的蜂蜜就要飞行 36 万～45 万千米，相当于绕地球 8.5～11 圈。而且，蜜蜂采花不都是风和日丽的时候，有时还会遇到狂风暴雨。养蜂人还常看见年老体衰的蜜蜂尽管翅膀已经破损，仍然振翅外飞，扑向蓝天，最后葬身于花海中，真可谓"鞠躬尽瘁，死而后已"。

采蜜不易，酿蜜更难。采蜜回巢后，将蜜囊里的花蜜吐给内勤蜂。内勤蜂接受花蜜后，寻找一个空间，头部朝上，张开上颚，使粘着蜜滴的喙多次伸开和折回并混入唾液，如此反复多达 20 多分钟之久，然后它把这滴蜜吐到巢房里。喙当作刷子摊开，以扩大蒸发面，必要时还需要集体扇风，来帮助蒸发水分。这样才能把含水量达 40% 以上的植物花蜜浓缩成含水量只有 20% 左右、营养丰富的蜜。蜜蜂的酿蜜是不分昼夜的，真可谓"采蜜不忙酿蜜忙，蜜成犹带百花香"。

蜂 乳

一橐萧然五鬼随，竟椽名盛与文奇。

可曾天下无麟凤，何必山中有虎罴。

蜂蛋尾犹如许毒，蜘蛛腹得几多丝。

圣贤不校吾家法，车及蒲骚岂足师。

——《四和》·宋·刘克庄

种物基源

蜂乳（Beemilk），又名蜂王浆、蜂王浆、王乳、王浆。它是哺育蜂的王浆腺分泌物，一种高度浓缩的、用来饲喂蜂王和早期幼虫的黏稠状物质。蜂王浆不仅对蜜蜂来说是十分完美的食品，也是人类理想的药品和滋补品。

生物成分

据测定，每 100 克新鲜的蜂王浆，含水分 65.5％，干物质 34.45％。干物质中，脂肪 6.46％，蛋白质 12.34％（其中：白蛋白占 55％，α、β、γ 三种球蛋白占 45％），可直接被吸收的糖 12.49％，灰分 0.82％，未知物质 2.84％，每克蜂王浆中含硫胺素 1.5～6.6 微克，核黄素 8～9.5 微克，吡哆醇 2.4～50 微克，烟酸 59～149 微克，叶酸 0.2 微克；此外，还含 20 多种氨基酸、激素和其他活性物质。

食材性能

1. 性味归经

蜂乳，酸、辣、涩、甘，性平；归心、肾、脾、肝经。

2. 医学经典

《中华本草》："滋补，强壮，益肝，健脾。"

3. 中医辨证

蜂乳，有安五脏、益肾护肝、和胃补脾、润肺益气的功效。对病后虚弱、小儿营养不良、老年体衰、白细胞减少症、迁延性及慢性肝炎、血液病、传染性肝炎、高血压、风湿性关节炎、十二指肠溃疡、支气管哮喘、糖尿病、功能性子宫出血及不孕症有益，亦可作癌症的辅助治疗剂。

4. 现代研究

现代医学药理研究结果认为，蜂乳具有如下功效：

（1）延缓衰老，促进生长。

（2）增强机体抵抗能力。

（3）对内分泌有益。

（4）降脂、降糖作用及其对代谢方面有益。

（5）对心血管系统有益。

（6）对免疫功能有益。

（7）抗肿瘤及抗辐射作用。

（8）抗病原微生物作用。

（9）可使血红蛋白升高。

食用注意

（1）有对蜂乳过敏者不要食用。

（2）发育正常的青少年和儿童不宜服食蜂乳。

传说故事

发生在罗马教皇的奇迹

1954 年，年过八旬的罗马教皇皮奥十二世卧病在床，生命垂危，蜂王浆奇迹般地使教皇转危为安。次年，教皇的主治医生加列亚基里尔在罗马召开的国际学会上介绍了当时的治疗情况。1957 年，死里回生的罗马教皇亲自参加了世界养蜂会议，并谈了服用蜂王浆的亲身体会，从此，蜂王浆的奇特作用更加引起人们的关注。

蜂　花　粉

燕衔芹根泥，蜂掇花上蕊。

带雨两股飞，所取日能几。

调和露与英，凝甘滑于髓。

天寒百虫蛰，割房霜在匕。

燕已成雏归，蜂忧冻馁死。

乃见万物心，多为造化使。

——《蜜》·宋·梅尧臣

物种基源

蜂花粉（Pollen）为蜜蜂采集的植物花粉，是种子植物有性繁殖的雄性配子体，可当成雄性生殖细胞，相当动物的精子。其功能是与植物卵细胞结合为受精卵发育成种子。故而花粉是植物繁衍后代的物质基础，为植物体最精华之所在。蜂花粉来之不易，每只蜜蜂一次飞行只能带回两个花粉团，每个花粉团的平均重量只有 7.57 毫克，如果要收采 1 千克蜂花粉，一只蜜蜂要进行 66666 次飞行。

生物成分

经测定，每 100 克新鲜花粉中，含水量 25％～35％，蛋白质和游离氨基酸含量 24.9％，类脂物 4.6％，碳水化合物 39.02％，木质素 16.2％，灰分 2.98％，未知物 12.3％。

植物中含氮量最高部分是花粉，它的含量与蜂王浆相似。花粉含有人体生命不可缺少的全部氨基酸，即缬氨酸、异亮氨酸、苏氨酸、蛋氨酸、苯丙氨酸、赖氨酸、色氨酸、组氨酸等。

食材性能

1. 性味归经

蜂花粉，味甘，性温；归肝、胃经。

2. 医学经典

《中华本草》："祛风，益气，收湿，止血。"

3. 中医辨证

蜂花粉，其主润心肺者，饮食入胃、脾气散精、输于心肺，松花味甘益脾、气温能行，脾为胃行其津液，输于心肺，所以能润心肺也。益气者，气温益肝之阳气，味甘益脾气之阴气也。风气通肝，气温散肝，所以除风。脾统血，味甘和脾，所以止血也。

4. 现代研究

现代医学药理研究结果表明，蜂花粉的功效可概括为：

（1）延年益寿。

（2）预防疾病。

（3）防止血管方面疾病。

（4）常食花粉可防止糖尿病、心脏病发生。

（5）可使肝机能增强，最后根本治疗肝炎，约三个月可见效果。

（6）对胃肠疾病特别有效。

（7）防止癌症。

（8）预防和治疗慢性前列腺炎。

（9）强肝解毒，防止宿醉。

（10）防治感冒。

（11）治好更年期障碍等。

食用注意

（1）有花粉过敏史者忌食蜂花粉。

（2）发育正常的青少年，特别是幼儿不适宜食用蜂花粉。

传说故事

一、花粉是植物生命之源

花粉是植物雄性生殖器官——雄蕊产生的，它是植物生命之源，传宗接代之本。

作为植物精华的蜂花粉，早被人们所认识和利用。传说中的希腊女神——希格拉底采集向日葵花粉，涂擦在皮肤上保持美丽的容颜，同时饮食向日葵浸泡的蜜酒来维持身体的健康，犹太教大法典、圣经和古兰经中都赞美花粉是永葆青春和健康的源泉。瑞典的大植物学家林奈用Pollen（拉丁文的原意是强大的、元气充沛的）来命名花粉。

二、蜂趣

蜜蜂怎样知道哪些地方花儿多呢？哦，那是"侦察兵"告诉它们的。原来，蜜蜂相互间都会传递消息。蜜蜂发出的嗡嗡声是语言吗？不是，因为它们是"聋子"，所以听不出任何声音来。

那么，蜜蜂间是怎样来通风报信的呢？科学家发现：蜜蜂是用"舞蹈"作信号的，指示花儿在何方，好让同伴们一同去采蜜。蜜蜂能够用各种不同形式的"舞蹈"，告诉它们花儿离开蜂房有多远。

一只蜜蜂每次采蜜归来时，总是在蜂房上空欢乐地飞舞不停。有时，它顺着一个方向，或者倒转一个方向兜圈儿；有时，它一会儿左、一会儿右地兜半个圈儿。蜜蜂们从"舞蹈"的不同形式，飞行圈数多少，就会知道花儿离开蜂房有几十米、几百米或几千米远。

路程是知道了，可是该从哪个方向飞去呢？科学家发现，蜜蜂是靠太阳来辨别方向的。在一天中，蜜蜂舞蹈的方向是随时间不同而变化的。蜜蜂是依靠蜂房、采蜜地点和太阳三个点来定方位的。蜂房是三角形的顶点，而顶点角的大小是由两条线决定的：一条是从蜂房到太阳，另一条是从蜂房到采蜜地点的直线，这两条线所夹的角叫"太阳角"，是蜜蜂的"方向盘"，蜜蜂向左先飞半个小圈，又倒转过来向右再飞半个小圈，飞行路线就像个"∞"。可是，蜜蜂有时从上往下飞，有时则从下朝上飞，而飞行直线同地面垂直线的夹角，相等于太阳角。蜜蜂正是从这种角度的大小来确定采蜜地点的方向的。

如果蜜蜂跳"∞"舞时，头朝上直飞，太阳角是零度，意思是说：朝太阳方向飞去，就是采蜜方向。

如果蜜蜂跳"∞"舞时，头朝地直飞，太阳角是180°，意思是说：背太阳方向飞去，就是采蜜地方。

蜂　胶

自古蜂胶无殊荣，如今发现有妙用；
《中华本草》是身价，从此无人当废铜。
——《蜂胶》·现代·陈德生

物种基源

蜂胶"propous"一词源自希腊语"pro"（在前）和"polis"（城堡）两词的合并，意即超前防御防守城堡的蜂盾。也正是由于蜂胶的神奇功能确保了小蜜蜂长达几千万年平衡而且健康的生活。蜂胶十分珍贵，一般来说在采胶季节，每群蜂（5万～6万只蜜蜂）每日只能产生蜂胶0.2克左右。

约在5600万年以前，小蜜蜂开始在地球上生活时，就面临着很现实的问题。蜜蜂的巢穴，阴暗、狭小、温度高，而且巢内温度一般恒定在34～35℃之间，再加上巢内有大量的皇浆、花粉等营养丰富的物质，很适合微生物生长，当数万只蜜蜂拥挤在这样的蜂巢时，怎样才能避免各种疾病的感染？怎样使营养丰富的皇浆、花粉不会失活变质？怎样使干净的蜂巢不受污染？

聪明的小蜜蜂从大自然中找到了答案。自然界某些树木渗出一种含抗菌成分的胶状物，蜜蜂把这种物质带回蜂巢，混入自己的分泌物，然后将它涂满整个蜂巢，蜂巢便呈现无菌状态，这种神奇而伟大的物质就是蜂胶。

生物成分

蜂胶，含有树脂树香复合物46.2%，多酚类14.6%，多糖类2.26%，蜂蜡27.1%，杂质9.7%，其中多酚类化合物中可分为黄酮类（约占蜂胶总量13%～17%）、羟基香豆素类（占总量2%～5%）、酚羟酸类（占总量5%～9%）、黄烷醇类（占总量3%～8%）。黄酮类物质已发现20种之多，其中5.7-二羟基-3′、4′-二甲氧基黄酮和5-羟基-4′、7′-二甲氧基双氢黄酮为自然界首次发现。蜂胶中挥发油种类也很多，有桉叶油素、愈疮木醇、桉叶醇等10多种物质，其中桉叶油素、蒎烯或萜烯类化合物均有一定的杀菌、抑菌作用。

此外，蜂胶中还含有维生素 B_1、维生素 PP、维生素 A、多种氨基酸、酶等物质。现在对蜂胶成分的研究仅仅是刚开始，更多的未知物将会被发现，从而可以解开蜂胶防病、治病之谜。

食材性能

1. 性味归经

蜂胶，味微甘，性平；归脾、胃、大肠经。

2. 医学经典

《中华本草》："润肤生肌，消炎止痛。"

3. 中医辨证

蜂胶纯天然、高营养、多疗效，解毒、生肌、止痢、止血、定痛，有利消渴、痈疽发背、溃疡不敛、急心痛、下痢脓血、久泻不止、遗精、带下等症。

4. 现代研究

现代医学药理研究结果表明，蜂胶具有如下功效：

（1）有抗病原微生物的作用。因此对由细菌、病毒及真菌所引起的各种感染类疾病，如：结核、胃炎、脚气、皮肤病等炎症都有疗效。

（2）它有镇静、麻醉及调节神经系统作用。这三种功能使它具备了治疗失眠、止痛及防治各种神经系统疾病的功效。

（3）促进组织修复。可以促进溃疡愈合，缩短1/3～2/3病程，特别对糖尿病伤口不愈、口腔溃疡、胃溃疡、十二指肠溃疡、痔疮、烧伤等，治疗效果迅速而神奇。

（4）它对心脑血管系统有作用。能增强心肌收缩力、扩张血管、降低血中甘油三酯的含量等作用，对于预防和治疗高血压、心脏病、动脉粥样硬化的作用非常明显。

（5）它有保肝作用。可以降低丙谷转氨酶、解肝毒、保护肝细胞，因此，对乙型肝炎、肝硬化、丙型肝炎有极好的治疗作用。

（6）它有抗肿瘤作用。对各种肿瘤可以起到良好的治疗和辅助治疗作用。

（7）它有清除自由基及其他作用。

食用注意

（1）对蜂胶生产过敏反应的人群应该慎用。

（2）未满5周岁的幼儿不宜食用蜂胶。

（3）孕妇暂不宜食蜂胶，有专家担心蜂胶中某些活性成分可能会引起子宫收缩，干扰胎儿正常发育。

传说故事

小松鼠与蜂胶

有一只饥饿的小松鼠，为了寻食，闯进了一个蜂巢里，还来不及吃上几口蜂蜜，就被蜂巢中的蜜蜂群围攻蜇死。但是，死小松鼠与蜜蜂比起来体大身重，小蜜蜂又怎能把松鼠拖动，推出巢外呢？如果小松鼠开始腐烂，那不就引起一场瘟疫，使整个蜂巢不宜居住和繁殖了吗？奇怪的事发生了：蜂群马上用一种胶状物质把小松鼠尸体团团封盖，不留一丝缝隙。就这样，小松鼠终年不会腐烂！

这事情引起了科学家们的注意。经研究发现，封盖小松鼠的那一层胶状物质，就是蜂胶！

蜂 蛹

蜂儿虽小物，各自有君臣。
夺食已非义，焚巢兹不仁。
杀身缘底罪，作俑定何人。
不惮高论直，宁辞远送珍。
解包颜有喜，入座齿生津。
海错休胶列，山肴且不陈。
其谁心恻怛，为汝鼻酸辛。
愿下孩虫令，恩倾雨露春。

——《食蜂儿有感》·宋·曾几

物种基源

蜂蛹，又名蜜蜂子、蜂子，是蜂卵在巢房里孵化成幼虫后，封盖而成的蛹。蜜蜂是完全变态的昆虫，蜂王、工蜂、雄蜂的个体都必须经过卵、幼虫、蛹及成虫四个时期。蜂卵在巢房孵化成幼虫后，封盖成蛹，再羽化出房成蜂。在未出房前就是蜂蛹，一般将蜂王幼虫和雄蜂幼虫，泛称为蜜蜂幼虫或蜜蜂子。

生物成分

据测定，每100克蜂蛹，含水分42.7克，蛋白质20.3克，脂肪7.5克，碳水化合物19.5克，灰分9.5克，微量元素0.5克；雄蜂蛹与蜂王蛹成分十分相似，还含20多种氨基酸和维生素A、维生素D、维生素D_2、维生素D_3。

食材性能

1. 性味归经

蜂蛹，味甘，性平，微寒，无毒；归脾、胃经。

2. 医学经典

《图经本草》："除蛊毒，补虚赢伤中。"

3. 中医辨证

蜂蛹，可消肿、生肌、止痛，对胃病、口腔病、宫颈糜烂、带状疱疹、牛皮屑、银屑病、皮肤裂痛、鸡眼、烧烫伤等症有益，久服令人光泽、颜色好，不显老。

4. 现代研究

现代医学药理研究结果表明，蜂蛹具有如下食疗功效：

(1) 抗菌作用；

(2) 对心血管系统有益；

(3) 对消化系统有益；

(4) 对糖代谢有益；

(5) 对免疫功能有益；

(6) 解毒作用；

(7) 抗肿瘤作用；

（8）滋补强壮与促进组织再生；

（9）此外，蜂蛹能调节神经系统功能，改善患者睡眠，提高脑力和体力活动能力。

食用注意

出现灰黑色，有异味、虫体不完整，有时可见气泡变质的蜂蛹不可食用。

传说故事

甘地宴客遇蜂群

1984 年 3 月的一天，印度前总理甘地夫人在她那万紫千红的花园里，大摆筵席宴请宾客。突然，成群的蜜蜂闯入席间，在宾客和餐桌菜肴之间横冲直撞，蜇伤许多来宾，吓得客人四处逃散。甘地夫人亲自指挥，在场担任警卫任务的保安人员点火驱赶这些不速之客，出乎意料的是，蜂群不仅未被驱散，反而招来了更多的"援军"。它们逢人便蜇，遇人就刺，迫使在场的印度高级官员及外国来宾纷纷逃离，一场盛宴就此作罢。

历时 45 分钟的人蜂大战，使整个花园被蜂群占领外，众多的碗、勺、瓢、盆、碟打得七零八落，美味佳肴撒得满园皆是，奇花异草被踏得像放牧场，真令人啼笑皆非，甘地夫人只好将盛宴改期举行。

家 蚕 蛹

相见时难别亦难，东风无力百花残。
春蚕到死丝方尽，蜡炬成灰泪始干。
晓镜但愁云鬓改，夜吟应觉月光寒。
蓬山此去无多路，青鸟殷勤为探看。

——《无题》·唐·李商隐

物种基源

家蚕（Bombyx mori）为昆虫纲、鳞翅目、家蚕蛾科家蚕缫丝后的红娘（蛹），以新鲜、完整、亮红者佳，以江苏、浙江、安徽等省质优而多，具有较高的营养价值，我国每年产鲜蚕蛹30 余万吨。

生物成分

经测定，每100 克可食鲜蚕蛹，含热能 230 千卡，水分 57.5 克，蛋白质 21.5 克，脂肪 13克，碳水化合物 6.8 克，灰分 1.3 克和硫胺素、维生素 B_1、维生素 B_2、维生素 B_6、维生素 B_{12}、维生素 E、尼克酸等及微量元素钾、钠、钙、镁、铁、锰、锌、铜、磷、硒；还含蚕蛹免疫肽（AP）。

食材性能

1. 性味归经

家蚕蛹，味甘，性平；归脾、心、肾经。

2. 医学经典

《日华子本草》："生津，消食，镇痛。"

3. 中医辨证

家蚕蛹，可补气、止渴、杀虫，有益补肾壮阳事、止泄精、小儿疳积、消渴、心烦神乱、痨瘵骨瘦如柴的食疗助康复。

4. 现代研究

现代医学药理研究结果表明，家蚕蛹有如下功效：

（1）能有益于心血管疾病，降低血压、血脂。

（2）有护肝作用。

（3）家蚕蛹有雄性激素样作用。

（4）有助降低血糖作用。

食用注意

（1）患脚气病严重者勿食。

（2）有犬咬史者慎食。

传说故事

一、蚕神的传说

大约公元前 2600 年，传说黄帝的妃子嫘祖，有一天在花园中品茗，偶然间一个茧掉进她的茶杯里，由于热茶水的作用，使蚕茧变软而松开，嫘祖将茧挑出来时，拉出一根长丝，于是她发现了蚕丝，进而发明了养蚕取丝之法。自此，嫘祖被奉为蚕神。

二、蚕花姑娘的传说

相传很久以前，在太湖边住着一户人家，男人到很远的地方去做生意了，妻子已经去世，家里只剩下一个孤苦伶仃的女儿，喂养着一匹白马。女孩一人在家，非常寂寞，一心盼着父亲早日归来。可是盼了很久，父亲还是没有回来，女孩心里又急又烦。

一日，女孩摸着白马的耳朵开玩笑地说："马儿呵马儿，若是能让父亲马上回家，我就嫁给你。"白马闻言竟点了点头，仰天长啸一声，随即挣脱了缰绳，向外飞奔而去。没过几天，白马就驮着女孩的父亲回到了家中。

此后，那白马一见到女孩就高兴地嘶叫起来，同时跑到女孩身边久久不肯离开。女孩虽然也喜欢白马，但一想到人怎么能同马结婚呢？便又担忧起来，眼见着一天天消瘦下去。女孩的父亲发觉后，悄悄地盘问女儿，才知道女儿当初许过的承诺。父亲心中替女儿着想，于是趁女儿不在家时，一箭射死了白马，还把马皮剥下，晾在了院子里。

女孩回到家中，见到晾着的马皮，知道出了事，连忙奔过去抚摸着马皮伤心地痛哭起来，忽然，马皮从竹竿上滑落下来，正好裹在姑娘身上。院子里顿时刮起了一阵旋风，马皮裹紧姑娘，顺着旋风滴溜溜地打转，不一会儿就冲出了门外。等女孩的父亲赶去寻找时，早已不见踪影了。

几天后，村民们在树林里发现了那个失踪的姑娘，雪白的马皮仍然紧紧地贴在她身上。她的头也变成了马头的模样，爬在树上扭动着身子，嘴里不停地吐出亮晶晶的细丝，把自己的身体缠绕起来。

从此，这世上就多了一种生物，因为它总是用丝缠住自己，人们就称它为"蚕"（缠），又因为它是在树上丧生的，于是那棵树就取名为"桑"（丧）。后来，人们尊奉她为"蚕神"，因其头形状如马，又谓之"马头娘"，古书称之为"马头神"。再后来，因为有人认为马头神的样子不好看，就塑造了一个骑在马背上的姑娘的形象，这种塑像被后人放在庙里供奉，谓之"马鸣王菩萨"。

江浙一带的蚕农都喜将蚕神称为"蚕花娘娘"。传说蚕花娘娘在世时最爱吃小汤圆，因而，每年蚕宝宝三眠后，蚕茧丰收在望之时，每户人家都要做上一碗"茧圆"来酬谢蚕花娘娘的保佑，那里至今仍保持着这种风俗。

三、南京磨乃巷由来

相传，元末明初时，南京有条花布巷，后改为"摸奶巷"，现改名叫"磨乃巷"。原是南京丝织行业的生产和集散地，以生产驰名天下的云锦而闻名。每年三月十六日是蚕花娘娘的生日和庙会，许多未出阁的养蚕姑娘都非常渴望被一个年龄相仿而又陌生的男子摸一下乳房，俗称叫摸"蚕花奶奶"。此俗缘于一个在江南广为流传"晓春养蚕"的故事。说的是有一个叫晓春的姑娘拜师学养蚕，虽说晓春心灵手巧，但她满师后独自养蚕三年，蚕宝宝均在结茧前早夭。晓春自认命中注定与蚕宝宝无缘，准备弃蚕另谋生计。谁知在第四年春蚕未育的一天夜里，梦见主管民间织锦之神蚕花姑娘（又称蚕花奶奶）对晓春说："你虽机敏过人，但因系处女之身，所以没有资格当蚕娘，故无法养活蚕宝宝。你只有被陌生男子摸一下乳房，才有资格当蚕娘。"言毕蚕花娘娘摇身一变为英俊男子，笑嘻嘻地上前摸了下晓春的乳房，晓春从梦中惊醒。晓春被点化后，又重操旧业。这年她养的蚕结出硕大的蚕茧，大获丰收。这消息很快在江宁一带传开了，从此，当地养蚕的人为"沾仙气"，将"花布巷"易名为"摸奶巷"，地方官为顺应民意，也就顺水推舟使摸奶巷的名称合法化了。从那时起，许多未婚蚕娘均会在养蚕有关的特殊日子去摸奶巷"找摸"，以争取当蚕娘的"资格"……

新中国成立后，南京的"摸奶巷"改名为"磨乃巷"，而音同字不同。

柞 蚕 蛹

野蚕食青桑，吐丝亦成茧。

无功及生人，何异偷饱暖。

我愿均尔丝，化为寒者衣。

——《野蚕》·唐·于濆

物种基源

柞蚕蛹（Antheraea pemyi）为昆虫纲、鳞翅目、天蚕蛾科，又名野蚕。幼虫有绿、黄或天蓝色等，以山毛榉科栎属树叶（辽东柞、蒙古柞、麻栎、槲斗等）为主要饲料，是一种重要的绢丝昆虫。室外人工放养，茧椭圆形，一端有茧柄，茧色黄褐，一化性或二化性，以茧越冬，成虫体长 4 厘米，翅展 16 厘米左右。起源于我国，约在 3000 年前我国就人工饲养，19 世纪传到欧洲。辽宁、山东、河南、四川等地为柞蚕的主要产区。

生物成分

据测定，每 100 克可食鲜柞蚕蛹，含热能 217 千卡，水分 55.8 克，蛋白质 17.9 克，脂肪 17.8 克，碳水化合物 9.9 克及维生素 A、维生素 B_1、维生素 B_2、维生素 B_6、维生素 B_{12} 和微量元素钙、磷、硒，尤其是人体所必需的赖氨酸、色氨酸等8种氨基酸齐全且含量丰富；还含有少量的卵磷脂、甾醇等。

食材性能

1. 性味归经

柞蚕蛹，味甘，性平；归肾、脾、肝经。

2. 医学经典

《名医别录》："壮阳，益肾，填精，止泄。"

3. 中医辨证

柞蚕蛹，有补虚、益肾，对腰膝酸软、头晕目眩、畏寒、肾虚、咳嗽及阳痿等症有食疗促康复之效。

4. 现代研究

柞蚕蛹，有刺激肾上腺皮质的作用，对阳事不举有助疗作用，并有降血糖、降血脂的辅助食疗效果，有益于小儿的疳热及消渴症的缓解功效。

食用注意

（1）阳事亢进者慎食。
（2）有严重脚气病患者少食或不食。

传说故事

一、柞蚕传说

传说是因为在唐朝皇帝登基庆典时，从天上掉下来一个绿色的蚕，被认为是上天赐给的吉祥神物，皇帝封它为"天蚕"，因此得名。天蚕丝一直被皇帝封为宫廷御用品，民间只有少数武林高手用天蚕绳、袋破出邪术。

古代帝王把天蚕丝制成品作为十分珍贵的"国礼"赏赐友邦君主和使节，金庸小说中把天蚕丝描绘得神妙无比。

二、明代皇帝的特供手纸

明代的特供最为奢靡，就连皇帝用的手纸，都是以四川的野蚕茧织就，特供进呈上来的，用一次就丢弃。后来有皇帝觉得这样太浪费，一度下令停止丝绢手纸的特供，但他听闻这样又会断掉川中一部分织户的生计，有了拉动地方经济的借口，他也就继续心安理得地使用下去。

蚱　　蝉

素绥高嘶，半生赢得风和露。
槐朝柳暮，占断青青树。
抱叶吟条，似向行人诉。
愁无数，不堪听处，六代斜阳路。

——《点绛唇·咏蝉》·清·吴琦

物种基源

蚱蝉（Cruptotympana atrata）为昆虫纲、同翅目，蝉科动物知了未羽完全刚出土的若虫供食用，又名知了、蝻、齐女。

"蝉"的一生有四个阶段，即：卵、幼虫、蛹和成虫。雌蝉通常于七八月份产卵于嫩枝的木质部分，第二年6月卵孵化为幼虫；下树而入地中，幼虫在地下生活是它生命中的最长阶段，一般要经过四五年，亦有经过十二三年，甚至有长达17年之久。它在土内，靠吸取树根汁液而生存，经几次蜕皮羽化为成虫，"必出地上，至树高一二尺高处，首足具备，终自背部绽裂而蜕皮"。此时呼为"木蝉"，其皮壳干燥，现茶褐色，坚硬而粘有泥土，"以之入药，下品也"。又经数日，更上树三五尺，脱皮如前，且生翅而飞去，此第二次所脱之皮壳，较前所脱者软而清浮，"药用乃为上品"。根据出现的时间，我们又可以分为春蝉、夏蝉及寒蝉。春蝉出土最早，古书称作"蛚母"。夏蝉中一种叫蟪蛄的，寿命不过数天到数周，所以，古人曾说"蟪蛄不知春秋"。最迟出现的是寒蝉，要过寒露才"鸣"，而且它的声音哀婉凄惨，不如夏蝉嘹亮，甚至使人误以为它是哑蝉，是雄蝉，无怪乎古代词人有"寒蝉凄切"之句以及"噤若寒蝉"的成语。《礼记》中还有食蝉的记载，当时蝉不仅是劳苦大众的食品，而且还成为人君筵席上的佐食，至今我国还有不少地方保留着食蝉的习俗。

蝉是果种树木的害虫，特别危害果树，刺吸树干的汁液，危害苹果、桃、李、梨、葡萄等，主要分布在河北、陕西、江苏、浙江等地。

生物成分

据测定，每100克可食干蚱蝉，含蛋白质72克，脂肪10.7克，碳水化合物9.9克及17种氨基酸（12种游离氨基酸）、多种微量元素和甲壳质、酸、酚等。

食材性能

1. 性味归经

蚱蝉，味甘、寒；归肺、肝经。

2. 医学经典

《药性论》："疏散风热，透疹止痒，明目退翳，祛风止痉。"

3. 中医辨证

蚱蝉若虫，有散风除热，利咽透疹、退翳、解痉的功效。对风热感冒、咽痛、音哑、麻疹不透、风疹瘙痒、目赤翳障、惊风抽搐、破伤风等有缓解促康复的效用。

4. 现代研究

现代医学药理研究结果表明，蚱蝉若虫，有如下功效：

（1）有镇静镇痛作用，能降低反射反应和横纹肌紧张度，并对神经节有阻断作用。

（2）对慢性肾炎去除尿蛋白有助疗效果。

（3）对去除角膜白斑有疗效。

（4）可以缓解烟碱所引起的肌肉震颤。

食用注意

（1）风寒感冒者勿食蚱蝉。

（2）脾胃虚寒、腹泻久泻者勿食蚱蝉。

传说故事

一、驴子与蝉

在一个森林里住着一头驴子和蝉，有一天，驴子听见了蝉的唱歌，歌声非常非常好听，于是驴子就想，自己要是也能发出这么好听的声音该有多好啊！便羡慕地问蝉："可爱的蝉，你平时都吃些什么呀，怎么发出这么美妙的声音来？"蝉回答说："我平时就吃露水，所以嗓子特别好。"驴子一听开心极了，从此它每天也只吃露水，吃了好几天的露水，驴子觉得很饿很饿，最后只能放弃了。

这个故事告诉人们不要企望非分之物。

二、蝉趣

蝉是动物中出色的"鼓手"。它腹部两侧各有一片弹性轻强的薄膜，叫作声鼓。外面覆着一块盖片。里面有鼓膜和完美的扩音系统，由二片褶膜、一个音响板和一个通风管组成。蝉在高歌时，不是用锤敲鼓，而是用肌肉徐徐颤动，拉扯动鼓膜，振动空气，发出的颤音在褶膜里扩大，然后它从音响板上反弹回来，音量变得更大。接着，张开穴上的盖片，鼓声就传扬开来了。

蝉为什么要高歌呢？原来，歌声是求偶的呼唤，标志着它要举行"婚礼"了。只有成年的雄蝉才会发出鸣声，而雌蝉都不会发声民间称雌蝉叫"哑巴蝉"。

蝉是世界上寿命最长的一种昆虫，可是它们一生大多在地下度过。幼虫在地下生活，一般要两三年，长的要五六年。现在，已经知道最长的是美洲的 13 年蝉和 17 年蝉，也就是说它们每隔 13 年或 17 年才孵化一次，遵循的是一种奇异的生命循环，科学家叫它"周期蝉"。

幼虫从地下钻出来，地面上留下一个个蜂巢般的圆洞，这时还没翅翼，前腿却坚强有力，它们爬上草丛或树梢，脱掉浅黄色的蝉衣后，变成有翼的蝉。

雄蝉很快就会唱歌了，这对雌蝉来说，无疑是种美妙的爱情乐曲，加快了"婚礼"的进程。受精的雌蝉劈开嫩枝，在枝内产卵。几星期后，雄蝉和雌蝉在完成种族延续任务后，就死去了。但是，生命却在循环不息。受精卵在枝内孵化出来，新的一代诞生了。幼虫从树上掉到地上，又钻进地里，再去度那漫长的"隐居"生活。数以百万计的幼虫住在地下，从树根吸取汁液，直到它们在地下住够了，才又爬上地面，举行热闹的"婚礼"。

蝎 子

黄鸡啄蝎如啄黍，窗间守宫称蝎虎。
暗中缴尾伺飞虫，巧捷功夫在腰膂。
跂跂脉脉善缘壁，陋质从来谁比数。
今华岁旱号蜥蜴，狂走儿童闹歌舞。
能衔渠水作冰雹，便向蛟龙觅云雨。
守宫努力搏苍蝇，明年岁旱当求汝。

——《蝎虎》·宋·苏轼

物种基源

蝎子（Buthus martensi Karsch），为钳蝎科动物问荆蝎，又名杜伯、虿尾虫、主簿虫、全虫、茯背虫、蜉蝣、东亚钳蝎。长尾为蛊，短尾为蝎，以个大鲜活者佳。主产于我国各地，以长江以北较多。

生物成分

蝎子，含有多种氨基酸，每 100 克去尾蝎，含苏氨酸 1.67 克，丝氨酸 1.81 克，谷氨酸 5.44 克，甘氨酸 2.24 克，丙氨酸 2.01 克，半胱氨酸 0.69 克，苯丙氨酸 2.01 克，赖氨酸 2.56 克，组氨酸 1.21 克，精氨酸 2.70 克，脯氨酸 3.37 克；还含甜菜碱、牛磺碱、棕榈酸、卵磷脂、胆甾醇等。

食材性能

1. 性味归经

蝎子，味辛，性平，有毒；归肝经。

2. 医学经典

《开宝本草》："息风止痉，通络止痛，解毒散结。"

3. 中医辨证

全蝎甘辛有毒，入肝经，有较强的息风止痉功效，为治痉挛抽搐之要药。因属平性，故热症、寒症均可随症配伍，颇有良效。又能通络止痛、攻毒散结，所以用治偏头痛、关节痹痛以及瘰疬疮毒，功效亦佳。

4. 现代研究

（1）蝎子，能影响血管运动中枢的机能，扩张血管，并能降低肾上腺素的增压作用。
（2）动物试验有一定的抗痉厥作用。
（3）有镇痛、镇静作用。

食用注意

（1）食用烧烤前应将蝎尾去除，因其毒在尾。
（2）不可多食。
（3）血虚生风者忌食。

传说故事

一、江南本无蝎

相传我国江南原来无全蝎，唐朝开元初年，有个叫杜伯的官人，用竹筒将蝎带到江南，因竹筒不严，一些蝎子从竹筒中跑出来，之后江南一带才逐渐有了蝎子。故蝎子也叫"杜伯"，又叫"竹薄虫"。

二、蝎子的传说

太阳神阿波罗的儿子——巴野顿，天生美丽而性感，他自己也因此感到自负，态度总是傲慢而无礼，太过好强的个性常使他无意间得罪了不少人。有一天，有个人告诉巴野顿说："你并非太阳神的儿子！"说完大笑扬长而去，好强的巴野顿怎能吞得下这口气，于是便问自己的母亲："我到底是不是阿波罗的儿子呢?"但是,不管母亲如何再三保证他的确就是阿波罗所生,巴野顿仍然不相信他的母亲。于是他的母亲说:"取笑你的人是宙斯的儿子,地位很高,如果仍然不相信,那么去问太阳神阿波罗自己吧!"

阿波罗听了自己儿子的疑问,笑着说:"别听他们胡说,你当然是我的儿子!"

巴野顿仍执意不信,其实他当然知道太阳神从不说谎,可是他却另有目的——要求驾驶父亲的太阳车,以证明自己就是阿波罗的儿子。"这怎么行?"阿波罗大惊,太阳是万物生息的主宰,一不小心就会酿成巨祸,但拗不过巴野顿,阿波罗正说明着如何在一定轨道驾驶太阳车时,巴野顿心高气傲,听都没听立刻跳上了车,疾驰而去。

结果当然很惨,地上的人们、动物、植物不是热死就是冻死,也乱了时间,弄得天昏地暗,怨声载道。众神们为了遏止巴野顿,由天后希拉放出一对毒蝎,咬住了巴野顿的两脚踝,而宙斯则用可怕的雷霆闪电击中了巴野顿,只见他惨叫一声堕落到地面,死了。

人间又恢复了宁静,为了纪念那对也被闪电击毙的毒蝎,这个星座就被命名为"天蝎座"。

三、"满汉全席"炸蝎子

蝎子除了药用以外,居然登上了大雅之堂,成为高级筵席的佳肴。在著名的"满汉全席"上,就有名菜"油炸蝎子"。据说,蝎子去毒尾后,放在温水中浸泡,除去水分,然后在半热的油锅中炸熟,吃起来酥脆鲜美,宛如红烧大海虾,别有风味,难怪它又叫"山虾"啦。

四、吃蝎习俗的由来

相传,春秋时一年的初夏,吴国大夫伍子胥带兵来浙江嘉兴东南郊一座石山上练兵。这里地处吴越交界,正好可声东击西,好蒙蔽楚国而适时攻之。

此时,已值农历五月,天气开始转热,随着雨水增多,空气越来越潮闷,士兵们这些天都有些精神不佳。

集合操练的时间到了,但山上一片寂静,这怎么了,伍子胥心里有些忐忑,爬上山头,不由大吃一惊,只见少数士兵东倒西歪,有气无力地拿着兵器,而大多数人还没出营帐。他便生气地喊道:"都给我起来,集合!"一个士兵无精打采地挪到伍子胥面前:"将军,很多人都病了。"伍子胥急忙跑到营帐一看,士兵们都软软的,有的坐着,有的躺着发起高烧,而更奇怪的是,所有士兵身上都长出了许多疱疹疙瘩,有的还溃烂流脓。伍子胥抓耳挠腮,不知道怎么才好。正在无计可施之时,一名士兵来报:"有一白发老者来营看望大人。"伍子胥心中一亮:天助我也,赶忙说道:"有请!"

来者是名医扁鹊的嫡传弟子东皋公。当年,伍子胥被楚国追杀,逃至投奔必经之关——昭关,因一时无法过关,急得一夜白了头发,是东皋公让一个相貌与伍子胥相近的朋友代替迷惑,帮伍子胥脱身过关。伍子胥请东皋公看士兵的症状才明白,士兵身上的疱疹红疙瘩,是蝎子作的祟,而蝎子体内有一种神经毒素,注入人体会使人麻痹,导致睡眠中的人无知觉,毒素发作时,除红疙瘩瘙痒难忍外,还精神不振,头晕目眩。在东皋公的指点下,在山下的蝎子洞,一举歼灭了毒蝎。

东皋公还让人拾些干树枝,点起小火堆,将捉来的蝎子放在瓦块中,用文火慢烤成焦黄色,分给士兵们吃。

士兵们看着这些毒虫,哪敢吃下,都我看你,你看我。伍子胥见士兵们害怕的样子,自己抓起了几只烤熟的蝎子放进嘴里"咯吧咯吧"嚼起来,士兵们见伍子胥吃了,也争先恐后地吃起来。东皋公叹道:"如果再晚三天,士兵们就无救了。"这天正是农历的五月初五(后来,这里就流传下来，每年端午节吃蝎子的习俗）。现在北京新街口的巷子里每天都有香喷喷的烤蝎子卖。

中 华 蚱 蜢

黄菊花繁依旧朣，牡丹叶落恰如枯。
霜中蚱蜢冻欲死，紧抱寒梢不放渠。

—— 《早起》·宋·杨万里

物种基源

中华蚱蜢（Acrida chinensis）为直翅目锥尾亚蝗总科剑角科剑角蝗属，又名中华剑角蝗、吊蜢蚱，有夏季型（绿色）和秋季型（土黄色有纹），以新鲜、个大、健壮、羽翅有光泽者佳，分布于我国河北、山东、江苏、安徽、浙江、江西、四川、广东等省。

生物成分

经测定，每100克可食鲜中华蚱蜢，含水分73.3克，蛋白质20.8克，脂肪2.2克，膳食纤维2.2克，碳水化合物1.2克。去除水分后，干物质大部分是蛋白质，占总干物质的73.5%（约占3/4）；还含人体所需的微量元素钠、钙、镁、铁、铜、锌、锰、锶、磷、硒等；并含有维生素A、维生素B_1、维生素B_2、维生素E、胡萝卜素等。

食材性能

1. 性味归经

中华蚱蜢，味辛，性凉；归肺、肝经。

2. 医学经典

《中国药用动物志》："镇惊定搐，止咳平喘，解毒消肿。"

3. 中医辨证

中华蚱蜢，有健脾消食、息风止痉、通络的功效，适用于谵语抽搐或小儿惊风、角弓反张，对热咳、热喘、支气管哮喘、百日咳、小儿惊风等症有食疗助康复的效果。

4. 现代研究

中华蚱蜢，有益于百日咳、支气管哮喘、小儿惊风、咽喉肿痛、疹出不畅、支气管炎、止痉挛等，并且有降压、减肥、降低胆固醇、滋补强壮和养胃健脾的功效，久食可预防心脑血管疾病的发生，外用可治疗中耳炎，霜打过的蚂蚱可治菌痢、肠炎等。营养丰富，肉质鲜嫩，味美如虾，体内营养成分的结构比畜、禽类更合理。

食用注意

（1）中华蚱蜢性凉，不可多食。
（2）蚱蜢在烹食之前要先排便两三小时，然后用开水烫两三分钟再烘烤、油炸或冷藏。

传说故事

一、云南十八怪：三个蚱蜢一碗菜

蚱蜢做菜，在云南一些地方又叫"跳菜"。将收集到的蚱蜢带回家，先排便后再用开水一烫，去掉翅膀，在锅里慢慢烤黄，烤到水分干涸，焦黄灿然的时候，加上香油、花椒等调料，黄生生的蚱蜢便透出诱人的香气。清脆中有一股谷草的清香气味。或者将蚱蜢晒干了，"有朋自远方来"的时候，炒上一盘，弄上二两小酒，款待朋友。这便使食蜢蚱成了云南十八怪之一。

二、蚱蜢学功夫

从前，有只蚱蜢叫阳阳，阳阳的爸爸妈妈都是全国武术冠军。阳阳生活在这样的家庭里，小日子过得不赖，可是阳阳是个好吃懒做的家伙，却想拥有一身好武功。

阳阳跟父母学武功已经三年了，学得是"有模有样"的。因此，父母要为他举办个"武功展示会"，到时候，所有动物都来欣赏阳阳的表演。

开始展示了，第一场由蜜蜂丁丁挑战阳阳，谁料，才两三下，阳阳就被丁丁弄得满脸大包，坐在地上大哭起来："妈妈，妈妈！丁丁打我。"阳阳的妈妈羞愧地抱着他，展示会只好草草收场。

回到家里，妈妈拍了阳阳的屁股几下，阳阳哭得更响亮了，比学校的高音喇叭还响。爸爸气急了，说："你不学好本领就别回这个家！"被逼无奈，阳阳只好出去学武功了。

阳阳出了家门，看见一只蜻蜓正在河边练轻功，阳阳的眼睛大了起来，他想：我要是会这样漂亮的轻功，尤其是这一招——蜻蜓点水，那可就了不起了。阳阳拜蜻蜓莎莎为师，在莎莎那里学习"风中行"。莎莎看他进步很快，还奖给他一对翅膀。阳阳感到练武很累，不如游戏厅好玩儿，觉得闷得难受，正巧，听见母鸡"多嘴婆"对她的同伴说："跟你讲哪，隔壁的蜻蜓美眉呀，哼！她最近跟一只绿蚱蜢很亲热呢，保准出事儿！"阳阳很难为情，他不辞而别了。

过了两天，阳阳看见一只青蛙一口吞掉一只大虫。阳阳得知这就是闻名天下的"蛤蟆功"，阳阳就拜青蛙"大嘴"为师了。阳阳跟"大嘴"学"蛤蟆功"有两个月了，已经能蹦一米五六了。可是，阳阳又听到"多嘴婆"说："那只癞皮蛤蟆收了个绿皮怪做徒弟，真是天生一对怪物！"阳阳又不辞而别了。

这样，阳阳只好到深山里去找师傅了。他找到了著名武功大师螳螂，可是螳螂要考验他，让他站在门外，站了三天三夜。阳阳好不容易熬过去了。开始，阳阳很认真地学，螳螂拳学了七八成，师傅还送给他一对"狼牙追风钩"，让他天天练习。阳阳哪里能吃下这个苦，这回，干脆偷跑了。

三年过去了，阳阳一事无成，走到哪里都被人家嘲笑。

豆　丹

豆丹着绿袍，攀枝技能高。
欲行身先挺，头动尾巴摇。
似蚕食桑叶，菽叶不到老。
捉来油烹食，百味领风骚。
熬汤味更美，凝结似蛋糕。

——《食豆丹》·现代·朱志文

物种基源

豆丹（Clanis bilineata），学名豆天蛾，为昆虫纲、鳞翅目、天蛾科，又名豆虫。蛹、幼虫长 40～50 毫米，体径 10 毫米，成熟的体长可达 90 毫米，体径达 12～15 毫米，是大豆的害虫，严重时危害大豆叶，使植株尽成光杆，不结荚，产出大豆的地区均有分布，只是当年当地发生多少有异。

生物成分

据测定，每 100 克豆丹，含水分 50.8 克，蛋白质 30.2 克，脂肪 5.7 克，碳水化合物 13.4 克，灰分 8.8 克，微量元素 0.44 克；还含有多种维生素、氨基酸等。

食材性能

1. 性味归经

豆丹，味甘，性微寒；归脾、胃、大肠经。

2. 医学经典

《中华药用动物》："清热定惊，解毒。"

3. 中医辨证

豆丹，可清热解毒、通络活血、平喘、利尿。对发热头昏、肺热喘咳、尿少水肿、外皮疱疹等症有辅助康复之功效。

4. 现代研究

豆丹，有抑菌、消炎作用，对支气管炎和支气管哮喘、原发性高血压及皮外疱疹等皮外疾病有辅助康复作用。

食用注意

脾胃虚寒、腹泻者勿食豆丹。

传说故事

豆丹的传说

传说在很久很久以前，我们的家乡终于从海底里冒上来成为陆地。不久，来了一对兄弟，哥哥叫路不平，弟弟叫旁人踩。兄弟俩没了亲人，一起相依为命，在海边打鱼生活。后来哥哥长大成人，兄弟俩耗尽家产为哥哥娶了妻子，可是这个嫂子心眼太坏，处处刁难弟弟，甚至连饭都不让弟弟吃。旁人踩没办法，就和哥哥分家单独生活。因为人小力气也小，日子过得很艰难。没办法，他在岸边的芦苇里开辟出一块荒地，种上黄豆，指望靠收成过活。可是，一次他在豆地里做活的时候，突然发现黄豆的叶子上爬满了密密麻麻的虫子，几乎把叶子吃得一干二净。旁人踩急得大哭了起来，就在这个时候，一位老奶奶来到了他的身边，告诉他，叶子上的虫子是王母娘娘炼丹的时候洒下的，吃了它可以强身健体，是旁人踩的福分，快捉起来做着吃吧。旁人踩刚要感谢老人，一转眼，老人已经不见了。

旁人踩爬起来，捉了几个虫子回到家煮了吃，呵呵，真的好鲜好香啊！他没舍得全部吃光，就把虫子埋在土里，留下过冬的时候吃。没想到，等到收割的时候，那些虫子全部藏到土里去了。于是，旁人踩每到饿了的时候，就到地里把虫子刨上来做着吃。

嫂子每天从弟弟的屋旁经过，很远就闻见了弟弟屋里飘出的香味，很好奇地来看弟弟到底在吃什么，旁人踩见瞒不过，就一五一十地告诉给了嫂子，嫂子从地里刨起虫子回家一吃，果然是好东西。第二年，他们一起又开垦了好几亩地，全部种上黄豆。

那一年，他们仅靠虫子就可以衣食无忧，他们把吃不完的虫子拿到集市上，让大家品尝，立即得到了人们的交口称赞，纷纷把这种虫子引进到别的地方，可是，这种虫子不能生长，只有那地方才能有。

后来，人们给这种黄豆上的虫子起了一个好听的名字，叫作"豆丹"。

再后来那个旁人踩长生不老，被招入了天界，做了我们家乡那里的土地神。

蟋　蟀

蟋蟀在堂，岁聿其莫。

今我不乐，日月其除。

无已大康，职思其居。

好乐无荒，良士瞿瞿。

蟋蟀在堂，岁聿其逝。

今我不东，日月其迈。

无已大康，职思其外。

好乐无荒，良士蹶蹶。

——《蟋蟀》·明·吴群祖

物种基源

蟋蟀（Brachytrupes portentosus Lichtenstenin）为昆虫纲、直翅目、蟋蟀科动物，又名蛐蛐儿、土猴。蟋蟀除了是农业害虫外，也是一种药用、烹肴食材和观赏娱乐昆虫，有其特殊的价值，分布很广，我国各地均有分布。

生物成分

据测定，每 100 克干品蟋蟀，含水分 20.3 克，蛋白质 65.1 克，脂肪 2.45 克，灰分 3.4 克及维生素 A、维生素 B 和微量元素磷、钙、铁、铜、锰、硒等。

食材性能

1. 性味归经

蟋蟀，味辛咸，性温；入膀胱、大肠、小肠经。

2. 医学经典

《本草拾遗》："强筋健骨，止痉，解毒。"

3. 中医辨证

蟋蟀，有滋补、强壮、解毒透疹、止咳等功效，对水肿、小便不利、四肢痿痹，筋骨酸痛等症有缓解和促康复的作用。

4. 现代研究

蟋蟀，可利水、通小便，对风寒感冒、咳嗽等症有促助康复和缓解症状的功效。

食用注意

（1）风热感冒暂勿食蟋蟀。

（2）蟋蟀有小毒，食用前需用沸开水焯一下。

传说故事

一、斗玩蟋蟀权贵败家子

观看蟋蟀争斗，历史上曾记载许多为蟋蟀倾家荡产的败家子，以及玩物丧志的权贵者。早在唐代天宝年间，那时长安京城里的富家公子们，就以镂孔象牙笼子饲养蟋蟀，每天以观看蟋蟀相斗取乐。据民间传说，南宋有个宰相叫贾似道的，喜欢饲养蟋蟀取乐，把朝政大事搁在一边，编写那《促织经》。他不知入冬虫死，动辄下令捕献，百姓不胜其苦。《聊斋·促织》篇里说："宣德间宫中尚促织之戏，岁征民间……"这是指明代宣宗朱瞻基，只问蟋蟀而不问苍生的"蟋蟀皇帝"。

二、蟋蟀之趣

蟋蟀又名促织，头大身肥，头上的两很长触须比身躯还长，尾巴上也长有两根尾须。雄蟋蟀还多一根尾须，好像有"三尾"。其实，它是个产卵管。在所有昆虫歌手中，蟋蟀的声音既清脆又长久，有一种反复的颤音，时时在人们的耳边回荡。蟋蟀是怎样唱出那悦耳的声音的呢？原来，它的声音是靠两翅摩擦而发生的。它的发音器组织细致而复杂，前翅基面基部，有一条弯而突起的梭，叫作"翅脉"。上面长着锉子般的齿，叫作"音锉"。右前翅上的音锉比前翅的音锉发达。前翅靠近音锉的内侧边缘，有个硬化部分，叫作"刮器"。蟋蟀振翅时不停地摩擦，就发出声音来。蟋蟀得天独厚，它举起两翅时，同身躯能保持45度，甚至60度角，还能够任意调整角度。因此，它能发出好几种额率的音调来，而每种音调又各有一个基音和几个泛音，声音就变得更清脆婉转了。

蟋蟀是既会唱，又善斗的昆虫，这同它的生活习性有关。它长时期地栖居在地穴中或石缝里，性格孤僻，独善其身，除了在交配期间，跟雌虫同居在一起以外，大部时间相同类老死不相往来。因而两只雄蟋蟀一旦相遇，就斗了起来。

夏末秋初，是蟋蟀求偶的时节，孤独的雄蟋蟀就发出鸣声，意思是："我在这里。"招引附近的雌虫前去。雌虫听到"情歌"，赶去赴约，雄虫又奏起另一种"爱情曲"，使雌虫安定下来，不致拒绝。

如果这时候闯来了一个不速之客的雄虫，就会引起一场角斗。双方先是振翅鸣叫，像在各自助威；接着爪牙相对，猛扑乱咬，直到一只雄虫战败逃走为止，另一只雄虫是胜利者，得意地振翅鸣叫起来，然后再向雌虫求爱。

蟋蟀的听觉器官不是长在头上，而是长在一对前肢的小腿缝隙里，因此，从左边或右边传来的声音，它听得挺清楚，而从前面或后方传来的声音，它就听得模糊了。不久前，有科学家说雄蟋蟀身上没有听觉器官，是个"聋子"。他认为雄蟋蟀在振翅发出和谐的歌声时，背翅下的一种小腺就露出来了，它能分泌出"诱惑精"，这种气味，招引着雌虫前去。雌蟋蟀爬去舔食雄蟋蟀分泌的液体，同时进行交配。

中 华 稻 蝗

飞蝗蔽空日无色，野老田中泪垂血。
牵衣顿足捕不能，大枝全空小枝折。

——《飞蝗》·元·夏耿仿

物种基源

中华稻蝗（Oxya chinensis Thunberg）为昆虫纲、直翅目、蝗科动物。若虫、成虫可食用。若虫称为"蝻"，全世界约有1万余种，我国有300多种，主要有飞蝗、稻皇、竹皇、蔗蝗、棉蝗等。危害禾本科植物为主，食量很大，若虫和成虫食性相同，属不完全变态昆虫，华北、华东、中南、台湾等均有分布。

生物成分

据测定，每100克中华稻蝗干品，含水分19.2克，蛋白质73.3克，脂肪2.2克，碳水化合物3.11克及18种氨基酸、维生素B_1、维生素B_2、维生素E、维生素A和多种微量元素钙、铁、磷、锌、硒等。

食材性能

1. 性味归经

中华稻蝗，味甘，辛，性温；归肾、肺、脾经。

2. 医学经典

《本草拾遗》："健脾消食，熄风止痉，止咳平喘，通络。"

3. 中医辨证

中华稻蝗，有健脾和中、定惊、镇痛、活血通络。对脾虚少食、营养不良、急慢惊风、破伤风、抽搐痉挛、百日咳等有缓解和辅助康复之功效。

4. 现代研究

中华稻蝗，有镇静、镇痛、抑菌、消炎功能，对百日咳、支气管哮喘、咳嗽、破伤风、小儿发热、惊风、抽搐、痉挛、脘腹满闷、胀痛等症有辅助疗效。

食用注意

热感冒患者暂不宜食用中华稻蝗。

传说故事

蚂蚱菩萨管百虫

自古各地土地庙都砌在庄镇东南角，土地公公旁边有两个文武判官，有两个文武执事，土地公公、土地娘娘，合计六个。

第六个神就是蚂蚱神，是管理田间害虫的。

有个人家夫妻两个，一生无子，四十多岁，女的怀孕，怀孕整三年不降生，就到处请医生看，每个医生都说她没病。过了三年的时候，生下个头鹰嘴鸡形身，头也像人头，嘴像鹰的嘴，身上有翅膀，脚像是鸭子脚，没有手，它一出身就把父母的头脑砸破，并把父母亲的脑浆吃掉了。

吃掉之后，就扑灭不住它，它一飞飞到一座山上，到了山头上，它吃人无数，专门吃人头脑子。实在没得脑子吃，就吃人肉。任何人都拿不住它，官府也派若干能手去拿它，连土地公公在田间管理害虫也扑不灭它。

佛祖晓得了，用一个金钟，把它往下一罩，它头往上一抬，把金钟撞破了，这个金钟就套在它头上，金钟套在他身上还是套不住，所以佛祖把金钟上写一个"佛"字。只有这个"佛"字才压得住他。

以后他的翅膀被困在金钟里面，鸭子脚却露在外边，佛祖命他跟随张福德后面捕百虫，不许再吃人，所以这个叫蚂蚱菩萨，又叫蝗虫菩萨就在土地菩萨面前。

中 国 胡 蜂

但将饭向无心椀，自有人扶折脚铛。
不用重寻旧巢穴，胡蜂窠挂万年藤。

——《奉留楚金长老》·宋·黄庭坚

物种基源

中国胡蜂（Vespa mabdarinia Smith）为昆虫纲、膜翅目、胡蜂科动物，又名黄蜂。世界上已知有 5000 多种，我国记载有 200 余种，在我国分布甚广。常见的有中华马蜂（Polistes chinensis Fabricius），长脚胡蜂、斑胡蜂等。幼虫、蛹皆可食用。

生物成分

据测定，中国胡蜂，幼虫、蛹、成虫含水分、还原糖、纤维素、蛋白质、脂肪、灰分、非蛋白氮、多种氨基酸、维生素 A、维生素 B_1、维生素 B_2、维生素 C、黄素腺嘌呤、二核苷酸、黄素单核苷酸及微量元素钙、镁、磷、铁、铜、锌等。

食用性能

1. 性味归经

胡蜂，味甘、辛，性温；归肺、脾、大肠经。

2. 医学经典

《名医别录》："轻身益气，祛风，解毒。"

3. 中医辨证

胡蜂幼虫、蛹，有定痛、驱虫、消肿、解毒功效，对惊痫、风痹、乳痈、牙痛、顽癣、风湿性关节炎以及急、慢性风湿痛等症有缓解和助康复效果。

4. 现代研究

胡蜂幼虫、蛹，有抗菌、消炎、抗病毒等功效，对口腔疾患、皮肤病、耳鼻咽喉病、妇科疾病、胃炎、高血压、心血管病等有食用辅助治疗功效。

食用注意

胡蜂性温，凡风热感冒者不适宜服食。

传说故事

一、别捅马蜂窝

在海南岛白沙县的一个农场，曾发生过这样一件事：有天傍晚，成千上万只马蜂一只叠一只地团团簇拥着，一片嗡嗡声。有个孩子看见那挂在树上的蜂群，不知马蜂的厉害，拿了根长竹竿去捅马蜂窝，这就闯下了大乱子。蜂群嗡的一声，几百只马蜂冲出来，孩子掉头就跑，很快被马蜂追上了，在他头上，身上螫了几十刺。他钻进水塘中，马蜂跟着在水面上盘旋，只要他一露出水面，马蜂就继续进攻。孩子在水里憋不住了，爬上岸拔腿狂奔。正在危急的时候，有个老工人闻讯赶到，远远地叫着要孩子奔向附近的厕所。孩子跑到厕所门口，支持不住就昏倒在地上，穷追的马蜂闻到臭味，就在厕所周围聚飞。直到老工人赶来点燃几堆带湿的草，霎时浓烟滚滚，才将蜂群驱散。把孩子送往医院施救，4天后才苏醒过来。

为了安全，可千万别捅马蜂窝。如果为取食幼虫和蛹，必须戴上专业防护用具。

二、胡蜂护朱元璋

传说，朱元璋出生在皇觉寺时，出现了一道划破长空的红光，元朝朝廷怀疑此地可能有人造反，就派政府士兵前去剿灭，当这些士兵来到皇觉寺里，看到一幕：一个衣衫褴褛的娘们，生下了一个骨瘦如柴的婴儿，此时的婴儿不知怎么回事，不哭也不叫，这些士兵便奉命进屋去捉这个刚刚出生的小孩，谁知，领头的那个士兵刚进屋，奇迹出现了，那婴儿却哇哇大哭起来，接着就有成群结队的胡蜂团团围住了士兵。看到一窝蜂袭击，士兵便捂着脑袋仓皇逃离。后来人们思考，这是怎么回事？原来当时是秋天，在朱元璋出生的那间破屋一旮旯里，有一个硕大的胡蜂窝，那个士兵一进屋，可能触动了那些胡蜂的安全，于是这些胡蜂以为即将受到侵害，便群起而攻之，吓退了士兵，便草草了事，就在别村找到一个小孩给杀掉了。

三、胡蜂的"朋友"和"敌人"

中美洲有一种奇怪的小鸟——文鸟，喜欢在胡蜂窝附近筑巢居往。文鸟筑的巢很怪，样子像个缸子，一只只悬挂在枝头上。胡蜂的巢像一个大球，蜂巢里栖息着成千上万只胡蜂。胡蜂的尾部都长有长长的刺，会刺螫敌害，许多动物都不敢接近它。

有人认为，文鸟的巢之所以筑在蜂窝旁边，那是因为热带地区的许多食肉动物，如蛇、蜥蜴、负鼠、浣熊、野猫、猴子等，它们都会爬树，到树上捕鸟和找蛋吃。文鸟同胡蜂结伴为邻，似乎更安全些。

胡蜂和文鸟共栖，受益的只是文鸟，它是一种单惠共栖。

非洲和马来半岛有种小鸟——导蜜鸟，也喜欢在野蜂巢附近栖息，可是，导蜜鸟和文鸟不同，它却是野蜂的"敌人"。

导蜜鸟（响蜜鴷）比麻雀稍大，背部灰褐色，腹部灰白色，颈子上有块黑斑，耳边和尾巴上有一些白色的羽毛。

导蜜鸟却另有自己的"朋友"，当它鸣叫的时候，就招来了"朋友"——蜜獾。

蜜獾有浓密的长毛和肥厚的多脂毛皮，不怕胡蜂刺螫。蜜獾一见树上的蜂巢，立即爬上树去，扯下蜂巢。蜂巢掉到地上后，蜜獾把巢扒开，先将里面的甜蜜和野蜂的幼虫吞吃个精光，然后让导蜜鸟分享那残羹。剩下的虽然是空蜂房，里面却有着不少蜂蜡，这正是小鸟所爱吃的。

原来，导蜜鸟嗉囊里的细菌能分解蜂蜡，使它变成脂肪，供给鸟儿所需的营养。

导蜜鸟和蜜獾两个"同谋者"一起分享食物的事，早为当地人们所发现，于是人们也常常利用导蜜鸟的鸣叫取到"蜂蜜"。

黑 蚂 蚁

老来几不辨西东，秋后霜林且强红。

眼晕见花真是病，耳虚闻蚁定非聪。

——《次韵乐著作野步》·宋·苏东坡

物种基源

黑蚂蚁（Formica fuscalats Linnaeu）为昆虫纲、膜翅目、蚁科昆虫。卵、幼虫、蛹、成虫均可食用。种类甚多，群居性，有明显多型现象，包括雌蚁、雄蚁与工蚁三种不同类型，有时尚由工蚁变形为兵蚁。一般雌蚁、雄蚁有翅，工蚁和兵蚁无翅。蚂蚁中有害虫，如日本褐蚁，能危害农作物；白蚁专蛀木头，能使房梁倒塌。有益虫蚂蚁，如红蚂蚁，又称"竹筒蚁"可用来防治甘蔗螟虫等，蚂蚁遍布全国。

生物成分

据分析，黑蚂蚁，含有27种以上的氨基酸、维生素A等，以及多种维生素和矿物质；还有蚂蚁毒素、蚁酸、三磷酸腺甙等。营养物质复杂而丰富，是一种比较理想的食用昆虫。

食材性能

1. 性味归经

黑蚂蚁，味甘、微酸，性微温；归肾经。

2. 医学经典

《抗衰老中药学》："抗炎，镇痛，补肾，抗衰老。"

3. 中医辨证

黑蚂蚁，有益肾补肝、解毒止痛功效，对疔肿疮毒、风湿疼痛、肾虚、肺痈（肺结核）、肝脂变等症有食疗助康复的效果。

4. 现代研究

黑蚂蚁的卵、幼虫、蛹等，具有镇痛、镇静、抗寒、抗疲劳、补肾壮阳、抗氧化、抗炎等作用，特别是对类风湿性关节炎有较好的辅助康复功能。

食用注意

孕妇慎食蚁类食品及蚁类中药制剂。

传说故事

一、蚁动牛斗

据南朝宋义庆《安说新语·纰漏》，殷仲堪的父亲病中虚弱惊疑，恍惚听到床底下蚂蚁的动响，以为是大牛相斗，后遂用"床下闻牛、床头斗蚁、蚁斗牛、牛蚁、床下蚁、耳虚闻蚁、耳下斗殷牛、殷牛在耳、牛头、蚁斗"等形容体病神虚、心惊意幻。

二、蚂蚁观星和导航

蚂蚁是个会观察星星的"天文学家",也是个"导航家"。

19世纪时,法国天文学家阿里兄弟,发现有种蚂蚁对星星和星云所发射的紫外线特别敏感,于是兄弟俩就决定请蚂蚁来帮忙去"观测"人眼所看不见的星星。他俩在天文望远镜的目镜上装了一个小盒子,里面装有蚂蚁。事前就将天文望远镜对准预测的天体方向,估计在这个方向上有肉眼看不到、照相底片也没法感光的星星。不久,蚂蚁在盒子里开始骚动起来,因为它们感知了星星射来的紫外线。阿里兄弟用这种方法发现的星星,都被后来的天文学家所证实。

科学家早已发现,外出觅食的而远离蚁巢的蚂蚁,能依靠太阳的位置和体内的"生物钟"的时钟脉冲协调来寻找回家路线。此外,蚂蚁还能够在路过的沿途中留下一种叫"示踪激素"的化学物质来"导航",这是蚂蚁的气味"语言"。

最近,美国哈佛大学生物学家科特在多年观察研究非洲臭蚁后发现,臭蚁有非凡的"导航"本领,说得上是昆虫界杰出的"旅行家"。

通常,臭蚁外出觅食时,发现食物以后,立即返回家中"通风报信",随后臭蚁倾巢出动,排成长长的队伍,赶往猎食的场所。它们既能够利用太阳的位置"导向",又能够在得不到光照直接照射的时候,准确无误地返回"家"里。在臭蚁返"家"以前,科特曾经把它们来时路上的一层表土刮除掉,以消除臭蚁一路上留下的"化学语言"。结果,臭蚁仍旧能够成群结队地安抵"家园"。这说明了:非洲臭蚁还有其他的"导航"本领。

三、蚂蚁的"气味语言"

蚂蚁还会发出另一种信息,仿佛说:"这里有危险。"这是蚂蚁分泌的警戒激素,很容易挥发,比示踪激素散失得更快。由于它浓度不一样,使蚂蚁做出的反应也不同。警戒激素散发到空气中,形成一个几厘米的"警戒圈"。如果浓度较低,只能使工蚁和兵蚁做出反应,圈内的蚂蚁就做好防卫和格斗的准备。如果浓度增大,就会引起群体的反应:蚂蚁纷纷钻进蚁巢,扶老携幼地逃奔和疏散到别处去啦。有的蚂蚁,还要顽强地抵抗一番,有的甚至东蹦西跳,自相攻击,乱成一片。警戒激素主要是酮、醛类化合物,如柠檬醛、香茅醛等,除了报告危险外,还有防御的作用。

有趣的是,蚂蚁死去了,也得用气味语言来判别。原来,蚂蚁尸体分解时会产生肉豆蔻脑酸、棕榈油酸等4种普通脂肪酸的混合物质,蚂蚁得到信息,就将它搬出巢外。如果把这种物质涂在活蚁身上,蚂蚁则不管死活,照搬无误,即使被搬的蚂蚁百般挣扎也无效;如果再三爬回巢内,就会再三搬出去,直到气味消失为止。

第二十八章　茶饮类

一、茶　　材

茶

香叶，嫩芽。

慕诗客，爱僧家。

碾雕白玉，罗织红纱。

铫煎黄蕊色，碗转曲尘花。

夜后邀陪明月，晨前命对朝霞。

洗尽古今人不倦，将如醉前岂堪夸。

——《茶》·唐·元稹

物种基源

茶叶（Camellia sinensis）为山茶科常绿乔木或灌木茶树的鲜嫩芽叶经加工的干制品，又名茗、香茗、苦茶、瓜芦、选妊、诧。叶革质，长椭圆状披针形或倒卵状披针形，边缘有锯齿。秋末开花，花 1～3 朵生于叶腋，白色，有花梗。蒴果扁球形，有三钝棱。属无醇饮料。始于我国。制造工艺历经几千年的不断改革和演变，开始以茶叶生煮饮用，后晒干收藏后供随时饮用，至三国（230—265）时制成茶饼烘干，唐代发明蒸青团茶，宋代改为蒸青散茶，明代由炒青到烘青，并开始有目的地发展其他茶类。按制法不同，分红茶、绿茶、黑茶、青茶、白茶、黄茶六大类及花茶；亦可分为发酵茶、半发酵茶和非发酵茶三大类。产于我国中部至东南部和西南部，广泛栽培。

生物成分

茶叶中所含的成分很复杂，茶叶化学研究的最新进展揭示，茶叶含有 600 余种化学成分，它们对茶叶的香气、滋味、颜色以及营养、保健、防治疾病都起重要作用。茶叶中含有机化合物 500 余种，无机物和营养素也不少于几十种。茶树鲜叶中含有 75%～78% 的水分，干物质含量为 22%～25%，而在这些干物质中，又可分为无机化合物和有机化合物两大类，其中以有机化合物蛋白质、氨基酸、生物碱、茶多酚、糖类、有机酸、脂质、色素、香气成分、维生素、皂甙类、甾醇为主，占干物质的 93.0%～96.5%；无机物水溶性与水不溶性，占干物质的 3.5%～7.0%。

茶树鲜叶中化学成分类主其含量（%）

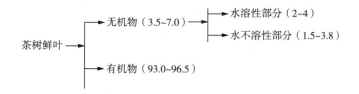

食材性能

1. 性味归经

茶叶，味苦、甘，性微寒；归心、肝、脾、肺、肾经。

2. 医学经典

《唐本草》："清头目，除烦渴，化痰，消食，利尿，解毒。"

3. 中医辨证

茶叶的传统功效，不但在历代茶、医、药三类文献中多有述及，而且在经、史、子集中也散见不少。医家将茶叶对人体有益之处归纳为以下 24 项：

提神	消食	祛风解表	安神	醒酒	坚齿
明目	去肥腻	治心痛	清头目	下气	疗疮治瘘
止渴生津	利水	疗肌	清热	通便	益气力
消暑	治痢	延年益寿	解毒	祛痰	增强肾功能

4. 现代研究

经过现代生物化学和医学的研究表明茶叶既有营养，又含有药效成分，在当今三大饮料中，保健功能首屈一指，是咖啡、可可无法比拟的。在环境污染日趋凸显的今天，茶是人们的健康卫士，已被世界医学界公认为"原子时代的理想饮料"和"当代最佳保健饮料"。

降血压

茶叶中的儿茶素类化合物和茶黄素，对血管紧张有明显的抑制作用。咖啡因与儿茶素能使血管壁松弛，增加血管的有效直径，通过舒张血管令血压下降。茶叶中的芳香苷具有维持毛细血管正常抵抗力，增强血管壁韧性的功效。因此，经常饮茶（尤其是绿茶），有助于降低血压。

抗癌、防辐射

茶叶中的茶多酚类物质具有阻断致癌物质亚硝基化合物在体内合成，直接杀伤癌细胞和提高人体免疫能力的功效。茶叶中的茶多酚类及氧化物质，还可吸收放射性物质，减少其对人体的伤害。与此同时，茶多酚还能阻挡紫外线和清除因紫外线诱导形成的自由基，从而维持黑色素细胞的正常功能，抑制黑色素的形成，起到保护机体的作用。

预防心脑血管疾病

茶多酚对人体脂肪代谢有着重要作用。人体的胆固醇、甘油三酯等含量较高时，血管内壁脂肪沉积，血管平滑肌细胞增生后会形成动脉粥样硬化斑块，引起心脑血管疾病。茶多酚，尤其是茶多酚中的儿茶素，有助于抑制这种斑块的增生，使造成血凝黏度增强的纤维蛋白原降低，从而抑制动脉粥样硬化。

减轻重金属的毒害

人体内重金属含量过高会出现免疫力低下、中毒等一系列症状，导致慢性病。茶多酚对重金属具有较强的吸附作用，可减轻重金属对人体的危害。茶中的鞣酸可与毒素结合产生沉淀，延缓人体对毒素的吸收。

美容瘦身

常饮绿茶可预防皮肤中黑色素的沉积，使皮肤细腻而有光泽。常饮乌龙茶可减肥，燃烧体内多余的脂肪，有利于美体塑形。

减轻烟毒

科学研究表明，绿茶具有光谱杀菌解毒的功效，不仅能明显减少烟气中的有害物质，茶叶生产的香气，对吸烟者的口腔和上呼吸道还有消炎作用。

怡情养性

泡茶技艺崇"静"尚"简"。"静"，指茶人内心的清静、淡泊，也指环境幽静、洁净；"简"，既指茶人的清丽简约，也指陈设的素雅不繁杂。怀着崇"静"尚"简"的情趣去泡茶，不为物质世界所困扰，许多浮躁的情绪会随水中飘舞的佳茗慢慢沉淀下来。泡茶的静、简境界，增加了品茗时内心的宁静、超然之感，更增强了对尘世琐事的超脱以及豁达开朗的心灵境界。茶让人在快节奏生活中变得有耐性和平静，这就是怡情养性。

现代研究结果还表明：茶是健康饮料、文明饮料，这已是大家的共识。然而茶不仅仅是一种单纯的饮料，更是非常好的养生饮品。茶叶富含对人体有益的营养成分，对人体健康起着保驾护航的作用，具体表现见下表所列：

茶叶成分与功效对应表

氨基酸	多酚类化合物，能软化血管、降脂、消炎抑菌、防辐射，并使茶叶具有涩味
B族维生素	增加皮肤弹性，维持心脏、神经、消化系统及视网膜的正常功能
咖啡因	兴奋神经、利尿强心，并使茶叶具有苦味
维生素C	预防和改善坏血病，促进伤口愈合
儿茶素类	抗氧化、抗肿瘤、降血脂、降血压、抑制血小板凝结、抗菌等
维生素E	有效对抗自由基氧化，从而抵抗衰老
维生素K	促进肝脏合成凝血素
黄酮类化合物	减少血栓、抗炎、防感染
皂素	抗癌、消炎、镇痛
氟化物	固齿防龋

食用注意

（1）不宜饮用贮存尚不足一个月的新茶。

（2）不宜饮用烟焦茶。

（3）不宜饮用霉变茶。

（4）不宜喝隔夜变质茶。

（5）不宜空腹饮浓茶。

（6）不宜饭后饮茶。

（7）不宜睡前饮茶。

（8）不宜食肥腻荤食后马上饮茶。

（9）不宜用茶水服药。

（10）不宜饮过量的茶。

（11）不宜饮过浓的茶。

（12）不宜服用中药补药时饮茶。

（13）不宜用茶垢"积重难返"的茶具泡茶长时期饮用。

（14）不宜用锡茶壶泡茶。

（15）妇女的行经期、妊娠期、临产期、哺乳期、更年期不宜饮茶。

传说故事

神农氏是茶叶始祖的传说

相传，在那蛮荒的年代，到处都生长着千奇百怪的植物，究竟哪些可以吃呢？人们不得其解，于是神农氏就亲尝百草，准备选出一些能结籽的植物，让先民们种植。有一天，他尝了几种植物，这些植物汇集成"七十二毒"，搅得他口干舌燥，十分难受。正当神农氏无计可施之时，忽然一阵清风吹来几片绿叶飘落在他跟前。他习惯地捡起来就送入口中咀嚼，其汁液苦涩，气味却芬芳爽口，就将这几片绿叶嚼碎咽了下去。霎时间，他觉得肚子里的东西上下翻滚，好像在搜查什么。又过了一会儿，肚里风平浪静，舒服多了。神农氏此时才意识到刚才吃的绿叶具有解毒的功效。于是起身沿着山坡到处寻找刚才吃的那种绿叶，经过了三天的寻找，终于在一座小山坡上找到几棵树，他爬上树采摘了一些绿叶。神农氏如获至宝，欣喜异常。他想，这可是救命的绿树，它能解毒，有了它，今后什么植物都可以尝尝了。

神农氏坐在树下歇息时忽然想到这是什么树呢？该叫什么名字呢？此时他联想到刚吃进这种绿叶时，肚里好像有什么东西在搜查，那就叫它"查"吧！当时我国还没有文字，就以"查"的称呼传了下来。后来有了文字之后，就根据它开白花，有苦味，写成"茶"。陆羽在《茶经》"七之事"章，辑录了中唐以前对茶的称谓，诸如茶、苦茶、茶茗、茗等30多种。可见，自唐后期才称之为"茶"。

（一）绿　茶

绿茶（Green tea）为我国六大茶类之首，属不发酵茶，是将采来的鲜茶叶，先经高温杀毒，杀灭各种氧化酶，保持了叶绿、形美、色香、味醇的特征，经揉捻、干燥而成。按其杀青和干燥方式不同，可分为蒸青、炒青、烘青和晒青四种类型。冲泡后清汤绿叶，性凉，而微寒。绿茶为我国第一大茶系，生产历史最悠久，花色品种最多，产区最为辽阔，18个产茶省（区）均有产出。有显著的食疗保健功效，特别是降血脂和抗辐射，被国人内行人称之为"原子时代的健康饮品"。

西 湖 龙 井

火前嫩，火后老，惟有骑火品最好。

西湖龙井旧擅名，适来试一观其道。

村男接踵下层椒，倾筐雀舌还鹰爪。

地炉文火续续添，乾釜柔风旋旋炒。

慢炒细焙有次第，辛苦功夫殊不少。

王肃酪奴借不知，陆羽茶经太精讨。

我虽贡茗末求佳，防微犹恐开奇巧。

防微犹恐开奇巧，采茶揭览民艰晓。

——《观采茶》·清·乾隆

物种基源

西湖龙井茶为产于浙江杭州西湖畔龙井村周围诸山而得名，简称"龙井"。宋代分为"狮、龙、云、虎、梅"五种品号，即分别产于杭州西湖区的狮峰山、龙井村、五云山、虎跑村和梅家坞，其中以产于狮峰山的品质最佳。后将龙井按产期先后及芽叶嫩者分级，即：莲心、雀舌、极品、明前、雨前、头春、二春、长大。今分为十一级，即特级与一至十级。龙井茶的炒制手法极为复杂，有抖、搭、煽、捺、甩、抓、推、扣、压、磨等工艺，号称"十大手法"。它是世无仅有的集名山、名寺、名湖、名泉和名茶于一身的茶类顶极绝品，为我国十大名茶之一。

风味特点

西湖龙井，具有毛泽翠绿、香气浓郁、甘醇爽口、形如雀舌，即具"色绿、香郁、味甘、形美"四绝特点。真品标准见下表所列：

西湖龙井茶的品鉴

品鉴项目	标　准
嫩　度	细嫩，不显毫，一旗一枪
条　索	扁平通直，光滑
色　泽	嫩绿偏黄，呈糙米色
净　度	匀净
香　气	馥郁持久，有"兰花豆"香
滋　味	甘醇鲜爽
汤　色	清亮偏鹅黄色
叶　底	幼嫩成朵，嫩绿明亮

茶中营养

根据科学家的研究和饮茶者的长期实践经验证明，茶含600余种化学成分，其中含营养素五大类，它们是蛋白质、脂肪、糖、维生素和矿物质；其所含的茶多酚、咖啡因、茶色素等，又具有多种药理效益。所以，茶是一种"多维、低糖和多功能"的保健饮料。

首先，茶叶中维生素含量很多，现已查明的有维生素 A、维生素 B、维生素 C、维生素 E、维生素 H、维生素 K、维生素 P、肌醇等，它们大多数溶于茶汤中，在饮茶后可被人体充分利用。

茶叶中的糖类，大多为不溶于水的多糖，故茶汤中含量极少，属于低糖饮料。

茶中多酚类、咖啡因、色素等，具有多种药理功能，特别是茶咖啡因与多酚类复合，使它具有咖啡因的一切药效，而无咖啡因的副作用；茶多酚与抗坏血酸一起，对防治动脉粥样硬化和增加毛细血管的韧性，均有良好的效果。

实践证明，茶具有广泛而温和的营养价值和药理效应，在食物结构中，它往往起到一种调节和补充的作用。在以肉食为主，缺乏果蔬的高原、沙漠、矿区以及低氟地区，茶更是不可缺少的饮料。如饱餐肉食、饮酒过量时，茶能消食去腻、提神醒酒。喝一杯浓茶，会使人顿感口清胃适、身心畅快；当食物中脂肪、蛋白质摄入过量时，由于茶内多种成分协调作用，使代谢功能得到调节，使血液抗凝纤溶，动脉平滑肌细胞增殖受抑，血管韧性增强，从而保护心血管系统正常运行和健康发展；当糖摄入过多或维生素摄入缺乏时，多饮茶能补充多种维生素，特别是维生素 P，它能促进人体从食物中摄取并积蓄维生素 C。茶是低糖饮料，对糖尿病患者、肥胖症和老年人更为合适。总之，茶能起到无病防病、有病兼治的效果。

茶中药理

生物因是一类含氮有机化合物，主要广泛存在于植物界中。茶中的生物碱，主要为嘌呤、嘧啶两类衍生物。茶叶中的嘧啶衍生物有尿嘧啶、胸腺嘧啶、胞嘧啶、5-甲基嘧啶等，在茶中的含量极微。茶中主要嘧啶类衍生物，包括咖啡因、茶碱、可可碱、腺嘌呤、鸟便嘌呤、黄嘌呤、次黄嘌呤、拟黄嘌呤、6-氨基嘌呤、6-氧嘌呤等，其中主要为咖啡因，茶碱和可可碱含量较少，其他嘌呤碱含量更少。

茶与养生

饮茶能提神、益思、消除疲劳。我国古书上记载较多。明顾元庆《茶谱》中，有饮茶可以"少睡""益思"的记载。《神农食经》中说："茶若久服，人有力、悦志。"东汉华佗《食论》中说："苦茶久食，益意思。"唐代诗人李白又有"破睡见茶功"的诗句等。古今寺庙中出家修行的人，瞌睡是最犯忌的，为了提神驱睡，往往凭借茶水。正因为如此，在寺庙周围一般都种有茶树，出家人也都要喝茶。

饮茶可以提神、益思、消除疲劳，是我国人民皆知的生活常识。人们在紧张工作、劳动之余，饮一杯清茶，立即会使人感到精神振奋、疲劳全消；人们在伏案写作时，饮一杯茶，可益思、开阔思路；在紧张办公时，饮一杯茶，能敏捷思路，提高工作效率。

茶的这种效应，主要是由茶中所含的咖啡因、茶碱、可可碱引起的。因咖啡因在茶中的含量高、作用强，所以，饮茶的这一效用，主要由茶咖啡因引起的。实验证明，饮红茶 5 杯或饮绿茶 7 杯，相当于服用 0.5 克咖啡因，可提高基础代谢率 10%，这就是茶咖啡因能消除疲劳的直接原因。人体大脑细胞活动的能量来源于腺苷三磷酸（ATP），而 ATP 的原料是腺苷酸（AMP）。咖啡因可使 AMP 的含量增加，因而也增加了 ATP 合成的原料，使得脑神经细胞能旺盛地生存和活动，因而饮茶能起到消除疲劳、增进大脑皮质活动的作用。

茶叶中的咖啡因，具有刺激人体中枢神经系统的作用，特别是对处于迟缓状态的大脑皮层可以使其转变为兴奋状态，再进一步引起延脑的兴奋，这样就起到驱除睡意、解除疲劳、增进活力、集中思路的作用。咖啡因等嘌呤类生物碱，还能增加条件反射量，并能缩短其潜伏期，而并不减弱韧制性条件反射及分化能力，这一点不同于乙醇等麻醉性药物。后者是以减弱抑制性条件反射来起兴奋作用的，而咖啡因等对大脑皮质的选择性作用，必然同时影响到机体的许多生理功能，如基础代谢、横纹肌收缩力、肺通气量、血液输出量、胃液分泌量等，它们都会因为饮茶而有所提高。另外，乳酸是一种引起疲劳的物质，当它们在体内过量存积时，会引起肌肉酸痛硬化、脑细胞活动和思维能力降低；而当这些物质被排出后，人体就会很快消除疲劳。茶中所含的咖啡因、茶碱和可可碱，均有利尿作用，故饮茶能加速乳酸的排出，从而起到消除疲劳的作用。

名人与茶

1. 毛泽东与龙井茶

毛泽东主席的生活习惯是喜欢抽烟和喝茶，但不会喝酒。毛泽东是湖南人，从小喜欢喝茶，以后无论是战争年代，还是和平建设时期，在他的生活中从不离开茶，接待国内外客人时，也总是吩咐以茶相敬。他自己从早到晚，总习惯于一边喝茶、一边工作，而且茶瘾较重，喜欢喝浓茶，喜欢饮用龙井茶。

毛主席接待国内外客人时，总是以茶相待。他认为客来敬茶，是中华民族的高尚礼节。

毛主席爱茶，在他的诗作中也留下了关于饮茶的佳话。在第一次国共合作时期，毛泽东在广州主办农民运动讲习所时，曾与柳亚子共事过一段时间。1941 年，柳亚子回忆当年情景，曾给毛主席写过"云天倘许同忧国，粤（广州）海（临海）难忘共品茶"的诗句。1949 年 4 月 29 日，毛泽东在《七律·和柳亚子先生》一诗开头，写了"饮茶粤海未能忘，索句渝州叶正黄"之句。可见两人当时志趣相投，常边饮茶边谈论国事。

2. 周恩来与龙井茶

周恩来总理日夜辛勤地工作，总离不开饮茶，靠饮茶来提神，始终保持着充沛的精力。周总理特别喜欢饮龙井茶，而且五次到过杭州龙井茶区梅家坞，上茶山、进茶厂，和茶农一起采茶、品茶。1956 年 4 月 26 日，当周总理再次来到梅家坞时，春茶正旺发，他在品尝了龙井茶之后，指示说："龙井茶是茶叶珍品，国内外人士都需要它，要多发展一些。"1957 年 9 月的一天，当周总理又来梅家坞时，看到遍山绿色的茶树，称赞说："茶树常年碧绿，种茶本身就是绿化，既美观，又是经济作物，再好没有了。"周总理平常接待外宾，总喜欢以龙井茶招待，还向外国人介绍龙井茶的品质风味。1971 年 7 月，美国国家安全顾问基辛格作为总统尼克松的特使秘密访华时，周总理照例用龙井茶招待。基辛格喝过龙井茶后，身心畅快，精神大振，周总理看出基辛格十分欣赏龙井茶的神奇功效。于是，在访问结束时，总理就将一千克龙井茶赠送给他。

传说故事

一、龙井茶的传说

龙井茶产自浙江杭州的龙井村一带，以狮峰出产的龙井品质最佳，称作"狮峰龙井"。龙井茶在我国有着悠久的历史。据北宋苏轼考证，杭州种茶的历史源自南朝诗人谢灵运。他在西湖的下天竺一带翻译佛经时，从天台山带来茶树种子，在西湖开始种植栽培。唐代茶圣陆羽的《茶经》中，也有杭州天竺、灵隐二寺产茶的记载。但龙井茶之名却始于宋。北宋时期在灵隐、天竺二寺附近所产的茶叶已经很有盛名，经常被列为贡品。不过起初这里产的茶叶以地为名，如香林洞的"香林茶"，上天竺白云峰的"白云茶"，葛岭宝云山的"宝云茶"等。有一年，北宋文学家、杭州通判苏轼曾约几位文友在狮峰山脚下龙井村的寿圣寺品茗吟诗，兴致之余苏轼为寿圣寺书写了"老龙井"的匾额，加之本地的此类茶叶以龙井村质量最好，因而龙井茶就取代了其他的品名而流传下来。

如果说在元代和明代龙井茶的名声还介于诸名茶之间的话，那么到了清代，由于乾隆皇帝的重视与欣赏，它则被列为众名茶的前茅，成为驰名中外、独占鳌头的名茶之首。

乾隆皇帝曾六次下江南，不论是出于游山玩水，还是体察民情的目的，因为地方官吏知道他嗜好饮茶，所以每到一地，地方官吏都将本地的名茶献上供乾隆品尝。因此在他所到之地都留下了乾隆爱茶的佳话。传说有一年，乾隆到杭州西湖巡游，知州在游舫上用本地的狮蜂龙井招待乾隆。乾隆一看这茶汤色碧绿，茶芽直立，忽忽悠悠地飘然而落，十分美观。吸饮一口，觉得满口清香，甘甜醇厚，便问知州："这是什么茶？"知州回奏道："这是西湖龙井的珍品——狮峰龙井，是从狮峰山胡公庙茶园采摘的。"

第二天乾隆就来到狮峰山的胡公庙茶园巡察，见到庙门前左右分别排列着9棵茶树，枝繁叶茂，葱茏碧绿，芽梢齐发，雀舌初绽，充满生机。乾隆来到采茶姑娘们跟前，就学着也采摘了一些新茶芽。接着知州和胡公庙的住持陪着乾隆参观了狮峰山下的茶场，观看了新茶炒制的过程。临行时茶场送给乾隆两盒狮峰龙井。

乾隆回到京城时，恰逢太后身体不适，乾隆就将从杭州带回来的狮峰龙井命太监烹煎给太后饮用。太后也很喜欢这种龙井，连喝几天便觉得身体渐渐清爽起来。乾隆闻讯大喜，随即传旨给胡公庙住持，赐封胡公庙前的18棵茶树为御茶，每年产的龙井茶进贡给朝廷。这样，龙井茶也就蜚声寰宇了。

二、乾隆与18棵御茶树

清朝乾隆年间，风调雨顺，国力强盛。喜爱周游天下的乾隆皇帝出巡江南，来到名城杭州。在西子湖畔，美丽迷人的湖光山色使乾隆皇帝大饱眼福。意犹未尽，他提出去看看平时最爱喝的龙井茶树。

当乾隆在众多随从的前呼后拥下来到狮岭山时，只见群山连绵，泉水潺潺，茶园飘香，鸟鸣其间。秀美的采茶姑娘与山清水秀的西子湖一起构成了一道迷人的风景线，不禁使人想起苏东坡的诗句："欲把西湖比西子，淡妆浓抹总相宜。"

当兴致勃勃的乾隆皇帝来到狮峰山下的胡公庙时，等候多时的老和尚恭恭敬敬地献上了最好的西湖龙井茶。只见精致的茶盏内芽叶舒展，亭亭玉立，碧绿的龙井茶在水中栩栩如生。稍事品尝，但觉一股清香袭来，沁人心脾，令人唇齿芬芳。乾隆皇帝连声称赞："好茶，好茶！"兴之所至，在众人的陪同之下，乾隆观看茶叶的采制过程。

当乾隆皇帝来到胡公庙前茶园时，只见这里的十几棵茶树芽叶新发，分外鲜嫩。乾隆一时高兴，就学着采茶姑娘的样子采起茶来……

正在此时，忽然太监来报："太后有病，请皇上急速回京。"乾隆皇帝十分焦急，随手将茶芽往袖中一放，匆匆返回京城。事实上皇太后并没有什么大病，不过是积食所致，肝火上升。见皇儿回来，心里高兴，又闻到阵阵清香，问带来何物？皇帝也觉得奇怪，伸手一摸，原来是采摘的茶叶已经干萎，散发出浓郁香气。于是，皇帝命宫女沏泡，请太后品尝。此茶果然清香扑鼻，滋味淡雅。太后喝了几口顿觉双眼舒适，再喝几杯后，眼红消了，胃也不胀了，犹似灵丹妙药。乾隆皇帝听后，十分高兴，立即下旨派专人看管狮峰山下胡公庙前18棵茶树，年年精心采制，专供太后享用。

这就是18棵御茶的来历。之后，狮峰山下的胡公庙成了杭州西湖旅游胜地之一。如今，胡公庙已经荡然无存，但18棵御茶树尚在。

碧 螺 春

吾家有娇女，皎皎颇白皙。

小字为纨素，口齿自清历。

……

其姊字惠芳，面目粲如画。

轻妆喜楼边，临镜忘纺绩。

……

止为茶荈剧，吹嘘对鼎铄。

脂腻漫白袖，烟熏染阿锡。

衣被皆重地，难与沉水碧。

……

——《娇女诗》·西晋·左思

物种基源

碧螺春产于太湖内洞庭东西二山（江苏省吴县西南），故又名洞庭碧螺春茶。其条索纤细、卷曲成螺，满身披毫，清香袭人，冲泡时汤色清澈黄绿，叶底嫩绿明亮，饮后鲜醇甘爽，素有"一嫩三鲜"之名。当地茶农形象而生动地描述为"铜丝条、蜜蜂肥、花果香、浑身毛"。碧螺春为我国十大名茶之一。

风味特点

碧螺春，银芽显露，一叶一芽，叶为卷曲，青绿显翠，芽为白毫，冲泡时"白云翻滚，雪花飞舞"出现，片刻观其形，犹如"雪浪喷珠，春染杯底，绿满晶宫"的奇观景色。

碧螺春茶的品鉴

品鉴项目	标　准
嫩　度	细嫩，白毫显露
条　索	紧结、纤细，卷曲似螺
色　泽	银绿隐翠、润泽
净　度	匀净
香　气	清香淡雅
滋　味	鲜爽甘醇
汤　色	嫩绿、清澈
叶　底	柔软翠绿

茶中营养

在茶叶的化学组成中，有些是人体健康和生存所需的营养成分，如果人体缺乏这些成分，逐渐地就会表现出某些不适或症状，形成缺乏症。茶叶中，具有营养价值的主要成分有蛋白质、氨基酸、糖、脂肪、各种维生素和无机物等。蛋白质是构成人体一切细胞、组织和脏器的主要成分；糖和脂肪主要供给热能；人体必需的常量及微量元素有二十余种，而茶中含十余种；维生素是人体生长和代谢所必需的微量有机物。所以饮茶，能提供人体最基本的六类营养素。如饮茶后，有嚼茶渣习惯的人，还能从茶中提供第七营养素，即纤维素。

茶中药理

茶中咖啡因含量较高，是一般植物所没有的。在茶叶化学成分中，咖啡因不仅是与其他植物相区别的特征性物质，也是区别于其他植物而成为饮料的主要原因。长期以来，人们把茶既当作饮料，有时又当作药物，与茶叶中存在的咖啡因密切相关。

茶与养生

人体具有其自身的免疫功能，以抵抗外来微生物的侵袭，达到保持健康的目的。这种免疫防御系统，是通过免疫球蛋白体的形成，以识别入侵人体的病原，然后由人体中的白细胞和淋巴细胞产生抗体和巨噬细胞来行使围歼任务的。饮茶，可以提高人体中白细脑和淋巴细胞的数量和活性，以及促进脾脏细胞中白细胞间介素的形成，因而增强了人体的免疫功能。

名人与茶

康熙与碧螺春嘉名

据清代王彦奎的《柳南随笔》记载，这种茶产于"洞庭山碧螺峰石壁"，"初未见异"，直到康熙年间的一年初春，一位茶农登山时，发现了这种野茶，又正是采摘的时节，就采摘了很多。可是他的背筐装不下，就兜在胸前的围裙里。他下山时就觉得围裙里的茶叶散发出一种"异香"，不由得吃惊地喊出"吓煞人香"来。回家后经过炒制，发现它"干而不焦，脆而不碎，青而不腥，细而不断"。冲泡时，茶汤清淡，香气绵长持久，因此大家就称它"吓煞人香"。在清代康熙三十八年（1699 年），康熙"驾幸太湖"，当地官员以此茶献给康熙，博得赞许，问到茶名，觉得过于俗气。康熙品味着香茗说："这种茶状如青铜丝，又形似卷螺，还产于碧螺峰，就叫碧螺春吧！"从此"吓煞人香"就以碧螺春的名字名扬天下了。

传说故事

一、碧螺春"野茶树"的传说

相传在很久远的年代，在太湖洞庭山的西山居住的渔民家有个姑娘叫碧螺，而在东山居住的渔民家有个小伙子叫阿祥。阿祥下湖打鱼时，经常遇到碧螺在湖边织渔网。他们虽不相识，但年貌相当，彼此产生了爱慕之情。阿祥喜欢碧螺边织网边唱歌的活泼性格，碧螺爱慕阿祥那伟岸的身材和吃苦耐劳的精神，只是他们无缘相亲和相爱。

有一年在太湖里突然出现了一条恶龙，它搅得一向平静如镜的太湖水恶浪滔天，渔民下不得湖，打不了鱼，换不来粮食，日子过得越来越艰难。阿祥见此就决心惩处恶龙。

一天晚上，阿祥悄无声息地摸到恶龙盘踞的西山水洞边。他见恶龙正伏卧着休息，就瞄准了恶龙的胸口猛地将渔叉刺向恶龙。不料恶龙受伤后变得更加疯狂，它张开饕餮血口，要吃掉阿祥。机敏的阿祥一个箭步跳出水洞，恶龙也随之退出水洞，他们就在湖边上搏斗起来。他们的搏斗厮杀声传遍了洞庭山，东山和西山的渔民都到湖边为阿祥呐喊助威。碧螺姑娘本来就对这个小伙子有好感，于是站在最前面鼓励这个从来没有和自己说过话的小伙子。阿祥得到乡亲们的鼓励，特别是碧螺姑娘的鼓励更让他觉得力量倍增。他与恶龙连续作战，不分白天还是黑夜，一直搏斗了若干时辰。阿祥最终刺死了恶龙，但此时他也精疲力尽，累得昏迷过去。

碧螺姑娘见此立即跑过去，背起阿祥回到家中。众乡亲们知道阿祥孤身一人、无依无靠后，很是欣赏碧螺姑娘的见义勇为，纷纷拿出自家最好的点心或腌鱼送到碧螺姑娘家，还有的乡亲划船到城里去为阿祥请医生治伤。尽管有碧螺姑娘的悉心照料和医生的治疗，可是阿祥的伤口却总也不能愈合。碧螺姑娘更是焦急万分，她在乡亲们的帮助下，访医求药，但仍未见效。第二年初春的一天，碧螺姑娘到西山采草药，无意间来到阿祥与恶龙搏斗的地方，忽然发现一棵小茶树长出很多芽苞，于是就采摘了一些。回到家后，阿祥饮用了碧螺姑娘烹煎的新茶茶汤，立时就觉得茶的清香沁人心脾，浑身舒爽。这样碧螺姑娘每隔几天就去西山采茶，烹煎给阿祥饮用。过了不久，阿祥的身体大为好转。阿祥非常感激碧螺姑娘的救命之恩，掩藏在他们内心的爱情就自然萌生了。当他们沉浸在爱情的幸福之中时，并没有忘记救阿祥一命的那棵茶树。他们在西山的茶树旁搭建了一间小屋，搬到这里来住。他们为茶树施肥、浇水，还为茶树培育繁殖新的秧苗，终于使得这棵野茶树繁殖成一片茶林。遗憾的是，碧螺姑娘积劳成疾，并没有享受到长时间的美满生活，便与世长辞了。人们为了纪念这位品德高尚的姑娘，就将茶树所在的西山口叫作"碧螺峰"。后来阿祥年老故去，留下的这丛茶林，很多年以后才被后人们再一次发现。后来康熙把此茶命名为"碧螺春"。

黄 山 毛 峰

前日采茶我不喜，率缘供览官经理；
今日采茶我爱观，吴民生计勤自然。
云栖取近跋山路，都非史备清跸处；
无事回避出采茶，相将男妇实劳劬。
嫩英新芽细拔挑，趁忙谷雨临明朝；
雨前价贵雨后贱，民艰触目阵鸣镳。
由来贵诚不贵伪，磋哉老幼赴时意；
敝衣粝食曾不敷，龙团凤饼真无味。

——《观采茶作歌》·清·爱新觉罗·弘历

物种基源

黄山毛峰为一种雀舌形细嫩烘青，历史名茶，产于安徽省黄山市黄山风景区的汤口、冈村、杨村、山岔和洽舍等山地上；特级黄山毛峰则产于风景区境内的桃花峰的桃花溪两岸的云谷存、松谷庵、吊桥庵、慈光阁以及海拔1200米的半山寺周围。黄山出名茶历史悠久，在宋贡茶中就有"早春英华""来泉胜金"出歙县之说。明代许次纾在《茶疏》中指出："天下名山，必产灵草，江南地暖，故独宜茶。"

黄山毛峰是清代光绪年间谢裕泰茶庄所创制。该茶庄创始人谢静和以茶为业，不仅经营茶庄，而且精通茶叶采制技术。在他的经营下，黄山毛峰渐负盛名。黄山毛峰1959年被评为全国十大名茶之一。

风味特点

黄山是我国东部的最高山峰，峭壁连云，悬崖摩天，苍郁劲松，破石而出；飞泉瀑布，点缀其间。缥缈的烟云，时常在这里汇成浩瀚的云海奇观，为我国名山之首。产在其间的黄山毛峰芽叶肥壮匀齐，白毫显露，形如雀舌，成茶色泽嫩绿，微黄亮润，泛象牙色，带金黄色，香郁味醇，回味甘甜，耐冲泡。

黄山毛峰的品鉴

品鉴项目	标　　准
嫩　度	嫩毫显露，芽似尖峰
条　索	稍卷曲，形似雀舌
色　泽	绿中泛黄，且带有金黄色的鱼叶
净　度	匀净
香　气	嫩香如兰，韵味馥郁
滋　味	甘醇鲜爽，回味甘甜
汤　色	清碧微黄
叶　底	黄绿鲜嫩，均匀成朵

茶中营养

茶叶的营养成分及含量，对饮茶者的需要量来说，有的虽是微不足道，但"涓涓之水可成江河"，常饮便能积少成多，对身体必然有益。这里还要提及，从营养学观点看，茶的档次高低、价格贵贱，除了色、香、味不同外，其营养价值大致相同或相差无几。一般来说，超精制的茶，因其加工过程中导致营养素破坏，还不及粗制茶或原茶的营养含量。鉴于此，人们在选购自用茶叶时，大可不必追求高档、高价品，以选购普通的大路茶更经济实惠些。有道是："粗茶淡饭分外香。"这句话是有一定道理的。

茶中药理

咖啡因的含量高与低：咖啡因具有升华的特性，采用加温灼烤法，可以直接获得针状咖啡因结晶物，由此可以达到快速、简便地鉴别真假茶叶的目的。茶树新梢芽叶是制成茶的原料，它是成茶品质的基础，茶叶品质的好坏，芽叶嫩度是关键。咖啡因是构成茶叶滋味的重要物质，而它的含量又和鲜叶嫩度呈正相关。所以，咖啡因含量高低，可作为茶叶嫩度等级的重要标志之一。在正常加工情况下，制茶过程中咖啡因含量变化不大，故茶叶品质的级别高低，也与咖啡因含量高低呈正相关。

茶与养生

人体消化道的免疫功能，与消化道的微生物区系组成有很大的关系。消化道中有益细菌与有害细菌种群数量的起伏，决定着肠道免疫功能和健康状况。当肠道中有益细菌双歧杆菌数量较多时，它可以分泌乳酸和醋酸，以抑制肠道中有害细菌的繁殖，从而免除肠道疾病的发生。因双歧杆菌对维持肠道的正常蠕动，对及时排除毒胺、粪臭素、硫化氨等有害物质，对保护肝脏、脑和心脏等重要生命器官，均具有重要作用。双歧杆菌还可以使亚硝胺等致癌物质数量减少，并激活体内吞噬细胞的功能，以增强抗癌能力。因此，在某种意义上说，在肠道内双歧杆菌的种群数量反映人体的免疫力和健康状况，特别反映人体对消化道疾病的抵抗能力。研究证明，饮茶可使消化道内双歧杆菌增殖并促进其生长，同时对其他肠道内有害细菌具杀伤和抑制其生长的作用。因此，饮茶对改善人体消化道的细菌结构、提高肠道疾病的免疫力，都有一定的帮助。

名人与茶

唐诗僧皎然与茶

茶与佛教关系极为密切，古时不少高僧通晓茶事，唐代诗僧皎然就是其中之一。他写过不少茶诗，其中论及茶效的一篇名为《饮茶歌诮崔石使君》，诗中曰："超人遗我剡溪茗，采得金芽爨金鼎。青瓷雪色飘沫香，何似诸仙琼蕊浆。一饮涤昏寐，情思爽朗满天地；再饮清我神，忽如飞雨洒清尘；三饮便得道，何须苦心破烦恼。此物清高世莫知，世人饮酒徒自欺……"诗僧把浙江嵊县产的剡溪茶比作长生不老的"琼蕊浆"。这虽有些夸张，但也写出了诗僧三次饮茶后提神、清脑、益思的感受。

传说故事

黄山毛峰的传说

明朝天启年间（1621—1627），新任黟县县令熊开元春游黄山，由于迷路，夜晚便投宿在一个寺庙中。寺僧敬客以茶，此茶色微黄，形似雀舌，身披白毫。奇妙的是，沸水冲泡，热气绕碗一圈后，会移至碗中心，然后腾然升起，呈白莲花形，幽香满室。熊开元问寺僧，得知此茶名"黄山毛峰"。熊开元离寺时，寺僧又赠予茶一包、黄山泉水一葫芦，并告诉他，只有用黄山泉水冲泡这种茶，才能得见白莲花奇景。

熊开元回到衙后，同窗旧友太平县令来访，熊开元就用这种茶来款待他。太平县令大喜，为邀功请赏，即将此茶进呈皇上，但试验之下，未见有白莲花的奇景出现，犯下了欺君大罪。此事牵连到熊开元。熊开元被急令诏到宫中，得知是没有用黄山泉水冲泡的缘故。

于是，熊开元请求回黄山去取泉水。皇帝同意后，熊开元立即星夜疾驰，另行取来黄山泉水和茶，并当场煮水泡茶。群臣为这位小小的县令捏着把汗，都提心吊胆地注视着茶杯。只见杯中水汽冉冉升起，在杯口旋即上升，约离杯口一尺处，即见旋转成圈，像一朵白色莲花挺立杯上，蔚为奇观。接着白雾逐渐散向四方，像片片白云，在微风中飘落。

皇帝大喜，说："确是神茶神水！"朝中文武百官有的欢呼，有的歌颂，都说这是皇帝恩泽所致，洪福所感。那种肉麻和媚态，熊开元看在眼里，恶在心头。当下皇帝降旨，熊知县官升三品，并赐红袍玉带。

熊开元手捧袍带回到住处，想起同窗自作聪明，自食恶果，又株连自己；皇帝为了观看白莲花，竟要杀死下属；群臣们为了自己的乌纱帽，竟然都千百万计地奉承阿谀。熊开元心中的鄙视、愤恨之情油然升起，久久不能平静。想想黄山茶何等高档，它与圣洁的天泉水融合一体，形成白莲奇观，而那些混浊的井水、河水就难以配合。茶的品质尚且如此清高，更何况人呢？于是他看破了世态炎凉，从心底敬慕寺僧的淡泊清雅，于是丢弃官服玉带，离开驿馆，直奔黄山，在云谷寺出家做了和尚，法名正志，意即行正志高。

据说现今云谷寺路边的檗庵大师塔基遗址，就是这位正志和尚的坟墓。每当人们品尝黄山毛峰时，总会带着缅怀之情谈起这个美丽的传说。

信阳毛尖

落日平台上，春风啜茗时。

石阑斜点笔，桐叶坐题诗。

翡翠鸣衣桁，蜻蜓立钓丝。

自逢今日兴，来往亦无期。

——《重过何氏五首》（之三）·唐·杜甫

物种基源

信阳毛尖为一种针形半炒烘细嫩绿茶，历史名茶。产于河南省南部大别山区的信阳市，河南省是我国最北的一个产茶地区。信阳产茶历史悠久。信阳毛尖主要产地信阳县西南 40 千米的车云山、集云山、天云山、云雾山、震雷山、黑龙潭和白龙潭等群山峰顶上，多系老茶区，故又称"本山毛尖"或称"车云山毛尖"，是我国古老的八大茶区之一。其所产茶叶鲜嫩肥厚、色泽碧绿、白毫显露，从唐代起就被选为贡品了。其中信阳毛尖，为我国十大名茶之一。

风味特点

信阳毛尖，外形紧细、圆直呈针形，锋苗挺秀，色翠，白毫显露；香高（熟栗子香）持久；味醇厚甘爽，饮后回甘生津。

信阳毛尖的品鉴

品鉴项目	标　准
嫩　度	细嫩，白毫多显
条　索	紧实，匀整细直
色　泽	翠绿
净　度	匀净
香　气	醇香清高，有熟果香
滋　味	浓醇，回甘生津
汤　色	嫩绿，或黄绿
叶　底	嫩绿，匀齐

茶中营养

蛋白质是茶叶中的重要含氮物质，它的含量高低与原料老嫩、成品质量的优劣有关。国外报道，红茶中蛋白质含量为干重的 15%～30%；而国内报道，茶叶中蛋白质含量为 20%～30%。茶叶蛋白质极大部分难溶于水，如茶中的谷蛋白就是此种蛋白质，约占茶总蛋白质量的 80%；茶中留下的 20% 左右的蛋白质为球蛋白和精蛋白，它们也只有 40% 溶于水中。能溶于水的蛋白质，通常称"水溶蛋白"，虽只占茶叶干重的 1%～2%，但对茶汤的滋味有很大影响。泡茶时，溶于沸水的蛋白质不到 2%，其余大部分留在茶渣中，而不能为饮茶者所利用。有人估计，单从茶汤中摄取的蛋白质量，每天不超过 70 毫克，故从饮茶中获得的蛋白质是很少的，对人体营养意义不大。但我国少数民族和欧美人，他们喜欢在茶汤中加入牛奶、酥油、乳酪等饮用，就给茶汤增添了不少蛋白质。由于牛奶与茶多酚形成了酪阮复合物，即降低了茶的收敛性和苦涩味，又不妨碍蛋白质的正常吸收，确是一种有益健康的饮茶方法。

茶中药理

茶中咖啡因的含量，可因产地、品种、季节等的不同，波动较大，在茶树的不同部位里，咖啡因含量也有很大差别。一般，在生长代谢旺盛的幼嫩叶梗中含量高，而粗老叶梗中含量低，花果中更少，种子里几乎没有。这说明，咖啡因主要分布在茶树的叶部，而叶中的含量又与叶子老嫩度密切相关。茶树的新梢中，咖啡因含量约为 2%～4%，其中各部位的含量也不同，其背面茸毛中咖啡因含量更高。一般，咖啡因含量随老嫩程度呈有规律的变化，即嫩叶含量高，老叶含量低。具体见下表：

茶树新梢部位的咖啡因含（干重%）

部位	中国	资料	日本	资料
芽	3.74	3.89	—	4.70
一叶	3.66	3.71	3.58	4.20
二叶	3.23	3.29	3.56	3.50
三叶	2.48	2.68	3.23	2.90
四叶	2.09	2.38	2.57	2.50
茎	1.67	1.63	2.15	1.40

茶与养生

饮茶能生津止渴，这是众所周知的常识，古书中记载较多。唐《本草拾遗》中记载："止渴除疫，贵哉茶也。"陆羽《茶经》中记载："茶之为用，味至寒，为饮最宜。精行俭德人，若热温、凝闷、脑痛、目涩、四肢烦、百节不舒，聊四五啜，与醍醐甘露抗衡也。"《茶谱》中记载，"人饮真茶，能止渴"；《日用本草》中记载，茶能"除烦止渴"；孙大绶《茶谱外集》中记载："夫其涤烦疗渴，换骨轻身，茶茗之利，其功若神。"

名人与茶

唐代诗人卢仝与《七碗茶歌》

唐代诗人卢仝，特爱饮茶，对饮茶养身颇有体会，《七碗茶歌》曰："一碗入喉勿润，两碗破抓闷。三碗搜枯肠，唯有文字五千卷。四碗发轻汗，平生不平事，尽向毛孔散。五碗肌骨清，六碗通仙灵。七碗吃不得也，唯觉两腋习习清风生。"诗中不仅提到饮茶的润喉、解郁、利肠胃、发汗、清肌骨等作用，而且还提出饮茶不宜过量。卢仝的《七碗茶歌》，在当时流传较广，影响也较大，也确实反映了卢仝饮茶的功底很深。

传说故事

信阳毛尖的传说

在信阳的茶山，一种尖嘴大眼，浑身长满嫩黄色羽毛的小鸟随处可见，它爱捉茶树虫，茶农们都很喜欢它，称它为"茶姐画眉"。据说，茶山上那棵最高最大的老茶树就是茶姐画眉衔籽种的。

那是很早以前，这一带还是光秃秃的荒山，官府和财主强迫百姓开山造地。乡亲们每天从日出干到日落，还吃不饱饭，又饿又累就患上了一种叫"疲劳瘫"的瘟病，又吐又泻，忽冷忽热，不但痛苦不堪，还病死了不少人。见此情景，有个名叫春姑的善良姑娘十分焦急，到处奔走，寻医问药。这天，她登上高高的彩云山。陡峭的山岩中走出一位银须白发的采药老人，背篓里装满奇草神药。姑娘就像见到救星一般急切地向老人求救，老人听罢叹息道："我采的药草虽多，却治不了这种瘟病，曾听上辈人说，远在洪荒时期，神农氏尝遍百草，找到一种宝树。这种树的叶子片片都是宝，只要喝了这种树叶的汤，就可以百病皆除，延年益寿。"

但是老人说不上这种树长在何处，只记得说是一直往西南方向走，翻过九十九座大山，跨过九十九条大江，才能找到。为援救乡亲，春姑拜谢老人后就一直往西南奔去。渴了，喝点泉水，饿了，就采野果、野草充饥，历尽了艰难险阻，终于翻过九十九座大山，跨过九十九条大江，来到一个古木参天，到处鸟语花香的地方。可这时春姑已精疲力尽病倒了。她头重如山，神志恍惚，体热如焚，便爬到一清泉边喝水，这时水上漂来几片嫩绿的树叶，无意中一起吞了下去，只觉满口清香，顿时神清气爽起来，病痛也全消了，心想：这一定是宝树叶了。于是就顺着泉水向深山处寻去，果然在泉尽头的山岭中找到宝树。春姑上树摘下一颗金灿灿油亮亮的种子，高兴得又唱又跳，惊动了山中一老人。老人告诉春姑，这叫大茶树，种子摘下后，必须三九二十七天内插入土中才能成活。春姑一听急了："老爷爷，我寻宝树，整整走了九九八十一天才到这里，二十七天内怎么能回到家乡？"说着就着急得哭了。老人闻言后随手用柳枝蘸了几滴露水朝春姑轻拂几下，春姑立即变成一只黄羽毛的小画眉。老人嘱咐道："你赶快飞回去，等把茶籽种上，发芽之前，你要忍住不笑不唱也不哭，就能又重新变回原来的漂亮姑娘。"小画眉高兴地衔着金灿灿油亮亮的茶籽展翅回飞，只听耳边风响，不一会儿就看到了家乡的山水，想到乡亲们马上可以得救了，忍不住想要欢叫，刚一张嘴，茶籽就掉了下去，滚进深山的石罅中。小画眉急忙用嘴去啄，但深不可及，用爪抓，又够不到底，只好啄下一朵牵牛花当篮，从山下提来土，从泉中汲来水，埋土浇水后，茶籽竟发芽了，很快长成一棵又高又大的茶树。小画眉忘情地大笑起来，谁知立即变成一块美女石紧挨在茶树旁，大茶树见此情景伤心地哭了，泪水滴到石上，长出牵牛花来，花中又飞出不少黄色小画眉，它们飞上天空，绕着大茶树飞了三圈后，啄茶叶，送到病人嘴中，乡亲们因此得救了。从此以后，信阳就有了成片的茶园和茶山，为纪念春姑，人们就将这些画眉命名为"茶姐画眉"。

六安瓜片

雪液清甘涨井泉，自携茶灶就烹煎。

一毫无复关心事，不枉人间住百年。

——《雪后煎茶》·宋·陆游

物种基源

六安瓜片为安徽西部六安、金寨、霍山三县所产的著名绿茶，称为六安瓜片。此茶由许多单片制成，不含芽头，不带茎梗，形如瓜子，故名"瓜片"。六安瓜片，按质量优次分为一、二、三级；按产区不同分为"里山茶""外山茶"，前者产于高山地区，质量较好；后者产于丘陵地区，质量较次。其中以齐头山、鲜花岭，特别是齐头山蝙蝠洞所产的品质最佳，称为"齐头云雾瓜片"（简称六安瓜片）。

风味特点

六安瓜片，色泽翠绿，白毫较多，叶边背卷，顺直平摊，片片完整，形如瓜子；汤色碧绿清澈，香气高爽，滋味浓醇，回味香甜，叶质厚实耐泡。即使一般瓜片，也是碧绿澄清，香高味浓，不论是看还是泡饮，都给人以清爽之感。喝惯了瓜片的人，总觉得别的绿茶不如瓜片清爽舒服，这就是它独具一格惹人喜爱之处。

六安瓜片的品鉴

品鉴项目	标　准
嫩　度	叶披白霜，明亮油润
条　索	叶边背卷，顺直，不带芽梗，形似瓜子
色　泽	宝绿
净　度	匀净
香　气	清香持久
滋　味	鲜醇回甘
汤　色	明亮清澈
叶　底	黄绿，明亮柔软

茶中营养

氨基酸是茶叶中另一类重要的含氮物质，它不仅是合成茶蛋白质的基本单位及合成许多与代谢有关的生理活性物质的基质，而且与茶叶的品质密切相关。茶叶中的氨基酸，已发现的有25种以上，它们是谷胱甘肽、丝氨酸、甘氨酸、天门冬氨酸、赖氨酸、组氨酸、精氨酸、谷氨酸、丙氨酸、苏氨酸、脯氨酸、茶氨酸、缬氨酸、苯丙氨酸、亮氨酸及异亮氨酸等。其中谷氨酸、天门冬氨酸、精氨酸的含量较高，而茶氨酸的含量最高，通常占茶氨基酸总量的50%以上，并为茶叶所特有。茶叶中游离氨基酸含量较高，但随着产地、品种、季节等的不同，有较大的差别。茶叶中的氨基酸极易溶解于水，不少氨基酸都有一定的香气和鲜味，对茶汤品质影响较大。特别是茶树嫩芽叶中一般含0.5%～2%浓度的茶氨酸，而茶氨酸的味阈浓度为0.06%，这足以说明，茶氨酸在茶叶滋味品质上的重要作用。

同一品种绿茶在不同季节摘采时氨基酸含量的变化（毫克%）

采摘季节	丝氨酸	苏氨酸	天门冬氨酸	谷氨酸	茶氨酸	丙氨酸	缬氨酸	精氨酸
春茶	37.8	95.2	29.3	385.9	1510.4	60.6	23.5	172.6
夏茶	20.0	89.3	28.0	226.8	1107.2	53.5	28.2	75.8
秋茶	23.1	23.8	47.9	322.6	838.4	3.6	极微	126.4
四季茶	25.2	22.6	0	128.2	729.6	极微	极微	54.6

茶中药理

茶生物碱类中，含量较高而且起重要药理作用的成分的主要是咖啡因。茶中咖啡因其药理作用如下：

（1）兴奋中枢神经系统：茶中的咖啡因有兴奋大脑皮质、延脑和脊髓的作用，尤其对大脑皮质有较强的兴奋作用。茶能使人思维活动迅速、清晰，消除睡意，精神振奋；能使人坚持持久的脑力活动，使联想更完善，感觉更敏锐，运动机能提高。有人发现，茶能增加神经敏感性，缩短反应时间，并可减轻精神疲劳。有人指出，大剂量茶咖啡因，可兴奋延脑的呼吸和血管运动中枢，兴奋脊髓，增加肌力，有利于消除疲劳，并能兴奋呼吸中枢，使呼吸加深加快。所以，在呼吸中枢受到抑制而呼吸减慢时，也可灌服浓茶，作为暂时急救措施。

通过人体实验也表明，饮茶可提高分辨能力、触觉、味觉和嗅觉，还可显著提高口头答辩和数学思维的反应能力。与临床上的许多兴奋剂不同，茶咖啡因并不伴随任何继发性抑郁或不良反应。

（2）利尿：茶的利尿作用，早为我国历代医家所熟知，并应用于治疗中。茶能利尿，是茶咖啡因和茶碱共同作用的结果。现代研究发现，咖啡因主要通过肾促进尿液中水的滤出，它也可刺激膀胱促进排尿。因此，茶对痛风和因呕吐或腹泻等造成的水盐代谢平衡失调是有益的。对心脏性水肿、月经前期综合征和包括水潴留等的治疗，也是有效的。

（3）松弛平滑肌：茶可使心脏病患者心脏指数、脉搏指数和氧耗量显著提高，肺通气性减少。茶还有缓解支气管痉挛的作用。这些都同茶所含的咖啡因、茶碱有关，特别是与茶咖啡因的松弛平滑肌作用密切相关。文献指出，利用茶咖啡因的此种作用，可使冠状动脉松弛，促进血液循环，因而在心绞痛和心肌梗死的治疗中，茶可作为一种辅助药；利用这种作用，还可扩张血管壁，增加血管有效直径，以达到治疗高血压性头痛、治疗妊娠性高血压的目的；利用茶叶的这种作用，可松弛已痉挛的支气管平滑肌，从而达到解痉平喘的目的。

（4）降胆固醇和防治动脉粥样硬化：现代医学药理研究成果表明，茶咖啡因具有防治动脉粥样硬化的作用。适量饮茶，不升高血脂，反而降低血脂，即降低了循环胆固醇水平，因此也就降低了动脉粥样硬化的发病率。现代研究已证明，茶多酚可阻止食物中胆固醇的吸收，而且茶多酚与维生素 C 协同作用的结果。苏联学者认为，茶咖啡因与茶多酚之间形成的物化复合物——乳酪物，它不溶于中性或酸性冷水，可能影响咖啡因的吸收速度。所以，茶咖啡因的吸收速度较可可或纯咖啡因慢，这可能是因为乳酪物在到达小肠时并处于小肠的碱性条件下才转变成可溶状态之故。

茶与养生

饮茶可以生津止渴。

渴是体内水分不足的一种生理现象，是唾液分泌减少时产生于咽喉部的特殊感觉。盛夏酷暑汗流浃背、口舌干燥时，喝上一杯绿茶，会顿觉满口生津，渴感全消。饮茶之所以能生津止渴，除了茶汤为人体补充水分外，还与茶中所含的茶多酚、咖啡因、多种芳香物质、维生素 C 以及游离的糖和氨基酸等有关。

茶汤中的多酚类物质，与各种芳香物质结合，可给予口腔黏膜以轻微的刺激，产生鲜爽的滋味，促进唾液的分泌，使口内生津，口渴立即停止。一般浓度的茶，每 100 毫升茶汤中，约含茶多酚 130～250 毫克，相当于单宁药用的最低剂量，其含量是不少的。

研究表明，除缺水有渴感之外，人体由于出汗而使钠盐、钙盐、钾盐和维生素 B、维生素 C 等营养素缺乏时，也可加重渴感，其中以维生素 C 的作用最为明显。因为，它可以促进细胞对氧的吸收，减轻机体对热的反应，增加唾液的分泌。所以，从另一个角度看，饮茶之所以有解渴作用，是因为它含有上述解渴成分，特别是富含维生素 C，也是一个重要原因。

此外，茶叶中的少量有机酸也对口腔黏膜起刺激作用，因而促进了唾液的分泌；同时茶中所含的糖类、氨基酸、果胶等，可与唾液发生化学反应，起滋润口腔、生津止渴的作用。

名人与茶

唐代刘贞亮与"茶十德"

唐代刘贞亮，特别喜欢饮茶，并提倡饮茶修身养性。他将饮茶的好处概括为"十德"，即以茶散郁气，以茶驱睡气，以茶养生气，以茶除病气，以茶利礼仁，以茶表敬意，以茶尝滋味，以茶养身体，以茶可行道，以茶可雅志。他不仅把饮茶作为养生之术，而且也作为修身之道。

传说故事

齐山有"茶神"的传说

六安瓜片中的极品名为"齐山名片",原产在六安的齐头山蝙蝠洞一带。传说,蝙蝠洞洞口曾有"茶神",有一年春天,一群采茶女结伴上齐头山采茶,其中一个采茶女在蝙蝠洞附近发现一株大茶树,枝叶茂密、新芽肥壮。她欣喜异常,动手就采。让她惊奇的是,茶芽边采边发,以致后来越采越多,直到天黑时还是新芽满树。次日,采茶女又攀藤而至,但茶树却已不知所踪。于是,关于"茶神"的美谈就渐渐传开了。

都匀毛尖

活水还须活火烹,自临钓石取深清。

大瓢贮月归春瓮,小杓分江入夜瓶。

雪乳已翻煎处脚,松风忽作泻时声。

枯肠未易禁三碗,坐听荒城长短更。

——《汲江煎茶》·宋·苏轼

物种基源

都匀毛尖,产于贵州都匀,茶以地名,又叫细毛尖、白毛尖,因形似鱼钩和雀舌,又俗称为"鱼钩茶"或"雀舌茶"。都匀毛尖,从明代起就作为贡茶,崇祯皇帝最是喜爱,赐称"鱼钩"。属灌木型、中叶类、中芽种,有性繁殖系品种。采制要求高,制作工艺精巧。都匀毛尖素以"干茶绿中带黄,汤色绿中透黄,叶底绿中显黄"的"三绿三黄"特色著称。它为我国十大名茶之一。

风味特点

都匀毛尖,香清高、味鲜浓、色绿翠、芽幼嫩、身白毫,这是人们对都匀毛尖茶品质特点的写照。由于此茶全是一芽一叶制成,芽叶本身色泽嫩黄,故还有"三绿透三黄"之美称,即干绿茶中带黄、汤色绿中透黄、叶底绿中显黄。都匀毛尖成品茶,外形紧细卷曲匀整,白毫显露有如一层雪花;冲泡杯中,芽叶沉于杯底,绒毫浮游杯中,汤色清澈瑰丽,叶底明亮嫩匀,滋味清香鲜爽,口感浓郁,回味甘甜。

都匀毛尖的品鉴

品鉴项目	标　准
嫩　度	纤细,身披白毫
条　索	卷曲
色　泽	翠绿
净　度	匀净
香　气	鲜嫩、清爽
滋　味	鲜浓,回味甘醇
汤　色	清澈明亮
叶　底	绿中显黄,芽头肥壮

茶中营养

人体所需要的氨基酸有"必需"和"非必需"之分。所谓"必需氨基酸"，一定要由食物蛋白质来供给，以维持机体的需要。成人需要的必需氨基酸有 8 种，儿童除成人需要的外，还另加 2 种，一共为 10 种。茶中含有 20 余种氨基酸，其中 8 种是人体必需的，它所具有的赖氨酸、苏氨酸、苯丙氨酸、缬氨酸、亮氨酸、异亮氨酸 6 种是成人、儿童所必需的，而所含的组氨酸、精氨酸是儿童所必需的。所以，茶叶中几乎含有人体全部的必需氨基酸。据测定，嫩茶中含有 2％～5％的氨基酸；我国生产的绿茶，水溶部分氨基酸含量占 1％～3.5％。故饮茶可以提供人体一部分氨基酸，特别是所含的必需氨基酸，有利于机体蛋白质的合成，对人体有益。

国产不同级别绿茶中氨基酸含量（毫克％）

氨基酸	上级茶	中级茶	下级茶
茶氨酸	1900	960	610
其他氨基酸	970	510	380
总氨基酸	2870	1470	990

茶中药理

茶碱和可可碱，均为茶生物碱类物质之一，有茶咖啡因类似的化学和药理学性质。茶碱和可可碱也具有兴奋中枢神经系统、心腔和骨骼肌，舒张血管，松弛平滑肌和利尿等作用，但各有侧重，咖啡因的中枢兴奋作用较强，茶碱的松弛平滑肌和利尿作用较突出，而可可碱的作用介于两者之间。

茶与养生

饮茶有助消化、除口臭方面的功用，古书中早有记载。顾元庆《茶谱》中提到饮茶有"消食"的功用，又有"每食已，辄以浓茶漱口，烦腻既去，而脾胃自清"的记载；唐苏恭所著《唐新本草》中早就有"苦茶生下气，消宿食"的记载；明朝李士材《本草通元》也说茶可"下气、消食"；近代丁福宝所著《食物新本草》中有"身体衰弱，消化机能迟缓者，日饮茶若干量则能有效"的记载。现代名医蒲辅周说："茶芳香微甘，有醒胃悦脾之妙。"

名人与茶

范仲淹与茶

宋代文学家及诗人范仲淹，特爱饮茶，对茶的功效曾给予高度评价。从他的《和章岷从事斗茶歌》中的一些诗句可以看出，他以夸张的手法，赞美茶的神奇功效曰："……众人之浊我可清，千日之醉我可醒……不如仙山一啜好，泠然便欲乘风飞。"他把茶看作胜过美酒和仙药，啜饮之后可飘然升天，这与卢仝的《七碗茶歌》的某些诗句有异曲同工之妙。

传说故事

乳泉育仙茶的传说

传说西山有一块巨大的棋盘石，周围树木遮天，是避暑胜地，神仙也常来此游玩。

一天，东天大仙和西天大仙来此下棋，双方商定。输棋者受罚，对胜者的要求必须照办。两人下了很久，不分胜负。这时两人都口渴了，西天大仙便吹口气，变出了一杯香茶；东天大仙也吹了口气，变出了一杯泉水。一人喝水，一人饮茶，西天大仙正被香茶陶醉时，被东天大仙乘机将了他一军，西天大仙输了。这时正巧走来几位和尚，问两位大仙是何物如此清香，得知原来是香茶。

东天大仙便罚西天大仙把茶种撒在这里，让这山坡上长出香茶，供人们享用。只见西天大仙吹了口气，无数茶种纷纷撒落在山上。东天大仙接着吹了口气，许多泉眼也相继落在这里，涌出了泉水，泉水色白似乳，众人齐声喊道"乳泉乳泉育仙茶"。茶树旺盛生长，茶芽齐发，香气浓郁。后来众人都说，西山茶是仙人所赐，所以格外香甜。

南京雨花茶

溢江江口是奴家，郎若闲时来吃茶。
黄土筑墙茅盖屋，门前一树紫荆花。

——《竹枝词》·清·郑板桥

物种基源

南京雨花茶，为一种松针形细嫩炒青，新创名茶。产于南京中山陵和雨花台园林景区。1958 年由南京中山陵园管理处创建，为纪念南京雨花台死难烈士而命名。外形细紧，挺直，深绿如松针，因品质优异，造型独特。加工南京雨花茶要求鲜叶芽不能肥壮，采一芽一叶初展，大小长短一致，经杀青、揉捻、搓条、干燥加工而成。1986 年商业部评出的十种全国名茶之一，产区也扩大到长江南北的雨花、栖霞、浦口三个郊区，江宁、江浦、六合、溧水、高淳五个县。

风味特点

南京雨花茶是炒青绿茶中的珍品和新品，色、香、味、形俱佳，而花茶的品质特色为紧、直、绿、匀，在采摘和工艺上都有严格的要求，必须在谷雨前采摘嫩叶。要长有一芽一叶，制作过程全部为手工完成。雨花茶冲泡后茶色碧绿清澈，香气清幽，滋味醇厚，回味甘甜。

南京雨花茶的品鉴

品鉴项目	标 准
嫩 度	锋苗挺秀，茸毫隐露
条 索	竖直、浑圆，形似松针
色 泽	银白隐翠
净 度	匀净
香 气	浓郁、清幽、高雅
滋 味	鲜醇持久，回味甘甜
汤 色	绿而清澈
叶 底	嫩匀明亮，犹如翡翠

茶中营养

茶叶中的糖类有几十种之多，一般含量为干重的 20%～30%，可分为单糖、双糖、多糖三类。茶叶中的单糖有葡萄糖、甘露醇、半乳糖、果糖、核糖、木酮糖、阿拉伯糖等，其含量为干重的 $0.3\%\sim1\%$；双糖包括麦芽糖、蔗糖、乳糖、棉子糖等，其含量约为 $0.5\%\sim3\%$。双糖和单糖通常都易溶于水，故总称为可溶糖，具有甜味，是茶汤中主要呈味物质之一。茶叶中的多糖，通常指的是淀粉、纤维素、半纤维素、木质素、葡萄聚糖、半乳聚糖、木聚糖、阿聚糖、聚半乳糖醛酸等，它们占茶叶干重的 20% 以上，其中尤以纤维素含量最多，约占干重的 $8\%\sim18\%$。茶叶中的多糖类物质，一般不溶于水，含量高是茶叶粗老、嫩度差的标志。除上述三类糖外，与糖有关的物质还有果胶、各种酚类的糖甙、茶皂甙、脂多糖等。

茶叶中含有的糖，多数是不溶于水的多糖，能被沸水冲泡出来的糖仅占总糖量的 2% 左右，只占茶水溶物的 $4\%\sim5\%$，故称茶为低热量饮料。

茶中药理

茶多酚，为茶叶中酚类物质的总称，是一类以儿茶素为主体的具有生物氧化作用的酚性化合物，又称茶单宁、茶鞣质，因为大部分溶于水，故又称水溶性鞣质。茶多酚易溶于热水，其氧化产物能与蛋白质结合而沉淀，遇含铁物质，则形成墨绿色沉淀物。多酚类物质是茶中一类具有重要意义的生物活性物质，因含量高，种类较多，故左右茶的质量。茶中多酚类物质的含量，可因茶的品种、制作方法等的不同波动较大。绿茶中，一般含量为 $15\%\sim35\%$，也有报道为 $10\%\sim24\%$ 的，有的品种甚至含量有超过 40% 的。红茶，因为发酵，使茶多酚大部分氧化，故含量大大下降。国内报道，红茶多酚类含量为 6%，而国外报道可达 15%。茶中的多酚类物质，大致可分为六类，它们是黄烷醇类、羟基-4-黄烷醇类、花色苷类、黄酮类、黄酮醇类和酚酸类。其中以黄烷醇类为最重要，其次为黄酮类，其他酚类物质含量较少。

茶与养生

喝茶，可以清除口中黏腻物质，既可净化口腔，又使人心情愉快。常喝茶，如饭后用茶水漱口，确有防龋、除口臭的作用。据近来研究认为，茶叶中，特别是绿茶中主要除口臭的物质，是黄酮化合物中的山奈素和槲皮素等酮醇类物质，此外还有茶多酚儿茶素中的儿茶素没食子酸酯，氨基酸中的茶氨酸和谷氨酸，嘌呤类中的咖啡因、茶碱和微量的皂角素等。这些化合物，能与大蒜中的亚硫酸己二烯酯等恶臭物质起中和反应、附加反应、吸附反应和酯化作用等，其结果，可以驱除挥发性含臭物质的影响，从而达到消除口臭的目的。目前，已有将茶中黄酮化合物中有效成分提取出来，掺于糖果、饮料中，使食品既具食效，又有净化口腔、杀菌消炎、洁净齿面、去除口臭的作用。

名人与茶

苏东坡吟茶

宋代大文豪、大诗人苏东坡，喜爱饮茶，所写的茶诗很多，给人留下深刻的印象。同时，苏东坡对茶的功效认识颇深，并深信不疑。在《雨中过舒教授》中有"客来淡无有，洒扫凉冠屦。浓茗洗积昏，妙香净浮虑"，说明茶能提神。在《杭州故人信至齐安》中有"更将西庵茶，劝我洗江瘴"，意即茶能治病。在《偶至野人汪居士之居》中有"酒渴思茶漫扣门"，是酒后寻茶喝，说明茶能解酒。在《游诸佛舍，一日饮酽茶七盏，戏书勤师壁》中有"示病维摩无不病，在家灵运已忘家。何须魏帝一丸药，且尽卢仝七碗茶"等。这些都是苏东坡对茶功的深切体会。

传说故事

《茶经·广陵耆老传》的故事

陆羽在《茶经·广陵耆老传》中曾经记述了这样一个故事。晋元帝时，南京雨花台附近有一位老妇人每天早晨提着一壶茶沿街叫卖，百姓都争先恐后地买她的茶汤来喝。奇怪的是，老妇人自清早叫卖到晚上，茶壶中的茶汤却不减，她还把卖茶所得的钱全部分给孤苦贫穷的人。后来，雨花台一带开始遍布葱郁碧绿的茶园。据说，那些茶园就是那位老妇人留下的。

蒙 顶 甘 露

兀兀寄形群动内，陶陶任性一生间。

自抛官后春多醉，不读书来老更闲。

琴里知闻唯渌水，茶中故旧是蒙山。

穷通行止长相伴，谁道吾今无往还。

——《琴茶》·唐·白居易

物种基源

蒙顶甘露产于四川省雅安、名山两县的蒙顶山，以山名茶。"扬子江中水，蒙顶山上茶"，蒙顶茶是中国名茶之一，也是中国最古老的名茶，被尊为"茶中故旧，名茶先驱"。蒙顶茶早在唐代时便被列为贡品，一直延续了千年之久，历来被视为茶中珍品。而蒙顶甘露则是蒙顶名茶众明珠中最光彩夺目的一颗。（开头诗《琴茶》中的"蒙山"，即为诗人白居易所爱茶种。）

每年春分时节，当茶园中有5%左右的茶芽萌发时，即可开园采摘，标准为单芽或一芽一叶初展。采回的鲜叶需经过摊放后杀青，为使茶叶初步卷紧成条，给"做形"工序创造条件，杀青后需经过三次揉捻和三次炒青。因而，蒙顶甘露在蒙顶茶中品质最佳。观其形，叶芽美观齐整、毫多紧卷、颜色鲜嫩绿润。

风味特点

鲜、嫩、醇是品浓蒙顶甘露最大的特色。鲜：蒙顶甘露自古就以"鲜"闻名天下，蒙顶出产的茶种中氨基酸含量相对较多，在各大名优绿茶中属含量较高者。嫩：蒙顶甘露带着一般春天的气息。醇：由于茶中氨基酸含量较高，相较其他绿茶而言，蒙顶甘露的口感更加醇和，略微带甜。据说，一杯甘露品三口，才会更爽口。让茶水在口里转一圈再吞下，会顿感丝丝甘甜爽滑，缕缕清香萦绕，世间美事尽在此。

蒙顶甘露的品鉴

品鉴项目	标　准
嫩　度	细嫩，白毫显露
条　索	纤细，紧卷，叶整芽壮
色　泽	嫩绿油润
净　度	匀净

（续表）

品鉴项目	标　准
香　气	清高而爽
滋　味	鲜爽，浓郁回甘
汤　色	黄中透绿，透明清亮
叶　底	芽叶匀整，嫩绿鲜亮

茶中营养

茶叶芽叶中，通常含脂质4％～5％，它包括中性脂质、磷脂和糖脂三类。中性脂质约占总脂质的20％，包括甘油三酯、甘油二酯、游离脂肪酸、甾醇等。茶叶中的甾醇化合物，已发现的有 α-菠菜甾醇、β-香树素、β-谷甾醇、豆甾醇等。其中 β-谷甾醇含量较高，每100克成茶中的含量可高达140～570毫克。茶叶中的脂肪酸，主要是亚油酸和亚麻酸，都为人体必需的脂肪酸。在茶叶贮藏期间，脂肪类物质会进一步水解，使脂肪和脂肪酸从脂化状态转化为游离态，更易溶解于热水中。所以饮茶，特别是饮红茶，可以使人体获得部分必需的脂肪酸。但由于茶叶中此类物质含量较低，故茶作为脂肪酸的来源是有限的。茶中磷脂化合物，占总脂质含量的35％左右，它包括缩醛磷脂酰胆碱、缩醛磷脂酰甘油等。茶中糖脂占总脂质40％以下，它包括半乳糖甘油酯和甾醇甘油酯等。脂质与茶叶品质关系不大，但与茶树叶片的生理功能有密切的关系。

茶的药理

茶中的黄烷醇类化合物，主要是儿茶素，占茶叶干重的12％～24％，占茶多酚总量的60％～80％，故儿茶素为茶多酚的主体。儿茶素有6种主要成分，它们是没食子儿茶素（L-EGC）、没食子儿茶素（DL-GC）、没食子儿茶素（L-EC）、儿茶素（DL-C）、没食子儿茶素没食子酸酯（L-EGCG）、儿茶素没食子酸酯（L-ECG）。各种儿茶素的组成比例，与茶树品种、叶片老嫩、采摘季节、加工工艺等因素密切相关。茶叶品种不同，儿茶素各种成分含量也各异。茶叶中儿茶素的含量也随不同季节而变化，夏梢中含量最高，秋梢次之，春梢最少。一般来讲，绿茶中的儿茶素含量最高，乌龙茶次之，红茶最低。发酵类茶叶，因在加工过程中，儿茶素被氧化而聚合成茶黄素、茶红素、茶褐素等一系列有色化合物，它们对红茶的品质和汤色有重要作用，但儿茶素类化合物的含量也随之下降。茶中的儿茶素是决定茶汤滋味、颜色的主体成分，也是构成各种茶品质的重要物质。儿茶素类化合物是无色的，但其氧化产物茶黄素、茶红素、茶褐素等都具有鲜艳的色泽，是决定红茶、乌龙茶、黑茶等发酵茶汤色和品质的重要物质。一杯优质红茶的茶汤呈现浓亮的橙红色，它是由茶黄素构成的；而一杯优质红茶杯壁处呈现的金黄色，主要是由茶红素决定的。因此，在红茶的理化审评中，常采用茶黄素和茶红素含量及两者的比率作为红茶的品质指标。而茶褐素，是儿茶素高度氧化聚合的产物，它的含量与红茶品质呈反比。因为茶褐素含量高时，会使茶汤变暗，叶底暗钝，滋味淡薄，导致质量下降。

不同品种茶的儿茶素诸成分含量（毫克/克干重）

儿茶素的成分	龙井茶	楮叶种	凤凰水仙	云南大叶种	海南橘叶种
L-EGC	27.22	29.98	22.64	14.36	16.91
DL-GC	2.71	6.47	4.38	6.72	11.43
L-EC+DL-C	10.40	11.14	8.61	18.20	38.39
L-EGCG	57.57	63.31	71.60	72.83	58.48

（续表）

儿茶素的成分	龙井茶	楮叶种	凤凰水仙	云南大叶种	海南橘叶种
L－EDG	22.21	29.42	29.76	65.18	89.30
合计	120.11	140.32	136.99	177.29	214.51

不同季节的茶树新梢中儿茶素的含量变化

茶梢种类	L－EGC	DL－GC	L－EC+DL－C	L－EGCG	L－EDG	总计
春梢	8.26	3.93	7.86	50.66	28.52	99.23
夏梢	22.44	5.44	11.16	99.93	34.52	173.49
秋梢	25.91	7.38	11.55	67.21	29.75	141.80

茶与养生

饮茶有助消化、增进食欲的功能，也是茶叶中多种成分综合作用的结果。前面讲述，茶咖啡因有兴奋中枢神经系统的功能，也影响机体各方面的生理功能，饮茶后可提高胃液的分泌量，就是咖啡因的这种功能在消化器官上的反应。德国医生别叩尔认为，咖啡因对食物，特别对含氮化合物性食物，如对蛋白质的消化过程起着良好的作用。此外，咖啡因可在体内转化成腺嘌呤、鸟嘌呤等，可与磷酸、戊糖等形成核苷酸，而其中的 ATP、GTP 等，又对食物营养成分的代谢起重要作用。这种茶咖啡因的间接作用，尤其适用于脂肪性食物的消化。所以，边疆少数民族地区，因多食脂肪性食物牛羊肉，自然茶就更受欢迎。在调节脂肪代谢中起突出作用的一些成分，在生化上称"趋脂性因子"，在药物学上称"抗脂肪肝性物质"，茶汤中含有这些化合物。茶叶中所含的化合物，最主要的是维生素类，如肌醇、叶酸、泛酸、6，8－二硫辛酸等；茶中的蛋氨酸、半胱氨酸、卵磷脂和胆碱等，也有调节脂肪代谢的功能；茶中还含有甾醇类及其衍生物，如菠菜甾醇、皂草苷等，也具有这样的作用。所以饮茶具有调节脂肪代谢的功用。

名人与茶

李时珍论茶

明代医学家李时珍，在《本草纲目》这部医药学专著中，详细论述了茶的医药疗效。他在书中写道："茶苦而寒，阴中之阴，沉也降也，最能降火。火为百病，火降则上清矣。然火有五，火有虚实。若少壮胃健之人心肺脾胃之火多盛，故与茶相宜。温饮则火因寒气而下降，热饮则茶借火气而升散，又兼解酒食之毒，使人神思阔爽，不昏不睡，此茶之功也。若虚寒及血弱之人，饮之既久，则脾胃恶寒，元气暗损，土不制水，精血潜虚，成痰饮，成痞胀，成痿痹，成黄瘦，成呕逆，成洞泻，成腹痛，成疝瘕，种种内伤，此茶之害也。民生日用，蹈其弊者，往往皆是，而妇妪受害更多。习俗移人，自不觉尔。况真茶既少杂茶更多，其为患也，又可胜言哉？"李时珍认为，饮茶应根据各人的身体状况，选择适当的饮茶方法，才能取得好的效果，如有不适应者，以不饮为好。

传说故事

蒙顶茶的传说

在一些古香古色的茶馆里，经常会看到"扬子江中水，蒙山顶上茶"的联语，意思是说扬子江心水，味甘鲜美；蒙山顶上的茶叶，茶品最佳。这种珠联璧合的搭配是人间最美的佳饮。

蒙山顶上茶，就是蒙顶茶。它产于四川省名山、雅安两县的蒙顶山，又称蒙山。这里由于气候条件适宜茶树生长，茶树种植的历史已有1000多年。

蒙顶茶种植在蒙山顶部的一块30多平方米的平台上，这块平台土地肥沃，雨水调和，很适合种植茶树。相传这种蒙顶茶与西汉末年蒙山甘露寺的一位叫吴理真的禅师有关。当年正值青年的吴理真，到青衣江游玩时遇到一个美丽的少女。他们一见钟情，并对天跪拜，私订了终身。可是吴理真无家无业，没有生活依靠。于是少女就给了他7粒茶树种子，告诉他说："你将这7粒种子种在蒙山顶上，明年就能长出茶树来，以后的生活就不成问题了。"他们相约，在明年茶树长出芽苞的时候，少女就到蒙山顶上与他成婚。

转眼间就到了第二年的茶树长出芽苞的季节，那位少女真的来了。他们成亲之后，共同打理茶树，不几年这七棵茶树就繁衍成一片茶树林。他们将采摘的芽苞炒制成茶叶，在山下每每都能卖出个好价钱。因为他们炒制的茶浅绿油润，汤黄微碧，味醇甘鲜，清澈明亮，香气袭人，味道醇正，很受人们的喜欢。因为这种茶生长于蒙山顶上，所以就叫作"蒙顶茶"。后来他们还生下了一双儿女，日子过得美满而惬意。然而，天有不测风云，在一个风雨大作、雷电交加的午后，吴理真的妻子忽然听到天神的命令，要她立即返回天宫，否则就被处死。在这种情形下，她只得向丈夫道出了原委。原来她是玉皇大帝碧水宫里的一条金鱼，因为不甘于宫廷的寂寞，私自下凡，与他成婚。如今已被天神发现，如果违抗将会生命不保。说到这里，夫妻紧紧相抱，舍不得分离。但是天命难违，最终妻子擦了擦吴理真和自己的眼泪，又亲了又亲他们的儿女，然后将一条白色披纱交给吴理真，并告诉他说："你将这条纱巾挂在屋顶上，就能变云化雾，永远笼罩着蒙山，滋润着茶树。你们今后世世代代的生活都不会犯愁了。"还告诉他，这种茶一定要用扬子江江心的水来冲泡，否则就不能泡出它的醇香味道。说罢就飘然而去。

妻子回到天宫后，吴理真带着儿女继续经管茶树，栽种面积不断扩大，蒙顶茶声名远扬，后来儿女们都成家立业了，吴理真就到甘露寺做了禅师。有一次，一位巡抚饮用了扬子江江心水冲泡的蒙顶茶之后，觉得口味异常不错，就进贡给皇上饮用，博得了皇上的好评，被誉为"人间第一茶"，成为每年进贡的贡茶。皇上赐封吴理真为"甘露普慧妙济禅师"。

普陀佛茶

江南风致说僧家，石上清泉竹里茶。

法藏名僧知更好，香烟茶晕满袈裟。

——《送茶僧》·明·陆容

物种基源

普陀佛茶为产于浙江舟山群岛的普陀山，又名普陀山云雾茶、凤尾茶。普陀山是中国四大佛教名山之一，景色优美，古人称之为"海天佛国""人间第一清静境"。而对于爱茶的人来说，普陀山更吸引人的地方恐怕还在于普陀佛茶。普陀佛茶出自普陀山的最高峰佛顶山，这里气候宜人，常年云雾弥漫，雨量充沛，植被茂盛，土地肥沃，因而所产茶叶品质优异。

风味特点

优质普陀佛茶外形"似螺非螺，似眉非眉"，色泽翠绿披毫，香气芬芳，茶汤味道清醇爽口，又因其似圆非圆的外形也略像蝌蚪，故也称"凤尾茶"。

普陀佛茶冲泡后青翠香洁，初品滑润蕴玉，味醇宜人；再品滋味清馥，茶香圆融；三品可渐觉齿颊含芳，香清韵足，回甘绵长。

普陀佛茶的品鉴

品鉴项目	标　准
嫩　度	细嫩，白毫显露
条　索	紧细，卷曲如螺
色　泽	翠绿、微黄
净　度	匀净
香　气	馥郁芬芳
滋　味	清醇爽口
汤　色	黄绿明亮
叶　底	匀整，芽叶成朵

茶中营养

维生素 C 是茶叶中含量最多的维生素，特别在鲜叶和绿茶中，几乎可与柠檬相比较。有人估计，绿茶中维生素 C 含量，比香蕉高 10 倍，比韭菜高 9 倍，比白菜高 7 倍，比菠菜高 5 倍。一般绿茶中，每 100 克干茶含维生素 C 为 100～250 毫克，而高级绿茶中的含量可高达 500 毫克。红茶中，维生素 C 的含量很低，这是因为在加工和发酵过程中 90% 的维生素 C 被破坏之故。茶中的维生素 C，约有 80% 可溶于茶汤中，如我国安徽歙县绿茶水溶部分的维生素 C 含量占 0.1%～0.5%。成人每天维生素 C 的推荐供给量为 60 毫克。如按茶、水比为 1∶100 泡茶，即每杯茶用 3 克茶叶和 300 毫升沸水冲泡，则一杯好绿茶中含维生素 C 5～6 毫克，故每天饮茶 5～6 杯，就能从茶中直接获得接近一半的维生素 C 供给量。所以饮茶，特别是饮绿茶，能获得人体需要的维生素 C，对人体健康有益。

茶中药理

茶叶中的黄酮醇类化合物，占茶干重的 3%～4%，在茶提取液的纸层析谱上可鉴别的黄酮醇类有 23 种之多，且都是杨梅素、槲皮素、山柰素和它们的苷，其中较为重要的组分有芳香苷，在茶中含有 0.08%～0.3%。茶叶中的黄酮醇类化合物，多以苷的形式存在，但黄酮醇苷多不稳定，如芳香苷见光易分解，故在红茶制作过程中易发生氧化等改变。如在阿萨姆红茶制造中，黄酮醇类的含量减少了 25%～35%。苏联红茶中，黄酮醇类含量为 0.6%～0.8%，仅为鲜叶中含量的 5% 左右。黄酮醇苷水解时，能产生的糖有葡萄糖、鼠李糖、半乳糖和芳香糖等，而芳香苷中的芳香糖为葡萄糖与鼠李糖结合的双糖。

茶与养生

关于饮茶能固齿防龋，古书中早有记载。在古代文学名著《红楼梦》中，就常提到贾府的人在饭后用茶漱口的习惯。例如在第五十四回里有这样的记载：元宵佳节，贾府众人一直热闹到四更，于是大家随意吃了一些，用过漱口茶，方散。可见，我国人民自古以来就注意口腔卫生，有饮茶和以茶漱口来坚齿防龋的习惯。宋代苏轼在《东坡杂记》中，谈到养身之道时曾指出："吾有一法，常自珍。每食已，辄以浓茶漱口，烦腻即去而脾胃不知。凡肉之在齿间者，得茶浸漱之，乃消缩，不觉脱去，不烦刺挑也，而齿便漱濯，缘此渐坚密，蠹病自己，然卒用中下茶。"这是苏东坡自己的经验体会，不但翔实可靠，而且说明了以下问题：一是挑牙不是好习惯，弊病甚多；二是饮茶可以坚齿、防龋；三是"中下茶"的防龋作用较强。这些，都是符合科学道理的。在《敬斋古今注》中，有"漱茶则牙齿固利"的记载。这说明，饮茶除防龋齿外，还有增强人体牙齿及其他骨骼坚韧度的作用。

名人与茶

乾隆与茶

乾隆 25 岁登基，他在位 60 年，政局稳定，国泰民安。乾隆皇帝是历代皇帝中的长寿者。乾隆治国有方，养生也很得法，他一生以茶为伴，到了晚年，更是嗜茶如命。乾隆嗜茶的轶事趣闻不少，其中有一则关于他 85 岁让位时的趣闻流传甚广。据传，当时有一位老臣无不惋惜地说："国不可一日无君！"乾隆听后哈哈大笑，然后幽默而风趣地答曰："君不可一日无茶也！"乾隆与茶结有不解之缘，这也许就是他长寿的秘诀。乾隆下江南时，到过不少著名的茶产地，品尝过杭州的龙井茶、岳阳的君山银针、崇安的大红袍、安溪的铁观音等。乾隆写过不少茶诗和文章，对品茶和品泉都十分精通。乾隆在御花园里辟有一间茶室，四壁书画，陈列精致，环境幽雅，他每天到茶室品茗，修身养性。因此，常年饮茶，也许是他从政几十年仍身心健康的原因吧！

传说故事

普陀佛茶的传说

普陀佛茶出自普陀山的最高峰佛顶山，又因最初是由慧济禅寺的和尚种植、管理，并为寺院提供敬佛和待客的用茶，故名佛茶。

关于佛茶的产生，还得从普陀山成为观音道场说起。相传五代后梁时期，有一个叫慧锷的日本和尚来中国游历时，在普陀山停留了好长时间，并与这里的方丈成了莫逆之交。有一天，慧锷在大殿后院见到有尊檀香木雕成的观音佛像，赞不绝口，非常景仰。方丈见他十分喜爱，便说："如法师喜爱，您就请回供奉吧！"于是慧锷法师就在后梁贞明二年（916 年）一个晴朗的日子，将普陀山的观音佛像从普陀山的莲花洋运送回国。

这一天，运载观音佛像的渡船刚到普陀山的莲花洋面上，突然海风骤起，风急浪高，渡船东倒西歪，盘旋打转，无法张帆行进。慧锷见此，只好把船驶进普陀山的一个山岙潮音洞里，抛锚落帆，待得风浪平息后再走。

次日，虽然是个风平浪静的日子，慧锷兴致勃勃地扬帆起航，可是船刚驶出山岙，莲花洋面上就突然升起了一团烟雾。烟雾越升越高，逐渐扩散，像道屏幕挂在船的前面，挡住了去路。慧锷抬头望天，是一片湛蓝湛蓝的天；看看四外，却是风平浪静的大海。慧锷下令调转船头，绕过烟雾向前行驶。不料，飘动的烟雾却像与帆船捉迷藏一样，船向左行驶，烟雾飘到左边，船向右行驶，烟雾飘到右边。左冲右突，绕来绕去，也摆脱不了这片烟雾。慧锷没有办法，只好再次把船驶进山岙里，等烟雾消散了起锚。

到了第三天清早，晴空万里，彩云绚丽，霞光万道，风平浪静。慧锷和尚心中喜悦，合十顶礼，马上扬帆起航。遗憾的是，船一出山岙，就见到浓浓的乌云翻滚而来，天色变得铅一般灰沉沉的，海面上也涌动着滔天的巨浪。慧锷觉得不能再耽搁时间了，就命令船家顶风破浪朝前驶去。可是船驶出大约几十丈远，就好像抛了锚一样，进退不能。

慧锷一看，只见海面上漂来一朵朵铁莲花，将船团团围住。慧锷这才恍然大悟：第一天是风浪阻挡，第二天是烟雾弥漫，今天是铁莲花围困，原来是观音大师不愿去日本！于是他回到船舱，跪在观音佛像前祈告说："如若日本众生无缘见佛，我遵照大师所指方向，另建寺院，供养我佛。"他的话音刚落，就听得水声哗哗地响了起来，从海底下钻出一头铁牛。铁牛游向铁莲花，一口一个，很快就把几十朵铁莲花吞吃掉。这时在回程的海面上出现了一条航道，铁牛在前引路，直到岸边铁牛沉入海底，不见踪影了。慧锷定睛一看，原来船回到了普陀山的潮音洞。

慧锷看到岸边有间民房，就捧着观音佛像前往，将观音大师供奉在案几上。此时天空乌云散去，艳阳高照，风和日丽。慧锷自知观音显灵，就决定翻建这间民房，为观音大师修建观音道场。这个观音道场被当地人称作"不肯去观音院"。

普陀山成为观音道场之后，又相继建立了普济寺、法雨寺、长生禅院、盘陀庵、灵石庵等寺院，来这里修行的和尚日渐增多。可是普陀山没有水井，和尚们的饮用水都是挖池蓄雨水。如果单纯地饮用雨水，并不好喝，而濒临的海水又不能喝，这给慧济禅寺的住持出了大难题。有一天住持净身后，就跪拜南海观音菩萨，祈求大慈大悲的观音菩萨指点迷津，不再受缺水的困惑。观音菩萨闻讯带着善财童子来到佛顶山上空，用手一点，顿时佛顶山上就长出一片茶树林。

清晨小和尚巡山时，发现山上长出很多茶树，于是报告给住持。住持意识到这是观音菩萨显灵，也知道这种矮树是茶树，于是就派人到南县（今宁波）和会稽（今绍兴）学习采摘、焙炒茶叶的技术。第二年清明时节，佛顶山的慧济禅寺就焙炒出第一批茶叶。当时茶叶的产量还低，所产的茶叶只用来供佛和待客，因而就取名"普陀佛茶"。普陀佛茶是在每年清明节前后采制，这种茶色泽嫩绿，外观以"似螺非螺，似眉非眉"的蝌蚪状著称，因而也称"凤尾茶"。冲泡的茶汤嫩绿，香气馥郁，喝到嘴里给人齿颊留香之感。

太 平 猴 魁

乳窦溅溅通石脉，绿尘愁草春江色。
洞花入井水味香，山月当人松影直。
仙翁白扇霜鸟翎，拂坛夜读黄庭经。
疏香皓齿有余味，更觉鹤心通杳冥。

——《西陵道士茶歌》·唐·温庭筠

物种基源

太平猴魁为产于安徽省黄山市太平湖畔的猴坑，凤凰山、狮彤山、鸡公山、鸡公尖一带，其中以猴坑所产质量最佳。它以采摘精细严格著称，包括：（1）"拣山"，采朝北阴山茶；（2）"拣棵"，取发育健壮、无病虫害茶；（3）"拣株"，选枝颖挺拔者；（4）"拣尖"，取芽叶肥壮，茸毛多的嫩梢。它以一芽三叶为标准，后再摘取一芽二叶。经杀青、三次烘干而成，不经揉捻，下烘会趁热装箱贮藏，以提高香气。它是我国十大名绿茶之一。

风味特点

太平猴魁独具特色，入杯冲泡，芽叶成朵，或悬或沉，在明澈嫩绿的茶汤之中，好似无数小猴搔首弄姿，又如"龙飞凤舞，刀枪云集"，可见"两刀一枪"的景观，不弯不曲，扁平挺直，民间素有"猴魁两头尖，不散不翘不卷边"之说。冲泡后的太平猴魁汤色明澈嫩绿，滋味醇厚鲜爽，回味甘甜，有"一泡香高，二泡味浓，三泡四泡香犹存"的神韵，这也就是人们常说的"猴韵"。不常饮此茶者初饮时会觉茶汤清淡无味，其实唯有细细品味，才能体味到太平猴魁之妙。

太平猴魁的品鉴

品鉴项目	标　准
嫩　度	白毫披身，含而不露
条　索	扁平挺直，肥壮厚实
色　泽	苍绿匀润，叶脉中绿中隐红，俗称"红丝线"
净　度	匀净
香　气	兰香高爽
滋　味	甘醇，独具"猴韵"
汤　色	明澈、清绿
叶　底	舒放成朵，嫩绿匀亮

茶中营养

茶叶中的 B 族维生素有维生素 B_1、维生素 B_3、烟酸、叶酸、泛酸、生物素、肌醇等。它们全系水溶性维生素，几乎 100％溶于茶水中，其中维生素 B_2 溶解性稍差些，平均也为 80％。红、绿茶所含 B 族维生素的种类及含量大致相同，每 100 克成茶中含量为 8～15 毫克，但 B 族维生素的组成及含量随耕作和加工的不同，略有差别。

茶中药理

茶中的黄酮苷类化合物，在茶树新梢中含量较少。从绿茶中分离与鉴定过的黄酮苷有 21 种，其中 19 种具有旱芹素的基本结构。较为重要的组分有牡荆苷、皂草苷和 6，8 -二- C -葡萄糖旱芹素。黄酮苷类被认为是绿茶汤色的重要组成部分。

茶与养生

科学研究证明，饮茶有防龋齿的作用，主要与茶中所含的氟、茶多酚等成分有关。

茶树是一种富含氟的植物，氟具有防龋齿的作用，与牙齿健康密切相关。在龋齿形成之初，牙面上往往先有一层菌斑，它由蛋白质、细菌和糖组成。菌斑中，细菌分解食物变成糖，进一步变成酸，以致侵蚀牙齿而产生龋齿。当饮茶时，茶中的氟离子和其他有效成分可进入菌斑，抑制细菌生长，从而防止龋齿的发生。

另外，经常饮茶，增加了口腔的水液流动量，保持了口腔卫生；茶叶中的糖类、果胶等，与唾液发生了化学反应；滋润了口腔，增强了口腔的自洁能力。这些，也与饮茶防龋有关。

名人与茶

柳宗元与茶

唐代文学家及诗人柳宗元，也写过一些茶诗，其中一首五言诗《巽上人以竹间自采新茶见赠·酬之以诗》中，有如下诗句："……涤虑发真照，还原荡昏邪。犹同首露饭，佛事薰毗耶。咄此蓬瀛侣，无乃贵流霞。"诗人夸张地把茶比作神仙的伴侣，颇为动人。

唐代著名的书法家颜真卿，在《月夜啜茶诗》中，赞茶功曰："流华净肌骨，疏瀹涤心源。"表达他对饮茶清热、除烦茶功的体会。

传说故事

一、太平猴魁的传说

相传很久之前，在南京城里，有母子二人经营着一家茶店。有一年，儿子赵成到安徽太平去购买茶叶，到了那里后，将随身所带的银子赠给了一家十分贫穷的母女。那位老人看赵成诚恳善良，忠厚可靠，就把自己的独生女儿许配给了赵成。女孩名叫猴魁，生得聪明伶俐。新婚之夜，猴魁做了一个奇怪的梦，梦见一位仙翁托梦给她，告诉她在山上很高的地方，在一线天处，有一株奇特的茶树，假若能够采到，便可以包治百病。

第二天，猴魁按照仙翁指点，攀上高山，在一线天处，采得茶叶。猴魁并未将此事告诉丈夫，而是悄悄地将茶叶藏了起来，以备不时之需。

后来，丈夫欲回南京，带了妻子、岳母同行。行至京城时，看到皇帝张榜重金悬赏良医良药，为公主治病。猴魁看后，毅然代丈夫揭榜，然后，拿出自己的茶叶让丈夫带进宫中。果不其然，公主喝了此茶的茶汤后，身体由病危至康复。皇帝惊喜之下，问此茶名。赵成急中生智，回答说是猴魁茶。从此，猴魁茶声名大振，远近闻名。

二、太平猴魁的另一个传说

古时候，黄山上有一对白毛猴，生下一只小毛猴，有一天，小毛猴独自外出玩耍，来到太平县，遇上大雾，迷失了方向，没有再回到黄山。老毛猴马上出门寻找，几天后，由于寻子心切，劳累过度，不幸病死在太平县的一个山坑里。山坑里住着一个老汉，以采野茶与药材为生，他心地善良，当发现这只病死的老猴时，就将它埋在山冈上，并移来几棵野菜和山花栽在老猴墓旁，正要离开时，忽闻说话声："老伯，您为我做了好事，我一定要感谢您。"由于不见人影，这事老汉也没放在心上。第二年春天，老汉又来到山冈采野茶，发现整个山冈都长满了绿油油的茶树。老汉正在奇怪，忽听有人对他说："这些茶树是我送给您的，您好好栽培，今后就不愁吃穿了。"这时老汉才醒悟过来，这些茶树是神猴所赐。从此，老汉有了一块很好的茶山，再也不需翻山越岭去采野菜了。老汉后来把这片山冈称作猴冈，以纪念神猴，并把自己住的山坑叫作"猴坑"，把从猴冈采制的茶叶叫作"猴茶"。由于猴茶品质超群，堪称魁首，后来就将此茶取名为"太平猴魁"了。

庐 山 云 雾

龙焙今年绝品，谷帘自古珍泉。
雪芽双井散神仙，苗裔来自北苑。
汤发云腴酽白，盏浮花乳轻圆。
人间谁敢更争妍，斗取红窗粉面。

——《西江月·茶词》·宋·苏轼

物种基源

庐山云雾茶，绿茶名，古称"闻林茶"，是一种条形半烘炒细嫩绿茶，历史名茶，产于"匡庐奇秀甲天下"的庐山。庐山种茶，相传始于汉朝。据《庐山志》记载，东汉时期，佛教传入我国。当时庐山梵宫寺院三百多座，僧侣云集。他们在寺院周围种茶、采茶、制茶。东晋时，庐山已成为佛教中心之一，当时有名僧慧远，在山上居住 30 余年，聚集僧徒，讲授佛学，并在山中发展茶园，研究茶叶加工技术。唐朝庐山茶已很著名，是当时的众多名茶之一，陆羽《茶经》中有记载。许多文人大学者也留下了不少赞美"庐山茶"的诗篇。诗人白居易，曾住香炉峰，挖药种茶，有诗："长松树下小溪头，班鹿胎白布裘。药圃茶园为产业，野麋林鹤是交游。"宋朝诗人周必大游庐山时，曾有"淡薄村村酒，甘香院院茶"的诗句。到了明代，"云雾茶"的名字已出现在明《庐山志》中。到了清朝，庐山云雾茶已颇负盛名，成为名茶之一。庐山云雾茶的产地江西庐山风景区内的汉阳峰，含鄱口、花径、青莲寺等地翠峰叠嶂，佳木葱郁，海拔都在 1000 米左右，云雾弥漫，特别适宜茶树生长。庐山云雾，举世闻名，为中国十大名茶之一。

风味特点

庐山云雾茶形似兰花初绽，芽壮成朵，汤色鲜亮，香气芬芳，锐鲜，叶底碧绿成朵，舒展从容。《采茶谣》中赞美庐山云雾"色香幽细比兰花"，足见其馥郁芳香。

庐山云雾茶有醇甘耐泡的特点，不仅味道浓郁清香，醇厚甘鲜，而且滋味爽快，怡神解渴，若用庐山的山泉沏茶焙茗，其滋味更加香醇可口。

庐山云雾的品鉴

品鉴项目	标 准
嫩 度	芽壮叶嫩，白毫多显
条 索	紧结重实，饱满秀丽
色 泽	翠绿光润
净 度	匀净
香 气	香凛持久，极品带兰花香
滋 味	醇厚味甘，鲜爽
汤 色	清绿带黄
叶 底	嫩绿，淡黄，匀齐，柔润

茶中营养

茶叶经过高温灼烧灰化后的无机盐总称为"灰分"，约占干重的 4％～7％。灰分含量是茶叶出口的检查项目之一，通常规定灰分含量不宜超过 6.5％。鲜茶叶和红茶含约 4％～9％的无机盐，其中 50％～60％可溶于热水中，能被人体吸收利用，大部分对人体健康有益，并且是不可缺少的。不同茶叶的无机盐成分稍有差别，绿茶所含的磷、锌量比红茶高，而红茶所含的钙、铜、钠等比绿茶高。目前认为，人体必需的 11 种常量元素中，茶叶中含 8 种，它们是氮、钾、磷、钙、镁、硫、钠、氯；人体必需的 16 种微量元素中，茶叶中含有 11 种，它们是硼、氟、锌、铜、锰、铁、硒、镍、硅、钼、钴。所以，从食物中摄取这些无机盐，茶叶是较好的来源之一。对居住生活在高原、孤岛、沙漠，以及靠近南、北极缺少水果、蔬菜的人，饮茶尤为重要，因为饮茶能或多或少地满足他们对必需的常量、微量元素方面的要求。

茶中药理

广义而言，茶叶色素指的是茶树体内的色素成分和成茶冲泡后形成茶汤颜色的色素成分。

茶叶中的色素，分脂溶性色素和水溶性色素两大类。

叶绿素、类胡萝卜素、叶黄素不溶于水，称为脂溶性色素，它们对于茶的色泽和叶底的色泽均有很大影响。叶绿素为茶叶的主要色素，在幼嫩鲜叶中的平均含量为干物重的 0.6%，在成品干茶中的含量为 0.3%～0.8%。叶绿素又可分为具蓝绿色的叶绿素 a 和具黄绿色的叶绿素 b 两种，前者的含量约为后者的两三倍。叶绿素存在于茶树叶片组织内的叶绿体中，它可利用光能进行光合作用，将无机物质转化为有机物质，以维持茶树的正常生长。类胡萝卜素及叶黄素，是一类黄色素，虽不溶于水，但在酶性氧化和热的作用下，能转化成为内酯或酮类物质，是茶叶香气的重要组成成分。类胡萝卜素的含量为茶叶干重的 0.02%～0.10%，为黄色至橙黄色，它包括 α-胡萝卜素、β-胡萝卜素、叶黄素、堇黄素等多种化合物。在红茶加工过程中，类胡萝卜素发生降解并形成一些对茶叶香气影响很大的化合物。由此可知，此类色素在茶叶中的含量虽少，但在成品茶香气上的作用是不容忽视的。黄酮醇、花色素、茶黄素、茶红素、茶褐素等能溶于水，统称为水溶性色素，它决定茶水的汤色。黄酮醇是一类黄色素，除对绿茶汤色有一定作用外，其中某些成分对人体还有一定的保健作用。茶色素以苷状存在于茶中，一般在幼嫩芽中含量不多，如果含量过高，会影响毛茶的品质。

茶与养生

血脂过高，是指血液中胆固醇、三甘油酸酯含量高于一般水平。它是人类，特别是老年人的一种常见病症。胆固醇有低密度（LDL）、超低密度（VLDL）和高密度胆固醇（HDl）三种，前两种为有害胆固醇，具有促进人体动脉粥样硬化的不良作用；而第三种为有益胆固醇，它具有预防和改善动脉粥样硬化的功效。

饮茶能去脂降胆固醇，历代文献中早有记载，如茶可"解油浓""去腻""去人脂"等，就是这个意思。国内研究结果表明，饮茶愈多的人，血浆中胆固醇水平有明显下降的趋势。到目前为止，至少有 8 个国家进行过的流行病学调查和临床实验结果均证明，饮茶可以降低血浆中总胆固醇及低密度胆固醇的含量水平。

名人与茶

朱德与"庐山云雾"茶

作为新中国第一代领导人之一的朱德元帅，兴趣广泛，爱书法、作诗，也爱饮茶。朱德的一生与茶结下不解之缘，即使在革命战争的艰苦年代，也随身带有茶叶，饮茶也成为他生活中不可缺少的事情。他强调饮茶有益于人体健康，认为坚持常年饮茶，是延年益寿的一种诀窍。1959 年，他在庐山植物园品饮"庐山云雾茶"之后，顿觉心旷神怡，精神大振，因而诗兴勃发，当即写下五绝一首："庐山云雾茶，味浓性泼辣。若得长时饮，延年益寿法。"这首茶诗，充分表达了朱德知茶、爱茶、信茶的情感。

传说故事

云雾茶的传说

传说古时候有一个叫阿虎的苗族青年，骑着一匹白马，带着一包茶种，来到云雾山。阿虎见山上云雾缭绕，土地湿润，很适合种植茶树，便把茶籽儿种了下去。从此，云雾山上有了茶林，阿虎还经常骑着白马到苗家村寨教乡亲们种茶。苗家有了茶叶，调米换盐，日子好过多了。

当时的皇帝十分贪婪，派很多人到全国各地寻找稀奇东西，供他享受。一天，云雾山上来了个县官，带着几个跟班的。他们气喘吁吁地爬上山来，走进寨子就大声地说："口干得很，快舀水来喝！"苗家人向来好客，阿虎就请县官进家，特地抓了把明前茶冲给他喝。

谁知县官看了一眼茶叶又大声嚷起来："你们是怎么搞的？拿这些粗叶大片的茶叶来招待我？快换细的来！"

阿虎笑笑说："不用换，你一尝就晓得了。"说着把茶杯盖子一揭，只见杯里冒出一股白气，先像一把伞，后像一朵云，慢慢升上天空。就这样一出气一朵云，一出气一朵云，好看极了。县官忙问："这是什么茶？这样怪！"阿虎说："这叫云雾茶。"

啊，云雾茶！多好听的名字，味道一定很好，县官端起茶杯喝了一口，顿时觉得清凉甘甜，周身舒爽，便一口气喝了个杯底朝天，流着口水，连茶叶渣渣都吞了下去。

县官正给皇帝找宝，想不到无意中碰见这样的好茶。他就对阿虎说："你把云雾茶全部献给皇帝，我保你一辈子不愁吃不愁穿。"阿虎说："苗家离不开云雾茶，怎么能全部献给皇帝呢？"县官正要发火，一想自己人少，不便硬来，就对阿虎说："这样吧，你跟我去见皇帝，在京城栽一年茶叶，云雾山的茶税就可以免交。"阿虎想：在别处栽种茶叶，会对更多的人带来好处，便答应了。接着收拾茶种，准备进京。

阿虎走的这天，苗族乡亲们依依不舍地把他送到山丫口。一直看着他骑的那匹白马渐渐远去，消失在云雾中。

从此以后，乡亲们天天盼望阿虎回来。一年又一年过去了，阿虎始终没有回来。后来人们听说，阿虎到京城种茶，因为土壤气候不适合，栽出的茶叶没有冒云雾，味道也不好。皇帝说他用"妖法"迷人，要杀死他。阿虎一气，骑上白马返回云雾山，被皇帝的兵用乱箭射死了。

消息传来，乡亲们更加怀念阿虎了。说也奇怪，从此以后，每当云雾升起的时候，就有一匹白马飞起来，在云雾山上奔跑，几十里外都看得见。人们说，那是舍不得云雾山和乡亲们的阿虎，骑着白马又回来了。

阳羡雪芽

南州溽暑醉如酒，隐几熟眠开北牖。
日午独觉无余声，山童隔竹敲茶臼。

——《夏昼偶作》·唐·柳宗元

物种基源

阳羡雪芽，绿茶名，为一种半炒烘细嫩绿茶，新创名茶，产于江苏省宜兴县。宜兴生产贡茶，历史悠久。据《桐君录》记载："西阳、武昌、庐江、晋陵皆出好茗。"汉代常州称晋陵，常州辖治之内自古仅宜兴多山产茶，故宜兴产茶当不迟于东汉末期。到唐朝，常州产茶已颇有名气。唐肃宗（756—761年在位）年间，史大夫李栖筠守常州时，山僧进阳羡茶，李栖筠会集宾客品饮，陆羽认为这茶香味极好，建议推荐给皇帝，从此阳羡茶成为贡茶，风靡一时。后许有谷诗"陆羽名荒旧茶舍，却教阳羡置邮忙"之句和南代卢仝《走笔谢孟谏议寄新茶》诗中的"天子未尝阳羡茶，百草不敢先开花"之句可见，阳羡茶在唐朝已很著名。到了宋朝，宜兴阳羡茶作为贡茶已不如唐朝之盛，但仍为文人雅士所爱好，宋代苏轼有"雪芽我为求阳羡，乳水君应饷惠山"之句。直至清初，阳羡茶仍负盛名。后因战乱，宜兴茶叶生产遭到严重破坏，阳羡茶停产失传。20世纪80年代初，镇江地区茶叶果树研究所根据市场的需求，依据宜兴茶叶生产历史资料和"名茶"的特点，研制成功阳羡名茶。此茶假古人诗意，结合地名，取名为"阳羡雪芽"。1989 年被农业部评为全国名茶。

风味特点

阳羡雪芽外形圆紧挺秀，锋苗显露，色翠绿而披白毫，香幽味鲜醇，深受当今消费者的喜爱。

阳羡雪芽的品鉴

品鉴项目	标 准
嫩 度	芽叶成朵，白毫披露
条 索	紧结挺直，如"青龙腾白云"
色 泽	银绿、隐翠
净 度	匀净
香 气	清幽高爽，馥香持久
滋 味	鲜爽醇厚，回味甘甜
汤 色	杏绿，清澈明亮
叶 底	匀齐成朵，肥嫩

茶中营养

氟是人体必需的微量元素，它是形成牙齿釉质和坚硬骨骼的主要成分。人每天最少需氟量为 1 毫克左右，一般为 1.5～2.0 毫克。缺氟往往是地理环境性现象，易造成龋齿，使老年人骨骼变脆等。

茶树是一种富集氟的植物，是植物界中氟浓度最高的几种植物之一，比一般植物的氟素含量要高，茶树鲜叶中氟的含量与叶片老嫩有关，每克嫩叶中含量为 100～200 微克，每克成叶中为 300～400 微克，老叶中含量最高，每克可达 1000 微克以上。干成品茶冲泡对氟的溶出率为 50%～60%，如每天饮茶 10 克，可满足人体需要氟量的 60%～80%，所以饮茶是氟的良好来源。氟对人预防龋齿有明显的作用，饮茶可降低龋齿发病率，已在许多国家中得到证实，其中所含的氟起重要作用。

茶中药效

在增强毛细血管和抗炎的作用中，茶多酚和维生素 C 起协同作用。缺少维生素 C，就会使茶多酚的药理作用降低或完全丧失；反之，维生素 C 作用的发挥，也离不开茶多酚，特别是黄烷醇的协同作用。所以，两者在机体内的作用是相辅相成的。

某些茶多酚成分，具有增进抗坏血酸药效的能力，可能是由于其抗氧化的特性所致。有人发现，家兔组织匀浆液在 37℃ 下，其中茶多酚可保护抗坏血酸不致氧化。还证实，茶提取液能增强白鼠和豚鼠体内多种组织中抗坏血酸的积累，降低抗坏血酸分解和尿中排泄率。其机理可能是，黄酮类物质与肠胃和血液中抗化抗坏血酸氧化的金属进行整合之故；黄烷醇类，可能是作为输送活化的抗坏血酸的载体而起作用。

茶与养生

目前认为，茶叶延年益寿的作用，与茶中所含的营养、药理成分有关，其中与茶多酚类、维生素 A、维生素 E、维生素 C 关系尤为密切。

目前认为，人体内过量自由基的出现，往往是人体衰老的重要原因之一。随着年龄的增长，特别到达老年阶段，人体就不能维持自由基的产生和清除间的动态平衡，使得人体内有大量的过剩自由基存在。自由基为一种高度活性物质，过量自由基在体内发生恶性连锁反应的结果，可产生丙二醛类化合物。它们可将相互独立的大分子聚合在一起，形成褐脂素，沉积在老人手、脸皮肤上，就形成所谓的"老年斑"；如沉积在内脏和细胞表面上，可促使脏器老化，而导致心血管系统等一系列病症。所以，清除体内存在的多余自由基，对防治衰老是极为重要的。研究证明，茶中的多酚类化合物，对自由基有很强的清除效力。有人用绿茶水提取液和绿茶茶多酚类化合物进行研究表明，它们对自由基的清除效率可达98%，其效果比维生素C（96%）和维生素E（23%）要高。在儿茶素类化合物中，有清除自由基的效果，以儿茶素没食子酸酯（EG-CG）为最好。有人研究指出，EG-CG在每毫升$6×10^{-3}$毫克的低浓度下，其自由基的清除率就可达97%。

人体衰老的另一个重要原因，是体内组织的过氧化过程。人体中的不饱和脂肪酸与体内的氧结合产生的脂质过氧化过程，形成过氧化物，它们会使人体组织中的细胞膜受损伤，对人的健康产生重大影响，可产生贫血、糖尿病、动脉硬化等。茶中含有的维生素C、维生素E，特别是茶多酚的主要成分儿茶素类化合物，它们都有很强的抗氧化活性，可以抑制脂质的过氧化作用。

名人与茶

越剧表演艺术家范瑞娟与茶

著名越剧表演艺术家范瑞娟，出生于浙江嵊县茶乡，从小受父亲的影响，喜欢喝茶。她从11岁起，开始学越剧表演，因易患咽喉炎，更把茶作为护嗓音、治疗慢性咽喉炎的良药。她常年不间断地饮茶，体会颇深地说："饮茶好处很多，对于戏曲艺术工作者来说，更有利于保护嗓音。我们其他几位老演员如傅全香、吕瑞英等也都有饮茶润喉的习惯。"范瑞娟台上台下长期坚持饮茶，不仅嗓音好，而且眼睛也好，身轻体健。她用一句话来概括自己饮茶健身的体会是："明目清茶功。"茶利咽喉护嗓音的作用，与茶多酚的消炎、收敛作用有关，也与茶中糖、氨基酸、维生素C等刺激唾液分泌生津止渴的作用分不开。

范瑞娟的饮茶方法，是根据自己的身体情况设计的。她冲饮绿茶时常加些冰糖，这样既可以增加热量、中和茶性，又可以减少对胃的刺激，同时还能更好地起到润喉作用。

传说故事

一、阳羡茶的传说

宜兴，濒临太湖，层峦叠嶂，风光绮丽，更兼有"善卷""张公""灵谷"三洞之胜，吸引着无数海内外游客。不少慕名而来的旅游者，在饱览了宜兴的湖光山色、洞天奇景之后，都不忘沏上一杯"阳羡茶"来品尝一番。阳羡泡出来后汤清色浓，味香而甜，堪称茶中佳品。

宜兴产茶历史久远，古时就有"阳羡贡茶""毗陵茶""阳羡紫笋"和"晋陵紫笋"。早在三国孙吴时代，就驰名江南，当时称为"国山茶"。"国山"，也就是今天的离墨山。据《宜兴县志》载："离墨山在县西南五十里……山顶产佳茗，芳香冠他种。"到了唐代，有"茶圣"之称的陆羽，为了研究茶的种植、采摘、焙制和品尝，曾在阳羡（今宜兴的古称）南山进行了长时间的考察，为撰写《茶经》一书积累了丰富的原始资料。陆羽在他的《茶经》中记及："阳崖阴林，紫者上，绿者次，笋者上，芽者次。"陆羽在品尝同僧进献的佳茗后，认为"阳羡茶"确是

"芳香冠世，推为上品"，"可供上方"。由于陆羽的推荐，"阳羡茶"因此名扬全国，声噪一时。从此，"阳羡茶"被选入贡茶之列，所以有"阳羡贡茶"之称。

在唐代肃宗年间，常州刺史李栖筠开始，每当茶汛季节，常州、湖州两地太守集会宜兴茶区，并且特派茶吏、专使、太监到宜兴设立"贡茶院""茶舍"，专司监制、品尝和鉴定贡茶的任务。采下来的嫩茶，焙炒好后，立即分批通过驿道，快马日夜兼程送往京城，赶上朝廷的宴会。当时称此种茶为"急程茶"，一刻也不能延误。

诚可知，江苏宜兴距京城（今西安）有千里之遥，不知累坏了多少驿役，累死了多少骏马，正如唐代诗人李郢诗曰：

凌烟触露不停采，官家赤印连贴催。

……

驿路鞭声毒流电，半夜驱夫谁复见。

十里皇程路四千，到时须及清明宴。

"阳羡贡茶"，产自宜兴的唐贡山、南岳寺、离墨山、茗岭等地。"阳羡茶"以汤清、芳香、味醇的特点而誉满全国。

二、茶谜故事——哑巴和尚戴草帽

南朝梁代，在江南一座古刹中，其中的住持是一位嗜茶如命的和尚。有一天晚上打坐念经之后，正准备安寝时，茶瘾突然上来了，可找遍整个寺院，也找不出茶叶，只好叫小沙弥到平日要好的一个食货店老板那里去买。而这两人平素就喜好以谜会话，住持想了想，就叫徒弟戴上草帽，穿着木屐去了。那店老板本刚想吹灯睡觉，听见有人敲门，打开一看，见是一脚穿木屐头戴草帽的和尚，知道是寺中方丈又和他比谜了。看了看，想了想，就取出一包茶叶叫小沙弥带回寺去了。为什么店老板一见其人就知道他的要求呢？店老板是个猜谜高手。他看了哑巴小和尚的装束，心里就明白了当家老和尚的意思。"头戴草帽"为草字，小和尚为"人"字，"穿上木屐"为"木"字，合起来为"茶"字。

附注

（一）虫茶

虫茶，湖南城步苗族自治县长安乡长安村的一种土特产，已有两百多年的历史。清光绪《城步乡土志》载："茶有八峒茶……亦有茶虽粗恶，置之旧碗一二年或数年，茶悉化为虫，其名曰虫茶。"相传清乾隆年间，横岭峒一带的少数民族起义被镇压，躲进深山的老百姓采嚼灌众丛苦茶枝鲜叶为食。始嚼苦涩，后觉凉甜。于是大量采摘，用箩筐、木桶储存起来。几个月之后，茶叶被一种乌黑的虫子吃光了，只剩一些呈黑褐色、像油菜籽般细小的渣滓和虫屎。在惋惜之余，人们试探性地将残渣、虫屎放进水杯里，顷刻时，泡浸出褐红色的茶汁，香味扑鼻，清香甘美，分外舒适可口，从此便有意制作"虫茶"了。虫茶还有医疗价值，很受群众喜爱。

（二）苦丁茶

苦丁茶，有两大类：

（1）安徽潜山县天柱山产，叶似茶而大，味苦，性极凉，可入药却暑。《霍山志》云："苦丁茶有二种，一叶小而上有刺；一叶大而圆，皆天然自生深山岩石间，无子种，与茶同采制。"

（2）药茶。苦丁茶、白茅根、菊花、桑叶、钩藤各6克，制成粗末，煎水代茶频饮。有清热、平肝的功效，适用于血压偏高、头胀头痛等症。苦丁叶外表绿褐色或黄绿色，与一般青茶相似，只是开水冲泡后味较苦。《本草求原》称其能"清耳目"，我国很早即有以此代茶饮之习，是《瀚海颐生十二茶》之一。

（三）竹筒香茶

竹筒香茶，也叫"雨卡茶""姑娘茶"，是云南特有的名茶，产于西双版纳勐海县南糯山哈尼族聚居的姑娘寨。竹筒香茶的制法：采摘细嫩的一芽二三叶，经铁锅杀青、揉捻，然后装入生长一年的嫩甜竹（又叫香竹、金竹）筒内，边装边用木杵压紧，然后用甜竹叶堵住筒口，放入文火上慢慢烘烤，待竹筒由青绿色变为焦黄色，筒内茶叶全部烤干时，剖开竹筒，即成竹筒香茶。其外形似竹筒状，为深褐色圆柱形，具有叶肥嫩、白毫特多、汤色黄绿、清澈明亮、香气馥郁、滋味鲜爽回甘的特点。此茶含有多种维生素，有消炎解毒、清肺利尿、消食去腻、治疗高血压等功效。它是当地兄弟民族招待宾客、馈赠亲友的珍品。

（二）红 茶

红茶（black tea）为我国六大茶类之一，属发酵茶。呈红色紧细条索状，香气馥郁，滋味甜醇，汤色、叶底红亮。由茶树嫩叶芽经萎凋、揉捻、发酵、干燥而成。在前三个过程中茶叶中酶的活性不断增强，鞣质氧化，使叶色由绿变红，并形成特有的香气和滋味。按产地及制法不同，可分小种红茶、功夫红茶、分级红茶和不萎凋红茶四种，前两种为我国特产。小种红茶以松柴为燃料，于室内加温萎凋，成茶带烟香；功夫红茶因制时工艺复杂，颇费功夫而得名；分级红茶在初制揉捻时解块分筛，将叶茶与碎茶分别制造；不萎凋红茶先将鲜叶切碎后加工，成茶全部为碎片。

祁门红茶

石帆山下白头人，八十三回见早春。
自爱安闲忘寂寞，天将强健报清贫。
枯桐已露宁求识？敝帚当捐却自珍。
桑苎家风君勿笑，他年犹得作茶神。
——《八十三吟》·宋·陆游

物种基源

祁门红茶（Keemun black tea）简称"祁红"。红茶中功夫红茶之一。成茶呈紧细条索状，有锋苗，色泽乌润，香气浓烈，清鲜持久，味醇厚鲜爽，汤色红艳透明，叶底鲜红明亮。高级品带有少量白毫。产于安徽祁门县及其毗邻地区。清光绪年间试制成红茶。由茶树嫩叶芽经萎凋、揉捻、发酵、干燥而成，以高香闻名，其香气被称为砂糖香或苹果香，并蕴涵有兰花香，香气清高持久，独树一帜，被誉为"祁门香"。

风味特点

祁门红茶，外形条索细紧苗秀，大小粗细均匀一致，锋苗显露；色泽乌黑泛灰光，俗称"宝光"；内质香郁似蜜甜香，国际市场称为"祁门香"；汤色红亮，滋味醇厚，回味隽永，叶底嫩匀亮红。

祁门红茶品鉴

品鉴项目	标　准
嫩　度	锋苗秀丽，金毫显露
条　索	紧细秀长，略带弯曲
色　泽	乌黑泛灰光
净　度	匀净
香　气	清香馥郁
滋　味	浓醇鲜爽
汤　色	红艳明亮
叶　底	红亮、嫩软、匀齐

茶中营养

茶中含有一定量的维生素 B_1，每 100 克干成品茶中的含量为 0.15 毫克，它比苹果高 6 倍，比西瓜高 2 倍，比韭菜高 1 倍多。绿茶中的维生素 B_1 含量比红茶高，故饮绿茶可以获得较多的维生素 B_1。茶中的维生素 B_1 几乎 100％溶于茶汤中。根据劳动强度不同，成人每日维生素 B_1 的推荐供给量为 1.2～2.1 毫克。一杯好绿茶含维生素 B_1 12 微克左右，如每天饮茶五六杯，就能从茶中直接获得占 4％的维生素 B_1 供给量。而红茶含维生素 B_1 较少，每杯红茶含维生素 B_1 3～4 微克，如每天饮红茶五六杯，只能从茶中直接获得占 1％左右的维生素 B_1 供给量。

茶中药理

茶中的花色苷及其苷原，又称花青素，是一类性质稳定的色原烯衍生物。它们在紫色芽叶中含量较多，可达 0.5％～1％干重，主要包括芙蓉花色素、飞燕草花色素和翘摇紫苷原等。花色苷在茶中的形成与积累，与茶树新梢的生长发育状态与环境条件密切相关。一般地说，在较强的光照和较高的气温下，茶叶中花色苷含量较高，茶的芽叶也易呈红紫色，这是抵抗较强紫外线伤害的一种反应。而红紫色芽叶，对制茶（尤其是制绿茶）品质不利。

茶中的羟基-4-黄烷醇化合物，又称花白素，是广泛分布在植物体内的成分，是一类所谓还原型黄酮类化合物。茶叶中发现的花白素，有飞燕草花白素、芙蓉花白素等。

茶与养生

茶中茶多酚的防龋作用，主要通过以下途径来实现。

（1）直接杀死或抑制龋齿细菌：1991 年，日本学者曾比较了茶多酚主要组成的各种儿茶素对变形链球菌（为主要引起龋齿的细菌）最小抑制浓度，其中没食子儿茶素和表没食子儿茶素的抑菌作用最强，最小抑菌浓度为 250 微克/升，而表没食子儿茶素没食子酸能为 500～1000 微克/升，而其他的儿茶素化合物抑菌作用较小。

（2）茶多酚类化合物可抑制龋齿细菌在牙表面上的黏附：据研究发现，0.25％～0.5％的儿茶素浓度，即可使龋齿细菌在牙表面的黏附率减少 40％以上。

（3）茶多酚儿茶素化合物可以抑制葡萄糖基转移酶（GTE）的活性：葡萄糖基转移酶由变形链球菌分泌，它可使口腔中的蔗糖转变为葡聚糖。葡聚糖（负性）具有和牙齿表面（正性）相反的电荷，根据异性相吸的原理，它可很容易附着在牙齿表面。由于牙齿表面电荷性质发生改变，带正电荷的变形链球菌等细菌就可以黏附上去，利用葡聚糖作为营养源，形成菌斑，同时分泌乳酸，侵蚀牙齿而产生龋齿。所以，由葡糖基转移酶与蔗糖作用产生的葡聚糖，为龋齿细菌黏附于牙齿表面创造了条件。据日本研究发现，10毫克/毫升粗儿茶和粗茶黄素，可使葡糖基转移酶的活性降低90%，其中以表儿茶素没食子酸酯和表没食子儿茶素没食子酸酯的活性最强。重要的是，茶多酚有效抑制葡糖基转移酶合成葡聚糖或抑制龋齿细菌粒附在牙表所需的浓度，要比抑制龋齿细菌生长所需的浓度小得多。一般，每杯茶中含有 50～100 毫克茶多酚，这个浓度比上述实验中的有效浓度要高。因此，一杯绿茶，就是以抑制龋齿细菌在牙表的活性。

（4）儿茶素类化合物对 α-淀粉酶的活性有抑制作用：当人们进食后，遗留在口腔中的米粒、面食等淀粉物质，会通过口腔中的 α-淀粉酶转变为糖类，为葡糖基转移酶进一步将糖转变为葡聚糖提供了基础原料。故除了葡糖基转移酶外，口腔中的 α-淀粉酶和龋齿的发生也有明显关系。茶叶中的儿茶素类化合物对 α-淀粉酶的抑制活性有很大差别，其中以茶黄素的抑制活性为最大，依次为表儿茶素没食子酸酯和表没食子儿茶素没食子酸酯。

名人与茶

"祁红鼻祖"胡元龙

胡元龙为清代祁门南乡贵溪人，博览群书，文韬武略，年方弱冠便以文武双全闻名乡里，被朝廷授予世袭把总。但胡元龙淡泊功名，注重工农业生产，18岁时辞去把总官职，在贵溪村开辟荒山五千余亩，兴植茶园。光绪元年，胡元龙在培桂山房筹建日顺茶厂，用自产茶叶试制红茶，经过不断改进提高，到光绪八年，终于制成色、香、味、形俱佳的上等红茶，胡云龙也因此成为祁红创始人之一，后人尊其为"祁红鼻祖"。

传说故事

郑板桥茶楼书联的传说

郑板桥刚到山东潍坊做官，经常不带随从，微服私访，遍察民情。

有一次，他穿了一身破旧的衣服，在街上闲逛，见一家茶楼，门面较宽，便踱进去。茶楼老板见他那个模样，有几分瞧不起，便懒洋洋地招呼茶房道："坐，茶！"

过几天，郑板桥穿上一套比较整洁的衣服，又走进这家茶楼。那老板将他一打量，便高声招呼茶房道："请坐——！沏茶——！"茶房将他引至里间，而不是外间，喝的不是无味有色的茶，而是透着点香味儿的茶。

又过了几天，郑板桥又衣冠楚楚、潇洒阔步地进入这家茶楼。那老板一看，立即站了起来，一边点头哈腰表示欢迎，一边响亮地吆喝："请上坐——！沏好茶——！"茶房闻声，便迅速跑下楼来，也弯下身子，请他上楼。楼上与楼下大不一样，而茶房恭敬地问道："老爷爱吃哪种茶？"郑板桥便说："碧螺春吧！"不多时，茶房便从楼下捧来茶盘及紫砂壶和杯，轻轻地放在茶几上，顺手为他斟了一杯，说："老爷请用茶。"旋即茶在杯中显出黄绿色，一股淡淡的清香沁人心脾，郑板桥呷了一小口，暗暗点头，突然眼睛向两壁一扫，见有几幅字画，其中竟有他的一幅"疏竹怪石"。正当他出神之际，忽听得楼下又传来刚才他进门时的那种招呼声，想不到上来的茶客竟是他衙署里文案上的师爷。师爷与茶楼老板很熟，想借此机会抬举他一下，便指着壁上那幅画对老板说："你知道吗？这幅画就是县台大人的手笔。趁大人今天高兴，请他老人家给你写几个字裱好挂起来，保你家往后的生意更加兴隆。"老板真是喜出望外，文房四宝很快就准备就绪，老板亲自动手磨墨展纸。郑板桥走到书桌前，蘸得笔饱墨浓，在洁白的宣纸上，用他那独特的"六分半书"写下了一副对联："坐，请坐，请上坐；茶，沏茶，沏好茶。"

正山小种红茶

春风最窈窕，日晓柳村西。
娇云光占岫，健水鸣分溪。
燎岩野花远，戛瑟幽鸟啼。
把酒坐芳草，亦有佳人携。

——《茶山下作》·唐·杜牧

物种基源

正山小种红茶，亦称"星村小种"，红茶中小种红茶之一。成茶呈粗长松散状条索，叶肉厚实；色泽乌黑油润；水色鲜艳浓厚，带深金黄色；叶底光滑呈古铜色，有枣香；味清醇，产于福建崇安县星村一带。因采用室内加温萎凋，以松柴为燃料，故产品带烟香。

风味特点

正山小种红茶条形较小，茶色泽乌黑，有淡纯且持久的松烟香（桂圆干香气味）。汤色呈深黄色，有金圈，香气芬芳且耐泡，再浓也不苦，滋味醇厚，回味绵长。

正山小种红茶的品鉴

品鉴项目	标　　准
嫩　度	不带芽毫
条　索	肥壮，紧结圆直
色　泽	乌黑或铁青带褐，较油润
净　度	匀净
香　气	高长，有松烟香
滋　味	醇厚，带有桂圆香味
汤　色	红艳浓厚
叶　底	呈红亮色，柔嫩肥厚

茶中营养

茶叶中维生素 B_2 的含量较高，每 100 克成品干茶中含量为 1.3 毫克，比玉米高 11 倍，比小米和绿豆高 9 倍，比黄豆高 4 倍。红、绿茶中，维生素含量差别不大，但均以细嫩的茶叶中含量较高，故饮红、绿茶均可供给人体一定量的维生素 B_2。根据劳动强度不同，成人每日维生素 B_2 的推荐供给量为 1.2～2.1 毫克，维生素 B_2 在茶汤中的溶解度平均为 80％，每杯茶含维生素 B_2 0.03 毫克左右，如果每天饮茶五六杯，就可满足人体 1/10 的供给量。

茶中药理

茶中存在的其他含有酸性羟基的化合物，统称为酚酸类物质。经分离鉴定，发现有茶没食子素、没食子酸、绿原酸、异绿原酸、对香豆素、对香豆鸡纳酸、鞣花酸、咖啡酸等，其中较重要的是茶没食子素，占茶干重的 1％，没食子酸占茶干重的 0.5％～1.4％，绿原酸占茶干重的 0.3％，其余的含量极少。茶多酚为茶中另一类具有生物活性的重要物质，其组成的药理作用见下表。

茶多酚组成的药理作用

组成	含量 （%干茶重）	药理作用
茶多酚 及其复合物 （单宁物）	20～33	1. 对病原菌的生长发育起抑制和杀灭作用
		2. 作收敛剂治疗烧伤
		3. 作重金属盐和生物碱中毒的抗解剂
		4. 防炎止泻，缓和胃肠紧张
		5. 增加微血管韧性，防治高血压
		6. 治疗糖尿病
儿茶素	12～24	1. 具有维生素 P 样作用
		2. 抗放射性损伤
		3. 治偏头痛
黄酮类及其 苷类化合物	—	1. 起维生素 P 样作用，促进维生素 C 的吸收，防治坏血病
		2. 利尿作用

茶与养生

饮茶的固齿作用，主要与茶所含的氟有关，还与其所含的维生素有关。

茶中所含的氟，不仅能防治龋齿，还能增强人体骨骼及牙齿的坚韧度。牙齿表面有一层称为釉质的乳白色半透明层，它主要由羟基磷灰石组成。当口腔中牙齿的外环境 pH 改变时，可发生医学上称之为"脱矿"和"再矿化"的生物双向反应。当茶中的氟离子与牙釉面接触时，羟基磷灰石中的羟基可被氯离子所置换，而形成抗酸能力强的氯磷灰石。因此，茶叶中的氟离子，具有促使"再矿化"的作用，以提高牙釉质的硬度，增强牙釉面的抗酸能力。有人报道，用次级红茶治疗牙本质过敏症有效，这是由于次级红茶中氟含量较高。当次级红茶水与牙釉面接触时，形成了氟磷灰石，不仅增强了牙齿的硬度和抗酸能力，而且还能减弱牙本质内神经纤维束的传导性，故对牙本质过敏有较好的效果。茶叶中还含有多种维生素，有促进微血管血液循环等作用，对齿骨健康有利。

名人与茶

明代陆树声与茶

明代陆树声，虽一生坎坷，但由于爱茶至深、讲究茶道，终于获得长寿，享年 97 岁。他当官至礼部尚书，后退官隐居田园后，一心钻研茶书。1570 年，他将品茶的亲身体验写成《茶寮记》一书，内容包括人品、品泉、烹点、尝茶、茶候、茶侣、茶勋七个方面。其中论及饮茶功效的一部分题为"茶勋"，即饮茶的功勋之意，其中曰："除烦雪滞，涤醒破睡，潭温书倦，是时茗碗策勋，不减凌烟。"根据他的亲身体会认为，饮茶能除烦闷、消积滞、破睡提神，其效胜过凌烟，这是符合科学道理的。

传说故事

无心之念得名茶

据传，清代道光末年，时局动乱不安。有一天，一支军队从崇安星村过境，占驻茶厂，导致进厂的茶无法及时烘干，所存茶因为积压"发酵而发红"。厂主见状，心急如焚，赶紧用锅炒，用松柴烘干，稍加筛分拣别，便装箱运往福州，托洋行试销。没想到，这种小种红茶竟引起许多人的喜爱和外商的注意，于是，小种红茶从此风靡一时。

滇红工夫红茶

竹下忘言对紫茶，全胜羽客对流霞。
尘心洗尽兴难尽，一树蝉声片影斜。
——《与赵莒茶宴》·唐·钱起

物种基源

滇红工夫红茶（Yunnan black tea），又称滇红条茶，工夫红茶之一。成茶呈肥硕条索状，身骨重，白毫多，色泽乌黑油润；香气浓烈带甜；味醇和，汤色红艳，并带金黄色，叶底肥厚柔软，嫩匀红亮，产于云南省云凤、临沧、双江、昌宁及西双版纳一带，采自大叶种茶树。

风味特点

滇红功夫茶，以一芽一叶的鲜叶制成。成品特级礼茶有芽锋秀丽完整、金毫多而显露、条索紧直肥壮、色泽乌润等外形特征，冲泡后滋味常有鲜爽，香气高醇持久，汤色红艳透亮，叶底红匀明亮。此外，茶汤与茶杯接触处常显"金圈"，观之赏心悦目。茶汤冷却后还会立即出现乳凝状的"冷后浑"现象，"冷后浑"出现越早，表现其质越优。

滇红功夫红茶的品鉴

品鉴项目	标　　准
嫩　度	金毫特显
条　索	紧结，肥硕雄壮
色　泽	乌润
净　度	匀净
香　气	浓郁，香高持久
滋　味	醇厚，富有刺激性
汤　色	红艳明亮
叶　底	红匀嫩亮

茶中营养

茶中烟酸含量较高，为 B 族维生素中含量最高的一种，每 100 克干成品茶中，含量可达 5～7.5 毫克。红、绿茶中，烟酸含量差别不大，故饮红、绿茶均能供给人体一定量的烟酸。根据劳动强度不同，成人每日烟酸的推荐供给量为 12～20 毫克。茶中的烟酸，几乎 100% 溶入茶汤中，每杯茶含烟酸 0.15～0.225 毫克，如果每天饮茶 5～6 杯，就可满足人体 1/10 的供给量。

茶中药理

（1）滇红工夫茶有预防龋齿、健胃整肠、延缓衰老、降糖、降压、降脂、抗癌、抗辐射等作用。

（2）滇红工夫茶中的咖啡因和芳香物质联合作用，可增加肾脏的血流量，促使尿量增加，因而具有利尿作用。

（3）滇红工夫茶中的多酚类化合物具有消炎的作用，能抑制和消灭病原菌。

茶与养生

儿茶酚胺为肾上腺素及其前体去甲肾上腺素和多巴胺的总称。在人体中，儿茶酚胺的作用是多方面的，它与各种含肌肉器官的活动、肝及骨骼肌糖原的分解、脂肪分解等密切相关，它是体内不可缺少的物质。有人指出，黄酮类物质对肾上腺素脑垂体中枢产生影响，从而影响到肾上腺素和其他儿茶酚胺的水平，也即是提高了它们在血液中的浓度。除了刺激肾上腺素的合成外，黄酮类物质还可能抑制儿茶酚胺的分解，故槲皮素是邻-甲基转移酶的竞争性抑制剂。苏联学者报道，由红茶提取的黄岛甙，在体内阻止了肾上腺素的氧化；也有人证实，家兔口服黄烷醇和焙酸，同样抑制了儿茶酚胺的分解。以上两者都证实了与上述相同的结果。总之，在这方面，茶起着一种独特的双管齐下的作用，即茶咖啡因加强了儿茶酚胺的合成，而茶多酚类又抑制了儿茶酚胺的分解。

名人与茶

林语堂与茶

文化名人林语堂，熟悉茶史，喜欢饮茶。他认为好茶不仅能振奋精神，而且有延年益寿的功效。他写过《茶与交友》《苏东坡佳人比佳茗》《生活的艺术》等论茶文章，他深有体会地指出："最好的茶叶是温和而有回味的，这种回味在茶水喝下去一两分钟之后，化学作用在唾液腺上发生之时就会产生。这样的好茶喝下去之后会使每个人的情绪都为之一振，精神也会好起来。我毫不怀疑它具有使中国人延年益寿的作用，因为它有助于消化，使人心平气和。"林语堂的这一论断，已被现代科学所证实。

传说故事

吕洞宾带茶树向观音赔礼的传说

传说宋代蔡襄在担任泉州太守期间，为还母亲的心愿，想在泉州造一座洛阳桥。由于蔡襄是个清官，依靠做官的俸禄无法偿还母亲的心愿。为此，他十分犯愁，终日愁眉苦脸，精神不振。恰巧观世音菩萨从普陀山到泉州来，听土地神说了蔡襄犯愁的事，就决定帮助蔡襄。她立即点化了一叶扁舟，上面站立着一位绝代佳人，身上还立有一个招牌，上面写有"银锭掷中其身，则以身相许"的字样。这件事轰动了方圆数十里的纨绔子弟们，他们竞相往绝代佳人的身上扔银锭，可是都落在小舟里，却没有一锭掷中美女。几天之后，这些纨绔子弟们也都失去了信心。恰巧吕洞宾经过这里。他一眼就看出舟中美女是观世音的化身，就想和她开个玩笑。于是他变成一个翩翩少年，将银锭掷向美女，不偏不倚地掷中了美女的心窝。此时观世音已发现这是吕洞宾在恶作剧，气得她腾空而起，竟然一夜之间变成了一个白发苍苍的老太婆。

观世音气得白了头的事，使得吕洞宾非常尴尬。自己又无回天之力，他就去求西天佛祖。佛祖听了吕洞宾叙述的原委，狠劲地批评了吕洞宾，然后让吕洞宾带着一株仙茶树去给观世音赔礼道歉，观世音从仙茶树上摘取了三片茶叶，用普陀的山泉烹而饮之，头发立时就恢复了如墨似漆的颜色。

观世音菩萨随后就将这株仙茶树栽在普陀山的紫竹林中。第二年正值清明时节，一头来路不明的乌牛闻到了紫竹林，见到仙茶树长出的芽苞嫩绿而散发清香，上前就啃。这时恰好被观世音发现，乌牛叼起茶树就跑，观世音紧追不舍，一直追到瓯江下游的永嘉县境内时，观世音将乌牛打落云头，乌牛和茶树就都落在瓯江口北岸。第二天早晨这里就生出一片茶树林来。

（三）黄 茶

黄茶（yellow tea）为我国六大茶类之一，属微发酵茶，因叶底、水色均呈黄色，故名。产于浙江平阳、湖南君山、安徽霍山、四川蒙山及台湾等地。制作方法基本与绿茶相同，唯在揉捻或初干后经特殊闷黄过程，以使多酚类物质自动氧化，成黄叶黄汤的独特品质。按闷黄的先后分：杀青后湿坯堆积闷黄，如沩山毛尖、台湾黄茶；揉捻后湿坯堆积闷黄，如平阳黄汤、北港毛尖、蒙顶黄芽茶；干坯堆积闷黄，如黄火茶、黄芽、君山银针等。在黄茶分类上可分为黄大茶、黄小茶和黄芽茶三种。由于黄茶量少工繁，因而市场上高档黄茶都价格不菲。

君 山 银 针

洁性不可污，为饮涤尘烦。

此物信灵味，本自出山原。

聊因理郡馀，率尔植荒园。

喜随众草长，得与幽人言。

——《喜园中茶生》·唐·韦应物

物种基源

君山银针黄茶，为黄茶中芽茶的一种，产于湖南岳阳市洞庭湖中君山的青螺岛。君山银针采制技术超群，采摘标准要求严格，一般于清明前三天左右开采，采肥嫩壮大的芽头。采摘时为防止擦伤芽和茸毛，盛茶篮内衬有白布。芽头要求长25～30毫米、宽3～4毫米，芽蒂长约2毫米。鲜叶采回之后，经"杀青、摊晾、初烘、摊凉、初包、复烘、摊凉、复包、足火"九道工序加工而成。全程历时三昼夜，长达70多小时之久。加工完毕，还需精心挑选分级，根据芽叶的肥壮程度，分为特号、一号、三号三个档次。于1956年国际莱比锡博览会上，因为质量优越，被誉为"金镶玉"，并赢得金质奖章；1959年被誉为全国"十大名茶"之一。

风味特点

君山银针，风格独特，质量超群，为我国名优茶之佼佼者。其品质特征为：外形芽头壮实笔直，茸毛披益，金黄光亮，内质香气高爽，汤色杏黄明澈，滋味爽甜。用洁净透明的玻璃杯冲泡君山银针时，可以看到初始芽尖朝上，蒂头在下而悬浮于水面，随后缓缓降落、竖立于杯底，状似群笋出土，又如刀枪林立，茶影汤色，交相辉映，蔚成趣观。最多可达三次，故君山银针有"三起三落"之称。这在其他芽茶中是很难见到的景观。

君山银针冲泡后茶汤杏黄，茶香清高，味醇甘爽，茶芽悬空竖立，三浮三沉，极为美观，军人视其"刀枪林立"，文人赞其"万笔书天"，艺人夸其"金菊怒放"。

君山银针茶的品鉴

品鉴项目	标　准
嫩　度	肥嫩，白毫如羽
条　索	芽头肥壮，挺直如针，长短大小均匀
色　泽	黄绿
净　度	匀净
香　气	清香浓郁
滋　味	甘爽醇和
汤　色	杏黄明净
叶　底	黄亮均齐

附注

极品银针"九不采"

采制君山银针的要求很高，尤其是采摘茶叶的时间要求更严，一般开始于清明前三天左右。不但如此，还有九种情况不能采摘：雨天不采、露水芽不采、冻伤芽不采、紫色芽不采、开口芽不采、空心芽不采、瘦弱芽不采、虫伤芽不采、过长过短芽不采，即所谓君山银针的"九不采"。所以，人们也把采摘君山银针形象地喻为"在黑夜里寻找绣花针"。一般来说，500克鲜芽需要采摘芽头5万～6万个，2000克鲜芽大概可制作干茶500克，由此可见君山银针的珍贵。

茶中营养

茶中叶酸含量不高，每100克干成品茶中只含0.08毫克。红、绿茶中叶酸含量差别不大，故饮红、绿茶均能供给人体一定量的叶酸。茶中叶酸含量虽不高，但它100%溶于茶汤中，又因人体对叶酸的需要量较小，如果每天饮茶5～6杯，即可满足人体1/10以上的需要量。

茶中药理

茶能降低毛细血管的通透性，故可防止血管破裂。

有报道，以缺乏维生素P的饲料喂养小白鼠2～3周后，给茶多酚0.01毫克，结果降低了血管脆性；药量增加到1毫克时，3小时后效果最好。有人发现，白鼠服用茶多酚或绿茶冲泡液2周后，在真空下，毛细血管破裂的稳定性有了明显的提高。在人的饮食中，加入茶多酚和维生素C（每日300毫克，用4～6周），也证实了茶多酚的上述效应。单独服用维生素C，毛细血管增强效果只增加1倍；如果同时服用茶多酚和维生素C，在相同的时间内，效果可增加4倍。有人证实，志愿者饮茶后，毛细血管壁的通透性降低，血管抗破裂的能力提高。

茶与养生

饮茶有"明目""清头目"的功效，古书《茶谱》《神农本草经》《本草通元》《本草备要》等中，均有记载。所谓"明目"，是指饮茶对眼的视觉功能有保健和治疗作用。饮茶的此种功用，与茶中所含的维生素类、茶多酚、咖啡因等有关。

茶叶中的维生素类，特别是胡萝卜素（维生素A原）、维生素C、维生素B_1和维生素B_2等，是维持人体眼睛生理功能所不可缺少的物质，故对眼睛的保健功能极为重要。茶叶中胡萝卜素含量较高，每克茶中约含54.6微克（相当于维生素A 91个国际单位），茶中芳香类物中还含β-

紫萝酮，是维生素 A 和胡萝卜素的生物合成基质。胡萝卜素在体内转化成维生素 A，具有维持上皮组织正常功能状态的作用，在视网膜内与蛋白质合成视紫红质，以增强视网膜的感光性，有利于防治夜盲症，饮茶能"明目"，也就是这个意思。为了保护视力，常看电视的人，应多喝富含维生素 A 原的绿茶。茶中维生素 B_1 的含量，每 100 克茶中约为 100～150 微克，每饮茶一杯，相当于摄入 2～3 微克的维生素 B_1。维生素 B_1 是维持神经（包括视神经）生理功能的重要营养物质，故饮茶能防治视神经炎所致的视力模糊、眼睛干涩等。茶中维生素 B_2 含量很高，每 100 克茶中约含 1200 微克，比含量丰富的大豆约高 5 倍，比大米高 20 倍，比瓜果类约高 60 倍。每饮一杯茶，相当于摄入 20～25 微克的维生素 B_2。维生素 B_2 有营养眼部上皮组织的作用，是维持视网膜正常功能所必不可少的活性成分。所以饮茶可防治角膜混浊、眼干失明、视力减退等症。

名人与茶

慈禧太后与茶

在慈禧太后乱世纷争的生活中，也有她的一套养生之道。她白天喜欢饮用金银花茶，晚上临睡前饮用糖茶，就连服用滋补的珍珠粉时，也喜欢用茶水送服。据宫中御女官德龄记录："一个太监送进一杯茶来，茶杯是纯的美玉做的，茶托和盖碗都是金的。接着又有一个太监捧着一只银托盘，里面有两只和前一只完全相同的白玉杯子，一只盛金银花，一只盛玫瑰花，杯子旁边还放有一双金筷。两个太监都在太后前面跪下，将茶托举起，于是太后揭开金盖，夹了几朵金银花放进茶里。"金银花性寒味甘，清热解毒，茶水浸金银茶，既增进了茶的滋味，也强化了茶水的健身效果，不愧为是一种好的饮茶方法，足可见慈禧太后十分注意饮茶养身。晚上，太后要喝一杯糖茶后上床，然后头枕在填有茶叶的枕头上，才能安稳地睡觉。据她的体会，认为这样可以安神养身。慈禧太后每隔 10 天要服 1 次珍珠粉，且每次用茶水送服，目的是为了美容。因此，她年过七旬后，仍是肌肤白嫩，容光夺人。

传说故事

后唐明宗皇帝与黄翎毛飞白鹤的传说

关于君山银针，有很多美丽的传说。据说它的第一颗种子，是 4000 多年前娥皇、女英播下的。后唐的第二个皇帝明宗（李嗣源），第一回上朝的时候，侍臣为他捧杯沏茶，开水向杯子里一倒，马上看到一团白雾腾空而起，慢慢地出现了一只白鹤。这只白鹤对明宗点了三下头，便朝蓝天翩翩飞去了。再往杯子里看，杯中的茶叶都齐整整地悬空竖了起来，就像一群破土出来的竹笋。过了一会儿，又都慢慢下沉，就像是落雪花一样。明宗问侍臣是什么原因，侍臣回答说："这是君山（即柳毅井）的水泡黄翎毛（即银针）的缘故。白鹤点头飞入青天，是表示万岁洪福齐天；翎毛竖起，是表示对万岁的敬仰；黄翎缓堕，是表示对万岁诚服。"明宗听了，心里很高兴，马上下旨把君山黄翎毛定为贡茶。侍臣的话原是讨好帝王，但是银针茶能"悬空而立"，并且像落雪一样下沉又上升，的确极为美观。

霍 山 黄 芽

麦粒收来品绝伦，葵花制出样争新。
一杯永日醒双眼，草木英华信有神。

——《尝新茶》·宋·曾巩

物种基源

霍山黄芽，黄茶名，为黄茶中芽茶的一种，产于安徽省霍山县的大化坪，金字山的金鸡坞、乌米尖和漫水河、金竹坪等地。霍山黄芽，早在唐朝就已著名。唐宋已入贡，一直到清朝，历经数百年。但其采制技术到 20 世纪失传，只闻其名，不见其茶。现时的霍山黄芽是 1971 年创制并恢复生产的。霍山地处大别山腹地，山高地寒，霍山黄芽开采期一般在谷雨前 3～5 天，采摘标准一芽一叶初展。经"炒茶（杀青和做形）、初烘、摊放（闷黄）一两天、足火、摊放（闷黄）一两天、复火"加工而成，历时三四天。其品质特征为：芽叶细嫩多毫，形似雀舌，叶色嫩黄，汤色黄绿带黄圈，香气高纯带熟栗子香，滋味浓厚鲜醇，叶底嫩黄，厚实。

风味特点

正宗的霍山黄芽干茶的水分含量低于一般名优茶，其含水量仅在 5% 左右，手捻即成粉末状，仿品则不会这么干燥。

正宗的霍山黄芽下咽后，舌根会有丝丝的甜味，不是先入为主的甜，而是咽下后由喉底生出的一种感觉，仿品则入口即有甜味，但咽后涩苦。优质霍山黄芽冲泡后香气馥郁，滋味鲜爽甘醇。

霍山黄芽的品鉴

品鉴项目	标　　准
嫩　度	细嫩多毫
条　索	条直微展，形似雀舌，匀齐成朵
色　泽	润绿泛黄
净　度	匀净
香　气	有清香、花香或熟栗子香
滋　味	浓厚鲜醇，回味甘甜
汤　色	黄绿，清澈明亮
叶　底	嫩黄明亮，嫩匀厚实

茶中营养

茶叶中泛酸含量较高，每 100 克成品干茶中含量约为 1.3 毫克。红、绿茶中，泛酸含量差别不大，故饮红、绿茶均能使人体获得一定量的泛酸。茶中的泛酸，100% 可溶于茶汤中。有人估计，每杯茶含泛酸 32 微克左右。如果每天饮茶 5～6 杯，即可满足人体十分之一的泛酸需要量。

茶中药理

茶多酚的抗炎作用与降低毛细血管的通透性和减少出血的特性有关，茶浸出液还具有抗炎作用。文献报道，茶多酚可抑制阿司匹林所致的溃疡，因而显著地减少了阿司匹林引起的胃粘膜出血。将茶多酚配合维生素 C 给小白鼠行皮下注射发现，减轻了甲醛和粘朊酶（一种与发炎有关的酶）引起的炎症。这一作用，是由于刺激了肾上腺皮质的结果，切除肾上腺的白鼠，便无此效应。

茶中增强毛细血管和抗炎的成分，包括黄酮类和黄烷醇，数量上最主要的黄酮甙为芦丁，它是各种生物黄酮类制剂的活性成分。苏联学者也已证实，茶抗炎的活性成分是具有维生素 P

活性的黄酮类物质。对鲜茶提取的单纯黄烷醇的抗炎和增强毛细血管作用的测定结果发现，1-表儿茶素和1-表儿茶素没食子酸酯的作用强，而没食子儿茶素的作用弱。由于茶的加工过程，使黄烷醇氧化。与绿茶和鲜茶相比，红茶对毛细血管的作用及抗炎作用甚微。发炎时，服用茶籽皂苷，也有调节毛细血管通透性的作用。因茶含有少量的皂苷，故有提高黄酮类物质的抗炎作用。

茶与养生

据有关资料报道，目前世界上约有5000多万人患有白内障或晶体混浊性眼病，其中大部分是老年人。饮茶能"明目"，也包括能预防白内障的保健作用，目前研究认为，饮茶防止白内障的作用，与茶中所含的维生素C和胡萝卜素等有关。

茶叶，特别是绿茶中，维生素C含量较高，对眼的营养极其重要。生化实验证实，眼内晶状体维生素C含量比其他组织要高得多，这就是说，眼晶状体对维生素C的需要量比其他组织要高。维生素C摄入不足，可致晶状体混浊而形成白内障。所以茶叶中的维生素C，除可提高机体对传染病的抵抗能力外，还有防治晶状体混浊的白内障的作用。科学研究也已证明，通过饮茶，茶叶所含的胡萝卜素，完全可以补充人体中维生素A的不足和提高血浆中胡萝卜素浓度，以降低白内障的发病率。据测定，每100克茶叶中，含胡萝卜素约5.46克。因此，为了预防白内障的发生，尤其是老年人，应提倡喝茶。

名人与茶

诗人袁鹰与茶

诗人袁鹰，爱茶爱得真切。他认为茶有多种功效，既能引起许多冥思遐想、哀乐悲欢、文情诗韵，又能解闷消愁。他说："茫茫人事，忧思、忧愁、忧患千桩万种，区区杜康何能消解？若是二三知己，品茗倾谈，围炉夜话，如潺潺流水，涓涓清溪，倒可以于相互慰藉中分忧解愁。"

传说故事

文成公主钟爱寿州茶

公元641年，唐太宗之女，24岁的文成公主入藏与松赞干布成亲。据《西藏日记》记载，文成公主进藏时曾经带去了大量物品，其中就有寿州（今安徽霍山）茶叶。据唐翰林学士李肇所著的《唐国史补》记载："常鲁公使西蕃，烹茶帐中，赞普问曰：'此为何物？'鲁公曰：'涤烦疗渴，所谓茶也。'赞普曰：'我此亦有。'逐命出之，以指曰：'此寿州者。此邕湖者（今湖南岳阳）'。"又据《唐国史补》记载，唐代贡茶有十余品目，霍山黄芽位列第六。

蒙 顶 黄 芽

旧谱最称蒙顶味，露芽云液胜醍醐。
公家药笼虽多品，略采甘滋助道腴。
——《蒙顶茶》·宋·文彦博

物种基源

蒙顶黄芽，黄茶名，为黄茶中芽茶的一种，产于四川省名山县蒙山。蒙山产茶历史悠久，自唐开始，直到明、清，蒙山茶皆为贡品，川茶也因蒙顶贡茶而闻名天下。蒙顶茶是蒙山所产的名茶，品名有甘露、石花、黄芽、米芽、万春银叶、玉叶长春等。石花与黄芽属黄茶类，其余为绿茶。"扬子江中水，蒙山顶上茶"；"蒙山有茶，受气之精，其茶芳香"；"若教陆羽持公论，应是人间第一茶"；"蜀上茶称圣，蒙山味独珍"。历代文人学士留下了不少称颂蒙山茶的诗篇。近人也有诗称赞："万紫千红花色新，春报极品味独珍，银毫金光冠全球，叶凝琼香胜仙茗。"蒙山茶品质超群，蒙顶黄芽是蒙山茶中的佼佼者。蒙顶黄芽采摘于春分时节，采摘标准为肥壮的芽和一芽一叶初展的芽头。要求芽头肥壮匀齐，采摘时严格做到"五不采"，即紫芽、病虫为害芽、露水芽、瘦芽、空心芽不采。采回的嫩芽及时摊放，经杀青、初包、复炒、复包、三炒、堆放（起闷黄作用，趁热堆厚 5～7 厘米，放置 24～36 小时）、四炒、烘焙等工序加工而成。

风味特点

蒙顶黄芽，外形扁直，芽匀整齐，色泽黄亮，鲜嫩显毫；内质香气甜香浓郁，并带有花香，汤黄而碧，味浓而甘醇，叶底全芽，嫩黄匀齐。

蒙顶黄芽的品鉴

品鉴项目	标　准
嫩　度	白毫显露
条　索	扁平挺直
色　泽	嫩黄油润
净　度	匀净
香　气	甜香浓郁
滋　味	甘醇鲜爽
汤　色	黄中透碧
叶　底	嫩黄匀齐

茶中营养

茶叶中的无机盐种类很多，目前已发现的有 27 种。如按含量多少来分，大致可分为四类：每克茶叶含量在 2000 微克以上的有：氮、磷、钾、硫、镁、钙等；每克茶叶含量在 500～2000 微克的有：锰、氟、铝、钠、氯等；每克茶叶含量在 5～500 微克的有：铁、砷、铜、镍、硅、锌、硼、硒等；每克茶叶含量低于 5 微克的有：钼、铅、镉、钴、溴、碘、铬、钛、铯、钒、锡、铋等。从各种元素在茶树中的部位来看，属根部蓄积型的有：铜、镉、铅等；在老叶中含量高的有：氟、铝、硒、钙、铁、硅、锰、硼等；在嫩梢中含量高的有：锌、镁、钾、砷、镍等。从无机物在泡茶中的浸出率来看，在泡茶中浸出率很高，几乎可以全部溶入茶汤中的有：溴、钾等；浸出率较高，大部分可溶入茶汤中的有：铜、氟、镍、锌、铬、锰、镁、硫、钴等；部分溶出的，浸出率为 10%～30% 的有：砷、硒、钙、铝、硼、钠、磷等；而浸出率在 10% 以下的有：铅、铁等。

茶中药理

茶叶脂多糖，主要是脂和多糖结合在一起的大分子复合物，它是构成茶叶细胞壁的重要成分。中国农业科学院茶叶研究所有关资料介绍，对 10 批 "7369" 速溶茶（为茶沸水浸出液冰冻干燥产品）的主要成分进行分析，其中脂多糖的平均含量为 3.62%（2.34%～5.13%）。有人指出，适量的植物脂多糖注入动物或人体，在短时间内可以增强机体的非特异性免疫能力，它又没有细菌脂多糖的发热副作用。

动物实验证明，茶脂多糖有防辐射损伤的作用，同时也有改善造血功能和保护血象的作用。

茶与养生

对于烟、酒、茶，有人曾作过全面的评价说："饮酒是'礼始，乱终'；吸烟是'乱始，礼终'；而饮茶是'礼始，礼终'。"故对人体健康而言，吸烟是一个很不好的习惯，吸烟的危害，根据相关资料分析，是因为它可以消耗对人体健康非常重要的维生素。有人指出，每抽一支烟，可使体内维生素 C 含量减少 25 毫克，而且抽烟者血中各种维生素的总浓度明显低于不抽烟者；对于每天抽烟不到一包的人，血液中维生素可降低 25%，而抽一包以上的人，降低可达 40% 左右。在抽烟时，可形成几千种化合物，其中尼古丁、焦油及焦油中的致癌物质危害最大。

人们连续抽烟，尼古丁随烟雾不断进入体内，含量达到一定程度时，会产生感觉疲乏、全身不适等中毒现象。此时，如饮一杯浓茶，就可依赖茶汤中所含咖啡因的抗制作用，而得到解除。在人们的日常生活中，一边抽烟，一边喝茶，不易产生中毒现象，原因大概就在于此。茶中，特别是绿茶中，维生素 C 含量较高，也含其他人体需要的维生素，故饮茶可以补充抽烟者维生素 C 等的消耗，起到解烟毒的作用。

名人与茶

茶叶与生物化学家王泽农谈茶

著名的茶叶生物化学家王泽农教授，从事茶叶的生物化学教学与研究几十年，曾全面总结过茶的保健与药理功效，他在《综述茶叶保健功能》的论文中，列举了茶的 23 种功效，它们是止渴生津、清热解暑、消减疲怠、醒酒消醉、戒除烟瘾、消食解腻、减肥健美、利尿通便、和胃止泻、洁口防龋、明目亮眼、洁净水质、排除毒物、杀菌消炎、抑制病毒、抵御辐射、防治心脏病、降低血压、防治动脉粥样硬化、提升白细胞、抑制血栓形成、治疗肝炎、防癌抗癌。

传说故事

以茶代酒的传说

以茶代酒是中国特有的风俗，历史悠久。《三国志》曾记载说，三国时期，吴国的国君孙皓特别爱酒，每次给大臣庆功或宴请宾客时，都大设酒宴，不醉不归。当时，吴国有个文韬武略的大臣韦曜，很得孙皓赏识，但是他偏偏酒量不大，一喝就醉，醉了不是要酒疯，就是大病一场。孙皓虽然嗜酒，但却是个爱才的国君。此后，每次设酒宴，孙皓就请人暗中把韦曜喝的酒换成汤色相似的茶。孙皓允许韦曜以茶代酒，至少说明在三国时期、茶就已经成为一种饮品。当今，以茶代酒仍是现实生活中的大雅之举。

（四）青　茶

青茶（blue tea）习称"乌龙茶"，我国六大茶类之一，属半发酵茶。外形粗大松散，红褐色，水色棕黄带红，叶底中央为绿色，边缘米红色，称"绿叶红镶边"，兼有绿茶清新和红茶醇厚香气，无一般绿茶的苦涩味。产于福建、广东、台湾等地。制作精细，综合红茶、绿茶制作特点：鲜叶先经萎凋、摇青（亦称"做青"，一种轻度发酵过程），然后进行二次杀青、揉捻、再经烘焙干燥、筛分拼和而成。按摇青轻重和产区不同，分为闽北青茶（采取重萎轻摇，发酵较重；成茶香气悠长，味甜醇和，如武夷岩茶、闽北水仙、闽北乌龙、大红袍、单枞奇种等）和闽南青茶（做青轻萎重摇，发酵较轻；成茶香气清高，味浓厚，如铁观音、乌龙、色种、梅占、奇兰等品种），广东与台湾所产一般与闽南青茶相似。

武夷大红袍

泛花邀坐客，代饮引情言。——陆士修

醒酒宜华席，留僧想独园。——张荐

不须攀月桂，何假树庭萱。——李崿

御史秋风劲，尚书北斗尊。——崔万

流华净肌骨，疏瀹涤心原。——颜真卿

不似春醪醉，何辞绿菽繁。——皎然

素瓷传静夜，芳气清闲轩。——陆士修

——《五言月夜啜茶联句》·唐·颜真卿、陆士修、张荐、李萼、崔万、皎然合作

物种基源

武夷大红袍是乌龙茶中的极品，也是武夷岩茶中的佼佼者，号称"岩茶之王"，更有"茶中状元"的美誉，堪称国宝。武夷大红袍其茶叶本身讲究的就是"绿叶镶红边"，看起来就像披上了大红袍一样。生长于武夷山天心岩附近的九龙窠，成名于明代。

"大红袍为山中第一妙品，树仅两株，年产数十两，至为宝贵难得。"因此，人们无不为能一饮如此稀有、珍贵无比的大红袍而感到荣幸。大红袍名扬古今中外，历史上备受珍爱，却是真实可信的。大红袍的采制单独进行，单独采摘，单独加工。

风味特点

武夷山脉蕴涵山水灵气，山间岩缝和沟壑的特别土质也赋予了大红袍坚韧、醇厚的品质，使其叶质厚润，成茶芬芳独特，有天然的桂花香，九泡之后依然不失其味，而其他乌龙茶一般最多经七次冲泡就味已极淡。品饮大红袍，可以领略到范仲淹所说的"不如仙山一啜好，泠然便欲乘风飞"的境界。

武夷山大红袍的品鉴

品鉴项目	标　　准
嫩　度	鲜润
条　索	肥壮紧结，条形完整
色　泽	绿褐或黑褐
净　度	匀净
香　气	甜香持久，有桂花香
滋　味	甘泽清醇
汤　色	橙红或橙黄，明亮
叶　底	匀亮，叶肉黄绿，叶脉浅黄，叶边镶红

茶中营养

茶中所含的脂溶性维生素中，以维生素 A 含量较高。它包括 α-胡萝卜素、β-胡萝卜素和隐黄素等，每 100 克干成品茶中，含量为 7～20 毫克。其中 β-胡萝卜素，在鲜茶叶中含量较高，其含量可与胡萝卜和菠菜媲美。但在加工过程中，特别在红茶加工过程中，约有 30％～50％的 β-胡萝卜素被破坏。所以，比较胡萝卜素含量，绿茶比红茶高。因维生素 A 为脂溶性的，很难溶于水，故进入茶汤中的含量不高。但它可随着茶叶中的芳香油，在冲泡同时进入茶汤。所以喝茶，还是可以供给人体一部分需要的维生素 A。

茶中药理

在治疗痢疾等几种疾病中，茶也是一种有效药物，其中咖啡因的利尿作用辅助了茶多酚（黄烷醇）的抗菌作用。绿茶浸泡液在体外，对伤寒杆菌、痢疾杆菌、副痢疾杆菌、金黄色葡萄球菌、伤寒沙门氏菌、霍乱弧菌、肠膜状明串球菌等，均有抑菌作用。在治疗方面，绿茶比红茶疗效好，没食子儿茶素尤佳，其中没食子儿茶素和没食子酸酯对伤寒、副伤寒、霍乱和痢疾有制菌作用。实验发现，它的单独使用浓度为每毫升 5～10 毫克，即有抑菌作用；黄烷醇的抗出血效应，在拯救霍乱病人中也起一部分作用。

茶与养生

茶的养生在于：

（1）首先，热茶汤中的茶多酚、糖、果胶、氨基酸等，与唾液发生反应，使口腔得以滋润，便产生清凉的感觉。

（2）茶咖啡因对大脑皮质有选择性的兴奋作用，又对控制下丘脑的体温中枢的调节起着重要作用，再加上茶汤中芳香物质挥发过程中起的吸热作用。这样，从本末两方面对人体进行了体温调节，对清热、消暑、解渴起到了根本性作用。

（3）茶咖啡因、茶碱、可可碱的利尿作用，可带走体内大量的热量和废物，使体温下降，从而发挥降温消暑的作用。

（4）喝热茶比喝冷饮更能加速胃壁收缩，促进胃的幽门启开，使水及茶汤中有效成分很快地进入小肠而被吸收。这不仅满足了人渴时对水的需要，而且还使茶清热消暑的有效成分较快起作用。

（5）暑热天喝热茶，能促进汗腺的分泌。体内的大量水分，可通过皮肤上的毛孔渗出并挥发掉。每蒸发 1 克水，就要带走体内 1841 千焦（439 千卡）的热量。蒸发的汗越多，带走的热量也就越多。这就是喝热茶能清热消暑的又一奥妙所在。

名人与茶

郭沫若与茶

郭沫若爱好饮茶，他品尝过各地多种名茶，算得上是一位品茶行家。他认为，饮茶可以启发诗兴。有一次他途经广州，到北园酒家饮茶，即兴赋诗一首："北园饮早茶，仿佛如在家；瞬息出园门，归来再饮茶。"

传说故事

一、大红袍名的由来传说

大红袍名称的由来传说有三：传说之一，该茶树春天茶芽萌发时嫩梢呈紫红色，远看像一困火，故名大红袍。传说之二，为崇安县令病重，饮用大红袍后奇迹般地痊愈了，县令为感念此茶的治病之功，将身披红袍加盖在茶树上，并焚香礼拜，大红袍由此得名。传说之三，有一上京城赴考的举子路过九龙窠突然得病，借宿一庙中。和尚怜而取所珍藏之茶饮之，病立解，且精神特佳，一举而中状元。回乡祭祖时，特赴庙中答谢，并问及该茶产于何株茶丛，和尚一一告之，状元大喜，竟脱红袍披于茶丛之上，茶亦因此而得名，流传至今。至今该茶仍为武夷岩茶中的品种之一。

二、"茶中之王"美名扬

武夷岩茶是中国十大名茶之一，武夷大红袍作为武夷岩茶之王，更是乌龙茶中的珍品。但"原汁原味"的武夷大红袍产量极其稀少，如今得到举世公认的仅有武夷山九龙窠岩壁上的几株野生茶树而已，年产量也不过几百克。由于"物以稀为贵"，因此，这几株茶树便被视为稀世珍宝。曾经在一次拍卖会上，有人拿着真正的九龙窠大红袍母树所产的茶拍卖，仅20克干茶竟拍出近20万元的天价，从而创造了茶叶单价的最高纪录。故此，大红袍更被人们誉为天价的"茶中之王"。

安溪铁观音

武夷春暖月初圆，采摘新芽献地仙。
飞鹊印成香蜡片，啼猿溪走木兰船。
金槽和碾沈香末，冰碗轻涵翠缕烟。
分赠恩深知最异，晚铛宜煮北山泉。

——《尚书惠虹面茶》·唐·徐寅

物种基源

安溪铁观音，乌龙茶名，为闽南乌龙茶的一种，产于福建安溪县，由铁观音品种茶树的芽叶加工而成。安溪产茶，历史悠久，在唐朝已有记载。安溪铁观音自发现到现在已有300多年的历史。然安溪铁观音的扬名始于20世纪初，继武夷岩茶之后一枝独秀。

1916年，在台湾总督署举行的茶业评奖活动中，"万寿桃"牌铁观音获一等奖。1945年在新加坡评奖活动中，王联丹茶庄的"泰山峰"牌铁观音获金奖。1950年在泰国，王炳记的"望天峰"牌铁观音获特等奖。1982年被商业部列为全国名茶之一。同年国家经委授予安溪茶厂出品的"安溪凤山牌特级铁观音"获金质奖章的最高荣誉。安溪铁观音采制精细，鲜叶经凉青、晒青、晾青、做青（摇青⇔静置）、炒青、揉捻、初焙、复揉、复焙、复包揉、文火慢烘、拣剔等工序加工而成。

风味特点

优质铁观音条索卷曲壮结，呈青蒂绿腹蜻蜓头状，色泽鲜润，砂绿明显，叶表带白霜。

优质铁观音茶叶叶身沉重，取少量茶叶放入茶壶，可闻"当当"之声，其声清脆者为上，声哑者为次。

优质铁观音茶叶经冲泡展开后，汤色金黄、浓艳清澈，叶底肥厚明亮，叶背外曲，具绸面光泽，此为上品铁观音特征，汤色暗红者次之。

"烹来勺水浅杯斟，不尽余香舌本寻。七碗漫夸能畅饮，可曾品过铁观音？""七泡有余香"的铁观音名出其韵，贵在其韵，领略"音韵"更是只能意会，难以言传。"音韵"即"观音韵"，来自铁观音馥郁清高、犹如空谷幽兰的香气和醇厚鲜香、余味无穷的滋味，无此不成铁观音。品饮时要先观汤色，再闻茶香，最后细啜入口，边啜边闻，浅斟细饮。

安溪铁观音的品鉴

品鉴项目	标　　准
嫩　度	细嫩，白毫显露
条　索	卷曲，肥壮圆结，如"蜻蜓头"
色　泽	翠绿，润泽，砂绿明显
净　度	洁净
香　气	高香持久
滋　味	鲜醇高爽，回甘带蜜香
汤　色	金黄明亮
叶　底	肥厚软亮，匀整

茶中营养

茶叶所含的脂溶性维生素中，含量最高的为维生素 E。每 100 克干成品茶中，约含维生素 E 24～80 毫克。因维生素 E 很难溶于水，故茶汤中含量很低，相对营养意义不大。但对于有饮茶后喜欢吃茶渣的人，且又是另一种情况，他们可以从茶中获得需要的维生素 A、维生素 E 等。另外，国内外有开发成品茶粉末或丸剂作为辅助药物应用的，这不愧为茶叶应用的一个好办法，人们治病的同时，还可从茶中获得人体需要的维生素 E 及维生素 A。

茶中药理

茶多酚对锶内辐射病具有防护作用。国内学者多次实验证明，以 2% 茶单宁喂养小鼠，经 48 小时后，可将已渗入骨髓的锶全部置换出来。而对照组动物体内仍有锶存留。引入放射性锶的动物，经定期喂给浓缩儿茶素而存活，对照组动物则死亡。茶黄烷醇也可使 ^{90} 锶在引起辐射危害之前，从人体内排出。茶多酚，对 X 射线或 Y 射线的外照射，也具有防护作用。

茶与养生

在我国古书中早就有"茶能解毒"的记载。《神农本草经》是我国史前劳动人民与疾病作斗争的经验总结，其中"神农尝百草，日遇七十二毒，得茶而解之"的"茶"就是"茶"。明朝李士材《本草通元》中有茶能"解诸中毒"的记载。在近代人丁福宝所著《食物新本草》中记载的"茶有消毒之效力，凡误饮阿片，患酒食者，饮茶可免大患"也是指这个意思。茶之所以能解诸毒，与茶中所含的茶多酚、含硫化合物等密切相关。

茶中的单宁酸，能与一些重金属和生物碱类物质结合，使之沉淀；茶精等，还能与某些侵入人体的有害金属（如铅、锌、锑、汞等）发生化学反应，使之成为可溶性物质，随利尿作用排出体外。所以，茶可作为一些金属和生物碱中毒的抗解剂。

茶中的含硫化合物，特别是 6，8 - 二硫辛酸，两个硫具有很高的活性，很容易进行氧化还原反应。对于一些作用于硫基的毒物，如砷、汞等，茶中的 6，8 - 二硫辛酸具有一定的解毒作用。

名人与茶

营养学家于若木谈茶

于若木是中国的一位营养学家，她认为茶对人体保健和对中华民族的繁衍昌盛都起着不可估量的作用。她说："据现代医学、生物学、营养学对茶的研究，凡调节人体新陈代谢的许多成分，茶叶中大多数都具备。"于若木将茶比作为一种调配适宜的复方制剂，是大自然赐给人类的最佳饮料，所以她说："我国是茶的故乡，提倡饮茶，并将茶作为国饮，是顺理成章而无可非议的。"

在世界上，中国人的聪明智慧是公认的，其智商名列前茅，就是在美国的很多科学尖端领域里，也都有中国血统的人在工作着。中国人为何智商高，我国著名的营养学家于若木认为，应归功于中华民族数千年的茶文化，是祖祖辈辈长期饮用绿茶而形成高智商的遗传因素。1991年底，于若木在陕西省紫阳富硒茶品评论证会上作了专题发言，其中就谈到饮茶与智商关系，她说："世界各国的华人都表现出优秀的品质，在校学习出类拔萃，在工作中大多数成绩优异，高人一筹。中国人有较高的智商是得到很多外国人承认的，这也许与饮茶不无关系。这并不是说他们在国外都喝茶，而是说中华民族的祖先由茶文化培育了较为发达的智力，并且把这种优良的素质遗传给了后代。因此可以说我们都是茶文化的受益者。不管你已经意识到或还未意识到，不管你现在是否有喝茶的习惯，均可这样分析。"饮茶有益于人体智商的提高，可以说是茶叶诸有益成分综合作用的结果，它以供给人体必需的维生素、常量微量元素等为营养基础，再加上所含茶生物碱类、茶多酚类等的药理作用，特别是茶咖啡因较强的兴奋大脑皮质的作用，改善人的思维活动，提高了人对外界刺激的感受性，使思维活动迅速、清晰且持久。

传说故事

一、乾隆赐名安溪铁观音的传说

传说，安溪尧阳南岩山有位叫王士琅的文人，偶然发现了一棵与众不同的茶树，移植到自己的茶圃，朝夕管理，悉心培育，茶树枝叶茂盛，圆叶红心，采制成品，乌润肥壮，泡饮之后，香馥味醇，沁人肺腑。后来他将此茶进献给乾隆皇帝，由于茶叶乌润结实，沉重似铁，味香形美，犹如"观音"，乾隆便赐名为"铁观音"，这样，就把圣天子拉了进来。

二、"铁观音"的美名由来

传说，安溪西坪有位老茶农魏饮，每日必泡茶三杯礼奉观音菩萨，从不间断。一天夜里，魏饮梦见观音菩萨指点他说，山崖上有株透发兰花香味的茶树。第二天，他果然在崖石上发现了梦中的茶树。于是，他采下芽叶泡茶，顿觉花香扑鼻，甘醇鲜爽。魏饮认为这是茶中之王，于是每逢贵客临门，便用此茶待客。有位塾师尝过后，认为此茶叶重实如铁，又为观音托梦所赐，不如就叫它"铁观音"！从此，"铁观音"便开始为人熟知了。

台湾乌龙茶

玉蕊一枪称绝品，僧家造法极功夫。

兔毛瓯浅香云白，虾眼汤翻细浪俱。

断送睡魔离几席，增添清气入肌肤。

幽丛自落溪岩外，不甘移根入上都。

——《大云寺茶诗》·唐·吕岩

物种基源

台湾乌龙茶，系台湾所产乌龙茶的总称，主要产地为台北、桃园、花莲、新竹、嘉义、苗栗、南投、宜兰等县市，为台湾最早生产的茶类。台湾乌龙茶的茶苗、栽培技术和采制方法都是在清嘉庆年间从福建传入的。据《台湾通史》载："有柯朝者，归自福建，始以武夷之茶，植于鲤鱼坑，发育甚佳，既以茶子二斗播之，收成亦丰，遂互相传植。"根据《淡水厅志》："清道光年间，客商运茶往福州售卖。"同治四年（1865）台湾乌龙茶开始出口，到1917年出口量创历史最高水平。台湾适制乌龙茶的茶树品种有：青心乌龙、青心大冇、硬梗红心、白毛猴、铁观音、大叶乌龙、三义枝蓝、红心乌龙、黄心乌龙等优良品质。鲜叶采摘比福建、广东的乌龙茶细嫩，带有芽毫。台湾乌龙茶一年采摘四次，即春茶、夏茶、秋茶、冬茶，其中以春茶、秋茶及早期冬茶品质较佳。

鲜叶采摘标准根据不同的花色品种有一芽一叶，也有开面采二三叶。鲜叶采回之后经日光萎凋（或加温萎凋）、做青（静置与搅拌）、炒青、闷热静置（回软）、揉捻、解决、初干、焙干等工序加工而成，根据发酵程度及品质特征可分为：

（1）包种茶：轻发酵的绿色乌龙茶。品质特征：汤色金黄，香气幽雅，滋味甘醇，喉韵明显。商品茶有文山包种、冻顶乌龙、明德乌龙、长青茶、福寿茶等。

（2）台湾铁观音：半发酵的褐色乌龙茶。品质特征：茶汤琥珀色，滋味浓厚。

（3）白毫乌龙茶：重发酵乌龙茶。品质特征为汤色黄红，有天然熟果香和蜂蜜香。

风味特点

台湾多山，因而成为世界著名的优质茶叶产区。而台湾生产的名茶又以优质乌龙茶为主，台湾乌龙茶甚至占全球乌龙茶产量的1%～5%。台湾乌龙茶是一种介于绿茶和红茶之间的半发酵茶，具有"香、浓、醇、韵、美"五大特点。

台湾乌龙茶的品质特征是：芽嫩翠绿，茶汤味道甘醇，花香味突出并耐冲泡。

细品台湾乌龙茶，顿觉清香甘甜，滋味浓醇，香如金桂。

台湾乌龙茶含儿茶素多，可抗氧化、抗突变、抗肿瘤。

台湾乌龙茶香味浓郁、甘甜。饮后甘味回扬，有舒缓身心的作用。

台湾乌龙茶含有丰富的钾、钙、镁、锰等11种矿物质，可防止高血压、蛀牙等。

台湾乌龙茶的品鉴

品鉴项目	标　　准
嫩　度	不显毫
条　索	肥壮，呈半球形状
色　泽	砂绿
净　度	匀净
香　气	清香或带梨花香味
滋　味	浓醇爽口
汤　色	金黄明亮
叶　底	黄绿色，有红边

茶中营养

茶叶中含维生素K，每克成品干茶中含约300～400国际单位。有人估计，每杯茶中含500

～800 国际单位维生素 K，如果每天饮茶 5 杯，就能满足人体每天对维生素 K 的需要量。

茶中也含有维生素 U，每 100 克成品干茶中含约 20～25 毫克。因维生素 U 难溶于水，故茶汤中含量很少，其营养意义不大。

茶中药理

绿茶多酚，可使甲状腺功能亢进恢复正常。茶黄烷醇类，特别是没食子儿茶素，就有这种功能，黄酮苷也有类似作用。每日 1 毫克没食子儿茶素和没食子儿茶素没食子酸酯，能使由碘化酪蛋白引起的小白鼠甲状腺机能亢进恢复正常。

研究者发现，用 10％绿茶或红茶冲泡液或每天 1 毫克茶多酚饲喂白鼠，维持基本膳食 12 天后，发现其盲肠中叶酸显著升高。由此认为，茶多酚有助于肠道微生物群系合成叶酸的功能。

茶与养生

饮酒后，喝一杯浓茶，这是我国人民日常生活中经常采用的一种民间解酒习俗。酒醉后，由于乙醇损害了神经系统，会感到全身乏力，甚至恶心呕吐，神志昏迷或嗜睡。浓茶中的咖啡因和茶多酚类，则对大脑皮质起觉醒和兴奋作用，可与乙醇引起的抑制作用相对抗，以达到醒酒的目的。维生素 C 是肝脏分解乙醇不可缺少的物质，它缺乏时，使肝脏分解乙醇的能力下降，容易产生乙醇中毒。茶叶，特别是绿茶中，含有丰富的维生素 C，故饮茶可起醒酒的作用。再有，茶中咖啡因、茶碱、可可碱的强心、利尿作用，可促进乙醇从体内排出，有利于解除乙醇中毒。所以，饮茶之所以能解除乙醇中毒，与茶中所含的咖啡因、茶多酚、维生素 C 等成分密切相关。

名人与茶

"当代茶圣"吴觉农与茶

曾有"当代茶圣"之称的我国著名茶叶专家吴觉农，有一套饮茶养生之道。吴老一直活到 93 岁高龄，在他 90 岁时，思维依然敏捷，身体健康，眼睛不花。有人问他长寿健康的秘诀何在，他总是说："我也想不出什么所以然，大概与多喝茶有关吧！我是搞茶叶的，与茶叶界联系很多，他们每年都给我寄茶叶来，因此我家里红茶、绿茶、乌龙茶，好的差的样样都有，随时可喝。所以，我的身体还算健康，至少手脚灵活，做笔记也不必戴眼镜。特别是我的老伴，原来身体很差，后来经常喝茶，现在身体比我还好，还能做些家务劳动。"吴觉农真不愧为茶人典范，饮茶益寿的证人。

传说故事

台湾乌龙茶的传说

福建有乌龙茶，台湾也有乌龙茶。台湾乌龙茶叫作"冻顶乌龙茶"，被誉为"台湾茶中之圣"，产自台湾省南投县鹿谷乡。冻顶山是凤凰山的支脉，居于海拔 700 米的南岗上，因雨多山高路滑，上山的茶农必须绷紧脚尖（台湾俗语称"冻脚尖"）才能上山顶，故称此山为"冻顶"。冻顶山上栽种了青心乌龙茶等茶树良种，山高林密土质好，茶树生长茂盛。冻顶产茶历史悠久，《台湾通史》称："台湾产茶，由来已久，旧志称水沙连（今南投县埔里、日月潭、水里、竹山等地）社茶，色如松罗，能避瘴祛暑。至今五城之茶，尚售市上，而以冻顶为佳，唯所出无多。"

冻顶乌龙茶是台湾包种茶的一种,所谓"包种茶",其名源于福建安溪。当地茶店留茶均用两张方形毛边纸盛放,内外相衬,放入茶叶四两,包成长方形四方包,包外盖有茶行的唛头,然后按包出售,称之为"包种"。台湾包种茶属轻度或中度发酵茶,亦称"清香乌龙茶"。包种茶按外形不同可分为两类:一类是条形包种茶,以"文山包种茶"为代表;另一类是半球形包种茶,以"冻顶乌龙茶"为代表,素有"北文山、南冻顶"之美誉。冻顶乌龙茶的采制工艺十分讲究,采摘青心乌龙等良种芽叶,经晒青、凉青、浪青、炒青、揉捻、初烘、多次反复的团揉(包揉)、复烘、再焙火而制成。

冻顶乌龙茶的特点为:外形卷曲呈半球形,色泽墨绿油润,冲泡后汤色黄绿明亮,香气高,有花香略带焦糖香,滋味甘醇浓厚,耐冲泡。冻顶乌龙茶品质优异,历来深受消费者的青睐,畅销台湾、港澳、东南亚等地。

关于冻顶茶的由来,民间还流传着许多耐人寻味的故事。

清朝道光年间,台湾南投县鹿谷乡,有一个青年叫林凤池。林凤池是一个有志气、有学问的青年人,他十分热爱自己的祖国。一年,他听说福建要举行科举考试,心想要去参加,可是家穷没路费,怎么办呢?

乡亲们知道了,都跑来对林凤池说:"凤池,你要去呀,有困难,大家帮忙!"各家都凑了一点银钱给林凤池做路费。临行前,乡亲们又对他说:"你到了福建,可要向咱祖家的乡亲问好呀,说咱们台湾乡亲十分怀念他们!"还交代说:"考中了,要再来台湾,别忘记这里是你的出生故里啊!"林凤池感动得流下了热泪,把乡亲们说的话记在心里。

由于林凤池学问好,回祖家福建考中了举人。他在祖家住了几年,想起离开台湾时,乡亲们的热情交代,便决定回台湾去探亲。回台湾之前,他到武夷山游览,看到这里丹山碧水,风景秀丽,真是"武夷山水天下奇,千峰万壑皆画图"!因为武夷山的"乌龙茶"驰名中外,他就要了三十六棵"乌龙茶"苗,带回台湾,种在南投县鹿谷乡的冻顶山上。乡亲们看到这些从福建祖家带来传种的乌龙茶苗,都十分珍惜,细心管理栽培。经过精心栽培,它们都成活了,并长得青翠可爱,绿油油的。从此以后,冻顶山很快就发展成为有名的乌龙茶园。这种从祖家带来繁殖的乌龙茶,清香可口、生津止渴、消暑退热、利水、除毒,饮后大有苦尽甘来的快意,成为台湾乡亲喜爱的名茶。

后来,林凤池奉旨进京,他就将加工好的乌龙茶带去献给道光皇帝。皇帝一尝,感到十分清香可口,连声称赞说:"好茶,好茶!"并问这茶是哪里来的。林凤池奏明来自祖家福建,种在台湾冻顶山上。道光皇帝说:"好吧,这茶就叫冻顶茶。"从此台湾乌龙茶又被称为"冻顶茶"。

(五) 白 茶

白茶(white tea)为我国六大茶类之一,属世界名茶珍品。因外表披覆白毫,呈白色,故名。特点是不经高温灭酶,亦不发酵,以保全多酚类物质自动缓慢氧化。按萎凋程度不同,分全萎凋和半萎凋两类。春季芽白萌发时采制而成者,称"银针白毫茶",由余下嫩叶制成者,称"寿眉",茶叶盛发时连芽蕊一并采制而成者,称"白牡丹"。鲜叶经萎凋和干燥而制成。它是我国茶类中的特殊珍品,主要产于福建的福鼎、政和、松溪和建阳等县。白茶有"一年是茶,三年是药,七年是宝"之说。在历史上白茶还曾被摆到药铺里售卖。医书记载:白茶性寒,具有解毒、退热、祛暑之功,自古以来就被视为治疗麻疹的圣药,且其医药价值随贮存时间延长而增长。

白毫银针

烹茶留客驻金鞍，月斜窗外山。

别郎容易见郎难，有人思远山。

归去后，忆前欢，画屏金博山。

一杯春露莫留残，与郎扶玉山。

——《阮郎归·效福唐独木桥体作茶词》·宋·黄庭坚

物种基源

　　白毫银针，白茶名，又称银针白毫、白毫，简称银针，为一种针型全芽白茶。产于福建省福鼎、政和两县，是白茶中的精品。据文献记载，清嘉庆元年（1796），福鼎县茶农用菜茶（有性群体）的壮芽为原料，创制白豪银针。到1857年前后，当地茶农偶尔发现大白茶树，这种茶树嫩芽肥大，毫多。于是在1885年起改用福鼎大白茶品种茶树的壮芽为原料，制造白毫银针。政和县于1880年选育繁殖政和大白茶品种茶树，1889年开始产制白毫银针。菜茶因芽头细小，已不再采用。现今的白毫银针的茶芽均采自福鼎大白茶或政和大白茶两种茶树，芽壮而肥嫩，其中春茶头一二轮的顶芽品质最佳，素有"茶中美女""茶玉"的美誉。因其成条形状似针、色白如银而得名。

　　福建福鼎所产的白毫银针被称为"北路银针"，茶树品种为福鼎大白茶。北路银针显银白色，外形优美，芽头肥嫩，茸毛厚密，汤色碧青，香气清淡。福建政和产的银针白毫被称为"南路银针"，茶树品种为政和大白茶。南路银针呈银灰色，外形粗壮，芽瘦长，茸毛略簿，光泽不如北路银针，但香气清鲜，滋味浓厚。福鼎大白茶与政和大白茶都是无性繁殖系品种，性状整齐。在这两个品种的茶园里，每当春芽发出，茸毛密披，在阳光照射下，皆银光闪闪，远望如霜覆，其景象为其他茶园所罕见，分外诱人。

风味特点

　　白毫银针，其品质特征：芽头肥壮，遍披白毫，挺直如针，色白似银；内质香气清鲜毫香浓，滋味鲜爽微甜，汤色晶亮呈浅杏黄色，泡入杯中，茶芽慢慢沉入杯底，舒展挺立，蔚为奇观。新银针干茶显绿，汤色较淡，有毫香，滋味醇爽，会微有苦涩，叶底黄绿，陈银针干茶色深，滋味醇厚滑顺，基本无苦涩，香气如蜜，叶底红褐。显然，陈化的银针茶滋味加重，苦涩减低，醇厚增加，香气也有所转变，饮后也明显感到比新茶顺滑舒适很多。可见，无论是在滋味上还是在其他方面，陈年白毫银针都优于新白毫银针。

白毫银针的品鉴

品鉴项目	标　准
嫩　度	茸毛密布，白毫多显
条　索	芽头肥壮，挺直如针
色　泽	毫白如银，银绿有光泽
净　度	洁净
香　气	毫香显露
滋　味	鲜爽回甘
汤　色	浅杏黄
叶　底	黄绿色，匀齐或显红褐

茶中营养

茶中所含有的人体所必需的常量元素有钠、氯、钾、磷、钙、镁、氮等，茶中除氮外，含量最多的为钾、磷，钾占茶灰分的 50%，磷占灰分的 15%，其次是钙、镁、氯，而钠的含量较少。

茶是一种相对富含钾的食物，而且可几乎全部溶入茶汤中，被人体吸收利用。如果每天饮茶 10 克，可供给人体 140～300 毫克的钾，约占人体每日需要量的 3.5%～10%。茶中含钠、氯量不高，再加上它们溶入茶汤的量只有 5%～30%，故饮茶获得钠、氯的量较少。如果每天饮茶 5 杯，可摄入钠 5 毫克左右，可获取氯 3～4 毫克，相对营养意义不大。

茶中钙的含量一般，又因钙溶入茶汤中的比例较低，通常仅为 5%～7%，故饮茶获得钙量不多。如每天饮茶 10 克，摄入的钙量约为 2～4 毫克，离成人每天推荐供给量 800 毫克相差很远。通常饮茶摄入钙量只占需要量 1% 左右，故相对营养意义不大。

茶中含磷丰富，但在茶汤中的溶出率为 25%～35%。如每天饮茶 10 克，也只能从中获得 6～9 毫克的磷，只占人体每天需要量的 1% 左右，相对营养意义不大。

茶中镁的含量较高，其中嫩梢中的含量超过老叶。镁在茶汤中的溶出率为 46%～53%，如每天饮茶 10 克，可以从中获取 1.5～5 毫克的镁，只占人体每天需要量的 1% 左右，相对营养意义也不大。

茶中药理

白毫银针性寒，具有退热、降虚火、解邪毒的功效，有"功若犀角"之誉。清代周亮工在《闽小记》中称其"功同犀角，为麻疹圣药，运销国外，价同金埒（即价与金相等）"。白毫银针有祛湿退热的功效，还可消暑、安神、养心、怡情。

茶与养生

目前分析认为，饮茶去脂降胆固醇有以下四个方面的原因：

（1）茶咖啡因与磷酸、戊糖等物质形成核苷酸，它对食物营养成分的代谢起着重要作用，尤其对脂肪具有很强的分解作用。

（2）因为茶咖啡因具有兴奋中枢神经系统的功能，可提高胃酸和消化液的分泌量，使人体肠胃对脂肪的消化和吸收能力增加。

（3）茶中的儿茶素类化合物，可促进人体脂肪的分解，防止血液和肝脏中甾醇与中性脂肪的积累。

（4）茶中的叶绿素，一方面具有阻碍胃肠道对胆固醇消化和吸收的作用，另一方面可破坏已进入肠、肝循环中的胆固醇，从而使体内胆固醇含量降低。

名人与茶

张岱——明清茶道专家

张岱，明末清初散文家、史学家，出身官宦之家，对茶很有研究，对品茶鉴水尤为精通，并将家乡的日铸茶改制成有名的"兰雪茶"，其中的"日铸雪芽"还被列为贡品，有"江南第一"的称号。而绍兴名泉——禊泉，本已经淹没而不为人知，却又被张岱发现，并挖掘出来。在张岱的文集中对茶事、茶理、茶人的记载也有不少，他还特别喜欢以茶会友，对玩赏茶具更是一绝。据记载，他弟弟山民获得一款古老的瓷壶，他竟把玩一年，还作一壶铭，不愧为茶道专家。

传说故事

贡茶两代得官的传说

宋徽宗在位期间，虽然朝政腐朽黑暗，但他却是个艺术奇才，不仅工于书画、通晓百艺，还对烹茶、品茶尤为精通。皇帝评茶论赏，下面的群臣自然趋之若鹜。

据《苕溪渔隐丛话》中记载，在宣和二年（1120年）的时候，朝臣郑可简创制出银丝水芽，制成"方寸新"，由于茶色像雪一样白，所以取名"龙团胜雪"，进献给宋徽宗后，皇帝十分高兴，便赐他为福建路转运使的官衔。

后来，郑可简指使儿子巧取豪夺了侄子千里辛苦找到的一种叫"朱草"的茶，并故伎重施，让自己的儿子带茶进献给宋徽宗，结果其儿子也一样因为进献有功而得到封赏。后来父子二人荣归故里的时候，郑可简得意地说："一门侥幸。"而他的侄子由于朱草被夺而十分生气，便顺口对曰："千里埋冤。"

贡　眉

> 东望山阴何处是？往来一万三千里。
> 写得家书空满纸，流清泪，书回已是明年事。
> 寄语红桥桥下水，扁舟何日寻兄弟？
> 行遍天涯真老矣。愁无寐，鬓丝几缕茶烟里。
>
> ——《渔家傲·寄仲高》·宋·陆游

物种基源

贡眉，白茶名。有时被称为"寿眉"，有白毫，像老寿星的眉毛，故得名。它为白茶类叶茶的一种。产于福建省的建阳、建瓯、浦城等县，外形接近白牡丹，产量占白茶总产量的一半以上，是白茶中的主要产品。贡眉，乃是用菜茶有性群体茶树的芽叶制成的白茶。因菜茶的芽叶比较瘦小，因此也叫"小白茶"。以区别于用福鼎大白茶、政和大白茶茶树芽叶制成的"大白（茶）"。寿眉，以前乃是由制"白豪银针"时采下的嫩梢经"抽针"后剩下的叶片制成的成品，品质在白茶中最低。近年则一般只称贡眉，不再有命名寿眉的商品出口。

风味特点

贡眉有特级、一级、二级、三级，共4个等级，叶张细嫩，毫心较小，色泽灰绿，香气清纯，滋味甜醇较爽口，叶底匀整、柔软，叶张主脉迎光透视至红色。寿眉的成茶不带毫芽，色泽灰绿带黄，香气低带青气，滋味清淡，汤色清澈，淡杏绿色，叶底黄绿。

贡眉白茶的品鉴

品鉴项目	标　准
嫩　度	毫心明显，茸毛色白且多
条　索	芽叶挺拔，紧卷如眉
色　泽	翠绿或墨绿
净　度	匀净

（续表）

品鉴项目	标　准
香　气	鲜纯
滋　味	醇爽
汤　色	呈橙色或深黄色
叶　底	柔软、鲜亮

茶中营养

茶叶中含锌，每克鲜叶中含锌量 10～50 微克，而成品茶的含锌量差别很大。每克中国绿茶的含锌量 22～90 微克，干成品茶汤中锌的溶出率为 36％～56％，如每天饮茶 10 克，可使人摄取 0.2～0.4 毫克的锌，占人体推荐供给量的 2％～4％。锌是人体内一种重要微量元素，饮茶可获得人体所需要的一定量的锌，故饮茶对人体有益。又根据地质医学研究发现，人体肾脏中锌、镉比例高低与高血压发病密切相关，锌、镉比例高的地区，高血压发病率低，而茶是一种锌、镉比例高的饮料，故饮茶对防治高血压有益。

茶中药理

贡眉功效如同犀角，有清凉解毒、明目降火的奇效，可缓解"大火症"，在越南是小儿高烧的退烧良药。

茶与养生

伴随着血脂的增高，往往会出现肥胖，这是现代社会中普遍出现的一种生理性异常现象。饮茶由于提高人体基础代谢率，因而增加了脂肪的分解，起到了减肥作用。饮茶能去脂减肥，古医书中早有记载，如《滴露漫录》中有"以其腥肉之食，非茶不消，青稞之热，非茶不解。"《本草备要》中有"茶有解酒、食油腻、烧炙之油。"《本草拾遗》有茶"久食令人瘦"的记载等。法国人喜用普洱茶，法国妇女，特别是法国女郎很讲究形体美，她们把普洱茶称之为"刮油茶""消瘦茶"。这是因为法国医生用普洱茶做了大量实验，受试者每人每天喝 3 杯普洱茶，连服一个月，结果有人减轻了体重，有人降低了血脂。日本人，特别喜欢喝中国的乌龙茶，青年妇女和发胖的中年妇女更是如此，她们把乌龙茶称之为"苗条茶""健康幸福茶"。日本学者认为，经过半发酵加工的乌龙茶中的单宁酸和皂素，具有分解中性脂肪和抑制胆固醇的作用。

饮茶去脂与减肥作用的道理是一样的，也与茶中所含的茶多酚、咖啡因、叶绿素、维生素 C 等密切相关，是通过前面所述的四个途径来实现的。

名人与茶

苏轼喻茶如佳人

古今历代文坛上，与茶结缘的人不可悉数，但是能像苏轼那样品茶、烹茶、种茶均在行，诗词歌赋无不精彩绝伦的，似乎只有他一人。苏轼一生爱茶，对茶史、茶功颇有研究，又创作出大量的咏茶诗词，其中最著名的"从来佳茗似佳人"，被无数后人引用。经过多年的品茶、学茶，苏轼对煎茶、烹茶也颇有研究，认为"活水还须活火烹，自临钓石取深清"。甚至对于泡茶的水，苏轼也很有实践与体会，在《东坡集》中，他总结出南方的水比北方的水好，江水比井水好，泉水最好。"沐罢巾冠快晚凉，睡余齿颊带茶香"，词人的爱茶之情可见一斑。

传说故事

寿眉茶的传说

传说在很久远的年代，有这么一家三口——老夫妻，膝下还有个姑娘，扶老携幼地从外地逃荒来到了建阳县地界。当他们艰难地来到新江乡时，老夫妻俩都病倒了。由于没钱治病，这对老夫妻相继病亡。留下的女儿只有18岁，按说这个年龄的姑娘是不愁没有生路的，可是她的命运不济，被当地的一个花花公子看中。这个花花公子家非常富有，想依仗自家的权势霸占姑娘。

不料，姑娘非常倔强，对这门婚事宁死不从。她不羡慕钱财，只想找个凭劳动吃饭的青年。后来那个花花公子派人来要挟姑娘说："给你一夜的思考时间，要是不应允，就不要怪我们不客气了！"姑娘在这里举目无亲，无依无靠，凭着自己的力量是无法与花花公子较量的。只有"三十六计，走为上"。趁着黑夜，就只身逃跑了。由于路途不熟，她走迷了路。天将破晓时，姑娘不敢独自行动，就爬上大山，钻进山林里。

几天后，一个青年猎人发现了饿得有气无力的姑娘，就将她背到山后自己家里。这个青年也是父母双亡，自己在山坡上盖了间草房，以打猎为生。姑娘在猎人家休养了几天后，孤男寡女，便产生了爱情。他们在一个月圆之夜，对月跪拜结为夫妻。

在婚后的日子里，一个偶然的机会，姑娘发现了一丛茶树。姑娘的老家是个茶乡，她熟悉茶树，只是觉得这丛茶树与众不同，它的叶芽茸毛很密集，枝叶也很粗壮。小夫妻俩就决定好好培育这丛茶树。第二年他们采摘了茶树的芽苞，焙炒成茶叶，发现这种茶叶仍然带有细密的茸毛，如同寿星眉毛一般，就取名为"寿眉茶"。

白　牡　丹

天雨新晴，孙使君宴客双石堂，遣官奴试小龙茶。
日照门前千万峰，晴飙先扫冻云空。
谁作素涛翻玉手，小团龙。
定国精明过少壮，次公烦碎本雍容。
听讼阴中苔自绿，舞衣红。
　　　　——《摊破浣溪沙·日照门前千万峰》·宋·毛滂

物种基源

白牡丹茶属于白茶，为福建特产，因其绿叶间夹着银白色毫心，形似花朵，冲泡后绿叶托着嫩芽，宛如蓓蕾初放，故得高雅芳名。白牡丹是白茶中的上乘佳品，1922华创制于福建太湖地区，同年政和开始栽培，成为主产区。

白牡丹以政和大白茶、福鼎大白茶和水仙品种茶树的鲜叶为原料，要求芽叶肥壮，白毫显露。白牡丹的制作工艺关键在萎凋，一般采取室内自然萎凋或复式萎凋，采摘期为春、夏、秋三季。白茶在六大茶类中产区最小，局限在闽北各县及台湾，产量最低，不到全国茶叶总产量的千分之一。

风味特点

白牡丹叶张肥嫩，呈波浪隆起，叶背布满白色茸毛，茶的绿叶夹着银白色的毫心，形态好似花朵。冲泡后，碧绿的叶子衬托着嫩嫩的叶芽，形状优美，宛如牡丹蓓蕾初绽，绚丽秀美，恬淡高雅；滋味清醇微甜，毫香鲜嫩持久，汤色杏黄明亮，叶底嫩匀完整，微红叶脉布于绿叶之中，有"红装素裹"之誉。

白牡丹的品鉴

品鉴项目	标　　准
嫩　　度	毫心多，茸毛密
条　　索	两叶抱一芽，形似花朵
色　　泽	深灰绿或暗青苔色
净　　度	纯净
香　　气	鲜爽，毫香浓显
滋　　味	鲜醇清甜
汤　　色	杏黄色，清澈明亮
叶　　底	浅绿，叶脉微红

茶中营养

铜是人体必需的微量元素，它是人体氧化还原系统中一种非常有效的催化剂，可催化血红蛋白的合成等。茶中含铜，其含量在植物界中属中等水平，平均每克鲜茶中含铜量为19微克。每克鲜中国绿茶含铜量12～40微克，干成品茶汤中，铜的溶出率很高，为70%～80%，如每天饮茶10克，人体摄取的铜量约为0.5～0.6毫克，占人体每天需要量的20%左右。所以，饮茶能补充人体一定量的必需的铜，其营养意义较大，也对人体造血有利。

茶中药理

白牡丹为夏日佳饮，有退热、祛暑的功效，常饮可令人精神愉悦，心旷神怡。白牡丹富含人体所需的氨基酸、茶多酚、多种维生素及锌、硒等微量元素，具有清肝明目、镇静降压、防龋抗癌等诸多功效。

茶与养生

血脂增高，不仅会引起肥胖，还会沉积在血管壁上，引起动脉粥样硬化等。饮茶能否防治动脉粥样硬化？回答是肯定的。从事应用茶叶防治动脉粥样硬化研究20多年的楼福庆教授风趣地说："苏东坡的'初缘厌粱肉，假此雪昏滞'并非夸大其词，我们的研究证明，每天坚持喝茶，对防治动脉硬化等疾病有好处。"国际上公认，形成动脉粥样硬化的关键，是血管平滑肌细胞增生后形成粥样斑块。楼福庆教授从20世纪60年代初，就开始这项研究。他先在家兔中做实验，从电子显微镜上观察发现，喂过茶的兔子的血管里，这种斑块增生受到抑制。而在生物化学实验中发现，原来血小板周围模糊一片的凝血变清晰了。这说明茶叶有抗凝作用，其作用比丹参还强。而后，他又在饮茶的人体血液中测得，形成血液黏滞度增强的纤维蛋白原降低了，这说明茶叶是可以抑制动脉粥样硬化的。美国和英国1967年至1975年的研究，也证明了类似的结果。

名人与茶

茶痴皇帝赵佶

北宋的宋徽宗赵佶是一位"不爱江山爱丹青"的皇帝。他在位期间，朝政腐朽黑暗，本人却工于书画、通晓百艺，还对烹茶、品茗尤为精通。赵佶曾以帝王之尊编著了一篇《茶论》，后人称为《大观茶论》，堪称茶书中的精品。一个皇帝，以御笔著茶论，这在中国历史上还是第一次。他在《大观茶论》中写道："白茶，自为一种，与常茶不同，其条敷阐，其叶莹薄，林崖之间，偶然生出。虽非人力所可致。有者不过四五家，生者不过一两株……须制造精微，运度得宜，则表里昭彻，如玉之在璞，它无与伦也。"

传说故事

且隐仙境且寻仙茶

传说，西汉时期有位太守毛义因不满贪官当道，于是弃官随母归隐山林。母子俩来到一座山前，只觉此处似仙境一般，莲花池畔的十八棵白牡丹异香扑鼻。母子俩见状很欢喜，便住了下来。可是，母亲却因劳累病倒了，毛义立刻四处寻药，一位白发银须的仙翁告诉他："须用鲤鱼配新茶才能治你母亲的病。"毛义到池塘里捉到了鲤鱼，但却不知去哪里采新茶。正在为难之时，那十八棵牡丹竟变成了十八棵茶树，树上长满了嫩绿的新芽叶，像是朵朵白牡丹花。母亲吃过新茶煮鲤鱼后，病果然好了。后来，人们就把这一带产的名茶叫作"白牡丹茶"了。

（六）黑　茶

黑茶（dark tea）为我国六大茶类之一，属后发酵茶，以色泽乌黑油润得名，而以悦鼻松烟味为其传统风格。黑茶的起源由于其加工方法的不同有两种，一种是指绿毛茶堆积后发酵，渥成黑色，转变成黑茶的制法。起源于11世纪前后，当时四川绿茶运往西北边销，由于交通不便，运输困难，必须压缩体积，蒸制为边销团块茶，便于长时远运。在绿毛茶蒸制为团茶的过程中，产品进行湿堆，在湿堆的过程中有了变色的认识，发现了新的茶类的制法。另一种是指鲜叶经杀青、揉捻之后进行较长时间的堆积，使叶色变为油黑，而后烘干成为黑茶的制法。这种制法起源于16世纪初，在明朝的湖南安化。现在，黑茶的产区分布在湖南、湖北、广西、四川、云南等省。

广西六堡茶

嫩芽香且灵，吾谓草中英。
夜白和烟捣，寒炉对雪烹。
惟忧碧粉散，常见绿花生。
最是堪珍重，能令睡思情。

——《茶诗》·唐·郑遨

物种基源

广西六堡茶属黑茶类历史名茶，因原产于梧州市苍梧县六堡乡而得名，现在已经发展到广西几十个县，素以"红、浓、醇、陈"四绝闻名于世。六堡茶的品质以陈香著称，因此晾置陈化是制作六堡茶的重要环节。六堡茶的陈化一般以篓装堆，贮于阴凉的泥土库房，经过半年左右，茶叶就有陈味，汤色也会变得更加红浓，由此形成了六堡茶的特殊风格。六堡茶存放越久品质越佳，为了便于存放，一般会压制加工成圆柱形状。

风味特点

六堡茶有一个显著的特点，即存放时间越久品质越佳。所以，六堡茶多被加工成圆柱形，以便于存放。经晾置陈化后，还会产生许多对人体极为有益的黄霉菌，表现为茶中可见的"金花"。黄霉菌能分泌出淀粉酶和氧化酶，还可使茶叶中的淀粉转化为单糖，催化多酚类化合物氧化，消除茶叶的粗青味，同时使茶汤变为棕红色。

广西六堡茶的品鉴

品鉴项目	标　准
嫩　度	软嫩，显毫
条　索	长整紧结
色　泽	黑褐光润
净　度	洁净
香　气	香味醇和，有陈香
滋　味	醇厚，有槟榔香和松烟香
汤　色	红浓，似琥珀色
叶　底	呈铜褐色，明亮

茶中营养

铁是人体必需的一种微量元素，它是血液中交换和输送氧所必需的，也是机体中许多氧化还原体系所必需的。成人每天需要供给铁12～18毫克，缺铁可致贫血等。

茶叶含铁量，在植物界属较高水平，平均每克茶叶中含量为160微克。成品茶铁的含量较高，一般每克含铁量在60～320微克，其中绿茶平均每克含量为123微克，红茶平均每克为196微克。因茶汤中铁的溶出率低于10%，故每天饮茶10克，被人体摄入的铁，还不到需要量的1%，相对营养意义不大。但目前研究认为，植物茶叶中含有的铁，属非血红素铁，这种铁的吸收率受胃肠道pH及人体中铁的贮存量影响。如果人体中铁的贮存量低时，对铁的吸收量较大；如果食物中有较高的有机酸如柠檬酸含量时，可使非血红素铁的吸收量增加。因此，按照西方的饮茶习惯，在饮茶的同时或不久后饮用果汁，或在红茶水中加入柠檬片，可使茶中铁的吸收率增加2～3倍。如此饮茶，就可供给人体一定量的铁，对人体有益。

茶中药理

六堡茶茶性温和，具有消暑祛湿、明目清心、帮助消化等功效。

茶与养生

目前研究认为，饮茶防治动脉粥样硬化，与茶中所含的茶多酚、维生素、氨基酸等成分有关，特别与茶多酚类的关系更为密切，因为它们对脂肪代谢均起着重要作用。

人体脂肪代谢的紊乱，往往是肝病患者动脉硬化的一个重要因素。而茶中的多酚类物质，特别是儿茶素，可以防止血液和肝脏中胆甾醇及其他烯醇类和中性脂肪的积累，故可防止动脉和肝脏硬化。

名人与茶

陆游嗜茶

南宋诗人陆游，一生与茶结下了不解之缘，并谙熟烹茶之道，深得品茶之趣。他常常身体力行，总是以自己动手烹茶为乐事，一再在诗中自述："归来何事添幽致，小灶灯前自煮茶"，"山童亦睡熟，汲水自煎茗"，"名泉不负吾儿意，一掬丁坑手自煎"。陆游对茶的喜爱常达到如痴如醉的境地。他对茶的煎饮如何掌握火候，曾用"效蜀人煎茶法"和"用忘怀录中法"做了研究。他还会玩当时流行的一种技巧很高的烹茶游艺——分茶。陆游到了晚年，仍然嗜茶如命，他在《幽居初夏》中说："叹息老来交旧尽，睡来谁共午瓯茶。"又在《雪后煎茶》中道："雪液清甘涨井泉，自携茶灶就烹煎。

一毫无复关心事，不枉人间住百年。"他说："眼明身健何妨老，饭白茶甘不觉贫"，则更是进入了茶道的至深境界——甘茶一杯涤尽人生烦恼。

传说故事

龙母下凡赐神茶

传说，很久以前，龙母娘娘下凡到苍梧六堡镇黑石村，发现百姓的生活很穷苦，心里非常着急。偶然间，龙母娘娘尝了一口黑石山下的泉水，觉得清甜滋润，异常鲜美，她想：这么甜美的泉水一定能灌溉出好的植物。于是，龙母呼唤农神播下茶树种子，经过悉心栽培，长成了一棵叶绿芽美的茶树。

龙母让人们把这棵茶树的叶拿去卖给山外的人，换取足够的粮食和盐巴。龙母娘娘走后，这棵茶树越长越茂盛，人们将种子散播开来，变成了漫山遍野的茶树林，遍布六堡镇，所产茶叶就被人们称为"六堡茶"。

普 洱 茶

雷过溪山碧云暖，幽丛半吐枪旗短。

银钗女儿相应歌，筐中采得谁最多？

归来清香犹在手，高品先将呈太守。

竹炉新焙未得尝，笼盛贩与湖南商。

山家不解神禾黍，衣食年年在春雨。

——《采茶词》·明·高启

物种基源

普洱茶以云南省普洱市为集散地，唐代时已负盛名。普洱散茶分生普洱和熟普洱，生普洱为自然发酵，新茶口感刺激，越陈越香。熟普洱则为人工渥堆发酵，茶性更温和。普洱茶系云南特种名茶。以晒干之散毛茶，经蒸压塑成各种云南紧压茶之总称，有形如心脏的紧茶，如碗的沱茶，如方块形的方茶及如月圆形的饼茶等，产于思茅。按原料采摘期不同，分为春尖（清明至谷雨采摘）、二水（芒种至大暑采摘）、谷花（白露至霜降采摘）三种。春尖又分为头拨（白毫特多）、二拨（叶肥汁浓）、三拨（叶梗肥大而耐泡），用以制沱茶；二水又分为细黑条、二介茶和粗条，用以制紧茶；谷花白毫特多，用以制饼茶。其中，饼茶是按以前计量方式的7

两（约 357 克）压成 1 饼，7 饼包成 1 包，喻为"七七四十九，多子、多孙、多福"。

风味特点

优质的云南普洱散茶的干茶陈香显露，无异杂味，色泽棕褐或褐红（猪肝色），油润光泽，褐中泛红（俗称红熟），条索肥壮。优质的普洱茶泡出的茶汤红浓明亮，具有"金圈"，汤上面看起来有油珠形的膜。

生普洱茶的品鉴

品鉴项目	标　准
嫩　度	显毫
条　索	肥大，粗壮
色　泽	墨绿或绿润，陈年的生茶红中带绿
净　度	匀净
香　气	清纯持久
滋　味	涩味强，浓厚回甘
汤　色	黄绿，清澈
叶　底	黄绿，肥厚，较完整

熟普洱茶的品鉴

品鉴项目	标　准
嫩　度	肥嫩，白毫密布
条　索	肥壮，条形完整
色　泽	棕褐或褐红（猪肝色）
净　度	匀净
香　气	陈香显著，浓郁且纯正，"气感"较强
滋　味	醇厚回甘
汤　色	红浓明亮
叶　底	褐红匀亮，叶质柔软

茶中营养

锰为人体必需的微量元素，它有参与并催化多种酶的作用，它也参与许多酶的合成，锰还与骨骼代谢、生殖机能、心血管功能有关。人体每天摄入锰量在 2.5～5 毫克时，即可满足需要。

茶树是富含锰的植物，每克叶片中锰的含量为 200～1200 微克。锰的含量有随叶龄增大而增加的趋势，每克老叶中锰的含量可达 4000 微克。成品干茶中，锰的含量差异很大，每克含量为 100～3800 微克，平均每克干茶含锰量为 700 微克。成品干茶在冲泡时，锰的溶出率为 35% 左右。如每天饮茶 10 克，可摄取锰 1.8～3.8 毫克左右，约占人体需要量的一半以上。所以，饮茶能满足人体锰的需要，茶确实可作为人体锰的良好来源。

茶中药理

茶叶中的甾醇，如菠菜甾醇等，可以调节脂肪代谢，以降低血液中的胆固醇，是由于甾醇类化合物竞争性抑制脂酶对胆固醇的作用，故而减少对胆固醇的吸收，防治动脉粥样硬化。另外，茶叶中的维生素 C、B_1、B_2、PP、叶酸、泛酸、肌醇、6，8-二硫辛酸、蛋氨酸、卵磷脂、胆碱等，也都有降低胆固醇、防治动脉粥样硬化的作用。

茶与养生

饮茶可以降血压。在我国传统医学中早有记载，如饮茶"清热""清头目"等，就是这个意思。近代有关研究证明，饮茶对防治高血压有较好的效果，受到国内外学者的重视。

我国的临床试验证明，饮用绿茶热水浸泡液，具有一定的降压效果。对 80 位高血压患者进行了临床观察，结果有一半左右的患者，在饮用绿茶热水浸泡液后 5 天内，血压即有明显下降。并指出，绿茶的降压效果优于红茶。

名人与茶

李清照饮茶助学

宋代著名词人李清照生身于士大夫之家，18 岁时嫁给宰相之子赵明诚。夫妻二人志同道合，常常一起勘校诗文，收集古董。她与丈夫赵明诚回青州（今山东益都县）故里闲居时，常常于日暮黄昏，饮茶逗趣，由一人讲出典故，另外一人说出在某书某卷某页某行，获胜者可优先饮茶。据说有一次，李清照正在喝茶，赵明诚说错了，李"扑哧"一笑，不仅茶没喝到嘴里，还泼了自己前襟一身茶水。

李、赵二人在饭后间隙，边饮茶，边考记忆，不仅给后人留下了"浓茶助学"的美谈，亦为茶事添了雅韵。

传说故事

普洱茶的传奇故事

相传，三国时期刘备的高参——诸葛亮率兵西征擒孟获时，来到西双版纳，士兵们因为水土不服，患眼疾的人很多。诸葛亮为士兵觅药治眼病，一天来到石头寨的山上，他拄着自己随身带的一根拐杖四下察看，可是拐杖却拔不起来了，不一会儿变成了一棵树，长出青翠的叶子。士兵们摘下叶子煮水喝，眼病就好了。拐杖变成的树就是茶树，从此人们开始知道种茶、饮茶。

当地的少数民族至今仍然称茶树为"孔明树"，山为"孔明山"，并尊诸葛亮为"茶祖"。每年，他们都会举行"茶祖会"，以茶赏月、跳民族舞、放"孔明灯"来庆祝。孔明山坐落在西双版纳勐腊县易武乡，最高峰海拔 1900 米，其周围的六座山后来也种满了茶树，也就是历史上很有名的普洱茶六大茶山。

湖南黑毛茶

厚意江洪绝品茶，先生分出蒲轮车。

雪花滟滟浮金蕊，玉屑纷纷碎白芽。

破梦一杯非易得，搜肠三碗不能赊。

琼浆啜罢酬平昔，饱看西山插翠霞。

——《西域从王君玉乞茶因其韵七首》·元·耶律楚材

物种基源

湖南黑毛茶，为黑毛茶的一种，产于湖南省安化、益阳、桃江、汉寿、沅江、临湖等县。成品有"四砖""三尖""花卷"系列。"四砖"即黑砖、花砖、青砖和茯砖；"三尖"即"天尖""贡尖""生尖"；"花卷"即千两茶、百两茶、十两茶。作为"中国世博十大名茶"中唯一的黑茶代表，安化黑茶与西湖龙井、安溪铁观音等一同入驻了 2010 年上海世博会联合国馆。安化黑茶以前为边销茶，而现在也成了都市人的"时尚健康饮品"。

风味特点

湖南黑毛茶分为四级，一级茶紧卷、圆直、叶质较嫩，黑润；二级茶条索尚紧，黑褐尚润；三级茶条索欠紧，呈泥鳅条状，竹叶青带紫油色或柳青色；四级茶叶张宽大粗老，条索松扁皱褶，色黄褐。湖南黑毛茶的汤色发亮，很耐泡，冲泡后香气纯正、滋味甘润醇厚，有松烟香。

湖南黑毛茶的品鉴

品鉴项目	标　准
嫩　度	不显毫
条　索	紧结，较圆直
色　泽	黑润
净　度	匀净
香　气	醇和，有松烟香
滋　味	甘润醇香，有回甘
汤　色	橙黄（陈茶偏棕红）
叶　底	黄褐尚嫩

茶中营养

硒是人体必需的微量元素，它对人体健康有重要影响。我国西北地区的大骨节病和东北地区的克山病的发生，与缺硒密切相关。人体对硒的需要量，每天为 0.06～0.12 毫克。供应不足不行，但过高会引起硒中毒。

硒在茶叶中的含量，比一般植物高一个数量级。每克茶树鲜叶中含量为 0.03～4.1 微克，而每克干成品茶中的浓度绝大多数小于 0.1 微克。已发现我国有两个富硒茶区，一个在湖北恩施市，平均每克硒含量为 0.52 微克，最高每克为 6.45 微克；另一个在陕西紫阳县，平均每克硒含量为 0.65 微克，最高每克为 3.85 微克。一般，茶树老叶中的硒含量高于嫩梢。干成品茶汤中，硒的浸出率为 10％～20％，如果每天饮一般茶 10 克，对人体硒的补充是有限的。但利用富硒地区的富硒茶，作为缺硒地区硒的补充，是很有营养价值的。

茶中药理

通过临床研究证明，茶色素能改善血脂、抗凝、溶纤，能清除自由基，改善血管内皮功能，故可以用于防治冠心病、防止急性冠脉综合征（不稳定心绞痛、急性心梗、猝死）的发生，减少其发病率和死亡率。采用近代生物医学工程边缘学科（临床微循环学和临床血液流变学）的"双向指标"，对茶色素治疗高脂血症等相关的心血管病进行鉴定，取得的成绩令人振奋。

茶与养生

饮茶能防治冠心病，与饮茶去脂减肥、防治高血压和动脉粥样硬化的机理类似，与茶中所含的茶多酚、维生素 C 等密切相关。前面介绍的茶叶降血压、降血脂、抗凝血和促进纤维蛋白溶解等作用，都对冠心病防治有良好影响。茶多酚能改善微血管壁的渗透性能，能有效地增强心肌和血管壁的弹性和抵抗力，还可降低血液中的中性脂肪和胆固醇；维生素 C 和维生素 P，也有改善微血管功能和促进胆固醇排出的作用；茶咖啡因、茶碱和可可碱，则可直接兴奋心脏、扩张冠状动脉，使血液充分地输入心脏，以提高心脏本身的功能。所以，饮茶防治冠心病，是茶中多种成分综合作用的结果。

名人与茶

老舍与茶

作家老舍生前嗜好品茶，他曾说过："喝茶本身是一门艺术。"他认为，饮茶不仅可以陶冶情操，而且可以启发文思，故他文思泉涌，笔耕不辍，所留下《茶馆》这个闻名中外的剧本，是一个很好的佐证。

传说故事

湖南黑茶佳话传

在汉高祖平定天下之际，南海尉赵佗自建南越国，并自称南越武王。高祖欲使天下休养生息，因而不动兵戈，遣陆贾为使，立赵佗为南越王。

当时正值盛夏，陆贾带着册封书简前往南越。当他来到湖南境内时，因水土不服，中暑而生病了。恰好有位老者路过，从搭囊里拿出一把卷曲如螺、色如铁的植物叶子。陆贾用水煎服后，身体很快康复。使陆贾康复的"药物"正是湖南当地产的黑茶。临别时，长者又送给陆贾一大包黑茶，陆贾很感动。后来，他就在当地的江边上建了一个茶亭，命名为临江亭。

（七）花　茶

花茶（flower tea），我国独特茶类之一，又称熏花茶，为再加工茶的一种，指用茶坯和香花进行拌和窨制，使茶叶充分吸收花香而制成的香茶。花茶的主要产区有福建的福州、宁德、沙县，江苏的苏州、南京、扬州，浙江的金华、杭州，安徽的歙县，四川的成都，重庆，湖南的长沙，广东的广州，广西的桂林、玉林、横县，台湾的台北等地。花茶的生产历史非常悠久，12 世纪时在茶叶中加入"珍茉香草"已很普遍。明代程荣所著的《茶谱》一书中，详叙了花茶的制法："木樨、茉莉、玫瑰、蕙兰、橘花、栀子、木香、梅花皆可作茶，诸花开放，摘其半合半放，蕊之香气全者，量其茶叶多少，扎花为拌……三停茶叶，一停花始称，用瓷罐，一层茶，一层花，相间至满，纸箬扎固入锅，重汤煮之，取出待冷，用纸封裹置火上焙干收用。"花茶较为大量生产，始于 1851—1861 年的清代咸丰年间，到了 1890 年前后，花茶生产已较普遍。现在，花茶是我国主要内销茶类之一。用物窨制花茶的茶坯主要是烘青，还有部分炒青、细嫩烘青、细嫩炒青，少量珠茶、红茶、乌龙茶。用于窨制花茶的鲜花为茉莉花、白兰花、珠兰花、玳玳花、柚子花、桂花、玫瑰花、米兰花、树兰花等。花茶的品种特征：芬芳的花香加上醇和的茶味。

茉莉苏萌毫

日长何所事，茗碗自赍持。
料得南窗下，清风满鬓丝。
——《事茗图》·明·唐寅

物种基源

茉莉苏萌毫，为茉莉花窨制茶，产于古城江苏苏州。苏州茉莉花茶的生产，据市郊虎丘山麓古花神庙的碑文记载，已有260余年的历史。窨制茉莉花茶颇费工夫，有简有繁，有单窨次，也有复窨次，还有多窨次，互相影响的技术因子相当复杂。窨制要在毛茶经过精制成规定等级的基础上，配以当天采收的饱满均匀、洁白光润的茉莉鲜花。一般产品经过一次窨花、一次提花加工窨制而成，中、高档产品要经过二三次或多达六七次窨花，但无论窨花一次或多次，提花工序只有一次。可以说，茉莉花茶是精制的特种茶类，按所用茶胚原料的不同，分茉莉毛峰、茉莉大方、茉莉烘青等，以茉莉毛峰品质最佳。

风味特点

茉莉苏萌毫，以选料讲究、技术精湛、工艺精细、措施严谨而著称，其外形整而匀，茶汤黄而澈，叶色嫩而柔，香高幽雅而不浮，味爽清冽而不浊，回味悠长而不俗，茶味花香协调而又怡和，品质优异，鲜爽、灵快、浓郁是其主要特征。

茉莉苏萌毫的品鉴

品鉴项目	标　　准
嫩　度	细嫩显毫，有锋苗
条　索	紧细挺秀
色　泽	绿黄光润，花干洁白
净　度	匀净
香　气	鲜灵持久，茉莉香浓
滋　味	茉莉味纯，醇爽甘回
汤　色	绿黄明亮
叶　底	绿黄匀亮，细嫩多芽

茶中营养

茶叶中的芳香物质，是一大类含量少而种类繁多的挥发性物质的总称。按其来源，部分是物质代谢的自然产物，而很大部分是制茶工艺过程的产物，它们为生物化学与化学的转化物。按化合物结构区分为醇、酚、醛、酮、酸、酯（包括内酯）、含氮物质、碳氢化合物、氧化物、硫化物、酚酸类化合物等，目前已分离的约有300余种。

茶中药理

茶色素是茶叶中较主要的组成成分之一，是国内研制生产的新一代中药制剂。在国外，近年来对茶色素的研究已成为热门话题，是美国、英国、日本、韩国、印尼、新加坡、马来西亚等国的"国际竞争性课题"。在日本，以茶色素、茶多酚类为主剂的保健营养丸剂、口香糖、牙膏、面条等产品大量出现。茶罐头因号称有减肥效果，其年销售额超过可口可乐，成为日本饮料市场的畅销产品。鉴于国内、国际对于茶叶药用保健价值的需求和"争夺性"挑战，"中日医药科技发展中心"在国家科委、医药卫生界有关部门领导的牵头组织下，建立了以茶色素为新药的攻关项目，代号命名为"95－67"的专家课题群体，1995 年 8 月在全国开始"试点"启动工作。历时 3 年，已成功地在全国 28 个"东西南北中"的省、地、市、部队、企业、医院展开临床科研大协作。通过两千多名副高职以上临床医生、科技工作者，对临床不同科、不同系统、不同病种展开近 3 万病例的大规模临床科研试点性观察，获得了茶色素医药作用的大量资料。

茶与养生

茶叶可以杀菌，早在唐宋年间医书上就有记载。体外试验指出，在茶汁中，一般细菌在 20 小时内即可杀死，对伤寒杆菌、赤痢菌在 8～11 小时内即可杀起，对霍乱弧菌在 2 小时内即可致死。目前已清楚，茶中的儿茶素类化合物，对人体很多有害菌都有杀灭作用，如金黄色葡萄球菌、霍乱弧菌、副溶血弧菌、伤寒杆菌、痢疾杆菌、伤寒沙门菌、蜡状牙孢杆菌、嗜水气单胞菌等。不同茶类，杀菌效果不同。如对金黄色葡萄球菌，红茶和普洱茶的杀灭作用比绿茶强；对霍乱弧菌，绿茶的效果优于红茶和普洱茶；但对小肠结肠炎耶尔森细菌，普洱茶的效果比红茶、绿茶强。茶叶也有杀鼠疫杆菌的作用，日本早在 50 年代就用茶叶治疗鼠疫。此外，茶叶对引起人体皮肤的许多病原真菌也有很强的抑制作用，如头状白癣真菌、斑状水泡白癣真菌、汗泡状白癣真菌、顽癣真菌等。在培养基中，加入 1.25％的茶叶提取液，可完全抑制须发癣真菌和红癣真菌的生长。

名人与茶

冰心与茉莉花茶

著名的女作家冰心，从小跟随祖父喝茶，培养了偏爱茉莉花茶的习惯。在她 89 岁高龄时，写了《我家的茶事》一文，其中写道："现在我是每天早上沏一杯茉莉香茶，外加几朵杭菊（杭菊是降火的，我这个人从小就'火'大……）。"1986 年，她在《茶的故乡和我故乡的茉莉花茶》一文中写道："我的故乡福建既是茶乡，又是茉莉花茶的故乡。……花茶的品种很多，有茉莉、玉兰、珠兰、玫瑰、玳玳等，而我们的家传却是喜欢茉莉花茶，因为茉莉花茶不但具有茶特有的清香，还带有馥郁的茉莉花香。"为此，她由衷地赞美茉莉花茶的风味和功效。她说："一杯橙黄的、明亮的茉莉花茶，茶香和花香溶合在一起，给人带来了春天的气息，啜饮之后，有一种不可言喻的鲜爽愉快的感受，健脑而清神，促使文思流畅。"这是多么深刻的体会啊！

传说故事

茉莉花是唐僧取经时带回祖国的

茉莉花属木樨科，是一种常绿灌木植物。叶对生，呈椭圆形或广卵形，有光泽，花白色，芳香浓烈。

茉莉花原产印度、阿拉伯一带，中心产区在波斯湾附近。相传，唐朝高僧玄奘西行取经，到了西天印度后，除进行了文化交流外，还从印度带回了茉莉花树苗。开始只在气候温暖的黄河流域等地种植，后来逐渐移植到了江南水乡。

苏州玳玳花茶

梧砌烹云坐月明，砂瓷吹雨透烟轻。

跳珠入夜难分点，沸蟹临窗觉有声。

静浣尘根心地润，闲寻绮思道芽生。

谁能识得壶中趣，好听松风泻处鸣。

——《烹茶》·清·爱新觉罗·弘历

物种基源

苏州玳玳花茶，为再加工茶类中花茶的一种，产自江苏苏州，其加工方法为窨花拌和、加温热窨、通花散热、复火、起花、匀堆装箱。玳玳花属芸香科常绿乔木，主要生长于我国长江下游，以苏州生产的质量最好，其特点：朵大、花瓣厚、蒂小、香气浓郁。

目前，苏州窨制的玳玳花茶占全国总产量的1/3。这些花茶，附着浓郁扑鼻的玳玳花香，运往世界各地，为人们的生活增添不少乐趣。

风味特点

苏州玳玳花茶，香气浓郁，滋味醇正，久藏不散，是花茶中的珍品。

苏州玳玳花茶的品鉴

品鉴项目	标　准
嫩　度	含有圆头块或锋苗
条　索	尚紧或细匀
色　泽	深绿
净　度	匀净
香　气	浓郁悠远
滋　味	充满着花香和水果香，略带一丝苦味
汤　色	金黄稍暗
叶　底	黄绿

茶中营养

茶的香气，主要是由芳香物质的组合和浓度决定的。红、绿茶香型的差别，是由不同制造工艺决定的。一般而言，红茶含有较多的由酶促氧化产生的芳香成分，往往具有天然成分的甜香；绿茶则含有较多的热转化芳香产物，它们常带典型的烘炒香。色谱分析证明，红茶芳香成分中，醛、酮、酸、酯及内酯等氧化产物占绝对优势；绿茶则富含氮化合物（如吡嗪类）和硫化物（如二甲硫）。

茶叶中的香气物质，除以上介绍的外，某些氨基酸及其转化物，氨基酸与儿茶素邻醌的作用产物等，也都具有某种茶香。

茶中药理

服用茶色素后，微循环和血液流变学指标均有改善，体外血栓干重、湿重、血栓长度及血小板黏附率，血浆的比黏度和纤维蛋白原，都明显下降（P＜0.001），微循环的输入、输出支内径显著增粗，血流速度明显加快，血总胆固醇及甘油三酯有非常显著的降低（P＜0.0001或0.001），而高密度脂蛋白胆固醇有非常显著的增高。茶色素既能治标，又能治本，总有效率达 95%。

茶与养生

茶对病毒有抑制作用。国内外相继报道了茶叶提取液可阻止流感病毒的侵染。有报导称，红茶和青茶茶汤，在浓度为 80 毫克/升时，即可完全抑制轮状病毒引起的人体病毒性腹泻。最令人注意的是，茶叶的有效组分，对艾滋病病毒也有一定的抑制效果。研究指出，茶叶中的有效组分，即使在（0.001～0.02 微克/毫升）非常低的浓度下，对病毒也有很强的抑制作用。这种抑制强度，甚至与当前医学界用作对照的化合物的活性相仿。

名人与茶

鲁迅先生与茶

伟大的文学家鲁迅先生，非常喜爱喝茶，而且还颇有研究。青年时，广州的陶陶居、陆园、北园、妙奇香等茶楼，他都是座上客。他曾说过这样一段话："有好茶喝，会喝好茶，是种清福。不过要享受这种清福，首先必须有功夫，其次是练习出来的特别感觉。"他认为，喝茶于文思、身体都有好处。

传说故事

一、玳玳花含苞不放的传说

玳玳花含苞而不放，说起它的原因，还有一段美好的传说哩！隋炀帝曾三下扬州，一心想看扬州的琼花，但琼花洁身自好，在隋炀帝到达扬州前就凋谢了。隋炀帝非常恼怒，但也无可奈何。一些阿谀奉承的侍臣，纷纷奏请隋炀帝到苏州去看玳玳花。谁知当兴致勃勃的隋炀帝赶到香气袭人的玳玳花丛中时，只见洁白的玳玳花瓣飘然落地，留在枝头的只是一些含苞待放的花蕾。从此，玳玳花一直是含苞的花蕾，永不开放。

二、唐伯虎与祝枝山猜谜品茶

有一天，祝枝山去会老朋友唐伯虎，到他家后立即被邀请去品茶猜谜，且立下赌约说如能猜出，自是捧出桂茗招待祝枝山，如若猜不出则要说声对不起，恕不接待。祝枝山一听二话不说，回答道："来吧！"话音刚落，只见唐才子摇头晃脑吟出谜面："言对青山说不清，二人土上说分明，三人骑牛牛无角，一人藏在草木中。"祝枝山略一沉思，旋即猜出，得意地敲了敲茶几说："倒茶来。"唐伯虎一看他的架势，知道他猜得不错，就将其延请到太师椅上就座，并示意童仆将新上市的上好茶叶沏好奉上。那么这个故事的谜底是什么？谜面中的第一句与谜底相关的是"言对青"；第二句与谜底相关的是"二人土上"；第三、第四句都与谜底相关。其实，这个故事的谜目是要求祝枝山猜出四字礼貌用语。谜底为"请坐，奉茶"。

玫瑰花茶

千尺雪斋设竹炉，壁悬伯虎《品茶图》。
羡其高致应输彼，笑此清闲何有吾？
——题《唐寅品茶图》·清·爱新觉罗·弘历

物种基源

玫瑰花茶，花茶名，为我国再加工茶类中花茶的一种，产于广东、福建、浙江等省。玫瑰花茶所采用的茶坯有红茶、绿茶，鲜花除玫瑰外，蔷薇和现代月季也具有甜美、浓郁的花香，也可用来窨制花茶。其加工工艺为：茶坯与鲜花处理、窨花拌和、起花、复火、匀堆、装箱。

我国玫瑰花茶生产历史十分悠久，明代钱椿年、顾元庆各自所著的《茶谱》中都有关于玫瑰花茶的详细记载。

风味特点

玫瑰花茶，其品质特征为：成品茶外形饱满，色泽均匀，花瓣匀整，甜香扑鼻，香气浓郁，滋味甘美。如用玻璃茶具来冲泡玫瑰花茶，则会更具观赏性，可以看到玫瑰花朵在杯里渐次绽放，叶片缓缓舒展，颜色由浅入深，逐渐变为浓淡相间的紫红色，视觉和心灵都能得到享受。

玫瑰花茶的品鉴

品鉴项目	标　准
嫩　度	肥嫩
条　索	肥壮饱满
色　泽	均匀的紫红色的小花蕾，根部淡绿
净　度	杂质少，花瓣匀整
香　气	或香浓或淡薄
滋　味	甘甜，略有苦涩味
汤　色	偏淡红或土黄色
叶　底	色变淡，花瓣完整

茶中营养

酶是生物体内进行各种化学反应的生物催化剂，它们具有功能高、专一性强的特点。一切生物，包括茶树，如果没有酶就不能生存，茶树中物质的合成与转化也依赖于酶的催化作用。茶树中的酶类非常复杂，归纳起来有以下几大类，它们是水解酶、磷酸化酶、裂解酶、氧化还原酶、转换酶、同功异构酶等。茶叶中的多酚氧化酶，属于氧化还原酶类，它是一种铜蛋白酶，具有蛋白质的一般特点，如绿茶经高温杀青，能使酶钝化；红茶的萎凋、发酵，能提高酶的活性等，这些都与蛋白质的理化性质有关。现在已知，茶叶中多酚氧化酶有多种同功异构酶，且活性随着由叶嫩到老下降。由于多酚氧化酶在制茶过程中起着重要作用，对形成各种茶类的品质风格关系极大，因此引起国内外茶叶研究工作者的重视。

茶中药理

玫瑰花茶性温，具有理气解郁、调经止痛的功效。玫瑰花茶还被称为"解郁圣药"，能让人们心情"多云转晴"。女性在月经前或月经期间常会感到烦躁不安，适量喝些玫瑰花茶可以起到调节作用，但月经量过多的女性在行经期内最好不要饮用玫瑰花茶。

玫瑰花茶通经络、护肤美容，常饮玫瑰花茶对养心、养颜都有好处。

茶与养生

饮茶能降血糖、防治糖尿病，与茶中所含的茶多酚类、酯类、二苯胺、多糖、氨基酸、维生素 C 等有关。茶中的多酚类和酯类，有促进胰岛素合成的作用；而茶中的多糖类物质，包括纤维素和半纤维素等，有除去血液中过多糖分的作用。日本学者证明，用茶中的表没食子儿茶素没食子酸酯和铝的复合物，按 5% 加入到饲料中，喂饲动物 45～75 天。结果，使血糖水平有明显下降。儿茶素类化合物，对 α-淀粉酶和蔗糖酶具有明显的抑制作用，特别是酯型儿茶素和茶黄素，这种抑制作用更强，即使在 0.5 毫克/升的低浓度下，也可产生强的抑制效果，使血糖明显地降低，同时血中的胰岛素含量水平也随之下降。

此外，茶中的水杨酸甲酯对糖代谢有良好作用，对减轻糖尿病有效；茶中的维生素 C，能保持人体微血管的正常韧性和通透性，对糖尿病微血管脆弱有利；茶中所含的氨基酸等，有促进胰液分泌的作用，使体内糖代谢发生变化，使血糖来源减少，去路增加，有利于使血糖降低。

名人与茶

老作家姚雪垠与茶

老作家姚雪垠，其长篇小说《李自成》有广泛的影响。他在《酒烟茶与文思》一文中特别强调认为：“烟、酒之外，我独赞成喝茶，因为茶对人体有许多好处而无一害。”又说：“饮茶能不能帮助文思呢？我的回答是肯定的，但不要把茶叶的作用说得过火，一过火就不实事求是了。”姚老先生的饮茶习惯非同一般，他每天清晨要做的第一件事就是泡茶喝茶，尤其喜用高档绿茶。他在文章中记述：“我每天早晨两三点钟就要起床。漱洗之后，首先把茶杯里外洗净，浓浓地泡上杯龙井茶。我照例先沏上半杯，然后收拾写字台和文房四宝，整理完毕，再将杯子沏满，于是安心地坐下来，摊好稿纸或小说的口述录音提纲本子。这时，全家都在梦乡，书斋寂静，楼外无声，孤灯白发，心清如水，创作兴致最好，自觉文思如涓涓清泉。我瞟一眼放在右手边的茶杯，但见茶汤嫩绿，淡烟轻起，似有若无，微闻清香，分不清是茶香还是从纱窗外飘进来的花香。我端起杯子，喝了半口含在口中，暂不咽下，顿觉满口清香而微带苦涩，使我的口舌生津，精神一爽，同时明白了刚才闻到的原是杯中茶香。我在品味后咽下去这半口茶，放好杯子，于是新的一天工作和生活开始了。”从这段话中可以看出，姚雪垠先生的文学创作成果与茶的功效是密不可分的。

传说故事

一、花之皇后——玫瑰

在古希腊传说中，玫瑰是由希腊花神克罗斯创造的。最初，玫瑰只是一粒没有生命的种子。直到有一天，花神克罗斯偶然在森林的一块空地上发现了它。于是，克罗斯请求爱神赋予了玫瑰美丽的容貌；让酒神浇洒了神酒，使玫瑰拥有了芬芳的气味；美惠三女神又将魅力、聪颖和欢乐赐予了它；西风之神则吹散了云朵，太阳神照耀它，并使它开了花。就这样，玫瑰有了鲜活的生命，并立即被封为“花之皇后”。

二、因茶得道“羽”化成仙

相传茶圣陆羽写完《茶经》后，顿觉已尝遍世上名茶，不知何处还有佳茗。一日，他带了茶童，来到湖州府辖区的一座山上，但见平平的山顶长了一株参天茶树，树上茶芽尖尖，却是莹白如玉，从未见过，甚是好看。

陆羽惊喜不已，立时命茶童采摘炒制，就地取溪水烧开煮茶，但闻其汤清香扑鼻。陆羽品饮一口，不由仰天大笑："我终于找到你了，此生不虚也！"话音未落，已经飘飘地向天上飞去，竟然因茶得道，飞升成仙了……

二、饮　材

可　可

我爱可可，可有可可？

如有可可，来点可可。

——《可可谣》·现代·张喻

物种基源

可可（Theobroma cacao L.）为梧桐科植物可可树的种子，又名可可豆。焙炒过的可可豆肉经榨去部分可可脂后的渣粉，与茶、咖啡并列为世界三大嗜好性饮料。呈红褐色，香气浓郁，有愉快的苦涩味。按所含脂肪量的不同，可分"高脂可可"（亦称"早餐可可"，含脂肪 22% 以上）、"中脂可可"（含脂肪 12%～20%）和"低脂可可"（含脂肪 12% 以下）三种。由发酵后的可可豆经焙炒、裂碎、去壳、压榨掉 40% 以上可可脂的饼粕，再经粉碎、磨细、筛分而成。为加深色泽，提高风味和溶解度，可在焙炒时进行稀碱液处理，称"碱法可可"。

我国海南岛、台湾和西双版纳有少量生产。经加工后可得可可粉和可可脂，是巧克力、糖果、饮料、冷冻饮品、焙烤食品和调味料等的重要原料，豆壳可提取可可香精。

生物成分

经测定，一般市售可可粉属低脂可可，每 100 克可可粉含热能 326 千卡，水分 7.7 克，蛋白质 20.9 克，脂肪 8.4 克，碳水化合物 40.2 克，膳食纤维 14.3 克及维生素 A、B_1、B_2、E、胡萝卜素、视黄醇当量、尼克酸，还含微量元素铁、锌、铜、钾、磷、钠、钙、镁、硒、可可碱等。

食材性能

1. 性味归经

可可粉，味苦，涩，性微温；归心、胃经。

2. 医学经典

《现代中草药集成》："补益精气，解毒、杀虫。"

3. 中医辨证

可可，解毒、利水、提神。有益于防治倦怠嗜睡、精神不振、小便不畅、痔疮、梅毒、肠内寄生虫等症。

4. 现代研究

可可豆中含有多种营养物质，如钾、钙、硒、维生素 A、维生素 B_2 等，其中多酚含量很高，所以能预防心脏病和延缓衰老，含和绿茶相似的抗氧化物儿茶素（酚），人们用它来消除疲劳、减轻肺炎，增强心脏功能。特别是含有的类黄酮能够改善血管细胞功能，并能降低血压；类黄酮这种化学物质可阻止引起痢疾的一系列身上的反应，可调节和抑制肠道内的蛋白质水平以及小肠内的流体分泌物的水平。这一发现将使自然的抗痢疾药物变得更为便宜，而且其功能更好。

同时，几乎没有任何的副作用。此外，即使是那些经常喝酒、抽烟、缺乏运动的人，可可也能帮助他们身体平衡各种因素，从而减少发生心血管疾病致死的危险。医学专家经研究还证实，可可是最佳的减肥坚果，所以爱美的女士可以经常食用可可及其制品。

食用注意

（1）可可有易兴奋作用，睡前不宜大量食用。

（2）儿童不宜常食和多食可可，因可可有一种类似大麻类、似脑激素脂类化学物质，起着神经传递素的作用，使人容易上瘾。

传说故事

可可物源传说

相传，可可原产于拉丁美洲热带地区，在四五百年前，可可豆在当时墨西卡（现在的墨西哥）的印第安人的阿斯特卡王国，作为贵重"货币"而问世的。当时只有为数不多的皇亲国戚、达官贵人和富人才能喝到可可汤。1502 年，在哥伦布第四次航海时，把可可豆带回到西班牙。后来，西班牙人改变了印第安人的配方，加入了食糖，把它做成了热饮料，味道更佳，一时成为上层社会必备的时髦饮料。西班牙人把可可饮料的配制方法保密达一百年之久。到 1606 年，这秘方才被一位意大利人所取得，之后才逐渐传到欧洲各地。大约在 1700 年，英国人在可可饮料中渗入了牛奶，牛奶可可便成为一种更加美味的饮料。当时欧洲各国把可可视作高级奢侈品，故可可制作的饮料身价奇高，一般人是买不起的，直到 1853 年，英国首先降低可可的进口关税，进而可可的制品才逐渐开始大众化。可可是制作巧克力的主要原料。第一块（原始的）巧克力，据说是由移居到美洲新大陆的爱尔兰人约翰•汉南在 1765 年制造的。到 19 世纪中叶，在欧洲的商店里出现了专门工厂制作的多种多样的含有可可的糕点和糖果。从此，也就风靡全世界成为当今世界各国人民喜爱的甜食和饮料，我国是上世纪初才引种的。

咖　啡

釜注天落水，升温煮咖啡。

窗外秋满月，目追夜萤飞。

——《值夜班》•现代•石晓泓

物种基源

咖啡（coffee），为茜草科，常绿灌木或小乔木，浆果椭圆形，深红色，内有种子两颗，称"咖啡豆"，又名"土耳其黑血"。半球形，浅褐色，原产利比利亚等热带非洲，我国海南、云南等地亦产。品种很多，主要有小果咖啡（C. arabica）、中果咖啡（C. liberica）。种子经 234～248℃焙炒并粗磨后，称"磨粒咖啡"，供烹煮后饮用；如再经高压连续抽提并干燥（喷雾后附聚干燥或冷冻干燥），称"速溶咖啡"；如将抽提液用二氯乙烯或二氯甲烷将其中所含咖啡因萃取掉，再行干燥的，则称"脱咖啡因速溶咖啡"，到 18 世纪末才引种我国台湾，现在广东、广西、云南、厦门等地已有栽培。

生物成分

经测定，每 100 克精制咖啡粉含蛋白质 0.2 克，脂肪 0.1 克，碳水化合物 0.4 克及微量元素钙、铁、磷、尼克酸，主要成分为有机化合物咖啡因、可可碱及少量茶碱。

食材性能

1. 性味归经

咖啡，味苦，微涩，性平；归心、脾、胃经。

2. 医学经典

《毒物本草》："提神兴奋，强心利尿。"

3. 中医辨证

咖啡具有强心、利尿、提神、醒脑的作用，可消除工作疲劳，提高工作效率。

4. 现代研究

咖啡中含有主要有机化合物咖啡因成分，具有提神和强心作用，所以咖啡作为日常饮食，要重视科学合理应用，对健康有许多益处。例如，早餐牛奶中加适量咖啡不仅能够提神，还可增强营养；在下班后喝杯咖啡，则能够促进脉搏跳动，消除疲劳，振奋精神；在饭后喝杯咖啡，则能促进胃肠的蠕动，有利于消化。

食用注意

（1）饮咖啡忌过量。每天饮咖啡七八杯，可能引起紧张、失眠和心律不齐。有人指出咖啡因的剂量达到 10 克能够造成死亡。

（2）不宜常饮咖啡，因咖啡有上瘾性。

（3）糖尿病患者慎饮咖啡。

（4）小儿忌饮咖啡，因咖啡强心提神，容易使小儿神经系统发育受影响。

（5）孕妇忌饮咖啡，会增加流产的危险。

（6）运动员忌饮咖啡，因其利尿作用会引起体液骤减，心跳加快和颤抖等，会降低运动成绩。

（7）胃溃疡和骨质疏松患者忌饮咖啡。咖啡不利于溃疡愈合，咖啡因会增加体内钙的流失，并能阻止对钙的吸收，从而使老人缺钙更严重。

（8）不宜久饮浓咖啡，防诱发心脏病和夜尿增多。

（9）咖啡若与下列药物合用，会产生协同或拮抗作用，使药效改变，不可不慎。与异烟肼、甲丙氨酯、解热镇痛药同用，使药效增加；与氯丙嗪、氟哌啶醇、异丙嗪、奎宁二盐酸盐、四环素等药合用，使药效降低；与避孕药同用，使避孕药失效。

传说故事

一、咖啡的发现传说

咖啡原是一种野生植物，它的故乡是埃塞俄比亚。

咖啡的发现是很偶然的事。相传埃塞俄比亚咖法省的小镇"凯夫"地方，有个牧羊人，在一天晚上发现，一群山羊不肯进羊栏睡觉，反常地爬上高地，跳跳蹦蹦的。第二天，牧羊人跟随羊群来到草地，看到羊群正在咀嚼一种小灌木的绿叶。他顺手把这小树投进刚燃起的火堆中。忽而，他闻到一股芬芳的香味，仔细辨认，那香味来自快要烧焦了的果实。于是，他好奇地摘下一颗，送进嘴里。它虽然有些苦味，可是味道却很好，于是又一颗颗送到嘴里。吃后，他顿时感到精神兴奋，回家后迟迟不能入睡。

新奇的消息传开了，人们就替这种野生灌木取了个名字："凯夫"。咖啡两字就是从它转音而来的，阿拉伯语的意思是："理想的欢乐"。

据说，埃塞俄比亚人饮用咖啡已有 4000 多年历史了。埃塞俄比亚咖法省的季马最早种植了咖啡。到现在，咖法省内还保留着一片几百平方千米的野生咖啡林。

二、罗斯福咖啡的来历

美国人通常把煮过再煮的咖啡叫作"罗斯福咖啡"。这与美国前总统罗斯福有什么关系呢？

原来，第二次世界大战期间，美国国内经济大伤元气，从总统到一般人员都严格实行配给制度，每人每天只能喝一杯咖啡。一天，罗斯福召开记者招待会时说，他早上喝一杯咖啡，晚上又喝一杯咖啡。记者们听了后马上质问："我们每人每天只有一杯咖啡，您哪里来的两杯？"有的记者以为，这下一定可以捞到头版头条新闻了。面对记者的责难，罗斯福一点也不激动地回答："我确实是早晚各饮一杯咖啡，不过晚上我是把早晨煮过的咖啡加水再煮一次罢了。"

从此，人们便把煮过再煮的咖啡叫作"罗斯福咖啡"。

附注

咖啡伴侣

咖啡豆经熔炒磨粒，用水烧煮，芳香馥郁，喝了精神焕发，回味无穷。可是，喝咖啡的时候，人们只知道咖啡豆，却很少有人知道，还有一种咖啡草的草本植物，它的根也是一种制作咖啡的原料。

咖啡草同咖啡树没有任何亲缘关系，只是名称和用途相似罢了。咖啡草又叫"野生苦苣""欧洲菊苣"，多年生宿根草本，株高 1.5 米左右，茎有条棱，分枝多，叶很长，有小缺刻，似蒲公英，浓绿色。叶分基生叶和茎生叶两种，基生叶片大，簇生；茎生叶片小，互生。头状花序单生茎和枝端，没有明显花梗，由许多舌状小花组成，花青蓝色，清晨开放，十分艳丽，花期 5～7 个月。瘦果顶端截形，种子腹部有条棱，嫩叶和根可作蔬菜。

咖啡草的根肉质肥大，形似萝卜，又叫"咖啡萝卜"。它含有大量菊糖、绿原酸和苦味质等成分。将咖啡萝卜洗净、切片和干燥后，经咖啡工业的工艺流程加工，产生出一种特殊风味和香气，可单独制成代用咖啡，或掺入纯咖啡中，可以增加咖啡的色香味，提高产品质量，还可以降低产品中咖啡因的含量，减少刺激作用，老少都适合饮用。

咖啡萝卜在咖啡工业中使用已有悠久历史。早在拿破仑封锁时期，咖啡等饮料很少有供应，于是欧洲广泛开展用咖啡萝卜来造咖啡。后来，咖啡虽有了供应，但在咖啡中都掺加了咖啡萝卜。历史上曾对此当作掺假的"不法行为"加以禁止。然而，人们长期食用咖啡萝卜已成嗜好习惯，把它从咖啡中去掉，反觉得咖啡喝来乏味。从此，很多国家法定咖啡萝卜成为咖啡中唯一准许的掺加剂。

新大陆发现以后，欧洲移民纷纷来到美洲，他们喝咖啡时掺加咖啡萝卜的嗜好没有变，每年特地从欧洲进口大量咖啡萝卜。

20 世纪 50 年代以来，速溶咖啡在世界风行，不论在家里，或者在旅行中使用速溶咖啡比咖啡豆烧煮更加方便，销量激增。于是咖啡萝卜身价倍增，咖啡和咖啡萝卜"非亲非故"，素不相识，但由于人类饮用的嗜好，走到一起来了，结成了"不解之缘"。由于咖啡萝卜的可溶物含量比咖啡豆高出 1 倍，并有加速溶解和防止结块的作用，成为饮用成分之一，成了咖啡的最好"伴侣"。

咖啡树适宜于高温多雨的热带气候，我国只有云南、海南岛等省才能种植。而咖啡草性喜温凉气候，我国长江中下游和华北地区都可引种。近年来，我国引种咖啡草已经成功，每亩产鲜根 1000～1500 千克，相当于 250 千克咖啡豆，市场前景广阔。

可 乐

君问可乐非可乐，观其生平思与作。

利在当代正能量，功在千秋终可乐。

——《观风云人物有感悟》·现代·石弘

物种基源

可乐（Cola nut），梧桐科小乔木植物可乐树的果实，又名可拉果，原产非洲热带地区，有红可乐和白可乐两种，我国已引种种植成功。

生物成分

可乐果种子中含 2.5%～3.5% 的咖啡因和可乐宁生物碱，为其主要成分，其含量是咖啡豆的两倍。

食材性能

1. 性味归经

可乐果，味甘，微苦，性平；归心经。

2. 医学经典

《海南新本草》："提神，兴奋。"

3. 中医辨证

可乐，有使人精神兴奋、消除疲劳的作用。对头疼、头晕、神经痛和呕吐等症有助康复的效能。

4. 现代研究

可乐果，含有可乐宁生物碱、咖啡因等多种成分，具有提神醒脑、利尿强心、促进消化、增强新陈代谢等功能。

食用注意

饮用可乐饮料应注意：生产商不得使用"阿巴斯甜"的代用糖。此甜味剂对饮用者的脑部构成影响。

传说故事

可乐与非洲习俗

到热带非洲出产可乐果的地区做客时，主人要奉上一罐可乐饮料，主客同用一根吸管，传递啜饮。如果客人不想喝了，道声谢，就不再对饮。客人如果说再来些，主人就会再沏一罐来。沏可乐还能相互传达不同感情：主人如在可乐中加糖，表示友好。如果添加有苦味的佐料，表示冷淡。如果侍可乐的是少女，沏的可乐很甜，意思说："同意谈恋爱"。可乐果加一块橘皮，意思是"请来找我"。加了蜂蜜的可乐，意思是"同意结婚"。如果送上一罐已饮过的可乐，是"拒婚"的意思。

第二十九章 酒品类

酒

滚滚长江东逝水，浪花淘尽英雄。

是非成败转头空，青山依旧在，几度夕阳红。

白发渔樵江渚上，惯看秋月春风。

一壶浊酒喜相逢，古今多少事，都付笑谈中。

——《临江仙》·明·杨慎

物种基源

酒（Alcoholic drink，wine，liq-uor，spirits），为含有酒精成分的饮料总称。品种甚多，主要有白酒、黄酒、葡萄酒、啤酒、果酒、药酒以及威士忌、白兰地、伏特加、金酒、朗姆酒、清酒、鸡尾酒等，又名酒醪。对于酒的起源，众说纷纭。有人说是天上酒旗星造出来的，有人说是禹时代的仪狄"作酒而美，始作酒醪"。唐人李肇《国史补》讲古代猿猴"嗜酒"，在水果成熟的季节，把大量水果收储于"石洼中"，堆积的水果在自然中发酵，渗出来的"酒"后被人发现而效仿成"酒"。还有一种说法是魏武帝曹操乐府《短歌行》："何以解忧，唯有杜康。"这里的"杜康"是酒的代名词，至于杜康、仪狄，从多种古籍查证，杜康只是善酿酒者，仪狄是奉命去监造酒的监造官，天上酒旗星造酒是无稽之谈，而猿猴堆果"石洼"中成"酒"被人类发现而效仿是可信的。

再从"酒"字的出现来看，也可说明酒的年代之久远。远在殷墟文化就已出现了"酒"字，而且这个"酒"字的形状和今天均相近。如：

（殷虚文字已编二九八二）　　（殷契佚存七六）

（殷契粹编一七七）　　（戊寅鼎）

（酒尊）　　（说文解字）

再后来"酒"字演化成"酛"或"酓"（《集韵》）

我国有酒的历史十分久远，可追溯到远古时代。据考古资料显示，在仰韶文化遗址中，出土了许多形状和甲骨文、金文的"酒"字十分相似的陶罐，这一点说明了早在距今6000多年以前，中国的酒就已经产生了。究竟是谁发明，自古以来，众说纷纭，莫衷一是。

生物成分

据测定，凡是酒类都含乙醇。每毫升纯酒精（乙醇）可含热量7.1千卡，相当于脂肪的热量，乙醇明显高于糖类、蛋白质的产热量，含高级醇类、脂肪酸类、脂类、醛类等，还有含香气、挥发酸和不挥发酸等。这是统而称之。白酒、黄酒、果酒、啤酒、配制健身酒等成分各异，将在后面分述。

食材性能

1. 性味归经

酒，味辛，甘，性热；归心、肝经。

2. 医学经典

《名医别录》："升阳发散，其气燥热，胜湿祛寒。"

3. 中医辨证

酒，可消冷积寒气，燥湿痰、通血脉、开郁结、行药势、止水泄，对心腹冷痛、筋脉挛急、阴毒、风寒痹痛、胸痹等有益，有杀虫辟瘴、利小便、坚大便、消肿痛的功效。

4. 现代研究

现代医学药理研究结果表明，适量饮酒，有如下功效：
（1）可预防男性肾功能衰退。
（2）可消除疲劳，促进睡眠。
（3）可以防腐、杀菌、解毒。
（4）可预防感冒（流行性）。
（5）可降低心血管意外危险。
（6）可降低女性患糖尿病的危险。
（7）可防止老年痴呆。
（8）有助保持体形。
（9）可预防胆石症。
（10）可延年益寿。

食用注意

饮酒不宜过量，过量有下列害处：
（1）饮酒过量抑制食欲，而酒除热量外，营养素含量甚少，可导致体内多种营养素缺乏。
（2）酒在人体内通过肝脏才能被分解，但肝脏分解乙醇的能力是有限度的，而且分解后相当数量的酒精在肝细胞内的乙醇脱氢酶的作用下转化为对人体有害的乙醛。这样就干扰了肝脏的正常代谢，如长久饮酒超量则会导致酒精性脂肪肝、酒精性肝炎、酒精性肝硬化。
（3）饮酒过量，时间一长有可能引发人体癌变。
（4）饮酒过量会导致男性阳痿。
（5）饮酒过量会伤害人的大脑组织。
（6）饮酒过量会增加肺炎的发病率。
（7）饮酒过量会使心脏变性和中风。

（8）饮酒过量会使血液循环功能减退。

（9）饮酒过量会导致骨质疏松。

（10）妇女饮酒过量使容颜易损，怀孕和哺乳期忌饮酒。

传说故事

一、东方朔偷酒喝

据《湘州记》记载：相传，在湖南省岳阳县西南的君山上，有一座山叫"酒香山"。每到春暖花开的时节，漫山酒香扑鼻，但谁也找不到它在哪，要是哪个人能够喝到这酒的话，就可以长生不老。于是汉武帝派了一个叫作"栾巴"的人前去寻找，真的找到了，但未拿到宫廷便被一个叫东方朔的大臣偷喝了。汉武帝非常生气，要把东方朔杀掉，东方朔对汉武帝说："这个'酒'如果真的喝了不会死的话，那么您杀了我，我也不会死的；如果会死，这个'酒'还有什么价值呢？"汉武帝听后觉得有道理，便把东方朔放了。

二、"千日酒"的传说

《博物志》记载了这样一个故事：我国古时候有一种叫作"千日酒"的，人喝了以后要一千日才能醒过来。

过去有一个人，名叫玄石，到一个叫作"中山酒家"的地方去买酒喝，酒家打了一种"千日酒"给他喝，但酒家忘了告诉玄石这种酒的"特性"，玄石喝完了酒刚回到家里便醉倒，整整睡了好几天都没醒过来，他家里的人不知道原因，以为他死了，便把他放进棺材里埋葬了。过了整整一千日以后，"中山酒家"的老板认为玄石喝酒已到千日，应当醒了，便到他家探望，一问，他家里人说，玄石已死了三年了。酒老板忙把玄石喝"千日酒"的事述说了一遍，家人急忙跑过来了，当人们打开棺盖时，他就从里面爬了出来。

一、白酒

白酒（White spirits），亦称"烧酒""白干"，是一种酒精含量较高的无色透明蒸馏酒，为我国特产。根据出土文物铜制蒸酒锅判断，应当是800多年前的金代烧制。主要以高粱、玉米、大米等谷物为原料，也可以薯类、糖蜜及橡子等含淀粉量较高的各种农副产品为原料。经含有糖化酶和酒化酶的酒曲使淀粉糖化并发酵成酒精和二氧化碳后进行固态蒸馏，再经贮存和勾兑而成。酒精含量一般在30％以上。按香型不同，可分清香型（亦称汾香型如汾酒、西凤酒等）、浓香型（亦称泸香型或窖香型，如泸州老窖特曲、五粮液、古井贡酒等）、酱香型（亦称茅香型，如贵州茅台酒）、米香型（如桂林三花酒等）和复香型（如董酒、口子酒等）五类。成品香气纯净浓郁，口感醇厚甘冽，回味悠长，细饮慢品，变化无穷。

茅　台　酒

（一）

一座茅台旧有村，糟邱无数结为邻。

使君休怨曲生醉，利锁名缰更醉人！

（二）

于今好酒在茅台，滇黔川湘客到来。

贩去千里市上卖，谁不称奇亦罕哉！

——《茅台村竹枝词》·清代·张国华

物种基源

茅台酒（Moutai），为一种酱香型白酒，我国最负盛名的白酒之一，原名"茅台烧""四（回）沙茅台""四（回）沙大曲"，产于贵州省怀仁县茅台镇，故名，已有450多年历史。酒液纯净透明，有独特"茅香"，入口醇香馥郁，香气幽雅柔细，口感醇厚柔和，回味悠长。酒精含量53%～55%。制法：以高粱为原料，用小麦制成高温曲，用曲量多，发酵期长，分次发酵，每次约历时1个月，分次取酒，分别贮存1个月以上，然后将各次酒相互勾兑后再密封贮藏3年而成。

风味品鉴

茅台酒有独特的"茅香"，香气柔和幽雅，郁而不猛，敞杯不饮持久不散，饮后空杯留香不绝，为该酒之绝珍。其品质特征：纯净透明，入口醇香馥郁，有令人愉悦的香气，味感醇厚，回味悠长，余香绵绵，虽为高度酒，却无强烈的刺激性。有诗赞曰："风来隔壁三家醉，雨过开瓶十里香。"

茅台酒品质成分表

酒 精 （V% 20℃）	总 酸 （克/100 毫升）	总 醛 （克/100 毫升）	总 酯 （克/100 毫升）
53°	<0.115	<0.29	>0.288

附：真伪鉴别

（1）看商标：伪冒商标纸质很差，而名牌酒的商标纸都是进口纸张，白而光亮，质地硬朗。

（2）看印刷质量：假冒商标由于印刷工艺和技术较差，商标表面粗糙，套印不准，色差大，有的甚至褪色，真商标色艳套印好。

（3）看配套情况：伪冒商标，内外包装不配套，有的出口用的外包装商标套在内销的酒瓶上。如茅台酒外销商标上有一个"飞天"标记，内销商标的标记则为五角星，两者的内外包装不能混用。

（4）看酒瓶：真茅台酒的酒瓶底面上标有 OV 记号，假茅台酒酒瓶底面无此标志。

（5）看瓶盖：真茅台酒的瓶盖为鲜红色，并在塑料壳内印有"中国茅台"字样；假茅台酒的瓶盖，有的使用陈旧的原盖子，色泽也不鲜艳。

（6）尝滋味：真茅台酒有独特的"茅香"，香气柔和幽雅，郁而不猛，入口醇香馥郁，味感柔绵醇厚，回味悠长，余香绵绵；假茅台酒皆为低级酒，酒液浑浊，入口麻辣刺嗓子，饮后头痛醉倒，醒后嘴中发苦。

名人与酒

一、周恩来与茅台酒

数风流人物，还看今朝；数酒中极品，当首推茅台。《周总理与茅台酒》的故事中，周恩来气度非凡，借茅台、《梁山伯与祝英台》"两台"在日内瓦大扬国威，使国家、国酒、国人受世人瞩目。英国首相与铁托在周总理的宴席上争抢茅台酒空瓶，可见我们茅台酒的地位与魅力；美国总统与日本首相对茅台酒的赞誉，说明了中国的国际地位和茅台酒的真正价值，没有强大的国度，就不会有名产的真正光华。即使是在"文革"中，身患重病的周恩来总理仍在强调"不准污染茅台河水"。

二、许世友与茅台酒

在《许世友与茅台酒》故事中，许世友喝茅台酒，喝得公私分明，喝出了将军的人品，他咕噜几下一瓶茅台酒下肚。为了表明对"文革"的反对，要上大别山打游击，表现了一代英豪的非凡气概。

传说故事

一、巴拿马万国博览会夺冠

1915 年，北洋政府以"茅台公司"名义，将土罐包装的茅台酒送到巴拿马万国博览会参展，外人对之不屑一顾，一名中国官员情急之下将瓦罐掷碎于地，顿时，酒香扑鼻，惊倒四座，茅台酒终于一举夺冠。

二、中国历史博物馆收藏茅台酒

1999 年 10 月，中华人民共和国 50 华诞之际，中国历史博物馆收藏了一瓶 50 年的陈酿茅台，并为茅台酒厂颁发了收藏证书："兹因茅台酒与共和国的世纪情缘和卓越品质而尊为国酒，暨在共和国五十华诞中以窖藏五十年之'开国第一酒'晋京献礼而誉为历史见证和文化象征。现我馆接受贵州茅台五十陈酿酒捐赠，并予永久收藏。"这份收藏证书，从一个侧面明确地肯定了茅台酒与中国革命的情缘、特殊贡献、卓越品质，以及茅台酒作为国酒的尊贵和崇高的地位。

三、茅台酒的神话传说

相传，茅台镇开始酿酒时，酒质并不特别好，酒业也不兴旺，制酒人都不断赔本，生活难以维持。有一年除夕，茅台镇一带大雪铺天，冷得出奇，突然从冰雪中走出一位衣衫褴褛的老人，到镇上一个富人家开的酒坊讨酒御寒，富人不但不给，还动手打他。可是镇上的穷人家对他都很亲切，留他喝酒过年。老人喝了酒，神采奕奕，连声称赞："好酒！好酒！新年大吉，我祝你们美酒藏春，酒业兴隆！"说完，把杯中没有喝完的酒泼到赤水河里，用拐杖横河一划，然后飘然而去。往后，凡是这位老人所到之家，缸里的酒越来越香，新酿出来的酒量多、质好，酒业不断兴旺，而富人家的酒却越来越差。人们都说这个老人是神仙，他是专门来茅台镇帮穷人酿酒的。美好的神话，更增加了名酒的色彩。

四、茅台商标"飞仙赐酒"

据《神州美酒谱》记载：相传昔日某冬大雪，有一老妪至贵州茅台镇杨柳湾村乞讨，村口一陈姓青年，把她搀扶进屋，端上热饭热菜和甜酒。晚上，把床让给老妪，自己守着火炉过夜。梦中，见一美女手捧酒杯，内装琼浆玉液，往赤河中一泼，并对他说："记住每年九月九，下河挑水酿美酒。"说完倏然而逝。从此，每年重阳，赤水河之水特别纯净透明，有"重阳酿酒香满江"之诗句。1957 年设计茅台酒商标装潢，选用此传说的"飞仙"为图。

五 粮 液

溪边对镜两衰翁，眼渐昏花耳渐聋。
赐我三杯五粮液，迈开醉腿敢追风！

——《闲居中偶吟十二首》·海外山人

物种基源

五粮液，为浓香型酒，中国名酒之一。"五粮液"之名出现于 1929 年以后，在此之前，它是"温德丰"所酿的"杂粮酒"。相传明代初年，四川宜宾县"温德丰"的第一代老板陈氏，经过较长时间的探索。创造了"陈氏秘方"。秘方传到清代陈三手中时，因其无子，终于将嫡传了六代的秘方，口授给了爱徒赵铭盛。赵铭盛承袭师业后，改"温德丰"为"利川永"。1915 年赵铭盛去世后，邓子均承继师业。但邓子均不甘现状，他反复探索、试验，尤其是大胆地减少了配方中的荞麦、玉米的用量，几经调整，于 1928 年重新制定了杂粮酒的新配方。1929 年的一天，宜宾县团练局局长雷东元家张灯结彩，大宴宾客，邓子均应邀出席。席间，他摆出了几瓶亲手酿制的杂粮酒，请众人品尝，赢得了满堂喝彩。晚清举人杨惠泉即席发言说："如此佳酿，名为杂粮酒，似嫌凡俗。此酒集五粮之精华而成玉液，何不更名为'五粮液'？"众人拍案叫绝，邓子均当即高兴地接受了这一建议。从此，"五粮液"的美名开始问世。

风味品鉴

五粮液产于四川宜宾市，它是以五种粮食（高粱、糯米、大米、玉米、小麦）为原料制作而得名，酒度为 60°、52°、39°。其品质特征：酒液清澈透明，开瓶时香气突起，浓郁扑鼻，饮用时满口溢香，香气悠长，饮后余香不尽，实为白酒之珍品。

五粮液酒品质成分表

酒　精 （V‰ 20℃）	总　酸 （克/100 毫升）	总　醛 （克/100 毫升）	总　酯 （克/100 毫升）
39°、52°、60°	<0.17	<0.06	>0.37

附注

白酒的酒度为什么多在 52°和 59°之间？是因为此浓度时乙醇与水的亲和率处于最佳状态。

名人与酒

唐、宋名人与五粮液的前生

五粮液酒是四川省宜宾五粮液酒厂的产品。宜宾古称戎州、叙州，有悠久的酿酒历史。宜宾地区出土的汉墓遗物中，有不少陶制和青铜制的酒器，说明早在汉代就已盛行酿酒和饮酒的风俗。有趣的是，宜宾本来是以荔枝酒而闻名。宜宾曾盛产荔枝，《华阳县志》和《太平御览》中均有记载，宜宾的荔枝甜郁芬芳，多汁可酿酒，故当地自古就以美酒和荔枝相联系。唐代就有"重碧"酒，永泰二年（765 年），大诗人杜甫在戎州赋诗曰："胜绝惊身老，情忘发兴奇。坐从歌伎密，乐任认为。重碧拈春酒，轻红擘荔枝。楼高欲愁思，横笛未休吹。"宋代更有"荔枝绿"名酒。"江西诗派"的开山鼻祖、诗人黄庭坚旅居戎州时，曾赋诗曰："王公权家荔枝绿，廖致平家绿荔枝。试倾一杯重碧色，快剥千颗轻红肌。发酺葡萄未足数，堆盘马乳不同时。谁能品此胜绝味，惟有老杜东楼诗。"

"荔枝绿"是用多种原料配制而成的。《叙州府志》记载："荔枝绿酒，宋王公权造，黄庭坚称为'戎州第一'，有《荔枝绿颂》曰：王墙东之美酒，得妙用于三物，三危露以为味，荔枝绿以为色，哀白头而投裔，每倾家以继酎。"

五粮液酒厂有旧糟坊的老窖遗物，为明代所遗，迄今已有四百余年，就是历史的见证。

传说故事

一、汉钟离、吕纯阳二仙与"一毛不拔"

据《笑笑录》记载：一天，汉钟离、吕纯阳二仙饮于肆，遇一人，雅相亲热，入座共饮。次日复饮，其人又来入座。钟欲难之，因出一令："口耳王，圣人饮酒亦何妨，壶中有酒盘无菜。"言至此，即向纯阳背上拔剑自剜臂肉一块，置于席曰："借汝青锋割一方。"吕仙接令曰："臣又贝，贤人饮酒亦何碍，壶中有酒盘无菜。"亦拔剑自剜臂肉置于席曰："自把青锋割一块。"及其人，苦思良久，曰："禾火心，愁人说与圣贤听，壶中有酒盘无菜。"言至此，拔眉毛数茎，置之席曰："拔把眉毛当点心。"二仙不允曰："我辈俱剜肉相待，足下何仅以眉毛了事。"其人曰："小弟苟非二位大仙面上，一毛尚且不拔。"

二、华罗庚题诗五粮液的传说

相传，1979年，四川宜宾五粮液酒厂在数学家华罗庚的指导下，应用优选法，把五粮液酒精浓度降到39°，保持了五粮液香、醇、甜、净的风格。华教授喜面赋诗："名酒五粮液，优选味更醇。节粮五百担，产量添五成。豪饮李太白，雅酌陶渊明。深恨生太早，只能享老春。"

三、"饮茱萸酒"的习俗

旧时汉族民间岁时饮食风俗。每岁夏历九月，气候初寒，用茱萸浸泡酒中，饮之可御寒、健身，俗称"辟邪"。宋时已经盛行。南宋吴自牧《梦粱录》："今世人（于重阳节），以菊花、茱萸浮于酒饮之，盖茱萸名'辟邪翁'，菊花为'延寿客'。"流行于长江流域和淮河流域等地区。

泸州老窖

涪州朱桔夔州柚，乍解筠笼看一船。
口腹累人惭过客，山川迎我笑前缘。
文章颇拟争千古，饮食何须费万钱。
暂贮冰盘开窖酒，衔杯清绝故乡天。

——《泸州老窖》·清·张问陶

物种基源

泸州老窖特曲酒，是我国古老的历史四大名酒之一，是我国浓香型白酒的精品，故又称为"泸型"。它产于"天府之国"南部的著名酒城——四川省泸州曲酒厂。

泸州大曲距今已有 400 多年的历史。早在明代万历年间，泸州就有"舒聚源"酒坊，当时有一个姓舒的举人，在官场时喜欢饮酒，对当地所产略阳大曲十分欣赏，并多方探求独创大曲酒的技术和设备。1656 年离开官场返回泸州，经过一番考察后，用小麦曲、红高粱为原料酿成醇和浓香的曲酒，并创办了第一个曲酒作坊，取名"舒聚源"，从此，便有"泸州大曲"之称。大约到 1758 年前后，其产品已销售于四川全省。公元 1880 年，泸州大曲酒年产量已达 10 吨左右，名声传播全国。1915 年，泸州老窖酒，在巴拿马万国博览会上夺得了国际名酒金奖，从而获得了国际的声誉。20 世纪 30 年代，泸州老窖大曲被评为全国四大名酒之一。

风味品鉴

泸州老窖特曲产于四川省泸州市，人们认为这种酒的独特风格的形成，与陈年老窖发酵有很大关系，故在特曲酒之前加上老窖二字。此酒是用质量最好的糯高粱做原料，用颗粒饱满的小麦作制曲原料，酒曲为麦曲，酿造用水为龙泉井水，填充料是稻壳。继承了传统的混蒸连续发酵法酿制，使酒质高、风味佳。其品质具有浓香、醇和、味甜、回味长四大特点。浓郁的芳香味极为突出，尤其是饮后的回味有一股苹果的香气。

泸州老窖酒品质成分表

酒 精 （V% 20℃）	总 酸 （克/100 毫升）	总 醛 （克/100 毫升）	总 酯 （克/100 毫升）
38°、52°、60°	≤0.06～0.07	≤0.02～0.03	>0.25～0.4

名人与酒

酒城是朱总司令起的名

护国战争期间，朱德由云贵川讨袁，驻节泸州，并因屡立战功，晋升为护国军十三旅长兼泸州城防司令。前后在泸州驻节五年。朱德不愧是一代儒将，不仅饱读经史，善书法，而且善于吟诗作赋，他的诗词不仅韵致高古，而且气势豪雄。那时，泸州有一批满腹经纶的社会贤达，这些人很富有，很清高，有的甚至很狂傲。对于历来的驻军头目，他们一向以草头王看待并敬而远之。他们虽是文化人或富商，对社会政治生活却有很强的影响力。

朱德驻节不久，通过调查，对这些人已经了解。为了利用他们对社会生活的影响力，再加上朱德本身对传统文化的爱好，照今天的话说，就是政治需要和共同爱好，朱德对他们一一作了拜访。这些文人对朱德的文才武略早有耳闻，见面谈吐，果然如此，在受宠若惊中对朱德佩服得五体投地。

温筱泉、艾承麻、罗小吟等文人约集宴请朱德，并在酒宴上提出组织泸州"东华诗社"，请朱德参加，诗社的活动地点选在朱家山"怡园"。朱德慨然应允，并受众人推举为"怡园"撰写了一副楹联和"东华社"成立的同仁宣言。现在在诗社留下的《沛云堂立雪杂录》《芷湖余碧录》等诗集中还留有朱德的诗。在诗社的文人雅士中，温筱泉开办有泸州老窖酒厂，诗友们每会必饮，每饮必泸州老窖酒。朱德因而对泸州老窖酒情有独钟。有一年除夕，朱德赋诗道：

> 护国军兴事变迁，烽烟交警振阛阓。
> 酒城幸保身无恙，检点机韬又一年。

朱德这首诗立即在文人中传诵，进而越传越广，几乎家喻户晓，再进而传出了泸州，从此，"酒城泸州"的美名就因朱德这位名人和他的名诗而传开了。

传说故事

一、三县令行酒令

据《泾林续记》记载：有一次三县令一起携酒小酌，一令曰："我有一口号，不能对者罚巨杯。"时旭日方升，遂曰："东方日出三分白，日落西山一点红。北斗七星颠倒挂，牵牛织女喜相逢。"一令见庭中有荷花池，因曰："一湾流水三分白，出水荷花一点红。映水莲房颠倒挂，鸳鸯戏水喜相逢。"一令沉思勿能得，忽闻门外鼓乐声，乡人娶妇路过，乃曰："村里妇人三分白，口上胭脂一点红。两耳金环颠倒挂，洞房花烛喜相逢。"

二、"开包"酒的传说

汉族婚姻风俗，流行于青海河湟地区。娶亲人到女家后，借女方家中的酒及酒盅置于盘内，请新娘之姑妈或姐辈，由娶亲人向她们行聘请礼，斟酒三杯，献上钱币，谓之"开包"钱。被请者收钱后，将男方送来的包袱打开，谓之"开包"。过目检查，送入闺房，然后设酒宴招待。

三、"无酒投江"的典故

据《舌华录》记载：明时仪真（今江苏仪征）人王维宁，善诗词，尤工草书，家资巨万。性豪侈嗜酒，每日宴客数席，大饮大嚼。有人劝他为日后生计而不要过于奢侈浪费，王答："大丈夫在世当用财，岂为财所用？"结果家业荡尽，无法生活，但好酒如故。一日，无酒不能忍耐，漫步江边，见落日余晖投入水中，波影粼粼，大喜说："此中有佳处，龙宫贝阙，或个乐吾也。"遂投江而殁，时人笑为痴。

汾　酒

清明时节雨纷纷，路上行人欲断魂。
借问酒家何处有？牧童遥指杏花村。

——《杏花村》·唐·杜牧

物种基源

汾酒是我国古老的历史四大名酒之一，是我国清香型白酒的典型代表。它产于山西省汾阳县杏花村。汾酒的名字究竟起源于何时，众说纷纭，但早在1400多年前，此地已有"汾清"这个酒名。据史料记载，这里古代属于汾州府所管辖，汾酒之名便由此而来。汾酒的酿造始于公元5世纪南北朝时期，距今已有1500多年的历史。

早在南朝梁天正二年（553年），杏花所产"百泉佳酿"就著称于世。明末，农民起义领袖李自成曾率兵经过杏花村，饮过汾酒，并且留下"尽善尽美"的佳誉。除此之外，更重要的是，1915年汾酒以其优异的品质和独特的风格在巴拿马万国博览会上获得一等优胜金质奖。新中国成立后，汾酒还连续五届被评为国家名酒金奖，并畅销海内外。

风味品鉴

汾酒产于山西省汾阳杏花。它是以晋中特产高粱为原料，用大麦、豌豆制成的"青茬曲"

为糖化发酵剂而制成。酒质纯净，为我国清香型白酒之典型，其品质特征是，酒液莹澈透明，清香馥郁，入口香绵，甜润醇厚爽冽，饮后回味悠长，为60°之高度酒，酒力强劲，无刺激性，饮之使人心旷神怡。汾酒清洁卫生，幽雅纯正，绵甜味长都十分突出，是汾酒的"三绝"。多次被评为全国名酒。

汾酒品质成分表

酒 精 (V‰ 20℃)	总 酸 (克/100毫升)	总 醛 (克/100毫升)	总 酯 (克/100毫升)
38°、53°、65°	≤0.1	≤0.03	>0.3

名人与酒

刘伶与酒

刘伶（约221—300年）西晋沛国（今安徽宿县）人，字伯伦。"竹林七贤"之一。放情肆志，性尤嗜酒，与阮籍、嵇康相善。常乘鹿车，携酒一壶，使人荷锸随之，嘱"死便埋我"。妻因其饮酒太过，非摄生之道，尝涕泣劝戒之。伶同意断酒，要求妻子备酒肉，设神位，以自誓。跪祷时言："天生刘伶，以酒为名。一饮一斛，五斗解酲。妇儿之言，慎不可听。"祝后饮酒如故。著《酒德颂》，其辞略谓："有大人先生，以天地为朝，万期为须臾，日月为扃牖，八荒为庭衢。行无辙迹，居无室庐。幕天席地，纵意所如。止则操卮执觚，动则挈榼提壶。惟酒是务，焉知其余。"

传说故事

一、饮重阳酒的传说

旧时汉、满等族岁时饮食风俗。流行于黄河中下游、淮河流域、长江中下游等广大地区。夏历九月九日重阳节，农户饮酒庆祝丰收，手工作坊、店铺、旅栈均置酒酬劳佣工。文人墨客则登高联句，饮酒赏菊。清代，朝廷在重阳日赐百官酒宴。在江淮地区，受富户雇佣的放牛娃以重阳节为歇工日，东家也要以酒肉款待。

二、"诗酒迎客"的传说

酒事趣闻之一：明永乐年间，南京国子司业陈敬宗任职期满来京。阁老杨士奇知敬宗将至，赋诗一首，令其子携酒一壶于道上迎接。其诗云："请询陈司业，几月出南都？河上交冰否，江南下雪无。道途多跋涉，尘土着些须。下马须煎涤，呼儿送一壶。"时谓此诗有宰臣之体与友谊之隆。

三、"诗讽酒禁"的传说

据《山樵暇语》载：晚唐时江南酒禁甚严，富民犯禁没入家产者甚众。乾宁进士韦庄写诗讽刺说："谁氏园林一簇烟，路人遥指尽长叹。桑田稻泽今无主，新犯香醪没入官。"当时驻浙江长官某见诗，遂上疏，得改酒法，从此不再没收财产，只处罚款而已，韦庄一诗之力。

西 凤 酒

送客亭子头，蜂醉蝶不舞。

三阳开国泰，美哉柳林酒。

——《赞柳林酒》·唐·裴行俭

物种基源

西凤酒，原名：秦酒、柳林酒，是一种清香型白酒。我国名酒之一。产于陕西凤翔、宝鸡、岐山一带，以凤翔柳林镇所产最著名。自唐朝起即为珍品。酒色清澈，酒味醇美，有酸、甜、苦、辣、香五味，但酸而不涩，甜而不腻，苦而不黏，辣不呛喉，香不刺鼻。酒精含量65％、55％、39％。制法：以当地高粱为原料，用大麦、豌豆制曲，采用立窖、破窖、顶窖、圆窖、插窖、挑窖等特殊发酵工序，用不超过一年的新窖，发酵期仅14～15天，然后入库3年以上，再勾兑调和而成。

风味品鉴

西凤酒，品质特征是：酒液清澈透明，香气芬芳、幽雅、馥郁，酒味醇厚、清洌、绵软、甘润，属于清香型，清芳甘润，各味谐调而不出头，酸而不涩，甜而不腻，苦而不黏，辣不刺咽喉，香不刺鼻，饮后有橄榄回味，久而弥芳，风味之高，多次被评为全国名酒。

西凤酒品质成分表

酒　精 （V％ 20℃）	总　酸 （克/100 毫升）	总　醛 （克/100 毫升）	总　酯 （克/100 毫升）
38°、55°、65°	≤0.05～0.06	≤0.04～0.06	>0.18～0.20

名人与酒

苏东坡曾赞西凤酒

北宋时，大文学家苏东坡任职凤翔，喜爱此酒，他在词中曾写道："柳林酒，东湖柳，妇人手。"这里"妇人手"系指妇女精巧的手工艺，柳林酒即是赞誉柳林出产的西凤美酒。

传说故事

一、西凤酒曾名"秦酒"的传说

西凤酒最古老的名字叫"秦酒"，那么，"秦酒"为什么成了"西凤酒"呢？这与秦族历史悠久的凤鸟崇拜和当地流传的凤凰故事有关。嬴姓的秦族崛起于西部，但其祖先却属于东方凤鸟崇拜部落。据《史记》中说，秦族的女始祖叫女修，她吞食玄鸟的卵而怀孕，生下了男始祖大业，大业生伯益，伯益的大儿子称为鸟俗氏，其后裔相传是"鸟身，人言"。这些都说明秦的祖先是以玄鸟为图腾的崇凤之族，因此，先秦时期凤翔、宝鸡一带就流传着"陈宝化雉"和"吹箫引凤"两个美好的故事。

"陈宝化雉"的故事出自宝鸡，宝鸡古名陈仓，陈宝是陈仓宝夫人的简称，它夫人是一只雌性神雉化成的石鸡。据《列异传》中记载，陈仓人得异物以掀之，道遇二章子云："此名为温，在地下食死人脑。"乃言："彼二童子名陈宝，得雄者王，得雌者霸。"乃逐童子，化为雉。秦穆公大猎，果得其雌。为立祠祭，有光、雷电之声。雄止南阳，有赤光长十余丈，来人陈仓祠中，所以世俗谓之宝夫人祠，抑有由也。"

有专家指出，立祠的是秦文公而非秦穆公，不管是哪个公，"陈宝化雉"是实实在在的。《列异传》记载，秦国霸王之业的成功，靠的是陈宝，也就是两只神雉。陈仓后来改名为宝鸡，也是由于这个神奇的传说。

"吹箫引凤"说的是秦穆公女儿弄玉和箫史结合，双双乘龙驾凤而去的故事。刘向《列仙传》中记载了这样一个故事。

萧史者，秦穆公时人也，善吹箫。穆公有女号弄玉，好之，公遂以妻之，遂教弄玉做凤鸣，居数十年，吹似凤声，凤凰来止其屋。为做凤台，夫妇止其上，不下数年，一旦皆随凤凰飞去。

因为这一带弥漫着神奇的凤凰传说，所以这儿的酒也和凤凰牵扯起来。

到了唐代凤翔就俗称"西府凤翔"，"西凤"的出处就此而来。唐肃宗至德二年，因为希望获得唐室中兴的吉祥，讨个口彩，将雍州改称"凤翔"，凤翔由一个县成了一个州，级别提高，范围扩大了。据张能臣《酒名记》中记载，宋代"凤翔橐泉"酒已著称，清代以"凤酒"著称，而且在"八百里秦川"的宝鸡、岐山、眉县及凤翔县等酿制的烧酒统称为"凤酒"。

二、周文璞醉睡遇仙的传说

相传，南宋端平年间，周文璞偕数人春游西湖，至西林桥酒垆饮，皆大醉熟睡。忽有一道人过，视而笑曰："诗仙醉耶，我当代偿酒钱。"索杯盛水，以瓢中药少许投之，入口略濑喷地上，则皆金银也。时游人方盛皆环视惊异，道人不知所向。薄暮，诸公始醒，酒家具道所以，皆怅然自失。酒家持银往肆，得钱止可偿酒资，毫无赢余，明日喧传都下。酒家画其事于壁，题为"遇仙"。好事者竞趋饮，遂为湖上旗亭之甲。

三、茶酒之争水调解

明冯梦龙纂写《广笑府》卷八。茶谓酒曰："战退睡魔功不少，助成吟兴更堪夸；亡家败国皆因酒，待客如何只饮茶！"酒答茶曰："瑶台紫府荐琼浆，息讼和亲意味长；祭祀筵宾先用我，何曾说着淡黄汤？"各夸己能，争论不已。水解之曰："汲井烹茶归石鼎，引泉酿酒注银瓶。两家且莫争闲气，无我调和总不成。"

洋 河 大 曲

白洋河下春水碧，白洋河中多沽客。
春风二月柳条新，却念行人千里隔。

——《咏白洋河》·明·邹缉

物种基源

洋河大曲，原名白洋酒、洋酒高粱、羊禾酒，是一种浓香型白酒，我国名酒之一，因产于江苏泗阳县洋河镇而得名，已有 300 多年历史，清《康熙字典》中已有记载。明朝诗人邹缉有"白洋河中多沽客"句，可见名声之大，产销之盛。酒液清澈透明，芳香浓郁，入口柔绵、鲜甜、甘爽、醇厚、圆正，回香悠长。酒精含量有 64%、62%、55%、48%、35% 五种。制法：

以优质糯高粱为原料，用大麦、小麦、豌豆制成高温大曲，以当地著名的"美人泉"泉水为酿造用水，泉水清澈透明，味醇甜，由特殊老窖长期发酵而成。

风味品鉴

洋河大曲，品质特征是：酒液无色透明，清澈明亮，醇甜浓郁，口感味鲜，质厚而醇，绵软甜润，余味爽净，回香悠长。在1915年巴拿马国际博览会上获得金质奖章，在1923年南洋国际名酒赛会上，获得"国际名酒"之称。

洋河大曲酒品质成分表

酒　　精 （V‰ 20℃）	总　　酸 （克/100毫升）	总　　醛 （克/100毫升）	总　　酯 （克/100毫升）
38°、48°、55°、62°、64°	<0.1	<0.04	>0.4

名人与酒

乾隆为洋酒的题词

据江苏《宿迁县志》中记载，乾隆皇帝第二次下江南，路过宿迁，住在宿迁的皂河行宫，得知"福泉酒海清香美，味占江淮第一家"的洋河大曲就产于附近的洋河镇，龙心大悦，遂下旨大宴群臣，一喝，果然香浓清冽，回味无穷，名不虚传。乾隆为此流连忘返，在皂河整整住了七天，临走时，大笔一挥，留下了"洋河大曲酒味香醇，真佳酿也"的御笔题词。

传说故事

一、"羊禾"商标设计的传说

在全国第四届评酒会上，55°洋河大曲获得金质奖，38°洋河大曲获得银质奖。这两种酒都是羊禾牌的。商标上，中间立着一只白色山羊，周围是两支稻穗。这是什么意思呢？原来，洋河大曲是因其产于江苏省泗阳县洋河镇而得名，洋河镇，最初不叫洋河，而叫白洋河。传说有一年，神仙吕洞宾骑着白山羊，驾着五彩祥云，云游四方。这一天，他路过白洋河，远远闻见一股酒香，忽浓忽淡，似有似无。吕洞宾酒瘾大发，急急赶往白洋河。刚到白洋河上空，一阵浓烈的酒香袭来，使他迷迷糊糊、四肢瘫软，竟连人带羊一起跌到地面上，不知过了多久，吕洞宾方才苏醒，连声赞叹："好酒！好酒！"他蹑手蹑脚走进酿酒槽房，学孙悟空的老办法，使个法术，让造酒工人呼呼大睡，然后解下酒葫芦，灌得满满的，驾起祥云，溜之大吉，连骑坐的白山羊都忘了牵。白山羊从此在洋河落了户，白洋河一带连年五谷丰登，酒也越酿越香醇。人们说，是山羊保佑了白洋河。以后，人们也只称"羊禾"（洋河），不称白洋河了。洋河大曲的商标，就是根据这个传说设计的。

二、史可法与洋河陈酿

据记载，明朝末年，内阁大学士、兵部尚书史可法带兵北上抗清，来到洋河，那一天，正是史可法42岁生日，部下筹备杀猪宰羊为主帅祝寿以壮行色，被史可法军令制止，史可法伫立船头，打开一瓮洋河陈酿，犒赏众将，以振军威。一碗落肚，史可法仰面作狮子吼："各位曾记得岳武穆否？"众将齐答："记得！"史可法朗声说："直捣黄龙，再与诸君痛饮！"于是，大军浩浩荡荡地开赴北方前线。

三、郑板桥与白洋河

郑板桥（1693—1765），清书画家、文学家。江苏兴化人，字克柔，号板桥，自号板板道人。乾隆元年（1736年）进士及第，曾任山东范县（今属河南）、潍县知县，得罪豪绅而罢官。嗜酒，晚年躬耕自食，寄情于诗酒之中。酒酣后作画，更佳。其所撰七律《自遣》诗中曰："看月不妨人去尽，对花只恨酒来迟。笑他缣素求书辈，又要先生烂醉时。"他最喜爱就狗肉饮酒。扬州有位盐商为得到他的画，乘他出游之际，邀之以白洋河就饮，如愿得画。

双 沟 大 曲

冷砚欲书先自冻，孤灯何事烛成花。

使君半夜分酥酒，惊起妻孥一笑哗。

——《泗州除夜雪中黄师是送酥酒二首》·宋·苏轼

物种基源

双沟大曲，曾名酥酒，产于江苏省泗阳县双沟镇。在全国第二、三届评酒会上被评为全国优质酒。

双沟一带有酿酒的悠久历史。据记载，北宋的苏东坡游泗州时，曾在诗中提到这里的美酒。现在的双沟大曲酒可追溯到清雍正至乾隆初年。当时的山西太谷人贺氏，路过双沟，发现此处粮丰水甘，便在双沟山镇建"全德"糟坊，并与当地酿酒技术相结合，酿出"香飘十里，知味息船"的美酒。今日双沟酒厂的前身即为贺氏糟坊，当年的酒窖仍在沿用，至今已有260多年的历史。双沟大曲酒在清代末年曾参加南洋劝业会，被评为名酒第一，获金质奖章。1955年被评为甲等佳酒。

此酒以优质高粱为原料，以大麦、小麦、豌豆制成的高温曲为糖化剂。工艺上吸取传统经验，并不断改进，采用人工老窖，低温慢发酵，回沙发酵，缓火蒸馏，分段取酒，分级贮存，合理勾兑。

风味品鉴

双沟大曲，酒品质特征是酒液清澈透明，酒质芳香扑鼻，风味纯正，入口甜美醇厚，回香悠长，是浓香型大曲酒，酒度为53°、46°，但醇和不烈，风格独特。明朝有一诗人，品尝双沟糟坊酒后，题赠酒坊一副对联："酒香冲天飞鸟闻之化凤；糟粕落水游鱼得之成龙。"可见双沟大曲品质之优，由来已久。

双沟大曲酒品质成分表

酒　精 （V‰ 20℃）	总　酸 （克/100 毫升）	总　醛 （克/100 毫升）	总　酯 （克/100 毫升）
46°、53°	≤0.12	≤0.04	>0.35

名人与酒

乾隆饮冷酒题联

据《承德的传说》记载：一天，乾隆扮成穷儒生，离开承德避暑山庄，至一私塾，上前向塾师施礼，那先生忙离座还礼。按习俗，来了座馆先生，得管吃管喝，但一般都是冷淡敷衍。吃饱时，故意端上一壶冷酒。乾隆知主人对他冷淡，就自己斟了一盅，用筷子点着说："冰（旧时写作水）凉酒，一点水二点水三点水。"可下联一时对不上，只是用筷子指着桌面，塾师见状，笑着说："可否用'丁香花，百字头千字头万字头来'对？"乾隆拍案叫绝，叹服不已。

传说故事

一、双沟"神酒母"的传说

双沟大曲，来历不凡，至今在双沟镇还流传着关于美酒形成的佳话。据传，某年重阳节，有一位须鬓皆白的老人来到淮河边的酒楼上，自斟自饮，一连喝了数斗，口中仍不停地叫喊："好酒，再添一斗来！"四座者看得目瞪口呆，一直喝到掌灯时分，老人方才停杯，并举烛挥毫，在酒店粉墙上题诗一首："水为酒之血，曲者酒之骨，唯此风骨高，名家盖可奇。"末署"酒仙馈曲诗"，作罢掷笔，翩然而去。但见老人先前坐过的桌子上遗下一玉碗，碗中盛曲一块，曲香醉人。人们便把此曲奉作"神酒母"，用此曲酿酒，果然风味独佳，品质优异。遂之，方有此美酒。

二、飞鸟闻酒化作凤的传说

据神话相传，江苏泗洪双沟镇，产双沟大曲，有"酒香冲天，飞鸟闻之化作凤"的传说。相传昔有一鸟爱闻双沟酒香，日久竟化成凤，且越发恋酒，以致醉化为山石。乡民们谓双沟东西两座山，是凤凰欲展之双翅，街道脊岭，是凤凰之脊背，北首土丘是凤尾，街南通淮河的洼地，是凤凰醉后引颈淮河吸水。

三、"沥酒送穷"的传说

相传，古时的时令习俗中，古代于正月最后一日即"晦日"有送穷祈富之习俗。相传颛顼、高辛时，宫中生一子，不着完衣，号为"穷子"。后于正月晦日死去。宫中葬之，号称"送穷日"。是日，人们于街头巷尾沥酒而拜，以送穷祈富。唐代姚合《晦日送穷三首》之第一首云："年年到此日，沥酒拜街中。万户千门看，无人不送穷。"

董　酒

诗人满座闻风至，昂首高歌共举觞。

未曾登高皆尽醉，山城董酒正飘香。

——《山城董酒正飘香》·现代·王端诚

物种基源

董酒，是一种混合香型白酒。我国名酒之一。因产于贵州遵义市北郊董公寺附近而得名。

酒液晶莹透亮，浓香扑鼻，既有大曲酒的浓郁芳香，又有小曲酒的醇和、回甜等特点，还有令人愉快的药香，称"腐乳香"，俗称"泥香"，入口甘美清爽，满口香醇，饮后回味香甜。酒精含量 58%～60%。制法：以糯高粱为主要原料，加有 40 多种中药的大曲（麦曲）和加有 90 多种中药的小曲（米曲）为糖化发酵剂，先用糯高粱制得小曲酒，再用小曲酒糟配入一部分董糟和香醅、麦曲，入地窖发酵半年以上而成董酒香糟，然后用小曲酒串蒸董酒香糟，经鉴定后分级贮存一年以上，再勾兑而成。

风味品鉴

董酒品质风味特点：酒晶莹透亮，敞杯郁香扑鼻，入口甘美清爽，饮后回味香甜，香味独特，带有使人产生快感的药香，别具一格，其酒度为 58°～60°。

董酒品质成分表

酒　　精 （V% 20℃）	总　　酸 （克/100 毫升）	总　　醛 （克/100 毫升）	总　　酯 （克/100 毫升）
58°、60°	≤0.45	≤0.02	>0.45

名人与酒

白居易与酒

白居易（772—846），唐代诗人，字乐天，号香山居士。其先原籍太原（今属山西），后移家韩城，又迁下邽（今陕西渭南东北）。贞元中擢进士第，累官至刑部尚书。性嗜酒，曾作《酒功赞》，其中有"吾尝终日不食，终夜不寝，以思无益，不如且饮"之语。后被贬后，郁郁不乐，因此嗜酒更甚，并自称为"醉吟先生"。亦复嗜茶，认为饮茶亦是人生的一大乐趣，其《食后》诗云："食罢一觉睡，起来两瓯茶。举头看日影，已复西南斜。乐人惜日促，忧人厌年赊。无忧无乐者，长短任生涯。"他一生留下的茶诗有《夜闻贾常州崔湖州茶山境会想羡欢宴诗》《山泉煎茶有怀》《晚起》《琴茶诗》《香炉峰下新置草堂即事咏怀题于石上》等多篇。在他任九江郡司马结庐在庐山香炉峰下居住时，亲自种过茶。有诗为证："架岩结茅庐，斸壑开茶园。""长松树下小溪头，斑鹿胎中白布裘。药圃茶园为产业，野麋林鹤是交游。"

传说故事

一、康熙、乾隆与"千叟宴"

千叟宴，指清康熙、乾隆两帝宴请老人的故事。据《啸亭杂录》载：康熙帝 60 岁寿诞时，曾在乾清宫摆设"千叟宴"，赴宴者有 1900 余人。而乾隆帝刚满 60 大寿时，依样模仿，也在乾清宫开设"千叟宴"，出席筵莛者多达 3900 余人。宴后各赐手杖以志纪念。当乾隆帝 80 高龄时，更是酒宴大张，在皇极殿开设"千叟宴"。这次盛况空前，邀请 60 岁以上老者 5900 余人参加，其中百岁老人就有数十名。宴会上，并赐酒联佳句，一时传为佳话。此为中国酒宴史上一大"创举"。

二、唐玄宗用芍药为杨玉环醒酒传说

据《开元天宝遗事》记载：唐明皇（玄宗）的贵妃杨玉环，常醉酒终宵，每于凌晨宿酒初醒时，心头奇热难忍，又无药可解，便依偎在花枝旁，口吸花霜玉露以润肺。一日，玄宗与贵妃幸华清宫，因宿酒初醒和妃子并肩看木芍药，玄宗灵机一动，亲自折来一枝，送给她闻嗅，并说："此花香艳，尤能醒酒，更兼消热。"自此，"芍药醒酒"遂成民间流传的药方。

三、有酒万事休的传说

相传，南宋高宗年间，江东安抚制置大使叶梦得，藏书甚富，生平著作甚丰，有《石林燕语》《避暑录话》等。罢官隐居后，仍以读书为乐，每于盛夏晚凉，以家中自酿之酒与仆夫共饮。自谓："读书避暑，固是佳事，况有佳酿，万事皆休。"比他稍早的欧阳修也曾说："一生勤苦书千卷，万事消磨酒十分。"亦言书酒相得之事。

郎　　酒

知章骑马似乘船，眼花落井水底眠。汝阳三斗始朝天，道逢曲车口流涎，恨不移封向酒泉。左相日兴费万钱，饮如长鲸吸百川，衔杯乐圣称避贤。宗之潇洒美少年，举觞白眼望青天，皎如玉树临风前。苏晋长斋绣佛前，醉中往往爱逃禅。李白一斗诗百篇，长安市上酒家眠。天子呼来不上船，自称臣是酒中仙。张旭三杯草圣传，脱帽露顶王公前，挥毫落纸如云烟。焦遂五斗方卓然，高谈雄辩惊四筵。

——《酒中八仙歌》·唐·杜甫

物种基源

郎酒，原名四沙郎酒，为酱香型，产于四川省古蔺县二郎滩（镇）而得名。

郎酒的故乡，坐落在川黔交界，奇峰雄峙的赤水河北的二郎滩。距扬名海内外的贵州茅台酒厂仅80多千米。郎酒、茅台酒位于赤水河的南北岸，被人们誉为熠熠闪光的两颗明珠。

郎酒问世于清代末年。据载，早在北宋年间，赤水河一带就盛产优质小曲酒，二郎滩"小糟坊"的小典酒素以价廉质优为人所喜。1935年，贵州茅台镇最有名气、酒质最好的"成义"酒坊被大火烧毁。该酒坊大师傅郑应才，迫于生计，应邀到二郎滩"集义"酒坊为师，用当地优质高粱、泉水，开始按茅台酒两次投粮、八次加曲糖化、窖外堆积、窖内发酵、七次取酒，贮存三年的工艺酿酒。1936年，"成义"酒坊复业，所用的母糟都是从"集义"酒坊运回去的。有人说郎酒胚胎里有茅台的"基因"，而茅台的肌体中有郎酒的"血液"，把茅台、郎酒叫作"姐妹酒"是有历史根源的。1963年，郎酒被评为四川省名酒。1979年获四川省和商业部优质产品称号。1981、1984年，郎酒被评为商业部优质产品。

风味品鉴

郎酒品质风味特征：人称"山泉酿酒，深洞贮藏；泉甘酒洌，洞出奇香。"其品质特征是，酒液色清透明，酱香纯净，酒质醇柔，甘洌，口感以鲜果之甜润酸爽，回味悠长，回香满口，饮者心旷神怡。

郎酒品质成分表

酒　精 （V% 20℃）	总　酸 （克/100 毫升）	总　醛 （克/100 毫升）	总　酯 （克/100 毫升）
39°、53°	≤0.15	≤0.045	>0.25

名人与酒

张照醉书《岳阳楼记》

清乾隆八年，岳州知府黄凝道重修岳阳楼，楼成，寻找书写《岳阳楼记》之大手笔，一时寻觅不得。正当知府冥思苦想之际，长沙传报，钦差大臣张照将解运皇粮路经岳州。黄拍手道："皇天有眼，岳州有幸，大手笔不请自来。"张照书法，曾为乾隆帝称赞："羲之之后只一人，除了张照谁能比。"张照船队刚到，知府备酒于岳阳楼为张洗尘。酒酣，知府叹道："今岳阳楼名满天下者，乃范文正公（范仲淹）的千古雄文《岳阳楼记》也！想当年，滕子京修楼，文正公作记，苏子美书丹，邵竦篆刻，号称天下四绝。后毁于兵火，四绝绝迹。今楼修成，遍请天下高明，竟无人敢重书《岳阳楼记》，遂使四绝前无古人，后无来者。呜呼，惜哉！"张照平素不轻易动笔，故知府用此"激将法"。经此一激，引起张照豪兴，连喊："拿笔来！老夫今日现现丑。"张照笔走龙蛇，当写到"把酒临风，其喜洋洋者矣"时，笔力愈加酣畅遒劲，又大叫："拿酒来，拿酒来！"知府亲自递上一巨觥，张一饮而尽，于是写得更快了。书毕，虽满头大汗，却怡然自得。知府旋请名匠雕刻，悬于岳阳楼之二楼。

传说故事

一、"郎泉"的传说

人说"好酒必有佳泉"，酿造郎酒的是一股山泉水，名叫郎泉。关于郎泉，民间流行着一个优美的传说：从前，赤水河边有一个英俊的青年李二郎，爱上了美丽的姑娘赤妹子。但贪财的爹妈不肯把女儿嫁给穷苦的李二郎，提出了要百坛美酒作聘礼的苛刻条件。二郎为了和心爱的姑娘结合，便在赤水河边的荒滩上夜以继日地挖泉找水。直到挖断了99把锄头，才挖出了泉水。开出了清泉，酿出了美酒，李二郎在乡亲们的帮助下，抬上百坛美酒，把赤妹子接到了家。以后，二郎酿出的酒更加香甜醇美，名扬四方。人们就把李二郎挖出的泉水叫"郎泉"，酿出的酒叫"郎酒"。如今的郎泉，在郎酒厂左侧的半山腰上，经岩层砂石过滤，明如镜，洁如冰，碧如玉，甘如露，一泓清泉，贮于精心修筑的石库之中。

除了郎泉，郎酒厂还有一对天然溶洞——天宝洞和地宝洞。两洞位于蜈蚣岩千仞绝壁之下，距郎酒厂五里之遥，作贮存郎酒之用。面积约一万平方米。洞中冬暖夏凉，有利酒的老熟，为贮酒之佳地，"郎泉""宝洞"可为郎酒厂二绝，因此有"郎泉水酿琼浆液，宝洞深藏酒飘香"之说，郎酒亦有"酒林奇葩"之称。

二、关羽"饮酒刮骨"的传说

据《三国志·蜀志》载：关羽曾为流矢所中，贯其左臂，后创虽愈，每至阴雨，骨常疼痛。名医华佗说："矢镞有毒，毒入于骨，当破臂作创，刮骨去毒，然后此患乃除。"羽便伸臂令佗破肉刮骨，血流满盆，而自与诸将饮酒言笑自如。

三、古代"天子避醉人"的传说

《天录识余》："宋熙宁以前，凡郊祀，大驾还内，引至朱雀门时，外有绿衣人出道中，蹒跚潦倒，如醉状，乘舆为之少息，谓之'天子避醉客'。及门、两扉遽阖，门内抗声曰：'从南来者是何人？'门外应曰：'是赵家第几朝天子。'又曰：'是'。开门，乘舆乃进，谓之'勘箭'。"

古井贡酒

彩袖殷勤捧玉钟，当年拼却醉颜红。

舞低杨柳楼心月，舞罢桃花扇底风。

从别后，忆相逢，几回魂梦与君同。

今宵剩把银钉照，犹恐相逢是梦中。

——《鹧鸪天·咏酒》·宋·晏几道

物种基源

古井贡酒为一种浓香型白酒，我国名酒之一，因采用甘甜的古井泉水酿造，自明万历年间起被列为贡品，故名，产于安徽亳州。古井建于南北朝，距今已有 1400 多年历史。原有井 24 口，现仅存 4 口，其中之一即为现酿酒取水用井。当地一带多盐碱，水味苦涩，独这几口井水清澈甘美，所酿的酒纯清透明，香气浓郁，被誉为"天下名井"。制法：用上等伏地高粱为原料，以小麦、大麦、豌豆制曲，用特殊工艺酿制而成。

风味品鉴

古井贡酒，其风味特征是，酒液清澈透明如水晶，香醇如幽兰，倒入杯中黏稠挂杯，入口酒味醇和，浓郁甘润，回味和余香悠长。由于酒质和风味好，在明、清两代均被列为进献皇朝的贡品，因而得"古井贡酒"之名，多次被评为全国名酒。

古井贡酒品质成分表

酒　精 （V% 20℃）	总　酸 （克/100 毫升）	总　醛 （克/100 毫升）	总　酯 （克/100 毫升）
38°、52°、60°	≤0.14	≤0.05	>0.35

名人与酒

曹操与酒

曹操（155—220），即魏武帝。谯县人（今安徽亳州人）。字孟德，小名阿瞒，略知酿酒之术，撰有《上九酝酒法奏》。在对待酒的问题上是个矛盾的人物。曾一再主张禁酒，还杀了颂酒的孔融；但在自己的诗歌中却依然留下了一些颂酒的诗句如："对酒当歌，人生几何""何以解忧，唯有杜康"等。曹操喜饮酒，为吏时常说："恨不移封向酒泉。"他家乡安徽亳州产美酒，曾令人以独特酿酒工艺"九酿法"酿制"九酿春"，进献于汉献帝。奏曰："臣县故令南阳郭芝，有九酿春酒，今谨献上。"

传说故事

一、白居易醉号的传说

据《胜饮篇》记载：唐诗人白居易一生仕途中，皆以"醉"字为号。任河南尹时，号"醉尹"，贬江州司马时，又号"醉司马"，及为太傅，则号"醉傅"。他又为自己取了一个总的雅号"醉吟先生"。并自作《醉吟先生传》，内中写道："醉复醒，醒复吟，吟复醉，醉吟相应，若循环然。"

二、白居易的"三友"诗

唐代诗人白居易，自号"乐天"，性落拓不群，平生以诗、酒、琴为友，以慰"乐天知命"之情。尝作诗说："昨日北窗下，自问何所为？所亲唯三友。三友者为谁？琴罢辄饮酒，酒罢辄吟诗。三友递相引，循环无已时。"

三、安徽亳州古井的三个传说

一说：道教始祖李耳，即今天国内外人们所称的老子，2300 年前在减店以杖划地成沟，因系太上老君仙杖所画，地涌仙泉，故减店之水能酿名酒。如今这条"拄杖沟"距离古井集团二里多远，沟内有水，清澈可见游鱼。

二说：东汉末年曹操在亳州为汉献帝选妃，献帝见一村姑骑在土墙上，不悦，那村姑原是真人不露相的"清风仙子"，未被献帝选中。"清风仙子"知道献帝昏庸，汉室将倾，遂盛妆而现出绝伦美色，微笑着投入古井之中，自此，井水甘美无比。

再传：减地一陶姓女子八岁父母双亡，只得跟着哥嫂采桑喂蚕。一天忽听杀声四起，原来有一将军被人追赶，遂把将军用辘轳筲藏在井中。这被救的将军，后来把陶女接到宫中，封为减王后，齐心合力治理国家。再后来，减王死了，陶女的泪水把坟地冲成一口井，这口井里的水，就像乳汁一样芳香浓郁，后人便取水造酒……

剑 南 春

苍颜白发我虽陈，见了青红几度新。
更向黄生毫末里，全家看尽剑南春。

——《观黄筌画花二首》·宋·崔鹏

物种基源

剑南春，曾名剑南烧春、绵竹大曲，为四川绵竹地区的传统名酒。绵竹地处剑南，有悠久的酿酒历史。唐代初年就有著名的"剑南之烧春"美酒。唐代的剑南道，即今日剑门山脉以南地区。唐人常称酒为"春"，剑南烧春即指绵竹地区所产之酒。

1958 年，绵竹酒厂在原绵竹大曲酒的老窖和传统酿技基础上，进一步改进了用料和工艺，酿制出风格独特的大曲酒，并命名为"剑南春"。

此酒以高粱、大米、糯米、玉米、小麦为原料，小麦制大曲为糖化发酵剂。新工艺有：红糟盖顶，回沙发酵，去头折尾，蒸熟糠，低温发酵，双轮底发酵等。配料合理，操作精细，故酒质优异，香醇突出，上市之后，名声大振。1961 年，被评为四川名酒，后又成为全国名酒。

风味品鉴

剑南春酒，其品质风味特征是，酒液无色透明，芳香浓郁，醇和回甜，清冽净爽，余香悠长，并有独特的"曲酒香味"，是浓香型白酒固有的风格，酒度有 60°和 52°两种，52°为出口规格。概括之，此酒有芳、冽、醇、甘四大特点。

剑南春酒品质成分表

酒　精 （V％ 20℃）	总　酸 （克/100 毫升）	总　醛 （克/100 毫升）	总　酯 （克/100 毫升）
38°、42°、46°、52°、60°	≤0.13	≤0.049	>0.42

名人与酒

明正德皇帝爱"村酒"

明朝正德皇帝朱厚照（1491—1521），即明武宗，年号正德，1505—1521 年在位。不仅爱"野花"，亦爱"村酒"。一日，他在道上见一"村妇"，即命人载归，为此撰词一首，词曰："出得门来三五，偶遇村妇讴歌：红裙露高足，挑水上南坡……纵然不及俺宫娥。野花偏艳目，村酒醉人多。"

传说故事

一、李白用皮袄换"剑南烧春"

剑南春，产于四川省绵竹县，因绵竹在唐代属剑南，故称"剑南春"。四川的绵竹县素有"酒乡"之称，绵竹县因产竹产酒而得名，早在唐代就有闻名遐迩的名酒——"剑南烧春"。相传李白为喝此美酒曾在这里把皮袄卖掉买酒痛饮，留下"士解金貂""解貂赎酒"的佳话。

二、"八文钱宴客"的传说

据《笑笑录》载：有某人留客饮酒，有酒无肴，搜囊只有八文钱，老奴承诺去办，以六文买两鸡蛋，一文买韭菜，一文买腐渣。第一道菜，韭面铺蛋黄，奴捧上曰："虽不成肴，却有取意，名为：两个黄鹂鸣翠柳。"第二道菜，韭面砌蛋白一圈，奴曰："其名：一行白鹭上青天。"第三道炒腐渣，奴曰："其名：窗含西岭千秋雪。"第四道菜清汤上浮蛋壳，奴曰："其名：门泊东吴万里船。奴爱此诗，勉凑成此，幸勿笑。"客大奖赏。

三、"三老饮酒"的传说

据《笑笑录》记载：一次乡人宴饮，内有三老，主人以年纪最大者，坐首座，各使其自报年岁。其一曰："东天日出亮赤赤，照见我须牙雪雪白。盘古皇帝分天地，我替伊捐曲尺。"其二曰："东天日出亮赤赤，照见我须牙雪雪白。王母娘娘蟠桃三千年拔一只，是我吃过七八百。"其三曰："东天日出亮赤赤，照见我须牙雪雪白。我亲见你两家头搭鸡屎，又来用胡话骗我老伯伯。"

四、"丑状元醉酒"的传说

据《雨窗消意录》记载：某状元及第，年过四十，面麻身长，腰腹十围，于京师买妾。有小家女，初读弹词，谓状元皆美少年，欣然愿嫁。新婚之夜，见其年长貌丑，追悔莫及。状元素豪饮，宾朋莫劝，是夜醉极狂秽，污染衾枕，女怨恨万状，自缢于洞房。有诗言其事曰："国色天娇难作婿，状元虽好却非郎。"

全 兴 大 曲

明月几时有？把酒问青天。

不知天上宫阙，今夕是何年。

我欲乘风归去，又恐琼楼玉宇，高处不胜寒。

起舞弄清影，何似在人间。

——《水调歌头（节选）》·宋·苏东坡

物种基源

全兴大曲为浓香型酒，我国名酒之一。产于四川省成都市成都酒厂。全兴老号酒坊建于清道光四年（公元 1824 年），所酿之酒即名全兴大曲。由于酒质佳美，闻名省内外。1950 年，当时的川西专卖局赎买了"全兴老号"等酒坊，并沿用其传统技艺酿酒，故仍称"全兴大曲"。

全兴大曲以高粱为原料，用以小麦制的高温大曲为糖化发酵剂。对用料严格挑选，其独特的传统工艺为：用陈年老窖发酵，发酵期 60 天，面醅部分所蒸馏之酒，因质差另作处理，用作填充料的谷壳也要充分进行清蒸。蒸酒要掐头去尾，中流酒也要经鉴定、验质、贮存、勾兑后才包装出厂。

风味品鉴

全兴大曲其风味特点：窖香浓郁，醇和协调，绵甜甘洌，落口净爽，味净尤为突出，既有浓香型的风味，又有独自的风格。

全兴大曲酒品质成分表

酒 精 （V‰ 20℃）	总 酸 （克/100 毫升）	总 醛 （克/100 毫升）	总 酯 （克/100 毫升）
38°、52°、60°	<0.15	<0.04	>0.30

名人与酒

阮籍与酒

阮籍（210—263），三国时陈留尉氏（今属河南）人。字嗣宗，曾为步兵校尉，世称阮步兵。为"竹林七贤"之一。嗜酒，旷达不羁。嫂归宁，籍与之别，或讥其非礼。籍曰："礼岂为吾设哉？"邻家有少妇，当垆沽酒，籍尝诣饮，便卧其侧。籍既不自嫌，其夫察之，亦不疑。时步兵营人善酿，且厨多美酒，籍求而得步兵校尉之职。魏晋之际，天下多故，名士少有得全者，籍则因酣醉而避祸。司马昭初欲为子求婚于籍，籍沈醉六十日，使司马昭终不得言而作罢。

传说故事

一、饮雄黄酒的习俗传说

饮雄黄酒，旧时岁时习俗，每岁自五月初一起，各家结艾蒲于门旁，悬黄纸朱符于门首，其符或绘钟进士，或绘张天师，或绘五毒虫，奇形怪状，极为可笑，至初六日始揭去。《都门纪略诗》云："樱桃桑葚与菖蒲，更买雄黄酒一壶。门外高悬黄纸贴，却疑债主怕灵符。"初五日午时，饮朱砂雄黄酒，吃粽子。清王鸿绪《五日诗》："长安五日风景妍，蓬莱冠珮齐朝天……蒲香雄精铜匜研，和以醇醪流朱泉。"即指此。

二、饮酒比门第的传说

据《唐语林》记载：唐玄宗（李隆基）即帝位前，为潞州（治所今山西长治）别驾，入觐京师。时暮春，有富豪家子弟数人游昆明池，方斟酒饮。玄宗着戎服，领鹰犬，骑马疾驱至前，诸人不悦。忽一少年拿着酒杯说："今日宜以门族官品自言。"酒至，大声说："曾祖天子、祖天子、父相王、临淄王李隆基。"诸少年惊走。帝乃边饮三杯，策马而去。

三、吝啬主人待客

从前，有一东道主性吝啬，宴宾时，私嘱其仆人说："莫浪费酒浆，但闻我击桌一下，尔则敬酒一次。"某客人偶闻此言，饮间故问："尊堂高寿几许？"答曰："七十三矣。"客击桌叹曰："难得。"仆闻击桌声，向客敬酒。项间，客又问："尊翁高寿几许？"主人答："八十四矣。"客人又击桌说："愈是难得。"仆复进酒。已而主人发觉中客之计，乃曰："不要管他七十三、八十四，你也吃得够了。"

宋河粮液

将进酒，鼓琴瑟。

调凤凰，如胶漆。

斗酒饮醇，松竹犹存。

东风不驻，桃李无言。

青天有月圆又缺，愁见杨花乱如雪。

——《将进酒》·明·方孟式

物种基源

宋河粮液，产于河南省鹿邑。酒厂地处古宋河之滨的枣集镇。唐玄宗曾亲封枣集佳醇为"祭酒"。该酒以优质高粱为原料，小麦、大麦、豌豆制成的中温大曲为糖化发酵剂，取甘甜透明的宋河清流为酿造用水，采用固态泥池发酵，老甑续糟混蒸传统工艺结合现代先进技术精酿而成，酒液无色透明，窖香浓郁，入口绵甜。1979年、1984年被评为河南省名酒。1984年又获轻工业部酒类质量大赛银杯奖。枣子集酒，酒香馥郁，素有"开坛十里香，过路醉煞人"之誉。

风味品鉴

宋河粮液，其酒具有无色透明，窖香浓郁，入口绵甜、甘爽，尾子干净的特色。饮之，使人如品果香、如含津绵，尾净口爽，浓中透甜。有提神助兴、舒筋活血、温胃祛寒之妙用，为宴请宾朋之佳酿，享有"中州茅台之美誉"。

宋河粮液酒品质成分表

酒　精 （V‰ 20℃）	总　酸 （克/100毫升）	总　醛 （克/100毫升）	总　酯 （克/100毫升）
38°、54°	≤0.19	≤0.045	＞0.25

名人与酒

孔子与枣子集酒

枣子集酿酒，久负盛名，已有两千多年的历史。相传，孔子由曲阜至苦县问礼于聃，途经枣子集，忽闻酒香扑鼻，不禁酒兴顿生，因问子路曰："一入圣地，即闻异香，岂有旨酒乎？汝往沽之！"于是，子路打来美酒，师生对饮，喝得酩酊大醉，以致次日赶路时仍然醉意蒙眬。为此，孔子告诫子路："唯酒无量，不及乱之。"遂后世留下孔子酒醉枣子集的佳话。

传说故事

一、隋、唐、宋三朝与枣子集酒的传说

唐玄宗李隆基几次到鹿邑太清宫谒祭老子，每次来时都要用枣子集的酒设奠致祭，曾亲封枣子集佳酿为"祭酒"。因此，称之为"皇封祭酒"。宋真宗赵恒在大中祥符七年（1014年），亲自来鹿邑太清宫朝拜老子时，也指名要用枣子集的酒来摆供。据传，隋末瓦岗寨结拜的"十八家弟兄"，在枣子集附近的贾家楼聚会时，喝了枣子集的佳酿后，一致称赞说："东奔西走，也难喝到枣子集好酒。"此后，虽经历数代，相传而不衰，直到新中国成立前夕，枣子集一带还有18家酿酒作坊。

二、名人与宋河粮液

鹿邑这方水土受了龙气，枣集这汪水得了仙气，在唐朝，枣集已成为名扬海外的名酒生产基地。家家糟粕飘香，户户酒旗高挑，八方商贾云集，四海宾朋齐至。到新中国成立前，枣集一带虽饱经战乱之苦，仍有大小作坊近二十家，户户富甲一方。

1968年，鹿邑县委、县政府十分重视"宋河酒"这一传统技术的开发和利用，在原来私人作坊的基础上，着手组建了国营鹿邑酒厂。数十年来，在政府支持关怀下，该企业由小到大，由弱到强，取得突飞猛进的发展，似乎是一夜之间由一个名不见经传的地方小厂，成为酿造行业的骨干，名酒企业的新星，河南人民心目中的品牌，鹿邑人民的骄傲。随之，各界名人纷至沓来，挥笔作画，泼洒墨宝，无论是"唐井亭"还是"翰墨廊"，无论是"青牛泉"还是"莲花涌"，处处是流光溢彩，无处不书香逸人。全国众多专家、学者、书法家、诗人等知名人士纷纷参观指导，吟诗作画。

著名作家李准用"香得庄重，甜得大方，绵得亲切，净得脱俗"十六个字准确、科学地概括了宋河粮液酒的四大特色；原国防部长张爱萍上将为宋河题联："老子家乡酿美酒，宋河粮液誉神州"；著名书法家、原中国书协主席启功题："宋河水酿千盅酒，鹿邑人增百镒金"；著名书法家李铎题："宋河粮液酒香浓，绵甜甘洌味无穷"；著名书法家费新我题："老聃犁下宋河洌，大匠瓮中粮液香"；著名书法家欧阳中石题诗曰："老聃鹿邑家乡水，孔子师徒不敢强。天赐名泉封祭酒，至今醉柏未成行。"著名作家魏巍题："李耳故地，中州佳酿。"另外，原中共中央顾问委员会常委萧克、全国政协副主席马万祺、原中国书协主席舒同，及原中国书协主席沈鹏、中国书协副主席王学仲、刘艺、刘炳森、佟伟，以及海内外名人志士均来厂参观并题书留念，他们作为新时代宋河酒文化的奠基人，正在为宋河酒文化的发扬光大，为着宋河的宏伟事业做出自己应有的贡献。

三、老子与宋河粮液的传说

传说，河南周口市鹿邑县南部有一座山，名为"隐阳山"，此山连绵千里，峰高万仞，鹿邑县城坐落于隐阳山阴，百姓深受其害，不仅交通闭塞，与世隔阻，而且终年不见天日，庄稼不生，牛羊不长，饥民盈道，民不聊生。

老子生在鹿邑县（古称苦县），自小即有除去此山的意愿。一日，与几位朋友推杯换盏，谈古论今，不觉夜半，由于贪杯，在返家途中竟昏昏然不知所以。只觉头重脚轻，倾身跌于一巨石间。朦胧中，老子忽听有人呼喊："老君赶山罗！"老子睁眼一看，苦县乡亲扶老携幼，向北狂奔，眨眼之间人迹皆无。老子眼睛一亮："是否上苍遣我搬山？"想到此，顿觉精神倍增，神力无限。他舞动长鞭奋力一挥，只听山崩地裂，火光万丈，隐阳山顷刻间断为三截，再挥两鞭，只听山呼海啸，一截飞向西北，一截直取东南，落于西北处成了太行山、王屋山，东南处成了南岳衡山。由于用力过猛，钢鞭断作两截，一截落入东海，成了定海神针，一截戳于脚下，目前尚在老君台前。据说是因为老子多喝了枣集酒才得道成仙，并著成《道德经》五千言。

老子将隐阳山去除之后即离开了苦县，一边游历名山大川，一边传播道教文化，一晃就是数年。一日，一觉醒来，总觉心神不宁，坐立不安，突发思乡之情，于是便驾青牛，驱白鹭，踏着紫气，一路由西岳华山归来，哪知刚进苦县边界，便被眼前景象惊呆。原来，苦县近年久旱不雨，土地干裂，庄稼枯死，尤其枣集镇（隶属苦县）一带，本来就是十年九荒，何况遇此大灾？百姓深信老君神灵，正磕头跪拜，乞求老君保佑，上苍开眼，遍洒雨露，普降甘霖。

见此情景，老子心急如焚，急命青牛下凡界帮忙。青牛十分理解主人心意，用牛角在黄河、淮河之间犁出一道沟来。然而，当时黄河已经断流，唯独老子当年出生时踏禹步步出的沐浴成仙的"九龙井"尚有一缕甘泉，老子便用酒壶盛水倒入沟中。顷刻间，一条清澈如泉涌、醇美似甘霖的河流呈现在枣集镇百姓面前。枣集人饮用此水，青春焕发，容颜不老；用此水浇地，五谷丰登，百业兴旺；用此水酿酒，醇似甘露，味比琼浆！原来老君在盛水时，匆忙之中忘记了酒壶中还存有一些酒没有喝完，一股脑倒入河中，因此河水自然醇香无比，此河由此被称为"送河"，意为老子所赠也。老君台上大殿中有副对联为："一片绿波飞白鹭，半空紫气下青牛"，记载的就是这个故事，"下青牛"之说，就是由此事而来。后来谚语云："天赐名手，地赐名泉，枣集美酒，名不虚传。"后来，"枣集酒"被鹿邑人改称为"宋河酒"。

由唐至宋，"送河"历经数次人工开挖，已成为由京都开封通向淮河的重要黄金水道。平日里千帆竞技，商贾如流，"宋河酒"也由此河装船入京，每日数船依然供不应求。

北宋画家张择端也将运酒情形绘入"清明上河图"，有心人可以细观此图，那一船船、一担担的"送河酒"还没进入汴京，便被人抢购一空。由于"送"与"宋"谐音，宋太祖赵匡胤下令将"送河"改为"宋河"，流传至今。也就是说，没有老子，就没有宋河酒。

宝 丰 酒

劝君今夜须沉醉，樽前莫话明朝事。
珍重主人心，酒深情亦深。
须愁春漏短，莫诉金杯满。
遇酒且呵呵，人生能几何。

——《菩萨蛮·劝酒》·唐·韦庄

物种基源

宝丰酒，为清香型的酒，产于河南省宝丰。以当地高粱为原料，酒液无色，清香纯正，宝丰自唐起就有作坊酿酒，北宋时已驰名中原。道学家程明道在宝丰县时，留下"酒务春风"的诗句。金朝诗人元好问饮此酒后写下了"春风着人不觉醉，快卷还需三百杯"的赞美诗句。该酒自1956年始连续被评为河南省名酒，1979年被评为全国优质酒，1984年全国第四届评酒会上被评为全国优质酒并获国家银质奖章，同年又获轻工业部酒类质量大赛金杯奖。

风味品鉴

宝丰酒，其风味特点：清亮透明，清香醇正，清雅谐调，口感柔和，绵甜爽净，饮后口味悠长而有余香。在清香醇正的基础上，突出清、爽、绵、甜、净的风格。

宝丰酒品质成分表

酒　精 （V% 20℃）	总　酸 （克/100毫升）	总　醛 （克/100毫升）	总　酯 （克/100毫升）
54°、63°	≤0.15	≤0.04	>0.3

名人与酒

周恩来总理关心中国名酒

周恩来总理生前非常关心我国名酒的生产和质量问题。周总理很熟悉八大名酒的工艺和性能，他还具有敏锐的口感，每次设宴招待外国友人时，第一杯总是先呷一口绍兴酒，然后以绍兴酒的度数高低作标准，检查其他酒的度数和质量。

1953年，周总理对当时主管地方工业的部长沙千里说："八大名酒质量有所下降，应当注意！"沙千里告诉周总理说："质量确有下降，主要原因是酒的贮藏期太短。"

周总理亲切地说："酒的贮存期可以延长嘛，十年、八年也不要紧，你回去做个计划来，可以投资。"

后来，经过有关方面的精心研究，确定"八大名酒"的贮存期暂定为三年，并拨出一笔资金支持酿酒厂增建设备。

传说故事

一、仪狄与宝丰酒的传说

相传，宝丰酒所在村里每年有两大庙会，一个在农历正月二十八，一个在农历九月初六。据说这两个古庙会由来已久，并且与该村一个伟大的人物有关。这个伟大的人物就是历史上记载的被称为中国造酒第一人（据考实为监造酒第一人）的酿酒祖师仪狄。正月二十八是他的诞辰，九月初六是他去世的忌日，仪狄发明了桑叶包饭，用金家泉水酿造粮食酒。由于酒味美，被称为"旨酒"。

据传，由于仪狄监造的酒味道甜美，所以村民都到他家来品尝酒。人越来越多，忠厚的仪狄就起劲监造酒，仍然不够喝，他就干脆教大家造酒的方法，这样家家户户都学会了造酒。后来就出现了酒的销售，形成了产业，形成了家庭式的酒作坊。

当年，舜帝到南方巡行诸国，病死在湖南境内的苍梧山，娥皇、女英二位妃子得到噩耗后前去奔丧，途中经过商酒务村。她们命仪狄为自己造了两坛旨酒，将一坛拿到苍梧山祭奠了舜帝，另一坛献给了舜的接班人大禹。大禹因酒太美，且有种飘飘欲仙、浑然忘我的感觉，怕后世子孙喝酒误国，遂命令仪狄停止监造酒。

虽然大禹命令仪狄停止监造酒，但仪狄的监造酒技术早已被当地村民所掌握。商酒务村以酒得名，几千年来造酒卖酒绵延不断。随时代变迁，酒名也不断改变。夏朝前初造酒，称为"旨酒"；夏朝时叫"夏酒""春酒"；商朝时定名为"商酒"；汉朝时定名"春风酒"。玉丰曾叫龙兴县，所以商酒务的酒也叫"龙兴酒"。宋宣和二年奉敕改龙兴县为宝丰县，"龙兴酒"又改名为宝丰酒。新中国成立后宝丰县在私人作坊基础上改建国营宝丰酒厂，将酒名确定为"宝丰酒"至今。

二、铁拐李和吕洞宾与宝丰酒的传说

传说隋唐时代，宝丰城内有一家大户，在仓巷街开了一个酒馆。由于他酿的酒好，生意兴隆，几年内产业大发，成为名振全县的大富翁。这富翁感到十分得意，便和家人商量，挂出了个"知足牌"，上写"凡是来馆喝酒者，不论贫富，分文不要，喝足为止"。

一天，吕洞宾和铁拐李二位大仙驾着祥云，从宝丰上空经过，看到了这个"知足牌"，便想弄出个究竟。于是二仙落下云头，化作要饭花子到酒馆要酒喝。主人说："快请二位来。"二仙进去后，家人便拿出酒来，让他们痛饮。他们喝了三天三夜还没有醉意，家人赶紧报告主人。这时，主人已知他俩不是凡人，便吩咐家人把酒全部拿出来，让他俩喝。家人怕酒不够，把院里的井水打上来，兑在酒里。他俩喝到中午起身要走，主人忙随后相送。二仙走到院中被风一吹，酒力大作，吕洞宾身子一晃，便倒在井边，满腹的酒便涌了出来，正好吐在井里。主人这时发现一朵莲花盖住了井口，后来这口井被称为莲花井。传说，用这口井里的水酿酒，燃着后有莲花出现。后来宝丰酒的名气越来越大，竟惊动了人皇天子。于是，宝丰酒便成了朝廷的御用酒。后来这家酒馆光给朝廷进贡酒，就是得不到钱，便逐渐破产，富翁一气之下把莲花井填住了，从此停业不再造酒了。

三、宝丰酒与龙九子

从前，在现在宝丰酒厂附近有个叫王封赠的人，这个王封赠不仅爱喝酒，而且很海量，成为远近闻名的"酒仙"。宝丰酿酒作坊的大掌柜听到传闻，决定会一会这位奇人。

酒坊大掌柜给王封赠下了请帖。宴会开始，陪客先后烂醉成泥，被搀退席。大掌柜偷眼看看王封赠，他好似酒兴刚上来。于是不得不从心底里服输了。

大掌柜起身拱手道："先生路途遥远，不便久留，现用车辆送先生回府，宝丰百姓素来好客，今酒仙光临，各家商店门前都备有薄酒为先生送行，万望不要辜负盛情。"

王封赠起身致谢道："为答谢大掌柜的厚爱，并表示对宝丰酒的钟爱，我要宣布，自即日起，更改贱名。"王封赠要来笔墨在墙壁上题诗一首：

> 封丰音同字不同，赠贞谐音歧义明。
>
> 今与宝丰酒结缘，愿抱酒坛度余生。

从此王封赠就改名为王丰贞。大掌柜看罢诗句十分感动，拉着手为之送行。只见街道两旁的商家、住户门前都摆着三大碗宝丰头曲。王封赠毫不推辞，挨门喝去，直到东城门口。

王封赠到家已是深夜五更时分，卧房失火。乡亲们直到天亮才把火扑灭。经过现场清理，整座房屋化为灰烬，王氏夫妇早已死去。奇怪的是王封赠在湿被窝里稳然未动，面色红润，虽死犹生，搬尸体时发现他的背下盘着一条七八寸长的青蛇一条，让在场的人无不吃惊。

酒坊大掌柜闻讯赶来处理后事。那条小青蛇卧入盘中，放在灵桌上同享祭奠。有一位云游和尚来到观场，盯住那条青蛇看了半天，最后说出一句惊人的话语："阿弥陀佛，龙王爷九太子怎落难在此？"

大掌柜将其留住，诚心讨教，得知龙王九太子之说。据传，龙有九子，长相各异。排行最后的名唤螭龙，相貌尤为独特，它头部无角，原因是父王过分宠爱，从小嗜酒成性，影响了身体发育，至今连四肢还未长出，故成蛇状。

大掌柜如获至宝，事后便将螭龙带回宝丰，放入酿酒的泉池之中。自此以后，宝丰酒的质量日高，名气日盛，曾几度被皇宫征用为贡酒。王封赠的故事越传越广，久而久之也成了这个村的名字，沿用至今。

酒 鬼 酒

酒鬼饮湘泉，一醉三千年。
醒后再兴杯，酒鬼变酒仙。
——《酒鬼酒》·现代·洛夫（台湾）

物种基源

酒鬼酒，为混合型白酒，产于湖南吉首酿酒总厂。居住在这里的土家苗汉人民自古以来以嗜酒出名，自饮自酿，因而创出了一套独特的酿酒工艺和众多的美酒。酒鬼酒继承了这里生产的峒酒、卫酒、满花酒、陈女酒、竹米酒、包谷烧的工艺之长处，以湘西特产的云雾糯高粱和按一定比例配入的香糯、优级大米为"肉"，以千年不竭的龙泉之优质矿泉水为"血"，以陈年大曲、特种药曲为"魂"，并采取清烧、老窖续糟、量质摘酒、地窖陈酿，科学勾调而成。

风味品鉴

酒鬼酒，其风格特征，全国著名酿酒专家秦含章评价该酒有四个独特：用料独特，采用湘西少数民族以上百种中药制成的药曲。工艺独特，小曲糖化、堆积发酵、清蒸清烧。包装独特，采用湘紫砂陶，陶瓷含有30多种对人身体有益的微量元素。酒风味独特，酒无色透明、芳香馥郁、酒体协调丰满，口味醇和绵甜，后味爽净，回味悠长，具有"闻起来香，喝起来甜，好进口，不上头"的独特风格。采用著名土家族画家黄永玉设计的紫砂陶包装，古朴大方，为消费者所喜爱。酒鬼酒自1981年起连续被评为湖南省优质产品、湖南名酒，获轻工业部出口产品金龙腾飞奖，中国首届食品博览会金奖，北京首届国际博览会银奖，十一届亚运会指定产品。

酒鬼酒品质成分表

酒 精 （V% 20℃）	总 酸 （克/100 毫升）	总 醛 （克/100 毫升）	总 酯 （克/100 毫升）
55°	≤0.5	≤0.04	>0.45

名人与酒

"陆、港、台"三地学者与酒鬼酒

1976年著名画家黄永玉教授为酒鬼酒定了名，还苦心设计酒鬼酒捆口状麻袋型紫砂陶瓶的内外包装，这使酒鬼酒的内在美与外在美得以非常巧妙地统一。著名散文家萧离撰写了《酒鬼进京》，台北"诗魔"洛夫先生题写了"酒鬼饮湘泉，一醉三千年。醒后再举杯，酒鬼变酒仙。"香港玛雅集团董事长、《文学世界》主编犁青先生题诗赞道："神话名士多，酒鬼最风流……"

传说故事

一、司马相如与卓文君卖酒

汉武帝时，临邛首富卓王孙之女卓文君，为落第成都的才子司马相如的琴声所动，一见钟情。但其父嫌贫，反对这一婚事。卓文君冲破封建枷锁，夜奔相如，与他成婚，结为夫妇。从此，文君当炉，相如涤器，卖酒为生，流传千古。

二、苏东坡醉书赠姬

据《清坡杂志》记载：苏东坡在黄州任刺史时，每宴宾客，辄用官妓进酒。群姬持纸乞歌词，东坡皆一一书之。有姬名李琦者，独未蒙赐。一日有请，坡乘醉写道："东坡五载黄州住，何事无言赠李琦。"后句未续，移时乃以"却似城南李工部，海棠虽好不吟诗。"其诗奖饰乃出诸人之上，其姬自此身价倍增。

三、明朝苏司寇题诗戏判官

据《坚瓠集》记载：北京宣武门外归义寺，为士大夫送别之地，明嘉靖中，刑部郎中苏志皋，在寺中饯客，见壁有《判官图》，一鬼执壶于判官前斟酒，一鬼在背后窃饮。苏戏题诗一首，其中有："到底不知身后事，邺都城外更如何！"时光禄少卿高东谷与苏善，夜梦绿衣使者揖曰："苏司寇嘲戏太重，求为解之。"次日，高言于苏，苏告之以故，相笑而去。夜复梦绿衣人来告："公与苏司寇厚，专为求解，何置不言？"翌日，高拉苏至寺，苏复题诗，中有言："莫道不知身后事，目光如电照幽冥。"是夕，高复梦绿衣者来谢！

杜　康　酒

酺有新糟酘有醩，杜康桥上客题诗。
最怜苦相身为女，千载曾无仪狄词。

—— 《杜康庙》·明·周淑禧

物种基源

杜康酒，为一种混合香型白酒，我国古老的历史名酒。相传为2500多年前东周人杜康所造，故名。魏武帝曹操曾有"慨当以慷，忧思难忘，何以解忧，唯有杜康"的绝唱。产于河南汝阳县。据《汝州全志》载："伊阳（今汝阳）古迹社康矶（今杜康村），在城北五十里，杜康造酒处。"村西南有一沟，沟内多泉喷涌，清冽碧透，味甜质纯，据传当年杜康即用该水酿酒。杜康古酒的酿制技术早已失传。1974年在原遗址杜康村酒泉旁建厂，以糯高粱为原料，用高温法制成酱香麦曲，再用培养液促成人工老窖，低温入池，长期发酵等特殊工艺，创造了新型的杜康酒。

风味品鉴

杜康酒，其风味特征为水纯甜润，清亮透明芬芳浓郁，入口柔绵，回味甜长。1989年第五届全国评酒会授予杜康集团55°、52°为1988年度国家优质产品奖。

杜康酒品质成分表

酒 精 （V% 20℃）	总 酸 （克/100 毫升）	总 醛 （克/100 毫升）	总 酯 （克/100 毫升）
52°、55°	≤0.6	≤0.05	>0.4

附：杜康酒生产厂

（1）产于陕西省白水。据县志记载：杜康是白水县康家卫人。当地有杜康酿酒的杜康沟和杜康泉等古迹，故以酒名。酒率为65°，以高粱为原料，用小麦、大麦、豌豆制曲，取古老的杜康泉水为酿造用水，水纯甜润，酒液清澈，清香浓郁，入口甜柔，细品五味俱全，回味悠长。1984年获全国旅游品展销会镀金景泰蓝奖杯，又获轻工业部酒类质量大赛铜杯奖。

（2）产于河南省汝阳，相传我国酿酒祖师杜康曾在汝阳杜康村酿酒，故名。以高粱为原料，用纯小麦制曲。酒液无色透明，芳香浓郁，入口浓郁、柔绵，回味甜长。

（3）产于河南省伊川，因汝阳县杜康村曾属尹川，故也以此为名。为兼香型酒。以高粱为原料，用小麦高温制曲，并用酒泉沟水酿造。酒质甘绵清冽，芳香柔润，具果香和芝麻香。1979年获河南省优质产品称号。1984年获全国旅游产品景泰蓝奖杯，轻工业部酒类质量大赛银杯奖。

名人与酒

吕不韦酒宴异人赐赵姬

吕不韦，（？—前235）战国末年卫国濮阳（今河南濮阳西南）人。原为阳翟（含河南禹县）巨商，在赵国都城邯郸遇作为人质的秦公子异人，以为"奇货可居"，相结为友。吕有美女赵姬，已有孕。吕宴异人，命赵姬敬酒。酒后，异人求赐赵姬为妻，吕允之。后赵姬所生之子，名政，即后之秦始皇。

传说故事

一、杜康醉刘伶

相传，在很久很久以前，杜康在洛阳龙门九泉山下开了一处酒店，出售他自己酿造的醇醪，在店门的两边有一副对联："猛虎一杯山中醉；蛟龙两盏海底眠。"横批"不醉不要钱"。一天，酒仙刘伶路过这里，一见此对联，一股"妒火"上升，遂进店门，嚷道："拿酒来！拿酒来！……"杜康捧酒献上，谁知三杯酒下肚，刘伶就脸红脚软，真的醉了，而且果然一醉三年不醒。当然，传说夸大，但酒的威力的确很大。

二、杜康造酒地的传说

当年杜康造酒在何处？传说在杜康矴。据《直隶汝州全志》9卷51页记载："杜康矴，在城北50里，杜康造酒处。"杜康矴即杜康村，现今（位于河南汝阳县）杜康庄，在酒泉沟的北面。酒泉在酒泉沟里，酒泉附近有龙山、凤山、虎岭。传说，当时杜康在此造酒，酒味冲九霄，八仙闻香到，把酒喝光后，将糟粕撒落尘埃，引起龙、凤、虎争食，两山一岭便由此而得名。至今，在那里还有"杜康仙庄"的石刻碑记以及杜康庙、刘伶池、曲营村、空桑洞、酒泉等历史古迹。酒泉水清冽碧透，味甜质纯，而且是地愈旱则泉愈旺，天越冷则泉越暖，每逢阴晦季节，即可闻到一股天然的酒香。可见，杜康村确有得天独厚的自然地理条件适宜酿酒。

今日，河南汝阳县杜康酒厂，建在当年杜康造酒的旧址，仍用当年杜康造酒泉水，西取茅台、泸州真经，东学古井绝技，以优质小麦采制，高、中温混合使用，精糯高粱为酿酒原料，并采取"香泥培窖、低温入池、长期发酵、混蒸续糟、量质摘酒、分级贮存、陈酿脂化、精心勾兑"等先进工艺酿制而成。

三、杜康造酒的传说

杜康酒是我国最古老的历史名酒，因杜康本人手艺高超，善于酿造美酒，始造而得名，距今已有三千多年的历史。杜康酒誉贯史册，久负盛名。

杜康是西周人，家住杜康矶（含河南汝阳县杜康村）。《酒史》记载："酒自仪狄杜康始。"传说他是中国酿造粮食酒的创始人。几千年来，人们一直把杜康作为酿酒的鼻祖、酒仙尊崇着。关于杜康造酒，历史上曾有过许多传说。据史书记载：有一次，杜康把余粥弃于桑（桑树洞），又至闻有异味，便循迹找去，发现是桑树洞的剩饭发酵后溢出的香味。杜康尝而甘美，遂得酿之秘。从此，他以酿酒为业。公元前770年周平王迁都洛邑后，常为"岐丰半被犬戎侵据"，而忧思不思饮食。杜康献以美酒，平王饮后振神增食，龙颜大悦，即封杜康为酒仙。从此，杜康美酒名扬天下。曹操在《短歌行》中就有"慨以当慷，忧思难忘。何以解忧，唯有杜康"的诗句。我国民间还流传着"杜康造酒醉刘伶"的故事。

武 陵 酒

饮醉日将尽，醒时夜已阑。
暗灯风焰晓，春席水窗寒。
未解萦身带，犹倾坠枕冠。
呼儿问狼藉，疑是梦中欢。

——《酒醒》·唐·元稹

物种基源

武陵酒，为酱香型白酒，产于湖南省常德。常德古称武陵，因地得名。酒度52°～54°。以整粒优质高粱为原料，用小麦制成高温曲，清蒸清烧，七蒸六吊得酒。酒液微黄，酱香浓郁，有焦味，入口柔和。远在五代时，武陵崔氏所产酒，已为人称道。20世纪70年代被评为湖南省名酒，1979年在全国第三、四届评酒会上，被评为国家优质奖，获银质奖。1984年获轻工部酒类质量大赛金杯奖。

风味品鉴

武陵酒，其风味特征：酒色微黄，透明，有焦味（不出头），酱香突出，入口柔和，幽雅细腻，空杯留香，余香持久，醇厚丰满，回味悠久的特点。

武陵酒品质成分表

酒 精 （V‰ 20℃）	总 酸 （克/100毫升）	总 醛 （克/100毫升）	总 酯 （克/100毫升）
52°、54°	0.15～0.3	＜0.04	≧2.5

名人与酒

张之洞戒酒读书

张之洞（1837—1909），清末直隶南皮（今河北）人，字孝达，号香涛，洋务派领袖。同治进士，曾任翰林院侍讲学士、内阁学士等，年轻时，一度耽于曲糵，醉后好为狂言，闻者怯走。醉甚，则和衣而卧，笠屐之属，往往发见于枕隅。后其族兄张之万以第一名及第，乃大恚，慨然曰："时不我待矣！"自此遂戒酒不饮，发愤读书。

传说故事

吕洞宾与武陵酒

八大仙人之一吕洞宾来到洞庭湖畔的武陵，见一塘中莲花盛开，一朵朵娇嫩欲滴，风姿绰约，清香扑鼻，不由得驻足观赏，感叹其妙，但又觉得无美酒助兴，有失雅趣。于是吕洞宾抽出宝剑在地下点了三点，顿时，地上冒出三滴清冽的泉水，泉水被莲花的清香气息的熏染，立即变成了醇香的美酒。吕洞宾一边品尝美酒，一边欣赏佳景，不禁诗兴大发，吟道："荷叶田田皆是舞，荷花池畔饮一斗；酒酣沉沉白日暮，举觞最喜武陵酒。"吕洞宾独自赏花饮酒，直至日暮才离去。后人为纪念离去的仙人，将当年吕洞宾驻足赏花的池塘称为"莲花池"，将宝剑所点之地称为"三滴水"。这就是传说中武陵酒的来历。武陵酒的原产地即在"莲花池畔"。

二、张道士与武陵酒

相传，五代有一道士仙隐武陵，他每日下山"尝馆于酒姥崔氏饮以醇酒"，饮毕即归，崔氏也不索要酒资，且经年无厌。道士为之所动，即询姥所欲，姥以江水远不便汲用为辞。道士即至宅后隙坪划地为圈，挥毫书写一幅"玉井积香清泉可酿，武陵春色生涯日佳"的楹联，然后化作云烟飘然远去。姥呆然，忙请四邻连夜掘井丈余，却滴水不见。半夜子时，婆摸到井边窥看，但见井口热气缭绕，酒香扑鼻，掬水试尝，清泉甘冽、醇香、味美，远胜佳酿。崔氏舀来即卖，行旅客商争相买醉，果真生涯日佳，故道士后又赋诗"武陵溪畔崔婆酒，天上应无地面有。南来道士饮一斗，醉卧白云深洞口！"赠予之。

三、李白测字

传说，一天，李白酒后独游马鞍山采石矶，见一测字摊，一位穷书生坐着打瞌睡，李白上前拱手说："先生，日子不好过呀！"书生苦笑说："人家不测字，又不能强迫。"李白说："让老夫试试。"说罢，捧起文王筒，左三摇，右三摇，不左不右又三摇，喊道："测字灵验无比，不灵不要钱。"这时来了个瘦高个子，旁人说："他上月死了老子，把一身肉咒掉了，老子生前只有一双宝玉镯留给他，前天丢失，遍找无着。"李白叫他拣一字卷打开一看，是"酉"字，即随口说："酉加三点是为酒，酒酒酒，有有有，玉未碎，镯未走，必在酒缸里头。"瘦高个转身赶回，一会儿又跑来举起手镯连称"灵灵灵"。收摊后，穷书生问："先生怎知玉镯在酒缸里？"李白道："他伸手拣字时浑身酒气，手上还湿乎乎的沾着酒，必是卖酒的。壮而转瘦，镯眼显大，料定是人多忙乱，打酒时不意脱落缸里。"那位穷书生听后叹服李白观察入微，分析周详。

台湾高粱酒

鹅湖山下稻粱肥，豚栅鸡栖对掩扉。

桑柘影斜春社散，家家扶得醉人归。

——《社日》·唐·王驾

物种基源

台湾高粱酒，为清香型的白酒，由台湾统一集团的马祖酒厂生产，生产的"八八坑道"系列高粱酒，因其在马祖列岛一条名为"八八坑道"的战备坑道中精酿后窖藏而得名。该酒清香醇厚，甘醇劲爽而不伤头，不宿醉而著称。酒精度在50°以内，广受海峡两岸消费者的喜爱。

风味品鉴

台湾高粱酒以清雅谐调的香气、柔和的口感，绵甜爽净，饮后余香，酒体具清、爽、绵、甜、净的风格著称。

台湾高粱酒品质成分表

酒　精 （V％ 20℃）	总　酸 （克/100毫升）	总　醛 （克/100毫升）	总　酯 （克/100毫升）
50°	≤0.5	<0.2	>0.3

名人与酒

陶渊明与酒

陶潜，东晋寻阳柴桑（今江西九江）人。一名渊明，字元亮。初为州祭酒，后任彭泽令。义熙二年（406），解印归里，隐居山林，性嗜酒。在任彭泽令时，曾悉令县公田种秫谷，曰："令吾常于酒足矣。"及隐归后，唯与亲友与酒为娱。有刺史王弘者，初谒潜，潜称疾不见。一日，知潜欲游庐山，乃令人持酒先于半道候之。潜既遇酒，便引酌野亭，欣然忘进，弘乃出与见，遂得欢宴穷日。以后，弘欲与潜相见，辄与林泽间候之，有《饮酒》诗二十首，后人多和之。萧统《陶渊明集序》云："有疑陶渊明诗篇篇有酒。"说明了他与酒的密切关系。

传说故事

一、唐伯虎醉酒失礼

唐伯虎新婚，随妻去岳母家，醉酒卧床，适小姨走过，见其盖被一半拖于床下，上前为姐夫盖被。醉中之唐伯虎以为妻子来了，伸手拉她，小姨手一缩，他竟抓住她衣角，小姨一挣，气愤而走。唐伯虎一翻身，又鼾声大作。小姨走到门口，回头看看酣睡中之姐夫，提笔在墙上题诗："好心来扶被，不该拉我衣。我道是君子，原来是赖皮。——可气可气！"伯虎醒来见诗，依稀忆起适才之事，羞得无地自容，也在旁写诗一首："酒醉烂如泥，不分东和西；我道房中妻，原来是小姨。——失礼失礼！"伯虎走后，岳母见诗，知有误会，在后添诗一首："女婿拉妻衣，不防拉小姨。怪我多劝酒，使他眼迷离。——莫疑莫疑！"叫伯虎与小姨同去看诗，前嫌冰释。

二、酒楼嵌字联

昔广东潮州韩江酒楼，有一嵌字对联："韩愈送穷，刘伶醉酒，江淹作赋，王粲登楼。"韩愈，唐代大文学家，有一杂文曰《送穷文》。刘伶西晋"竹林七贤"之一，以嗜酒著称。江淹，南朝梁文学家，擅作赋。王粲，汉末文学家，"建安七子"之一，其名作有《登楼赋》。此联套用以上四个名人之典故，首冠"韩江"二字，尾嵌"酒楼"二字。

三、佳联兴酒店

相传，清代台湾台南有一家酒楼，一家三口经营，无奈买卖惨淡，欠账累累，走投无路。一位诗人路过此地，闻知此事，挥笔为这家酒店写了一副酒联，自从这副酒联高悬门外，顾客盈门，生意马上兴隆起来了。原来诗人针对当时清政府腐败无能，弊病横生，苛捐杂税，民怨沸腾，而又无处发泄的黑暗现实写道："东不管西不管酒管，兴也罢衰也罢喝罢。"古代酒联佳句颇多，主人多请当地饱学之士题赠。内容虽多，是夸其酒店雅，但含蓄精深，借故用典各有不同。

台湾金门酒

永夜恹恹欢意少，空梦长安，认取长安道。
为报今年春色好，花光月影宜相照。
随意杯盘虽草草，酒美梅酸，恰称人怀抱。
醉莫插花花莫笑，可怜春似人将老。

——《蝶恋花》·宋·李清照

物种基源

金门酒，为清香型特级低度白酒。产于台湾金门酒业公司，是用金门产优质糯性高粱，引用台湾宝月古泉精酿而成。酒质纯净，具有中国传统高粱酒的清香甘醇，而无传统高粱酒的辛辣。这种低度优质白酒系列产品风靡台海地区，以其两次精酿的独特工艺博得两岸消费者的青睐。目前，金门38°特曲白酒在台湾地区和大陆销售独占鳌头，年产值近60亿人民币。

风味品鉴

金门酒，其品质特征：酒液晶莹透明，清香馥郁，口感香绵，甜润醇厚利爽，饮后回味悠长，令人心旷神怡。

金门酒品质成分表

酒 精 (V‰ 20℃)	总 酸 (克/100毫升)	总 醛 (克/100毫升)	总 酯 (克/100毫升)
38°	＜0.09	＜0.02	≥2.5

名人与酒

谢灵运《逸民赋》

谢灵运（385—433），南朝末诗人。陈郡阳夏（今河南太康人），移籍会稽。谢玄之孙，晋时袭封康乐公，入宋，累官侍中，其《逸民赋》曰："有酒则舞，无酒则醒，不明不晦，不昧不类。萧条秋首，兀我春中，弄琴明月。酌酒和风，御清风以远路，拂白云而峻举，指寰中以为期，望系外而延仁。"

传说故事

一、李白乘驴醉撞华阴

相传，李白游华山，过华阴县。县令方开门判案决事。白乘醉跨驴入县衙。县令怒，命吏押白至厅。曰："尔是何人，安敢无礼？"白曰："乞书供状。"宰命供，白不书姓名，只云"曾得龙巾拭唾，御手调羹，力士抹靴，贵妃捧砚。天子门前，尚容我走马，华阴县里不许我骑驴。"县令见后大惊，起而谢，揖曰："不知翰林至此，有失迎谒！"欲留，白不顾，复跨驴而去。

二、解缙宴会嬉权臣

相传，明永乐年间，翰林学士解缙，常用诗文、对联嬉笑权臣。他身材短小，某权臣在一次宴会上当众取笑他，出一上联使其对："二猿断木深山中，小猴子也敢对锯（句）？"解缙从容不迫，对曰："一马陷足污泥内，老畜牲焉能出蹄（题）！"

三、葛仙翁刺树取酒

据《古今图书集成》记载：三国时，葛元为客进酒，无须传杯，杯能自至客前，不饮尽，杯不行。每外出，如逢亲友，辄于道间树下，折草刺树，以杯盛之，汁流如泉，杯满即止，饮之皆美酒。又取土石草木以下酒，入口皆成鹿脯，他人取之，终不为酒肴，世称其为葛仙翁。

沱 牌 曲 酒

> 看遍东南数十州，寄船却溯蜀江秋。
> 孤云两角山亡恙，斗米三钱路不忧。
> 万里得诗长揖去，它年挈笠再来不？
> 放翁烂醉寻常事，莫笑黄花插满头。
> ——《蜀僧宗杰来乞诗三日不去作长句送之》·宋·陆游

物种基源

沱牌曲酒，白酒。原名：金泰祥大曲，因用青龙山麓下沱泉水而得名。产于四川省射洪沱牌酒厂。厂址：城南柳树沱。

清光绪年间，邑人李吉安在射洪城南柳树沱开酒肆一爿，名"金泰祥"。金泰祥前开酒肆，后设作坊，自产自销。由于李氏得"射洪春酒"真传，并汲当地青龙山麓沱泉之水，酿出之酒味浓厚，甘爽醇美，深得饮者喜爱，取名"金泰祥大曲酒"。于是金泰坊生意日盛，每天酒客盈门，座无虚席。更有沽酒回家自饮或馈送亲朋者。一时，金泰祥名声大噪，方圆百里，妇幼尽知。前来沽酒者络绎不绝，门前大排长龙。由于金泰祥大曲酒用料考究，工艺复杂，产量有限，每天皆有部分酒客慕名而来却因酒已售完抱憾而归，翌日再来还须重新排队。店主李氏见此心中不忍，遂制小木牌若干，上书"沱"字，并编上序号，发给当天排队但未能购到酒者，来日凭沱字号牌可优先沽酒。此举深受酒客欢迎。从此，凭"沱"字号牌而优先买酒成为金泰祥一大特色，当地酒客乡民皆直呼"金泰祥大曲酒"为"沱牌曲酒"。民国初年，清代举人马天衢回乡养老，小饮此酒顿觉甘美无比。又见沱字号牌，惊叹曰："沱乃大江之正源也！金泰祥以沱为牌，有润泽天地之意！此酒将来必成大器！"遂乘兴写下"沱牌曲酒"四字，吩咐李氏以此为酒名，以顺酒客乡民之心，寓"沱泉酿美酒，牌名誉千秋"之意。并预言沱牌曲酒将来必饮誉华夏，造福桑梓！店主李吉安欣然允诺。从此将"金泰祥大曲酒"正式更名为"沱牌曲酒"，沿用至今。也正如老举人所预料，沱牌曲酒早已发展壮大，成为中华酒业中一艘巨型航母，真正"饮誉华夏，造福桑梓"！经 1989 年第五届全国评酒会复查，列为 17 种国家名优酒之一。

风味品鉴

沱牌曲酒的风味特征：酒液透明无色，芳香，醇和绵甜，净爽清冽，回味悠长，并有沱牌特有的"曲酒香味"，具甘、爽、芳、冽、醇五大特点。

沱牌曲酒品质成分表

酒 精 （V% 20℃）	总 酸 （克/100 毫升）	总 醛 （克/100 毫升）	总 酯 （克/100 毫升）
38°、54°	<0.15	<0.04	>0.3

名人与酒

周公——中国倡导限酒第一人

周公，姬姓，名旦，是周文王姬昌的第四子，西周的开国元勋、著名的政治家，为建立和巩固西周王朝，贡献了一生。

在酒的方面，他是有史以来，第一个提出饮酒要有限制的主张。周公也饮酒，而且也不可能少饮，但他总结了殷王朝失败于酗酒的教训，并以王命的形式，发表了著名的《酒诰》。

他在《酒诰》中提出了可贵的思想：

（1）酿酒是要用大量粮食的，不能任意发展下去，否则，酗酒成风太危险了；

（2）饮酒是要有限制的，即祭祖敬神时可以饮，为父母庆寿可以饮、为老年人祝福可以饮；

（3）对于群饮，绝对不许，不听从者"予其杀"，但对大多数，要引导他们务农从商；

（4）对于工匠饮酒，要循循善诱，进行教育。

这是他在酒的学问上迈出的第一步。限制饮酒，不能不说是一大贡献。

传说故事

一、"路旁迎亲酒"的习俗

路旁迎亲酒，为婚姻习俗。门巴人行婚礼，男方迎亲不去女家，而携酒等候路旁。新娘、媒人及送亲客来，则迎前敬酒，并唱劝酒歌。对新娘须进酒三杯，她先含羞不饮，迎亲者一再唱歌劝酒，直至饮尽。同时，通报男家，新人到前，已于门前恭候。

二、宋徽宗酒赐蔡攸传说

北京蔡京之子蔡攸，尝于宫中宴饮，徽宗命连饮数巨杯，大醉后多次跌扑，帝尚赐酒不止。

攸跪求曰："陛下所赐，不敢不饮，然臣鼠量已穷，再饮恐醉死，请陛下怜之。"帝笑曰："卿若死，吾又灌杀一司马光矣。"

三、"满师酒"的习俗

旧时学徒期满谢师习俗，亦称"谢师酒"。以往手工行业学徒，其技艺由师傅传授，学徒期满（俗称"满师"）须备数桌酒席，宴请师傅及师兄等人，以谢师傅传技之情，也是宣布由学徒取得师傅资格的礼仪，还含有希望以后多多关照之意。

桂林三花酒

风高霜挟月，酒暖夜生春。
一曲清歌罢，华胥有醉人。

——《夜饮》·宋·姜特立

物种基源

桂林三花酒，为米香型白酒。产于广西壮族自治区桂林市。广西桂林三花酒在全国第二、第三届评酒会上均被评为全国优质酒。

三花酒已有200多年的酿造历史，沿用摇动（搅动）酒液，观察酒液起花多少和时间长短的方法来鉴定酒质。酒花细，堆花久者为上品。最好的可以堆三（层）花。三花酒名即由此而来。因三花酒在广西、广东的产地较多，故常在酒名前冠以地名以资区别。

此酒以桂北优质大米为原料，特制药曲，用漓江上游的优良江水，陈贮于条件优越的象山岩洞内，加之工艺精湛，使酿得的酒远销港澳、东南亚和日本等国和地区。在1957年的14省区24种小曲酒中名列第一，是三花酒中佼佼者。

风味品鉴

桂林三花酒，酒体清亮透明，有浓郁的小曲米酒的特殊蜜香。饮时满口清香，醇美可口，酒质软绵，纯净无杂味。

桂林三花酒品质成分表

酒　精 （V‰ 20℃）	总　酸 （克/100毫升）	总　醛 （克/100毫升）	总　酯 （克/100毫升）
56°、57°	＜0.35	＜0.02	≥0.45

名人与酒

竹林七贤借酒避世

魏晋时期，天下多故，名士常借酒避世。阮籍、嵇康、山涛、向秀、阮咸、王戎和刘伶七人，性皆嗜酒，由于不满司马昭篡魏和崇尚老庄学说，常于河南辉县西南之竹林寺聚饮，把酒消愁，时人谓之"竹林七贤"。

传说故事

一、历史上的"骨醉"

相传，唐永徽六年（655年），高宗废王皇后、萧淑妃，立武则天为皇后。又囚王皇后与萧淑妃于别院。高宗尝念之，闲行至其所，见囚室封闭极严，唯有送饮食之孔，恻然伤感，呼曰："皇后、淑妃安在？"王氏泣对曰："至尊若念畴昔，使妾等再见光明，乞名此院为回心院。"武后闻之大怒，遣人杖王氏、萧氏各一百，断去手足，投酒瓮中，曰："令二妪骨醉。"

二、土族婚俗——适达强

适达强，土族语音译，意为"马酒"。土族婚姻风俗。婚礼完毕，喜客告辞时，边向外走边喝酒，到门口时须喝完三杯酒。骑上马后，再向男家要酒喝，并连声高喊"适达强"，在百米道路上往返奔驰三次，助兴的众人在路旁也不断高喊"适达强"。每跑一次敬酒一杯，以示宾主双方诚意。流行于今青海互助土族自治县。

三、看交杯酒

汉族婚姻风俗，在陕西耀县一带流行。娶亲日之黄昏，村上男女老幼都高高兴兴来观看喝交杯酒。届时男方在院中摆张方桌，上放酒菜。在场之亲邻则推选一名善于即兴创作的人编顺口溜，以逗引新娘发笑。

二、黄 酒

黄酒（yellow wine）亦称"老酒""料酒"，一类酒度较低、大多呈黄色透明的压榨原汁酒，也有呈浅绿色（如竹叶青）和黑褐色的（如甜酿酒），为我国最古老的特产饮料酒，至少有2000年以上历史。大多以糯米或黍、大米为原料，经双浸、蒸煮、冷却、拌曲、糖化发酵、压榨、过滤、装坛杀菌、陈化而成。酒精含量一般为15%～20%。按原料、酿造方法和风味特点的不同，一般分江南黄酒（如绍兴酒、仿绍酒、喂饭酒）、山东黄酒（如即墨黄酒、兰陵美酒）和福建黄酒（如沉缸酒、福州老酒）三大类。除含酒精和水外，尚含一定量的糖、糊精、高级醇、甘油、有机酸、维生素等，有一定营养价值。有独特芳香，酒味醇厚柔和。除直接饮用外，还可供配制药酒，作为烹饪中除腥解膻的佐料等。

绍 兴 黄 酒

欲向江东去，定将谁举杯。

稽山无贺老，却棹酒船回。

——《重忆》·唐·李白

物种基源

绍兴黄酒，简称"绍酒"。产于浙江绍兴的一类黄酒。为我国具有悠久历史的名酒，有"国酒"之誉。因用当地鉴湖水酿成，故亦称"鉴湖名酒"。已有2300多年历史。20世纪初全县酿坊曾达2000余家，可见其盛。酒液橙黄透明，芬芳浓郁，甘甜醇厚。酒精含量8%～20%。制法：以精白糯米为原料，用由小麦制成的曲和清冽甘美的鉴湖水，每于冬季蒸煮投料，拌曲发酵，春后压榨，过滤消毒，入陶器酒坛，泥封窖藏1～3年后而成。因工艺等不同，有许多品种，主要有元红酒、加饭酒、花雕酒、善酿酒、鲜酿酒、香雪酒、女儿酒等，各具特色。因属压榨酒，母液中各种营养成分损失很少，除酒精和水外，还富含各种必需氢基酸和水溶性维生素等营养成分。适当饮用，可增进食欲，消除疲劳。亦用作烹调佐料、药引及制酒的原料等。1910年南洋劝业会特等金牌，1915年在巴拿马国际博览会上获得金质奖。

风味品鉴

绍兴酒是我国名酒中最古老的黄酒品种，因配料和制作方法的不同，能生产出不同风味。它是用糯米为主要原料酿制成的原汁酒，酒度为15°～20°，酒中含有多种成分，特别是富含氨基酸，所以醇香鲜美，味感丰富，风味独特。其品质特征是：酒液黄亮有光，香气芬芳浓郁，滋味鲜甜醇厚，越陈越香。

绍兴黄酒的品鉴

品鉴项目	标　准
酒精（V% 20℃）	15%以上
糖分（葡萄糖计·克/100毫升）	0.3～0.5
总酸（琥珀酸计·克/100毫升）	0.2～0.5
固形物（克/100毫升）	3以上
色　泽	琥珀色，清亮透明，无浑浊
香　气	具有绍兴酒所特有的酯香
滋　味	清爽并甘甜鲜美，无辛辣、酸涩等异味

附注

1. 绍兴元红酒

黄酒，产于浙江省绍兴。又称状元红酒，因在其酒坛外表涂朱红而得名。酒度15°以上，糖分0.2%～0.5%，为干型酒。以糯米为主要原料酿成。酒液呈琥珀色，透明，醇香，口味甘润鲜美且爽口。为绍兴酒的主要品种。在1979年全国第三届评酒会上，被评为国家优质酒。

2. 绍兴加饭酒

黄酒，产于浙江省绍兴。由于在酿造时用料量较多（即投入的饭量多，比元红酒增加10%），故名加饭酒（根据增加的多少，又分"双加饭"和"特加饭"）。酒度8°以上，糖分2%以上，亦为干型酒。以糯米为主要原料酿成。酒色橙黄明亮，香气浓郁，口味醇厚。含有丰富的氨基酸，适当饮用可增进食欲，帮助消化，消除疲劳。1915年在巴拿马万国博览会上获金质奖章。全国第一、二、三届评酒会上，均被评为国家名酒。

3. 绍兴香雪酒

黄酒，产于浙江省绍兴。为绍兴酒的高档品种。在酿制时，用陈糟烧（黄酒糟蒸馏而得的白酒）代水发酵。无白酒之辣，有黄酒之甘甜，呈琥珀色，芬芳幽香。

4. 绍兴善酿酒

黄酒。产于浙江省绍兴。酒度 14°左右，糖分 8％左右，属半甜型。是用陈年绍兴元红酒代替部分水酿制的加工酒。酒质醇厚，香气浓郁，饮时满口芳馥。此酒创始于 1891 年。1911 年在南洋第一劝业会上和巴拿马赛会上得到一等奖，是绍兴酒中的佳品。在全国第三届评酒会议上，被评为国家优质酒。

名人与酒

一、周总理关心绍兴酒

绍兴酒早在建国初期，党和国家领导人的心目中就有了保护和发展绍兴黄酒的课题。1952 年，当时的政务院总理周恩来亲自指示拨款，修建了绍兴酒中央仓库。其后，在广州召开的 12 年科学规划会议上，周恩来总理和陈毅副总理又批准将《绍兴酒总结与提高》项目列入"国家 12 年科学规划"。作为国家领导人，周恩来很清楚黄酒这一传统瑰宝的经济价值和文化价值。周恩来对家乡这一特产也充满自豪和由衷的喜爱。1959 年秋，邓颖超视察绍兴，她在参观绍兴酒厂时，对陪同的厂领导说："恩来很喜欢绍兴酒，也喜欢喝一点。"直到晚年，周总理还保持着绍兴酒加温后饮用以及用花生、豆腐干下酒的传统。周总理不但自己喜欢喝绍兴酒，而且还把其介绍给各位中央领导人和世界各国的贵宾。据北京钓鱼台国宾馆的人说，总理设宴招待外宾时，第一杯酒往往是绍兴酒。1954 年的日内瓦会议上，中国作为一个东方大国，一个社会主义国家，首次在国际外交舞台亮相，周总理喝的酒就是绍兴酒和茅台酒。总理对柬埔寨国家元首西哈努克亲王说："你如有空一定要去绍兴酒厂看一看，尝一尝绍兴酒。"

二、江泽民考察绍兴酒

1995 年 5 月，江泽民同志在浙江考察国有大中型企业期间，专门考察了绍兴酒最大的生产企业——中国绍兴黄酒集团有限公司。他详细了解了绍兴酒的历史、文化、工艺、营养价值及获奖情况。当工作人员介绍到绍兴"元红酒"的历史典故时，江泽民同志脱口而出："生女儿叫女儿红，生男孩就叫状元红。"显然他对绍兴酒文化也很熟悉。他还兴致勃勃地品尝了"加饭""元红""香雪""善酿"四种最具代表性的绍兴酒。品尝后，江泽民同志指着"古越龙山"加饭酒，对随同人员说："记住，这种酒是最好的酒！"考察结束后，江泽民同志嘱咐集团公司领导："中国黄酒，天下一绝，这种酿造技术是前辈留下来的宝贵财富，要好好保护，防止被窃取仿制。"

传说故事

一、《吕氏春秋》《左氏春秋》中的绍兴酒

绍兴黄酒是绍兴的著名特产，生产历史非常悠久。绍兴有酒的文字记载当推《吕氏春秋》和《左氏春秋》。《左氏春秋》中"越语"篇中记载越王为增加国家人口补充兵力和劳力，曾采用过一系列奖励生育的政策和措施，内中有"生丈夫，二壶酒，一犬；生女子，二壶酒，一豚"。由此可见当时已把酒作为生儿育女的奖品。《吕氏春秋》记载，越王勾践在出师伐吴时，父老向他献酒，他把酒倒在河的上流，与将士们一起迎流共饮，历史上称之为"箪醪劳师"。绍兴酒至少有 2500 多年历史的说法，就是从以上两部《春秋》中来的。至今，绍兴城南犹存的投醪河便名出于此。

二、女儿红酒来历

著名的绍兴"花雕酒"又名"女儿酒"。中国晋代上虞人稽含《南方草木状》记载："女儿酒为旧时富家生女，嫁女必备之物。"说起这个名字，还有一个故事哩！

从前，绍兴有个裁缝师傅，取了妻子就想要儿子。一天，发现他的妻子怀孕了。他高兴极了，兴冲冲地赶回家去，酿了几坛酒，准备得子时款待亲朋好友。不料，他妻子生个女儿。当时，社会上的人都重男轻女，裁缝师傅也不例外，他气恼万分，就将几坛酒埋在后院桂花树底下了。光阴似箭，女儿长大成人，生得聪明伶俐，居然把裁缝的手艺都学得非常精通，还习得一手好刺绣，裁缝店的生意也因此越来越旺。裁缝一看，生个女儿还真不错嘛！于是决定把她嫁给了自己最得意的徒弟，高高兴兴地给女儿办婚事。成亲之日摆酒请客，裁缝师傅喝酒喝得很高兴，忽然想起了十几年前埋在桂花树底下的几坛酒，便挖出来请客，结果，一打开酒坛，香气扑鼻，色浓味醇，极为好喝。于是，大家就把这种酒叫为"女儿红"酒，又称"女儿酒"。

此后，隔壁邻居，远远近近的人家生了女儿时，就酿酒埋藏，嫁女时就掘酒请客，形成了风俗。后来，连生男孩子时，也依照着酿酒、埋酒，盼儿子中状元时庆贺饮用，所以，这酒又叫"状元红"。"女儿红""状元红"都是经过长期储藏的陈年老酒。这酒实在太香太好喝了，因此，人们都把这种酒当礼品来赠送了。

三、历史上宋、清两朝与绍兴酒

绍兴黄酒是我国黄酒中的佼佼者，绍兴酒在历史上曾经久负盛名。在历代文献中均有记载。宋代以来，因为战争不断，兵力军火缺乏，朝廷大力推广江南农民酿酒为业，从此江南浙江黄酒的发展进入了从诞生至今的全盛时期，而且绍兴与杭州隔得很近，南宋政权建都于杭州，因此在南宋时期，绍兴黄酒有了较快的发展，全县酒坊达近1000家，占据全国第一的位置。

清代是浙江绍兴酒的发展的鼎盛时间，此时浙江绍兴的黄酒酿制产业规模在全国绝对第一，造酒作坊达2000多家。绍兴酒行销全国，甚至还有一小部分出口到国外，绍兴酒几乎成了全国黄酒的代名词。目前，绍兴黄酒在出口酒中所占的比例最大，产品远销到世界各国。

丹阳封缸酒

丹阳封缸，万吨佳酿。
国家多奖，鲜味爽香。

——现代·秦含章

物种基源

丹阳封缸酒。黄酒，产于江苏省丹阳，为浓甜型酒。用当地优质糯米为原料。酒液琥珀色或棕红色，醇香浓郁，口味鲜甜，为一滋补性饮料，人称"百花酒"。有诗句赞曰："味轻花上露，色似洞中春"，是已有千余年历史的名酒，在全国第三届评酒会上被评为国家优质酒。

风味品鉴

丹阳封缸，黄酒，历史悠久，名甲天下，同类甜型黄酒中，在色、香、味上有独特风格，在中国酒林中出类拔萃，独树一帜，成为黄酒类族中一颗明珠。该酒酒液鲜艳透明，呈棕红色琥珀光泽，晶莹光亮，香气芬芳扑鼻，温雅纯净，酒味甘醇厚美，鲜甜可口，饮后余味无穷，使人舒畅爽适。

丹阳封缸酒的品鉴

品鉴项目	标　准
酒精（V‰ 20℃）	<15°
糖分（葡萄糖计·克/100 毫升）	<18
总酸（琥珀酸计·克/100 毫升）	0.4
固形物（克/100 毫升）	2.9
色　泽	棕红色琥珀光
香　气	芬芳扑鼻，温雅纯净
滋　味	甘醇厚美，鲜甜可口

名人与酒

杨广与酒

杨广（560—618），即隋炀帝，弘农华阴（今属陕西）人，尝设宴于孝乐宫中。一日，饮酒大醉，赋诗一首，末两句云："徒有归飞心，无复因风力。"诗罢，泣下沾襟。后在江都（今江苏扬州）复作五言诗一首："求归不得去，真逢好个春。鸟声争劝酒，梅花笑煞人。"618 年 3月，为宇文化及所弑。

传说故事

一、丹阳封缸酒由来

丹阳城里有一家酿酒的小作坊，一家三口以酿酒为生，有一年他们采用新的酿造法做了一批酒，由于是新酒，入口生，酒味太冲，几家酒贩试完后都摇头而去了，这家人看了很无奈，又不能将其倒掉，只好将酒放入缸内，用泥封上，继续用老法做酒。过了几年后，城内缺酒应市，酒贩上门来，这家的老父怕出丑，不肯将酒拿出来，还是这家媳妇聪明机灵，她讲坊内还有一些陈年的酒在缸内，于是大家一起到酒坊，去泥揭盖后，顿时酒香四起，大家试完后都说好酒。大家赶紧问如何来做的，媳妇随口讲"封缸的酒"，丹阳封缸酒也由此而得名。

二、丹阳封缸酒前身为"曲阿百花酒"的传说

丹阳封缸酒和老黄酒的前身叫曲阿（丹阳古名）百花酒。相传一千多年前，隋炀皇帝到扬州看琼花，他令高丽国送一名美女给他做妃子，并让带上百花供他与琼花比艳欣赏。高丽国便派使节护送美女阿姬和百花，乘船渡黄海入长江，直驶扬州。当船行到丹阳江面，恰遇丹阳练湖水神赴宴归来。水神见了阿姬，有心娶她为妻，又听说隋炀帝要阿姬做妃子，就变作隋炀帝模样，前去试探，还去东海龙王处带了百坛仙酒作为礼品。阿姬恨透了隋炀帝，宁死不从，跳进了江水。水神非常高兴，他让高丽使节和水手们上岸，然后作法把大船掀翻，好让他们对隋炀帝有个交代。最后水神带着阿姬，乘坐龙鸟，隐没在江水之中。那条沉船上的仙酒和百花，

顺着新丰河流入花乡丹阳。乡民们闻到河水香味，舀起一尝，甜得不肯放下。又把百花捞起壅田，种出的稻米色泽红润，香气扑鼻。人们就用这米和水酿出了曲阿百花酒。

三、关云长的红脸与丹阳封缸酒的传说

从前，江苏镇江一条街上有一口井，不是水井，而是一口冒酒的宝井。这口宝井神奇哩：井里的酒又醇又香，十里以外都闻得到它的香味，终日"咕噜咕噜"往上冒，所以这条街上酒店特别多。来喝酒的不要花酒钱，只要买些小菜就行了。来来往往的客商小贩每天不断，这条街也就有了名气。

传说，三国时张飞路过这儿，一下码头就闻到酒香，馋得嗓子直发痒。一打听，说这儿有口酒井，他也顾不得"将士在外不得喝酒"的军令，来了就喝酒，一口一碗，一边喝一边喊："好酒！好酒！"一口气喝了近百碗，醉了，人瘫在泉旁边。

这事被关公知道了，很生气，气呼呼地跑来责问酒家，为什么要给他兄弟喝这么多酒。酒家说："我们的酒是井里出的，不要钱，随便哪一位上门，都是尽喝的。"关公不信，世间会有冒酒的井？要店家带他去看看。他趴在井边往下一看，这井里的一股酒气直往上冲，他猛吸一口，浓烈的酒味冲得他直咳嗽，脸憋得通红通红。据说，关公就此变成了大红脸。

关公想：这酒不花钱，人们就会贪杯，这样不知要误了多少大事。于是，他挥起青龙偃月刀，猛地往下一劈，一下子把井盖劈成两半，"哗"的一声，井里的酒满街横流，淌了三天三夜，成了一片酒的海洋。后来，这条街就叫"酒海街"。

酒井里淌出的酒，顺着运河流到丹阳，丹阳家家户户用勺子舀起来放在缸里，把它封起来，舍不得吃。逢年过节，才倒点出来招待亲友，这就是后来丹阳有名的封缸酒。

福建沉缸酒

阮籍醒时少，陶潜醉日多。
百年何足度，乘兴且长歌。
——《醉后》·唐·王绩

物种基源

沉缸酒，黄酒，产于福建省龙岩。因在酿造过程中，酒醅沉浮三次后沉于缸底，故得名。是以上等糯米、福建红曲、特制小曲和米烧酒等经长期陈酿而成的一种甜型黄酒。红褐色，清亮明澈，酒质醇厚，入口甘甜，无稠黏之感，但觉糖的甘甜、酒的辣味、酸的鲜爽，同时毕现，妙趣横生。当地民间流传着"斤酒当九鸡"的赞语，说明这种酒质优良、营养丰富。在1963年以后的全国几届评酒会上均被评为全国名酒之一，蝉联金质奖项。

风味品鉴

沉缸酒，其风味特点为半甜型类黄酒，呈红褐色，有琥珀光泽，清亮透明，入口有稍黏的感觉，其甜味与酒的刺激味、酸度的爽口与曲的苦味配合得非常和谐，酒在口腔及口腔各部位接触乃至下腹，余味绵长，使人经久难忘。

福建沉缸酒的品鉴

品鉴项目	标　准
酒精（V% 20℃）	14.5～17
糖分（葡萄糖计·克/100毫升）	4.5～7
总酸（琥珀酸计·克/100毫升）	0.3
固形物（克/100毫升）	2.9
色　泽	红褐色，有琥珀光泽，清亮透明
香　气	具有沉缸酒所散发出的特种香气
滋　味	口味醇厚，甜度适口，配合和谐

名人与酒

赵匡胤杯酒释兵权

赵匡胤（927—976），即宋太祖，宋王朝的创立者。陈桥兵变后即帝位。因虑禁军将领和藩镇兵权过重，乃趁宴请释诸将兵权，并陆续派文臣以京官司衔分赴各地，执掌地方行政，取代军人。此举，史称"杯酒释兵权"。

传说故事

一、李后主醉酒娼家

据《避暑漫抄》记载：南唐后主李煜，一次微服至娼家，遇一僧在座。此僧酒令、吟咏、弹唱皆通，见煜俊秀，有才华，交谈甚欢，开怀畅饮。煜乘醉大书右壁云："浅斟低唱，偎红倚翠，大师鸳鸯，寺主传持，风流教法。"徐步而出。僧、妓竟不知其为李后主。

二、李白酒酣饰语

据《开元天宝遗事》记载：一次唐明皇召集诸学士宴于便殿，酒酣兴浓之际，问李白："我朝与天后之朝如何？"白答："天后朝政出多门，国由奸佞，任人之道，如小儿市瓜，不择香味，唯拣肥大者。我朝任人如淘沙取金，剖石采玉，皆得其精粹者。"明皇笑曰："学士过有所饰。"李白酒后粉饰朝政，为时人讥笑为"智者失言"。

三、田重进拒宋太宗酒

据《玉壶清话》记载：宋初田重进，范阳人，不识字，忠职守。晋王赵匡义未即帝位前，尝以酒饵赐之，进拒而不受。使者曰："晋王赐汝。"对曰："我只知有皇上，怎能吃他人酒食？"使者归告，晋王大加赞许及即帝位为宋太宗，遣郑文宝出漕陕右，临行嘱咐说："田某先帝宿将，勇毅宣力，卿为朕善待之。"

兰陵美酒

兰陵美酒郁金香，玉碗盛来琥珀光。
但使主人能醉客，不知何处是他乡。
——《客中行》·唐·李白

物种基源

兰陵美酒，甜型黄酒，原名东阳酒。产于山东，已有1200余年，为历史名酒，唐李白曾以"兰陵美酒郁金香，玉碗盛来琥珀光"的诗句来赞美它。以黍米为原料，酒液琥珀色。透明，香气浓郁，酒质醇厚，甜美爽口，饮后有余香。

风味品鉴

兰陵美酒其风味特征为甜酸适中，酒体非常和谐，饮后既可感到大枣的药香味，亦有白酒的口感。李时珍在《本草纲目》中说："兰陵美酒清香远达，饮之至醉，不头痛，不口干，不作泻……"该酒含有人体所需18种氨基酸及多种维生素，适度常饮，有养血补肾，延年益寿之效。

兰陵美酒的品鉴

品鉴项目	标　准
酒精（V‰ 20℃）	＞15°
糖分（葡萄糖计·克/100毫升）	＞15％
总酸（琥珀酸计·克/100毫升）	＜0.2
固形物（克/100毫升）	4.4
色　泽	纯净透明，具琥珀色泽，显耀晶莹
香　气	馥郁沁人，幽柔不艳
滋　味	醇厚甘雅，悦怡爽口，酸甜适中

名人与酒

高启酒诗——《将进酒》

高启（1336—1374），明代文学家，长洲（今江苏苏州）人，字季迪。明王朝建立，授翰林院编修，修《元史》，累官至户部侍郎。性好饮茶，亦好饮酒，曾作诗《将进酒》："地下应无酒垆处，何苦寂寞孤平生。一杯一曲，我歌君续。明月自来，不须秉烛。五岳既远，三山亦空。欲求神仙，在杯酒中。"

传说故事

一、兰陵美酒的传说

传说有一天，王母娘娘视察人间，恰好到了苍山兰陵镇，饮得当地美酒，顿觉心旷神怡，通体舒畅，心中暗想，这酒真是人间佳酿，天庭美酒恐怕都要比它逊色三分。于是她一回到天庭，就立即遣瑶池仙女下凡投胎，以学得兰陵美酒的精妙酿法。

瑶池仙女降生到了兰陵镇的张家酒坊，成为张家的第九个女儿，父母为她起名为张美九。这张美九自幼聪明伶俐，心灵手巧，许多技艺精湛的酿酒师傅都很喜欢她，悉心地向她传授酿酒之法。长大以后，经她酿制的美酒更加醇美，张家的酒坊更加兴隆，日进斗金。

当时在镇子上有个叫"坏三水"的无赖，吃喝嫖赌无所不为，祖上的产业很快被他挥霍殆尽，他的母亲见状，悲伤不已，竟活活被气死了。"坏三水"无钱装殓，又怕背上"不孝"的重大罪名，思前想后，一个恶毒的鬼主意就冒出来了。他买了一些郁金香草煎煮之后，便以张家的美酒作药引，灌入已死的老娘口中。然后他大哭大叫，直奔县衙，称张家的酒害死了他娘。一听出了人命案，县令不敢怠慢，急派衙役到"坏三水"家验尸，谁料"坏三水"的娘居然活过来了。原来，这兰陵美酒本身就具有养生滋补的功效，再加上清心散郁的郁金香，"坏三水"的老娘便起死回生了。真相终于大白于天下，县令震怒，马上下令将"坏三水"重打四十大板，轰出堂去。后来，张美九重返天庭，为王母娘娘酿制美酒。在一年一度的蟠桃大会上，兰陵美酒大醉诸仙。

二、酒仙李白轶事传说

李白被发配夜郎（今贵州正宁、道真等地），途经万州（今四川万县），刺史蒋某妒李白诗酒绝代，欲以计胜之。遂假意邀于西山岩上弈棋饮酒，弈一子各饮一杯，若白先醉，当众认输。蒋先醉，赠银千两，权充仪程。蒋事先安排侍者给李白杯中斟酒，自己杯中倒水。李白豪放，岂度小人之心。随弈随饮，至夕阳西下，略有醉意，蒋则洋洋得意。此时，李白若有所思，推棋起立，仰看西天，一五彩金凤口衔金壶冉冉飘落身边。李白取金壶酌酒，一饮而尽，再斟一杯递于刺史，蒋某一杯下肚便长醉不醒。李白仰天大笑，取千金撒赠村民，掷金壶于岩下，跨金凤而去。金壶落地，甘泉涌出，取以酿酒，甘洌醇芳，遂名"太白酒"，岩曰"太白岩"，落凤处谓"歇凤山"。

三、觞祝酒仙诞日的传说

据《南社丛谈》记载，南社成员戴皋言云："八月十八为酒仙诞日，同人称觞敬祝，即席赋诗，以博一笑。"诗云："千年以上有酒仙，千古以下是酒癫。是癫是仙命受天，数千百年遥相连。清者为圣浊者贤，为圣为贤皆流传。阮囊剩有沽酒钱，斗酒不嫌费十千。长鲸一吸惊四筵，宾朋为之足不前。人生行乐非偶然，眼看富贵如云烟。烟云过眼忽变迁，壶中岁月常绵绵。我寿酒仙心中虔，酒仙笑拍酒癫肩。"

山东即墨老酒

生长江湖狎钓船，跨鞍塞上亦前缘。
云埋废苑呼鹰处，雪暗荒郊射虎天。
醪酒芳醇偏易醉，胡羊肥美了无膻。
扬州虽有东归日，闲置车中定怅然。

——《书事》·宋·陆游

物种基源

即墨老酒，甜型黄酒，是我国黄酒的"北方骄子"和"典型代表"。产于山东省即墨，故名。以当地龙眼黍米为原料，崂山"九泉水"为酿造用水。酒液黑褐带红，浓厚挂杯，具有特殊的焦糜香气，有驱寒活血，舒筋止痛等功效。相传此酒初酿于宋神宗年间，著称至今。在全国第二、三届评酒会上，均被评为国家优质酒。

风味品鉴

即墨老酒，其品质特征是：酒色黑褐带紫红，晶明透亮，无刺激感，饮后微苦而有余香回味，陈酿一年以上的，风味更加醇厚甘美，酒度为12°，是一种甜型黄酒，含有大量的维生素和较多的淀粉、糊精糖分。它可以促进人体新陈代谢和强身健脑，有祛风散寒、活血散瘀、透经通络、舒筋止痛、化坚散结、解毒消肿的功效。

即墨老酒的品鉴

品鉴项目	标　准
酒精（V% 20℃）	≥11.5°
糖分（葡萄糖计·克/100毫升）	≥10%
总酸（琥珀酸计·克/100毫升）	≤0.5
固形物（克/100毫升）	3
色　泽	黑褐带紫红，晶明透亮
香　气	具有焦糜的香气
滋　味	醇和香甜适口，无刺激感

名人与酒

唐伯虎与酒茶

唐寅（1470—1523），明代画家、文学家。今江苏人。字伯虎，一字子畏，号六如居士、桃花庵主、逃禅仙吏等。聪颖有才气，狂放，喜饮酒。宁王宸慕其名，以厚币强聘之往，寅心有不愿，佯狂使酒，语多有辱于宁王，宁王不能堪，乃放还。筑室于桃花坞，日与客醉饮其中，自号为"江南第一风流才子"，同时也嗜茶。他曾画有《事茗图》一幅。图中，青山环抱，小村溪流围绕，屋中一人端坐置茗若有待，溪的小桥上则有一老者，后随一抱琴小童，缓缓走来，动静相间，人物传神。图外则尚有他题的五绝一首，诗曰："日长何所事，茗碗自赏持。料得南窗下，清风满鬓丝。"

传说故事

一、张公吃酒李公醉的传说

据《坚瓠集》记载：郭景初有才学而轻脱，某夜外出，为醉人所诬告。官如景初诘其状，对曰："谚云'张公吃酒李公醉'。"官即命以此作赋，景初云："事有不可测，人当防未然。何张公之饮酒，乃李公之醉焉。清河文人，方肆杯盘之乐，陇西公子，俄遭酩酊之愆。"官笑而释之。

二、"酒后吐真言"的来历

据《曲洧旧闻》记载：张虚白嗜酒，通术数，善巫术，宋徽宗朝为内侍，甚得宠，帝每以张胡呼之。一夜大醉，枕帝膝而卧，酒后尽言，无所避讳，徽宗亦宽容他，说："张胡汝醉也。"宣和年间，金国来使，帝召虚日入，语其事。对曰："金筑宫室，待陛下久矣。"左右皆大惊，帝亦不怒，徐曰："张胡汝又醉也。"至靖康中，都城失守，帝见虚白，抚其背曰："汝平日所言，皆应于今日，吾恨不听汝言也。"

三、酒誓

据《嘻谈初录》记载：一个嗜饮，日在醉乡。众友力劝其戒酒，对曰："我本要戒，因小儿出门未归，时时盼望，借酒浇愁耳，子归当戒之。"众曰："赌咒方信。"嗜饮者曰："子若归，不戒酒，大酒缸把我压死，小酒杯把我噎死，跌在酒缸内泡死，掉在酒海内淹死，罚我生为曲部之民，死作糟丘之鬼，在酒泉之下，永不得翻身。"众友曰："令郎到底何处去了？"答曰："杏花村外给我沽酒去了。"

九江陈年封缸酒

绿蚁新醅酒，红泥小火炉。
晚来天欲雪，能饮一杯无？
——《问刘十九》·唐·白居易

物种基源

长青牌九江陈年封缸酒，为浓香型黄酒。它的前身是"绿醅酒"。产于江西省九江市，因窖封陈酿达五年之久，在发酵时需封缸 3～6 个月，故名。相传，唐元和年间开始酿造，已有千年历史。明清时期，酿酒时在绿醅酒中加入糯米烧酒长年封存，久贮不淀，就成为陈年封缸酒。第二次鸦片战争后，九江被辟为对外通商口岸，交通便捷，商贾云集，酿酒业也得到发展，远销全国各地。在 1979 年全国第三届评酒会被评为国家优质酒。

风味品鉴

九江陈年封缸酒，其风味特点是酸中带甜，入口净爽，鲜甜甘美，酒味柔和，无刺激性，褐黄晶亮。具有浓香型黄酒风味。

九江陈年封缸酒的品鉴

品鉴项目	标　　准
酒精（V% 20℃）	16°～18°
糖分（葡萄糖计·克/100 毫升）	24%～26%
总酸（琥珀酸计·克/100 毫升）	0.06
固形物（克/100 毫升）	3.2
色　泽	褐黄色带有琥珀光
香　气	酒香浓郁，幽雅
滋　味	酒性平和，鲜甜醇厚，余香无穷

名人与酒

华佗用酒与识酒病

华佗（？—208）沛国谯（今安徽亳州）人。东汉末年著名医学家。他对以酒为药引深有研究，如外科手术所用麻沸散（麻醉剂），即须以酒冲服。能识酒之所害及酒致病之症状。某日，途经盐渎（含江苏盐城），入酒肆，见一饮酒者名严昕，脸有病色，劝其立即归家。昕即起身，行至途中，病发而亡。

传说故事

一、九江陈年封缸酒的来历

九江陈年封缸酒起源于唐朝元和年间的"绿醅酒"，这酒也就是甜酒，是用糯米酿造的。在九江流传了几个朝代。20世纪20年代初，九江酿业兴旺，姑塘镇有一师傅熊明六酿制的"绿醅酒"，风格独特，口感香甜，在九江很受欢迎。熊明六有一小徒弟，名叫黄鹏云，年小机灵。只可惜家境贫苦，6岁就在他这做学徒，熊明六看其聪敏伶俐、厚道老实，临死前，把小女儿许配给他，定下娃娃亲，又把自己的酿酒技艺传给了他。黄鹏云掌握了酿造"绿醅酒"的传统工艺后，发现这酒不太容易保存，酿出的酒还没有几天，就变酸不能卖了。他想到长时间下去，不仅浪费粮食，说不准自己卖酒赚的钱总有一天会损耗掉。于是他花了几年时间对它改进，用封缸贮酿，终于在1933年研制出了一个新型酒，他取名此酒为"九江陈年封缸酒"。

后来，黄鹏云自己创办经营"黄利源"酱园酒厂，他的九江陈年封缸酒，远销内外。1959年，黄鹏云将新中国成立前做过的"九江陈年封缸酒"酿制秘方献了出来，使该酒投入生产。同年，由黄鹏云配置的陈年封缸酒送至北京，周恩来喝后，亲定九江陈年封缸为人民大会堂宴会指定用酒。

二、唐伯虎醉酒题对

一次，唐伯虎与友人对饮，酩酊大醉。友乘酒兴，出对曰："贾岛醉来非假倒。"贾岛，晚唐诗人，用他姓名谐音"假倒"，以切当时醉倒之情景。伯虎稍加思索，对道："刘伶饮尽不留零。"刘伶，西晋"竹林七贤"之一，嗜酒著称。这里用他姓名谐音为"留零"，以切当时喝得点滴无余的情景。

三、无锡与宜兴两县令戏谑

江南无锡令卜大有，善戏谑，闻新任宜兴令方年少，有口才，与同僚武进令议，其日有公宴，予拟一令，欲以窘宜兴新令。既入席，卜曰："我有一令，不能从者罚一巨觥。"乃曰："两火为炎，此非盐酱之盐；既非盐酱之盐，如何添水便淡。"武进令曰："两日为昌，此非娼妓之娼；既非娼妓之娼，如何开口便唱。"宜兴新令曰："今令不难遵，只是冒犯卜老先生。"众曰："但言之。"方曰："两土为圭，此非乌龟之龟；既非乌龟之龟，如何添卜成卦。"众大笑，服其敏捷。

黑 糯 米 酒

相见争如不见，有情还是无情。
笙歌散后酒初醒，深院月斜人静。

——《西江月（节选）》·宋·司马光

物种基源

黑糯米酒，新甜型黄酒，产于贵州省惠水酒厂。

以黑糯米酿制的黄酒，具有不同于其他黄酒的风味特色。黑糯米是当地的特产，它黏性大、粒齐、饱满。苗家以其为原料，用代代相传的古老方法酿出的这种美酒，度数低，味醇，好喝。过去，苗家酿制方法从不向外族人传授。至 1979 年，惠水县酒厂才增加了黑糯米酒这一珍贵产品的生产。他们收集黑糯米酒古老的酿制方法，结合现代先进工艺，终于使黑糯米酒大量投产，供应市场，深受消费者欢迎。1983 年，黑糯米酒在贵州省第三届评酒会上被评为"贵州名酒"。

风味品鉴

黑糯米酒，其风味特征为，晶莹透明，红亮生光，香气幽雅悦人，酒味微酸爽口，甘美醇厚，酒体和谐，是一种高质量的新甜型黄酒，在黄酒类中别具一格，是饮料中的佳品。

黑糯米酒的品鉴

品鉴项目	标　准
酒精（V% 20℃）	≥12°
糖分（葡萄糖计·克/100 毫升）	≥10%
总酸（琥珀酸计·克/100 毫升）	0.4
固形物（克/100 毫升）	3.0
色　泽	浅黄，澄清透明
香　气	具有黑糯米酒独特的醇香
滋　味	甘甜鲜美，酸甜适口，适中

名人与酒

倡导酒专卖第一人——桑弘羊

桑弘羊是汉武帝时的杰出理财家。公元前 152 年出生于洛阳一个商人家庭，13 岁时入宫为汉武帝的侍中，由于他很能干，并深谙算术，很快为武帝所赏识，提拔为治粟都尉，兼领大司农，对西汉的经济恢复与发展，起过重大作用，他提出的一系列经济政策，其中尤其是主张盐、铁、酒专卖制度，具有重大的现实意义和深远的历史意义。他是我国历史上第一个主张酒实行专卖的人。

汉武帝采纳了桑弘羊的建议，于公元前 120 年设了盐铁官，实行了盐铁专卖。公元前 98 年又设了"酒榷"官，实行了酒类专卖制度。

虽然屡遭地方豪绅和工商奴隶主的反对，酒类专卖实行仍达 17 年之久。

后来，由于统治阶级内部的矛盾，汉武帝死后，昭帝六年（公元前 81 年），在霍光主持下召开一次著名的盐铁会议。对于盐、铁、酒实行不实行专卖，进行了一场尖锐的大辩论。会后不到一年，74 岁的桑弘羊就遭到了杀害。但酒的专卖，一直发展下去，至今各级政府仍设烟酒专卖局，也可能是来源于此吧。

传说故事

一、"满月酒"的习俗

满月酒，庆贺生育习俗。生了儿女，亲友，谓之"满月酒"。此俗源于古代生儿三日，设宴庆贺谓之"汤饼筵"，后来祝贺日期由三日改为满月。新中国成立前只有富户生儿子才请酒。因重男轻女，生女儿一般不请酒。新中国成立后，生育观念变化，不分男女，同样请酒祝贺。

二、"花雕酒"的传说

女儿酒，一作"女酒"。旧时汉族婚姻风俗，在浙江绍兴地区流行。晋稽含《南方草木状·草曲》："南人有女数岁，即大酿酒。既漉，候冬陂池竭时，置酒器中。密固其上。瘗陂中，至春涨水满亦不复发矣。女将嫁，乃发陂取酒以供贺客，谓之女酒。其味绝美。"有请画匠在所贮女儿酒之坛上彩绘花鸟山水、亭台楼阁，或塑以仙鹤寿星、文武将相，名曰："花雕"。

三、畲族的"落地酒"

落地酒，畲族生育风俗。流行于浙南山区。孩子出生后，先在家中举行酒宴，邀请叔伯和邻居祝贺生子。酒后由孩子父亲对岳家报喜，随带大公鸡一只，酒一大壶及鸡蛋等。如是生男孩，在酒壶嘴上插一大红纸花一朵。如女孩，在壶上贴一"喜"字。岳母即以送来食品办成酒宴，邀请叔伯、邻居宴饮欢庆。

酒　酿

闲愁如飞雪，入酒即消融。
花好如故人，一笑杯自空。
——《对酒》·宋·陆游

物种基源

酒酿（fermentedglutinous rice），亦称"甜酒酿"。一种用酒药酿制而成的发酵米制品；味甜，有酒和桂花香味。制法：将糯米洗至水清，在水中浸泡6～7小时（夏季）或24小时（冬季），取出用水冲洗后沥干，汽蒸约20分钟至米粒呈半透明状，用水淋洗至松散不粘连，沥干后放于陶钵中，加酒药（主要含淀粉糖化酶）适量，拌匀掀平，中间留3～4厘米圆孔，以供透气，表面放桂花少量，加盖保温（不超过37℃）约24小时。至米粒无黏粉感为适度，过长易发酸，并应避免杂菌污染。可凉食，亦可加蛋、红枣等煮食。亦可用粳米制作，但口感略差。

生物成分

酒酿，每100克酒酿含热能122千卡，蛋白质2克，脂肪0.2克，碳水化合物22.8克。酒精度≤3.5%（VOL）。还含微量元素硒等。

食材性能

酒酿，味甘，微苦，辛，性热；归心、肝经。

传统应用

酒酿，食用起到增进食欲、帮助消化、消除肌肉疲劳、健身除疾的作用。

现代研究

现代医学药理研究结果表明：经常适度食用能够帮助血液循环，促进人体的新陈代谢，还有舒筋活血、健身强心、美颜的作用。

食用注意

（1）儿童不宜多食。

（2）有心血管疾病及酒精过敏者勿食。

（3）糖尿病患者慎食。

三、葡 萄 酒

葡萄酒（wine），由葡萄经发酵酿制而成。已有 2000 多年历史。为当今世界上重要的商品酒之一。因原料品种、加工方法和成品质量的不同，品种繁多，并有不少分类方法。如按酒色不同，分红葡萄酒、白葡萄酒和淡红葡萄酒之类。按含糖不同，分干葡萄酒（含糖 1%～4%）和甜葡萄酒（含糖 4%～15%）两类。另有在天然葡萄酒中加白兰地或酒精而成的"加强葡萄酒"（或称"高浓度葡萄酒"）；有加入药料或香料的加料葡萄酒，如丁香葡萄酒、桂花葡萄酒；有含有大量二氧化碳的起泡葡萄酒，如香槟酒、葡萄汽酒等。基本上由葡萄经破碎、榨汁、主发酵、后发酵、储藏成熟、澄清、装瓶、杀菌而成。除含酒精和水外，还含有糖、醇、有机酸、无机盐、氮物、果胶质及硫胺素、核黄素等，有一定的营养价值，故适时适量饮用，有促进肠胃吸收、增进食欲、促进新陈代谢等作用。

中华红葡萄酒

小径偏宜草，空庭不厌花。

平生诗与酒，自得会仙家。

——《赠李十四》·唐·王勃

物种基源

中华红葡萄酒是北京葡萄酒厂于 1981 年投产的新品种。1983 年荣获国家经济委员会颁发的优秀新产品金龙奖。1984 年被评为北京市优质产品。该酒是由优质染色葡萄为原料，经破碎、带皮发酵、分离陈酿、冷冻、下胶过滤、调配等多道工序酿制而成的。

风味品鉴

风味特征：中华红葡萄酒呈深红色，鲜艳夺目，有葡萄果香与酒香，酒质和谐圆润，口味纯正，酸甜适口。

中华红葡萄酒的品鉴

品鉴项目	标 准
酒精（V% 20℃）	16
糖分（葡萄糖计·克/100 毫升）	12
总酸（琥珀酸计·克/100 毫升）	0.6
色 泽	深红色，鲜艳夺目
香 气	有葡萄特有的果香和醇香
滋 味	酸甜适口，口味纯正，和谐圆润

名人与酒

范仲淹与"饯饮三光"

据《湘山野录》记载：范仲淹因直言朝事，三次被黜。初为较理时，忤章献太后旨，贬官河中府（治所今山西永济），僚友于都门饯别，皆言此行极光（彩）；后为司谏，因郭后废，仲淹率谏官御史伏阁进谏，犯帝旨，被贬睦州（治所今浙江建德），僚友又于长亭饯别，说此行愈光（彩）；后为天章阁知开封府，撰百官图进呈、丞相怒奏曰："宰相者，所以器百官，今仲淹尽自论擢，安用彼相，臣等乞罢。"宋仁宗怒，贬饶州（治所今江西波阳），时亲朋故人饯于郊外，谓此行尤光（荣）。范笑谓送者曰："仲淹前后三光矣，此后诸君更送，只乞一上牢可也。"客大笑而散。

传说故事

一、七月初七日祭牛郎、织女星习俗

七夕祭祀牵牛、织女星之习俗，《开元天宝遗事》记载："帝（唐明皇）与贵妃（杨玉环），每至七月七日夜在华清宫游宴。时宫女辈陈瓜花酒馔列于庭中，求恩于牵牛、织女星也。又各作蜘蛛闭于小合中，至晓开视蛛网稀密，以为得巧之候。密者言巧多，稀者言巧少。民间亦效之。"

二、"千人进酒"的故事

据《古今图书集成》引《汉书·韩延寿传》：西汉昭帝时，韩延寿任东郡太守时，礼贤下士，关心民事，三年后其郡大治，因历迁左冯翊。因宰相萧望之弹劾，被处斩首弃市的极刑。吏民同情其冤，临刑日，数千人争扶囚车，竞进酒肴。延寿不忍拒绝，饮酒十斗，然后赴刑场。

三、"醉翁之意不在酒"

据《雪涛谐史》记载：一士人家贫，为其友上寿，因无钱沽酒，便持水一瓶往贺。进酒时，对友人说："请以歇后语为寿。"说罢，即吟曰："君子之交淡如（水）。"其友应声说："醉翁之意不在（酒）。"满座皆会意而笑。

中华白葡萄酒

旗亭下马解秋衣，请赊宜阳一壶酒。
壶中唤天云不开，白昼万里闲凄迷。

——《开愁歌》·唐·李贺

物种基源

中华白葡萄酒是北京葡萄酒厂于 1982 年投产的新品种。1983 年荣获国家经济委员会颁发的优质新产品金龙奖。1984 年，参加北京市评酒会，被评为市优质产品。该酒是选用优良玫瑰香葡萄为原料，经过破碎、皮汁分离发酵、陈酿、下胶过滤、调配等多道工序酿制加工而成的。

风味品鉴

中华白葡萄酒呈浅黄色，清亮透明，具有葡萄独特果香，口味宜人，纯正，甜酸适口。

中华白葡萄酒的品鉴

品鉴项目	标　准
酒精（V％ 20℃/容量）	16°
糖分（葡萄糖计·克/100毫升）	12
总酸（琥珀酸计·克/100毫升）	0.6％
色　泽	清亮透明，浅黄色
香　气	葡萄果香浓郁，醇香可人
滋　味	酸甜适口，口味纯正

名人与酒

溥杰先生与酒

"昔时王谢珍家酿，辗转流传历百年。仿膳品尝当日味，飞觞共醉尚万延。"

这首诗是溥杰先生于1982年为通县酒厂生产的"俯酿酒"所作的。溥老先生一生唯有两大嗜好：一饮酒，一赋诗。

不少人都知道溥先生和酒关系暧昧。他不仅爱喝酒、爱品酒，还喜欢给一些酒题字、赋诗。他身份特殊，对各种号称宫廷御酒的产品的鉴别，令人信服。

上面提到的俯酿酒便是其一。它是我国清代皇族传统名酒，原名"香白酒"，与莲花白酒、菊花白酒俗称"京师三白酒"而闻名于世。他也曾为菊花白酒赋诗："媲莲花白，蹬邻竹叶青。菊英夸寿世，药估庆延龄。醇肇新风味，方传旧紫廷。长征携做伴，跃进莫须停。"为莲花白酒题诗为："酿美醇凝露，香幽远益精。秘方传禁苑，寿世归闻名。"经他一赞，"三白"身份陡增。

如今老先生已离去多年了，而他在酒坛上的信事也随着酒文化的发展记载于册，正如他为桂花陈酒所题的诗一样，"逢花不饮，待何时？"

传说故事

一、"最贵者先饮"的故事

据《避暑漫抄》记载：一次，唐太宗在宫中设宴，对诸大臣说："座中谁人最贵，谁就最先饮酒。"时吏部尚书赵国公长孙无忌、左仆射梁国公房玄龄皆在座，相顾无言，独萧瑀伸手取杯。帝曰："卿有何贵？"瑀对曰："臣是梁朝天子（梁武帝）儿，隋室皇后弟，唐朝左仆射，天子亲家翁（其子萧锐娶太宗女襄成公主为妻）。"太宗听罢拊掌而笑，赞同萧瑀所说，酒宴中君臣极欢而散。

二、"酒魔"的传说

相传，唐代宗时，元载任中书侍郎，素不饮酒，群僚百般强之饮，载曰："鼻闻酒气辄醉。"

其中一人谓："可用术治之。"即取针挑元载鼻尖，取出一青虫，如小蛇，曰："此酒魔也，闻酒而醉，去辄能饮。"是日，元载饮一斗不醉，五日后倍之。

三、"酒令释怨"的传说

明韩襄毅公（雍），景泰年间，赞理广西军务，破大藤峡，平寇乱，置酒称贺，诸官俱齐，独邵宪长后至，会天微雨，张盖而入，韩公心不平，即席出令曰："天阴下雨人撑伞，伞字中间有四人。有福之人人服侍，无福之人服侍人。"即举酒属邵。邵应曰："人逢喜事精神爽，爽事中间有四人。人前莫说人长短，只恐人前又有人。"陈方伯见二公各不悦，亦持杯还令曰："从来乡党莫如齿，齿字中间有四人。谁人背后无人说，哪个人前不说人。"三人相互一笑而罢。

中国干红葡萄酒

对酒诚可乐，此酒复芳醇。

如华良可贵，似乳更非珍。

何当留上客，为寄掌中人。

金樽清复满，玉椀亚来亲。

谁能共迟暮，对酒惜芳辰。

君歌尚未罢，却坐避梁尘。

——《对酒》·南朝·范云

物种基源

中国干红葡萄酒是北京葡萄酒厂1958年投产的产品。1961年在全国葡萄酒、果酒协作区第六次会议上，被评为九种名果酒之一。1979年被评为北京市优质产品。

该酒选用染色品种葡萄为主要原料，经精选、破碎、带皮发酵、橡木桶陈酿多年等多种工艺加工而成。

风味品鉴

中国干红葡萄酒是一种不甜的酸性葡萄酒，呈宝石红色，晶莹鲜艳，有纯正的葡萄果香与酒香，味酸谐调，余香清晰，回味绵延，具有干红葡萄酒的独特风味，在欧洲市场享有一定声誉，质量稳定，深受顾客欢迎。

中国干红葡萄酒的品鉴

品鉴项目	标　　准
酒精（V‰ 20℃）	12°
糖分（葡萄糖计·克/100毫升）	<0.5%
总酸（琥珀酸计·克/100毫升）	0.5
色　泽	宝石红，晶亮鲜艳
香　气	独特葡萄果香与醇香
滋　味	具有干红葡萄酒风味，回味余长

名人与酒

狂草张旭与酒

张旭，字伯高，吴（今江苏苏州附近）人，是唐代著名书法家。在书法上，尤擅长草书。他的草书连绵回绕，起伏跌宕。所谓"张妙于肥"，是说他的草书线条厚实饱满，极尽提、按、顿、挫之妙。唐大文学家韩愈在《送高闲上人序》中对他的草书艺术推崇备至。他的草书和李白的诗歌、裴旻的剑舞，被时人称为"三绝"。张旭喜欢喝酒，每次大醉后，号呼狂走，索笔挥洒，变化无穷，若有神助，时人号为"张颠"。据李肇《国史补》说，张旭每次饮酒后就写草书，写时，挥笔大叫，把头浸在墨汁里，用头发书写。他的"发书"飘逸奇妙，异趣横生，连他自己酒醒之后也大为惊奇，这恐怕有夸张之嫌。

张旭嗜酒成性，而且往往在醉后书写，草体字也写得尽善尽美，这是事实。杜甫在《饮中八仙歌》中说："张旭三杯草圣传，脱帽露顶王公前，挥毫落笔如云烟。""三杯"是指喝酒，并非实指"喝了三杯酒"。"脱帽"句，是描绘他在书写时的狂态。"挥毫"句是形容他的草体字之精妙。张旭死后，大家都很怀念他。如杜甫入蜀后，见张旭的遗墨，伤感万分，写了一首《殿中杨监见蚕张旭草书图》，可见大家对张旭的敬爱之深。

传说故事

一、苏东坡称"酒食地狱"

据《说库·可谈》记载：苏东坡知杭州（即知州，官名，为州一级地方行政长官），部属因他的才学声望，每天争着请他饮酒赴宴。东坡疲于应酬，不胜杯酌之苦，乃称知杭州如入"酒食地狱"。后来，袁毂知杭州，才望远不如苏轼，僚佐部吏请他饮酒的甚少。袁毂感慨地对其亲信说："我来此，酒食地狱正值空狱。"

二、"该来者不来"的笑话

据《坚瓠集》记载：曾有富人某，设宴邀宾，意独器重一上客，观众宾皆至，上客不来，富人甚为失望，失声曰："偏是要紧者不来！"众宾不悦，各有去意。一奴在旁，知主人失言，乃应声出门，急奔后厨，担二瓮从大门入，高声谓主人云："要紧者来矣！"众宾之愠顿消。谓适才主人所言要紧者，乃酒也。

三、历史上的清朝"酒杯之狱"

清康熙进士车鼎晋，雍正年间奉诏校订《全唐诗》。一夕，与其弟鼎丰、鼎贲小饮，所用陶瓷杯有"成化（明宪宗年号）年间造"之字样。鼎丰饮干一杯，翻其底说："大明天下今重见"。鼎贲放酒壶于旁说："且把壶儿搁一边"。因"壶""胡"谐音，被清廷认为是影射、诽谤满洲贵族和留恋明朝皇帝，又因吕留良文字狱牵连，鼎丰、鼎贲被杀戮，鼎晋忧愤而亡。又康熙朝举人徐述夔，一夕酒罢，见酒杯有万历（明神宗）年号，说："覆杯又见明天子，且把壶儿搁半边。"死后，被仇家告发，被开棺戮尸。

中国干白葡萄酒

今日小园中，桃花数树红。

开君一壶酒，细酌对春风。

未能扶毕卓，犹足武王戎。

仙人一捧露，判不及杯中。

——《答王司空饷酒》·梁·庾信

物种基源

中国白（干）葡萄酒，产于北京，属干型酒，以优质鲜龙眼葡萄和加里娘葡萄为原料，发酵后多年陈酿而成。

风味品鉴

中国干白葡萄酒，色泽美观，酒色淡黄，澄清透明，酯香浓郁，入口微酸。品质纯正，有明显果香和酒香，饮时醇和谐调。

中国干白葡萄酒的品鉴

品鉴项目	标　　准
酒精（V% 20℃）	12°
糖分（葡萄糖计·克/100毫升）	<0.5%
总酸（琥珀酸计·克/100毫升）	0.6%
色　泽	酒色淡黄，澄清透明，色泽美观
香　气	果香和酒香明显，浓郁
滋　味	入口微酸，回味良久

名人与酒

范仲淹与酒

范仲淹（989—1052），字希文，苏州吴县（今江苏苏州）人，北宋名臣、文学家。性豪爽，喜交游，嗜酒。大中祥符年间中进士，后任西溪（府衙在江苏东台西溪）盐官。宝元初，因抨击宰相吕夷简多用私人，谪至饶州，与尹洙、欧阳修等人，并指为"朋党"。康定元年（公元1040年）以龙图阁直学士经略陕西，积极防御西夏，能联合羌族，颇受羌人尊重，称他为"龙图老子"。

范仲淹不仅善于撰写散文抒发自己爱国爱民思想，而且也善于用诗词表达自己的情感，如《御街行》词云：

"纷纷坠叶飘香砌。夜寂静，寒声碎。真珠帘卷玉楼空，天淡银河垂地。年年今夜，月华如练，长是人千里。

愁肠已断无由醉，酒未到，先是泪。残灯明灭枕头敧，谙尽孤眠滋味。都来此事，眉间心上，无计相回避。"

诗中，把自己的怀念之情，写得淋漓尽致，还有谁能说酒后无情义呢！

仲淹尝与友人饮酒，赋诗撰文。其代表作《重修岳阳楼记》，在他以后近千年中为人们作范文传诵。现摘录如下：

"庆历四年春，滕子京，谪守巴陵郡。越明年，政通人和，百废俱兴，乃重修岳阳楼，增其旧制，刻唐贤今人诗赋于其上。属予作文以记之。

予观夫巴陵胜状，在洞庭一湖。衔远山，吞长江，浩浩汤汤，横无际涯；朝晖夕阴，气象万千。此则岳阳楼之大观也，前人之述备矣。然则北通巫峡，南极潇湘，迁客骚人，多会于此，览物之情，得无异乎？

若夫淫雨霏霏，连月不开，阴风怒号，浊浪排空；日星隐曜，山岳潜形；商旅不行，樯倾楫摧；薄暮冥冥，虎啸猿啼。登斯楼也，则有去国怀乡，忧谗畏讥，满目萧然，感极而悲者矣。至若春和景明，波澜不惊，上下天光，一碧万顷；沙鸥翔集，锦鳞游泳；岸芷汀兰，郁郁青青。而或长烟一空，皓月千里，浮光跃金，静影沉璧，渔歌互答，此乐何极！登斯楼也，则有心旷神怡，宠辱偕忘，把酒临风，其喜洋洋者矣。

嗟夫！予尝求古仁人之心，或异二者之为，何哉？不以物喜，不以己悲；居庙堂之高则忧其民；处江湖之远则忧其君。是进亦忧，退亦忧。然则何时而乐耶？其必曰'先天下之忧而忧，后天下之乐而乐'乎？噫！微斯人，吾谁与归？"

可惜的是，谪守巴陵郡的滕子京因故遭贬，因《重修岳阳楼记》中提到滕，范仲淹遭到牵连。

传说故事

一、侗族生育"三朝酒"

侗族生育风俗。为长子或长女出生而举办的酒宴，广西三江侗族自治县广为流行。在婴儿出生十日内的单日举办。主要是邀请外家亲戚，不邀朋友。但亲朋好友主动来者不拒，来贺者定送礼品。以外祖母的贺礼最丰厚，食品有猪肉、糯米、鸡蛋、酸草鱼等。穿的有侗布、侗锦、童衣及两床新被，一对木箱或梳妆台，装饰品有银锁、银项圈、银手镯。还得支付酒宴所用的粮食和肉的一半。外婆、姨妈、舅妈上门后，得轮流抱婴儿。酒筵开始后，先吃甜酒鸡蛋，次喝油茶，后吃中饭。中饭较丰盛，晚饭主要吃外祖母带来的食品，名谓"娘家饭"。饭后，年轻人边弹边唱，次日早晨事毕。

二、"伏地饮酒"趣闻

据传，清吴南屏嗜酒，每与田夫走卒共饮时，辄喜而乐之，与显贵共杯酌则闷郁寡欢。一次客居江宁（今南京市），夜半忽思饮，命仆人启瓮，瓮泥坚，猝不可启，而渴甚。叱仆走，自以仗击瓮，瓮破，酒流满地，乃伏地饮之，亦自得其乐。

三、佤族饮酒

佤族人饮酒习俗多样，其一：敬酒的主人先自饮一口，然后依次递给客人饮，客人则应尽力喝尽，否则主人会认为看不起他。另一种饮酒习俗：主人客人都蹲地上，主人用右手把酒传给客人，客人也用右手接住，先倒在地上一点，或用手指沾一点弹在地上，意为祭祖，然后主客双方一起喝下去。阿佤人饮酒的特点是对不知心或不善良者不敬酒。每逢亲人出远门或客人要离开，他们使用葫芦（盛水酒工具）接满水酒自己喝过一口后，双手递到亲人、客人嘴边，直至对方喝到葫芦见底才歇手。这种"送亲之礼"的敬酒方式，意在送亲人平安出门，不管走多远，都不要忘记家乡亲人和朋友。

长城干红葡萄酒

月照玉楼花似锦，楼上醉和春色寝。

绿杨风送小莺声，残梦不成离玉枕。

堪爱晚来韶景甚，宝柱秦筝方再品。

春蛾红脸笑来迎，又向海棠花下饮。

——《玉楼春·南楼漫酌（唱）》·后蜀·欧阳炯

物种基源

长城干红葡萄酒，又名赤霞珠干红葡萄酒。在长城家族中聚集了华厦长城、沙城长城、烟台长城三兄弟，这三大巨头造就了长城干红在世界葡萄酒品牌中的显著位置，中国第一瓶干红诞生的公司。

长城干红葡萄酒是以驰名中外的著名葡萄品种赤霞珠、梅鹿辄为主要原料酿制而成。这两个品种由法国引进，在河北沙城地区经过多年的栽培，已适应本地的气候条件，抗寒、抗旱能力强，形成特有的皮薄、汁多甘美、清香怡人的特点，由这两个品种酿制的长城干红葡萄酒，酒质和谐，酒体丰满、肥硕，精美醇良。

长城干红葡萄酒在原轻工业部食品发酵研究所具体指导下，运用国际先进工艺和设备，采用人工培养的优良酵母低温发酵，以严密的科学方法酿造而成。

风味品鉴

长城干红葡萄酒，酒质澄清透明，为宝石红色，晶莹鲜艳，具有优雅、芬芳的果香和协调、醇厚的酒香，饮后醇酸适口，回味绵延，酒性稳定，具有干红葡萄酒的独特风格。

长城干红葡萄酒由于采用纯葡萄发酵而成，不加入粮和任何其他物品，保留了赤霞珠葡萄固有的香味和多种维生素、氨基酸、碳水化合物等有效成分。

长城干红葡萄酒的品鉴

品鉴项目	标　　准
酒精（V％ 20℃）	11°
糖分（葡萄糖计·克/100毫升）	<0.5％
总酸（琥珀酸计·克/100毫升）	<0.5％
色　泽	澄清透明，宝石红，晶莹鲜艳
香　气	独特的葡萄果香，优雅的醇香
滋　味	口味协调，回味悠长

名人与酒

张飞醉酒被害

张飞（？—221）字冀德，涿县（今河北涿州市）人，三国蜀汉大将。身长八尺，豹头环眼，燕额虎须，声若巨雷。为人性烈如火，勇猛刚毅。

张飞同刘备、关羽三人桃园结义，誓同生死，情同手足。建安二十四年（公元219年）冬十二月，关羽被东吴孙权杀害，当时张飞正领兵在阆中镇守，闻知关公被东吴所害，悲痛欲绝，旦夕号泣，泪湿衣襟。诸将以酒解劝，酒后，怒气愈加。帐上帐下稍有差错，立即鞭挞，多有鞭死者。这时刘备刚登帝位，为报此仇，决定发兵征吴。令张飞从阆中出兵。刘备当时已闻知张飞酒醉发怒鞭打士卒之事，曾告诫他说："朕素知卿酒后暴怒，鞭挞健儿，而复令在左右，此取祸之道也。今后务宜宽容，不可如前。"张飞听后没往心里去。他得令后，下令军中：限三日内制办白旗白甲，三军挂孝伐吴。帐下两员末将范疆、张达受命置办，二人向张飞请求宽限几日，张飞大怒，立令武士将二人怒鞭五十，打得二人满口出血。这二人回到营中商议，惧怕三日内办不成，定遭杀害。张达说："比如他杀我，不如我杀他。"范疆说："怎奈不得近前。"张达又说："我两个若不当死，则他醉于床上；若是当死，则他不醉。"恰恰是张飞在帐中，因想念关羽，神思昏乱，便令人将酒来，与部将同饮、不觉大醉，卧于帐中。范、张二贼，探知消息，初更时分，各藏短刀，秘入帐中，诈言欲禀机密重事，直至床前。原来张飞每睡不合眼，二贼见他须竖目张，本不敢动手，因闻鼻息如雷，方敢近前，以短刀刺入飞腹，张飞大叫一声而亡，时年55岁。张飞之死，为饮酒无度者戒。

传说故事

一、董小宛罢酒嗜茶

明末，秦淮名妓董小宛，后从良嫁于如皋（今江苏如皋市）才子冒辟疆为妾，相从九年而亡。小宛平日十分善饮，从良后，处处留意，连酒也几乎戒了。据辟疆回忆："姬能饮，自入吾门，见余量不胜蕉叶（指酒），遂罢饮，每晚待荆人（指冒的原配夫人）数杯而已。然嗜茶与余同性。"董小宛并精于烹茶，常用"文火细烟小鼎长泉"，亲自炊煮，十分讲究。董死后，冒辟疆无限感叹地说："余一生清福，九年占尽，九年折尽矣！"

二、韩熙载夜宴

韩熙载，后唐同光进士，因避乱亡命江南。仕南唐，累官中书侍郎等职。李煜即位，欲授以为相。时南唐称臣于宋，熙载耻为亡国之相，为避朝廷入相之命，遂耽于酒色。煜遣画师顾闳中潜入韩家窥视，用心识默记方法，画下《韩熙载夜宴图》。据传，李煜曾以此画谕其节制宴乐，然熙载依旧放荡不羁，终不为所用。

三、壮族婚俗——敬娘送

向伴娘敬酒的礼仪。兰州婚姻风俗，也流行于广西象州。当地称女方伴娘（陪伴新娘）曰"娘送"。娶亲之日，娘送们伴新娘入席后，宴席间，小伙子们边唱山歌，边向娘送们敬酒，娘送们也一一回敬，双方杯盏相交和对唱山歌，直至深夜。

长城干白葡萄酒

日映碧桃如片锦，花色满楼人欲寝。
隔墙时递巧禽声，惊醒逸人清梦枕。
花萼柳丝娇媚甚，古调新诗宜细品。
楼前飞燕绕帘迎，笑坐玉楼窗畔饮。

——《玉楼春·南楼漫酌（和）》·后蜀·欧阳炯

物种基源

长城牌干白葡萄酒是长城葡萄酒有限公司（原河北沙城酒厂）产品。1979年、1984年蝉联两届国家金质奖。

该公司已有近40年酿制葡萄酒的历史。白葡萄酒是1977年问世的品种。此酒选用当地优质龙眼葡萄为原料，取汁，澄清处理后，接入纯种酵母发酵，陈酿两年以上，再勾兑、过滤、装瓶，瓶贮半年以上方出厂。

风味品鉴

长城干白葡萄酒微黄带绿，清亮透明，酒香浓郁，特有的葡萄果香宜人，口感柔和，圆润适爽，醇美不涩。

长城干白葡萄酒的品鉴

品鉴项目	标　准
酒精（V％ 20℃）	16°
糖分（葡萄糖计·克/100毫升）	＜0.5％
总酸（琥珀酸计·克/100毫升）	≤0.65
色　泽	淡黄微绿色，清亮、透明、艳丽
香　气	具鲜果之香及浓郁的酒香
滋　味	具有清、新、爽、利、愉、雅的特殊风味

名人与酒

伯颜酒酣率兵灭宋

伯颜（1237—1295），蒙古八邻部人。伯颜性残忍，嗜酒。至元（元朝年号）初，旭烈兀遣他入朝奏事，忽必烈认为其才可留用，遂于1262年，任中书左丞相，辅助忽必烈主持朝政。

1274年，伯颜亲率大军东下伐宋，直指临安。南宋王朝贾似道当政，此人少时就不务正业，因其姊受宠于理宗，更使他有恃无恐，荒淫无度，累官至参知政事、知枢密院事，权势极大。他早年就曾与蒙古相勾结。忽必烈攻鄂州时，他就曾密向蒙古称臣输币议和，以"再造之功"入朝。此次蒙古出兵，他既不作抗抵准备，又不能率军血战，致使伯颜军长驱直入，特别是酣酒的伯颜将兵，悍勇异常，所向无敌。是年12月，"黄、蕲、江、德、六安等地望风而降。"第二年2月，贾似道复请和于元，伯颜不许。在池州丁家洲为元军所败，逃往扬州。1276年，伯颜攻入临安（今杭州），宋降。俘谢太后、恭帝及官属，押赴上都。

传说故事

一、宋徽宗的酒驼香龟

据《夷坚志》载：宋徽宗有酒器名玉骆驼，高四寸许，贮酒可容数升。香龟小如拳，类紫石而莹，每焚香，以龟口承之，尽入其中。二器用黄蜡封口，每出游必怀以往。欲饮酒，则去封蜡，即驼出酒，龟吐香，时以为奇。

二、"饯行"习俗

饯行，古代汉族礼仪风俗，亦称"饯别"。有亲友远出，治酒食为之送行。古代即有流行。《诗经·大雅·韩奕》："韩侯出祖，出宿于屠。显父饯之，清酒百壶。其殽维何，炰鳖鲜鱼。其蔌维何，维笋及蒲。"因饯行必饮酒，故又称"饮饯"。晋陶潜《咏荆轲》诗："饮饯易水上，四座列群英。"

三、"拦门酒"的风俗

拦门酒，汉族婚姻风俗。在青海河湟等地流行。婚娶中男家送别女方宾客时，由若干人持小茶碗或大酒杯，或执壶，分列大门两侧，每一宾客出门，须饮酒三碗（三杯），不能饮者，可由宾客中他人代饮。宾客饮毕，集门外唱礼谢别。亦有于门口摆一长桌，置一长凳，东家拥立桌旁，每出一宾客，豁拳饮酒六杯，方放行。

吐鲁番白葡萄酒

竹叶连糟翠，葡萄带曲红。
相逢不令尽，别后为谁空。
——《题酒店壁》·唐·王绩

物种基源

吐鲁番白葡萄酒为新疆维吾尔自治区吐鲁番瓜果实业公司产品，1984年被评为自治区优质酒。此酒选用吐鲁番盛产的优质喀什噶尔葡萄为原料，经分离发酵、储存陈酿后精工酿制而成。吐鲁番白葡萄酒和吐鲁番的葡萄一样，深受国内外游客的好评。

风味品鉴

吐鲁番白葡萄酒呈淡黄色，清澈透明，富有光泽，香气完整，果香悦人，味道醇和协调，柔细爽口，回味绵长。

吐鲁番白葡萄酒的品鉴

品鉴项目	标　　准
酒精（V% 20℃）	12°
糖分（葡萄糖计·克/100毫升）	11%
总酸（琥珀酸计·克/100毫升）	≤0.65%
色泽	呈微黄色，清澈透明，有光泽
香气	有新鲜果香，又有浓郁的醇香
滋味	入口清爽，味醇正，余味绵延

名人与酒

吕后命刘章监酒

汉高祖刘邦死后，大权落到了吕后手中，她大封诸吕为王，安插亲信，排斥异己，又强令刘氏王族娶吕姓女子，以起到控制和监视刘氏王族的作用。她将自己侄儿吕禄的女儿嫁给了齐王刘肥的儿子——朱虚侯刘章，对赵王刘友、梁王刘恢等人也都撮合了吕氏女为妻。

后来赵王刘友的妻子吕氏女向吕后告密，说赵王在家里曾说要为刘家消灭吕氏，吕后听后立即命人囚禁刘友，最后赵王刘友终于活活饿死在狱中。吕后的胡作非为激怒了朱虚侯刘章，这个年轻人性格刚强，武艺高超，决心等待时机，一举铲除吕氏集团。

吕后知道刘章心怀不满，就蓄意寻找机会制服他。有一次，吕后大宴群臣，特地让刘章担任监席的"酒吏"。刘章心里明白，这是吕后有意刁难他，他想了想，对吕后说："臣乃将门之子，请准以军法监酒。"吕后只当戏言，也就随口答应了。

宴会上轻歌曼舞，美酒佳肴，热闹非凡。刘章既为"酒吏"，就得招待宾客，添酒劝饮，显得非常忙碌。他表面上装着若无其事的样子，同诸吕王侯又说又笑，敷衍周旋。诸吕以为刘章在吕后的严威下屈服了，显得很得意。不一会儿，一个个都灌得醉醺醺的。

正当酒酣之时，刘章吩咐撤去歌舞，说："今日欣逢盛宴，我愿为大家唱一曲《耕田歌》，以助酒兴。吕后虽然对农事不感兴趣，但想到听听歌曲也无妨，于是就让他唱起来：

深耕概种，立苗欲疏；非其种者，锄而去之！

吕后一听颇为诧异：这不分明是说刘邦打下的江山落到吕氏手中，诸吕都是"非其种者"，要"锄而去之"吗？但刘章是唱歌，并没有指名道姓，怎好当面责备呢？因此，只好一声不响地先把怒气咽到肚子里。

诸吕大多是不学无术的草包，根本不懂刘章唱的什么意思，还一边叫好，一边大吃大喝。过了一会，有个吕姓贵戚不胜酒力，便偷偷地溜出宴厅。刘章发现后，心想这是个好机会，他追上去一把揪住，并拔剑刺死了那人。诸吕见此情景，大惊失色！吕后也不禁勃然大怒。这时，刘章一手执着明晃晃的宝剑，一手提着血淋淋的人头，向吕后复命："有亡（逃）酒一人，臣谨以法斩之！"吕后想起宴前准许军法监酒的许诺，无法判定刘章擅杀之罪，只好忍怒宣布散席罢宴。

刘章敢作敢为的监酒行动，赢得了大家的钦佩，后来朱虚侯刘章果然帮助陈平、周勃等人，一举除掉了吕氏集团，恢复了刘氏的江山。

传说故事

一、陈子文一钱买酒疗渴肠

传说，从前金陵陈子文，号苍崖，家贫，嗜酒。一日，囊仅有一钱，买酒饮之，作诗自嘲云："苍崖先生屡绝粮，一钱犹自买琼浆。家人笑我多颠倒，不疗饥肠疗渴肠。"

二、酒忌酉日的传说

据《龙文鞭影》载：昔帝女令仪狄作酒进之禹，禹饮而甘之，曰："后世必有以酒亡国者。"遂疏仪狄，绝旨酒。又周有杜康亦善造酒，以酉日死，故造酒会客忌酉日。

三、文人雅士酒气拂拂

据《侯鲭录》记载：苏东坡云："我酒后，乘兴作数千字，觉酒气拂拂从十指出也。"又《西清笔记》云："清尚书张文敏（照），嗜饮，有醉中作书极得意者，内府所藏临争坐贴，自题谓酒气拂拂从十指出也。"

张裕高级解百纳干红葡萄酒

得即高歌失即休，多愁多恨亦悠悠。

今朝有酒今朝醉，明日愁来明日愁。

——《自遣》·唐·罗隐

物种基源

张裕高级解百纳干红葡萄酒由张裕集团公司生产，已有100多年的历史，是中国第一个工业化生产葡萄酒的厂家，也是目前中国乃至亚洲最大的生产葡萄酒企业。

张裕高级解百纳干红葡萄酒以世界著名的解百纳品系中的品丽珠、蛇龙珠、赤霞珠等葡萄品种为原料，经低温发酵精酿而成。为中国之首创，酒体丰满，具有葡萄的典型性，口感纯正，酒香悦怡，酒质典雅独特，是家庭和宴会的饮用佳品。最佳饮用温度为12℃～16℃。

风味品鉴

张裕高级解百纳干红葡萄酒，其风味特征是：红宝石色，色泽清亮透明，香气宜人，味醇厚优美。

张裕高级解百纳干红葡萄酒的品鉴

品鉴项目	标　准
酒精（V％ 20℃）	≤12°
糖分（葡萄糖计·克/100毫升）	≤0.5
总酸（琥珀酸计·克/100毫升）	≤0.65
色　泽	清亮透明，红宝石色，色度鲜
香　气	酒香、果香均佳
滋　味	味感和谐，饮后回香，回味悠长

名人与酒

张弼士与张裕葡萄酒

张弼士，是张裕葡萄酒公司创始人。原籍广东。1892年前，已是南洋富商，常思报效祖国。一次，他到法国驻雅加达领事馆参加酒会，法领事以葡萄酒招待。宾主交谈，张问此酒何名？产于何地？主人告知是法国白兰地。并说如用中国烟台所产葡萄酿制，也会有较高质量。酒会后，张弼士专程去烟台考察，并买下烟台东西两座山，开山劈岭，垒石填土，从法、意等国引进葡萄苗，建起葡萄园。重金聘奥地利驻烟台领事拔保为技师，遂办起张裕葡萄酒公司。

传说故事

一、酒瓮藏影的故事

佛经故事：有一年轻夫妇，一日，夫使妻曰："尔取酒来共饮。"妻开酒瓮，见内中有一美女之影，责夫曰："汝有妻藏瓮中，何再娶我？"夫视瓮，亦怒曰："你何以一男子藏于瓮中？"

一僧人过，见争吵，问原因，往视瓮，忿然曰："有僧人藏其中，何叫我评理！"拂袖而去。少顷，来一道人，问其由，前视瓮，知见者皆人影，以幻为真。曰："我使瓮中人出。"举石砸之，酒流尽，再视瓮，一无所有。

二、松江县丞写酒"平"（瓶）

相传，宋宣和年间，沈太学，吴兴人，仕云间（今上海市松江区）县丞。一日，令吏取酒"三瓶"，误写作"三平"。吏曰："非此平字。"沈即将平字加一踢，曰："三乎也罢。"

三、酒已死矣

《笑林广记》记载：一人请客，客方举杯，即放声大哭，主人慌问曰："临饮何故而悲？"答曰："我生平最爱的酒，今酒已死矣，因此而哭。"主人笑曰："酒如何得死？"客曰："既不曾死，如何没有一些酒气？"

张裕高级雷司令干白葡萄酒

寻芳不觉醉流霞，倚树沉眠日已斜。

客散酒醒深夜后，更持红烛赏残花。

——《花下醉》·唐·李商隐

物种基源

张裕高级雷司令干白葡萄酒，由烟台张裕葡萄酒股份有限公司选用世界著名的雷司令葡萄品种，采用先进工艺技术酿造而成。本品果香浓郁、风格高雅，具有微酸爽口悦怡的特色，有效地保存了雷司令葡萄的营养成分。饮用最佳品温 10～14℃。干白葡萄酒佐餐海鲜品具特异风味。

风味品鉴

张裕高级雷司令干白葡萄酒，其风味品质特征为：酒体澄清透明，微黄色带绿色，酒香浓郁悦人，酒体和醇，口味醇厚，丰满爽口，余香绵长，典型佳酿。

张裕高级雷司令干白葡萄酒的品鉴

品鉴项目	标　　准
酒精（V‰ 20℃）	≤12°
糖分（葡萄糖计·克/100 毫升）	≤0.5
总酸（琥珀酸计·克/100 毫升）	≤0.65
色　泽	色淡黄带微绿，清亮透明
香　气	葡萄果香浓郁，风格高雅
滋　味	具有微酸爽口，令人悦怡

名人与酒

陶渊明嗜酒赋诗

陶渊明（365—427），又名潜，字元亮，浔阳柴桑（今江西九江市西南）人，东晋时代的大诗人。

"性嗜酒"是陶渊明在《五柳先生传》为自己的性格所作的结论。他的好友颜延之给他作诔，也说他"性乐酒德，简弃烦促，就成省旷"，成为"爱酒又爱闲"（欧阳修语）的人物。梁武帝长子萧统编的《陶渊明集序》里说："渊明之诗，篇篇有酒。"而唐代大诗人白居易则直接说陶渊明"篇篇劝我饮，此外无所云"。可见这位大诗人不仅嗜酒，而且把酒带进诗文中来了。据统计《陶渊明集》现存诗文 142 篇中，说到饮酒的就有 56 篇，约占全部作品的 40%。其中以酒为题的有《饮酒二十首》《止酒》《述酒》《连雨独饮》等名篇。他在 39 岁到 50 岁这 11 年中，"偶有名酒，无夕不饮""酣饮赋诗"成为他生活的主流。

传说故事

一、待客"酒菜而已"

从前，一儒官方乘马出迎上司，适乡人来访，不及详说，匆匆谓其妻来曰："待以菜酒而已。"妻不懂文言，不知"而已"为何物，既而询诸婢仆，皆猜为所畜大羊也，乃宰羊设酒待之。儒官归，问其故，叹息无端浪费，惆怅不已，其后但出门时，辄嘱内眷曰："今后若有客至，只用菜酒，切不可用'而已'。"

二、乾隆酒楼题联的传说

清代北京有"天然居"酒楼，一次，乾隆帝以它为题作对联，上联是："客上天然居，居然天上客。"但下联却苦索不得。遂令群臣续对，翰林学士纪晓岚对出下联："人过大佛寺，寺佛大过人。"一时传为佳话。

三、酒帝评酒客

相传，南社成员顾悼秋，有署"神州酒帝"。其对南社中嗜饮者，各为之品评，称"沈剑霜、余十眉，诗人之酒也；叶楚伧，陆伯鹃，酒人之酒也；胡朴安、柳亚子、王大觉、周酒痴、朱剑芒、狂人之酒也。"

王朝半干白葡萄酒

秋来相顾尚飘蓬，未就丹砂愧葛洪。
痛饮狂歌空度日，飞扬跋扈为谁雄？
——《赠李白》·唐·杜甫

物种基源

王朝半干白葡萄酒，是中法合营，王朝葡萄酿酒有限公司创建于 1980 年，是我国第二家，天津市第一家中外合资产酒企业，也是亚洲地区规模最大的全汁高档葡萄酒生产企业之一。合资方为法国人头马亚太有限公司和香港国际贸易与技术研究社。

此酒是选用自产的白羽、贵人香、吉米亚特、红玫瑰、玫瑰香等多种葡萄，经分选、破碎，取其自流汁澄清，控温发酵、贮存、冷冻、调配等工序酿制而成。此酒全部采用自流汁，原酒化糖，是纯汁半干白葡萄酒。

王朝牌半干白葡萄酒（天津）1984 年获莱比锡国际博览会金质奖，1983—1985 年获第四届全国评酒会金质奖。

风味品鉴

王朝半干白葡萄酒，其风味特点：酒体呈微黄色，略带微绿，清澈透明，有新鲜葡萄果香，又有常有的醇香，酸甜适口，余味延绵。

王朝半干白葡萄酒的品鉴

品鉴项目	标　准
酒精（V％ 20℃）	12°
糖分（葡萄糖计·克/100 毫升）	＜2.5％
总酸（琥珀酸计·克/100 毫升）	＜0.65
色　泽	清澈透明，有光泽
香　气	果香浓郁，幽雅
滋　味	微酸适口，余味悠长

名人与酒

李白"斗酒诗百篇"

李白（701—762），字太白，号青莲居士。祖籍陇西成纪（今甘肃秦安东）人，隋末其先人流寓碎叶（今吉尔吉斯斯坦北部托克马克附近），他于此出生。晚年漂泊困苦，卒于当涂。诗风雄奇豪放，想象丰富，语言流转自然，音律和谐多变。富有积极浪漫主义精神。

> 李白斗酒诗百篇，长安市上酒家眠。
> 天子呼来不上船，自称臣是酒中仙。

这是杜甫刻画李白的四句传神之诗，极其生动地道出了唐代伟大诗人李白和酒的关系，李白嗜酒的性格几乎和他那不朽的诗篇一样出名。至今许多酒店仍然在灯笼或酒帘上写出"太白遗风"的字样，就是人们对这位"酒仙"诗人的称颂与怀念。

"提壶莫辞贫，取酒会四邻。仙人殊恍惚，未若醉中真。"诗中说明了李白追求"醉中真"的意境，他把饮酒之乐看得高于得道的仙人。"贤是既已饮，何必求神仙。三杯通大道，一斗合自然""蟹螯即金液，糟丘是蓬莱。且须饮美酒，乘月醉高台"。有了美酒，就不必追求神仙了，醉卧高台的美好享受，就是蓬莱仙境也不过如此。

李白被列为当时的"酒中八仙"之一。其中的许多人都是李白的酒友。至于他同杜甫的交往，除了赋诗唱和，就是杯觥交错。杜甫说他"痛饮狂歌空度日，飞扬跋扈为谁雄"，这是李白平日"酒仙"生活的真实写照。

传说故事

一、孝顺儿媳不言"九"

相传，江苏兴化戴窑的戴家庄，庄上戴九的儿子娶了一个很孝道的妻子。自打过门后，从不提及"九"字，即使去买酒也避讳。一年重阳节的前一天，戴九两位好友，一位叫张九，一位叫李九来约戴九重阳节一起饮酒。二人来时戴九离家，只有儿媳妇一人在家，于是张、李二人对其儿媳说："等你公爹回来时转告，就说今天张九、李九手提着酒，明天是九月初九，一起吃酒。"儿媳妇有礼貌地答应转告。

二人刚走不多远，看见戴九回，二人商议："据说戴九的儿媳孝顺过人，数年从未提公公的名讳'九'，今天我们倒听其怎么转告，因我俩名字里也有'九'。"于是二人在窗外偷听，只听得儿媳妇见公爹回来就转告："公公，刚才张三三、李四五，手里提着交冬数（酒），明天是重阳节，请您去赴宴。"张九、李九一听，果不其然。

二、"叫花子赶酒"的习俗

旧时，江汉平原农村，结婚、生子、寿诞、盖房、中举之类的宴庆间，有乞丐样的不速之客来放鞭炮、唱赞词，以示祝贺。主人也须请其入席共饮。临行，还须馈以烟、酒之类的礼品，重致谢意。此类人大多是丧失劳力的民间艺人，以此谋生，俗称"叫花子赶酒"。

三、朝鲜族的"古稀宴"

朝鲜族民间祝寿风俗。指七十岁祝寿仪式。在祝寿酒宴上，近亲子孙及其配偶为寿星行礼祝寿。当地习俗，古稀宴是为个人举行的最后一次祝寿仪式。流行于东北地区。杜甫诗云："人生七十古来稀。"因是七十岁寿诞时举行的酒宴，故名"古稀宴"。

烟台味美思

新酒熟，芰荷香，扁舟移过碧方塘。
野风吹面浮云卷，渔歌远，醺醑漫斟犀角盏。

——《兰舟载酒》·五代·李珣

物种基源

山东烟台味美思是烟台葡萄酿酒公司的产品。在第一、二、三届全国评酒会上，均被评为全国名酒。

味美思以烟台张裕酿酒公司开始酿制而有名，早在1915年巴拿马万国博览会上就曾荣获金质奖章。此酒以大泽山龙眼葡萄等为原料，取自流汁和第一次榨汁进行发酵，经处理得原汁酒，贮存两年以上，出厂前半年，加藏红花、豆蔻、丁香、肉桂、龙胆草等数十种药材的浸出液，并加入原白兰地、糖浆、糖色等，以调整酒度、口味、色泽，包装出厂前还要进行冷冻法处理等。

风味品鉴

烟台味美思酒，色棕褐，清亮透明，有葡萄的酯香和特有的药香，香气浓郁协调，微甜带酸，爽适稍苦，醇和优美，且有强身健体之功。

烟台味美思酒的品鉴

品鉴项目	标　准
酒精（V% 20℃）	17.5°～18.5°
色　泽	棕褐色，清亮透明
香　气	醇和酯香和幽雅药香
滋　味	味纯，酸甜协调，爽适微苦

名人与酒

苏东坡爱酒、造酒、赞酒

苏轼（1037—1101），字子瞻，眉州眉山（今四川省眉山市）人。仁宗嘉祐二年进士。历官福昌县主簿等。神宗时因反对王安石变法，出为杭州通判。后因写诗被指"谤讪"朝政，被捕入狱。哲宗即位，起用为翰林学士兼侍读。后又被贬惠州等地。徽宗即位，遇赦，复朝奉郎，提举成都玉局观。北宋中期的文坛领袖，唐宋八大家之一。

苏东坡一生与酒结下了不解之缘，特别是到了晚年，嗜酒如命。他爱酒、饮酒、造酒、赞酒。在他的诗、词、散文、书信中都仿佛飘散着美酒的芳香。"明月几时有，把酒问青天""酒酣胸胆尚开张"等等，为了赞酒和造酒，他专门写下了六篇酒赋。

大家都说，是美酒点燃了东坡文学创作灵感的火花。苏门四学士之一的黄庭坚曾说过：东坡饮酒不多即烂醉如泥，醒来"落笔如风雨，虽谑弄皆有意味，真神仙中人"。著名的"欲把西湖比西子，淡妆浓抹总相宜"，就是东坡与友人在西湖湖心亭饮酒时，半醉半醒的乘兴之作。东坡几乎所有的诗、词、文、赋都是在饮酒后写成的，酒是他的兴奋剂，是开启心扉的钥匙。

东坡到了晚年，被流放到惠州、儋州，生活清苦，他更是借酒浇愁，排解遭受政治迫害的郁闷；以酒会友，广泛交游；效仿李白、杜甫、白居易等他所崇拜的诗人，因为这些人都很能喝酒。

东坡不但是美酒鉴赏家，而且还是一个"酿酒专家"。东坡造酒是从黄州练习开始的，一是因为他贬谪生活的需要，要借酒浇愁；二是因为他待客也需要酒，"闲居未尝一日无客，客至未尝不置酒"；三是因为他收入有限，花不起更多的钱买酒，只好自己学习酿酒。

东坡还有造酒的专题"学术论文"，他写过《酒经》，相当具体地谈到了制曲、和曲、用米、用曲、用水的比例；加曲，加水的时间、火候和酿造过程中出现的正常和不正常现象，以及应注意的事项。有人问东坡："子无病而多蓄药，不饮而多酿酒，劳己为人，何也？"东坡回答说："病者得药，吾为之体轻；饮者困于酒，吾为之醺适。盖专以自为也。"东坡造酒既助人又自助。在那个科学不发达的时代，东坡能利用新的技术方法，不断实践，造出各种酒来，又有理论专著，不愧为"酿酒专家"。

传说故事

一、魏征酿酒的传说

相传，唐贞观年间，丞相魏征能酿酒，名曰："醹渌翠涛，常以大金罂盛贮，十年饮不竭，其味即世所未有。太宗皇帝有诗赐之，谓："醹渌胜兰生，翠涛过玉薤。千日醉不醒，十年味不败。""兰生"，即汉武帝朝百味旨酒。"玉薤"，隋炀帝时酒名，征酿酒之法学自酒人大宛。

二、装酒颠救主

相传，春秋时，有士子远出为吏，而其妻与人私通。士子将返，通者忧私情败露。妻曰："请勿忧，我已备药酒待其饮矣。"三日，夫果至，妻令妾以药酒进之，妾欲言酒中有药，则恐主母被逐，如勿言，则恐毒杀其主。于是佯装颠扑而酒翻于地，主大怒，笞妾五十。

三、赠酒入库的传说

据传，北宋时，州郡间岁终因交睦邻之好，以酒互赠，赠酒皆入公库，如私自饮用，则有罪。英宗治平元年（1064 年），凤翔知府陈希亮曾以邻州所赠酒私用，被贬官。其后，祖无择以公使酒三百小瓶赠亲故，自直学士谪授散官安置。

金奖白兰地

对酒当歌，人生几何？
譬如朝露，去日苦多。
慨当以慷，忧思难忘。
何以解忧，唯有杜康。

——《短歌行》·三国·曹操

物种基源

金奖白兰地是山东省烟台张裕酿酒公司的产品，在第一、二、三届全国评酒会上均被评为中国名酒。

金奖白兰地是历史比较悠久的名酒，早在 1915 年就在巴拿马国际博览会上获金质奖章和奖状。此酒原名"张裕白兰地"，1928 年改用今名。到 50 年代以后，扩大了生产，提高了质量，产品畅销国内外市场，在国际市场上很有声誉。

此酒采用优质葡萄发酵蒸馏的原白兰地为主，加入部分葡萄皮和甘蔗红糖发酵蒸馏的原白兰地及特制白兰地香料等配制而成，然后再入橡木桶中陈酿两年以上，经处理后再包装出厂。

风味品鉴

金奖白兰地，酒体金黄透明，醇香浓郁，幽雅独特，味醇厚甘洌，后味绵长，风格独特。

金奖白兰地酒的品鉴

品鉴项目	标　　准
酒精（V% 20℃）	40°（出口酒 44°）
色　泽	酒液金色透明
香　气	醇香浓郁，香味独特
滋　味	醇厚甘洌，余味绵长

名人与酒

诗酒并重的杜甫

杜甫（712—770），字子美，诗中尝自称"少陵野老"。原籍襄阳（今属湖北），迁居巩县（今属河南），杜审言之孙。开元后期，举进士不第，漫游各地。后寓居长安近十年。安禄山军陷长安，逃至凤翔，遇见肃宗，官左拾遗。后为华州司功参军。不久弃官，又移家乡成都，筑草堂于浣花溪上，世称浣花草堂。一度在剑南节度使严武幕中任职检校工部员外郎。故世称杜工部。晚年携家出蜀，病死湘江中。其诗显示了唐代由盛转衰的历史过程，被称为"诗史"。

诗人杜甫，也是个"酒圣"，他嗜酒的程度并不亚于李白。据郭沫若先生的统计，杜甫现存的诗共有1400多首，其中与饮酒有关的共有300首，占其总量的21％还多。

十四五岁的杜甫已经是位酒豪了。到了壮年时期，杜甫同李白交往，二人在一起有景同赏，有酒同醉，亲如兄弟。"醉眠秋共被，携手同日行"（《与李十二白同寻范十隐居》）。

杜甫在长安任左拾遗，仍然和往常一样纵酒作乐。

> 朝回日日典青衣，每日江头尽醉归。
> 酒债寻常行处有，人生七十古来稀。

当时的杜甫已到了要典当衣服来换酒喝的地步了，每次都要喝得"尽醉"。没有衣服只好赊账，而且处处都有酒债。看来杜甫并没有指望活到70岁，而只是拼命纵酒。

传说故事

一、酒鬼难捉

据传，一日，玉帝坐凌霄殿，谓诸神曰："地狱之鬼，有阎君统辖，惟阳世之鬼，无人管束，愈出愈奇，我欲使钟馗至下界，尽捉为食之，以惩鬼蜮之行，而除生灵之害。"众神曰："界分阴阳，阴有鬼而阳有人，阳世何得有鬼？"帝曰："阳世之鬼甚多，例如吝啬鬼、势利鬼、乌烟鬼、财鬼、醉鬼皆是也，何可不除？"遂命钟馗下界捉鬼。钟至下界，饬鬼卒尽拘之，唯醉鬼不见到案，询之鬼卒，答曰："这醉鬼无日不饮，无饮不醉，夜间闹酒发疯，白日害酒装死，实在难捉。"钟馗："且将众鬼蒸而食之，先回奏玉旨要紧。"行至中途，忽来一人扭着钟馗不放，自称是醉鬼。钟馗曰："我正要捉你，你因何反来缠我？"醉鬼曰："你姓钟乎？是大盅还是小盅？"钟馗道："此话怎讲？"醉鬼说："若是大盅，与你喝三十盅；若是小盅与你喝五十盅，喝完了再说。你吃不吃，我不管。"

二、李侍郎醉执土豪

清世祖朝侍郎李立，以监察御史出按江南。时武昌有大土豪段世昌，作恶万端，而其权势盘根错节，人皆无可奈何。李至，佯醉不问。一日，饯客江边，已微醉，夜往叩门，世昌出迎，命随从絷之，即置于狱。远近显要为其求情之书信满桌，李概不启阅，立命将段杖杀。当世昌入狱时，语其家人曰："我曾见一道人，能知未来事，询以终身。"道人曰："他日所遇，非桃非杏，非坐非行，即禄尽时也。今按君姓名适符，我不得生矣。"

三、刘伶醉酒另一说

相传，竹林七贤刘伶之妻，常为夫嗜酒所苦，与其妾相谋欲害之。因酿酒一大缸，伶日索其酒，妻曰："待熟，吾请汝一醉。"及酒熟，及招伶就饮，其妻与妾推而纳入酒中，以物蔽之，将巨木扼塞其上，意谓伶必被溺死于酒中。越三日，听缸中寂然，以为死，乃揭缸视之，则见酒色已尽矣，而伶大醉，坐于糟粕之上。良久伶方能举头，谓其妻曰："汝几时许我一大醉，而却教我在此闲坐。"

烟台红葡萄酒

瑶浆密勺，实羽觞些。挫糟冻饮，酎（宙）清凉些。
华酌既陈，有琼浆些……美人既醉，朱颜酡些……
娱酒不废，沈日夜些……酎饮尽欢，乐先故些。

——《招魂》·先秦·屈原

物种基源

烟台红葡萄酒是山东省烟台葡萄酿酒公司的产品，在全国第一、二、三届评酒会上，均被评为全国名酒。

烟台位于山东半岛，水土气候宜栽葡萄，1892年，印尼华侨张弼士开始在此集资创办张裕酿酒公司，引入欧美优良葡萄品种20余种，先后酿出了红、白葡萄酒，味美思、白兰地等16种酒，从1914年正式销售产品，一经问世，大受欢迎。

此酒问世不久，即在国内外多次获奖。孙中山先生还曾为该厂题写过"品重醴泉"的奖匾。

1933年，酒厂失火，损失很大，后经修复，但未复原。新中国成立后，张裕葡萄酒公司才获得了较大发展。70年代该厂改为现名，产品畅销海外。

烟台红葡萄酒以上等玫瑰香葡萄为主，以玛瑙红、梅鹿辄、解百纳等20多种葡萄为辅，其色、香、味各有所长。工艺上分别采取甜酒发酵和干酒发酵，经过一系列精工处理，贮藏两年以上，再按标准调配，包装出厂。

风味品鉴

烟台红葡萄酒的风味特征是：此酒色泽鲜艳如红宝石，透明似晶体，果香明显，酒香浓馥，口味醇厚，甜酸适口，风味独特。

烟台红葡萄酒的品鉴

品鉴项目	标　准
酒精（V％ 20℃）	16°
糖分（葡萄糖计·克/100毫升）	12％
总酸（琥珀酸计·克/100毫升）	0.6％～0.7％
色泽	鲜艳如红宝石，透明似晶体
香气	果香明显，酒香浓郁
滋味	口味醇厚，甜酸适口

名人与酒

蒲松龄酒宴讽赃官

蒲松龄曾长期为家乡塾师，对劳动人民有所接触，对当时政治、社会多有批判，著有文学和自然科学等多种作品。

侍郎毕际有欣赏蒲松龄的才学，聘其为家庭老师。有一天，毕际有宴请卸职还乡的尚书王渔祥，蒲松龄如约作陪。席间，王渔祥自恃肚子里有墨水，就提出每人作一首诗助兴，但诗文须三字同头、三字同旁，输者要喝三杯罚酒。毕际有略加沉思，即以当日酒宴待友为内容，率先吟道："三字同头左右友，三字同旁沽清酒。今日幸会左右友，聊表寸心沽清酒。"王渔祥称赞叫好，并紧接着吟道："三字同头官宦家，三字同旁绸缎纱。若非大清官宦家，谁人配穿绸缎纱。"说罢得意地冲蒲一笑，心想看你怎么出洋相啰。蒲向来对官场的腐败恨之入骨，今日又看到王渔祥挑衅，气更不打一处来，但他理智地沉住气，并正了正衣襟后高声诵道："三字同头哭骂咒，三字同旁狐狼狗。山野声声哭骂咒，只因道多狐狼狗。"真可谓入木三分、痛快淋漓。蒲松龄吟罢，即拂袖而去。

传说故事

一、"储梨成酒"的传说

相传，宋人仲宾家有梨园，其树大者，每株收梨二车。有一年，梨大丰收，乃用瓮储梨数百，似缶盖后用泥封口，待后取食。久则忘之。逾半年，仲宾闻园中酒气熏人，疑守者所酿酒熟，询之，曰："无"。乃循酒气寻找，系从瓮中散出，启视所藏梨，皆已化为美酒。

二、哈尼克族的"喝新谷酒"

新谷初登时的庆丰酒，哈尼族民间生产风俗，流行于今云南红河哈尼族彝族自治州。每年在新谷成熟的初秋，择一吉日，各家从田里割回一把颗大粒多的谷穗，用稻捆扎后倒挂在屋后山墙的小篾笆边，以求家神对庄稼的保护，接着，摘下百十颗谷粒，有的炸成米花，有的泡入酒中，谓之新谷酒。当天下午，宴请邻里长者，客人则唱祝福歌相贺。宴上主客须得酒足饭饱，民间相传：喝了新谷酒可无病无痛，衣食丰足。

三、"畲族嗜酒"风俗

酗饮为畲族的风俗之一。畲族分布在闽、浙、赣、粤、皖五省一百多个县内部分山区。畲民每适喜庆佳节、红白喜事、生孩子、盖房子等都要请客喝酒，加之山区山高水冷，饮酒可御寒，故动辄相聚酗饮。所制酒分两种，用糯米酿者称"米酒"，醇香浓郁，味甜可口，用小麦酿造的称"麦酒"，淡而无味。

青岛香槟酒

拔毫已付管城子，烂首曾封关内侯。

死后不知身外物，也随樽酒伴风流。

——《辛公点题戏作》·宋·刘过

物种基源

香槟酒为山东省青岛葡萄酒厂产品。1963年被评为山东省名酒，1984年获得轻工业部系统银杯奖。

青岛香槟酒有 50 多年的生产史。产品畅销国内外，是宴会上常用的高级酒。此酒以大泽山的龙眼葡萄为原料，经皮汁分离发酵，酿成原酒，在橡木桶中陈酿，装瓶时充足二氧化碳，合格后才准出厂。

风味品鉴

香槟酒，其风味特征为：呈淡黄色，清亮透明。开瓶时，木塞夺瓶而出，发出清脆的响声。有葡萄的浓郁果香，将酒注入杯中有细腻的汽珠升起。入口微甜微酸，醇厚爽口，饮后余香绵长。

青岛香槟酒的品鉴

品鉴项目	标　准
酒精（V% 20℃）	12.5°
糖分（葡萄糖计·克/100 毫升）	5%
总酸（琥珀酸计·克/100 毫升）	0.7%
色　泽	呈微黄色，透明晶亮
香　气	果香悦人
滋　味	口感醇厚，爽口，饮后余香悠长

名人与酒

朱洪武的"酒戏"

朱元璋即明太祖，在位 31 年，安徽凤阳人。他在起兵反元时，曾发布过禁酒令。几年后又说"军国之费"苛政于民，表示"取之过多，心甚怜焉"，下令不准种植糯稻，"以塞适酒之源"。在称帝后的第六年，又令太原不要再进葡萄酒，其理由是"国家以养民为务，岂以口腹累人哉"；次年，当西番酋长献葡萄酒时，再次说"何以此以劳民"，于是赢得了躬行节俭的好名声。

但是，在他当皇帝的后期，则令工部选造大楼，设酒肆其间，诏赐文武百官宴饮，原先的"养民""劳民"言辞皆抛至九霄云外。

朱元璋还强迫不能饮酒的大臣饮酒，使其醉得行走不成步，他则在旁边欢笑，并命侍臣赋诗《醉举土歌》，好让后人知道，他朱某就是如此"君臣同乐"的。

传说故事

一、鹅酒的传说

相传，用一只大鹅和一壶酒（或一坛酒）相搭配的宴会方式为旧时汉族民间礼仪风俗，有礼酒和罚酒两种。用于向长辈祝寿和其他喜事者为礼酒；对于口角殴斗，经乡里有威望的长老根据情节和是非，断为无理者，则罚鹅酒，轻者用鸡酒，重者用羊酒。此风俗流行于湖南等地。

二、酒酣求学士

据《唐书·崔日用传》，崔日用于唐中宗时官拜兵部侍郎。帝尝于内殿宴百官，饮酒极欢，日用遂起为回波舞，至中宗前求学士之职。中宗即手诏其兼修文馆学士。日用擅嫁祸于人，谋取富贵。尝曰："我平生所事，皆随机应变，然每顾及此，若芒刺背上。"

三、酒中圣人

据传，徐邈为三国魏尚书郎，时曹操颁禁酒令，而邈在府第私饮大醉，赵达问以曹事，邈曰："酒中圣人。"达以此禀操，操大怒，渡辽将军鲜于辅进言曰："醉客谓酒清者为圣人，浊者为贤人，此醉中之言也，请太祖宥之。"曹操即罢而勿问。

民权干红葡萄酒

为此春酒，以介眉寿。
朋酒斯飨，曰杀羔羊。
称彼兕觥，万寿无疆。

——《诗经·七月豳风》

物种基源

民权干红葡萄酒是河南省民权葡萄酒厂于 1974 年制成的产品。1979 年被评为全国优质酒。1983 年、1984 年获国家银杯奖。

此酒以优质佳酿、玫瑰香等葡萄品种为原料，经严格分选、加糖控温发酵、原酒陈酿、勾兑、冷冻等工序酿制而成。

风味品鉴

民权干红葡萄酒的风味特点：酒液色泽棕红，清澈透明，香气馥郁，果香、醇香突出而典型，滋味微酸，口味丰满，和谐适口，浓郁纯正，留香悠长。具有干红葡萄酒的典型风格，为不甜型葡萄酒。

民权干红葡萄酒的品鉴

品鉴项目	标　准
酒精（V% 20℃）	11°~13°
糖分（葡萄糖计·克/100 毫升）	1%
总酸（琥珀酸计·克/100 毫升）	0.5%~0.7%
色　泽	棕红明亮，清澈透明
香　气	芳香浓郁，醇香幽雅
滋　味	口味丰满，和谐适口，留香悠长

名人与酒

石达开惨败于酒

石达开（1831—1863），广西贵港客家人，地主出身，是太平天国的领导人之一。1863 年 5 月，石达开兵败于四川大渡河畔；6 月，被诱至清营，旋即解往成都被害。

石达开惨败的原因固然是多方面的，但与饮酒也有关系。据《石达开传》介绍：石军在遭清军围困之前，石达开正喜得贵子，在这大敌当前，全军生死攸关的紧急关头，他却被得子之喜冲昏了头脑，竟下令全军放假 3 天，痛饮庆贺。就此不但丧失了东渡的宝贵时机，而且在清军的猛烈进攻下，全军上下醉酒迎战，战斗力大大减弱，全军覆没是必然的结局。

传说故事

一、鸱夷酿诗

据传，"鸱夷酿诗图"，沈雪庐手绘，有题云："鸱夷，酒器也。杨雄《酒箴》：'鸱夷滑稽，腹大如壶，终日盛酒，人复借沽'。今则以此酝酿诗肠，绘图以应烟桥仁兄雅属。庚申（1920）岁杪，雪庐沈塘。"

二、"离娘酒"的传说

女儿离开娘家前夕的酒筵。汉族婚姻风俗。婚娶前一天，未婚夫送去拜谢女方母族的酒肴。拜见毕，未婚夫妻同入厨房做饭烧菜，晚上设家宴，请母亲坐首席，父亲及兄弟姐妹陪坐，未婚夫妻先向母亲行跪拜礼，然后向每人敬酒，唱《感恩歌》。母亲对新人唱《祝福歌》，在座他人也要即兴唱安慰和祝愿之歌。此风俗流行于陕西巴山一带。

三、"酒社"传说

据传，南社诗人大多嗜酒，顾悼秋自署"神州酒帝"，周云别署"酒痴"。柳亚子虽不善酒，却喜闹酒。1915 年，南社中高阳酒徒十余人，建立酒社，至 1920 年，共集会十三次，尤以每年中秋一会为最盛。顾悼秋为酒社成立撰小启云："风景不殊，河山已异，腐鼠沐猴，滔滔皆是。洁身自好之士，辄欲遁迹糟窟，以雪奇恨，此酒社之所以作也。时维中秋佳节，丹桂香飘，招集欧盟，觞于吾里，踏灯秋禊桥畔，泛月金镜湖头，结一段因缘，留它年佳话。同心可证，芳躅非遥已。此启。己卯（1915 年）八月五日。"

附：酿酒用葡萄

葡萄的品种不同，葡萄酒的味道、特性也有很大差异。全世界的葡萄有几千种，但可以用来酿造葡萄酒的，只有 50 多种，主要分为白葡萄和红葡萄两种。

1. 白葡萄

白葡萄酒和香槟酒用此酿制而成，色泽包括青色和黄色等。

（1）雪当尼，主要产白法国，美国加利福尼亚州也有种植，是酿制白葡萄酒和香槟酒的主要葡萄。

（2）白苏维安及白富美，主要种植于法国的波尔多区、卢亚区和美国加利福尼亚州，用以酿造上好的白葡萄酒。

（3）白雪尼，法国卢亚区和干邑区种植的葡萄，可以酿造甜白葡萄酒和白兰地。

（4）雷斯令或意斯林，是一种种植面积最广的葡萄，法国、德国、美国、中国等地都有种植，用它可酿造白葡萄酒。

（5）斯万娜，种植区域也很广，主要是法国、德国、澳大利亚、美国、加拿大等地。能酿造清新可口的白葡萄酒。

（6）斯美安，法国格夫区和素丹区种植，用以酿造甜白葡萄酒。

（7）目斯吉，广泛种植于全球的葡萄，种类繁多，用以酿造甜白葡萄酒。

2. 红葡萄

可以用来酿造各种葡萄酒，色泽有黑、蓝、紫和深红等。

（1）甘美，主要法国勃艮第区和美国加利福尼亚州种植，用以酿造新鲜红葡萄酒和玫瑰红葡萄酒。

（2）辛范多，主要种植在法国和美国加利福尼亚州，用以酿造红葡萄酒。

（3）占美娜和格胡斯占美娜，普遍种植于法国阿尔萨斯区，德国莱茵区和意大利，可以酿制品味独特的白葡萄酒。

（4）皮诺卢亚，主要种植区在法国勃艮第，可以酿造出上乘的红葡萄酒和香槟酒。

（5）加比纳苏维安，法国波尔多区、美国加利福尼亚州和澳大利亚都有种植，在我国山东省也有种植。用以酿制上乘的红葡萄酒。

（6）美诺，主要种植区在法国波尔多区、意大利北部、瑞士等地。用以酿制红葡萄酒。

（7）雪华沙，法国龙区和澳大利亚等地都有种植，用以酿制上乘的红葡萄酒。

四、啤 酒

啤酒（beer）亦称"麦酒"。以大麦芽及啤酒花为主要原料，经酵母发酵而成的一种含大量二氧化碳的低酒度营养饮料。因该词罗马语、英语、德语、法语等中第一音节均为"啤"，故取名。浅黄至咖啡色，透明清亮液体；有爽口的甘苦味，酒精含量2％～7.5％。约在5000年前，在亚洲幼发拉底河和底格里斯河流域，已有相当规模的生产。按生产工艺的不同，用上面酵母在较高温度上用较短时间发酵而成的，称上面发酵啤酒；用下面酵母在较低温度下用较长时间发酵而成的，称下面发酵啤酒。凡经过装瓶（或灌）后杀菌的，称"熟啤酒"或"贮藏啤酒"，保存期可达360天以上；凡不经过杀菌的，称"生啤酒"或"鲜啤酒"，一般酒龄短、稳定性差，保存期5～7天，但口味鲜美。按酒色不同，分黄啤酒（亦称"浅色啤酒"）和"黑啤酒"（亦称"深色啤酒"）两种；前者由低温烘干麦芽制造，色淡清香；后者用焙炒过的部分焦化麦芽制造，色深有焦香，口味醇厚。此外，尚有按特殊方法制成的，如姜汁啤酒、爱尔啤酒。某些世界名酒则往往加上地名，以示区别，如联邦德国的慕尼黑啤酒、捷克斯洛伐克的比尔森啤酒、中国的青岛啤酒等。成品按酿造前原麦芽汁的浓度来表示其浓度（8％浓度经下者为低浓度啤酒，8％～16％浓度为中浓度啤酒，16％以上为高浓度啤酒），但不代表其酒精浓度。如我国最普通的12°黄啤酒，是指其原麦芽汁浓度为12％，其实际的酒精含量仅约3.1％～3.5％。一般制法：先由大麦发芽制成麦芽，经糖化、过滤，制成麦芽汁，加入酒花煮沸、蒸发、冷却，接入酵母发酵，贮藏成熟后过滤、装瓶、灭菌而成。含有丰富的蛋白质、氨基酸、维生素、无机盐等营养成分和发热量，故有"液体面包"之称。

中国五星啤酒

我似杨雄贫嗜酒，笔作耕犁纸为亩。

辛勤耕植三十年，往往糟醨罕濡口。

——《九日会饮》·宋·王十朋

物种基源

中国五星啤酒，为北京著名产品，曾被定为我国国宴用酒，在1963年的第二届全国评酒会上曾被评为全国优质酒。

首都啤酒厂建于1915年，原名双合盛啤酒厂，是我国最早的啤酒厂之一。特制五星啤酒是该厂的老产品，系选用优质麦芽、优级酒花和上等大米为原辅料和优良净水酿制而成。工艺操作精细，质量要求严格，产品在国内外享有一定的声誉。

风味品鉴

中国五星啤酒，酒液色泽淡黄，清亮透明而有光泽，二氧化碳含量充足、泡沫丰富、洁白、细腻、挂杯持久、酒花香气馥郁，麦芽清香怡人，口感柔和，清爽微苦而杀口强。后味微苦而舒适。原麦汁浓度为12°，酒精含量为3.5%以上。

中国五星啤酒的品鉴

品鉴项目	标　准
酒精含量（重量%）不小于	3.5°（V01）
实际浓度（重量%）不小于	4.5°（V01）
原麦汁浓度（按啤酒分析计算重量%）不少于	12°P
实际发酵度（重量%）不低于	56
色度（1/10N碘液的毫升数）	<0.7
总酸度（中和100毫升啤酒的需要的0.1NaOH溶液的毫升数）	<1.9～2.0
二氧化碳量不低于（重量）	0.3～0.4

名人与酒

汉武帝刘彻的"榷酒"政策

汉武帝刘彻，很喜好饮酒，流传了不少奇闻趣事。他曾办了件史无前例的事，就是实行酒类生产的流通全由官方控制的"榷酒"政策。从当时的情况看，酒价比较贵，一般平民只能在喜庆节日时用一点，有钱、有身份的人才能享受。实际酒的专卖，等于向有钱的人征收一笔特种消费税，当然要遭到官僚、地主、贵族的反对的。从汉武帝天汉三年（公元前98年）"初榷酒酤"，到汉昭帝始元六年（公元前81年）"罢榷酤"，总共不过十七年，但确给西汉政府带来巨额收入，使武帝经营西域、断匈奴右臂的政策得以维持，应该说是有积极意义的，而且对后来历代朝廷关于酒的政策产生深远的影响。

传说故事

一、猴子吃酒后就不像人

据《酒趣》记载：有好事者买得猢狲，将衣帽与之穿戴，教习跪拜，颇似人形。一日，设酒请客，甚是可爱。客以酒赏之，猴饮大醉，脱去衣帽，满地打滚。众客笑曰："这猢狲不吃酒时还像个人形，岂知吃下酒去，就不像个人了。"

二、不给官酒

相传，宋太祖赵匡胤称帝前，在周世宗朝廷当禁兵。时曹彬为世宗掌茶酒事。赵匡胤尝向他求酒食，彬回答说："此官酒不敢相与，自沽酒请君痛饮。"及太祖即帝位，曾语群臣云："世宗旧吏不敢欺主者，独曹彬耳。"由是委以腹心。

三、古代尚酒者的别号与室名

中国历代文人雅士，凡尚酒者，均有与酒相关联的别号。唐李白号"酒仙翁"，元结称"酒徒温叟"，宋临江人向子湮叫"酒边居士"，明曲阳人傅山别号"酒道人""酒肉道人"，清湘潭人胡平号"酒秀山衣"等等。以酒为室名的，也不胜枚举，如清代衡平居处为"酒堂"，嘉兴徐锡可堂屋为"酒趣斋"，海州谢浚住处为"酒醒梦觉轩"，恭剑书斋称"酒五经吟馆"等。

青岛啤酒

我从燕山望京阙，五陵豪客伤离别。

相逢不饮君奈何，瓷泼葡萄色如血。

须臾吸尽三百壶，西陵之日驱金乌。

眼中谁是高阳徒，醉来忽见醉人图。

图中之人谁最醉，美而鉴者眦如泪。

——《醉中题醉人图》·明·徐学谟

物种基源

青岛啤酒是山东青岛啤酒股份有限公司著名产品。在第二届、第三届全国评酒会上均被评为全国名酒。

青岛啤酒股份有限公司于 1903 年投产，是我国最早生产啤酒的工厂之一。该公司生产的啤酒，色泽淡黄，清澈透明，有光泽，二氧化碳气充足，泡沫洁白细腻，厚实持久而挂杯，酒花香气浓郁，麦芽香味怡人，口味柔和而清爽，有酒花的苦味，余味纯净，饮后令人愉快、舒适。

此酒以浙江宁波的优质二棱大麦和上好大米为原料，酒花为工厂自种的优良品种，用优良的崂山矿泉水酿造。由于选料严格，酿造经验丰富，技术高超，使青岛啤酒成为饮誉五洲的名酒，青岛啤酒于 1954 年开始出口，已先后销到 30 多个国家和地区。1979 年荣获国家质量奖，获银质奖章和优质产品证书。

风味品鉴

青岛啤酒，酒液为浅金黄色，清亮有光泽，二氧化碳气充足，泡沫洁白、细腻、持久，有明显的酒花香和麦芽香，口感清爽杀口，口味醇厚。

青岛啤酒的品鉴

品鉴项目	标　　准
酒精含量（重量%）不小于	3.5°（V01）
实际浓度（重量%）不小于	4.5°（V01）
原麦汁浓度（按啤酒分析计算重量%）不少于	>12°P
实际发酵度（重量%）不低于	56
色度（1/10N 碘液的毫升数）	<0.7

（续表）

品鉴项目	标　准
总酸度（中和 100 毫升啤酒的需要的 0.1NaOH 溶液的毫升数）	＜2.0
二氧化碳量不低于（重量）	＞0.3

名人与酒

夏桀与商纣两君王与酒

桀，是夏代最后一个君王。他耗尽了民力财力，过着花天酒地的生活。史书上说，他用池子盛酒，酿酒的糟堆得像山一样，令人奏起"靡靡之乐"，自己坐在用玉装修的楼台上，观看三千人俯身就酒池像牛饮水般饮酒取乐。纣，是商代的最后一个君王，比起夏桀来可以说是过之而无不及。他饮起酒来，七天七夜不停歇，建造的酒池大得可以行船。酒池边悬肉为林，使男女赤身裸体在池边追逐嬉戏。

传说故事

一、司马光还酒

相传，北宋司马光任御史中丞时，尝往来于陕洛间，随从二三人，骑驴于道，过州县，不使人知。一日自洛趋陕，陕守刘仲通知光来，使人远迎，司马光已从城外过去了。急使骑追赶至，馈酒四樽，光不受。使云："若不受，归必得罪。"不得已，收二樽，行三十里，至张店镇，于镇官外遣使送还其酒。

二、半联酒店的传说

相传，清乾隆年间，承德有一酒店，悬半副对联："一串无鳞，鳅短鳝长鲶大嘴。"店主笑脸迎客说："敝店有对联半副，酒店之名由此而来，哪位高人对上下联，小店供奉酒饭一月，分文不收。"消息传出，酒店门庭若市，数月过去，无人对上。一日，来一年轻书生，衣衫破旧，吃过饭，问店主为何只悬半联？对曰："君不见小店以半联为名，你如能对上下联，这顿饭分文不收，且奉送酒饭一月。"书生拱手施礼去："晚生献丑了。"说罢，挽袖挥毫，书就下联："三元有甲，龟圆鳖扁蟹缺头。"店主叹服："奇才，真乃奇才。"

三、同庚千岁酒的传说

相传，同龄人为 50 岁寿辰举行的庆祝酒宴。上海有甲午同庚会之组织，参加的名流，如吴湖帆、梅兰芳、周信芳、汪亚尘、郑午昌、杨清磬、范烟桥等，均生于清光绪甲午年（1894年）。第一次宴会，取吉祥口采，肴馔由万寿山菜馆供应，所饮为千岁酒。共 20 人，每人 50 岁，共祝千年寿。

燕 京 啤 酒

闻说崇安市，家家面米春。

楼头邀上客，花底觅南邻。

讵有当垆子，应无折券人。

劝君浑莫问，一酌便还醇。

——《酒市》·宋·朱熹

物种基源

燕京啤酒，由坐落于首都北京的燕京啤酒公司生产。该公司建于 1980 年，1993 年组建集团。燕京总部连年被评为全国 500 家最佳经济效益工业企业，中国行业的百强企业。高品质的燕京啤酒先后荣获"第 31 届布鲁塞尔国际金奖""首届全国轻工业博览会金奖""全国行业质量评比优质产品奖"，并获"全国啤酒质量检测 A 级产品""全国用户满意产品"等多项荣誉称号，被指定为中国国际航空公司配餐用酒。1997 年燕京牌商标被国家工商行政局认定为"驰名商标"。

燕京啤酒由矿泉水、优质麦芽、大米、啤酒花、精工酿造而成。

风味品鉴

酒液黄亮透明，二氧化碳气充足，泡沫洁白、细腻、持久，有明显的酒花香的麦芽香，味感醇和，浓纯爽口。

燕京啤酒的品鉴

品鉴项目	标 准
酒精含量（重量%）不小于	＞2.5°（V01）
实际浓度（重量%）不小于	≥2.5°（V01）
原麦汁浓度（按啤酒分析计算重量%）不少于	＞8°P
实际发酵度（重量%）不低于	＞56
色度（1/10N 碘液的毫升数）	＜1.9～2.0
总酸度（中和 100 毫升啤酒的需要的 0.1NaOH 溶液的毫升数）	＜1.9～2.0
二氧化碳量不低于（重量）	＞0.3

名人与酒

"醉生梦死"前秦苻生

堪称"醉生梦死"典型的，要数十六国时前秦国君苻生了。苻生"耽湎于酒，无复昼夜"，在位两年，就被人篡夺了帝位。当夺位者领着人"鼓噪"而来时，这位君王"尤昏寐未寤"，临被杀还要"饮数斗"，"昏醉无所知"。

传说故事

一、北京的旧风俗——吃喜酒

吃喜酒，北京旧时风俗之一。吃喜酒，一名会新亲，且有当日酒和两日酒之别。是时，新娘姑姨、娘舅、外公外婆，齐集于男方，对新郎父母说些客气话，为新娘消灾。吃酒时，一人一席，至多两人一席，但必须两人作陪。如女方来十位宾客，而男方须二十人作陪。此时，新郎向女方来宾行礼，来宾即赠以带子（表示生子），扇子（表示生个善子）和钱袋。袋中有钱一吊者，为当朝一品，二吊者为和合二仙，三为三台子贵，四为四季平安，五为五子登科，以至于七八九十，也都念念有词。

二、景颇族习俗——竹筒敬酒

竹筒敬酒，待客习俗。云南景颇族男女老少都喜欢喝酒，出门时，筒帕（自己编织的挎包）里都放着一个用竹子刻制而成的酒筒，熟人相见，互相递上酒筒劝饮。家中来客时，主人首先倒给的不是茶水而是一杯酒，客人接过酒，不立即就饮，要先倒回一点到酒筒里才喝，以示对主人的尊敬。如果同来有几位客人，主人一般不直接向各位敬酒，而是把酒筒交给认为能代表自己的知心人。此人接过酒筒后，应根据来客人数和酒筒里酒的多少，给每人倒酒（包括主人在内），还要留一点酒在酒筒里做"酒种"，表示筒里的酒永远喝不完。如果碰上几个人轮流喝一杯酒时，每个人喝过酒后用手揩一下酒杯上自己喝过的地方。然后才递给下一个人。有老人在场，要让老人先喝。

三、古时的"年节酒"

年节酒，旧时过春节时互相宴饮的一种习俗。春节之后，亲戚好友，互相邀饮，至正月十五日而止，俗称年节酒。《清嘉录》引范来宗留客诗云："登门即去偶登堂，或是知心或远方。柏酒初开排日饮，辛盘速出隔年藏。老饕餍饮情忘倦，大户流连态怕狂。沿袭乡风最真率，五侯鲭逊一锅香。"

雪 花 啤 酒

一酌岂陶暑，二酌断风飙，
三酌意不畅，四酌情无聊，
五酌孟易覆，六酌欢欲调，
七酌累心去，八酌高志超，
九酌忘物我，十酌忽凌霄。

——《独酌谣》·南朝·陈后主

物种基源

雪花啤酒，为华润雪花啤酒（中国）有限公司授权华润雪花啤酒（长春）有限公司出品。该公司是由香港华润创业有限公司与全球第三大酿酒集团 SABMIILER 合资组建的一家生产、经营啤酒和饮料的企业。此啤酒因泡沫丰富洁白如雪，口味持久溢香似花，遂命名为"雪花啤酒"。

风味品鉴

雪花啤酒的风味特征为：酒液淡黄，清亮透明，二氧化碳充足，泡沫洁白如雪、细腻，持久挂杯，有明显的酒花香和麦芽香，清爽醇浓，杀口力强。

雪花啤酒的品鉴

品鉴项目	标　准
酒精含量（重量%）不小于	≥2.5°（V01）
实际浓度（重量%）不小于	<3.5°（V01）
原麦汁浓度（按啤酒分析计算重量%）不少于	8.0°P
实际发酵度（重量%）不低于	56
色度（1/10N 碘液的毫升数）	<0.7
总酸度（中和 100 毫升啤酒的需要的 0.1NaOH 溶液的毫升数）	<1.9～2.5
二氧化碳量不低于（重量）	>0.3

名人与酒

晋孝武帝与酒

晋孝武帝，史书上说他"天资英挺"。历史上著名的淝水之战，就是他在位时打的一场以少胜多的胜仗。可是这位帝王却"溺于酒色，为长夜之饮"，后来在昏醉的情况下，被宠爱的张贵人指使人用被子蒙面闷杀了。

传说故事

一、"盒酒定亲"的传说

盒酒定亲，是旧时汉族婚姻风俗。民间以"盒酒"作为定亲的凭证。流行于陕西武功一带。"盒酒"指木制的菜盒，内放着八样菜肴，两壶酒。女方接受男方的盒酒以前，不论男方送了多少财礼，女方可以退婚。等到收受了男家的"盒酒"之后，婚事才算定下，不允许女家退婚，并邀请亲友会饮，宣布婚事已确定。

二、"鲁酒薄而邯郸围"传说

鲁酒薄而邯郸围，其说有二：其一，楚宣王大会诸侯，鲁恭公后至，进薄酒。宣王责恭公不敬，恭公曰："我周公后代，有功于王室。送酒已有违礼仪，责酒薄，毋求之太苛？"遂不辞而别。宣王乃与齐发兵攻鲁。时梁惠王欲击赵，畏楚援赵，见楚攻鲁，遂发兵围邯郸。其二，楚大会诸侯，鲁与赵皆献酒。楚王酒吏另向赵王索酒，赵王不与，吏怒，乃暗以赵之厚（酒）换鲁之薄（酒）。奏楚王曰："赵酒薄。"楚王怒而围邯郸。

三、"禁酒平粮价"的传说

某县令至三河（今安徽庐江县北）乡间访故友，相遇小饮。令问："今岁果歉乎？"故人对曰："歉甚。"令曰："粮价猛涨，何法可平？"友指杯曰："戒酒。"令曰："请闻其详。"对曰："境内有酿酒坊十二家，每坊日用稻米十二石，麦面二百四五十斤，十二坊日需米百四十四石，麦面千余斤。公如暂禁烧酒或裁汰私烧，何患粮价不平。"令称善。

哈尔滨啤酒

买得杏花，十载归来方始坼。

假山西畔药栏东，满枝红。

旋开旋落旋成空，白发多情人更惜。

黄昏把酒祝东风，且从容。

——《酒泉子·饮兴》·唐·司空图

物种基源

哈尔滨啤酒，为黑龙江省哈尔滨啤酒有限公司出品。创始于1900年，是中国最早的啤酒品牌，融百年独特的酿酒经验与当今科学的工艺于一体精酿而成。

哈尔滨啤酒有限公司的最前身——乌卢布列夫斯基啤酒厂，是中国最早生产啤酒的企业，是名副其实的中国啤酒工业的源头。经过100多年的演变、发展，哈啤由小到大，由弱变强，现在已是枝繁叶茂，名扬国内外。

哈尔滨啤酒以优质麦芽、芳香的酒花、东北大米为原料，经粉碎、糖化、冷却、发酵、过滤、杀菌等工序酿制而成。

风味品鉴

哈尔滨啤酒，酒液浅黄色，清亮透明，富有光泽，二氧化碳气体充足，泡沫细腻、洁白、持久、挂杯，有明显的酒花和麦芽香味，品味纯正、爽口，稳定性好等特点。

哈尔滨啤酒的品鉴

品鉴项目	标　　准
酒精含量（重量%）不小于	3.6°（V01）
实际浓度（重量%）不小于	＞4.5°（V01）
原麦汁浓度（按啤酒分析计算重量%）不少于	＞9.1°P
实际发酵度（重量%）不低于	＞56
色度（1/10N 碘液的毫升数）	＜0.7
总酸度（中和100毫升啤酒的需要的0.1NaOH 溶液的毫升数）	＜1.8～2.5
二氧化碳量不低于（重量）	＞0.3

名人与酒

曹植酗酒被贬

魏武帝曹操虽说嗜酒,却能以大局为重,提倡禁酒。可是他的第三个儿子,被封为陈王的曹植很不争气。建安二十四年(公元219年),曹操的堂弟曹仁在樊城为关羽所围,曹操命曹植领兵救援,招曹植有所救戒,曹植却喝得大醉,不能受命。曹操死后,次子曹丕袭爵。公元220年,曹丕称帝,次年,曹植被以"醉酒悖慢,劫胁使者"的罪名,贬为安乡侯。

传说故事

一、酿酒缸缸好做醋

相传,有财主开酒店,请秀才写对联,要写出"人丁兴旺,酿酒发财,店中无鼠,养猪肥大"之意,润笔银十两,先付二两。秀才见财主吝啬,书就对联云:"酿酒缸缸好做醋坛坛酸;养猪大如山老鼠头头死。"横批是"人多病少财富",中间皆未加标点,写好后念给财主听,断句为"酿酒缸缸好,做醋坛坛酸;养猪大如山,老鼠头头死。"横批为"人多、病少、财富。"财主十分满意,贴于门口,可是不愿再给秀才另外的八两银子,秀才也不与其争辩,冷笑而去。翌日酒店开张,顾客盈门,人们看到门口对联,读后无不大笑,财主赶来一看,气得七窍生烟,原来秀才昨夜给对联加上标点,变成:"酿酒缸缸好做醋,坛坛酸;养猪大如山老鼠,头头死!"横批变成了"人多病,少财富"。

二、宋徽宗囚饮

据传,金人俘虏宋徽宗,行至平顺州,时正七夕,官中于驿舍作酒肆,纵人会饮。徽宗见一胡妇携数女子,皆艳丽,或歌或舞,或吹笛持酒劝客,所得钱物,辄归胡妇,稍不及,即以杖击之。少顷,吏赍酒饮帝,胡妇亦遣一女子入室,对帝呜咽不成曲。帝曰:"吾与汝为乡下人,汝东京谁氏女也?"女视胡妇稍远,乃曰:"我百王宫魏王女孙也,被虏转鬻于此。"帝泣下,遣之。

三、"酿酒聚义"的传说

相传,新莽末年,琅玡海曲(今山东日照西南)富户吕母,子育为县游徼,为县令冤杀。吕母家富,乃多酿酒,有少年来沽,必半价售之;有赊者,于年终免其所欠。久之,诸少年议偿还之。母泣告曰:"所以厚诸君者,以县令无道,枉杀我子,托诸君助我复仇耳,岂望他报。"诸少年遂与母相聚,于天凤四年(17年),杀县令而起义,为赤眉军之先驱。

肇天蓝带啤酒

倾酒向涟漪,乘流欲去时。
可怜无酒分,处处有旗亭。
不负佳山水,还开酒一樽。
为问幽栖客,吟时得酒不?

——《江竹》·唐·钱起

物种基源

肇天蓝带啤酒，是广东肇天蓝带啤酒有限公司的产品。该公司于 1988 年 11 月 7 日与美国帕斯特公司签署《蓝带啤酒技术（商标）转让协议》，美国帕斯特公司授权中方使用蓝带啤酒商标和美国全套生产技术与工艺配方（设备从加拿大温哥华一家酿酒公司拆下运来中国）。一个拥有 150 多年历史，多次在美国费城和法国巴黎博览会上夺得金奖的世界名牌——蓝带啤酒，漂洋过海来到中国安家落户。这是中国啤酒业运用引进国外核心技术、运用名牌效益、提高产品的市场占有率的一个成功运作的典范。

肇天蓝带啤酒，运用当地鼎湖山矿泉水、优质麦芽、大米、啤酒花，利用美国帕斯特公司蓝带啤酒技术酿造而成。

风味品鉴

肇天蓝带啤酒，其风味特征为：酒体色泽浅，泡沫洁白细腻，挂杯持久，酒花香明显，口味净爽，杀口好，颇受国内大众和一些喜欢洋货的人欢迎。

肇天蓝带啤酒的品鉴

品鉴项目	标　准
酒精含量（重量%）不小于	3.6°（V01）
实际浓度（重量%）不小于	＜4.5°（V01）
原麦汁浓度（按啤酒分析计算重量%）不少于	＞10°P
实际发酵度（重量%）不低于	56
色度（1/10N 碘液的毫升数）	＜0.7
总酸度（中和 100 毫升啤酒的需要的 0.1NaOH 溶液的毫升数）	＜1.9～2.5
二氧化碳量不低于（重量）	＞0.3

名人与酒

陈叔宝与酒

南北朝时期陈朝的皇帝陈叔宝，可以说是另一种终日只知"醉酒妇人"的代表。当隋朝的大军即将临境时，有人上书希望他赶快改悔，他不但不听，还判了上书人死罪。隋军发动攻势以后，这位皇帝不仅不做任何准备，还胡说什么"王气在此"，隋军不敢来的。及至京城被围，口出狂言的皇帝陡地变成只知啼哭的懦夫。城破以后，他带着两个嫔妃躲进一口枯井。隋军扬言要往井里扔石头，吓得他大喊大叫，最后被隋军用绳子吊上来，成了阶下囚，真是丑态百出，贻笑千古。

传说故事

一、"得壶至祸"的传说

相传，明初，吴中沈万三，藏有古今书画无数。又有玛瑙壶一把，其体通明类水晶，面画葡萄一枝，如墨点，名"月下葡萄"。万三死后，壶转入数巨家，莫知所归。天顺间，嘉兴李铭为童子师，一日舟行，见河滨有光，因觅得之，即其壶。有知府刘侃语之曰："此异宝，以献镇淮贵珰张公，谋金嘉兴盐钞。果得所愿，因分其利。"铭领钞过江，舟覆，钞皆湿。嘉兴太守杨继宗送补前钞，铭死狱中，侃亦破产与偿。

二、古汉族丧葬风俗——封山酒

封山酒，汉族丧葬风俗。人死后，邻里亲友待死者入葬毕，相约携酒食菜果，香烛纸钱，至坟前献奠。丧家闻知亦送来酒食，众人于坟前聚饮。因坟形似山，故名。流行于四川西部丘陵地区。《重修彭山县志》卷二："侯其殡葬毕时，酹金治馔群集葬地，焚献并席地团饮。丧家闻悉，亦必酌送酒肴答谢之，名曰封山酒。"

三、旧上海"售酒免四"的传说

清代和民国年间，上海酒店之盛器，大都是锡壶、锡罐，当时每十六两计，而每壶、每罐盛满仅十二两，充作一斤出售，行家术语谓之"免四"，即十六两中少去四两。但店中盛酒壶、罐听任醉客抛掷，看似酒肆损失，其实掷瘪之壶、罐容量更少，店主反能得益。

附：啤酒的家族

（1）生啤酒。比较适于瘦人饮用。生啤酒（即鲜啤酒），是没有经过巴氏杀菌的啤酒。由于酒中和活酵母菌在罐装后，甚至在人体内仍可以继续进行生化反应，因而这种啤酒喝了很容易使人发胖，另外生啤酒中的鲜酵母可以促进胃液分解，增进食欲，加强消化，增加营养，对瘦人增强体质，增加体重也是有好处的。

（2）熟啤酒。比较适宜胖人饮用，经过巴氏杀菌后的啤酒就成了熟啤酒，因为酒中的酵母已被加温杀死，不会继续发酵，稳定性较好，不会在胃中继续繁殖。

（3）干啤酒。适合怕发胖和有糖尿病的病人饮用。这种啤酒源于葡萄酒，酒中所含糖的浓度不同，普通的啤酒还会有一定糖分的残留，干啤酒使用特殊的酵母使剩余的糖继续发酵，把糖降到一定的浓度之下，就叫干啤酒，当然对有糖尿病的人还是不主张饮酒。

（4）低醇啤酒。低醇啤酒适合从事特殊工作的人饮用，如驾驶员、演员等。低醇啤酒是啤酒家族新成员之一，它也属低度啤酒。低醇啤酒含有多种微量元素，具有很高的营养成分。人喝了这种啤酒不容易"上头"，还能满足"瘾君子"们的酒瘾。

（5）无醇啤酒。适合妇女、儿童和老弱病残者饮用。啤酒家族中的一名新成员，也属于低度啤酒，只是它的糖化麦汁的浓度和酒精度比低醇啤酒还要低，无醇啤酒的营养同低醇啤酒一样丰富，因为它酒精度特别低。

（6）运动啤酒。顾名思义是供运动员饮用的，它也是啤酒家族的新成员。运动啤酒除了酒精度低以外，还含有黄芪等15种中药成分，能大大加快运动员在剧烈运动后恢复体能的速度。

（7）黑啤酒。黑啤酒也称浓色啤酒。它是用黑麦芽和焦香麦芽酿成的啤酒，麦芽汁浓度高，发酵度较低，含固形物较多，具有浓咖啡的色泽和麦芽的焦香、醇厚。烟台生产的黑啤酒，出口美国，很受欢迎。冬季饮用这种酒，在开瓶前需放在30℃左右的温水里，温热后再喝，这样才不失酒的风味，并能产生老酒的香醇和特色。

（8）小麦啤酒。小麦啤酒也称白啤酒。流行于欧美，例如德国、英国和加拿大等。中国烟台以及河北宣化、河南南阳等地，也都生产这种啤酒。它以小麦为原料，其酿造过程中与黄啤酒基本相同，但小麦蛋白质含量不超过1%。酿制周期短，耗能少，成本低。这种酒白色微黄，泡沫多，香气、口味淡爽，二氧化碳较足。

（9）速溶啤酒。即粉末啤酒。法国根据速溶咖啡的原理较早生产了这种啤酒，目前丹麦、日本也有。这种啤酒适于小规模生产，饮用十分方便，只要向粉末中加入适量的矿泉水调制，便可饮用。容易运输，旅行携带方便。其口味分甜型、苦型和不含酒精 3 种，不含酒精的适于老幼饮用。

（10）浓缩啤酒。由荷兰采用冷冻浓缩法研制而成。这种啤酒色泽橙黄，香味浓郁，饮用方法与速溶啤酒相同，加水搅拌即可，根据爱好调制浓淡。

（11）速瘦啤酒。由原联邦德国酿造。它不但具有开胃健脾、清火安神的作用，而且可以使人减肥。欲减肥者只要坚持每日 3 餐适量饮用，短期内即可见效。

（12）苦味啤酒。是法国为迎合出口，适应东南亚及日本市场需要而生产的。色、香均同于一般啤酒，只是入口稍苦。

（13）果味啤酒。由英国首创。目前，我国也有生产，这种啤酒是以啤酒花、果汁（香蕉、柠檬和菠萝等）、白糖和多种食品添加剂为原料精酿而成的低度饮料。其共同特点为液体清澈，酸甜适度，口感清爽，果味浓郁，芳香扑鼻，酒精度低，含有多种维生素，是妇幼老弱及司机、机床工人的理想饮料，深受消费者欢迎。

（14）奶酿啤酒。以牛奶中的黄油和乳蛋白中的乳精为主要原料，采用乳糖发酵，加入啤酒花酿制而成。它有独特的奶香味，为我国内蒙古的产品。

（15）营养啤酒。由我国沈阳啤酒厂试制成功。以麦芽、蔗糖、酒花、大米、赖氨酸为原料酿制。有荔枝香甜味，但不适宜糖尿病患者饮用。

（16）保健啤酒。由我国石家庄的啤酒厂家研制而成。它是以健身防病见长的啤酒系列产品。目前，有添加粉葛、枸杞、大枣、荷叶和玉米须等酿制的几种。这些啤酒，有的可增强脑和冠状动脉的血流量，改善血液循环，有的可补血益气，减肥生津，有的可利尿、降压与健身。江苏沙州啤酒厂研制生产的保健啤酒，螺旋藻的蛋白质含量高达 60% 以上，含有 17 种氨基酸及大量维生素。

（17）葡萄啤酒。由我国江苏省连云港市葡萄酒厂研制成功。具有酸甜合适的口感，天津也生产此种啤酒。

（18）猴头啤酒。由我国吉林省德惠市啤酒厂生产。呈淡黄色，外观清澈透明，口味醇厚、芬芳，对消化不良、体虚乏力、神经衰弱等有较明显的食疗作用。

（19）木薯啤酒。由我国广州市食品工业研究所，以木薯片为原料制成。这种啤酒呈金黄色，酒体透明，泡沫持久，别具风味。

（20）矿泉啤酒。由我国河南陕县以优质矿泉水酿制而成。此矿泉水酒含有 42 种化学成分，可治疗多种疾病，如心脏病、气管炎、胃肠疾病等。

（21）甜啤酒。我国广州、大连均生产这种啤酒。这种啤酒既保持了 12°优质啤酒的口味，又含有一定的营养成分，具有明显的抗疲劳、抗高温、增强体力和智力及增加肌体对细菌、病毒抵抗力的功效。大连的甜啤酒只有 9°，味甜，适宜妇女、儿童饮用。

（22）三鞭啤酒。此酒以海狗鞭、梅鹿鞭、广东狗鞭等中药材和大麦为原料制成。这种啤酒呈淡黄色，风味独特，属滋补营养佳品，适于中老年人饮用，具有健脑补肾等功效。

（23）花粉啤酒。科学地将花粉加入啤酒而制成。常饮可强健身体、消除疲劳、养颜美容，对心血管、消化道、内分泌系统的疾病也有一定疗效。

（24）高粱啤酒。由山西省农科院研制成功。该啤酒氨基酸平均含量为 69.19%，赖氨酸含量为 2.08%，比普通啤酒高得多。

（25）酸枣啤酒。比利时的兰比克啤酒就是这种啤酒，属酸型啤酒。其生产工艺比较简单，很容易在小型的葡萄酒厂生产。其产品酒液透明，泡沫白细，香气浓郁，口味酸甜。

（26）大豆啤酒。利用榨油后的豆饼，经发酵酿制而成。其色泽金黄，酒体透明，泡沫细腻，挂杯好，酒花香气明显，口味纯正，淡爽适口。

（27）荞麦啤酒。是由北京农林科学院与郑州市食品总厂等单位协作研制的。荞麦啤酒不仅保留了啤酒特有的风味，而且氨基酸含量明显高于一般啤酒，人体必需的多种微量元素，尤其是铁、锰和锌的含量，均高出国内的名牌啤酒。

（28）辣味啤酒。这是日本一家公司推出的一种新啤酒。这种啤酒呈中性，比一般啤酒味要浓，但不及白酒"凶"。同时，这种辣味啤酒还保留了啤酒的营养和清香。

（29）蜂蜜啤酒。吉林省延边大光明啤酒厂生产的蜂蜜啤酒，既保持了啤酒的特色，又丰富了啤酒的营养成分。它采用传统工艺，以蜂蜜为原料，精心酿制而成。常饮这种啤酒，对心脏病、胃溃疡、神经系统疾病有辅助疗效。

（30）人参啤酒。本溪香料厂生产的人参啤酒，是一种药补性啤酒。它除了保持普通啤酒的特点外，还具有纯正的药香味。常饮此酒对动脉硬化、高血压、脑溢血、胃下垂等疾病患者有所补益。还可补养元气，益血健身，消暑解毒，健脑提神，消除疲劳。

（31）"增维"啤酒。该啤酒是北京市五星啤酒厂研制成功的。它含酒精成分适度，增添了啤酒中缺少的维生素成分，使其营养成分更为丰富，宜于妇女和体弱者饮用，健康人饮用也很有益。

（32）玉米啤酒。哈尔滨、大连等地生产的玉米啤酒，是以玉米为主要原料酿制而成的。其色泽清亮，口味纯正，含有丰富的蛋白质、维生素和有机酸，对人体有增强营养之功用。各种理化、感官指标均达到很高标准，是很有发展前途的啤酒。

（33）强力啤酒。上海啤酒厂生产的强力啤酒，在发酵原料里添加了一定量的赖氨酸并适当降低酒精度为 1.5％左右，对于防止记忆力减退、调节人体的代谢平衡有一定的作用。其营养丰富，老少皆宜。

（34）灵芝啤酒。此酒是山东省菏泽啤酒厂研制生产的。它除具有啤酒本身的特点和营养价值外，还具有培元固本、滋补强身的功效。

（35）芦笋啤酒。济南啤酒厂研制生产的这种啤酒，酒液透明，泡沫洁白，细腻，挂杯，芦笋香和酒花香明显，口味纯正，淡爽适口。此酒含有丰富的维生素类，常饮具有防癌治癌、抗衰老、美容的作用。

五、配　制　酒

配制酒，酒类之一。这类酒在生产过程中，不是从发酵或蒸馏制得酒精成分，而是以酒或酒精为基酒，配以草药、动物药材、鲜果、鲜花等四大类，如人参、灵芝、虎骨、龟、青梅、五味子、桂花、玫瑰等添加剂制得的酒。我国配制酒有悠久的历史，在殷商的甲骨文中，就有表示用香草入酒的字。战国时屈原的《楚辞》中出现了多种香花植物的配制酒。如"奠桂酒兮椒浆"，这桂酒可能就是桂花酒，椒浆也可能就是椒酒。凡酒中配入药物的也可称为药酒。我国药酒历史悠久，不仅在补养身体、防治疾病上效果卓著，而且在国际上也有很好的声誉。

竹 叶 青 酒

山窗游玉女，洞户对琼峰。

岩顶翔双凤，潭心倒九龙。

酒中浮竹叶，杯上写芙蓉。

故验家山赏，惟有风入松。

——《游九龙潭》·唐·武则天

物种基源

竹叶青，为配制酒，用酒浸泡嫩竹叶以提取淡绿色清香味而成的一种酒。为我国历代名酒之一。早在3世纪已有记载。现我国各地均有生产，而以山西汾阳市用汾酒浸渍竹叶、栀子、香山奈、公丁香、广木香、檀香、零零香、砂仁等12种名贵药材而制成的最有名。

风味品鉴

竹叶青酒，香醇浓郁，绵甜可口，醇和协调，药香突出，具有独特之药香。

竹叶青酒的品鉴

品鉴项目	标　准
酒精度（重量%）	45°
糖分（%）	≥0
色　泽	金黄带绿，莹澈透明
香　气	芳香高雅，醇香浓郁
滋　味	香甜微苦，柔和爽口
传统应用	有调和脏腑，疏气养血、下火消疾、解毒利尿、润肝健脾等功能

名人与酒

吕雉与鸩酒

《史记·吕太后本纪》载：孝惠元年（前194）十二月，"帝（孝惠帝刘盈）晨起出射，赵王独居，吕雉使人持鸩酒饮赵王。孝惠返，赵王已死"。

孝惠二年，帝与齐王燕饮太后前，孝惠如家人之礼，尊兄齐王为上座。太后怒，令酌两卮鸩酒置前，令齐王起为寿。齐王起，孝惠亦起，取卮欲俱为寿。太后大惊，急起身，打翻孝惠之卮，齐王遂有所警，佯醉不饮离席。后齐王用内史之计，以城阳之郡献于鲁之公主，得吕后之喜而回国。

传说故事

一、"闹酒"的传说

旧时汉族婚姻风俗，流行于云南地区。婚礼当日，新郎新娘同到宾客宴席前敬酒，次日敬厨师和招待人员，第三日敬父母、叔伯兄弟。届时，宾客出绕口令、谜语、咏诗、唱歌等考题，要新郎和新娘说、猜、诵、唱。若不从，宾客拒不饮酒；若文不对题，则哄堂大笑。习俗以为不闹不吉利，"热闹热闹，越闹越热"，闹酒为婚礼高潮。故家人父子之间也一起热闹。俗谚谓"三天无大小，太公伯婆都好闹。"

二、"泥胎皂隶"赊酒的传说

维扬瓜州有一庙，中设神像，两旁置判官之外，又塑皂隶，身系腰牌。内有一皂隶，常至酒肆沽酒而饮。肆中人问之，乃曰："昨寓于庙内也。"一日，向肆中赊酒一壶，肆中以常常交易，认识其面，问其姓名而记之于簿。次日又赊一壶，三日又赊一壶，自后不来沽酒，亦不来还钱，携去酒壶，亦不送来。肆人往庙问之，并无其人，心甚异，出至神殿上，见旁立泥皂隶，面目酷似赊酒之人，酒壶在于足旁。肆人疑曰："宁赊酒者，即此皂隶乎。"因视腰牌姓名，与赊酒者相同，提壶启视，内皆水矣。

三、"换酒宣言"的传说

相传，民国初期，镇江易君左善诗、工书、擅画，求者不绝于门。时易主办《半月》刊亏本，其好友尹云石为其策划，印《半月主人三不绝换酒宣言》。三不绝者，自谦诗、书、画还未臻绝境。换酒之例分三级：第一级，贵州茅台酒店、袁州宜春酒、建昌麻姑酒、吉安冬酒、沧州时酒、易州涞酒、四川桔晶酒以一相赠，则报以新诗屏，或题诗之画轴；第二级，成都生春酒、郫筒酒、鹅儿酒、夔州安曲酒、桂阳烧酒，各赠以联；第三级，安徽双沟酒、四川大曲酒、江苏洋河酒、山东馒头酒、山西汾酒，各赠字轴。人问："绍兴花雕酒、天津五加皮等何不在内？"易曰："我要的是白酒，颜色酒好则好矣，然不够过瘾。"

菖 蒲 酒

名酿溯源肇炎汉，历代曾闻列御膳。
琼浆玉液庆延龄，盈轶连牍见经传。
——《菖蒲酒颂》·现代·溥杰

物种基源

菖蒲酒，为配制酒。山西省垣曲县酒厂产品，是一种滋补饮料酒。菖蒲酒是我国历史名酒，在汉朝就已蜚声酒坛，《事类统编》一书载有"美酒菖蒲香两汉，一斛价抵五品官"之语。历代文献都有所记载，如唐代《外台秘要》《千钫》，宋代《太平圣惠方》《博济方》，元代《元稗类钞》，明代《本草纲目》及清代《清稗类钞》等古籍书中，载有此酒的配方及服法。菖蒲酒是我国传统的时令饮料，民间每年农历端阳节时，有饮此酒的风俗，传说能辟邪除瘟，而且历代帝王也将它列为御膳时令香醪。《明宫史》即有"宫眷内臣……初五午时，饮朱砂、雄黄、菖蒲酒"的记载。清代，每年端阳节时，"君臣痛饮菖蒲酒"蔚然成风。可见该酒是我国最早的名酒之一。

本酒选用当地优质高粱为原料，以大麦及豌豆制成的大曲为糖化发酵剂，经传统的缸发酵酿造工艺而成的70°优质大曲酒为基酒，加入九节菖蒲，辅以党参、当归、沉香、砂仁、天麻、阿胶、黄芪等十余味名贵中草药，经过浸泡、密封贮陈、过滤检验等操作过程精酿而成。

风味品鉴

菖蒲酒澄黄微翠绿，清亮晶明，气味芳香，清香怡远，酒香醇厚，药香和酒香协调，具有中草药的天然特色。

菖蒲酒的品鉴

品鉴项目	标　准
酒精度（重量%）	45°
糖分（%）	微
色泽	微黄翠绿，清亮透明
香气	菖蒲芳香，清香怡远，酒香怡人
滋味	入口香甜，略带药味，醇和爽口
传统应用	有补脑益肾、除痹通脉、柔身扶老、清爽神气、益寿延年之功效

名人与酒

朱由崧与酒

朱由崧，明神宗之孙。崇祯十四年（1641年）嗣福王位。后被立为帝，年号弘光。他名义上打着"报君父之仇"的旗号，实际上却是个酒色之徒，深居中宫中，荒淫度日。就在清兵南渡、小朝廷岌岌可危之时，他还在抱怨"后宫寥落，且新春南部无新声"，而选来了大量美女，建起了新的宫室兴宁宫，还在宫中挂上一副楹联曰："万事不如杯在手，一生几见月当头。"

传说故事

一、饮菖蒲酒的习俗

汉族岁时风俗，亦称"蒲酒""菖华酒"。古代汉族民间端午节习俗。夏至五月初五，人们把菖蒲切成丝或削成细末，浸于酒中。俗谓饮之可辟邪解毒。宋章简公《端午》帖子云："菖华泛酒尧樽绿，菰叶萦丝楚粽香。"

二、"耕籍劳酒"的风俗

耕籍劳酒，古时慰劳公卿侯大夫劳作的酒宴。时令风俗。《礼记·月令》："天子于元日（夏历元旦）祈谷于上帝，亲载耒耜，率三公、九卿、诸侯、大夫下田而耕，谓之'耕籍'或'籍田'。耕籍后，宴三公、九卿、诸侯、大夫，谓之'劳酒'。此俗始于周代，相沿成俗。南北朝时的齐武帝肖赜，在永明四年（486年）耕籍礼毕，即驾幸讲武堂，劳酒小会。陈朝的尚书仆射江总，对后主陈叔宝亲耕籍田以后的"劳酒"写有《劳酒赋》："帅公卿而播百谷，亲耒耜而命三推。开青坛于回甸，列翠幕于青圻。"

三、"壶夫壶妻"的传说

相传，上海四海茶酒具馆有把清华凤翔"珐琅彩汉方壶"，其来历颇具传奇。某年年底，馆主许四海在宜兴见一方壶，壶底标明是清乾隆时徐龙飞所制，壶身湖蓝，底上绘有国画竹子，壶盖绿色图案花纹，显然不是"原配夫妻"。购后月余，有人送来一把无盖残壶，许一看是出于清康熙制壶名匠华凤翔之手。收购后想起宜兴买的那把壶，其盖的图案风格与此壶极相似，取来试盖，密不露缝，果是原配，使分别于宜兴、上海的"壶夫壶妻"终于团圆。

金　波　酒

春病与春愁，何事年年有？
半为枕前人，半为花间酒。
醉金樽，携玉手，共作鸳鸯偶。
倒载卧云屏，雪面腰如柳。
——《生查子》·唐·孙光宪

物种基源

金波酒为配制酒。是山东省济宁玉堂酿造总厂产品，是历史传统名酒。曾于1915年参加巴拿马国际博览会，荣获银质奖牌；1963 年即被评为山东省优质酒；1980 年再次被评为山东省优质产品。

该酒创制于清代乾隆二十二年（1755 年）。清代著名小说家李汝珍在《镜花缘》中，就提到"济宁金波酒"名扬天下，为"五十五种名酒之一"。济宁玉堂酿造总厂原为济宁酿造厂，是一个较老的厂家，以酿制传统滋补饮料酒驰名中外。

金波酒选用上等高粱为原料，以大麦、豌豆制成大曲为糖化发酵剂，按传统工艺酿制出的优质高粱大曲酒作为基酒，配入沉香、檀香、郁金、枸杞、当归、杞果、栀子、蔻仁、白芷、广皮、地风、姜黄、官桂等名贵中药材，外加糖腌橘饼、白砂糖等，经浸泡、精炼、勾兑、陈酿而成。

风味品鉴

金波酒，药香和酒香浓郁协调，芬芳可口，醇厚柔和，香甜适口，绵饮舒适，余香留长，酒质独特。

金波酒的品鉴

品鉴项目	标　　准
酒精度（重量%）	36%
糖分（%）	9%
色　泽	色泽金黄，清亮透明
香　气	余香浓郁，嗅之愉悦
滋　味	醇厚爽口，余味绵长
传统应用	常饮能行气活血、追风祛湿、滋阴补肾、强壮筋骨、延年益寿之功能

名人与酒

刘秀与酒

刘秀，东汉光武帝。称帝前，王莽追捕，至河南省宁陵县张弓镇脱险后，精疲力竭，忽闻酒香，即沽酒自庆。饮毕，赋诗曰："香远兮随风，酒仙兮镇中。佳酿兮解忧，壮志兮填胸。"东行三十里到落虎桥上，酒味泛胸，余香盈口，不由拨转马头，回首遥望张弓，吟诗曰："勒马回头望张弓，喜谢酒仙饯吾行。如梦翔云三千里，浓香酒味阵阵冲。"

传说故事

一、戒酒成疾

相传，北宋时有个石曼卿，喜巨饮，未尝一日不醉，其官署后有一庵，醉辄卧其间，名之曰："扪虱庵"。仁宗爱其才，欲大用，尝对辅臣说起，欲劝其戒酒。曼卿闻之，因不饮，遂成疾而卒。

二、寿宴题诗

据传，清代有陶公者，一日设宴庆寿，良友满堂，欢呼畅饮。忽风雨大作，一儒者登其家避雨。陶公索性豪爽，请与共饮，询其姓氏，始知其姓祝。旁一客曰："祝寿来也，事非偶然，不可以无诗。"祝笑曰："巴人俚句，恐贻大雅，然逢此盛会，自宜遵嘱。"遂提笔疾书："奈何奈何可奈何"，众见之俱不悦。又书曰："奈何今日雨滂沱。滂沱雨祝陶公寿，寿比滂沱雨更多。"陶公与宾客，皆惊其才之敏捷。

三、古今寿酒

汉族用以祝寿的酒和寿宴上所饮的酒称为寿酒。"酒"与"久"谐音，故全国大部分地区都以酒祝人长寿。宋黄庭坚诗："欲将何物献寿酒，天上千秋桂一枝。"因此，寿酒中用桂花酒较多。竹叶青、古井贡酒、状元红等都是寿酒佳品，人参酒更是东北地区寿酒中上品，庆寿时，先以寿酒敬寿星，然后宾客共饮。

五 加 皮 酒

黄菊枝头生晓寒，人生莫放酒杯干。
风前横笛斜吹雨，醉里簪花倒著冠。
身健在，且加餐，舞裙歌板尽清欢。
黄花白发相牵挽，付与时人冷眼看。

——《鹧鸪天》·宋·黄庭坚

物种基源

五加皮酒为配制酒。又称"五加皮药酒""致中和五加皮酒""严东关五加皮酒"，是驰名中外、历史悠久的浙江名酒。在18世纪末新加坡国际商品展览会上，它曾获金质奖。新中国成立后，周恩来总理曾把五加皮酒当作国礼赠送外国友人，不少国家还把它作为国宴上不可缺少的珍贵饮品。

五加皮酒，是由中药材五加皮为主要原料，配以其他名贵药材经加工泡制调配而成的。早年介绍配制此酒药方的一首民间歌谣至今还在当地流传，歌谣是："一味当归补心血，去痰化湿用姜黄。甘松醒脾能除恶，散滞和胃广木香。薄荷性凉清头目，木瓜舒络精神爽。独活山楂镇湿邪，风寒顽痹屈能张。五加皮酒有奇香，滋补肝肾筋骨壮。调和诸药添甘草，桂枝玉竹不能忘。凑足地支十二数，增增减减皆妙方。"五加皮酒自它诞生至今，已有200多年的历史。

配制此酒，需将五加皮、薄荷、官枝、独活、广木香、陈皮、甘草、干松、玉竹、当归、木瓜、黄枝汁等中草药，用50°～60°的白酒浸泡一个月，然后将汁澄清，以1：10的比例兑入白酒中，再加入特制的糯米蜜酒（用甜酒汁、白糖、苋菜、红食用色素及黄枝汁制成），澄清后，即可装瓶出厂。

风味品鉴

五加皮酒，色如琥珀，澄清透明，有协调的酒香和药香，酒醇厚朴实，甜绵柔和，风味独特。

五加皮酒的品鉴

品鉴项目	标　　准
酒精度（重量%）	40%
糖分（%）	6%
色　泽	色如红琥珀，清亮透明
香　气	纯和药香和浓郁醇香
滋　味	甘香可口，味甜醇厚
传统应用	常服能健骨强身、舒筋活血、益寿延年

名人与酒

刘邦与酒

刘邦（前256—前195，一作前247—前195）沛丰邑中阳里（今江苏）人，字季。西汉王朝的创立者，即位第十二年（前195），平定英布叛乱，回师长安，途经家乡沛县时，尝置酒沛宫，与父老子弟欢聚。酒酣，击鼓而歌曰："大风起兮云飞扬，威加海内兮归故乡，安得猛士兮守四方！"由沛中儿百二十人和习之，邦自起舞。刘邦为泗水亭长，送徒卒往骊山。行前，故人饯别，徒卒赠邦酒二壶，鹿肚、牛肝各一，邦与众饮酒食肉而去。后邦即帝位，朝脯进食，常具此二肴，并酒二壶。

传说故事

一、"杜康"献寿

相传，以杜康酒祝寿礼，在日本田中角荣先生62寿辰时，我国访日代表团馈赠了杜康酒，欧阳可强赋诗一首说："田中原首相，和好利家邦。献上杜康酒，周公古义长。"欧阳可强的哥哥，日籍华人欧阳如水先生也写了一首《杜康酒赠田中角荣诗》，并刻在一只龟甲上。诗曰："美酒古来唯杜康，河南一饮卅年香。诺言生死无更改，七载作成献寿长。"

二、买醉忘米

据传，清张云骞官至刺史。性豪迈放纵，好饮酒，饮一石（十斗）亦不醉。未仕时，家贫，时有断炊之患。一日，其妻拔钗，典押钱三百文，将用以买米，置于几，骞见之，即以当票裹钱，持之出，买醉于酒家。夜半，酩酊归，钱罄而券失，家中无米生炊，一时传为笑话。

三、土家族"进三杯酒"的待客习俗

土家族待客习俗。西北土家族如有贵客光临，主人分三次各进三杯酒。刚到，饮"临门三杯酒"；上炕后，饮"吉祥如意三杯酒"；告辞，饮"上马三杯酒"。一般来客，先敬三杯"吉祥如意酒"，然后边饮边唱。如用大杯，客实不能尽饮，以无名指醮酒，对空弹三下，以示祈谅敬谢之意。

五龙二虎酒

一棹抵苍梧，西山日欲晡。

鱼羹煮已熟，蛇酒入城沽。

——《梧州蛇酒》·明·黄福

物种基源

五龙二虎酒为广西壮族自治区梧州市龙山酒厂产品，畅销欧美、日本、东南亚等 40 多个国家和地区。

五龙二虎酒，是以原料而得名。所谓五龙，是指金环蛇、眼镜蛇、广蛇、索索蛇、百花蛇这五种蛇肉。我国用蛇作药治病，最早见于西汉的《神农本草经》。古代研究用蛇治病的佼佼者，当推明朝李时珍。据《本草纲目》记载：蛇肉可以祛风活血，除病去湿、补中益气。所谓二虎，是指老虎骨和抓鸡虎。虎骨有强壮筋骨、健身强体的作用。抓鸡虎则有祛风湿、滋补活血、强筋壮骨、镇静安神的功能。

此酒以广西出产的五蛇肉、虎骨、抓鸡虎为主料，配以北芪、党参、锁阳、杞子、杜仲、巴戟等 26 种名贵药材，用纯净米白酒经年浸泡加工而成。

风味品鉴

五龙二虎酒，酒色棕色透明，酒质香醇浓郁，药味谐和，风味独特。

五龙二虎酒的品鉴

品鉴项目	标　　准
酒精度（重量%）	36%～38%
糖分（%）	/
色　泽	棕色，清亮透明
香　气	香醇浓郁，药香悦人
滋　味	入口绵柔，药味纯和
传统应用	提神醒脑、舒筋活络、强筋壮骨，补气补血、固肾壮阳、祛风去湿的功能

名人与酒

安禄山与酒

安禄山（？—575），唐营州柳城（今辽宁朝阳南）人，乳名轧荦山，本姓康，或以为源出康国，随母嫁突厥人安延偃，改姓安，易名禄山。因战功任平卢节度使等职，甚得唐玄宗、杨贵妃的宠爱，常与杨贵妃同食。玄宗恐外人以酒毒之，遂赐金牌子系于臂上，每有王公宴召，欲饮以巨觥，禄山即以牌示之云："敕准断酒。"

传说故事

一、俄罗斯族的接吻酒

接吻酒，俄罗斯族婚姻风俗。流行过今新疆伊犁哈萨克自治州等地。新郎新娘在东正教堂举行婚礼后，回到新郎家中，至婚宴入席时，宾客便连声高喊"苦啊！苦啊！"声称筵席上酒太苦，要求新郎新娘接吻，使酒变甜。新人接吻后，酒宴才开始。席上间断喊出"苦啊!"之声，听到喊声，新人一遍又一遍接吻，直至宴毕。

二、达斡尔族的接风酒

接风酒，达斡尔族婚姻风俗。流行于今内蒙古莫力达瓦达斡尔族自治旗。婚宴前，女方队伍到男家门口，先饮男方父母敬的"进门盅酒"。进入西房正屋后，分坐于南、西、北三炕之桌席。新郎父母向就座的送亲宾客献酒，慰问对方鞍马劳顿，表示接风，故名。

三、晏子谏节酒

齐景公饮酒，醉三日而醒。宰辅晏子谏曰："古之饮酒，通情合礼而已。周朝律令，饮宴进酒，不过五巡，违者受罚，天子以身作则，故外无怨，内无乱。今饮酒一日，废政三朝，非安民治国之道，请君饮酒须有度，国之幸矣。"

桂林桂花酒

> 我失骄杨君失柳，杨柳轻飏直上重霄九。
> 问讯吴刚何所有，吴刚捧出桂花酒。
> 寂寞嫦娥舒广袖，万里长空且为忠魂舞。
> 忽报人间曾伏虎，泪飞顿作倾盆雨。
> ——《蝶恋花·答李淑一》·现代·毛泽东

物种基源

桂林桂花酒，为配制酒。是桂林的名特产品，为广西壮族自治区桂林饮料厂产品。

广西是有名的桂花产区，尤以桂林一带为盛，桂林就以桂花成林而得名。每当中秋佳节，桂花盛开，香飘山城。桂北山还盛产山葡萄，用山葡萄和鲜桂花为原料酿成的桂花酒，在桂林地区久负盛名。

此酒选用山葡萄为原料，精工发酵酿成葡萄原汁酒。在桂花开放季节，采金、银桂花，精选后，以高级酒精浸泡，蒸馏得桂花香液，调入葡萄原汁酒中，细心调配陈酿，再经过滤而成。

风味品鉴

桂林桂花酒，淡黄透明，桂花的清香突出，并带有山葡萄所特有的醇香，酸甜适口，醇香柔和，饮后余香长久。

桂林桂花酒的品鉴

品鉴项目	标　准
酒精度（重量%）	18%
糖分（%）	10%～12%
色　泽	淡黄明澈
香　气	酒醇芳香
滋　味	甘醇适口，桂香怡人
传统应用	开胃调中，疏肝散瘀

名人与酒

耶律楚材谏酒

耶律楚材（1190—1244），蒙古成吉思汗、窝阔台汗时人，契丹族，字晋卿。窝阔台汗（元太宗）时任中书令，颇受信任。窝阔台素嗜酒，晚年尤甚，日与大臣酣饮，楚材屡谏不听。一日持酒槽铁口进曰："面蘖能腐物，铁尚如此，况五脏乎？"帝悟，乃语左右，今日唯进酒三盅而止，不复多饮矣。

传说故事

一、古代风俗"探春宴"

相传，唐代于早春时设"探春宴"，以探望春光来临。

唐玄宗天宝年间，长安仕女每当初春时，既设酒宴庆祝，又斗花草相戏，并以奇花异草多者为胜。为了逐奇争艳，有钱者不惜千金买花植于庭中，一面佳馔美酒陈列于前。韩愈诗云："直把春偿酒，却将命乞花。"

二、"杖头百钱"的典故出处

据《晋书·阮修传》记载：阮修生平喜酒善饮，每次外出，必以百钱挂在杖头，凡遇酒店，则入内沽酒，自斟自饮。这个故事广为流传，后人便称买酒钱为"杖头百钱"，简称"杖头钱"或"杖钱"。苏轼《赠王子直秀才》诗云："万里云山一破裘，杖端闲挂百钱游。"

三、象棋与桂花仙女的传说

很久以前，桂林山下有个叫象棋的年轻人，他除了种菜打鱼，还种了一棵桂花树。桂花树在他的精心培育下长得很高大。象棋把它看作亲人，经常跟它说话、谈心。有一年的八月十五，象棋边赏月边对桂花树说话，不料，桂花树竟与他对起话来。一会儿，从树上下来一位美女，对象棋说："我是桂花仙女，你一直陪我好多年，我该报答你了。如你不嫌弃，我就做你的妻子。"象棋答应后，两人对月参拜，结为夫妻。此事被漓江龟王知晓了，带着龟兵虾将抢走了桂花女。桂花女念念不忘象棋和众乡亲，于是每年仍采摘许多桂花，撒在漓江两岸，乡亲们用此花酿出了芬芳甘醇的桂花酒。

鹿 茸 酒

药径深红藓，山窗满翠微。
羡君花下醉，蝴蝶梦中飞。

——《崔逸人山亭》·唐·戴叔伦

物种基源

鹿茸酒为配制酒。为辽宁西丰酿酒厂产品。该酒于1958年开始生产，问世后，以质量优异、营养丰富而著称。在1963年、1978年曾两次被辽宁省评为优质酒。

西丰县地处辽宁省北部山区，为生产鹿茸酒创造了有利条件，因此盛产鹿茸。鹿茸酒以东北高粱为原料，新稻壳为辅料，河内白曲霉为糖化发酵剂，发酵 15 天，然后经蒸馏而酿成。每生产一批酒调到 60°，按重量比加入 1/2000 鹿茸（将鹿茸切成薄片装入纱布袋）投入酒坛，浸泡一年后，经过滤、装瓶，才准出厂。

风味品鉴

鹿茸酒，澄清透明，有鹿茸之香气和酒的醇香，酒质柔和，风味独特。

鹿茸酒的品鉴

品鉴项目	标　　准
酒精度（重量%）	≥60°
糖分（%）	/
色　泽	微淡黄，清澈透明
香　气	清香浓郁
滋　味	酒质纯正，醇和柔绵
传统应用	生精补髓，生血、利尿、促进骨折愈合

名人与酒

李鸿章与酒

李鸿章（1823—1901）清末安徽合肥人。字少荃。任直隶总督兼北洋大臣期间，德国海军大臣尝至津造访，邀其乘舰出海。李应邀赴约，其日，飓风暴雨。至舰，德师握手致敬曰："中堂信人哉！不畏风暴，尤为钦佩。"坐既定，德师执瓶酒亲有酒器九品，曰：蓬莱盏、海川螺、舞仙瓠、子卮、慢卷荷、金焦叶、玉蟾儿、醉刘伶、东溟样。蓬莱盏上有山像三岛，注酒以山没为限。舞仙瓠有关捩，酒满则仙人出舞，瑞香毬子落盏外。

传说故事

一、"赶狗酒"的传说

流行于上海市郊奉贤等地。婚后第三天，新娘回娘家，新郎随带酒肴，由媒人陪同，拜望岳父母，女家设宴招待。民间有做成一桩亲事，"媒人得十八只蹄膀之说"，谑称媒人为"贪吃狗"。因这是请媒人的最后一次酒席，故名。

二、藏族的"射箭节"与酒

射箭节，云南德钦一带藏族传统节日。时在农历四月，相传是为纪念藏族英雄格萨尔王而举办。节前，推选一主持人筹备箭和酒，参加者每人交箭一支，二三斤青稞，用以酿酒或换酒。赛前，于靶场举行仪式。射手喝酒后，分组比赛。夜晚，姑娘、媳妇们到场敬酒祝福，点燃篝火，载歌载舞。

三、瑶族的"笑酒"

笑酒，瑶族民间宴饮娱乐方式。逢年过节，结婚喜宴，席间酒兴正浓时，有人以有趣之事为话题，他人有应和者，有另说笑话故事者，有吟咏类似相声的"笑酒词""笑酒歌"者，引起满席笑声，整个宴会充满欢乐和笑声，故称。流行于今广西都安、巴马两瑶族自治县。

蜜 橘 酒

满斟绿醑留君住，莫匆匆归去。
三分春色二分愁，更一分风雨。
——《贺圣朝·留别》·宋·叶清臣

物种基源

蜜橘酒为配制酒，是湖南省邵阳市酒厂产品，曾多次被评为湖南省优质酒。

邵阳市在湖南省中部，资水同郡水汇合处。郊区盛产无核蜜橘，因邵阳地处雪峰山脉，故称雪峰蜜橘。以雪峰蜜橘为酿酒原料，故名雪峰蜜橘酒。

此酒是以雪峰蜜橘为原料，经破碎、榨汁、加糖、低温发酵、长期陈酿后，再用蜂蜜、冰糖、白糖精心调配，在橡木桶内低温贮存一年以上而成。

风味品鉴

蜜橘酒，呈桔黄色，透明清亮，有浓郁的桔子香和酒香，甜酸适口，柔和纯正，风味自然优美。

蜜橘酒的品鉴

品鉴项目	标　准
酒精度（重量％）	14°
糖分（％）	16
色　泽	橘黄、澄清、透明
香　气	橘香、醇香协调
滋　味	酸甜适口，柔和怡人
传统应用	开胃、理气、生津、润肺、止咳

名人与酒

朱元璋增祭汉高祖一杯

相传，朱元璋祭汉高祖时的崇礼。据《舌华录》记载：明太祖亲祀历代帝王庙，各献爵毕，独于汉高祖前增一爵曰："我与公无尺土而有天下，比他人不同，特增一爵。"

传说故事

一、卖酒降官

相传，宋神宗熙宁年间，周师厚为湖北提举常平，张商英监荆南盐院，两人为知交。师厚调迁，有官酒数十瓶，暗中嘱托商英出售。商英将其事报告御史台，御史弹劾之，师厚因之降官。

二、土家族的茅宴酒

茅宴酒，土家族婚姻风俗。婚娶中新娘上轿后，村寨中与新娘平辈的兄弟们赶来随轿护送，有的则事先拦在渡口、坡坳口，不让花轿通过。男家事前也有所准备，先派人将酒席挑在这些地方，就地宴请这些"野舅爷"，花轿才能通过。因蹲在路边喝酒，故称"茅宴酒"。流行于湖南湘西土家族、苗族自治州。

三、杯水相饯

相传，隋赵轨为齐州（治所今济南市）别驾，被召入朝，父老挥涕曰："别驾在官，清如水，不敢以杯酒相送，请酌一杯水奉饯。轨受而饮之。"后以"杯水相饯"比喻礼轻意厚之意。

人 参 酒

杖头高挂百青铜，小立旗亭满袖风。
莫笑村醪薄无力，衰颜也得暂时红。
　　　　　　　　——《对酒戏作》·宋·陆游

物种基源

人参酒为配制酒。是天津酿酒厂产品，为我国历史传统名酒。该酒于 1979 年、1980 年、1983 年连续被评为地方优质产品，并获得著名商标称号，行销于港澳等地区，并远销法国、卢旺达、加拿大、毛里求斯、新加坡、马来西亚等国。1979 年香港利源长股份有限公司曾在香港举行世界人参酒鉴定会，中国天津玉羊牌人参酒获得好评。

人参酒采用长白山人参，配以优质直沽高粱酒为基础酒，经精工酿制而成。

风味品鉴

人参酒，酒参香浓郁，口味醇厚，药香和酒香协调，酒性平和。

人参酒的品鉴

品鉴项目	标　准
酒精度（重量%）	40°
色　泽	淡黄色，清亮透明
香　气	参香醇香具佳
滋　味	味甘微苦，酒性温润，酒力平和，醇正绵柔
传统应用	补五脏、安精神、止惊悸、明目、开心、益智

名人与酒

葛洪与酒

葛洪（284—364），东晋丹阳句容（今属江苏）人。字稚川，自号抱朴子。曾任咨议、参军等职，赐爵关内侯。不久弃职，携子侄至罗浮山炼丹，后世称其为罗浮先生。与人饮酒，则袖出一壶，才容一二升，纵客满坐，而倾之弥日不竭。或他人命饮，则百斗不醉。夜则垂发于盆中，酒沥沥而出，曲蘖之香，辄无减耗。著有《抱朴子》一书，专辟《酒诫》一章，认为酒醴是"生病之毒物，无分毫之细益"。

传说故事

一、"社日"习俗

古代，农民于社日（分春社、秋社两种）欢饮时，常邀非"社"亲朋共庆。杜甫《遭田父泥饮严中丞》诗："田翁遇社日，邀我饮春酒。"宋《东京梦华录》："八月秋社，各以社糕、社酒相赉送贵戚。"

清许友《江行有馈予酒者》诗："送酒荻花边，今宵醉晚烟。隔灯分野话，曲枕学枯禅。暑气全归雨，潮痕半入天。芦中人不尽，结社在渔船。"

二、杯弓蛇影

据《晋书·乐广传》记载：晋乐广有亲客，别后久未见面，一次途中相遇，广问其故，答告曰："前蒙赐酒，方欲饮，见杯中有蛇，意甚恶之，既饮而疾。"广复邀其至家，复置酒于前处，问客曰："酒中复有所见否？"答曰："蛇影如初。"广指壁上角弓，漆画作蛇，杯中之蛇即弓影，客疑顿释，病即愈。

三、杯勺商君

据《苏谈》记载：明常熟风俗。士人饮酒立令至严，杯中余酒，有一滴则罚一杯，若至四滴五滴，亦必罚其数。人唯酒令是行，莫敢违。其罚酒之例颇多，说话不检点，举饮不如法皆有罚，罚而声辩，谓之扰令，亦有罚。罚必满饮，复犯则令复罚，无一宽恕，其深刻惨酷，犹如商鞅变法时严令必行无疑，故称"杯勺中商君"。

十全大补酒

莫惜黄金醉青春，几人不饮身亦贫。
酒中有趣世不识，但好富贵亡其真。

——《将进酒》·明·高启

物种基源

华佗牌十全大补酒为配制酒。是上海产品，迄今已有60多年历史。1980年被评为上海市轻工业局优质产品，畅销全国各地，出口销售往新加坡、马来西亚等国家和香港、澳门地区。

该酒系参照宋代《太平惠民》和剂局十全大补汤处方而创制成的高级补益型饮料酒。选用陈年糯米黄酒作基础酒，配入党参、当归、茯苓、川芎、白芍、肉桂、甘草、白术、黄芪、熟地黄等上乘中药材，经浸渍、渗漉、调配、陈贮等工序配制而成。

风味品鉴

十全大补酒呈赤褐色，清亮透明，芳香浓郁，具有陈年黄酒的酯香和药香，诸味协调，口味纯正，绵甜适口。

十全大补酒的品鉴

品鉴项目	标　准
酒精度（重量%）	25°
糖分（%）	16
色　泽	酒色赤褐，澄清透明
香　气	药香醇香协调
滋　味	口味醇厚，醇厚味纯
传统应用	补气提神，壮阳补肾

名人与酒

曹丕与酒

曹丕（187—226）即魏文帝，220—226 年在位。字子桓，谯（今安徽亳州）人。曹操第二子。对当时文人中流行好酒宴之风颇有好感，曾颁《与群臣诏》，诏云：“盖闻千钟百觚，尧舜之饮也。唯酒无量，仲尼之能也。姬旦酒酸不彻，故能制礼作乐，汉高婆娑巨醉，故能斩蛇鞠旅。”鼓励了当时的饮酒之风。

传说故事

一、巧对免罚

《古今楹联趣谈》记载：某年无锡饥荒，省宪派二郡丞去调查，这两人不干正事，以酒自乐。饮当地特产“红白酒”大醉，出门迷路，该南往而北去。省宪得知，呵斥曰：“当此青黄不接，小民卖儿卖女之时，汝等沉溺于醉乡，该当何罪？”二人苦苦求饶。省宪曰：“现有一对，你俩如能对出，方免罚。”遂出对云：“红白相兼，醉后便迷南北。”二人对曰：“青黄不接，贫来变卖东西。”省宪称善，免予论处。

二、金陵史痴翁

相传，明金陵史痴翁，性豪侠不羁，不喜权贵。家有楼，悬匾曰：“卧痴。”有酒肴，引客谈笑呼卢其间，不醉不休。翁饮辄醉，醉则按拍歌新词。女笄当嫁，婿贫不能下聘，翁诡携观灯，同妻送女至婿家，取笑而别。

三、“冬至”敬师酒

旧时汉族民间岁时风俗。流行于陕西关中等地。夏历冬至前夕，城乡所有学校之校董都要带领部分家长和学生，端上方盘（盘中放四碟菜、一把酒壶、一个酒杯），提着果品、点心到校慰问老师。校董与老师相互作揖问候，学生给老师磕头请安。礼毕，围坐一起，学生依次向老师敬酒。

山 楂 酒

渭城朝雨浥轻尘，客舍青青柳色新。

劝君更尽一杯酒，西出阳关无故人。

——《送元二使西安》·唐·王维

物种基源

山楂酒为配制酒，是连云港葡萄酒厂的著名产品。1979 年被评为江苏省优质酒，1981 年曾荣获江苏省优质产品证书。

连云港葡萄酒厂建在"东海第一胜境"花果山麓。该厂于 1959 年开始生产此酒，选用当地上等鲜山楂果为原料，以独特的发酵工艺，经过多年陈酿，精心勾兑，并以特制山楂白兰地和名贵紫葡萄酒加以调香、调色而成，定名为"花果山"牌山楂酒。

风味品鉴

此酒色如红宝石，清澈透明，醇和甘美，甜酸适口，山楂果香味突出，风味独特。

山楂酒的品鉴

品鉴项目	标　准
酒精度（重量%）	11°
糖分（%）	22
色　泽	色泽如红宝石，艳丽透明
香　气	山楂果香突出、怡人
滋　味	酸甜适口，风味独具一格
传统应用	降脂、消肿、健胃

名人与酒

左慈与酒

左慈，东汉末年。庐江（今属安徽）人。字元放。三国时，曹操召左慈，囚于石室，断其饮食。越一年，慈出狱，面容依旧。操谓"人无不食之理，此必邪道"。欲杀之。慈求回里，操问："何太急？"对曰："公欲见杀，故求去耳。"操曰："无此意，我今设酒送行。"操进酒，慈拔簪搅酒，须臾，簪尽黑，以簪划杯中酒，酒分离中断。慈饮其半，其半进操。操不饮，慈又饮而尽，以杯掷屋栋，杯悬空中，若飞鸟仰俯，似落而不落，举座惊视，待杯堕落，慈已不知去向。

传说故事

一、中国最陈的酒

据《吉尼斯世界之最大全》记载：至今（1990 年）发现的可测定其时代的最陈的酒是 1980 年在中国河口南信阳一个坟墓中发现的两瓶酒，其日期为公元前 1300 年间。

二、鄂西土家族祭祖

鄂西土家族祭祖习俗。土家习俗逢年过节祭祖，先摆好酒菜，由当家人"请"已故之祖先吃饭。先在酒杯里斟上酒，搁置筷子于杯上，片刻端走；将酒洒于地，再盛点饭，筷子搁碗上，片刻端走；又倒茶，片刻泼茶于地，最后烧香纸，表示酒饭已毕，送走已故之祖先。

三、白衣送酒

相传，晋代诗人陶渊明酷爱饮酒，因家贫经常无钱买酒。亲友知其所好，或赠酒，或招饮，渊明亦欣然不拒。一年，正值重阳节，陶渊明独坐东篱之下，面对一丛丛菊花发呆，因为无酒畅饮，好不扫兴。伤感怅惘之际，忽见一白衣人载酒而来，询问之下，原来是江州刺史王弘遣他送酒前来，助诗人欢度重阳。渊明闻言大喜，立即酙酌把盏，于花前畅饮大醉。后以"白衣送酒"作为重阳节的佳话和代名词。如李郢《重阳日》诗："愁里又闻清笛怨，望中难见白衣来。"

苹　果　酒

赏花归去马如飞，去马如飞酒力微。
酒力微醒时已暮，醒时已暮赏花归。

——《回文诗》·秦观

物种基源

苹果酒为配制酒。是甜型果酒，为复县瓦房店果酒厂产品。自1960年开始生产，投产后质量不断提高，曾于1961年、1962年被辽宁省评为优质酒。1963年又列为辽宁省一类产品；1983年荣获辽宁省优质产品称号；1984年获得轻工业部铜杯奖。

复县位于辽东半岛中部，是我国盛产苹果的地区，素有苹果乡之称，为酿造苹果酒创造了有利的条件。

苹果酒就是以当地产的优质国光、红玉苹果为原料，经破碎、榨汁、分离发酵、贮藏三年，然后调配而成的。

风味品鉴

苹果酒色金黄而澄清透明，气味清香，酸甜适口，酒味醇厚，具有独特的苹果风味。

苹果酒的品鉴

品鉴项目	标　准
酒精度（重量％）	15°
糖分（％）	16
色　泽	金黄透明有光泽
香　气	草果香气突出
滋　味	酸甜适度，柔和爽口
传统应用	含有苹果所固有的多种营养成分

名人与酒

杨太真与酒

杨太真（719—756）即杨贵妃。蒲州永乐（今山西永济）人。小字玉环。初为唐玄宗子寿王瑁之妃，后被玄宗封为贵妃，时在一起以欢宴为乐。唐玄宗尝登沉香亭，召贵妃，贵妃卯酒未醒，乃命醉韵残妆，鬓乱钗横，不能再拜。唐玄宗笑曰："岂妃子醉，是海棠睡未足耳！"安禄山乱起，随玄宗离京，在马嵬驿（今陕西兴平西）被缢死。

传说故事

一、彝族婚俗——吃山酒

彝族青年男女的一种婚恋社交活动。在赶集、放牧、串亲等途中，男子如看中某少女，不管相识与否，夺走其帽或其他轻便物品，姑娘也可抢男子物品。被抢者如不合意，辄不追索，抢者原物奉还。如合意，即追赶，至静处，共商约会。届时男方买糖，女方沽酒，各邀伙伴，饮酒叙情，习称"吃山酒"。

二、李适之作诗自嘲

传说，唐玄宗时左相李适之，平生嗜酒如命，经常醒则饮，醉则眠，豪放不羁。后为权奸李林甫构诬罢相，他作诗自嘲说："避贤初罢相，乐圣且衔杯。"古时称清酒为"圣人"，浊酒为"贤人"。诗的前一句"贤"喻指李林甫，后一名"圣"暗喻自己，都是双关语。杜甫《饮中八仙歌》中咏适之云"左相日兴费万钱，饮如长鲸吞百川，衔杯乐圣称避贤"，说的也是这个意思。

三、"上元祀门神"的习俗

古代于元宵节祭祀门神之习俗。盛行于南北朝之江南地区。上元日（农历正月十五日），人们在门上插杨柳，并以酒食祭门神。南朝梁《荆楚岁时记》："今州里风俗，正月望日祀门，其法以杨枝插门而祭之。"

第三十章 调味类

盐

同缔入贡载遗经，分赐群臣羡水晶。

润下作咸从海产，熬波出素似天成。

享神洁白惟形似，富贵珍奇以宝名。

此物可方为相事，他时商鼎用调羹。

——《盐》·元·张观光

物种基源

食盐（Dairy salt），为海水、盐湖水、盐井泉水经煎或晒而成的结晶，又名盐咸鹾，以白而细、无杂质者佳。

生物成分

据测定，每 100 克食盐中含钠 39311 毫克，钾 14 毫克，钙 22 毫克，镁 2 毫克，铁 1 毫克，锌 0.24 毫克，铜 0.14 毫克，锰 0.29 毫克，硒 1 微克。产出的海盐、湖盐、井盐各成分含量不尽相同。为天然调味料。

食材性能

1. 性味归经

食盐，味咸，性平，微凉；归肺、胃、肾、大肠、小肠经。

2. 医学经典

《日华诸家本草》："暖助肾脏、制金疮、明目、止风泪邪气。"

3. 中医辨证

食盐可解毒、凉血、润燥、定痛、止痒，对一切虫伤、疮肿、火灼伤、去腐、生肌、通利大小便、疗疝气、消补五味。

4. 现代研究

高盐摄入者中风发生率和死亡率都高于低盐摄入者，适度减少盐的摄入，不仅可降低血压，而且可显著减少动脉硬化。高盐饮食使肾功能损害率增高，加剧哮喘的发生。精盐摄入过多也会导致骨质脱钙，因此低盐饮食可间接起到预防骨折的作用，而高盐饮食会大大增加其危害程度。有些学者认为，香港人鼻咽癌、肝癌、食管癌发病率较高，与他们自幼喜吃咸鱼有关。科学家通过研究发现，人体对流感的易感性与精盐摄入量有关，高盐饮食者不仅易感冒，往往可同时并发咽喉炎、扁桃体炎等上呼吸道炎症。

食用注意

（1）肾炎、水肿、咳喘、中风、高血压等患者慎用之。
（2）世界卫生组织建议每人每天食盐摄入量不应超过 6 克。

传说故事

一、盐的来历（一）

大海的水都是咸的，但海的边面上留有三分是淡的，是供鸟吃的水。

玉皇为王母娘娘开蟠桃会。八仙：上八仙、中八仙、下八仙，共二十四仙，都到天宫去开蟠桃会。

孙行者呢，把仙桃偷了吃掉不谈，他望这个蟠桃会的小菜儿——有味得没魂！玉皇咯锅里边有个小砖头，在菜肴要熟的时候，把小砖头放在锅里唰唰（即"溶解"），又拿起来。他一望，这个东西是好货，就把小砖偷了去，走脱了。

二郎神跟后就晓得了，晓得一定是齐天大圣偷去了，一直把他追到东海。齐天大圣眼看自己偷东西被发现了，他气了把小砖往东海内一摆，叫二郎神拿不去。他往东海摆的时候，边摆边说："只留三分鸟水。"

从此，东海海边上，不论海水边、水面上，雀子喝的不是咸的，是甜的，雀子喝了不得死，不要紧。

而湖盐和井盐为什么是咸的呢？是东海的海水顺地下岩石缝渗过去的。

二、盐的来历（二）

在河南还流行有孙悟空盗盐砖的神话。很久以前，盐只有人间才有，天上是没有的。一次，玉皇大帝去东海边做客，地方的山神、土地设宴款待，玉帝发现这里的菜肴美味可口，远比天上的龙肝凤胆好吃，就问何故。山神、土地告诉他，主要是放了盐，玉帝无不感慨，我如此至高无上，怎么就享受不到食盐，而世上的普通人，比我还有福分。于是，他回到天宫后，下御旨命太阳神将世上的盐烤成盐砖，带回天宫供自己享用。

孙悟空听说后，心里十分恼火，决心到天宫替百姓夺回食盐。他来到玉帝厨房，使了个分身法，自己变成一块假盐砖，抱着真盐砖就跑。玉帝知道后，急命天兵天将追赶，悟空急中生智，将盐砖"扑通"一声扔进海里，托塔天王忙叫哪吒去捞，可是盐已融化在海里。

从此以后，海水就变成了咸的，百姓需用盐时，把海水一煮就成了。

不论是神仙帝王，还是普通百姓都离不开盐。离开了盐，也就不再会有舌尖上的历史。吃饭时菜里如果不放盐，即使山珍海味也如同嚼蜡。盐不仅是重要的调味品，也是维持人体正常发育不可缺少的物质。所以，古人称盐是食肴之将、百味之祖。

三、唐玄宗禁盐

传说，唐玄宗开元年间，宫廷里有个姓詹的御厨，能烹制各种美味佳肴。一日，玄宗醉酒后问他："你说，什么东西最好吃啊？"詹回答："用尽天下只有钱好，吃尽天下只有盐好。"玄宗听后不悦地说："吃尽天下只有盐好，那人为什么不光吃盐呢？为什么还要吃酒吃肉吃山珍海味呢?"于是,玄宗便命人把詹厨子拉出去一刀给斩了,并且下令,以后天下人再也不许吃盐了。

禁盐后,玄宗才发现,离开了盐,再好的菜肴都无滋寡味,难以下咽,此外,不吃盐人就没力气。只过了18天,从皇宫到民间,人们病倒、病死无数,眼看天下就要大乱,唐玄宗这才晓得詹厨子说得没错,但人已经错杀了,于是他就许愿每年让詹厨子十八天皇位,又叫天下人重新吃盐,天下才又太平起来。

四、接吻源于舔盐

据说,人类接吻之起源,就是为了彼此舔舐身上的盐分,最终嘴唇找到了嘴唇。古希腊哲学家柏拉图在2300多年前,认为盐和水、火一样都是生命最原始、最神圣的构成元素。他还有一句流传甚广的名言:"世界上如没有涂脂抹粉的女人就像没放盐的食物一样。"

葱

瓦盆麦饭伴邻翁,黄菌青蔬放箸空。
一事尚非贫贱分,芼羹僭用大官葱。

——《葱》·宋·陆游

物种基源

葱(Alium fistulosum Linn),为百合科植物葱的鳞茎、叶,又名女儿葱、小葱、芤、鹿胎、菜伯、四季葱、和事草、葱白,以葱白粗长白净、完整紧凑、葱叶绿色、无发黄、无发蔫者为佳。全国均有分布,唯有华东地区所产的味美质高,为天然调味料。

生物成分

据测定,每100克葱含热能(大卡)30,蛋白质1.6克,脂肪0.3克,碳水化合物6.5克,膳食纤维1.3克,维生素A 10毫克,B_1 0.08毫克,B_2 0.05毫克,胡萝卜素60毫克及钙、磷、铁、硒等,还含有葱油、苹果酸等。

食材性能

1. 性味归经

葱,味辛,性平,微温;归肺、胃经。

(2)医学经典

《神农本草经》:"发汗解表,通阳散寒。"

3. 中医辨证

葱,可辛散温通,能宣通上下,通达表里,外可散寒邪以解表,内可通阳气而止痛,故外感风寒,发热恶寒或寒邪入里,下利脉微以及寒凝气阻、腹痛、尿闭等症皆可应用。但发汗力较弱,主用于感冒之轻症或与其他解表药同用作为辅助药。

4. 现代研究

现代医学药理研究结果表明,葱主要有如下功效:

(1)能刺激汗腺,有发汗作用,并能促进消化液分泌,有健胃作用。

（2）葱油由肺呼出的成分，能轻度刺激支气管分泌，故有祛痰作用。

（3）据抗菌试验，本品有较强的杀菌作用，特别是对痢疾杆菌及皮肤真菌抑制作用比较明显。

食用注意

（1）葱对汗腺刺激作用较强，有狐臭的患者在夏季应少食。

（2）多汗的人应忌食。

（3）患有消化系统疾病患者，特别是有溃疡病患者不应多食。

传说故事

朱 熹 与 葱

相传，宋代大理学家朱熹，某日到女婿家，女婿和女儿招待他，只是一锅葱汤及半锅麦饭，于是女婿一再向岳父大人表示歉意。朱熹即兴吟了一首诗："葱汤麦饭两相宜，葱补丹田麦疗饥。莫谓此中滋味薄，前村还有未炊时。"题诗之后，便欣然离去。

生　姜

梦中忘却，已闲退，谏草犹藏怀袖。
文不会，铺张粉饰，武又安能战守。
秃似葫芦，辣于姜桂，衰飒同蒲柳。
没安顿处，不如归去丘首。
岁晚筋力都非，任空花眩眼，枯杨生肘。
客举前修三数个，待与刘君为寿。
或号憨郎，或称钝汉，或自呼聱叟。
一篇齐物，读时咽以卮酒。

——《念奴娇》·宋·刘克庄

物种基源

生姜（Zingiber officinale Rosc），为姜科植物姜的鲜根茎，又名紫姜、子姜、母姜、川姜、白姜、均姜。生姜以块大、丰满、质嫩者为佳。我国中部和南部普遍栽培，以山东姜量多质佳。

生物成分

据测定，每100克生姜含热能（大卡）46，蛋白质1.3克，碳水化合物1.3克，脂肪0.6克，膳食纤维2.7克及维生素 A、B_1、B_2、C 和微量元素钙、磷、铁、硒等，还含有尼克酸。

食材性能

1. 性味归经

生姜，味辛，性温；归脾、胃、肺经。

2. 医学经典

《本草经集注》："解表散寒，温中止呕，化痰止咳。"

3. 中医辨证

生姜有发汗解表、暖中止呕、温肺止咳、解毒。对风寒感冒咳嗽、胃寒呕吐、寒痰喘咳等症的助疗有效。

4. 现代研究

生姜能兴奋交感神经，促进血液循环，温中暖胃，止呕，具有消炎、镇痛、杀菌的作用，能强心、利尿、解毒、助消化，能杀灭阴道滴虫、抑制癌细胞活性、降低癌的毒害作用。

食用注意

（1）本品辛温，对于阴虚内热及热盛之症忌用。

（2）不宜食用已经腐烂的生姜。腐烂的生姜会产生一种毒性很强的称为黄樟素的有毒物质，它能使肝细胞变性，动物实验表明能诱发肝癌和食管癌。故烂姜虽辛辣味仍存，毒害已非常明显，是不能食用的，尤其是有肝炎病史的人，更不应吃腐烂的生姜。

（3）高血压患者应少食生姜。

传说故事

生姜解半夏毒

唐朝时期，长安香积寺有个叫行端的和尚，夜间上南五台山砍柴，回寺后成了哑巴，人们相互议论，不解其故。有的说这是让山上的妖魔给迷住了，也有的说是山上的鬼神怕他讲出山上的真情就将他弄哑了。这样一传，吓得众僧再也不敢上山砍柴了。

香积寺的方丈急忙带领众僧在佛前做了八十一天道场，让佛祖为行端驱魔，可是无济于事，行端仍不能说话。这时，有个略懂医术的僧人德始，提议让行端前去求医于长安城里一位医术高超的刘韬。德始陪着行端来到长安，拜见了名医刘韬，并详述了得病的缘由。刘韬察颜望诊、号脉后说："师傅先回，待我明日上山一观再行处方。"次日凌晨，刘韬来到山上，仔细观察后便胸有成竹地来到了香积寺，从药袋里取出一块生姜，对方丈说："尊师放心，请那沙弥速将此药煎服，三五日内定能药到病除。"方丈虽让人将生姜给行端煎服，但心中仍有疑虑，于是就有意挽留刘韬在寺中多住几日，以观疗效。且说时过两日，行端连服三剂姜汤，胸中郁积渐解，咽喉轻松爽利。又连服了三剂，竟能开口说话了，寺中众僧都惊讶不止。

方丈询问行端病因，刘韬说："此乃沙弥误食山中半夏所致，用生姜一解，药到病除，并非什么妖魔所害。"众僧也除掉了心病，照旧上山砍柴。

大 蒜

风送丹枫卷地，霜干枯苇鸣溪。

兽炉重展向深闺，红入麒麟方炽。

翠箔低垂银蒜，罗帏小钉金泥。

笙歌送我玉东西，谁管瑶花舞砌。

——《西江月》·宋·葛立方

物种基源

大蒜（Allium sativum Linn），为百合科草本植物大蒜的鳞茎，又名胡蒜、独蒜、独蒜头、蒜头、大蒜头。蒜头以蒜皮完整、蒜瓣饱满、无干枯与腐烂为佳。全国均有栽培。

生物成分

据测定，每 100 克可食大蒜头，含热能（大卡）128，蛋白质 4.5 克，碳水化合物 27.6 克，脂肪 0.2 克，膳食纤维 1.2 克及尼克酸、维生素 A、C 及微量元素钙、镁、钾、钠、锌、硒、磷，还含有挥发性的大蒜辣素。为天然调味料及蔬菜类食材。

食材性能

1. 性味归经

大蒜，味辛，甘，性温；归脾、胃、肺经。

2. 医学经典

《名医别录》："温中健脾，行滞消食，解毒，杀虫。"

3. 中医辨证

蒜鳞茎而色白，入肺经，辛温浓烈之味入脾胃，能行滞气、通五脏、达诸窍、温脾胃，攻毒而杀虫。性热苦散，可消痈肿，化症积肉食，然辛散之品不可多食，有伤脾伤气之祸，损肺、损目、伐性之害。

4. 现代研究

大蒜具有抗细菌、抗真菌、抗原虫作用，蒜头中所含蒜氨酸和蒜酶，在胃中可生成大蒜素，具有较强的杀菌能力；能阻断致癌物亚硝胺的化学合成，能抑制癌细胞生长，对癌细胞有杀伤作用；含丰富的硒，能加速体内过氧化物的分解，减少恶性肿瘤所需的氧气供给，从而抑制癌细胞；能降低血脂，降低血液的黏稠度，有明显的抗血小板聚集作用，因而可改善心脑血管动脉硬化，减少血栓形成的危险，使心脏病和脑中风（脑血栓和脑出血）的发作危险大为减少，还有增强免疫功能、促进食欲、减轻射线危害，降低血压的作用，能有效地防治冠心病、高血压、动脉硬化及糖尿病。

食用注意

（1）不宜外敷时间过久。大蒜有较强的刺激性，与动物和人的红细胞接触可使其变成棕黑色，高浓度甚至可使红细胞溶解。外敷过久容易皮肤发赤、灼热、起泡，甚至糜烂生疮。

（2）育龄青年不宜多食。大蒜多食克伐人的正气，还有明显杀精作用，多食对生育有着不利影响。

（3）不宜与蜂蜜同时食用。

（4）不宜与狗肉同时食用。

（5）不宜与鸡肉同时食用。

（6）不宜与地黄、何首乌、丹皮、白术、苍术同时食用。

附

（一）小蒜

为百合科草本植物小蒜的鳞茎，又称蒜、山蒜、夏蒜、荤菜等。我国各地均有分布。夏、秋季采收，洗净，干燥备用。

性味辛温。功用与大蒜相似，其辛辣臭气强于大蒜，使用注意与大蒜同，但应用不如大蒜广，食用价值亦次之。

（二）蒜黄

为百合科草本植物大蒜茎叶在黑暗条件下进行软化栽培生产的一种无公害、无农药残留的纯净蔬菜。由于无叶绿素而呈黄色。性温，味辛，甘；归脾、胃、肺经。具有暖脾胃、消症积、解毒、杀虫的功效。可炒食、煮汤、做馅、凉拌食用。

（三）蒜苗

为百合科草本植物大蒜的花茎。性温，味辛；归脾、胃、肺经。蒜苗含有辣素，杀菌能力可达到青霉素的 1/10，对病原菌和寄生虫都有良好的杀灭作用，可以起到预防流感、防止伤口感染、治疗感染性疾病和驱虫的功效。蒜苗具有明显的降血脂及预防冠心病和动脉硬化的作用，并可防止血栓的形成。它能保护肝脏，诱导肝细胞脱毒酶的活性，可以阻断亚硝胺致癌物质的合成，从而预防癌症的发生。不宜烹制得过烂，以免辣素被破坏，杀菌作用降低。消化功能不佳的人宜少吃，过量食用会影响视力。有肝病的人过量食用，有可能造成肝功能障碍，引起肝病加重。

传说故事

一、大蒜治病的传说

《南史·褚澄传》云：澄善医术，建元中，为吴郡太守。百姓李道念以公事到郡，澄见谓曰："汝有重疾。"答曰："旧有冷疾，至今五年，众医不果。"澄为诊脉，谓曰："汝病非冷非热，当是食白瀹鸡子过多也。"令取蒜一升煮食之，始一服，乃吐得一物涎裹之，切开看是鸡雏，羽、翅、爪具备，能行走。澄曰："此未尽，更服所余药，又吐得如向者，凡十三头而愈。"当时称妙。

二、华佗用大蒜治病

相传华佗见一人病噎，食不得下，令取饼店家大蒜榨二升饮之，立吐一蛇。病者悬蛇于车，到华佗家，见壁上悬蛇数十，乃知其奇。

三、大蒜的药用价值

大蒜具有极强和广泛的杀菌能力。把一瓣生蒜放在口里嚼三分钟，就能杀灭口腔里潜藏的各种细菌。就调料来说，就有南姜北蒜的说法。长期吃生大蒜地区的人，胃中的强致癌物质亚硝胺的前体——亚硝酸盐的含量，远远低于其他地区的人。制造亚硝胺的细菌受到明显抑制。第二次世界大战中，英国曾用成千吨大蒜作为治疗伤口溃烂的药物和预防流行病。最近 30 多年，在英国普遍流传用蒜泥敷足心，治小儿百日咳，更是每例必效。

辣 椒

其椒应五行，其仁通六义。

欲知先有功，夜见无梦寐。

四时去烦劳，五脏调元气。

明目腰不痛，身轻心健记。

别更有异能，三年精自秘。

回老返婴童，康强不思睡。

九虫顿消亡，三尸自逃避。

若能久饵之，神仙应可冀。

——转引自《本草纲目·椒红丸诗》

物种基源

辣椒（Capsicum annuum L.），为茄科一年生草本植物辣椒的果实。又名番椒、羊角椒、辣子、辣茄、辣虎、海椒、秦椒、菜椒、尖椒。以果实新鲜，颜色均匀花亮，有辛辣香气、无虫、无腐烂者佳。全国基本均有栽培。

生物成分

辣椒，每100克可食椒，含热能（大卡）23，蛋白质1.4克，碳水化合物5.8克，胡萝卜素340毫克及泛酸、尼克酸、叶酸、维生素A、B_1、B_2、B_6、C、E和矿物质铜、钙、铁、镁、磷、钾、钠、硒，还含辣椒碱，为天然调味料。

食材性能

1. 性味归经

辣椒，味辛，性热；归脾、胃、肝、大肠经。

2. 医学经典

《植物名实图考》："温中健胃，散寒燥湿，消食化滞，发汗。"

3. 中医辨证

辣椒有温中、散寒、开胃、消食。用于寒滞腹痛、呕吐、泻痢、冻疮、疥癣，但量勿大。

4. 现代研究

辣椒中的维生素C含量居蔬菜之首，有抗氧化的功效。增强身体抵抗力之余，又可延缓衰老；含有较多抗氧化物质，可预防癌症及其他慢性疾病，可以使呼吸道畅通，用以治疗咳嗽、感冒；辣椒素和二氢辣椒素对口腔及胃肠有刺激作用，能促进消化液分泌、改善食欲；辣椒辛温，能够通过发汗而降低体温、并缓解肌肉疼痛，因此具有较强的解热镇痛作用，还能抑制、杀灭胃腹内的寄生虫；具有强烈的促进血液循环的作用，可以改善怕冷、冻伤、血管性头痛等症状；还含有大量的胡萝卜素，甚至超过猪肝，胡萝卜素在人体内可转变为维生素A，有增强视力，防治夜盲之功效；辣椒还是瘦身美体的食品，能加速新陈代谢以达到燃烧体内脂肪的效果。

食用注意

（1）服用维生素 K 及其他止血药时不宜食用。辣椒含有较高的维生素 C，每 100 克高达 100 毫克以上，维生素 C 可使维生素 K 分解破坏，药物疗效减弱，辣椒所含的其他成分也有一定的抗凝血作用，故服用维生素 K 及其他止血药时不宜食用。

（2）不宜与红萝卜、黄瓜、动物肝脏同时食用。红萝卜中的维生素 C 酵酶，黄瓜中所含的维生素 C 分解酶，动物肝脏所含的铜、铁离子均可破坏其他食物中的维生素 C，降低食物的营养价值，辣椒为维生素 C 含量高的食物，故不宜与红萝卜、黄瓜、动物肝脏同时食用。

（3）存放时不应洒水。存放时若在上洒水，容易使水溶性的维生素成分散失，营养价值降低，故存放时不应洒水。

（4）不宜与南瓜同食。能破坏辣椒中所含维生素 C。

（5）不宜与羊肝同食。降低营养价值。

传说故事

一、国外辣椒的传闻

现在，辣椒已有 7000 多个品种，它们小的像豌豆，大的宛如灯笼。被称为大金姆的辣椒有 30 多厘米长，是世界上著名的罐头辣椒的原料。辣椒的味道各不相同，细而尖的辣椒味道最辣，野山椒特别辣。另一种叫"辣魔"的尖辣椒，只要闻到它的辣味，就会催人泪下。

巴西中部一个叫达维的小城，每年秋天都要举行一次吃辣椒比赛，有一年，一个 50 多岁的男子获得冠军：他在 10 分钟内一次吃了 125 只被称作"辣魔"的尖辣椒。坦桑尼亚的一些地区有一个传统节是辣椒节，那天，少女们头上、身上佩戴了许许多多红红绿绿的辣椒，煞是好看，而男青年们在旁向意中人殷勤地献上辣椒。

二、德国对辣椒的研究

德国营养医学及营养学学院所进行的研究表明，诸如辣椒和番椒等辣味调味品可以有效地帮助人们减肥。辣椒的辣味来自"辣椒碱"，辣椒碱的刺激口味会向脑神经发出"足够"讯号，导致食欲大减，同时能刺激体内生热系统，加快新陈代谢。医药专家认为，辣椒能缓解胸腹冷痛，制止痢疾，杀灭胃腹内寄生虫，控制心脏病及冠状动脉硬化，还能刺激口腔黏膜，引起胃的蠕动，促进唾液分泌，增强食欲，促进消化。

胡　椒

沉香作庭燎，甲煎粉相如。

岂若炷微火，萦烟嫋清歌。

贪人无饥饱，胡椒亦求多。

朱刘两狂子，陨坠如风花。

本欲竭泽渔，奈此明年何。

——《　拟古九首》·宋·苏轼

物种基源

胡椒（Piper nigrum），胡椒科，多年生藤本植物胡椒近成熟或成熟的干燥果实，又名椹圣、蛤蒌。因其辛辣似椒故得椒名，实非椒。胡椒不能独立生长，只能沿着树木或其他物体向上攀缘。人工种植的胡椒园，要竖立一根根木桩、水泥柱，任凭胡椒藤攀缘。它喜欢吃"荤"性，人们为了要使胡椒能多结果，得增施一些小鱼、碎骨、小虾等有机肥料。

胡椒的商品有黑胡椒和白胡椒两种。采未熟果，干燥后变黑色，为黑胡椒。成熟果，经加工后，擦去外皮，即为白胡椒。原产热带亚洲，我国广东、广西、云南有栽培。我国海南岛和云南南部山地也有野生的胡椒。

生物成分

经测定，每 100 克胡椒含水分 10.2 克，蛋白质 9.6 克，脂肪 2.2 克，碳水化合物 76.9 克，不溶性纤维 2.3 克，钙 2 毫克及辣味成分，还含挥发油，油中主要成分为胡椒醛、隐酮、水茴香萜、倍半萜苷等。为天然调味料。

食材性能

1. 性味归经

胡椒，味辛，性热；归胃、大肠经。

2. 医学经典

《新修本草》："温中散寒，下气，消痰。"

3. 中医辨证

胡椒，质坚硬，气辛香，主入中焦，而温中散寒，味厚而下气，辛散而止痛，治心腹冷痛、呕吐吞酸、肠鸣泄泻、冷痢、阴疝、头痛、鼻渊、齿痛。

4. 现代研究

胡椒有抗惊厥、镇静、降血脂、利胆、升压、杀虫作用，对感冒咳逆、寒气攻胃、赤白痢疾、反胃呕吐、小儿消化不良等有食疗助康复之效。

食用注意

热性疾病患者不宜服食胡椒及胡椒制品。

传说故事

唐太宗与胡椒

据《唐太宗实录》云：贞观年间，唐太宗患气痢，久治不愈，遍服名家医药，无效，因此，诏访求治之方。皇宫一卫士进一方，用黄牛乳煎胡椒可医。唐太宗服后果然痊愈。唐太宗看胡椒像桑葚，而药效如神，便赐名为"葚圣"。

花 椒

欣忻笑口向西风，喷出元珠颗颗同。

采处倒含秋露白，晒时娇映夕阳红。

调浆美著骚经上，涂壁香凝汉殿中。

鼎铼也应知此味，莫教姜桂独成功。

——《花椒》·宋·刘子翚

物种基源

花椒（Zanthoxylum bumgea-num），为芸香科，灌木或小乔木花椒的干燥成熟果实，又名川椒、蜀椒、秦椒，以壳色红艳油润，果实开口而不含籽粒，手感粗糙者佳，产于我国南方野生或栽培。

生物成分

据测定，每100克花椒，含能量（大卡）258，蛋白质6.7克，脂肪8.9克，碳水化合物66.5克，膳食纤维28.7克，还含有茴芋碱、佛手柑内酯、爱草脑、柠檬烯、月桂烯、牻牛儿醇、甾醇、不饱和有机酸及多种微量元素，为天然调味料。

食材性能

1. 性味归经

花椒，味辛，性温；归胃、肾经。

2. 医学经典

《神农本草经》："温中散寒、除湿、止痛、杀虫。"

3. 中医辨证

花椒辛热，善祛阴寒之邪，能温中而止痛，暖脾而止泻，为治脾胃虚寒之常用药，借其辛辣之性，而有驱杀蛔虫之功，常用于蛔虫引起的腹痛、吐蛔之症。煎汤外洗，可治湿疹瘙痒，而有燥湿、止痒之效。

4. 现代研究

现代医学药理研究结果表明，花椒有如下功效：

（1）挥发油有局部麻醉及止痛作用，并有杀灭蛔虫作用，可作驱虫剂。

（2）本品小量可增强肠蠕动，大量则抑制肠蠕动；小量则轻度利尿，大量则抑尿。

（3）可降血压，反射性引起呼吸兴奋。

据抗菌试验：本品对大肠杆菌、痢疾杆菌、炭疽杆菌、溶血性链球菌、白喉杆菌、肺炎双球菌、金黄色葡萄球菌、伤寒杆菌、绿脓杆菌及皮肤真菌有抑制作用。

食用注意

花椒，辛热性燥，故阴虚火旺者忌用。

传说故事

"椒房" 的传说

相传，汉代，皇后所居的宫殿，常常以椒和泥涂墙，被称为"椒房""椒涂"，不仅因为它可使居室芳香温暖，还带有多子祝福的意思。"就中云幕椒房亲，赐名大国虢与秦"（杜甫《丽人行》），"兰殿长阴，椒涂驰卫"（宋·颜延年），说的都是"椒房"，后来椒房就成了后妃的代称。"践椒涂之郁烈，步蘅薄而流芳"（曹植《洛神赋》），这里布椒的道路，是取"芳香"的意思。

豆　蔻

寒玉细凝肤。清歌一曲倒金壶。冶叶倡条遍相识，争如。豆蔻花梢二月初。
年少即须臾。芳时偷得醉工夫。罗帐细垂银烛背，欢娱。豁得平生俊气无。

——《南乡子》·宋·苏东坡

物种基源

豆蔻（Amomum card-momum L.）或草豆蔻（Alpinia Katsumadai Hayata），为姜科多年生草本植物豆蔻或草豆蔻果实内的种子，又名蔻仁，以气味芳香而强烈者佳，我国广东、广西、台湾等省有栽培。

生物成分

据测定，每100克豆蔻含热能465千卡，蛋白质8.1克，脂肪35.2克，碳水化合物43.2克，膳食纤维14.4克及维生素B_2、E，还含微量元素多种和右旋龙脑和左旋樟脑等。

食材性能

1. 性味归经

豆蔻，味辛，性温，有香气；归肺、脾、胃经。

2. 医学经典

《开宝本草》："化湿行气，温中止呕。"

3. 中医辨证

豆蔻味辛性温，其气清芳。上行于肺以下气止逆，中入脾胃以化湿温中，为化湿行气、温中止呕要药。凡上中二焦的一切寒湿气滞诸症，皆可使用。

4. 现代研究

现代医学药理研究结果表明，豆蔻具有如下功效：

（1）蔻仁可促进胃液分泌，兴奋肠蠕动，制止肠内异常发酵，驱除肠内积气，并具有止呕作用。

（2）用白豆蔻三分，分数次含于口中，缓缓细嚼，既助消化，又除口臭。

（3）果壳水煎剂对治贺氏痢疾杆菌有抑制作用。

食用注意

辛燥之性，能助热耗气，故火升作呕者则不宜用。

附：草果

草果，为姜科多年生草本植物草果的果实，有特殊的臭气和辣味，味辛性温，功能燥湿散寒，除痰截疟，主用于寒湿郁伏的疟疾，多与常山、知母等同用，如常山饮，也可用于寒湿困脾的脘腹胀痛，亦为天然调味料。

传说故事

一、"豆蔻年华"的来历

"豆蔻年华"已经是成语了，出自杜牧的《赠别》诗："娉娉袅袅十三余，豆蔻梢头二月初。春风十里扬州路，卷上珠帘总不如。"这是诗人落魄扬州期间写给一位少年妓女的。因为"十三岁"少女，正是含苞欲放的年龄，而豆蔻春末开花，"二月初"正好是含苞时，用此来比拟十分恰当。此后，常以"豆蔻年华"来称十三四岁的少女了。

二、豆蔻在国外

豆蔻的药用价值早在公元前 4 世纪已被确认。豆蔻还是上等香料和防腐剂。印度的传统烹饪法中，豆蔻是上等食品必不可少的配料。在古希腊和古罗马，豆蔻被用作香水中的主要成分。古埃及妇女喜欢点燃豆蔻，在散发出的香烟中"熏浴"。

在欧洲，豆蔻被广泛地用作食品工业的防腐剂和香料。北欧人喝咖啡时吃的糕点是用豆蔻配制的。阿拉伯人遇到客人来时，就送上一杯"卡瓦"——豆蔻咖啡。印度北部山区，在婚礼中，新娘手腕上系着一个很精巧的银质小匣，里面放着豆蔻，这是新娘准备第一次给新郎吃的食品。在喀拉拉邦，还流传着关于豆蔻的传说，豆蔻像女孩那样怕羞，农家妇女都要到地里去抚摸每枝开花的豆蔻，否则它就不结果。

桂　皮

吴刚罚伐月中桂，年年岁岁复岁岁。
自古只书本德好，千秋功罪评说谁？
——《吴刚伐桂》·民国初期·王勤

物种基源

桂皮（Cinnamomum cassia presl），为樟科常绿乔木肉桂树的树皮，又名牡桂、紫桂、大桂、辣桂、玉桂、木桂、糠桂、肉桂、桂木、椇紫油杜、桂心、筒桂、菌桂。以干燥、色泽新、香气足为佳。产于我国广东、广西、云南、福建、台湾等地区。

生物成分

据测定，每 100 克桂皮含热能（大卡）258，蛋白质 7.7 克，脂肪 6.9 克，碳水化合物 56.5

克，膳食纤维 28.7 克及微量元素钙、磷、钾、锌、硒等，还含鞣酸、黏质液、挥发油（桂皮油），主要成分为桂皮醛及少量的乙酸桂皮脂、乙酸苯丙脂等。为天然调味料。

食材性能

1. 性味归经

桂皮，味辛，甘，大热；入肝、肾、脾经。

2. 医学经典

《珍珠囊》："补命门不足，治沉寒痼冷之病。"

3. 中医辨证

桂皮，气之厚者发热，辛甘温者是也。桂皮禀辛烈之性，气纯厚、浓烈，故下行益肾火之源。脾喜燥恶湿，正合脾之喜，可散寒邪而利气，温补脾肾之阳，下行而补肾，能导火归原以通其气。其色紫可通血脉，血随气行也，其性剽悍，能走能守，有温中、坚筋骨、通血脉、理疏不足、宣导百药，对头痛、腰疼、出汗、止烦、止唾、咳嗽等症的康复有益。

4. 现代研究

现代医学药理研究结果表明，桂皮有如下功效：

（1）桂皮，其提取油对胃有缓和的刺激作用，能增强消化机能，排出消化道积气。

（2）桂皮提取油有对中枢血管和末梢血管扩张血管的作用，能增强血液循环。

（3）桂皮提取油有能够重新激活脂肪细胞对胰岛素的反能力，大大加快葡萄糖的代谢，对糖尿病有一定的预防作用。

（4）经抗菌试验，对致病性真菌有抑制性作用。

食用注意

凡阴虚火旺、热病伤津等症者，均当忌食桂皮。

传说故事

吴刚伐桂的传说

吴刚伐月桂之说，起于隋唐小说。《酉阳杂俎·天咫》云："旧言月中有桂，有蟾蜍。故异书言，月桂高五百丈，下有一人，常斫之，树创随合。人姓吴，名刚，西河人，学仙有过，谪令伐树。"月桂落子之说，起于武后之时。相传有梵僧自天竺鹫岭飞来，故八月常有桂子落于天竺。

丁 香

丁香体柔弱，乱结枝犹垫。
细叶带浮毛，疏花披素艳。
深栽小斋后，庶近幽人占。
晚堕兰麝中，休怀粉身念。

——《咏丁香》·唐·杜甫

物种基源

丁香（Syzygium aromaticum），为桃金娘科常绿乔木植物丁香之花蕾，又名丁子香、鸡舌、支解香、雄丁香、公丁香等。丁香是热带植物，有常绿乔木和落叶灌木或小乔木两种。从子粒大小来分，按《中国药学大辞典》："粒小（与母丁香相比而小）为雄丁香，而味浓香，又称为公。"

丁香，春季开花，浓香四溢，沁人肺腑，是我国名贵花卉之一。原产马来群岛与非洲，我国有1300多年的栽培历史，育有24个品种，长江以南地区基本都有分布。

生物成分

丁香含挥发油，主要为丁香油酚、乙酰丁香油酚、β-石竹烯等，还含三萜化合物，如齐墩果酸、黄酮和对氧萘酮类鼠李素、山柰酚等。

由于丁香有辛香气味，沈括在《梦溪笔谈》："郎官日含鸡舌香，欲其奏事对答，其气芬芳。"鸡舌香即丁香。丁香既是较佳的调味品，又是提炼高级化妆品原料。

食材性能

1. 性味归经

丁香，味辛，性温；归脾、胃、肺、肾经。

2. 医学经典

《药性论》："温中降逆，补肾助阳。"

3. 中医辨证

丁香气强烈而芳香，味辛气浓而沉降。有助脾胃虚寒、呃逆呕吐、心腹冷痛、食少吐泻、肾虚阳痿等症。

4. 现代研究

丁香有抗菌、促进胃液分泌、抑制胃肠运动、促进胆汁分泌、抗溃疡、抗缺氧、抗血栓。有利于凝血、血小板聚集、驱虫、降压等作用，另对麻痹性肠梗阻、乳头疮、乳腺炎、小儿睾丸鞘膜积液、胃痛、肝炎、食管炎、胆囊炎、腰痛、胸神经痛等症有一定的食疗助康复效果。

食用注意

（1）不宜与郁金同食用，丁香与郁金为相畏之品，故不能同用。

（2）丁香食用时不应加热时间过久，丁香所含挥发油及易挥发，加热时间太久，将使挥发油大量损失。

传说故事

一、白丁香的来历

白丁香的来历，有一则民间传说。从前京城一宦官生性傲慢，常辱骂家中名厨做菜不适口，厨师把心里的苦闷告诉邻里穷秀才。秀才得知宦官将举办春宴，就想出一上联教他席间向宦官征答下联。大办春宴的那天，京城显贵都应邀作客，厨师先为宦官斟一杯酒，他呷了一口责问："为何斟冰冷酒？"厨师答道："小人想借此作上联，请大人对下联，让大家为你文才盖京师助兴。"说罢，跪地壮着胆说："氷冷酒，一点二点三点，点点在心"（"氷"为"冰"的异体字）。众宾客点头称好，可宦官却无言以答。宾客解围："厨师先去做菜，让我们一起想想。"厨师说："等大人对出，小人才敢站起。"众宾客见桌上有酒无菜，宦官失尽面子，不久便气死。次年春天，宦官的坟上长出一株丁香全开白花，往年参加春宴的同僚闻讯后前去看望，穷秀才也赶来凑热闹，并说："丁香花的'丁'字是'百'字头，'香'字是'千'字头，'花'是'万'字头，这是他死后在阴间对出的下联。"即为："丁香花，百头千头万头，头头是道。"那么古来的紫丁香又怎会变成白丁香呢？秀才继而解释："宦官死后明白做人的道理，他要告诉儿孙做人不可追逐红里发紫，恶紫夺朱，仗势欺人。要心胸大度像白色，淡泊官禄，清白明志。"由此变种为白丁香。

二、李隆基与丁香花

说起丁香的药用，据传古代唐朝皇帝李隆基爱吃生冷食物，一天深夜，突然腹部壅塞胀满，接着上吐下泻，太医诊治无效，遂张榜征召名医良药。一乞丐得知便揭榜，随侍卫进宫，乞丐望了皇上一眼说："脾胃乃仓廪之官也，陛下饮食生冷，伤于脾胃，须用丁香等鲜花制成香袋，悬挂于室内，方可龙体安康。"皇上命侍从遵嘱行事，当夜李隆基梦中又见乞丐，问他何人？答曰："八仙之一蓝采和是也。"数天后，即病愈。

小 茴 香

宫砖卖尽雨崩墙，苜蓿秋红满夕阳。
玉树后庭花不见，北人租地种茴香。

——《茴香》·宋·智越平

物种基源

小茴香（Foeniculum vulgare Mill），为伞形科多年生宿根草本植物茴香的干燥成熟果实，又名茴香、怀香。以干燥、香气强烈、无杂为佳。原产地中海地区，现全国均有栽培，主要产区为晋、陕、川、内蒙古等地。

生物成分

据测定，每100克茴香，含热能（大卡）265，水分8.6克，蛋白质15.5克，脂肪5.5克，碳水化合物38.4克，膳食纤维22.3克及胡萝卜素、尼克酸、维生素B_1、B_2、C、硫胺素；还含多种微量元素、反式茴香脑、柠檬烯、水芹烯、茴香醇等。集医药、食用、调味、化妆于一身。

食材性能

1. 性味归经

小茴香，味辛，性温；归肝、肾、脾、胃经。

2. 医学经典

《新修本草》："祛寒止痛，和胃理气。"

3. 中医辨证

小茴香，理气驱寒，助阳道，温肝肾，暖胃气，散塞结，散瘀止痛。对疝气痛、睾丸肿、肾虚腰痛、胃气痛、腹痛、小腹冷痛、脾胃虚寒引起的白带多、痛经、阴囊水肿等症有助促进康复。

4. 现代研究

小茴香，有祛痰、平喘、抗菌、镇静、抗溃疡等作用。对伤寒杆菌、肺炎球菌、大肠杆菌有抑制作用。

食用注意

（1）小茴香性温味辛，故阴虚火旺者慎服。

（2）食用时不宜煎煮时间过久。小茴香所含的茴香油极易挥发，食用时煎煮过久，会使治疗及食用作用减弱。

附注

小茴香根、茎叶也可药用，根性温味辛苦，作用与小茴香同；小茴香的嫩茎叶中还含莲苷、茴香苷及多种糖苷和桂皮酸、阿魏酸、咖啡酸、茴香酸、芥子酸等17种有机酸，茎叶与根均可内服或捣烂外用。

传说故事

小茴香的传说

虎头山下的虎娃子娶了个贤惠媳妇。虎娃子的媳妇叫肖茴香，肖茴香孝敬公婆，勤劳能干，人也长得俊美。可惜虎娃子没福气，娶了亲没几个月，就得急病死了。

肖茴香早上顶着星星去山上耕种几亩荒地，晚上背着月亮回家来照顾年迈的公婆。邻居们都说，虎娃子的爹娘丢了个儿子，却捡了个好姑娘。不过，姑娘大了还有出嫁的那一天，肖茴香在虎娃子家只能守寡。

肖茴香在虎娃子家受苦受累倒也没有什么，最让她感到不安的是，虎娃子家前几辈都是独苗单传，到了虎娃子这辈断了香火。

肖茴香公婆都是通情达理的人，看到肖茴香起早贪黑，终日操劳，心里很是过意不去。老两口心里也很矛盾，留下肖茴香吧，不忍心让她年纪轻轻的就独守空房；让肖茴香走吧，两个黄土快掩了脖儿梗的人又没人照应。肖茴香知道二老的心思，一再表示自己要留下来为公婆养老送终。

肖茴香人缘好，平时家里遇到什么困难，街坊邻居都热情地过来帮忙，所以日子还算过得去。

虎娃子过世一周年的那一天，肖茴香把公婆安排好，早早地来到了亡夫的坟前。她摆好供品，烧了一叠黄纸，想到一年来的艰辛和对虎娃子的思念之苦，跪在坟前，忍不住悲声大放。

肖茴香哭累了，站起身，准备清除一些坟上的杂草就回家。忽然，她发现虎娃子坟上的杂草间有一棵甜瓜秧，瓜秧上结有一个小瓜，小瓜黄黄的，散发着诱人的清香。肖茴香刚好哭得口干舌燥，就摘下来吃掉了。

此后不久，肖茴香逐渐感觉到身体不适，经常反胃，嘴里流酸水、什么东西都不想吃，吃一点就想吐。

肖茴香身上的异常变化，引起了婆婆的注意，有一天吃过晚饭，她把肖茴香叫到身边，很谨慎地问："你最近身体是不是不舒服？"

肖茴香点点头："是有点不舒服，直想吐。""身上还来'那个'吗？"婆婆小心地又问。

肖茴香明白婆婆问的是什么，摇了摇头。

婆婆觉得自己好像一下子掉到了冰窖里，浑身发冷。她故作镇静，不动声色地说："明天我带你到东庄去看中医。"

第二天一大早，婆婆艰难地扭动着两只小脚，领着肖茴香来到东庄老中医的诊所。

老中医蓝褂着身，须发皓然，他给肖茴香号了一会脉，睁开微闭的双眼，笑着对肖茴香的婆婆说："恭贺老人家，你的媳妇有喜了。"

"你说啥？"肖茴香惊恐地瞪大了眼睛。

婆婆痛苦地抖动着嘴唇，一句话也不说，给老中医付了钱，拉着肖茴香就往家走。

回到家里，肖茴香"扑通"一声跪在婆婆面前，流着眼泪指天发誓："娘啊，请您相信我，我绝没有做见不得人的丑事，如果我说一个字的假话，天打五雷轰。"

婆婆满面泪水，悲伤欲绝，她哽咽着说："我知道你这些日子受了不少苦，婆婆不怪你，你回娘家去吧，我和你公公都一大把年纪了，丢不起这个人。"

肖茴香对婆婆说，肯定是老中医搞错了。她还哀求婆婆让自己在这个家里再生活一段时间，看看情况，等有了结果再说。但是，婆婆不再相信她，不管肖茴香说什么，始终不点头。

肖茴香知道婆婆的脾气，她分别给婆婆和公公各磕了两个响头，交代可靠的邻居好好照顾两位老人，就一步三回头地回了娘家！

肖茴香回娘家后，一直惦念着公婆，经常托人带些吃的穿的给两位老人。

十来个月后的一天，肖茴香抱着长得和虎娃子几乎一模一样的儿子回到婆婆家。肖茴香向公婆和乡亲们解释，自己确实没有做过伤风败俗的事。她回到娘家以后，试想了种种可能，觉得最大的可能是自己吃了虎娃子坟上的小瓜以后才怀孕的。

肖茴香见说破嘴皮公婆也不相信，于是，她将小儿送到婆婆怀里，含泪直往虎娃的坟地奔去，一头撞在虎娃的碑上而死。第二年，在虎娃与肖茴香合葬的墓上长出小树，几年后开出香喷喷的花，人们都说这是肖茴香的化身，从此，将这香花称为"小茴香"。

八角茴香

八角茴香生兼栽，初夏绽花仲秋采。

角角怀中抱一子，气味两全终不改。

——《识八角》·现代·钟奎

物种基源

八角茴香（Illicium verum Hook. f.），为木兰科常绿小乔木八角茴香的干燥成熟的果实，又名大茴香、大料、八角，以八角整齐不缺、色黄橙、香气独特而四溢者佳，产于我国广东、云南、广西、海南岛。

生物成分

据分析，八角茴香含蛋白质、脂肪油22%，挥发油5%及树脂等。挥发油即八角茴香油，含有反式茴香醚约85.5%，顺式回香醚约0.4%，茴香醛约4%，桉树脑约3%，草蒿脑约1.3%，茴香酮约1%等28种成分。

食材性能

1. 性味归经

八角茴香，味辛，性温；归肝、肾、脾、胃经。

2. 医学经典

《大明本草》："开胃下食，治膀胱痛、阴痛。"

3. 中医辨证

八角茴香辛温芳香，行散之力较强，而有舒肝理气，暖肾散寒之功，尤能温散下焦之寒。故为治阴寒内盛，肝郁气滞之寒疝、睾丸偏坠、少腹冷痛之常用药。又能温中散寒、醒脾开胃，以治寒邪伤中、气机不畅之脘腹胀痛、呕吐食少之症。

4. 现代研究

现代医学药理研究结果表明，八角茴香具有如下功效：

（1）健胃：对胃肠起温和刺激作用，能减少肠胃气胀。

（2）镇痛：对胃肠痉挛痛或骨肉挫伤掀伤痛，都有一定缓解作用。

食用注意

（1）八角茴香辛温助火，热症及阴虚火旺者忌用。

（2）加热时间不宜过久。八角茴香气味芳香，所含挥发油极易挥发。如加热时间过长，则疗效和食用效果均会减弱。

传说故事

刘邦与八角茴香

相传，汉高祖刘邦在一次行军中，因天热口渴，多饮山泉凉水过后不久脘腹冷痛不止，呕逆不思食，无法带兵。有一白发老翁献上八角茴香丸，服药即愈。刘邦大喜，回都城咸阳后，立碑将八角茴香救驾之功载上，后被传为佳话。

芥 末

天寒地冻泥中精，寒食交过花黄艳。
入喉三分香辛苦，调就膏泥驱荤腥。

——《芥末》·清·周晓芸

物种基源

芥末（Mustard），为十字花科芥菜的成熟种子粉碎而成的粉末或芥末膏。大多是黑芥子菜（Brassica）或白芥子菜（B. alba）的种子（即芥菜籽）制成的两合一的调味品、混合品。性状为粉或膏。前者的辣味成分是异硫氰酸酯。均以配糖体形式存在于种子中，经粉碎且方能由自身存在的酶水解成辛辣物。故一般需加工成芥末糊。制法：每千克芥末粉加食醋 0.7 千克、植物油或麻油 0.2 千克及白糖 0.2 千克，搅拌均匀，静置数小时即可食用。芥菜原产我国，各地均有栽培。

生物成分

据测定，每 100 克芥末含热能（大卡）490，蛋白质 23.6 克，脂肪 29.9 克，碳水化合物 35.7 克，膳食纤维 7.2 克及维生素 A、B₁、B₂、E，烟酸等，还含多种矿物质钙、磷、铜、锌、硒等。尚含芥子酶、芥子碱。

食材性能

1. 性味归经

芥末，味辛，性温；归肺经。

2. 医学经典

《中华人民共和国药典》："温化寒痰，通络止痛。"

3. 中医辨证

芥末，利气豁痰，除寒暖中，散肿止痛。对咳嗽反胃、痹木脚气、筋骨腰节诸痛及食欲不振等症的食疗助康复效果极佳。

4. 现代研究

现代医学药理研究结果表明，芥末有如下功效：

（1）芥末对胃黏膜有轻度刺激，产生轻度恶心感，反射地增加气管的分泌而祛痰。

（2）芥末外敷有刺激作用，可使局部皮肤发红、充血、灼热，从而减轻或消除局部组织疼痛。

食用注意

阴虚内热及肺燥干咳者，不宜食用芥末。

传说故事

济公吃鱼片

相传，初夏的一天，济公跑出雷音寺，来到杭州西湖边的一家大饭店，向饭店老板讨点鱼肴开开荤，饭店老板看济公疯疯癫癫，是帽儿破、鞋儿破、浑身袈裟破，手中扇子又脏又破，心中十二分不快活，于是便对济公大声喝道："疯和尚，少啰唆，快给我滚远点！"济公："贫僧来倒来了，往哪滚？怎么滚法子，你先滚个样子让我学学看啰！"说着便进了饭店，拣了张靠窗口近湖面的桌子上坐下来，脱下一只破鞋，把脚跷到桌子上，跷起脚丫来。店老板见了更生气，叫店小二赶济公走，济公不听，小二动手来拖，济公像打在地上的木桩一样，扳摇不动，怎么也拖不动。就在小二向老板回报拖不走济公之际，济公挥动手中的破芭蕉扇，口中念念有词："鱼儿鱼儿快快来，贫僧今天要开斋！"果然，一条大黑鱼跃出湖面，破窗而入，在桌上活蹦乱跳。济公用破扇子当刀，在桌上打鳞、破肚、净肠、开片、眨眼工夫完成，然后又用芭蕉扇对准鱼头、鱼骨、鱼尾一扇，扇向湖面又变成一条完整黑鱼游走了，再顺手从窗外的湖坎上揪了一把刚黄荚成熟的芥菜荚，放在手上一搓，用嘴一吹，荚壳飞了，剩下一把芥菜籽，两手合磨成了芥末粉，一手拿起酒葫芦，一手拿起鱼片蘸着桌上的芥末，边饮边吃边赏湖面风光。从此，济公便成了蘸着芥末生吃鱼片的第一人。

孜　　然

安茴辛热胃肾经，健胃除温镇疼痛。
温中止呕降寒气，腰痛肢痿腹胀病。
——《新编中药歌诀集解·安息茴香》现代·周登成

物种基源

孜然，植物学名枯茗（Cuminum cyminumL），为伞形科孜然芹属一年生草本植物，又名安息茴香马芹子，以色新鲜、香气足者佳，我国新疆、青海、内蒙古有分布。

生物成分

据测定，每 100 克孜然含热能 212 千卡，蛋白质 2.2 克，脂肪 0.3 克，碳水化合物 2.4 克及维生素 A、B$_1$、B$_2$、烟酸，还含多种微量元素钾、钠、钙、镁、磷、铜、锌、铁、硒等。

食材性能

1. 性味归经

孜然，味辛，性温；归脾、胃、肾经。

2. 医学经典

《中华人民共和国药典》："祛寒，除湿，理气，开胃，祛风，止痛。"

3. 中医辨证

孜然辛而温，辛温相合，外散风寒，内行气血；能外祛寒湿、内破瘀血，故有祛瘀、行气、止痛、活络之效。凡气滞血瘀诸痛均可应用，风湿痹痛、关节不利、肩臂酸痛之症，亦可常用。

4. 现代研究

现代医学药理研究结果表明，孜然有如下功效：

（1）孜然具有醒脑通脉、降火平肝等功效。对胃炎寒痛、消化不良、肾虚便频等不适有一定的辅助作用。

（2）预防凝血。孜然有抗凝血作用，能防止由血液凝结而引发的心脏病和脑卒中。

据抗菌试验：对常见致病性皮肤真菌有抑制作用，对肝炎病毒亦有抑制作用。

食用注意

（1）孜然活血行气之力较强，疼痛非邪实血瘀者，则不宜应用。

（2）以孜然调味，用量不宜过多。便秘或患有痔疮者应少食或不食。

（3）孜然性热，夏季应少食。

传说故事

王昭君与枯茗的传说

相传，汉元帝时王昭君，为了汉民族与当时匈奴少数民族和解大义，自请嫁匈奴。从胡俗，被封为宁胡阏氏（皇后）。但吃不习惯烤羊肉，日见消瘦，丈夫呼韩邪单于为适应王昭君的口味，就在烤羊肉上撒一种叫枯茗的草粉末，以改其羊肉的羊膻味。而王昭君在回汉省亲时将这种枯茗植物又带回交汉人栽培。这样一来二往，匈奴人都努力维护与汉的通好关系。从此，汉人也学会用孜然（枯茗）这种植物来烹调汉菜，并引用为一味中药。

糖

春余甘蔗榨为浆，色弄鹅儿浅浅黄。

金掌飞仙承瑞露，板桥行客履新霜。

携来已见坚冰渐，嚼过谁传餐玉方。

输与雪堂老居士，牙盘玛瑙妙称扬。

——《糖霜》·元·洪希文

物种基源

糖（Tang），为禾本科植物甘蔗（糖蔗、果蔗）或藜科恭菜属。糖是用甜菜的根、茎中液汁精制而成的白色结晶体，又名石蜜、白糖（脱色）、红糖（未脱色）、糖霜、白霜糖。无论是粗砂、细砂、绵白糖，以糖晶体均匀、干燥、松散、色泽一致、不带杂色者佳。甘蔗在我国栽培地区较广，主要分布在台湾、福建、广东、广西、四川等地。糖用甜菜（糖萝卜）主要分布在西北、东北、华北"三北"地区，通称为"食糖"。糖是由一个分子葡萄糖和一分子果糖缩合而成的双糖。

生物成分

糖的生物成分

营养成分 / 品 种	热能（千卡）	蛋白质（克）	脂肪（克）	碳水化合物（克）	核黄素（毫克）	尼克酸（毫克）	钙（毫克）	铁（毫克）	锌（毫克）	磷（毫克）	硒（毫克）	水分（克）
糖（白）	396	0.1	/	99.3	0.03	0.2	/	0.2	0.03	/	微	0.6
糖（红）	391	1	/	96.7	/	/	/	/	/	/	/	1.5
糖（冰）	400	/	/	99.9	0.03	/	/	0.4	0.05	/	/	/

食材性能

1. 性味归经

糖，味甘，性平；归脾、胃、肺经。

2. 医学经典

《中医大辞典》："清热，生津，润燥，解酒。"

3. 中医辨证

糖，有清虚热、健脾胃、止呕逆、生津液、止口渴、和中缓急之效，对热病伤津、心胸烦热、口干口渴、反胃吐食、痰喘咳嗽、痈疽疮疡等症辅助疗效佳。

4. 现代研究

现代医学药理研究结果表明：糖除在烹调上应用外，尚有多种医疗保健作用。分述如下：

（1）白糖和冰糖：多用于清热、消炎、降火病症，如咽喉肿疼、口腔溃疡及肺热咳嗽等。近年来国内外临床实践应用白糖治疗皮肤溃疡和创口感染，脓肿开刀及下肢或脚趾慢性溃疡等都有良好效果。白糖或冰糖之所以有此作用，主要机理是白糖能改变伤口的酸碱性，促进了上皮细胞的生理刺激，供给了伤口的营养，可使患处血液循环加强，抑制了细菌的繁殖，同时酸性环境可改变局部的渗透压，于是组织细胞得以促进生长，伤口得以加快愈合。

（2）红糖类：味甘、性温，在中医药中是应用广泛的品种，具有入脾、益气、缓中、化食的功用，能健脾、暖胃、止痛、行血、散寒，对妇女产期、经期受寒、体虚或瘀血症、行经不利、腰酸腹痛、月经暗红有血块等有重要功效，以及可作为广泛的药引。

（3）葡萄糖：是现代医疗上应用最多并在临床治疗上有重要地位的药物，是急重病人不可缺少的急救法宝，可直接给全身供给热量，有强心、解毒、利尿作用，可常用于呕吐和腹部手术后不能进食的重病人，还用于预防手术的麻醉中毒、出血过多、虚弱虚脱等，还有高烧降温、供养排毒、降低脑压等功能。口服葡萄糖多用于营养滋补剂，如幼儿发育迟缓或营养不良。肝炎或重病、慢性病等患者都适用。

（4）饴糖及多种水果糖：有软糖、酥糖、芝麻糖及高粱饴糖或糖稀等，大部分或部分都是由麦芽糖或淀粉糖所制成，是中医常用的糖。具有补体虚寒冷、健壮脾胃、润肺止咳、补中益气，治虚劳腹疼、吐血健脾的作用，对治疗十二指肠溃疡等，有良好效果。但凡湿热内郁、中满吐逆、牙病、疳病者均应忌食。

食用注意

（1）肥胖者及糖尿病、高血脂、冠心病、脘腹胀满、痰湿、多痰、麻疹等患者应与糖少结缘或不结缘为好。

（2）糖是人体中必需的营养素，按中国养生观，人体中的糖从米、面及五谷杂粮中获取即可。据世界卫生组织对世界20多个国家死亡因素调查结果表明：人遵循："防三寒"（秋寒、春寒、冬寒）、"二倒"（中午12时适当休息，午夜前一定眠）、"七分饱"的生活规律，一个60千克体重的人摄取30克糖即可，如长期嗜食高糖有以下危害：

① 降低人体免疫力和抗病能力，因糖是酸性。

② 摄取过多，导致胃酸过多，易引发胃溃疡等病。

③ 糖多余在体内会转化成脂肪，导致体胖。

④ 长期嗜糖会使胰岛素代谢失常，引发糖尿病。

⑤ 长期多摄糖，能使血中的胆固醇、甘油三酯增多，并沉积在血管壁上，可导致心血管病。多糖不比多盐、嗜烟的危害差。

⑥ 嗜糖使人体成偏酸性体质，对癌变抵抗能力差。

⑦ 服药时掺和糖会降低药效。

⑧ 儿童多吃糖，会减少食欲，造成营养不良，影响智力和健康的发育成长。

⑨ 中老年人多摄入糖对骨骼无益，因此，适量食用糖对人体健康有益，超出"度"则无益且有害。

（3）要注意在空腹、饭前、睡前、牙痛发炎时不应吃糖。

（4）吃糖应警惕螨虫。糖保存时间长，有可能有一种人眼不易发现的小虫——螨。在潮湿温暖的地方繁殖极快。据生物学家研究，我国有300多种螨，而且很爱吃糖。小虫在人吃菜肴或凉拌时进入人体，能使人得肠溃疡。应把糖放在通风干燥的地方，且时间不可过长。

传说故事

糖在我国民间的传说

相传，孙悟空在大闹天宫前，是可以出入天庭的，但他不能安分守己，到了天庭他总是喜欢东瞧瞧，西看看，边走边摸。一天，他来到天庭的酸、甜、苦、辣、咸的五味仓库，抓起一把苦丢向青海湖，使湖水苦咸，鱼虾不生；抓起一把酸扔向山西，使山西黎庶喜吃酸醋；抓起一把盐洒向东海，使海水咸得人不能饮用；抓起一把甜，手一松飘向闽、台、粤的大地，使原来长的苦芦苇变成实心的甜甘蔗，人们将甘蔗汁榨出，经煮熬结晶变成现在的糖，让天下大众都能尝到甜。

韭 菜 花

韭菜花开心一枝，花正黄时叶正肥。
愿郎摘花连叶摘，到死心头不肯离。
——《台湾竹枝词》·清·梁启超

物种基源

韭菜花（Allium tuberosum Rottl. ex Spreng），为百合科多年生宿根植物韭菜开的花，刚开花时得到，又名钟乳草花、草仲乳花、起阳草花、懒人草花、懒人菜花、壮阳草花，以花韭或花叶兼用型的花质量最佳，我国南北各地均有栽培，属于传统调味品。

生物成分

每 100 克韭菜花生物成分

营养成分 品 种	热能 （千卡）	蛋白质 （克）	脂肪 （克）	碳水化 合物（克）	核黄素 （毫克）	尼克酸 （毫克）	钙 （毫克）	铁 （毫克）	锌 （毫克）	磷 （毫克）	硒 （毫克）	维生 素E （微克）
鲜韭菜花	14	1.3	0.3	1.5	0.05	0.8	68	4.2	0.39	32.0	2.60	0.28
韭菜花（腌）	17	1.8	0.4	2.2	0.06	0.6	84	6.4	0.11	30.0	2.87	0.21

韭菜花除上表中所含成分外，还含甙类、硫化物、苦味质、维生素 C、胡萝卜素、挥发性精油等。

食材性能

1. 性味归经

韭菜花，味辛，微甘；归心、肝、胃、肾经。

2. 医学经典

《名医别录》："归心，安五脏六腑，除胃中热；归肾，壮阳止泄精，暖腰膝。"

3. 中医辨证

韭菜花能补肾强腰、温肾暖脾、助消化、增食欲。对肾虚阳痿、腰膝冷痛、遗精梦泄等有较好的食疗辅康复的效果。

4. 现代研究

韭菜花性温，味辛，具有补肾起阳作用，含有挥发性精油及硫化物等特殊成分，散发出一种独特的辛香气味，有助于增进食欲，增强消化功能；韭菜含有大量维生素和粗纤维，能增进胃肠蠕动，治疗便秘，预防肠癌。

食用注意

阴虚火旺、疮疡、眼疾、胃溃疡者不宜食用。

附：腌韭菜花的方法

腌韭菜花配方（以50千克成品计）：韭菜花18.75千克，苤蓝150千克，辣椒18.75千克，白酒6.5千克，红糖5千克，精盐7.5千克。各项原料要求较严，其中，韭菜花以色泽青绿、鲜嫩的半籽半花者为佳；苤蓝要色泽青绿、鲜嫩少纤维；辣椒需皮薄肉厚、籽少的鲜红辣椒；白酒要50°以上的粮食酒。

制作时，先加工半成品。将韭菜花去梗、剁碎，再加盐（每50千克花加6千克盐）剁细，然后置石臼中用木杵捣为茸（即韭花醋子）。苤蓝削皮洗净，切成细丝，晒成干丝（每50千克苤蓝约得3.5千克干丝）。红辣椒去把，洗净，晒干后剁细，再加盐（每50千克辣椒加盐4千克），压去水分，次日再加盐5千克、白酒1.5千克，经搅拌均匀后成为糟辣子，入罐备用。

上述原料加工好之后，就可配制成品了。配制时，每50千克韭花醋子加苤蓝干丝33千克、糟辣子50千克、红糖（加水熬成糖稀）16.5千克、白酒16.5千克。经搅拌均匀后，入罐压紧，密封罐口，贮存半年后便可食用了。

成品色泽黄色、丝细油润、鲜香浓郁、细腻无渣、味美可口、营养丰富。每100克成品，含水分52克、氨基酸态氮0.22克、糖分16.24克、盐分9.83克、总酸0.86克。

传说故事

陶渊明与颜延之

陶渊明（365—427），浔阳柴桑（今江西九江）人。曾任江州祭酒，彭泽县令等职，因不满士族把持政权，对当时乱世之俗既不肯适，又不能抗，遂辞官归田，过躬耕生活。

一天中午，同窗颜延年来访，陶渊明正啃玉米棒下酒，见颜延之来，便叫妻子去炒韭菜花邀颜延之一起对饮，说着顺手递给颜延之一个煮熟的黄玉米棒说道："请吞金黄玉米棒。"这时，陶夫人的炒韭菜花也端上来了，颜延之接过玉米棒道："共食银白韭菜花。"一来一往，对仗十分工整，二人相对而笑，端起酒杯一饮而尽。

酱

十月可酿酒，六月可作酱。

儿曹念乃翁，左右日供养。

比邻有老疾，亦复致一饷。

老老以及人，此义古所尚。

——《杂感》·宋·陆游

物种基源

酱（Sauce），是用豆类、面粉、麸皮蒸煮发酵或人工种曲，经天然曝晒，加精盐、水制成的糊状调味品，又名醢酱，简称醢。早在西汉史游所著《急就篇》的注释中就有记载："酱，以豆合面而为之也"，以味道鲜美、纯正、协调者佳。我国各地均有生产。

生物成分

100 克酱的生物成分

营养成分 品 种	热能 （千卡）	蛋白质 （克）	脂肪 （克）	碳水化 合物（克）	核黄素 （毫克）	尼克酸 （毫克）	钙 （毫克）	铁 （毫克）	锌 （毫克）	磷 （毫克）	硒 （微克）	维生素 E （微克）
豆瓣酱	178	13.6	6.8	15.6	0.78	2.4	245	16.1	1.4	174	10.2	0.57
黄豆酱	112	12.1	1.2	13.2	0.55	1.0	69	6.4	2.1	123	8.45	4.71
蚕豆辣酱	98	3.4	3.2	13.9	0.48	1.4	207	7.5	1.61	37	8.11	1.02
黄豆辣酱	89	4.1	1.6	15.8	0.77	2.1	29	3.7	0.73	131	16.1	1.77
面酱	123	6.3	0.8	22.6	0.66	1.5	53	5.3	1.26	108	7.2	2.06
甜面酱	143	4.0	0.2	31.2	1.44	2.0	53	4.9	1.9	113	6.91	3.43

食材性能

1. 性味归经

酱，味咸（辣酱辛、咸），性寒；归脾、胃、肾经。

2. 医学经典

《名医别录》："清热解毒，除烦（辣酱可去湿寒）。"

3. 中医辨证

纯豆面酱，味咸甘，性寒，有除热、解毒的功用。对蜂虫咬伤及水、火烫伤有辅助消炎、缓解疼痛之效。

4. 现代研究

酱，可补心生血，健脾开胃，还可增强人体的免疫力。并可补虚益肾等，对疾病有辅助康复效果。

食用注意

（1）服用抗凝血药时不应食用。服用抗凝血药时不应食用豆酱，因为豆酱菌能在肠中合成维生素 K，从而抵消了抗凝血的作用，故不应食用。

（2）不宜食用贮存不良之品。酱在贮存器皿不洁或放置处阴暗潮湿或温度过高时，容易变质，导致香气消失，酸度增加，营养成分下降，还可感染病原微生物和病毒。食用此种存放不良的酱容易出现胃肠道疾病，故不宜食用。

（3）服用地高辛药时不宜食用。地高辛为强心药，能刺激细胞膜，把钙离子释放出来，引起心肌强烈收缩，故服用地高辛时忌食含钙的食品。本品含钙较高，服用地高辛时如食用可引起心脏期外收缩，心律不齐。

（4）忌将麦酱与鲤鱼同食，易发生口疮。

（5）忌将豆酱与羊肉同食，药性功能不合，不宜同食。

（6）用巴豆时不宜食酱。

传说故事

一碗酱与黄猫的官司

传说，江苏大丰城郊的一家姓单的母子相依为命，儿子年近半甲，才托媒婆找了一位方圆几十里都闻名的利嘴姑娘做儿媳妇。按风俗，利嘴姑娘过门三朝要回娘家。临行前叫婆婆为她看好老鼠，别让老鼠把她的婚嫁衣饰咬坏。婆婆一听心里直嘀咕，别的都好防，唯独老鼠大多在夜深人静时活动猖狂，怎么看法子？想来想去还是向隔壁邻居蛮妈妈租个小黄猫。蛮妈妈先是不肯租，后来要租金五钱银子一夜。单婆婆想，五钱就五钱，只想落个安宁，共租猫三夜，付了一两五钱银子，把小黄猫抱了回来，送入新房中。可在关房门时，黄猫跟着单婆婆出来，往复数次皆如此。单婆婆无法，只好一手抱猫一手拉房门，就在单婆婆左手扔猫，右手拉房门时，猫也跟着跳到门缝，手一拉门把黄猫给夹死了。单婆婆吓得魂不附体，她知道隔壁的蛮妈妈不是一盏省油的灯，闯下这样的大祸，蛮妈妈不知要讹多少银子呢。于是坐在利嘴儿媳妇房中的地上，呆呆地哭望着死黄猫，一边为利嘴姑娘看老鼠。

直到第三天下午，利嘴儿媳妇从娘家回来，看到婆婆哭得浮头肿脸，旁边还放着死黄猫，待利嘴媳妇问明缘由后，对婆婆说："租猫的蛮妈妈可欠我家东西？"婆婆哭着说："蛮妈妈欠我家的东西说不着口，更不值钱，只欠我家一碗酱，一只破笆斗，还欠一把香，其余没有了。"利嘴媳妇安慰婆婆说："有这些就够了，等蛮妈妈来讹你，我自有办法。"

说曹操，曹操就到，蛮妈妈见黄猫死躺在地上，忙把黄猫抱在怀中，假装放声号哭，嘴里数落道："伤心的宝猫呀，死得好惨啊！你活着时多威武，日间赛蛟龙，夜间赛猛虎。去年识宝人出价五千伍百两纹银，我都没舍得将你嫁出去，早知今日死于非命，不如将你跟了收宝人，我也发财了。"哭得可谓伤心伤意。哭完后，轻轻放下死猫，死死抓住单婆婆不放，要猫，不给活猫就赔纹银五千五百两，少一个子儿也不能。

利嘴媳上前扯劝道："妈妈有话说话，夹死您家的猫是要赔的。"蛮妈妈见新媳妇答应赔猫，破涕为笑道："能赔就好！能赔就好！"利嘴媳接着对蛮妈妈道："赔猫归赔猫，但我们两家要互相把账算一下。"蛮妈妈不解地说："怎么个算法？"利嘴媳笑道："妈妈听好了，在我未过门前，我婆婆说你家欠我家一碗酱，这是天宫天厨星亲手酿造的，是留做新酱时发酵的窖引子。"蛮妈妈说："一碗酱就是金酱也赔得起。"利嘴媳说："妈妈说起来倒轻巧，我家这碗出于神仙手，只要在菜肴中放针尖大一点，就五味调和味不杂，当朝御膳房总管出价八千八，减去赔猫金五千五，妈妈还要倒找我家三千三呢。"蛮妈妈一听，吓得目瞪口呆，急得说不出话来，结巴了半天才说出："一……一……一碗酱，哪……哪值值这……这么多银子？"利嘴媳说："这妈妈就不懂了，这酱吃了以后效用可大呢，皇帝吃了勤理政，三宫六院七十二妃吃了百病消，武官吃了力气大，出征打仗不骑马，文官吃了智力高，公务出门不乘轿。"蛮妈妈听了气得身子直扭，利嘴媳说："妈妈身子不要扭，还欠我家一只斗。"蛮妈妈气得朝利嘴媳瞪着眼睛望，利嘴媳又说："妈妈不要朝我望，还欠我家一把香，这香是专门用来敬玉皇。"蛮妈妈说不过利嘴媳，就一手拖住单婆婆，一手拉着利嘴媳，要到大丰县衙去告状，利嘴媳说："去就去，谁怕谁呀！"三人拉拉扯扯来到大丰县衙。三人同时击鼓申冤，耿知县升堂问话："你们三人状告何人？谁是原告？谁是被告？"三人齐说都是原告，求大老爷为自己做主。公堂上闹得难解难分，弄得耿知县丈二和尚摸不着头脑，见此，忙把惊堂木一拍道：

老爷本姓耿，今年才上任。

碗酱黄猫事，一概都不问。

退堂！

最后，一碗酱与夹死一只黄猫的官司不了了之。

酱 油

僻性稍疑木石亲，得君添作眼中人。

披襟却带烟霞气，选韵浑忘簿领身。

乡县酱油应染梦，湖堤梅蕾已含春。

偷闲射覆娱长夜，来去扁舟莫厌频。

——《次韵答德清知事袁潜修袁为湘潭人其县酱油最》·近代·陈三立

物种基源

酱油（Soybean sauce），为一种发酵的咸味液体调味品，又名豉油、豉汁、淋油、抽油、晒油、座油、伏油、秋油、母油、套油、双套油、酱料、清酱，为我国古代劳动人民所首创。最早记载于西汉史游《急就篇》："酱，以豆合面而为之也。"种类颇多，因所用原料和加工方法的不同，有虾子酱油、蘑菇酱油、生抽王、老抽等。旧法一般以大豆及面粉为原料，先将大豆蒸熟，拌入面粉，置于竹匾或木盘内，放入曲室待霉菌自然生长繁殖后，入缸加盐水，经伏天晒露，酱醅成熟，再加盐水搅匀，经压榨而成。现代工业化生产一般以脱脂大豆、小麦、碎米及麸皮为原料，用纯粹培养的米曲霉，经厚层通风制曲、固态低盐发酵，15～30天成熟，再用浸出法淋出酱汁，经配制、消毒、澄清而成。

生物成分

100克酱油的生物成分

营养成分 品 种	热能 （千卡）	蛋白质 （克）	脂肪 （克）	碳水化 合物（克）	核黄素 （毫克）	尼克酸 （毫克）	钙 （毫克）	铁 （毫克）	锌 （毫克）	磷 （毫克）	硒 （微克）	维生素E （微克）
酱油（普通）	27	5.5	0.1	1.3	0.15	0.2	30	4.2	0.76	83.0	1.64	71.5
酱油（高级）	71	8.5	0.2	9.0	0.05	0.04	22	3.1	0.83	168.0	3.88	67.5
酱油（三鲜）	41	3.4	0.11	6.6	0.02	0.12	68	1.7	0.43	155.0	/	74.3
酱油（一级）	59	7.8	0.9	5.0	0.25	1.7	/	6.2	3.45	179.0	4.93	65.7
酱油（晒制）	75	9.4	1.6	5.8	0.02	2.2	47	7.0	0.18	171.0	1.86	64.6
酱油（固体）	99	13.0	0.7	10.2	0.13	2.3	46	8.6	1.00	374	2.96	54.7

食材性能

1. 性味归经

酱油，味咸，性寒；归脾、胃经。

2. 医学经典

《饮膳正要》："止痛，解毒。"

3. 中医辨证

酱油有解热除烦、调味开胃之功，对厌食、食欲不振等症有益，外用可对疔疮初起、水火烫伤、虫伤叮咬有缓解疼痛的作用。

4. 现代研究

酱油能产生一种天然的抗氧化成分，它有助于减少自由基对人体的损害，其功效比常见的维生素 C 和维生素 E 等抗氧化剂大十几倍。用少量酱油所达到抑制自由基的效果，与一杯红葡萄酒相当，更令人惊奇的是，酱油能不断地消灭自由基，不像维生素 C 和维生素 E 在消灭了一定量的自由基后，其作用就停止了。这一发现说明，酱油内含有两种以上的抗氧化成分，而且各种成分消灭自由基的时间长短也不一样。研究人员说，这是科学界第一次发现一种人造物质竟含有如此多的天然抗氧化成分。可见，酱油具有一定的防癌、抗癌功效的。

食用注意

（1）不应食用生酱油。由于生酱油在生产、贮存、运输、销售等过程中，常因卫生条件不良而受污染，甚至混入病原微生物。据实验，伤寒杆菌在酱油中能生存 29 天，痢疾杆菌能生存 2 天。如食用生酱油则容易诱发疾病，故不宜食生酱油。

（2）不应食用长白膜的酱油。夏日酱油表面容易长一层白膜，这是由于一种产膜性酵母菌污染了酱油后所致的酱油发霉现象，食用发霉的酱油对健康不利，甚至可导致疾病。故长白膜的酱油不宜食用，加醋高温后才可食用。

（3）食用时不宜加热时间过长。食用酱油时倒入锅内过早使酱油长时间的蒸煮，将会使酱油中所含的氨基酸受到破坏，糖分焦化变酸，营养成分大为降低。故食用时不可加热过久。

传说故事

三句半说酱油

从前，江苏兴化城外乌金荡畔，有一户小康人家，新娶了一房儿媳妇。公婆商定，准备用年终吃守岁酒的机会，来测试一下新过门的儿媳妇的玲珑程度。在丰盛的守岁酒菜肴中，特备了一款生姜、大蒜拌干丝（卜叶丝）。把酱油、麻油、醋等佐料备好，随时吃随时拌。守岁酒开始，公公拿出十两一锭的纹银说道："年终守岁，我特备纹银，一家共享天伦之乐，开席前就以桌上酱油为题，一人说一首三句半，三句半中要自己的亲身经历、时间、地址，'酱油'与'酱油瓶'各出现一次，不得雷同，谁编得最好，就得此锭纹银，编不好就自掏十两请别人编。我先开个头，依次老太婆、儿子、儿媳妇。"

公公说道：

大前天上街打酱油带还债，

遇上小偷摸钱袋，

不是酱油瓶挡得快，

险乎儿！

婆婆道：

前天用酱油红烧猪肉煨茨菇，

烧火长工想吃我的"老豆腐"，

不是酱油瓶挡得快，

险乎儿！

儿子道：

昨天我去打酱油，

遇上一群大马猴，

不是酱油瓶挡得快，

险乎儿！

媳妇道：

油瓶、醋瓶、酱油瓶，

世间无人不苦钱，

不动真格吃酱油，

银子险乎！

拿起酱油瓶"咕咚"一口，公婆和丈夫都拍手称赞，新媳妇笑嘻嘻接过公公赏赐的银元宝，一家人欢天喜地吃守岁酒。

醋

芽姜紫醋炙银鱼，雪碗擎来二尺余。

尚有桃花春气在，此中风味胜莼鲈。

——《醋炙银鱼》·宋·苏东坡

物种基源

醋（Vinegar），为一种以米、麦、高粱、酒或酒精酿成酸味（含乙酸）的液体调味品，又名苦酒、淳酢、米醋、酢，以色泽鲜艳、气味清香、酸味不刺鼻、口味醇厚、酸而带甜者佳。我国《礼记·檀弓》中就有了记载，距今已有2600多年。全国均有酿造。

生物成分

100 克醋的生物成分

营养成分 品 种	热能 （千卡）	蛋白质 （克）	脂肪 （克）	碳水化 合物（克）	核黄素 （毫克）	尼克酸 （毫克）	钙 （毫克）	铁 （毫克）	锌 （毫克）	磷 （毫克）	硒 （微克）	水 （克）
醋	30	2.1	0.3	4.9	0.05	1.4	17.0	6.0	1.25	96.0	2.43	90.6
镇江香醋	30	4.5	0.1	2.8	0.12	2.1	35	2.9	2.52	303	/	89.3
北京龙门米醋	40	9.9	/	/	0.05	/	/	6.9	1.07	25	/	87.6
山西老陈醋	61	3.3	0.7	10.3	0.03	0.2	24.0	14.1	/	448	/	81.3
西安黑醋（浓缩）	91.0	3.7	0.2	18.5	0.03	5.8	45	0.5	0.73	262	1.53	73.1

食材性能

1. 性味归经

醋，味酸，甘，性平；归脾、胃经。

2. 医学经典

《名医别录》："消食开胃，散瘀血，收敛止泻，解毒。"

3. 中医辨证

醋唯米造者入药，得温热之气，其味酸，色红，气温无毒。酸入肝，肝主血，血逆壅则生痈肿，酸能壅热，温能行逆血，故主消痈肿，具散瘀、止血、解毒、杀虫之功，治产后血晕、症癖症瘕、黄疸、黄汗、吐血、衄血、大便下血、阴部瘙痒、痈疽疮肿、解鱼肉菜毒。

4. 现代研究

醋中酸类有氨基酸、醋酸、乳酸、丙酮酸、甲酸、苹果酸、柠檬酸、草酰乙酸、琥珀酸等。这些酸的存在，使生活用醋更加鲜美、可口，增强人体肝脏功能、促进血液循环、促进皮肤光滑。糖类有葡萄糖、果糖、麦芽糖等，从而使醋有糖味，还含有乙醇跟乙酸与酯和乳酸乙酯。醋中含维生素 B_1、B_2、C 等，在生命活动中起着重要的调节作用。它还具杀菌、增强肾功能、美白、祛斑、除痘、亮发、去屑、减肥等多种美容作用。

食用注意

（1）脾虚湿盛、湿痹拘挛不宜食用，多食损齿伤胃，故不宜多食。

（2）烹制海参不宜加醋，吃时口感差，味道变异。

（3）羊肉与醋不宜同食，易加重心脏功能负担，影响血压。

（4）忌牛奶与醋同食，易引起消化不良或腹泻。

（5）服中药茯苓、丹参时不宜食用，茯苓、丹参为醋的相畏之物，服茯苓、丹参时食用醋，可产生毒性作用，故《本草纲目》说："服茯苓、丹参人不可食醋。"

（6）不应食用铜制器皿贮藏之品。醋能溶解铜，食用铜制器皿贮藏的食醋，可以导致"铜中毒"。

（7）服磺胺类药及碳酸氢钠时不宜食用。醋可使磺胺类药物在泌尿系统中形成结晶而损害肾脏，并能使碳酸氢钠的药效降低。

传说故事

一、醋治烧伤的传说

相传，有一员外人家做五十大寿，宾客盈门，十分忙碌。因为是冬天，客厅里升起四盆大火，为了摆阔，还买了几十条活鱼，准备烧糖醋鱼，一大盆醋，放在厨房。员外的公子才五岁，穿着开裆裤，十分淘气，就叫保姆来看孩子。小公子吵着要吃东西，不肯要保姆抱，一挺身，跌进了火盆上。霎时间孩子屁股边的棉裤着了火。保姆吓坏了，又没有水，就慌慌张张跑进厨房，看盆里有醋，就什么也不顾，忙把孩子向盆里一放，火灭了，孩子哭声也小了。员外夫人与许多客人来到厨房，脱下孩子的裤子，看看屁股虽烧出几个燎泡，但没破。就蘸着醋把火烧的地方擦了擦，真没想到，火烧的地方，泡也消了，也不痛了，连伤疤也没有。后来有人笑道："稀奇稀奇真稀奇，火烧敷醋泥。"这样醋就成了一味治疗烧伤的良方。

二、杜康造酒儿造醋的传说

相传，醋是杜康的儿子黑塔造出来的。那一年，杜康发明了酿酒术，他举家来到镇江，在城外开了一个前店后作的小糟坊，卖起酒来。黑塔长得五大三粗，气力过人，干活十分利索。他除了在作坊里干提水、搬缸等粗活外，还养马消遣。

一日，黑塔高兴，一口气喝了数斤米酒，又香又醇的米酒使他变得头重脚轻，回到马房想睡，谁知进门时被门槛绊倒，便在大缸边呼呼大睡起来。突然，耳边响起一声惊雷，黑塔在朦胧中看见缸边站着一名白发老翁。老者笑眯眯地指着大缸说："黑塔，你酿的调味琼浆，已经 21 天了，今日酉时就可以吃了。"黑塔正欲开口，一眨眼老人不见了。回想刚才发生的一切，黑塔将信将疑。大缸中装的不过是喂马用的酒糟加几桶江水，怎么会变成会么调味琼浆？其时，黑塔干渴难忍，窥视缸中，"酒糟水"已面目全非，试喝一碗，只觉得这水香喷喷、酸溜溜、甜滋滋的，沁人心脾，浑身上下有说不出的舒坦。

黑塔把事情经过告诉了父亲，杜康听了也觉得神奇，看看大缸里的"水"，色黝黑而透明，尝尝大缸里的"水"，味香酸而不涩。杜康按照黑塔原来的办法加水调制，经过21天，果然造出又香又酸的调味琼浆来。街坊四邻闻讯来买，可是叫什么名字呢？黑塔说："仙翁指点，21天到酉时成功，21日加个酉字，就叫它'醋'吧。"

饴　糖

风俗腊月廿三四，比户拜灶无老稚。

相传司命岁朝天，饴糖尤为神所嗜。

——《祭灶》·明·古元青

物种基源

饴糖（Malt sugar），亦称"糖稀"。利用麦芽中的糖化酶作用于淀粉所制成的一种浅黄色、黏稠、透明的液体。味甜，具有麦芽糖的特殊风味。制法：将米、麦、玉米、红薯等淀粉质原料清洗、浸渍、蒸煮，使淀粉糊化，放凉至60℃左右，加入由干麦芽制成的麦芽糊，保温糖化5~8小时。糖化至总糖度约为15°Bé时，压榨过滤，用二氧化硫或次亚硫酸钠进行漂白后真空浓缩至约40°Bé时冷却而成。不脱色为糖色，用于红烧鱼、肉等。

生物成分

据测定，每100克饴糖含水分17%~22%，麦芽糖54%~62%，糊精13%~23%，淀粉0.1%~3.8%，蛋白质1.0%~2.4%，灰分0.28%~0.53%及少量的葡萄糖。

食材性能

1. 性味归经

饴糖，味甘，性温；归肺、胃经。

2. 医学经典

《本草经集注》："缓中，补虚，生津，润燥。"

3. 中医辨证

饴糖，其味甘，因熬制而成，故性温。味甘而缓中，性温而补虚，色黄入中焦，有补脾健胃之功，其为浓稠液体又可生津而润燥，可治劳倦伤脾、里急腹痛、肺燥咳嗽、吐血、口渴、咽痛、便秘等。

4. 现代研究

饴糖甘温，质润不燥，既能补虚养胃而健中气，又能缓急而止痛，还能润肺止咳。故凡中气不足或虚寒性脘腹急痛以及肺虚燥咳，皆可用之。

食用注意

（1）饴糖，唯甘润而黏滞，多食则易胀满，故湿热内邪，中满吐泻及痰热咳嗽者，均不宜食用。

（2）糖尿病患者不宜食。

传说故事

饴糖点眼钳箭头的传说

传说，河北名将邢曹进，在与敌兵争战中，被箭射入眼中，拔出箭杆，箭头却留于内，钳之不动，痛至要死，不能取出。昏迷中梦见一姓胡的僧人，令他以饴汁注之，必愈，醒后说知，无一人能领会其意者。一天，一乞丐要饭于此，说他知梦中所言之义。即在农历清明节前一两天用饴汁点之，可愈。如法用之，随即感到清凉，顿时减轻酸楚之困。至夜发痒，用力一钳而出，不过十天而愈。

豆　豉

> 肉豉传方出异庖，玉盆凝就破昆刀。
> 纵横碎渍甑瓾锦，莹洁光翻琥珀膏。
> 暖入饧华防性爽，味方禁脔想京鏖。
> 年高厌饫便便腹，不负吾坡养老饕。
>
> ——《肉豉》·元·王恽

物种基源

豆豉 [Glycine max（L.）Merr.]，为豆科植物大豆的成熟种子经煮熟后发酵加工品，又名幽菽，有淡豆豉、咸豆豉、炒香豉、清豆豉，以黄褐色、油润、有光泽、酱香味、酯香浓郁、无异味、味道鲜美、咸淡适口、无苦涩味、颗粒完整、质地软而不碎者佳。四季可产，大超市有售。

生物成分

100 克豆豉的生物成分

营养成分 品种	热能 （千卡）	蛋白质 （克）	脂肪 （克）	碳水化 合物（克）	核黄素 （毫克）	尼克酸 （毫克）	钙 （毫克）	铁 （毫克）	锌 （毫克）	磷 （毫克）	硒 （微克）	维生素E （微克）
豆豉（咸）	246	18.8	7.1	24.9	0.4	2.4	130.0	4.2	2.37	183	3.3	37.3
豆豉（淡）	251	19.5	6.9	25.0	0.34	1.9	66	5.1	2.84	79	4.06	39.44
豆豉（香）	244	17.9	6.3	24.1	0.39	0.6	29	3.7	1.99	43	4.55	40.69

食材性能

1. 性味归经

豆豉，味苦，性寒；归肺、胃经。

2. 医学经典

《本草纲目》："清热解毒，调中发汗，通关节，杀腥气。"

3. 中医辨证

豆豉，解表，除烦，宣发郁热。豆豉味苦，性寒、无毒，对伤寒头痛、寒热、恶毒瘴气、烦闷劳喘、两脚痛冷、时疾热病发汗有效。煮沸后可治血性腹泻、腹痛及解毒除胀，下气调中，对伤寒温毒、发斑呕逆等症有食疗助康复作用。

4. 现代研究

豆豉中含有丰富的蛋白质、维生素和矿物质及大量能溶解血栓的尿激酶，还含有一些有益细菌，这些细菌能产生大量的 B 族维生素和抗生素。有研究表明，老年人吃豆豉有帮助消化、增强脑力、提高肝脏解毒能力等效果，经常食用还能促进体内新陈代谢，起到清除血中毒素、净化血液的作用，对减少血中胆固醇、降低血压也有一定帮助。专家研究还发现，豆豉可以降血糖，其中的氨基酸衍生物可以阻止小肠内的一部分酶发挥作用，抑制人体吸收糖分。

食用注意

体质虚寒者不宜多食豆豉。

传说故事

豆豉的传说

传说很久以前，罗定有一位财主特别喜爱煮黄豆吃，每天都要煮上一锅。有一次，煮好豆后，一家人突然都因急事外出，几天后才回来。回家后，财主第一件事就想起那锅煮好的黄豆，岂料揭开锅盖，锅里的豆已长满一层白毛。财主看到连连搓手说："可惜，可惜。"老婆却毫不介意，骂他："有什么好可惜的，不就是一锅臭豆？值不了两文钱，扔了算啦。"

财主还是有点可惜，正巧有一位乞丐来行乞，财主一看大喜，不如把生了白毛的豆施舍给乞丐，既得了乐善好施的名声，一锅豆又不用扔了可惜，便将长满了长毛的黄豆全部给了这位乞丐。乞丐看到财主突然施舍了一锅煮熟的豆给自己，虽然隔了几天颜色有点怪怪的，但可以几天不用饿肚皮了。便将豆洗干净，凉晒干后，加盐，用一个瓦罐装好并盖严备用。正好附近举办醮会（庙会），一连几天，乞丐乞讨得不少饭菜，顾不上吃这些煮豆。庙会结束后，他打开缸盖，顿觉一阵芳香扑鼻，熟豆变成了有香味的豆，豆的底下还有一层乌黑的油，味道还挺鲜美。他拿了这些豆豉到财主的厨师那里，叫他尝一尝味道，故意问他："大师傅，你知道这些东西是什么？"厨师抓了一把放在口中嚼了嚼后觉得味道不错，并用这些豆豉配了几道菜。财主品味后，连连赞好，于是留乞丐在他家做长工，专门制作豆豉，便问乞丐这些是什么东西。乞丐想起财主故意把变霉的豆施舍给自己吃，心里有点气，故意说，这是豆屎。乞丐本来缺牙说话发音不足，"屎"与"豉"的发音本来相差不大，厨师一听乞丐说是"豆豉"，名称不错，连连点头："豆豉，好！好！"后来这位乞丐在财主家干了几年，积了点钱，自己办了个豆豉作坊，专门制作豆豉出卖。

这虽然是一种传说，但听来仍觉可信。

腐 乳

才闻香气已先贪，白褚油封由小餐。
滑似油膏挑不起，可怜风味似淮南。
——《腐乳》·清·李调元

物种基源

腐乳（Chinese cheese），为以大豆做成白腐干和黄酒、高粱酒、红曲等原料混合制成的一种发酵的大豆食品,又名豆腐乳、酱豆腐。以颜色正常、块形整齐、质地细腻、味道鲜美、咸淡适口、无异味者为佳品。腐乳是我国传统发酵食品之一,已有1000余年的生产历史,全国各地均有生产,风味各有特色,归纳起来大致分为咸味、甜味和辣味三大类。若从色泽上划分则为红、白、青、酱及花色五大类。《随息居饮食谱》:"由腐干再造为腐乳,陈久愈佳,最宜下饭。"

生物成分

100克腐乳的生物成分

营养成分 品 种	热能 (千卡)	蛋白质 (克)	脂肪 (克)	碳水化 合物(克)	核黄素 (毫克)	尼克酸 (毫克)	钙 (毫克)	铁 (毫克)	锌 (毫克)	磷 (毫克)	硒 (微克)	水 (克)
腐乳(红)	155	9.7	11.4	3.3	0.06	0.4	302	10.2	2.62	75	1.32	63.4
腐乳(白)	133	10.9	8.2	3.9	/	/	/	/	/	/	/	68.3
腐乳(青)	87	14.2	1.1	5.7	0.35	0.6	97.0	9.7	1.46	97.0	4.9	68.7
腐乳(糟)	156	11.7	7.4	10.6	0.02	/	62.0	22.5	3.06	320	/	57.5
腐乳(醉)	139	10.4	7.2	8.1	0.19	0.4	137.0	11.3	1.85	82	6.4	66.0

食材性能

1. 性味归经

腐乳,味甘,性温;归脾、胃经。

2. 医学经典

《随息居饮食谱》:"增食,助消化,健肠胃,除腥解腻。"

3. 中医辨证

腐乳,有增进食欲、促进消化,对不思饮食、消化不良者,有食疗助康复的效果。

4. 现代研究

豆制品除了含有大豆固有的优质蛋白、大豆异黄酮、大豆低聚糖、皂甙、卵磷脂、亚油酸、亚麻酸以及丰富的钙、铁等营养保健成分外,通过发酵更增加了如下保健功能:发酵豆制品营养丰富、易于消化,在发酵过程中生成大量的低聚肽类,具有抗衰老、防癌变、降血脂、调节胰岛素等多种生理保健功能,对身体健康十分有利。具有降低血液中胆固醇浓度、减少患冠心病危险的功能。

发酵豆制品中含有丰富的苷元型异黄酮,它是大豆和豆腐中原有的异黄酮经发酵转化的,但比原有的异黄酮功能性更强,且更易吸收。100克腐乳就含有50毫克的高活性异黄酮,达到美国食品与药物管理局推荐预防冠心病的每日摄取量。具有降血压功能。国外已经用大豆蛋白化学分解的办法生产降血压肽的保健食品,腐乳就含有高活性的降血压肽。日本的营养调查发现:每天喝豆酱汤或吃发酵豆制品的人,骨质疏松症患病率明显降低,尤其是老人和妇女。

食用注意

(1) 高血压、心血管病、痛风、肾病、消化道溃疡患者宜少吃或不吃。

(2) 在食用豆腐乳前蒸15分钟,豆腐乳中的病原微生物全部死亡,生物毒素被破坏,精盐基氮和硫化氢基本挥发掉,而营养成分仅破坏19%,味道没有改变。

传说故事

一、清穆宗与"进京腐乳"

相传，清代同治三年（1864 年），浙江海盐有位姓肖名兰谷的商人和人合开一爿"鼎丰酱园"，生产酱油兼做腐乳，因其腐乳质量上乘，装潢古朴，价格便宜，深受市民欢迎。当时南桥有一位在北京做官的人，一次，他返家乡探亲，闻鼎丰酱园酿制的腐乳风味别致，就要了些带到京城进献皇帝，得到清穆宗载淳皇帝的赞赏，封为御品。从此鼎丰酱园的老板就做了一块招牌，上书"进京腐乳"四字悬挂于堂，至此进京腐乳不胫而走，并远销海外。

二、四川"仙家腐乳"的传说

关于仙家豆腐的来历还有一段神奇的传说。据丰都县志记载，早在唐朝时期住在平都山（今丰都县山名）后面的一家农民，常进县城卖豆腐，一天早晨他挑着豆腐进城，走到平都山前看见两位老翁在葡萄树下对弈，他停步观阵，看得入了迷。当他如梦初醒，觉得该卖豆腐时，只见挑里的豆腐全部生了一寸多长的霉。顿时，他呆若木鸡，呜呜地哭了起来。下棋的两位老翁却不住地放声大笑。一位说："你把它挑回去撒些盐巴。"另一位说："再放些香料就不愁没处卖了。"农夫听后挑担回家，按两位老翁指点的办法把霉豆腐加工了一番。第二天屋内香气扑鼻，昨天的霉豆腐竟成了色鲜味美、诱人垂涎的香豆腐了。人们传说，那两位老人不是凡人而是仙家。后来附近农民为了报答仙人的恩典，共同筹资，在平都山上盖了一座小楼，塑了两位仙人下棋和农民观阵的像，并将此楼取名为"二仙楼"，将二仙指点制作的豆腐取名为"二仙豆腐"。

如今"二仙楼"依然屹立在名山上，"二仙豆腐"已改制成今日的"仙家牌豆腐乳"了。今日丰都县酿造厂继承了传统配方和生产工艺，选用优质黄豆、白胡椒、砂仁、白芷等名贵中药，精心加工陈酿一年的仙家腐乳，营养丰富，能开胃健脾，是老少皆宜的美味。

咖 喱

复合调味咖喱，出自孩童顽皮。
伦敦漂洋孟买，再传华夏大地。

——《咖喱》·现代·李文刚

物种基源

咖喱（Curry），为一种复合调味品，粉状的称"咖喱粉"，加入植物油及各种油树脂后呈糊状者称"咖喱酱"或"油咖喱"。因配料不尽相同，故风味等亦有出入，均呈姜黄色。有各种香辛料的混合香味，略有辛辣味，以印度所生产者最有名，有"印度咖喱"之称，其主要原料有小豆蔻、芫荽籽、枯茗籽、姜黄、芥子、姜、小茴香、肉桂、丁香、肉豆蔻、肉豆蔻衣、红辣椒等，供烹调等调味用，较有名的如咖喱牛肉、咖喱牛肉饭（一种西菜名）、咖喱鸡、咖喱鸡丁汤等。

生物成分

咖喱中含蛋白质、脂肪、碳水化合物、膳食纤维、维生素 A、B_1、B_2、B_6、B_{12}、C、E 及硫胺素、尼克酸、微量元素钙、铁、钾、钠、磷、镁、锌、铜、锰、硒等。尚含胡椒醛、隐酮、水茴香萜、齐墩果酸、三萜类化合物、柠檬烯、桉树脑、芳樟醇、芥子酶、芥子碱等。（注：咖喱配方中的各种调味食材无硬性指标规定，只是在一定范围内，故其成分波动幅度较大。）

食材性能

1. 性味归经

咖喱，味辛，性温；归脾、胃、肝、肾经。

2. 医学经典

《中华膳海》："温中除湿去寒，开胃消食。"

3. 中医辨证

咖喱以多种香辛料配伍复合而成，具有散寒除湿、解郁结、消宿食、通三焦、温脾胃、补左肾命门、止泄泻之功效。

4. 现代研究

咖喱中含有多种维生素及矿物质、纤维素，对口腔的刺激，辣中有缓作用，能抑制肠内异常发酵、增加胃肠蠕动，促进消化液的分泌，使食欲改善，菜肴中适当加入咖喱，对居住处潮湿者，可预防风湿病，并可缓解肌肉疼痛，因其具有较强的解热镇痛的作用，还可使体内 DMN 化学物质突变作用消失，阻止有害细胞的新陈代谢，降低癌细胞的发生率。

食用注意

（1）凡阴虚、燥热、湿热、多汗者及孕妇，不宜多食咖喱。
（2）食管炎、胃肠炎、胃溃疡以及痔疮患者少食忌食。
（3）高血压、肺结核患者应慎食。

传说故事

咖喱的故事

咖喱的故事是笔者的一位澳籍华人朋友讲的。他说咖喱的来历，纯属偶然，是一个聪明孩童顽皮所作而得。相传，在 18 世纪中叶，英国皇家宫廷厨师加里·汉，把仅 3 岁的小男孩带到宫里，请时任宫廷御医的表叔肖杰·邦给小男孩看腿疮，看完后，把孩子丢在厨房间，忙着到厨房仓库去领一天需用的食材。就在这间隙工夫，好动的小男孩把调味料的坛坛罐罐打开，逐个一勺一勺掏出来堆放在一起，拌和。等加里·汉领完食材回厨房，小男孩已把众多的调味料混合得面目全非。为了不让御膳房总管看到，他忙赶开小男孩，用纸将混合的调料包好揣在怀里。

忙完了一天的厨师加里·汉回到家里，为生病的妻子做饭菜时，才觉得怀里有杂物，于是将纸包从怀里取出，放在灶台上，这时纸包慢慢地自动打开，出于厨师的本能，为妻子做好菜后要加调料，便顺手用勺将纸包的混合调料加进菜肴，端给妻子一尝，香味扑鼻，便问加里·汉："今日菜为何色、香、味与以往不同？"这时加里·汉这才意识到是将儿子在御厨房的混合调味料放进菜肴中了，亲自一尝，色、香、味果然不同凡响。

后来，印度驻英国公使馆宴请世界名流，请加里·汉临厨指导，请他去亲自调配复合调味料，谁知味惊四座。在公使馆厨师再三恳求下，加里·汉将这混合调料的来历和配法全盘托出。

印度厨师回国后辞去厨师，开了爿咖喱店，因混合调料运用是印度加里·汉所为，又因是烹调入口菜肴的调味料，故在我国引进时"加里"两字旁各加一个"口"，以示与外国商品调味料的区别。从此，在我国的商品名字就叫"咖喱"。

味 精

学识难容假大空，毅力汗水蓝图宏。
当年十克"白面粉"，炎黄后代舌尖梦。
——《味精》·现代·古丽再红

物种基源

味精（monosodium glutamate），葡萄糖经谷氨酸棒杆菌或黄色短杆菌发酵法制得 L-谷氨酸，再与氢氧化钠或碳酸钠中和，脱色而得。中文学名：谷氨酸钠，又名味之素，以颗粒整齐、色泽洁白、结晶透明、纯度高、颗粒大、吸湿性小、味道鲜美者佳。全国各省（区）市都生产。

生物成分

100克味精的生物成分

营养成分 品种	热能（千卡）	蛋白质（克）	脂肪（克）	碳水化合物（克）	核黄素（毫克）	尼克酸（毫克）	钙（毫克）	铁（毫克）	锌（毫克）	磷（毫克）	硒（微克）	水（克）
味精	286	43.4	0.1	28.3	/	/	100	/	0.04	4	0.35	0.1

附

（1）盐味精（感观）指标：透光度≥94％，透明度≥99％。

（2）味精，在70～90℃时，对水的溶解度最大，在温度＞120℃时，变成焦化谷氨酸钠，不但失去鲜味，还会产生一定的对人体不良性，所以在菜、汤、肴要出锅时是最佳加入时间。

食材性能

1. 性味归经

味精，味酸，甘，性平；归胃经。

2. 医学经典

《中医食疗学》："滋补，开胃，助消化。"

3. 中医辨证

味精性平，味酸，无毒，对改善酸缺乏、增强食欲、开胃健食有良好的作用。

4. 现代研究

味精是优良的调味品，也是营养价值很高的营养品，又是有一定药用价值的食材。主要是由于味精能改变人体细胞的营养状态，能够改善大脑的机能，可使脑内乙酰胆碱增加，从而可有益于神经衰弱。同时，它能与血液中的氨化物合成谷酰胺，对肝昏迷与癫痫等疾病都有一定帮助。所以有肝脏病的人平常适量吃点味精是有好处的，特别是对智力发育不良的儿童，可以用食疗的方式作为辅疗，所以味精不仅是菜肴的调味品，还有一定的保健作用。

食用注意

（1）味精不宜食用过多，如果食用过多，超过人体的代谢功能时，就会使血液中的谷氨酸增高，影响人体对微量矿物质的吸收利用。特别是谷氨酸如与血液中的锌集合，生成的谷氨酸锌不能被人体吸收利用，久而久之导致人体缺锌。

（2）味精不能在碱性食物中作调味剂，因味精是谷氨酸钠，在碱性食物溶液中会生成谷氨酸二钠，不能被人体吸收，而且还产生不好的气味，影响食欲。

（3）凉拌菜最好不要放味精，因凉拌菜时的温度达不到70℃以上，味精达不到调味目的，且人吃了也无益。

（4）世界卫生组织建议：人体每日对味精的摄入量为每千克体重为0.12克为好。

传说故事

中国味精的来历

20世纪初，中国到处可见日本"味之素"的广告。有个叫吴蕴初的工程师对这种能产生鲜味的粉末很感兴趣，买了一瓶回去研究，他化验出粉末的主要成分是谷氨酸钠。于是他就想造出中国的味之素来。困难虽是不少，但靠他的学识和毅力，经过一年多的时间，终于提炼出10克白粉似的结晶来，一尝味道，与日本的味之素无异。吴蕴初想：最香的香水叫香精，最甜的味道称糖精，那么最鲜的东西不妨叫它味精。一个响亮的调料名称就这么出来了。要建厂生产了，厂名叫什么好呢？吴蕴初形容味精之鲜美，好比天上的庖厨烹调出来的，因而厂名"天厨"。广告词也很具特色："天厨味精，鲜美绝伦""质地净素，庖厨必备""完全国货"。生意顿时做开，遍销全国，后来设在香港的分厂又把产品打入美国市场。吴蕴初也博得了一个"味精大王"的称号。

佐　料　酒

> 方暑储曲蘖，及秋舂秫稻。
> 甘泉汲桐柏，火候问邻媪。
> 唧唧鸣瓮盎，暾暾化梨枣。
> 一拨欣已熟，急挹嫌不早。
> 病色变渥丹，羸驱惊醉倒。
> 子云多交游，好事时相造。
> 嗣宗尚出仕，兵厨可常到。
> ……
>
> ——《戏作家酿二首》·宋·苏辙

物种基源

佐料酒，是以水、粳米、麦曲、姜、葱、花椒、大料、香粉、肉桂、糖浆、陈醋、胡椒等经浸泡酿制而成，又名料酒、调味酒、去腥膻酒，以清澈透明、酒香纯正、料香浓郁者佳，以江苏恒顺和沈阳老龙口产出最著名。

生物成分

每 100 克佐料酒主要成分

营养成分 品种	热能（千卡）	酒精% 容量	酒精% 重量	钠（毫克）	钙（毫克）	铁（毫克）	锌（毫克）	磷（毫克）	硒（毫克）
佐料酒	86	15.0	12.1	4.1	14	1.4	0.38	32	1.10

食材性能

1. 性味归经

佐料酒，味苦，辛，性温；归肝、心、脾、肺、肾经。

2. 医学经典

《遵生八笺》："通血络，厚肠胃，去膻腥。"

3. 中医辨证

佐料酒，可温中、散寒、开胃、消食、去膻，有调和五气、增食欲、强身心的功效。

4. 现代研究

佐料酒，除含有乙醇成分外，还含有酯类和其他化学成分，所以用于烹调菜肴时具有很强的去除腥味、膻味及增加香味的作用。主要是佐料酒能溶解食物中的钾胺及氨基戊醛等物质，经过加热后这些物质便随佐料酒中易挥发的多种气体成分排出，故对异杂气味等有显著的清除效果，并能同菜肴中的脂肪发生酯化反应，可产生芳香物质和香气，所以，在烹调时加进佐料酒能增加菜肴的香气和鲜美适口度。

食用注意

（1）烹调时要适时加佐料酒，过早过迟都达不到去膻除异味的效果。

（2）佐料酒用量要适宜，过多过少亦影响口感。

（3）有乙醇过敏者宜少在菜肴中加佐料酒。

传说故事

一、云溪醉侯

传说，北宋钟放，因学业未成而隐居终南山。其性嗜酒，虽广有田产而不能治理，唯望天下不乱以求美酒畅饮，常以酒终日，自号"云溪醉侯"。真宗咸平中，被召入京，累官至工部侍郎，后又辞官隐居终南山。一日清晨，邀请诸生环列痛饮，取平生所作奏章，一一焚之。且饮且笑，酒数巡而卒。

二、天气不正

据传，从前，一城防将军，寒天夜宴，厅上燃炭烧烛，大杯饮酒。酒后耳热，叹曰："今年天气不正，当寒而暖。"兵卒在旁跪禀曰："厅外小人们站立之处，天气正常。"

三、归田小酌

相传，清侍郎钱箨石与诸人宴饮，置酒唯两尊，清煮豆腐两大盘。辞官归田，故人或门下诸生邀饮即赴，或凑钱游南湖小酌。人不过四五，资不过百钱，居家唯饮烧酒，不用小盏而用巨杯，三饮而尽。尝谓友人吴子修曰："烧酒佳乎，黄酒佳乎？"对曰："烧酒佳。"箨石曰："然。"又问："小饮佳乎，巨杯连饮佳乎？"曰："大杯连饮佳。"箨石曰："然。"

勾芡淀粉

破麦麸皮是前身，涤表提筋浆淀成。
太真空门耳目掩，素餐留粉扮美人。
赤里透皂桃花香，睿宗三子不思政。
千秋功罪谁评说，九天仙女下凡尘。

——《面精淀粉》·清·陈尚则

物种基源

勾芡淀粉（Starch），为许多葡萄糖分子缩合而成的多糖，有直链和支链两种不同结构，分别称为"直链淀粉"和"支链淀粉"。勾芡淀粉以木薯、小麦、大米、玉米为多。菜肴勾芡有史可查从唐代开始，而且只是用小麦淀粉，小麦淀粉是从磨面粉的麸皮中提取，将小麦麸皮用水浸泡成团，以清水洗出麸皮上的面精后，剩余的粉水，滤去麦皮后的白色浆汁，经静置、沥干、干燥后碾碎而成。

生物成分

100 克勾芡淀粉的生物成分

营养成分 品 种	热能 （千卡）	蛋白质 （克）	脂肪 （克）	碳水化 合物（克）	核黄素 （毫克）	尼克酸 （毫克）	钙 （毫克）	铁 （毫克）	锌 （毫克）	磷 （毫克）	硒 （微克）	维生素 E （微克）
勾芡淀粉	352	1.5	/	86.5	0.04	1.1	18	6.2	0.09	18	0.70	12.2

食材性能

1. 性味归经

勾芡淀粉，味甘，微凉，性平；归胃、脾经。

2. 医学经典

《饮食须知》："养心，安神，除热。"

3. 中医辨证

勾芡淀粉为麦麸洗涤之粉，有除烦、止血、利小便、润肺燥之功有有嫩肤、除皱、祛斑的功效。

4. 现代研究

勾芡淀粉为小麦加工面粉后的副产品，经洗涤面筋后粉浆的沉淀粉，对动脉硬化、习惯性便秘、更年期综合征、慢性支气管炎、神经衰弱等症有食疗助康复。

食用注意

糖尿病患者少食勾芡类菜肴为好。

传说故事

淀粉的传说

据史料记载，淀粉的使用，始于唐代。当时只是用于女儿家的化妆。

相传，杨玉环原是唐玄宗李隆基儿子寿王瑁妃，在一次朝见中，被李隆基看中并爱上，天宝四年（745 年）封为贵妃，当时李隆基已年近花甲。为遮人耳目，在封贵妃之前将杨玉环送到长安尼姑庵——法华庵削发为尼。在为尼期间，庵中多以素食为主，常以用小麦磨面粉后的麸皮，洗出面筋做菜供众尼享用，而洗后的浆水多弃之不要。可杨玉环姐妹自幼爱打扮，将提取面筋后的白浆沉淀晒干、碾碎，涂扑于手、脸，用以增白，再每日餐后洗漱后用嘴咬红纸涂唇，这样打扮起来不但娇艳且光彩照人，加之杨玉环生来嫩白而偏胖，受到当朝人皇李隆基的特别宠爱。至于淀粉用于菜肴的勾芡，经查是宋代大美食家苏东坡的杰作了。